うかる!

データベーススペシャリスト 2021年版

ITのプロ46 著
代表 三好康之

本書内容に関するお問い合わせについて

このたびは翔泳社の書籍をお買い上げいただき、誠にありがとうございます。弊社では、読者の皆様からのお問い合わせに適切に対応させていただくため、以下のガイドラインへのご協力をお願い致しております。下記項目をお読みいただき、手順に従ってお問い合わせください。

●ご質問される前に
弊社 Web サイトの「正誤表」をご参照ください。これまでに判明した正誤や追加情報を掲載しています。

正誤表　https://www.shoeisha.co.jp/book/errata/

●ご質問方法
弊社 Web サイトの「刊行物 Q&A」をご利用ください。

刊行物 Q&A　https://www.shoeisha.co.jp/book/qa/

インターネットをご利用でない場合は、FAX または郵便にて、下記“翔泳社 愛読者サービスセンター”までお問い合わせください。
電話でのご質問は、お受けしておりません。

●回答について
回答は、ご質問いただいた手段によってご返事申し上げます。ご質問の内容によっては、回答に数日ないしはそれ以上の期間を要する場合があります。

●ご質問に際してのご注意
本書の対象を越えるもの、記述個所を特定されないもの、また読者固有の環境に起因するご質問等にはお答えできませんので、予めご了承ください。

●郵便物送付先および FAX 番号
送付先住所　〒 160-0006　東京都新宿区舟町 5
FAX 番号　03-5362-3818
宛先　（株）翔泳社 愛読者サービスセンター

はじめに

本書は，例年通り９月中旬に，翌年４月開催予定の試験対策本として刊行されることになりました。今年で19年目を迎えますが，おかげさまで，本書の強み（下記参照）も長い年月をかけて浸透してきたのか，とても多くの受験生に利用していただいております。

【本書の強み①】

- **午後Ⅱの解説の圧倒的なページ数（平成31年：各50ページ）**
  →DB試験の午後Ⅱは，最新の１問をじっくりと理解するのが王道なので
- **圧倒的な過去問題の数＝平成14年度以後の18年分の問題**
- **充実のＳＱＬの解説（100ページ以上＆午前問題ほぼ全て掲載）**

しかし，今年は…2020年４月19日に実施される予定だった試験が中止になり，代替試験が10月18日に開催される予定です。したがって９月中旬の刊行だと，代替試験の解説を付けることができません。そこで2021年版では，次のようにフォローさせていただくことになりました。過去問題の解説は本書の強みですから，当然ですが，きちんと提供させていただきます。

【本書の強み②】－2020年度試験の解説－

- **10月18日の代替試験の解説（午前Ⅰ，午前Ⅱ，午後Ⅰ，午後Ⅱ）**
  →本書（2021年版）の読者限定で，Webからダウンロードできるようにする

また，９月中旬の刊行なので…代替試験まで１か月あるので，本書の2020年版を購入いただき，いったん４月に仕上げた方にも有益になるように，次の点も強化しました。

【本書の強み③】－2020年版にはない2021年版の強化点－

- **過去18年分の午後Ⅱ問題から概念データモデル，関係スキーマの事例を抽出**
  ビジネスモデルのところにまとめる→大量の午後Ⅱ過去問題に目を通さなくてもOK
- **序章の解説動画を作成して，分かりやすく解説**
- **SQLの暗記チェックシートを作成**

そういうわけで，今回もかなりの改訂になってしまいましたが，ぜひとも本書をフル活用して合格を勝ち取ってください。

最後になりますが，**「受験生に最高の試験対策本を提供したい」**という想いを共有し，企画・編集面でご尽力いただいた翔泳社の皆さんに御礼申し上げます。

令和２年８月
著者　ITのプロ46代表　三好康之

目次

第1章 SQL 87

第2章 概念データモデル 195

第3章

関係スキーマ 283

第4章

重要キーワード 345

過去問題

平成31年度春期 本試験問題・解答・解説 353

試験問題・解説などのダウンロード

翔泳社のWebサイトでは，過去19年分の試験問題と解答・解説をはじめ，学習を支援するさまざまなコンテンツを入手できます。なお，これらのコンテンツはすべてPDFファイルになっています。

- 令和２年度試験（2020年10月開催）の「試験問題と解答・解説」
- 過去18年分（平成14～31年度）の「全試験問題と解答・解説」
- 平成14～令和２年度試験 全試験の「解答用紙」
- 重要キーワード（第４章）の一部
- 試験に出る用語を集めた「用語集」

コンテンツを配布しているWebサイトは次のとおりです。記事の名前をクリックすると，ダウンロードページへ移動します。ダウンロードページにある指示に従ってアクセスキーを入力し，ダウンロードを行ってください。アクセスキーとは，本書各章の最初のページに記載されているアルファベットまたは数字１文字のことです。

配布サイト：https://www.shoeisha.co.jp/book/present/9784798167770
配布期間　：2021年12月末まで

＜注意＞

- 会員特典データ（ダウンロードデータ）のダウンロードには，SHOEISHA iD（翔泳社が運営する無料の会員制度）への会員登録が必要です。詳しくは，Webサイトをご覧ください。
- **令和２年度試験（2020年10月開催）の試験問題および解答・解説、解答用紙は、2021年１月～２月ごろの公開を予定していますが、詳しくはWebにてご案内します。なお、公開時期については、試験の状況等により変更される場合があります。**
- それ以外のコンテンツの提供開始は2020年９月末頃の予定です。
- 会員特典データ（ダウンロードデータ）に関する権利は著者および株式会社翔泳社が所有しています。許可なく配布したり，Webサイトに転載することはできません。
- 会員特典データ（ダウンロードデータ）の提供は予告なく終了することがあります。あらかじめご了承ください。

本書の使い方

本書は以下の内容で，皆さんの学習をサポートします。

序章

データベーススペシャリスト試験の対策として，学習方法と解答テクニック，過去問題の分析と出題傾向などをまとめています。これにより，学習の効率と効果を大幅に高めます。

第１章～第４章

SQL から，解答力の基礎となる概念データモデル，関係スキーマ，11 の重要キーワードまでをわかりやすく解説します（キーワードは一部 Web 提供）。

平成 31 年度 春期 本試験問題・解答・解説（午前Ⅰ，午前Ⅱは Web 提供）

実際の試験問題で解答力を高めます。特に午後Ⅰ・Ⅱについての解説は，設問の読み解き方から解答の導き出し方までしっかり学習することができます。

データベーススペシャリストになるには

試験概要や受験方法，出題範囲などについて書いてあります。

本文中，及び欄外には，次のアイコンがあります。

欄外	用語解説	用語や略語について解説	間違えやすい	誤解や混乱を招きやすいポイント
欄外	参考	その解説の参考となる事項	Memo	更に理解しておくとよい事項
欄外	試験に出る	過去(平成 14 ～ 31 年度)の出題例と出題ポイント		
本文中	POINT	試験で正解するために覚えておかなければならない事柄		
本文中	スキルUP!	補足的な説明や知っておくと役に立つ事柄		
本文中	Tips	解説の理解や問題を解く上のコツ		

試験対策（学習方法と解答テクニック）

序章

前回試験（平成 31 年度）の傾向

午前Ⅱ：例年通り過去問題中心の出題
午後Ⅰ：午後Ⅱ重視，SQL 重視
午後Ⅱ：概念データモデル，関係スキーマを完成させる問題が安全

アクセスキー U（大文字のユー）

学習方針

LINK

学習方針について，著者がわかりやすく解説している動画をWeb で公開しています。
QR コードまたは下記 URL からアクセスしてください。

【URL】https://www.shoeisha.co.jp/book/pages/9784798167770/gakushu/

平成 25 年までは，午後Ⅰも午後Ⅱも定番の問題ばかりが出題されていたが，平成 26 年から徐々に崩れ出し，ここ数年は，さらに変化してきている（詳細は後述）。出題範囲やシラバスには大きな変化はないので，この傾向が今後も続くのか，それとも今回の傾向が定番になるのか，はたまた忘れた頃に以前の定番問題が復活するのか，いずれの可能性もあるために，令和 2 年の出題傾向を読み切るのはなかなか難しくなっている。

とは言うものの，必要な知識が変わったわけではないし，定番の問題が無くなったわけでもない。的を絞り切れなくなった今，覚えないといけないことが増えただけだ。使える時間は人それぞれだろうが，制約のある中でより合格に近づくために，しっかりとした学習方針を立てて，幸先の良いスタートを切ろう！

1. 出題傾向と推奨対策

まずは，データベーススペシャリスト試験の出題傾向と筆者の推奨する対策を紹介する。特に，得意分野がない人は参考にして，この方向で計画を立ててほしい。

傾向の年度変化

平成 14 年度から平成 31 年度までの 18 年間の傾向の変化をまとめてみた。昔は，結構定番の問題が多く，その定番の問題だけに絞って学習していれば合格できたが，最近はそうも言っていられなくなってきた。簡単に言えば学習範囲が広くなり，その分学習時間も増やさざるを得ない。

しかも，古い問題が陳腐化して不要になってきているのなら良かったかもしれないが，古い問題は基礎となり，その基礎を使って解答する問題が出るので，古い問題も安易に捨てられない。したがって，その分さらに学習時間を増やさざるを得なくなる。

表：出題傾向の変遷

<table>
<tr><td colspan="2">試験制度</td><td colspan="7">▼解答例公表開始（H16 ～）</td><td colspan="5">▼試験制大幅に改訂（H21 ～）</td><td colspan="6">▼マイナーチェンジ（H26 ～）</td></tr>
<tr><td colspan="2">出題年度</td><td>H14</td><td>H15</td><td>H16</td><td>H17</td><td>H18</td><td>H19</td><td>H20</td><td>H21</td><td>H22</td><td>H23</td><td>H24</td><td>H25</td><td>H26</td><td>H27</td><td>H28</td><td>H29</td><td>H30</td><td>H31</td></tr>
<tr><td rowspan="2">午前試験</td><td>問題数</td><td colspan="3">50 問</td><td colspan="4">55 問</td><td colspan="11">午前Ⅱは 25 問（午前Ⅰは 30 問）</td></tr>
<tr><td>傾向</td><td colspan="18">問題数以外に変化はなし（但し，平成 21 年からは午前Ⅰ，午前Ⅱに分かれる）</td></tr>
<tr><td rowspan="3">午後Ⅰ</td><td>問題数</td><td colspan="7">4 問出題のうち 3 問解答（90 分）</td><td colspan="11">3 問出題のうち 2 問解答（90 分）</td></tr>
<tr><td>傾向</td><td colspan="12">定番問題が出題されている時代</td><td colspan="6">幅広い出題の時代</td></tr>
<tr><td>テーマ</td><td colspan="7">①基礎理論
② DB 設計
③ SQL
④その他
（①～③）3 問は定番</td><td colspan="5">①基礎理論
② DB 設計
③ SQL& その他
（①～②）2 問が定番</td><td colspan="6">① DB 設計（概念） …定番は 1 問だけ
②物理設計
③ SQL</td></tr>
<tr><td rowspan="5">午後Ⅱ</td><td>問題数</td><td colspan="18">2 問出題のうち 1 問解答（120 分）</td></tr>
<tr><td>傾向</td><td colspan="12">2 問とも概念データモデルと関係スキーマの時代</td><td colspan="6">概念データモデル等と
物理設計の時代</td></tr>
<tr><td rowspan="3">テーマ</td><td colspan="18">概念データモデル・関係スキーマを完成させる問題が出題されている</td></tr>
<tr><td colspan="12" rowspan="2"></td><td colspan="6">1 問が物理設計の問題</td></tr>
<tr><td colspan="5">この 5 年間は似ている</td><td>新傾向</td></tr>
</table>

午前Ⅱ

午前対策は，他の試験区分と同じ考え方でいい。この 18 年の間に問題数の変化はあるものの傾向は変わっていないし，基本情報技術者試験や応用情報技術者試験，その他高度系試験同様，過去問題中心に出題されるところも変わりないからだ。したがって，まずは，これまで出題されたデータベース分野の問題を解けるようになることを目指すのが基本方針になる。その上で時間があれば，他区分の情報セキュリティやシステム開発の問題に目を通しておくといいだろう。

午後Ⅰ

午後Ⅰ試験は大きく変わってきている。定番の問題は今では **"データベース設計"** の 1 問だけになってしまっている（表参照）。後の 2 問は SQL の問題を含むデータベース設計及び実装の問題になるので，非常に範囲が広くて予想も困難になっている。

ただ，その定番の１問**“データベース設計”**の問題は，これも午後Ⅱの定番の問題**「概念データモデルと関係スキーマを完成させる問題」**をコンパクトにしたほぼ同じものなので，午後Ⅰ対策として改めて何かする必要はない。午後Ⅱ対策さえしっかりと行っておけば，そのノウハウは午後Ⅰでも使えるからだ。

対策は，残りの１問で確実に点数を取って合計 60 点以上でクリアできるように考えて実施する。まずは最も出題の可能性の高い SQL だ。SQL の問題を抵抗なく選べるようになれば，かなり安泰である。但し，これは第１章（午前問題含む）を使ってしっかりと仕上げる必要がある。その上で時間があれば，午後Ⅰの SQL の問題に目を通そう。

後は，過去問題から特徴のある問題を重複することなく選定し，数多くのパターンに対して事前に解答方法を見出しておく必要がある。そのために，午後Ⅰ，午後Ⅱ問わず，午後Ⅰ対策として過去問題に触れておくのがベストだろう。

●午後Ⅱ

午後Ⅱ試験も多少変わっては来ているものの，**「概念データモデルと関係スキーマを完成させる問題」**が，必ず１問出題されているところは変わっていない。もちろん令和２年の試験で外される可能性もゼロではない。しかし，出題範囲もシラバスも変わっておらず，平成 31 年までずっと出題され続けているのに，ここであえて出題から外す理由がない。したがって，限りなく 100％に近い出題確率だと言える。しかもここ数年は，午後Ⅰでも１問出題されているのは前述の通り。そのため，この部分の学習は必須かつ最優先になる。

２問のうちもう１問は，**“物理設計”**を中心にした問題になる（タイトルは，データベースの設計と実装）。平成 26 年から５年間は，索引や制約，容量計算，性能などだったため，それが続くのかなと思いきや平成 31 年には違っていた。次回，どうなるのかはわからないが，戦略的には，午後Ⅱ対策としてではなく“午後Ⅰ対策”として準備しておくことをお勧めしたい。もちろん物理設計を得意としている人は，この限りではない。

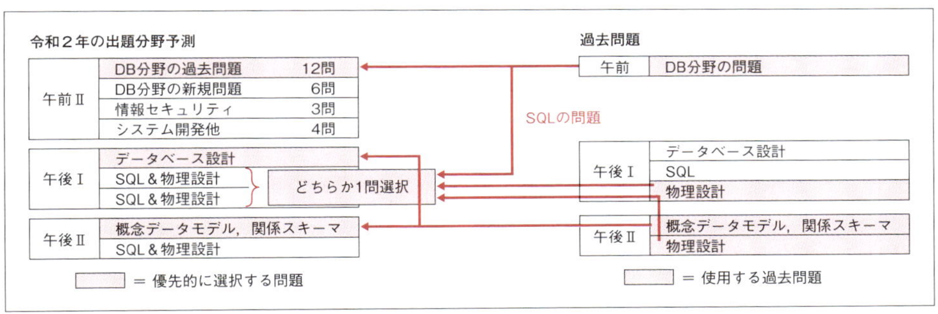

図：ここまでのまとめ。どの過去問題を使って，どの部分の準備とするのかの推奨対応表

2. 初受験，又は初めて本書を使われる方

データベーススペシャリスト試験を始めて受験される人，もしくは初めて本書を使って試験対策を行われる人は，前述の**「出題傾向と推奨対策」**を読んでから，ここで**“課題”**を設定しよう。課題は「“合格に必要な知識”と“自分の現在の知識”との差」。その差が正確にわかれば，いよいよ学習計画が立てられる。使える時間は人によって違う。自分が使える時間の中で，合格に最も近づけるように学習計画を立てなければならない。重要な部分から優先的に準備できるように，まずは自分の課題を見極めよう。なお，ここでは前述の**「出題傾向と推奨対策」**の中で筆者が推奨している対策に沿って説明している。

STEP-1 概念データモデルと関係スキーマに関する知識（必須）

まずは**「概念データモデルと関係スキーマを作成するための知識」**を確認しよう。データベースの設計と実装の前段階で，RDBMS に依存しない論理的な設計の部分になる。本書の第 2 章と第 3 章の内容で，ここ数年は，午後Ⅰで 1 問，午後Ⅱで 1 問出題されている。

合格に必要なレベルは，（午後Ⅱ対策を想定しているので）過去の午後Ⅱの問題を 2 時間で解答して 60 点以上取れるレベル。具体的には，① E-R 図の表記ルール，②関数従属性，③キー，④正規化などの知識と，長文読解力や解答速度を高めるノウハウが必要になる。できれば，⑤基本的な業務知識も欲しいところだ。そのあたりのアセスメント（評価）と対策をまとめると，次のような手順になる。

STEP1-1.　E-R 図の表記ルールを知っている（第 2 章で確認）
STEP1-2.　関数従属性，キー，正規化に関する知識がある（第 3 章で確認）
STEP1-3.　午後Ⅱ過去問題が 2 時間で解答できる（60 点以上）（過去問題で確認）
STEP1-4.　午後Ⅱ過去問題の中に出てくる多くのパターンに対応できる（〃）
STEP1-5.　さらに短時間で解答するために，頻出分野の業務知識がある（第 2 章で確認）

STEP-2 SQL に関する知識（必須）

次に，SQL 関連の知識について確認しよう。SQL に関する問題は，午前Ⅱ，午後Ⅰ，午後Ⅱの全ての時間区分で出題され，なおかつその比率はどんどん高まっている。今では必須の問題で，平成 31 年度の午後Ⅰ試験では，ついに 3 問中 2 問出題されるようになった。

合格に必要なレベルは，SELECT 文で複数のテーブルを外結合できたり，副問合せができたりすること。他には INSERT，UPDATE，DELETE，CREATE などに関する知識も必要になる。プログラミングなど実務の仕事で使っている人や，基本情報技術者試験や応用

情報技術者試験を受験する時に，時間を割いて勉強した人は問題ないかもしれないが，自分の今頭の中にある知識で，合格点が取れるかどうかは突き合わせチェックをしないとわからない。具体的には，次のような手順でチェックして確認しよう。

STEP2-1. 基本的な構文や使用例を覚えている（第1章で確認）
STEP2-2. 午前問題が解ける（第1章で確認）
STEP2-3. 午後Ⅰや午後Ⅱ問題で出題された時に解答できる（過去問題で確認）

STEP-3 データベースの物理設計に関する知識（必須）

3つ目は，データベースの物理設計になる。データ所要量を求める計算，テーブル定義表を完成させる問題，性能に関する問題，索引や制約に関する問題などだ。これらの知識があるかどうかを確認しよう。

と言うのも，午後Ⅰ試験ではほぼ必須，午後Ⅱ試験でも選択した方がいいケースがあるかもしれないからだ。優先順位は3番目ではあるが，その優先順位の中でしっかりと準備はしておきたい。範囲が広く，どこが出題されるか的を絞りにくいため，幅広く準備しておくところがポイントになる。

STEP3-1. 基礎知識の確認（第4章で確認）
STEP3-2. 午後Ⅰや午後Ⅱ問題で出題された時に解答できる
（過去問題と本書の「午後Ⅰ対策」のところで確認）

STEP-4 午前Ⅱ（データベース分野）の知識（必須）

最後は，午前Ⅱ対策である。優先順位は低いが，絶対に対策をしておかないといけないところになる。過去問題がそのまま再出題されることが多く，かつその割合もそこそこ高いので，練習中に何度か間違えておけば本番では間違わなくなる。ある意味問題がわかっているのに，間違うというのはすごくもったいない。

当然だが，午前Ⅱをクリアしないと合格できないし，午前Ⅱでアウトだと午後Ⅰも午後Ⅱも採点されないため何点だったのかさえわからない。そういうことなので，まずは過去問題を使ってデータベース分野の午前問題から仕上げていこう。

STEP4-1. 本書序章の「午前対策」を熟読する。
STEP4-2. 上記の対策案に沿って過去問題を解いて覚えていく

3. 連続受験する人の学習方針

連続受験する人は，前回学習したことを“資産”として蘇らせて，その上に今回学習する部分を積み重ねることを考えよう。それを可能にするため，ここでは今回改訂した部分を中心に説明する。

STEP-1 平成31年度試験の解説をチェック！

まずは平成31年度試験の解説をチェックしよう。本書の午後Iと午後IIの解説は，単に「なぜその答えになるのか？」という解答の根拠を示すだけではなく，その問題を解くときの思考や解答手順，着眼点なども説明している。したがって，圧倒的な情報量になるが，**まずは自分の解いた問題を，当時の“時間の使い方”と“どう考えて，どういう手順で解答したのか”を思い出しながら，解説に書いてあることと比較して自分自身の課題を見つけよう。**ある程度自分で気づいている要因もあるだろうが，思いもよらない（知らなかった）着眼点に出会うかもしれない。特に，午後IIの解説は100ページ近い内容になっている。じっくりと目を通して課題を見つけよう。

STEP-2 第1章のSQLを仕上げておく！

毎年，少しずつ傾向も変化してきているが，中でもSQLの問題が重視されてきている。昔は，午後の問題で“SQL”を避けても合格できていたが，今年の試験でそれが可能かどうかはわからなくなってきている。それに，いずれにせよ午前問題には出題される。プログラム経験の無い人は，多少は時間がかかるかもしれないが，試験本番までの残り時間がたっぷりあるのなら，早い段階で仕上げておくのもいいだろう。

STEP-3 前回，時間を計測して解いた問題を見直す（午後I，午後II）

次に，前回，試験対策として時間を計測して解いた問題を見直そう。午後Iと午後IIだ。改めて時間を計測して解く必要はない。**どれだけ記憶に残っているのか？それを確認する。**

これは，筆者が実施している試験対策講座でも必ず説明していることだが，午後Iを1問45分で解いたり，午後IIを120分で解いたりする練習も必要だが，問題を解いている時間というのは自分自身の知識が増え合格に近づいているわけではない。ただのアセスメント（評価）に過ぎない。本当に力が付くのは，解いた後にどうするのか？それを考えている時だ。そういう意味で，本書では，過去問題の量（18年分）だけではなく，他の参考書にはない次のような視点で解説している。

・時間内に速く解くための解答手順（解答にあたっての考え方）
・仮説－検証プロセスの推奨と，仮説の立て方

「なぜその答えになるのか？」が理解できても，それだけでは時間内で解けない可能性がある。**合格に必要なのは「『なぜその答えになるのか？』をどうすれば短時間で気付くか？」**だ。特に，本番試験で時間が足りなかった人は，解説の中に記載している**「どうすれば速く解答できるのか？」**という部分を中心にチェックしていこう。

STEP-4 前回，まだ解いていない問題を，時間を計測して解く

本書の序章にある**「午後Ⅰ対策の考え方（戦略）」**もしくは**「午後Ⅱ対策の考え方（戦略）」**では，本書で解説を読むことのできる**平成 14 年から平成 31 年にいたるまでの過去問題に優先順位をつけている。午後Ⅰで 61 問，午後Ⅱで 36 問もある**わけだから，いくら合格したいからと言っても，なかなか全問題に目を通す時間が取れないからだ。

絶対に目を通しておいた方がいい問題は**“濃い網掛け”**で，目を通しておくとより合格率が高まる問題は**“薄い網掛け”**で，それらの問題を全部解いてしまった後に時間があれば目を通しておくといい問題には**“網掛けなし”**で，三つのレベルに分類している。まだ，時間内に解くことが不安な人は，その優先順位で過去問題を解いていくといい練習になる。

また，今回始動が早い人は，前回“捨てた分野”から着手するのも一つの手だ。最近は複合問題が多くなってきているし，少しずつ傾向が変化してきていることもある。そのため，幅広い知識を持っておいて損はない。特に前回，十分な学習時間が確保できずに中途半端な学習で受験した人は，今回，早い段階から“捨てた分野”を押さえていこう。特に，物理設計や SQL は，今や避けて通れないので，苦手な人は是非。

まとめ 前回受験した人が有利なのは間違いない

情報処理技術者試験の高度区分にもなると，一発合格はなかなか難しい。ある程度，過去問題を解いた数と合格率に相関関係があることを考えれば，今回初受験組よりも，前回受験した人の方が有利なのは間違いない。しかし，それは**1 年目の上に 2 年目の知識が積み上げられている場合の話で，“仕切り直し”をしてしまうと初受験組との差は無くなる。**そう考えて，連続受験する人は，その上に知識を積み重ねていくことを考えよう。

4. 基本情報・応用情報試験を受験する人の学習方針

●基本情報技術者試験の受験生

基本情報技術者試験を受験される方は，まずは第 1 章の SQL だけを仕上げよう。その理由はいくつかある。

理由その①　午後問題が SQL の問題だから

最大の理由は，基本情報技術者試験の午後問題を見たら一目瞭然だが，基本情報技術者試験の午後問題（データベース）は，基本 SQL の問題だ。

理由その②　充実したテキストが無い（1 冊や 2 冊に全範囲収まらない）

これは，総花的な試験区分の基本情報技術者試験と応用情報技術者試験に共通の問題だが，その試験範囲の広さから，1 冊のテキストに全分野の知識を詰め込むことができない。「17 分冊」に分けられた分野ごとのテキストが市販されていれば，それを買えばいいかもしれないが，1 冊や 2 冊のテキストの場合，網羅性は確保できているのかそこを良く見極めた方がいい（不可能だ）。そう考えれば，どうせ高度系のデータベーススペシャリスト試験を見据えているなら，本書の第 1 章と試験センターからいつでも無料でダウンロードできる過去問題を使えば，実効性が高く，効率もいい学習ができるだろう。

理由その③　難易度はそんなに変わらない

実は，SQL の問題に関していうと，基本情報技術者試験も応用情報技術者試験も，高度系のデータベーススペシャリスト試験も，難易度はそんなに大きくは変わらない。加えて，昔データベーススペシャリスト試験の問題（すなわちレベル 4 の問題）だったものが，応用情報技術者試験（レベル 3）や，基本情報技術者試験（レベル 2）になることもある。したがって「基本情報技術者試験としては初めての出題」のような問題にも対応できる可能性がある。

理由その④　高度系受験の時に楽になる

最後の理由は，基本情報技術者試験に合格した後に，データベーススペシャリスト試験を受験する時に，SQL が仕上がっていたらかなり楽。データベース設計（概念データモデルと関係スキーマの完成）に集中的に時間が使える。応用情報技術者試験をも含めて考えると，きれいに負荷分散できる。

後は，第 3 章の正規化，第 4 章あたりにも目を通しておけば万全だろう。

●応用情報技術者試験の受験生

応用情報技術者試験を受験される方で，基本情報技術者試験の学習でSQLが仕上がっていない場合には，まずは第1章のSQLだけを仕上げる。この点に関しては，前述の通りだ。SQLを基本情報技術者試験の受験時に，本書を使って仕上げていたら，解答テクニックに目を通して記述式問題で点数が取れるように仕上げていこう。

応用情報技術者試験こそ，充実したテキストが無い！

もしもあなたが今，応用情報技術者試験の参考書を手にしているのなら，その参考書のデータベースのページを確認してみるといい。何ページぐらいあるだろうか？しかもそこから基本情報技術者試験で学んだ"SQL"を除いた場合，何ページぐらい残るだろうか。加えて，基本情報技術者試験と被っている内容を除いた場合，その残りは何ページになるのだろう？それで点数が取れればいいが，それだと何もしなくてもいいことになる。

基本情報技術者試験の場合は，おそらく，専門学校や大学での利用が見込めるだろうから分野ごとの参考書が市販されている。しかし，これが応用情報技術者試験になると，あまり見たことが無い。需要が無いのだろう。筆者の知識不足でどこかが出しているのならそれを使えばいいが，そもそも1冊で応用情報技術者試験の試験範囲をカバーすることは不可能だし，しかも基本情報技術者試験と被らない内容にすることも難しい。意味が分からなくなるからだ。

基本情報技術者試験の知識の上に，データベーススペシャリスト試験を受験する時に楽になるように

良いテキストが無いのであれば，ここは一番，応用情報技術者試験でのポイントゲット科目として，より高度な学習をしたらどうだろう？学習を，点ではなく，面でつなげていくことで，学習効率がすごくよくなる。基本情報，応用情報を受験するというより，1～2年かけてデータベーススペシャリスト試験の準備をするイメージだ。**「応用情報技術者試験よりも高度な内容を知ってしまったから不合格になった！」**ということは無いので，どうせなら，本書を参考書代わりに使うことをお勧めする。試験センターから無料でダウンロードできる過去問題と併用すれば，データベースの問題は点数が取りやすいだろう。

本書を使って学習する場合には，ぜひ序章の「解答テクニック」も含めて覚えるようにしよう。というのも，応用情報技術者試験では記述式の解答も少なくないからだ。過去にも更新時異状について答えさせる設問があった。応用情報技術者試験の参考書を使って勉強していると超難問になるのだろうが，高度系の勉強をしていたら**「それは定型文を覚えて，中身を変える」**という方法が定着しているから普通の問題になる。もちろん，次のデータベーススペシャリスト試験にも有効だ。

午後Ⅱ対策

LINK

午後Ⅱ対策について，著者がわかりやすく解説している動画をWebで公開しています。
QRコードまたは下記URLからアクセスしてください。

【URL】https://www.shoeisha.co.jp/book/pages/9784798167770/pm2/

平成31年の出題

問1　データベースの設計・実装（物理設計）
問2　概念データモデル・関係スキーマの完成

「概念データモデル・関係スキーマの完成」の問題（問2）は，例年通り変わりはなく出題された。午後Ⅰ試験でも1問出題されている。そのため，この問題への対策は必須になる。

一方，「データベースの設計・実装（物理設計）」の問題（問1）は，少し変化があった。平成26年から平成30年まで続いたデータベースの所要量計算やテーブル定義表を完成させる問題は出なかった。平成31年から傾向が変わるのか，それとも隔年等定期的に出題されるのかわからない。したがって安全策を見込んで，この両方に備えておこう。

1. 午後Ⅱ対策の考え方（戦略）

令和２年の試験対策は，例年通り**「概念データモデル・関係スキーマの完成」**問題への対策を進めるとともに，**「データベースの設計・実装（物理設計）」**の問題も解けるようにしておこう。

その理由は，平成26年以後の午後Ⅰ試験で“物理設計”をテーマにした問題の比重が高くなってきたからだ。年度によっては，午後Ⅱ対策をしていたら，午後Ⅰ対策は不要だったこともある。それゆえ，「午後Ⅱは，概念データモデル・関係スキーマの完成の問題を選択する」と決めている人も，午後Ⅰ対策だと考えて準備しておこう。

STEP-1 概念データモデル・関係スキーマの完成の問題への対策

①本書の「序章　午後Ⅱ解答テクニック」（この後）を熟読する
②平成31年午後Ⅱ問２を解くか，解説を熟読する

STEP-2 データベースの設計・実装（物理設計）の問題への対策

①本書の「序章　午後Ⅱ解答テクニック」（この後）を熟読する
②平成31年午後Ⅱ問１を解くか，解説を熟読する
③平成30年午後Ⅱ問１を解くか，解説を熟読する

STEP-3 いろいろな過去問題に目を通す（解いてみる）

	最重要問題：6問 （右頁の表の濃い網掛け）	重要問題：4問 （右頁の表の薄い網掛け）	本書の関連箇所
概念データモデル・関係スキーマの完成	平成24年問2，平成29年問2，平成31年問2，平成25年問2	平成22年問2，平成21年問2，平成23年問2，	第2章 第3章
物理設計	平成30年問1，平成31年問1	平成26年問1	第4章

時間がなければ最重要問題の６問を，時間があればそれに重要問題４問を加える（表参照）。さらに時間があれば残りの問題にも目を通しておく。２時間集中する時間はなかなか取れないかもしれないので，何日かに分けて部分的に読み進めてもいいだろう。あるいは読むだけでもいい。

STEP-4 第１章～第４章を熟読して

但し，必ず過去問題で出題された部分と，本書の“第１章”～“第４章”の関連箇所を突き合わせながら知識の整理をしていこう。そして必要なものは覚えるようにしよう。

H19	
問1	問2
〔ＰＪ管理〕 概念他の割合：15％	〔販売業務〕 概念他の割合：100％
● CRUD 図 ●パフォーマンス	・オプショナリティ ・リレーションシップ説明表

H20	
問1	問2
〔売上管理〕 概念他の割合：30％	〔在庫管理〕 概念他の割合：90％
●移行処理 ●同時実行制御	

H21	
問1	問2
〔銀行・届出印管理〕 概念他の割合：30％	〔カタログ販売業務〕 概念他の割合：100％
●障害対策	

H22	
問1	問2
〔販売管理〕 概念他の割合：0％	〔販売業務〕 概念他の割合：90％
●物理設計	・在庫更新の計算

H23	
問1	問2
〔ＰＪ管理〕 概念他の割合：30％	〔在庫管理〕 概念他の割合：90％
●パフォーマンス	●事象整理表

H24	
問1	問2
〔販売管理〕 概念他の割合：80％	〔ホテル食材管理〕 概念他の割合：80％
●制約チェック	

H25	
問1	問2
〔部品購買業務〕 概念他の割合：70％	〔販売業務〕 概念他の割合：90％
●移行設計	・オプショナリティ ●制約

H26	
問1	問2
〔販売管理〕 概念他の割合：0％	〔ホテル宿泊〕 概念他の割合：40％
●物理設計 （RDBMS の仕様）	

H27	
問1	問2
〔地域医療情報〕 概念他の割合：0％	〔部品在庫の倉庫管理〕 概念他の割合：80％
●物理設計 （RDBMS の仕様） ●性能，索引	

H28	
問1	問2
〔顧客情報管理〕 概念他の割合：0％	〔アフターサービス業務支援〕 概念他の割合：95％
●物理設計 （RDBMS の仕様） ●データ移行	

H29	
問1	問2
〔顧客情報管理〕 概念他の割合：10％	〔販売物流システム〕 概念他の割合：90％
● DB の設計，実装 DB 統合（連携），SQL	

H30	
問1	問2
〔経費精算システム〕 概念他の割合：0％	〔製造販売システム〕 概念他の割合：90％
● DB の設計・実装 〔RDBMS の仕様〕	

H31	
問1	問2
〔ログ分析システム〕 概念他の割合：0％	〔製パン業務〕 概念他の割合：85％
● DB の設計・実装 （RDBMS の仕様）	

※概念他の割合：午後Ⅱ解答テクニックの「概念データモデルの完成」と「関係スキーマの完成」に掲載している技術及び第1章，第2章の知識を使って解ける設問のおおよその配点割合をしめしている。

2. 長文読解の方法

最初に，情報処理技術者試験全般を苦手としている人，高度系試験区分を苦手としている人，ひいては長文読解を苦手としている人は，自身の長文読解方法について再確認しておくことが必要かもしれない。

●どこに何が書いてあるのかを探す読み方

問題文のストーリーを短時間で正確に把握するためには，あらかじめ**「どこに，何が書いてあるのか」**を推測し，それを“探す”読み方をしなければならない。問題文を読み終わったときに，「あ，そういう話なのか」と感心するような（小説を読むような）読み方では，時間がいくらあっても足りないだろう。必要な情報を能動的に（意思を持って），自ら探しに行く…そんな“読み方”が必要になってくる。

そのためには，過去問題を参考にして問題文のパターンをストックしていかなければならない。単に過去問題を解いて終わりではなく，その文章構造を解析するような視点でチェックしてみよう。すると，**毎回説明されていることや，似通った表現パターンがとても多いことに気付くだろう。**そのパターンを頭にインプットできれば，次から解析できるようになる。

●問題文の全体構成を把握

「どこに何が書いてあるのか？ それを探す読み方」，その第一歩は，問題文の全体構成を把握することから始まる。問題文は通常，①問題タイトル，②背景，③〔 〕で囲まれた見出しを持つ各段落で構成されている。他に，④図表も多い。この四つの要素を先に読むだけで，ストーリー（全体の流れ）を“体系的に”把握できるし，過去の問題文の構成パターンに当てはめて考えることもできる。これなら，10 ページを超える午後Ⅱの問題文でもそう時間はとられない。加えて，図のように段落ごとに線を引くことによって，長文を短文の集合体へと変換することができ，焦点を絞り込みやすくなる。特に，長文が苦手な人には非常に有効である。

なお，午後Ⅱ攻略のキーになる概念データモデルと関係スキーマを完成させる問題の全体構成の把握方法を例に右ページにまとめてみた。具体的には後述する「2　試験開始直後にしておくこと」で詳しく解説しているので参考にしてほしい。

既存データベースシステムのデータ移行
〔組織と機器の概要〕
〔機器の管理〕
〔業務の概要〕
〔ゲーム機管理システムのテーブル構造〕
〔ゲーム機管理システムへの改善要望〕
〔改善要望への対応〕
〔データ移行〕
設問1
設問2
設問3

タイトル:既存データベースシステムのデータ移行
題材:独立系施設運営会社（Z社:全国500か所にアミューズメント施設を持つ）

第1段落〔組織と機器の概要〕 (P.1)
1.組織（支店と社員,施設）
2.機器（種類,ビデオゲーム機）

第2段落〔機器の管理〕 (P.2)
図1　ゲーム種別コード体系
表1　機器タイプの略称の例

第3段落〔業務の概要〕 (P.3)
1.売上管理
図2　売上台帳の記入例
2.ゲーム交換 (P.4)
図3　ゲーム交換の例
3.機器情報更新 (P.5)

第4段落〔ゲーム機管理システムのテーブル構造〕
図4　ゲーム機管理システムのテーブルとその参照関係
図5　ゲーム機管理システムのテーブル構造

・ここまでが現状説明。だから，ここで，現状の状況を把握
（第1,2,3段落と第4段落を対応付け）

第5段落〔ゲーム機管理システムへの改善要望〕 (P.6)

第6段落〔改善要望への対応〕 ← 設問1
1.ゲーム種別コード体系の見直し（要望①～③への対応）
2.テーブルの追加・変更 (P.7)
図6　追加・変更したテーブルとその参照関係（一部未完成）
図7　追加・変更したテーブル構造（一部未完成）

・何をどう改善するのかを把握
（第5段落と第6段落を対応付け）

第7段落〔データ移行〕 ← 設問2 設問3
1.移行するデータの対象範囲
2.移行前に行う作業 (P.8)
3.移行時に使用する変換テーブルの設計と作成
図8　移行時に使用する変換テーブルの構造（一部未完成）
表2　変換テーブルの作成方法（一部未完成）
4.データ移行の実施計画 (P.9)
表3　データ移行処理一覧
5.“売上”テーブルの移行処理方式 (P.10)
表4　“売上”テーブルの移行処理方式の案
6.移行処理時間の短縮 (P.11)
表5　“売上”テーブルの移行処理方式の追加案

・どう移行するのかをチェック

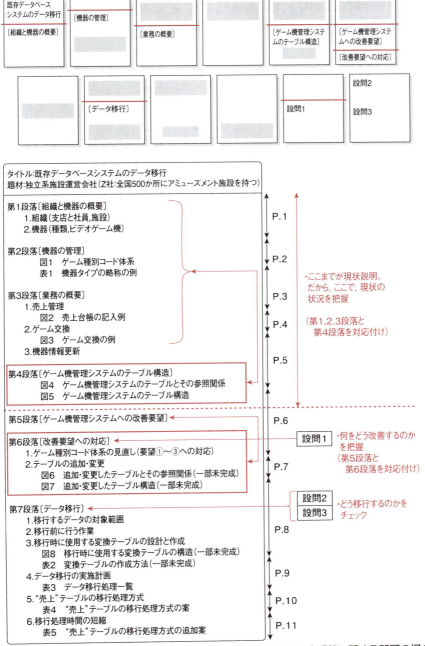

図：全体構成を把握する例（データベースの概念データモデルの完成等に関する問題の場合）

1. DB 事例解析問題の文章構成パターンを知る

基本的な解答戦略を把握したら，続いて，午後Ⅱ事例解析問題の文章構成パターンを把握しておこう。

午後Ⅱ試験で問われるのは“データベース設計”である。具体的には「概念データモデルと関係スキーマを完成させる問題」と「データベースの物理設計」に関する問題になる。問われることが決まっていれば，自ずと問題文の構成も似通ってくる。もちろん“絶対”というわけではないが，“よくあるパターン”を知っておいて“損”にはならないだろう。少なくとも本番中に戸惑わないようにはなるはずだ。

(1) 全体イメージと設問の確認

概念データモデルと関係スキーマを完成させる問題では，10 数ページにわたる問題文のほとんどが“業務の説明”になる。「業務の概要」とか，「～業務」，「業務要件」など，段落タイトルや表現はその時々によって異なるが，いずれも“業務の説明”であることに変わりはない。そして，その業務の“概念データモデル”と“関係スキーマ”が途中まで作成されていて，それを完成させる設問がある。これが最もよくある標準パターンだ。

なお，業務の説明は，段落タイトルを見れば一目瞭然のものがほとんどだが，既にシステムを利用して行う業務については，システムの説明になっていることもある。単純に“業務の説明”といっても，その説明は“業務の内容を記述した文章”だけではない。様々なパターンがあるので，予めどんなパターンがあるのかを把握しておこう。そうすることで，それぞれのパターンごとの読み方ができるだろう。

- 業務フロー（図＋文章）
- 現行システムの概要（システムを含めて現行業務だと考える）
- 現行システムの“入力画面”
- 現時点で利用している“帳票”

あと，よくあるパターンは，業務改善や現行システムの改善（設計中の追加要件を含む）になる。そのパターンが来たら，設問ごとに「改善前と改善後のどちらが問われているのか？」を逐一明確にした上で取り組むことを忘れないようにしよう。改善前のことが問われているのに，勝手に改善後のものだと判断して誤った解答をするのは本当にもったいない。

一方，データベースの物理設計に関する問題では，データベースの論理設計の話から始まる。具体的には，業務の概要，概念データモデル，関係スキーマ，それを実装したテーブルなどだ。この部分の解析は，前述の概念データモデルと関係スキーマを完成させる問題と同じだ。

その後，**〔RDBMS の仕様〕**の段落がある。ここは，設問に対する解答を考える時に必要な制約条件や前提条件が含まれているので，すごく重要な部分になる。ただ，この段落に書かれていることは，過去問題とよく似たパターンが多い。そのため，本書でも解説しているので，そこを読んで過去問題に出題された時のパターンを把握しておくといいだろう。

その**〔RDBMS の仕様〕**の後は，テーブルへの実装（スーパータイプ，サブタイプのテーブルへの実装），性能計算，索引の定義，SQL 文で書かれた処理などの説明へと続いていく。

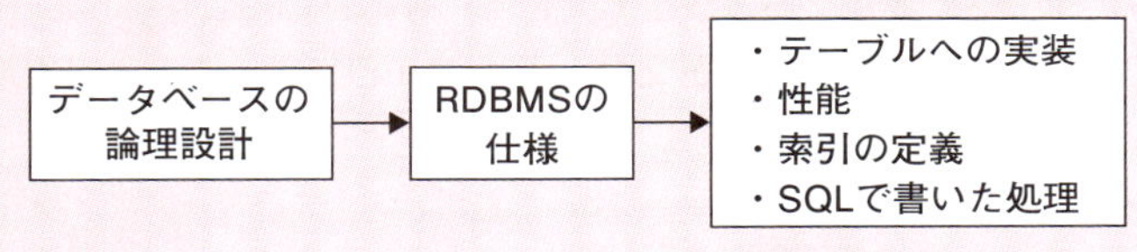

(2) 解答戦略（2 時間の使い方）立案

全体の構成と設問が把握できたら，解答戦略を立案しよう。2 時間をどのように使うか，時間配分を決める。

概念データモデルと関係スキーマを完成させる問題は，その割合を確認する。そして，おおよそでも構わないので，そこに費やして構わない時間を計算する。割合が 100% なら，120 分を問題の総ページ数で割るだけでも構わないが，“他の設問”もあるのなら，その“他の設問”に，ある程度時間を割り当てないといけない。配点は非公表なので，明確な判断基準はないが，設問の数や解答用紙のエリアなどを参考に，比例配分したらいいだろう。それを最初に行い，その後に，問題文の最初から順番に処理していく。漏れがないように注意しながら，じっくりと読み進めていく。具体的なプロセスは，午後Ⅱ過去問題の解説で説明しているので参考にしてほしい。どういう手順で処理して（設計を進めて）いけばいいのかにも重点をおいて解説しているからだ。

データベースの物理設計の問題は，設問単位で時間の割り当てを行う。設問 1 に何分使おうっていう感じだ。問題文を前から順番に読み進めながら解答する戦略よりも，最初に全体構造を把握して（どこに何が書いているのかを把握して），設問を解く都度，必要な部分だけを読むのがいいだろう。

(3) 概念データモデル・関係スキーマを完成させる問題の処理の方法

設問を見て，典型的なパターン（概念データモデルと関係スキーマを完成させる問題）中心だと判断したら，その後，問題文を最初から順番に処理していくことになる。このとき，頭の中で（もしくは可能なら明示的に関連付けて），以下の三つを対応付ける。

① 問題文（問題文中の“業務の説明”）
② 概念データモデル
③ 関係スキーマ

具体的には下図のように，上記①～③の三つの要素の対応付けをすることになる。もちろん，ページをまたがってバラバラに位置しているので，図のように“線”で結ぶことはできないが，頭の中でイメージしたり，概念データモデルと関係スキーマにそれぞれ問題文の（業務の説明の）ページと番号を振るなど工夫して，対応付けるようにしよう。なお，一見して対応付けられないところ（図の問題文でいうと，第１段落の6,7,8や“在庫”など）は，“対応箇所なし”として，問題文を精読するまで保留にしておけば良い。

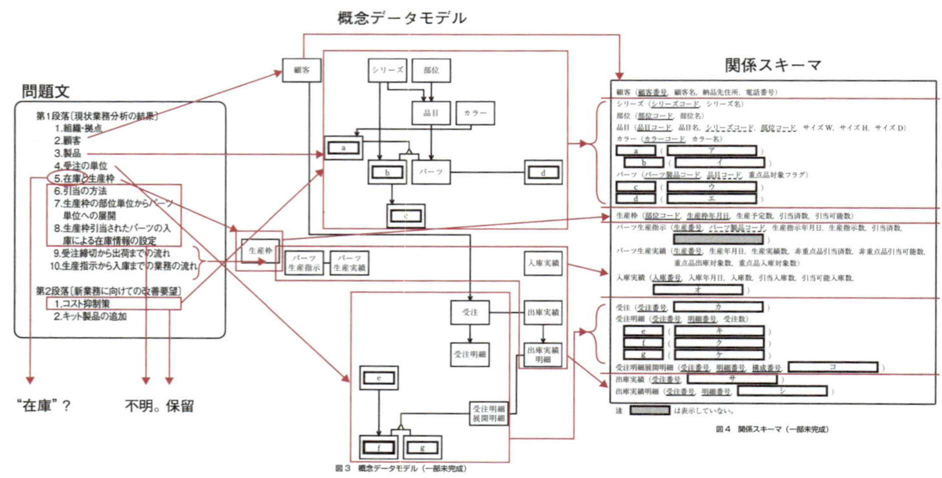

この対応付けのときにも，いくつか使えるテクニックがある。今後，変わる可能性もゼロではないが，これまでの問題では次のような傾向がある。

① 関係スキーマは，問題文や概念データモデルに合わせて，わかりやすい順番に配置してくれている。だから図のように「ここからここまでが「3. 製品」に対応付けられるところ」というような“線引き”が可能になる。
② サブタイプは1文字下げて記述されている。これは空欄も同じ。図でいうと，空欄b，e，f，gなど。

そして，その対応付けが完了したら，“商品”や“在庫”といったトピックごとに，問題文に書かれている業務要件が満たされているかどうかをチェックし，未完成の概念データモデル，関係スキーマを完成させていく。

こうして概念データモデルや関係スキーマを完成させていく方法をトップダウンアプローチということがある。本来，トップダウンアプローチは，モデリングをするときに使われる用語。上流工程からデータモデルのあるべき姿を描き，それを実現させるというアプローチだ。わかりやすくいうと，対象業務の説明から概念データモデルを作成するというアプローチになる。

業務概要には，既存システムの入力画面や帳票を用いて説明されている箇所がある。その“図”を使えば，短時間で解答に必要な要素を抽出することができる可能性がある。“図表は最大のヒント”といわれる所以だ。そこで，ここでは次頁の図を使って，入力画面や帳票の“読み方”について説明する。

入力画面や帳票は単独で放置されることはない。設問に絡んでくるところで意図的に説明をしていないところもあるが，それを除けば，必ず問題文の中で“文章”で説明されているところがある。そこで“必ず，この図の説明箇所があるはず”と考えて，問題文の該当箇所を探し出そう。そして，見つけ出せたときには，その文章と図の該当箇所を矢印でリンクしておけば良いだろう。ご存知のとおり，図は瞬時に視覚に訴求するためにある。したがって，（設問を解くために）再度問題文に戻ろうと考えたときに，文章よりも図の方が瞬時に戻ることができる。まずは図に戻って，そこからリンクをたどって文章にたどり着ければ効率が良い。今回の例では，属性の説明箇所とのリンクは割愛しているが，実際は属性の説明箇所とリンクを張ったほうが良い。また，問題によっては属性を一覧表にして説明していることがある。そういうケースでは，図（入力画面や帳票）と表（属性の内容説明）を対応付けておくと良い。

問題文との対応付けが完了したら，概念データモデルと関係スキーマに対応付ける。普段，業務でシステム設計を行っているエンジニアなら，その入力画面や帳票を作成するのに，どのようなテーブルを利用しているのか，おおよそ推測が付くだろう。今回の例のように，“受注入力画面”，“受注テーブル”，“受注明細テーブル”のように，名称も似たものが付けられている。そこで，想像の付く範囲で良いので，自分自身の経験や知識から，概念データモデルと関係スキーマに対応付けてみるわけだ。そうすれば，その対応付けから設問に解答できるところもある。まさに「答えは図の中にある！」ということ。図には大きなヒントが隠されている。

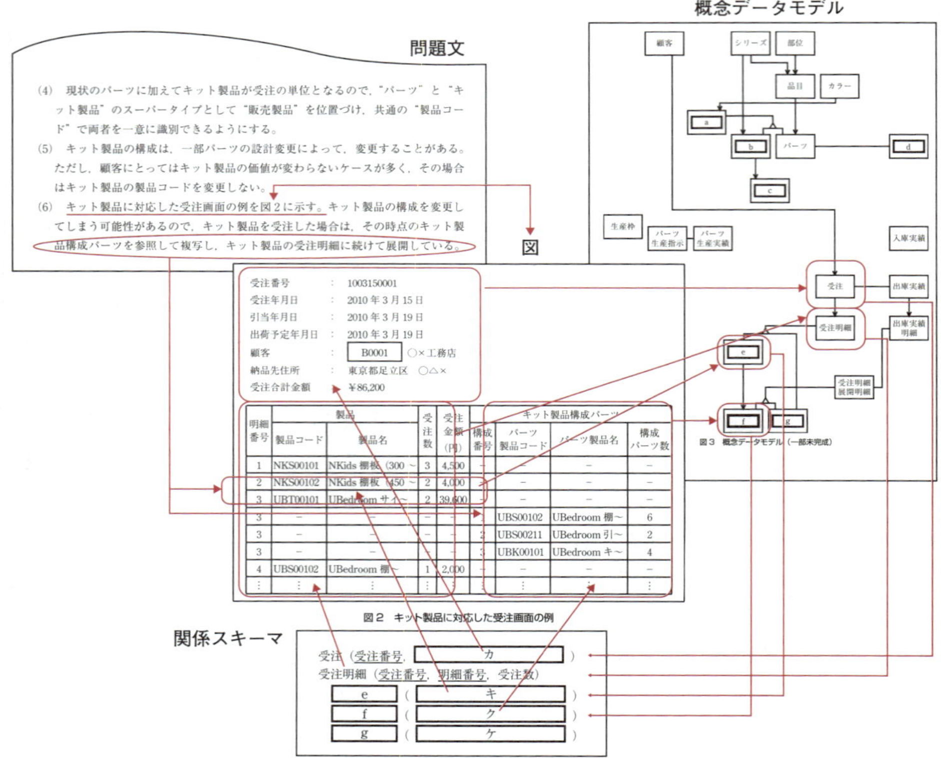

そうして，その対応付けが完了したら，“商品”や“在庫”といったトピックごとに，問題文に書かれている業務要件が満たされているかどうかをチェックし，未完成の概念データモデル，関係スキーマを完成させていく。必要に応じて，入力画面や帳票から正規化していっても良い。

ちなみに，こうして既存の帳票や画面から概念データモデルや関係スキーマを完成させていく方法をボトムアップアプローチということがある。本来，ボトムアップアプローチも，モデリングをするときに使われる用語になる。既存の帳票や画面から必要となるデータモデルを描き，それを実現させるというアプローチだ。その考え方を，午後Ⅱ事例解析の解答テクニックとしても使っているというわけだ。

コラム　時間が無い人の午後Ⅰ・午後Ⅱ対策－本書の解説は読むだけで力になる－

今さらですが，本書には大量の過去問題とその解説を用意しています。その数なんと 18 年分（平成 14 年度以後の全問題）です。普通の過去問題集がせいぜい3年分ですから…パッと見，普通によくある…1冊の参考書のように見えますが，実は**「教科書1冊＋問題集５冊」**なんですね。普通に５～６倍の価値があるんですよ（笑）。

ただ…「全部の問題を解くことは難しい」という声をよく耳にします。その絶対量は暴力的だとさえ言われることも…。しかし筆者も，その点については十分把握しており，実はきちんと対策をしているのです。時間もコストもかけられない受験生でも，短時間で効率よく学習できるように工夫をしています。それが下図のような解説文の構成です。これは午後Ⅱの解説の一部なのですが，このように問題文をそのまま抜粋してきて，**「問題文の，どこに，どういう文言（表現）があって，それがどういう答えを導いているのか？」**という…**“問題を解く時に最も重要なところ”**を，試験本番時にそのまま実践できるように，わかりやすくビジュアルに表現しています。こうすることで，時間のない受験生でも**「解説を読むだけ」**で，実力が付きます。

もちろん，実際に時間を計って解いてみる練習も必要です。それは本書を参考に，適した問題を選定して練習しましょう。そして，それに加えて，残りの問題は「何もしない」のではなく，「解説を読む」方法で準備を進めておきましょう。そうすれば，合格に近くなること間違いありません。実はこれ，実際に筆者がやってきた勉強方法でもあります。その効果は絶大でした。ぜひ皆さんも試してみてください。

■ 問題文の「1.（4）宿泊プラン」に関して

引き続き「（4）宿泊プラン」に関する記述を確認する。

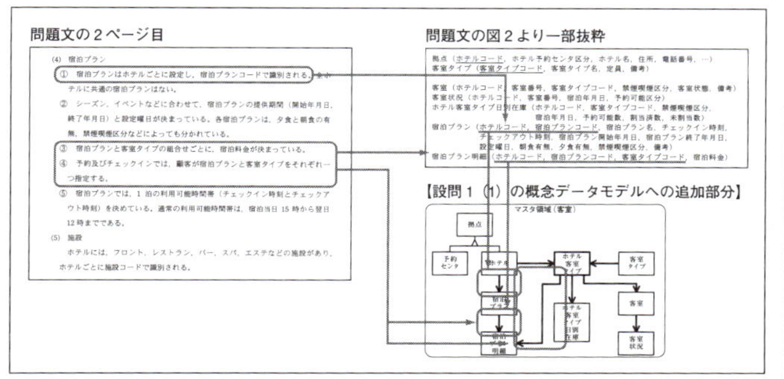

“宿泊プラン”，“宿泊プラン明細”エンティティに関しても，“客室”エンティティ等と同様の理由で，リレーションシップの追加を検討する。ただ，このエンティティの場合は，その名称及び図２のテーブル属性から，“宿泊プラン”対“宿泊プラン明細”が１対多の関係にあるという仮説が立てられるだろう。主キーもそれぞれ，図に加えているように仮説が立てられる。したがって，このリレーションシップはその仮説を検証するだけでいい。結果，上記問題文中の①と③，④か

図　本書の解説サンプル（平成 26 年度午後Ⅱ問２）

(4) 仮説－検証型アプローチを身に付ける

午後Ⅱ試験の時間は2時間ある……。しかし，受験生は一様に「この時間が本当に短く感じる」という。その最大の理由が“問題文の量が多い”という点。短くても10数ページ，ときには15ページ以上になることもある。しかも，問題文には無駄がない。そのため，1行1行を大切に読み進めていきながら，その都度“漏れなく”反応しなければならない。それが難しいわけだ。筆者も，午後Ⅱの1問につき，本書に掲載する解説を作成するのに10時間ほどかかってしまう。頭の中で考えていることを20ページぐらいの解説としてまとめなければならないので，当然といえばそれまでだが，それでもかなりの時間がかかっている。試験本番時には，満点を取る必要はないものの，それでも2時間で合格点を取るのは難しく，真正面からぶつかっていては時間がいくらあっても足りない。そこには，それなりの“コツ”が必要になる。

その“コツ”の一つが，仮説－検証型アプローチである。

自分自身の“知識”と“経験”を駆使して精度の高い仮説を立てられるように準備し，問題文をいたずらに—目的意識を持たずに読み進めるのではなく，自分の立てた仮説を“検証”するという目的を明確にした上で2時間という時間を有意義に使うことが必要になる。

ちなみに，仮説を立てるときには“業務知識”や“様々なテーブル設計パターン”に関する知識が必要になる。普段，仕事でそのあたりの経験を積んでいる人なら，それこそ“経験で得た知識”をフル活用することができるが，そうじゃない人はどうすれば良いのだろうか？ 筆者は，未経験者でも大丈夫だと考えている。次のような準備さえしておけば，十分，合格ラインには持っていけるだろう。

① 本書の「2.3 様々なビジネスモデル」を熟読して，業務別の標準パターンを覚える
② 午後Ⅱ過去問題を解いてみた後，その概念データモデルと関係スキーマを覚える

“覚える”という表現が象徴しているように，未経験者には“暗記”が必要である。経験者は，毎日毎日，それこそ嫌になるぐらい“テーブル”と向き合っている。意識していなくても，頭の中に叩き込まれているわけだ。そういう人たちと勝負するには，“何となく理解した”という程度では，勝てないのは言うまでもないだろう。経験者と同じレベルに持っていくためにも“覚え”にかかろう。

2. 第 2 章の熟読と「問題文中で共通に使用される表記ルール」の暗記

しっかりと準備をしておきたい人は，第 2 章の「2.1 情報処理試験の中の概念データモデル」と，第 3 章の「3.1 関係スキーマの表記方法」の中に記載されている**「問題文中で共通に使用される表記ルール」**を試験本番までにある程度頭の中に入れておくことをお勧めする。これは，午後Ⅰと午後Ⅱの試験問題の最初の数ページに記載されている“解答する時に必要となるルール”になる。ページにするとおおよそ 3 ページ。次のような性質や役割，特徴をもつ。

- 問題文を理解するときの記述ルール
- 解答表現を決めるときの記述ルール
- 予告なく変わることがあるが，ほとんど変わらないことが多い

こういう代物なので，試験本番時にはじっくりと読まなければいけないが，かといって，それに時間をかけるのももったいない。ましてや，試験本番当日に“初めてじっくりと見た”では，混乱は必至だろう。そういう様々な理由より，「事前にある程度頭の中に入れておきさえすれば，事足りる」と考えて，暗記しておくことをお勧めする。そして，試験本番時には，過去（特に前年）と比較して違いがないことだけを確認して（違いがないことの方が多いので），短時間で処理してしまおう。

ちなみに，前年度との変更の有無は次のようになる。今現在最新の表記ルールは，平成 18 年度に大幅に変更されたもので，ぎっしり 3 ページにわたるルールになっている。

年度	前年度からの変更の有無と変更内容
平成 14 年度	この年を基点に考える。
平成 15 年度	一部，文言の変更はあるものの“表記ルール”は変更なし
平成 16 年度	「3. 関係データベースのテーブル（表）構造の表記ルール」において，外部キーが参照するテーブル名の表記に関するルールが削除された。それ以外は変更なし
平成 17 年度	一部，文言の変更はあるものの“表記ルール”は変更なし
平成 18 年度	大幅に変更 ① リレーションシップに“ゼロを含むか否か”の表記ルールを追加 ② スーパータイプにサブタイプの切り口が複数ある場合の表記ルールを追加
平成 19 年度	変更なし
平成 20 年度	変更なし
平成 21 年度	変更なし
平成 22 年度	変更なし
平成 23 年度	変更なし
平成 24 年度	変更なし
平成 25 年度	変更なし
平成 26 年度	変更なし
平成 27 年度	変更なし
平成 28 年度	変更なし
平成 29 年度	変更なし
平成 30 年度	変更なし
平成 31 年度	変更なし

3. RDBMS の仕様の暗記

物理データベース設計の問題には，ほぼ必ず〔**RDBMS の仕様**〕段落がある。その問題で使用するRDBMSの仕様を説明している段落で，多くの設問を解くときに配慮しなければならない制約条件を記載している段落でもある。ここも，予め過去問題を通じて，どんな要素があるのかを把握しておき，設問を解答するときに，どういう使い方をすればいいのかを知っておくといいだろう。

(1) 表領域，データページ，ページに関する記述

RDBMSの仕様は“表領域”や“ページ”の説明から始まるケースが多い。表領域とは，RDBMSを使用する際に最初に定義する領域である。例えば，販売管理システムのデータベースを構築する場合に，データ容量を計算した上で「100GBあれば十分なデータ量だな」と判断したら，100GBのエリアをストレージ上に確保する（CREATE TABLESPACEなどの専用のコマンドが用意されている）。そして，そこに個々のテーブルや索引を格納していくことになる。そのあたりの説明は，平成22年午後Ⅱ問1の問題文中にも書かれている（下図参照）。

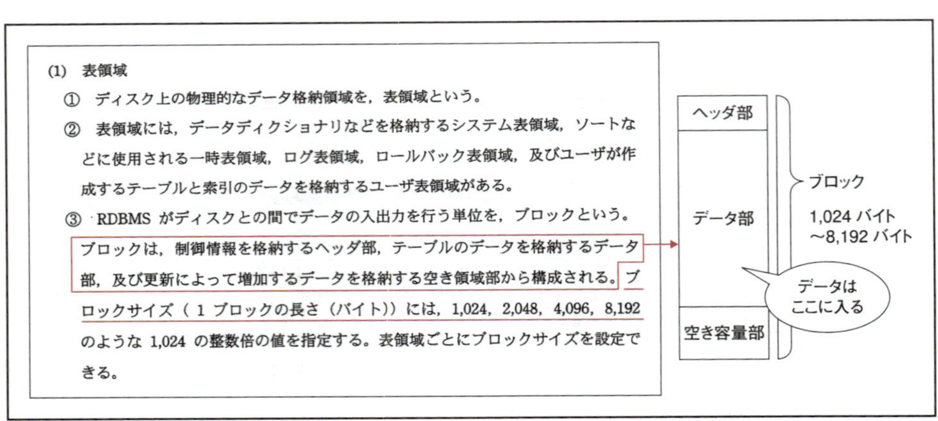
(1) 表領域
① ディスク上の物理的なデータ格納領域を，表領域という。
② 表領域には，データディクショナリなどを格納するシステム表領域，ソートなどに使用される一時表領域，ログ表領域，ロールバック表領域，及びユーザが作成するテーブルと索引のデータを格納するユーザ表領域がある。
③ RDBMS がディスクとの間でデータの入出力を行う単位を，ブロックという。ブロックは，制御情報を格納するヘッダ部，テーブルのデータを格納するデータ部，及び更新によって増加するデータを格納する空き領域部から構成される。ブロックサイズ（1 ブロックの長さ（バイト））には，1,024，2,048，4,096，8,192 のような 1,024 の整数倍の値を指定する。表領域ごとにブロックサイズを設定できる。

図：平成22年午後Ⅱ問1の記述とそのイメージ図

この“表領域”に関する記述部分で，設問で使われる最も重要な記述は，ストレージとRDBMSの間での入出力単位だ。古い問題（平成22年）だと **“ブロック”** 及び **“ブロックサイズ”**，直近だと（平成30年）**“データページ”** 及び **“ページサイズ”** という用語が使われているところ。ここの数字は性能や容量を求める計算問題で使用する。

平成28年度は少し簡略された記述になり，平成30年には“表領域”という表現もなくなって“データページ”になり，平成31年には単に“ページ”になっているが，まずはここで，ページサイズがあれば確認するようにしよう。いずれも，計算しやすいようにキリの良い数字になっている。

1. 表領域

(1) テーブル，索引などのストレージ上の物理的な格納場所を，表領域という。

(2) RDBMS とストレージ間のデータ入出力単位を，データページという。データページには，テーブル，索引のデータが格納される。表領域ごとに，ページサイズ（1データページの長さ。2,000，4,000，8,000，16,000 バイトのいずれかである）と，空き領域率（将来の更新に備えて，データページ内に確保しておく空き領域の割合）を指定する。

(3) 同じデータページに，異なるテーブルの行が格納されることはない。

図：平成28年度午後Ⅱ問1の「表領域」に関する記述

1. データページ

(1) RDBMS がストレージとデータの入出力を行う単位を，データページという。データページには，テーブル，索引のデータが格納される。表領域ごとに，ページサイズ（1データページの長さで，2,000，4,000，8,000 バイトのいずれか）と，空き領域率（将来の更新に備えて，データページ内に確保しておく空き領域の割合）を指定する。

(2) 同じデータページに，異なるテーブルの行が格納されることはない。

図：平成30年度午後Ⅱ問1の「データページ」に関する記述

1. ページ

RDBMS とストレージ間の入出力単位をページという。同じページに異なるテーブルの行が格納されることはない。

ストレージの計算問題がないので，この制約だけになっている

図：平成31年度午後Ⅱ問1の「ページ」に関する記述

(2) テーブルに関する記述

次に，テーブルに関する記述が続く。ここは，主として**“テーブルに対する制約”**と**“データ型”**について記述されている。多くの場合，制約はこの例のように，**NOT NULL 制約**，**主キー制約**，**参照制約**，**検査制約**の四つになる。いずれも代表的な制約で，午前問題でも午後ⅠのSQL関連の問題でも頻出のものなので，ここに書かれている程度の説明は，（あえて書かれていなくても）当然のこととして理解しておきたいところだ（NOT NULL 制約の記述を除く）。

2. テーブル

(1) テーブルの列には，NOT NULL 制約を指定することができる。NOT NULL 制約を指定しない列には，NULL か否かを表す 1 バイトのフラグが付加される。

→ テーブル定義表を完成させる問題で使われる（格納長の計算）

(2) 主キー制約には，主キーを構成する列名を指定する。

(3) 参照制約には，列名，参照先テーブル名，参照先列名を指定する。

(4) 検査制約には，同一行の列に対する制約を指定する。

(5) 使用可能なデータ型は，表 5 のとおりである。

表 5　使用可能なデータ型

データ型	説明
CHAR(n)	n 文字の半角固定長文字列（1≦n≦255）。文字列が n 字未満の場合は，文字列の後方に半角の空白を埋めて n バイトの領域に格納される。
NCHAR(n)	n 文字の全角固定長文字列（1≦n≦127）。文字列が n 字未満の場合は，文字列の後方に全角の空白を埋めて“n×2”バイトの領域に格納される。
VARCHAR(n)	最大 n 文字の半角可変長文字列（1≦n≦8,000）。値の文字数分のバイト数の領域に格納され，4 バイトの制御情報が付加される。
NCHAR VARYING(n)	最大 n 文字の全角可変長文字列（1≦n≦4,000）。“値の文字数×2”バイトの領域に格納され，4 バイトの制御情報が付加される。
SMALLINT	−32,768 ～ 32,767 の範囲内の整数。2 バイトの領域に格納される。
INTEGER	−2,147,483,648 ～ 2,147,483,647 の範囲内の整数。4 バイトの領域に格納される。
DECIMAL(m,n)	精度 m（1≦m≦31），位取り n（0≦n≦m）の 10 進数。“m÷2+1”の小数部を切り捨てたバイト数の領域に格納される。
DATE	0001-01-01 ～ 9999-12-31 の範囲内の日付。4 バイトの領域に格納される。

テーブル定義表を完成させる問題で使われる（データ型，格納長の計算）

図：平成 30 年度午後Ⅱ問 1 の「2. テーブル」に関する記述

この中で，通常，設問に絡んでくるのは **“NOT NULL 制約”** に関する記述と，**“使用可能なデータ型の表”** の2か所である。

いずれも「テーブル定義表を完成させる問題」の“格納長”を計算する設問で使われるところ。格納長は，**「使用可能なデータ型」** のところの数字を使って計算し，さらに **NOT NULL 制約** を付けない列には1バイトプラスする。そのあたりの計算における基本ルールを書いているのがこの部分になる。例年，大きな変化はないので，ひとまず頭の中に入れておいて，従来通りかそれとも変わっているのかを見抜けるようなレベルで記憶はしておきたい。

なお，個々の“制約”や“データ型”については，第1章の「1.3.1　CREATE TABLE」(P.153)で詳しく解説している。確認しておこう。

表2　使用可能なデータ型

データ型	説明
CHAR(n)	n 文字の半角固定長文字列（1≦n≦255）。文字列が n 字未満の場合は，文字列の後に半角の空白を挿入し，n バイトの領域に格納される。
NCHAR(n)	n 文字の全角固定長文字列（1≦n≦127）。文字列が n 字未満の場合は，文字列の後に全角の空白を挿入し，“n×2”バイトの領域に格納される。
VARCHAR(n)	最大 n 文字の半角可変長文字列（1≦n≦8,000）。“文字列の文字数”バイトの領域に格納され，4 バイトの制御情報が付加される。
NCHAR VARYING(n)	最大 n 文字の全角可変長文字列（1≦n≦4,000）。“文字列の文字数×2”バイトの領域に格納され，4 バイトの制御情報が付加される。
SMALLINT	−32,768 ～ 32,767 の範囲内の整数。2 バイトの領域に格納される。
INTEGER	−2,147,483,648 ～ 2,147,483,647 の範囲内の整数。4 バイトの領域に格納される。
DECIMAL(m,n)	精度 m（1≦m≦31），位取り n（0≦n≦m）の 10 進数。“m÷2＋1”の小数部を切り捨てたバイト数の領域に格納される。
DATE	0001-01-01 ～ 9999-12-31 の範囲内の日付。4 バイトの領域に格納される。
TIME	00:00:00 ～ 23:59:59 の範囲内の時刻。3 バイトの領域に格納される。
TIMESTAMP	0001-01-01 00:00:00.000000 ～ 9999-12-31 23:59:59.999999 の範囲内の時刻印。10 バイトの領域に格納される。

表：平成 28 年度午後Ⅱ問 1 の表 2 より

(3) 索引とオプティマイザの仕様に関する記述

RDBMSの仕様には**"索引"**が定義されていることがある。**"ユニーク索引（同じ値が存在しない索引）"**と**"非ユニーク索引（同じ値が存在可能な索引）"**が説明されていたり，**"クラスタ索引"**と**"非クラスタ索引"**が説明されていたりする（平成27年度午後Ⅱ問1の場合。平成28年と平成30年は，下図（平成27年）の（1）の記述だけしか書かれていない）。それぞれの違いを事前に覚えておこう。

> 3．索引
>
> (1) 索引には，ユニーク索引と非ユニーク索引がある。
>
> (2) 索引には，クラスタ索引と非クラスタ索引がある。クラスタ索引は，キー値の順番とキー値が指す行の物理的な並び順が一致し，非クラスタ索引はランダムである。

図：平成27年度午後Ⅱ問1より

少し古い問題になるが，平成16年度の過去問題（午後Ⅰ問4）では，索引設計をテーマにした問題が出題されている。ユニーク索引と非ユニーク索引，クラスタ索引と非クラスタ索引に関して詳しく説明されているので，問題文を読むだけでも知識の整理になる。午後Ⅰ対策のところ（P.72）でも推奨問題に挙げているので，時間に余裕があれば目を通しておいてもいいだろう。

そして，索引を使った探索を**"索引探索"**という。"索引探索"は，しばしば**"表探索"**と対になって説明されることがある。それぞれの違いは右ページの「図：平成26年度午後Ⅱ問1より」の下線部の説明の通りで，表探索になると全ての行を順番に探索していくことになるので探索対象は表の全件数になる。一方索引探索は，索引によって絞り込んだ行が探索対象になるので，パフォーマンスは索引探索の方が高くなる。したがって，問題で問われるのは探索回数や，性能向上・チューニングに関することになる。

ただ最近では，このあたりの説明が割愛されて常識化している。平成31年午後Ⅱ問1の"オプティマイザ"の説明の中にも，表探索と索引探索の違いは書かれていない。「知っているよね」という感じだ。

ちなみに，アクセスパスとは，SQL文を実行した際にデータベースから対象のデータを取得する手順のことで，表探索と索引探索の違いそのもののことである。また，統計情報はここに記述があるように，最適なパフォーマンスを得られるアクセスパスに決定される時に使用される。

4．アクセスパスと統計情報

(1) アクセスパスは，統計情報を基に，RDBMS によって表探索又は索引探索に決められる。表探索では，索引を使用せずに全データページを探索する。一方，索引探索では，検索条件に適した索引によって対象行を絞り込んだ上で，データページを探索する。

(2) 統計情報の更新は，テーブルごとにコマンドを実行して行う。統計情報の更新によって，適切なアクセスパスが選択される確率が高くなる。

図：平成 26 年度午後Ⅱ問 1 より

性能を最適化する部分を **“オプティマイザの仕様”** として説明することもある。オプティマイザとは，まさに「問合せ処理の最適化を行う機能」のことで，アクセスパス解析を含む概念になる。情報処理技術者試験では，平成 31 年の問題で SQL 文の書き方と関連して説明している。

2．オプティマイザの仕様

(1) LIKE 述語の検索パターンが‘ABC%’のように前方一致の場合は索引探索を選択し，‘%ABC%’，‘%ABC’のように部分一致，後方一致の場合は表探索を選択する。

(2) WHERE 句の述語が関数を含む場合，表探索を選択する。

図：平成 31 年度午後Ⅱ問 1 より

(4) テーブルの物理分割に関する記述

性能向上を目的として，テーブルの物理分割に関する記述もある。以前は“パーティション化”や“パーティションキー”という表現を使っていたが（平成22年度午後Ⅱ問1），最近は“パーティション”という表現は使わずに，“物理分割”と“区分キー”という表現になっている（平成27年度午後Ⅱ問1，平成31年度午後Ⅱ問1）。これは，ほぼ同じ意味だと考えていいだろう。また，平成31年度の記述は，平成27年度よりも説明が少し増えている。そのため，ここでは平成31年度の記述部分だけを抜粋している。

> (4) パーティション化
>
> ① テーブルごとに一つ又は複数の列（以下，パーティションキーという）と，列値の範囲を指定し，列値の範囲ごとに異なる表領域に行を格納するパーティション化の機能を備えている。
>
> ② パーティション化されたテーブルには，パーティションを特定するパーティションキーによる索引（以下，グローバル索引という）が作成される。そのほかに，一つ又は複数の列をキーとしてパーティションごとに独立した索引（以下，ローカル索引という）を作成することができる。
>
> ③ テーブルを検索するSQL文のWHERE句に，パーティションキーに対応するグローバル索引とローカル索引の列が指定された場合，RDBMSはグローバル索引によってパーティションを特定し，そのパーティション内をローカル索引によって検索する。グローバル索引の列だけが指定された場合，RDBMSはグローバル索引によってパーティションを特定し，そのパーティション内を全件検索する。また，ローカル索引の列だけが指定された場合，RDBMSはすべてのパーティションについて，そのパーティション内をローカル索引によって検索する。

図：平成22年度午後Ⅱ問1より

5. テーブルの物理分割

(1) テーブルごとに一つ又は複数の列を区分キーとし，区分キーの値に基づいて物理的な格納領域を分ける。これを物理分割という。

(2) 区分方法には，ハッシュとレンジの二つがある。ハッシュは，区分キー値を基に RDBMS 内部で生成するハッシュ値によって，一定数の区分に行を分配する方法である。レンジは，区分キー値によって決められる区分に行を分配する方法で，分配する条件を，値の範囲又は値のリストで指定する。

(3) 物理分割されたテーブルには，区分キーの値に基づいて分割された索引（以下，ローカル索引という）を定義できる。ローカル索引のキー列には，区分キーを構成する列（以下，区分キー列という）が全て含まれていなければならない。

(4) テーブルを検索する SQL 文の WHERE 句の述語に区分キー列を指定すると，区分キー列で特定した区分だけを探索する。また，WHERE 句の述語に，ローカル索引の先頭列を指定すると，ローカル索引によって区分内を探索することができる。

(5) 問合せの実行時に，一つのテーブルの複数の区分を並行して同時に探索する。同一サーバ上では，問合せごとの同時並行探索数の上限は 20 である。

(6) 指定した区分を削除するコマンドがある。区分内の格納行数が多い場合，コマンドによる区分の削除は，DELETE 文よりも高速である。

図：平成 31 年度午後Ⅱ問 1 の「物理分割」に関する記述

(5) クラスタ構成に関する記述

平成31年午後Ⅱ問1では“クラスタ構成”に関する記述もあった。

6. クラスタ構成のサポート

(1) シェアードナッシング方式のクラスタ構成をサポートする。クラスタは複数のノードで構成され，各ノードには，当該ノードだけがアクセス可能なディスク装置をもつ。

(2) 各ノードへのデータの配置方法には，次に示す分散と複製があり，テーブルごとにいずれかを指定する。

- 分散による配置方法は，一つ又は複数の列を分散キーとして指定し，分散キーの値に基づいてRDBMS内部で生成するハッシュ値によって各ノードにデータを分散する。分散キーに指定する列は，主キーを構成する全て又は一部の列である必要がある。
- 複製による配置方法は，全ノードにテーブルの複製を保持する。

(3) データベースへの要求は，いずれか一つのノードで受け付ける。要求を受け付けたノードは，要求を解析し，自ノードに配置されているデータへの処理は自ノードで処理を行う。自ノードに配置されていないデータへの処理は，当該データが配置されている他ノードに処理を依頼し，結果を受け取る。特に，テーブル間の結合では，他ノードに処理を依頼するので，自ノード内で処理する場合と比べて，ノード間通信のオーバーヘッドが発生する。

図：平成31年度午後Ⅱ問1の「クラスタ」に関する記述

ちなみに，問題文に書かれている**「シェアードナッシング方式」**とは，分散システムにおいて，個々のノードで共有する部分（＝シェアード）がない（＝ナッシング）方式になる。クラスタ構成で使われる場合には，この問題文にも書いてある通り，ノードごとに，当該ノードだけがアクセス可能なディスク装置を持つ方式になる。

メリットは，各ノードが自分専用のディスクを持っているので，並列処理をした時にディスクアクセスがボトルネックにはならないという点。高い性能を発揮することが可能になる。一方，デメリットは，あるノードに障害が発生した場合に，そのノードの管轄するデータにはアクセスできなくなるという点だ。障害に対しては，何かしらの対策が必要になる。

ちなみに，シェアードナッシング方式と対比される方式に，**シェアードエブリシング方式（ディスク共有方式）**がある。こちらは，（複数のノードで）アクセスするディスクを共有する方式になる。ディスクがボトルネックになり性能が出ない可能性がある一方，あるノードに障害が発生しても，他のノードは影響を受けない。

序
1
2
3
4

4. 制限字数内で記述させる設問への対応

「◯◯字以内で述べよ」という問題の場合，答えに該当するキーワードや理由を含めた上で，原則，制限字数を6～8割程度，満たす文章を記述する必要がある。キーワードを列挙したり，下書きした文章を転記したりする時間はないので，次の手順で解答すると効率がよい。

① キーワードをいくつかイメージする
② 問題文や設問で使われている表現を使うかどうか判断する
③ ①と②を使用して解答を書き始める
④ 最後に，残った空白マスの数に応じて，記述内容を整えるかどうかを確認する

常套句を覚えておく

字数制限のある記述式設問に対しては，常套句を覚えておくことで対応できるケースがある。午後Ⅰ解答テクニックで説明している“正規化の根拠を説明させるもの”と“更新時異状の具体的状況を説明させるもの”だ。これで対応できることが非常に多いのが，データベーススペシャリスト試験の特徴の一つでもある。なお，後述するものは全て，常套句で対応できないケースである。

制限字数が20字以内の場合

過去問題の解答例を見ると，設問に出てくる表現をそのまま使っていることが多い。キーワードを一つか二つ探し出したら，設問の言葉をどこまで使うか決める。そして，字数のめどが立った段階で書き始めて，最後に残った空白マスの数に応じて，文章をどうまとめるかを判断すればよい。例えば，理由を聞かれている場合，空白マスの数が5マス以内ならば，「…だから」（3字）で終了すればよい。

制限字数が50字以上の場合

50字以上で解答しなければならない問題は，必ず「結論から先に解答する」ことを守り，その後に，理由や補足すべき内容を記述する。結論やキーワードなど，点数に結び付く部分を先に書いた方が，高得点につながる。

記述式問題の解答例

記述式問題の解答方法を具体的に見てみよう。例えば，次に示すような設問が出されたとする。この設問では，120字以内での解答が求められている。

設問１　部品在庫管理システムの改善要望に関して，次の問いに答えよ。

(1) 棚卸業者をシステム化するに当たっては，棚卸を行った結果の在庫数と“時点在庫”で管理されている在庫数との差異の補正を自動化する必要がある。どのような処理内容になるか，必要なエンティティタイプも含めて，120字以内で述べよ。

〔問題文にある処理内容に関する記述の抜粋〕

- 理由は支払の入力ミスや誤ったラベルが送付されているためと考えられるが，改善の決め手はない。
- 現状では，在庫管理担当者によって在庫数の不一致の補正が行われている。この作業は手作業であり，作業負荷が非常に高い。

【解答例】

エンティティタイプ“棚卸”を追加し，棚卸時に集計した数量を，棚卸在庫数として記録する。各拠点の部品ごとに，棚卸在庫数と，“時点在庫”エンティティの“倉庫内在庫数”の差異をチェックし，“時点在庫”エンティティの“倉庫内在庫数”に反映させる。

（119字）

この解答例のポイントを整理すると，次のようになる。

- **結論を先に述べる**

解答例では「エンティティタイプ“棚卸”を追加し，棚卸時に集計した数量を，棚卸在庫数として記録する。」という結論から述べている。

- **結論を補足する**

この問題では，追加すべきエンティティタイプ名と，それを用いた処理内容を解答として記述する必要がある。問題文中に，「理由は支払の入力ミスや誤ったラベルが送付されているためと考えられるが，改善の決め手はない」とある。これが，設問に関する条件であり，支払入力やラベル添付業務に関連する処理は，改良の余地があっても，問題の対象外である。

また，問題文に「現状では，在庫管理担当者によって在庫数の不一致の補正が行われている。この作業は手作業であり，作業負荷が非常に高い」とある。したがって，在庫数の不一致を補正する手作業を自動化するために，棚卸の結果を保存するエンティティタイプを追加し，棚卸の集計後，時点在庫にその結果を反映させる処理を記述すればよいということになる。

3. 午後Ⅱ問題（事例解析）の解答テクニック

ここでは，午後Ⅱ試験で合格点を取るための解答テクニックについて説明する。データベーススペシャリスト試験の最大の特徴は，定番の問題が多いこと。毎回同じような記述，同じような図表が使われていることも少なくない。したがって，定番の問題が出題された場合に備えて，あらかじめ解答手順を知っておく（決めておく）ことを推奨している。短時間で解答するために。

● 概念データモデルと関係スキーマを完成させる問題
（▶基礎知識は「第2章概念データモデル」と「第3章関係スキーマ」を参照）

1. 未完成の概念データモデルを完成させる問題
　－その1－エンティティタイプを追加する
2. 未完成の概念データモデルを完成させる問題
　－その2－リレーションシップを追加する
3. 未完成の関係スキーマを完成させる問題
4. 新たなテーブルを追加する問題

● データベースの設計・実装（データベースの物理設計）に関する問題

5. データ所要量を求める計算問題
6. テーブル定義表を完成させる問題

1 未完成の概念データモデルを完成させる問題
ーその1ー　エンティティタイプを追加する

設問例

図（未完成の概念データモデル）中に，一部のエンティティタイプが欠けている。そのエンティティタイプを追加し，図を完成させよ。

出現率
100%

それではいよいよ，設問に対する解答として，確実に得点していく方法を考えていこう。まずは概念データモデルを完成させる問題だ。概念データモデルを完成させる問題は，午後Ⅱ試験では避けては通れないもののひとつになる。それは過去問題を何問か見てもらえれば明らかだ。もちろん本書でも，最後の関所たる“午後Ⅱ”の対策として，第1章で十分ページを割いて説明している。まずは，そこで基本的ルールを“基礎知識”として習得してほしい。その後，それらを使って短時間で解答できるよう，これから説明する着眼点等を覚えておこう。

なお，未完成の概念データモデルを完成させる問題では，通常は二つのことが問われている。一つがエンティティタイプを追加する設問で，もう一つがリレーションシップを追加する設問である。“その1”では，前者の解法を考える。後者については後述する。その理由は，（後に回した）リレーションシップを追加する問題を解答するときには，関係スキーマの完成と同時進行した方がいいからだ。そういうわけで，まずはエンティティタイプを追加するところからスタートしてみよう。

●設問パターン

この類の問題の設問パターンは次のように二つある。難易度という観点からするとやや隔たりはあるが，解答に当たっての着眼点は共通する部分も多いので，ここでまとめて説明する。

① 概念データモデルの空いているスペースにエンティティタイプを追加する（難易度:高）
② 概念データモデルの空欄を埋める（穴埋め型）（難易度：低）

●着眼点1　スペース（余白）は大きなヒント！？

この着眼点は，設問パターンの①の（空いているスペースにエンティティタイプを追加する）場合のものだが，未完成の概念データモデル及び関係スキーマの **“スペース”** も，時に大きなヒントになるということをお伝えしておきたい。

図は，その典型パターンになる。昔から…あるいは当該試験区分だけではなく他の試験区分でも，こうしたわかりやすい“ヒント”が与えられていることは多い。必ずしも“そういうルール”があるわけではないので盲信するのは危険だが，仮説を立案するぐらいには十分使えると思う。知っておいて損はないだろう。

特に，午後Ⅱ試験では，**“関係スキーマの空欄”**はより大きなヒントになる。その理由は，問題文の登場順に関係スキーマが並んでいる（上から下へ並ぶ）ことが多いからである。というよりも，関係スキーマの順番に，問題文が構成されていると言った方が良いかもしれない。いずれにせよ，空欄の前後より，問題文のどのあたりをしっかり読めばいいのかを判断する。そうすれば，問題文を読む強弱をつけることもできるし，そこから，概念データモデルのどのあたりに追加すべきかを推測することもできる。

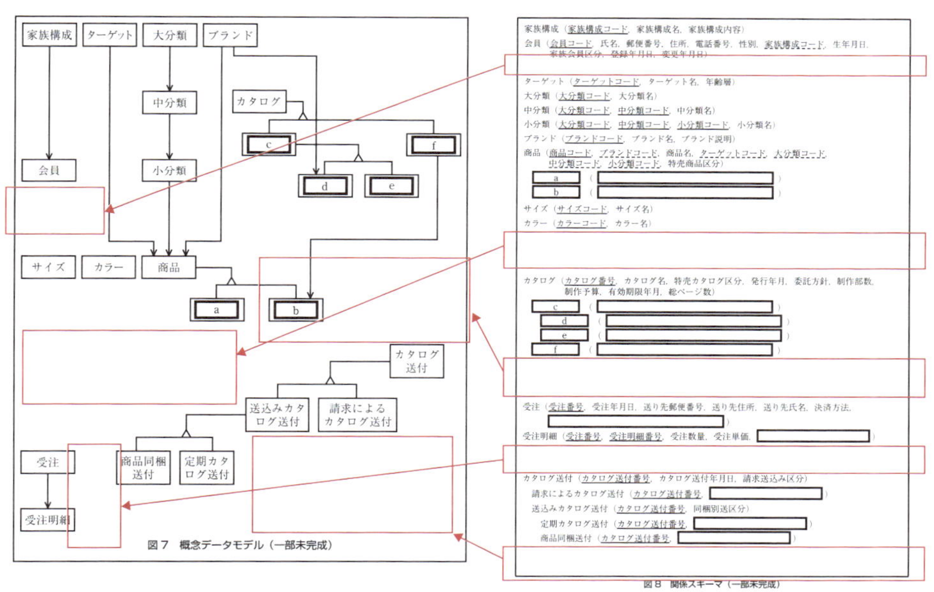

図：スペースがヒントになる例（平成21年午後Ⅱ問2）
関係スキーマの空白より，概念データモデルの空白を推測

●着眼点2　問題文の見出しをチェック！

欠落しているエンティティタイプが見出しの中に存在することがある。

試験で使われる問題文は，わかりやすいようにきちんと体系化（分類，階層化）されている。そのため，図のように“見出し”＝エンティティタイプで，その“中身”＝属性やリレーションシップというケースも十分考えられる。

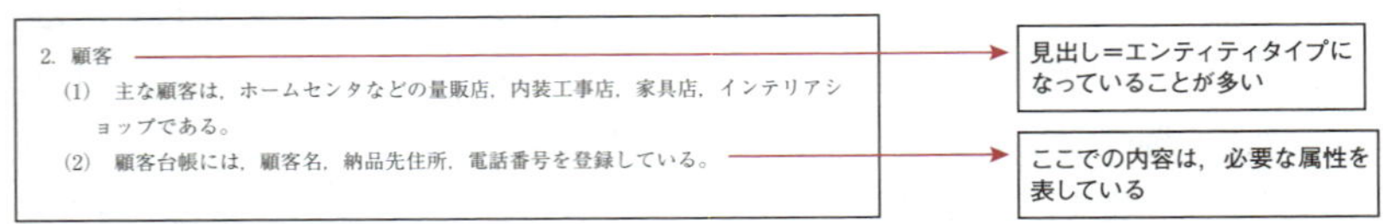

図：問題文の典型的な構成

さらに，図（未完成の概念データモデル）の中に記載されている既出のエンティティタイプが，問題文中の“どのレベル”に記載されているかを確認し，突き合わせて消し込んでいき（チェックしていく），結果，問題文中に残った同等レベルの記載がエンティティタイプではないかと仮説を立てるのもありだろう。着眼点①と合わせて判断すれば，案外，楽に解答できるかもしれない。

具体的には，下図のようにしてみる。もちろんこれだけで“確定”させるには早計だが，「これが追加すべきエンティティタイプじゃないかな？」と仮説を立てるには十分。試験開始直後の早い段階で“あたりを付ける”ところまでいける効果は大きいはず。

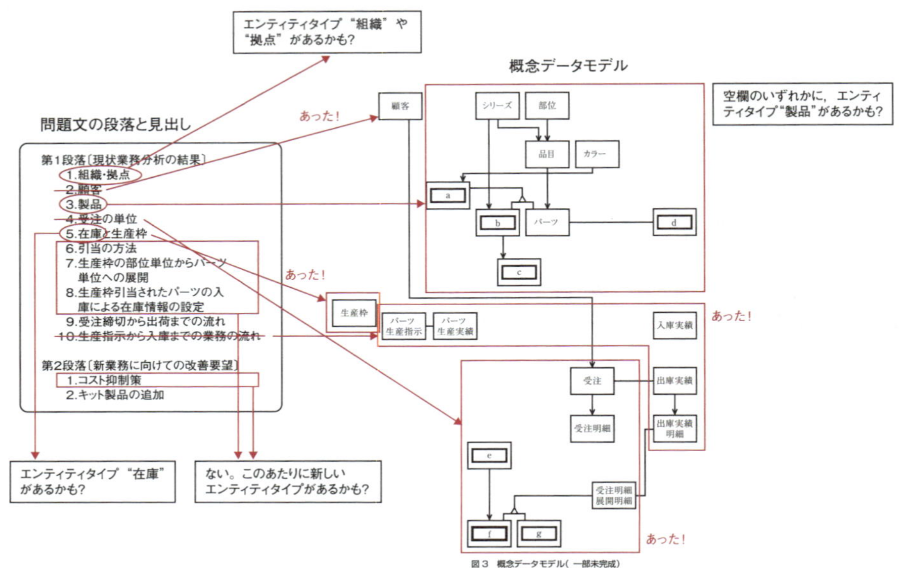

図：問題文の段落や見出しと未完成の概念データモデルの突き合わせチェック

●着眼点３　マスタ系はサブタイプ化を疑う

マスタ系のエンティティタイプは，サブタイプ化されていることが多い。そして，それだけではなくさらに，（そういう関係が存在する場合には）典型的な表現が使われているので，容易に発見できるところでもある。加えて，第２章でもふれているようにマスタ系エンティティは問題文の最初に来る。

その典型的表現は下表にまとめた通り。着眼点２と合わせて考えると“スーパータイプ”が見出しに登場して，その見出し内の文中に“サブタイプ”があることが多い。まずは，そこからチェックする。

以下の表は，右の図のように，Ａをスーパータイプ，Ｂ，Ｃをサブタイプとした場合のものである。

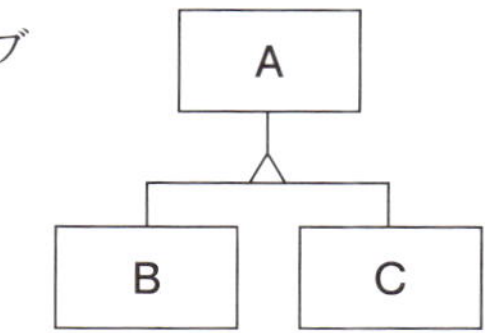

<table>
<tr><th></th><th>判断基準（文中に出てくる表現）</th><th>問題文で使用された例</th></tr>
<tr><td rowspan="3">ケース
①</td><td>「Aは，BとCに分類される。」</td><td>配送対象商品は，在庫品と直送品に分類される。</td></tr>
<tr><td>「Aには，BとCがある。」</td><td>・メンテナンス用部品には，基本部品と汎用部品がある。
・機械を大別すると，“機械”と“資材”があり，…。
・部品には，主要部品と補充部品がある</td></tr>
<tr><td>「Aは，BとCからなる。」</td><td>総合口座は，総合口座代表普通預金口座と総合口座組入れ口座からなる。</td></tr>
<tr><td>ケース
②</td><td>「～区分（の説明）」
・XX 区分
…による分類で，BとCに分けられる。
Bは，…。
Cは，…。</td><td>(1) 自社設計区分
設計を自社で行ったものか，汎用的に調達できるものかの分類である。
前者を自社設計部品，後者を汎用調達部品と呼ぶ。
自社設計部品については，…
汎用調達部品については，…</td></tr>
<tr><td>ケース
③</td><td>表で示しているケース</td><td>
<table>
<tr><th>自社製造区分</th><th>説明</th></tr>
<tr><td>調達品</td><td>外部から調達する原料と包装資材。調達品は，更に調達品区分による切り口で分類する。
<table>
<tr><th>調達品区分</th><th>説明</th></tr>
<tr><td>汎用品</td><td>調達先の標準的なカタログから選んで採用している調達品</td></tr>
<tr><td>専用仕様品</td><td>A社専用の仕様で調達先に製造してもらっている調達品</td></tr>
</table></td></tr>
<tr><td>製造品</td><td>自社製造する品目である。半製品と製品が該当する。</td></tr>
</table></td></tr>
</table>

但し，解答に当たっては**「BとCで属性に違いがある」**ことを，問題文の記述もしくは関係スキーマで確認してから確定させなければならない。原則的には，単に“文中の表現”の問題ではなく，あくまでも属性が異なるからサブタイプ化しているからだ（同一のサブタイプ化を除く）。もちろん，時間的に厳しくできなかったり，空欄を埋める設問で（解答が容易で明らかなため）必要なかったりするかもしれないが，原則はそうだと常に意識しておこう。

●着眼点4　トランザクション系のサブタイプ化を疑う

着眼点4は，トランザクション系のサブタイプ化の判断に関してのものである。

マスタ系のように，問題文に“サブタイプ化すべきこと”が明示されている場合は，トランザクション系も同様にサブタイプ化すれば良いが，時に，問題文を読むだけではすぐに気付かないことがある。マスタ系エンティティタイプとの関係によって，トランザクション系エンティティタイプもサブタイプに分けられるケースである。概念データモデルは，ちょうど図のような関係になる。

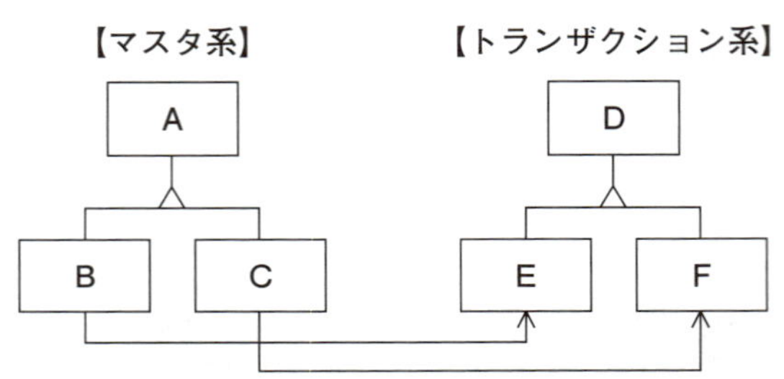

図：概念データモデルの典型パターン

この関係になるのは，マスタ系エンティティが着眼点3のように**スーパータイプAとサブタイプB，Cに分かれている場合で，かつ，その取扱い（例えば，受注や出荷など）がBとCで異なる場合だ。**したがって，マスタ系エンティティタイプがサブタイプ化の場合，その取扱いは（すなわち，関連するトランザクション系エンティティタイプとの関連は）一律同じなのか，それともBとCで異なるのかを問題文から読み取って，必要なら，トランザクション系もサブタイプ化しよう。

【判断基準のまとめ】

次の2つの条件を満たす。

① マスタ系がサブタイプ（B，C）に分けられている

② BとCの取扱や管理方法が異なる（常に，Bは…，Cは…という記述であったり，帳票や画面上で異なる項目が存在したりする）

最後に，過去問題（平成17年午後Ⅱ問2）を例に，着眼点4を見てみよう（次ページの図）。

この例の場合，機械の管理は個別管理（同じ“機材コード”でも，個別の“号機”単位で行う管理。数量は必ず1）であり，資材の管理は“機材コード”（すなわち数量を管理）と同じではない。それが，貸出時にも関係してくるので，“貸出明細”エンティティも“機械貸出明細”と“資材貸出明細”に分けなければならないことになる。その後の“移動”に関しても同じだ。

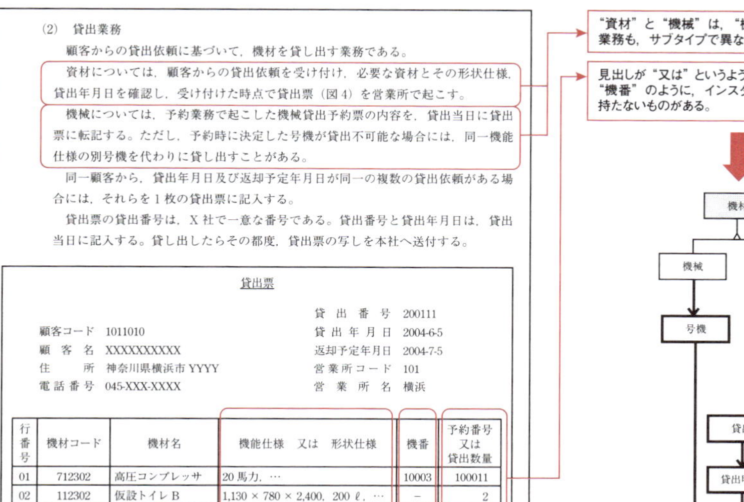

(2)　貸出業務

顧客からの貸出依頼に基づいて，機材を貸し出す業務である。

資材については，顧客からの貸出依頼を受け付け，必要な資材とその形状仕様，貸出年月日を確認し，受け付けた時点で貸出票（図 4）を営業所で起こす。

機械については，予約業務で起こした機械貸出予約票の内容を，貸出当日に貸出票に転記する。ただし，予約時に決定した号機が貸出不可能な場合には，同一機能仕様の別号機を代わりに貸し出すことがある。

同一顧客から，貸出年月日及び返却予定年月日が同一の複数の貸出依頼がある場合には，それらを 1 枚の貸出票に記入する。

貸出票の貸出番号は，X 社で一意な番号である。貸出番号と貸出年月日は，貸出当日に記入する。貸し出したらその都度，貸出票の写しを本社へ送付する。

貸出票

貸出番号　200111
顧客コード　1011010　　貸出年月日　2004-6-5
顧客名　XXXXXXXXXX　　返却予定年月日　2004-7-5
住所　神奈川県横浜市 YYYY　　営業所コード　101
電話番号　045-XXX-XXXX　　営業所名　横浜

行番号	機材コード	機材名	機能仕様　又は　形状仕様	機番	予約番号又は貸出数量
01	712302	高圧コンプレッサ	20 馬力，…	10003	100011
02	112302	仮設トイレ B	1,130 × 780 × 2,400，200 ℓ，…	−	2
03	112501	防災シート	1.82 m × 5.1 m，…	−	10
⋮	⋮	⋮	⋮	⋮	⋮

図 4　貸出票

“資材”と“機械”は，“機材”のサブタイプ。業務も，サブタイプで異なっている。

見出しが“又は”というように複数パターンあったり，“機番”のように，インスタンスに値を持つものと，持たないものがある。

機材
機械
号機
資材
貸出
貸出明細
資材貸出明細
機械貸出予約
機械貸出明細

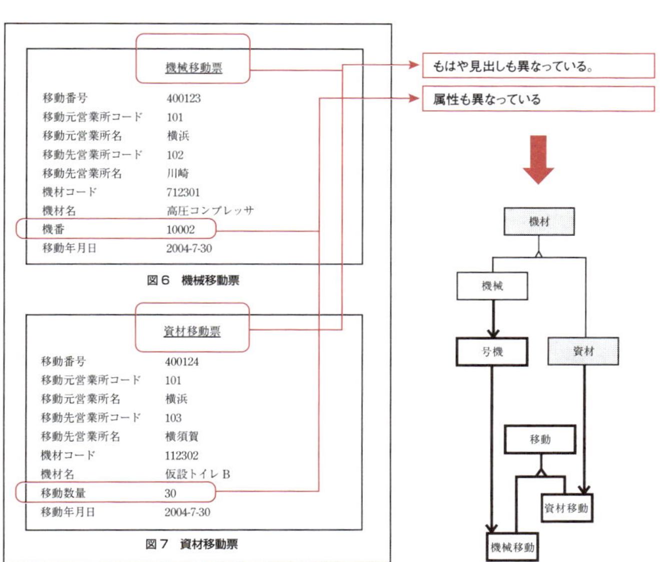

機械移動票

移動番号　400123
移動元営業所コード　101
移動元営業所名　横浜
移動先営業所コード　102
移動先営業所名　川崎
機材コード　712301
機材名　高圧コンプレッサ
機番　10002
移動年月日　2004-7-30

図 6　機械移動票

資材移動票

移動番号　400124
移動元営業所コード　101
移動元営業所名　横浜
移動先営業所コード　103
移動先営業所名　横須賀
機材コード　112302
機材名　仮設トイレ B
移動数量　30
移動年月日　2004-7-30

図 7　資材移動票

2 未完成の概念データモデルを完成させる問題
－その2－　リレーションシップを追加する

設問例

図（未完成の概念データモデル）では，一部のリレーションシップが欠けている。そのリレーションシップを補い，図を完成させよ。

出現率
100%

次に説明するのが，概念データモデルのリレーションシップを完成させる問題である。追加すべきエンティティタイプが確定し，かつ関係スキーマが完成すれば，リレーションシップを追加するのはさほど難しくない。関係スキーマから外部キーによる参照関係を見出して，その関連を加えるだけである。ここでも，よくある典型的なパターンを知ることで，短時間で“仮説－検証”的に進められると思う。そのあたりをいくつか見ていこう。

なお，平成20年度午後Ⅱ問1では，上記のような表現で問いかけるのではなく「テーブル間の参照関係を示せ。」という問いかけになっていたり，平成14年度午後Ⅱ問1のように図に追記する形ではなかったりするが，着眼点は変わらない。

●着眼点1　関係スキーマの完成しているところ（問題文に既に記載されている部分）のリレーションシップをチェック

関係スキーマの完成しているところ（問題文に記載されている部分）であるにもかかわらず，概念データモデルの方ではリレーションシップが欠落している場合がある。最初に，そういうところがないかどうかチェックしていこう。もしもその問題で存在するのなら，容易に見つけることができるだろう。但し，単純に外部キーとして“点線の下線”が引かれているケースは少ない。主キーの一部が外部キーになっているケース（その場合，下線は実線）がほとんどだろう。見落とさないようにしたい。

●着眼点2　解答に加えた外部キーのリレーションシップを加える

続いて，関係スキーマを完成させていれば，そのリレーションシップを概念データモデルにも加えていく。関係スキーマの主キー及び外部キーが正解していることが前提だが，容易にリレーションシップを加えることができる。なお，スーパータイプかサブタイプのいずれと参照関係を持たせるか？という点も，この方法だと，案外容易に判断することが可能になる。まずは，ここで確実に点数を獲得しよう。

●着眼点３　典型的パターンを使って解答する

関係スキーマを完成させるときに見落としていたリレーションシップも，概念データモデルの“よくあるパターン”を知っていたら，リレーションシップを先に解答し，そこから見落としていた関係スキーマを解答できるかもしれない。問題文をしっかり読んで，確実に関係スキーマを完成させていけば必要ないかもしれないが，知っていて損はない。一応紹介しておこう，ここでは５つの例を紹介する。

よくある５つのリレーションシップ

① マスタを階層化した「マスターマスタ間参照」
② マスタの属性を分類した（別マスタにした）「マスターマスタ間参照」
③ トランザクションがマスタを参照する「トランザクションーマスタ間参照」
④ 伝票形式の「ヘッダー明細」
⑤ プロセス（処理）間の引継関係

典型的パターン①　マスタを階層化（細分化）した「マスターマスタ間参照」

下図の例のように，ある物事に対して階層化され細分化されている場合は，参照関係が成立していることが多い。住所やエリア（国→都道府県→市町村など），組織の部門（会社→支社→部門→課など）なども同じような考え方になる。

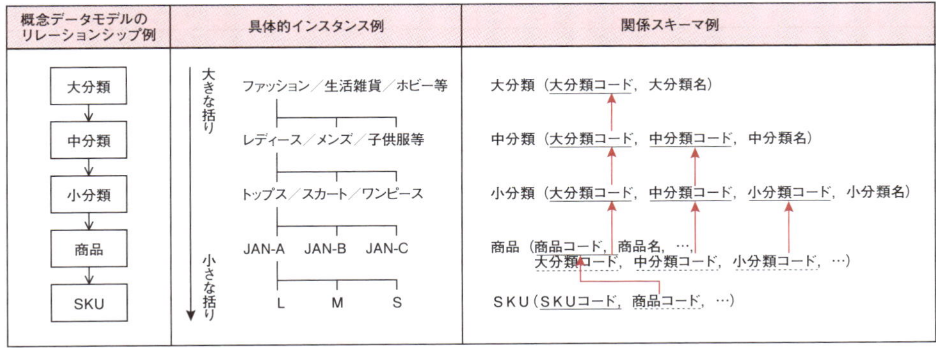

図　典型的パターン①の例

図の例では，大分類ごとに中分類コードを，大分類コード＋中分類コードごとに小分類コードを割り当てるようなケースを想定している。これは，（具体的インスタンス例に見られるように）上位の分類によって下位の分類が異なるようなときに多い。「ファッションーレディース」時の「小分類コード＝01がトップス」になっているようなケースである。

典型的パターン②　マスタの属性を分類した（別マスタにした）「マスターマスタ間参照」

典型的パターン③　トランザクションがマスタを参照する「トランザクションーマスタ間参照」

これらは，実世界の非正規モデル（伝票や帳票）を，第２正規形もしくは第３正規形にしていく過程でできた関連だといえる。

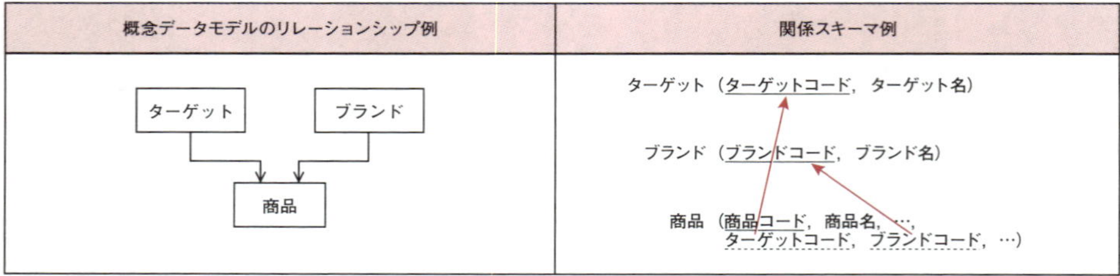

図：典型的パターン②の例

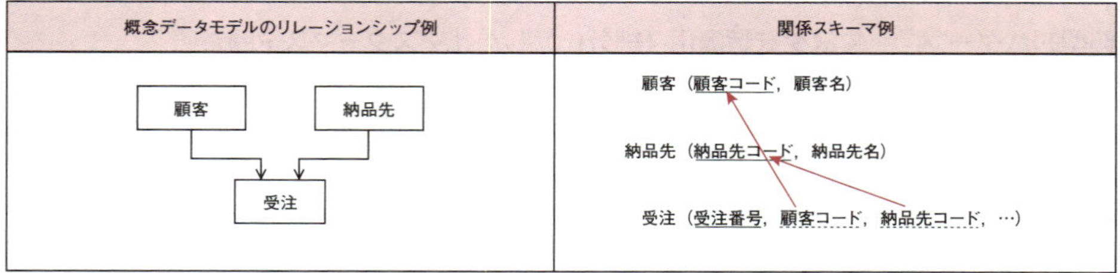

図：典型的パターン③の例

典型的パターン④　伝票形式の「ヘッダー明細」

このパターンも，同じく非正規モデルを正規化していく過程で作られた関係になる。但し，こちらは第１正規形－すなわち繰り返し項目を排除する時にできたものだ。多くの場合，ヘッダ部と明細部は一体で存在するので，強エンティティと弱エンティティとの関係になる。

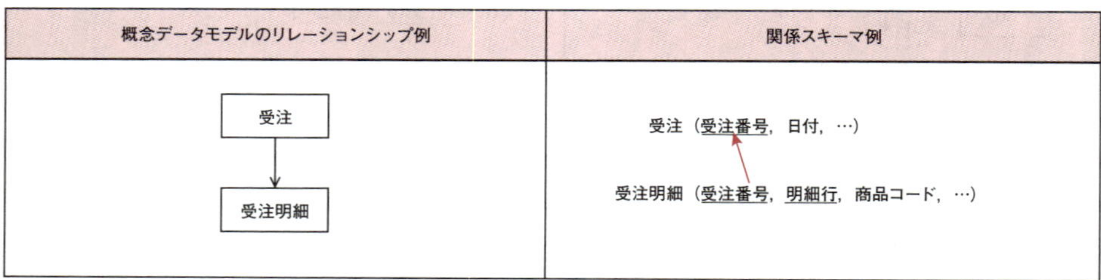

図：典型的パターン④の例

典型的パターン⑤　プロセス（処理）間の引継関係

最後は，こういう表現が妥当かどうかはわからないが“プロセス間の引継関係”がある場合にも，エンティティ間の関連が発生する。図の例のように，出庫品（出庫エンティティ）が，どの受注分なのか関連を保持したいようなケースだ。

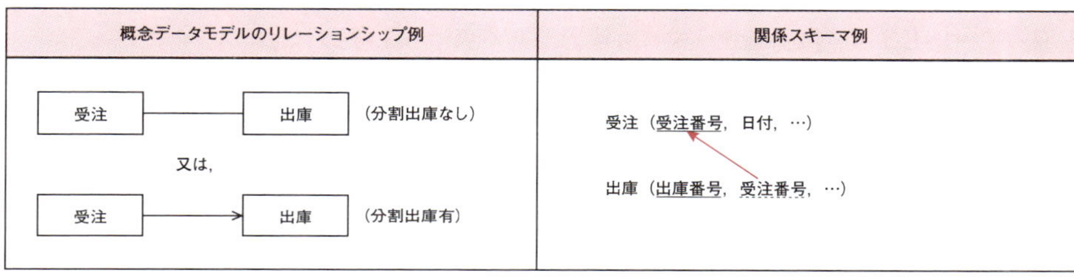

図：典型的パターン⑤の例

●着眼点４　スーパータイプ／サブタイプのどことリレーションシップを記述するか

問題文に，**「また，識別可能なサブタイプが存在する場合，他のエンティティタイプとのリレーションシップは，スーパータイプ又はサブタイプのいずれか適切な方との間に記述せよ。」**という指摘があることがある。その場合，注意深く，問題文からビジネスルールを読み取って対応しよう。関係スキーマにも違いがある点にも注意。

【スーパータイプに外部キーを持たせるケース】

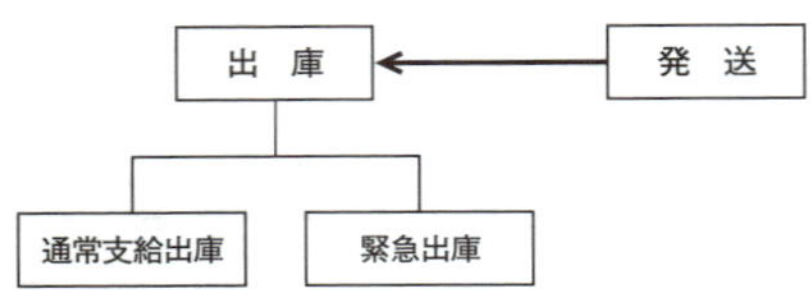

出庫（出庫番号，出庫年月日，発送番号・・・）
　　通常支給出庫（出庫番号，・・・）
　　緊急出庫（出庫番号，・・・）

発送（発送番号，発送年月日，・・・）

「1回の発送で，複数の出庫を行う。
　全ての出庫に対して，必ず，発送伝票を発行する」

【サブタイプに外部キーを持たせるケース】

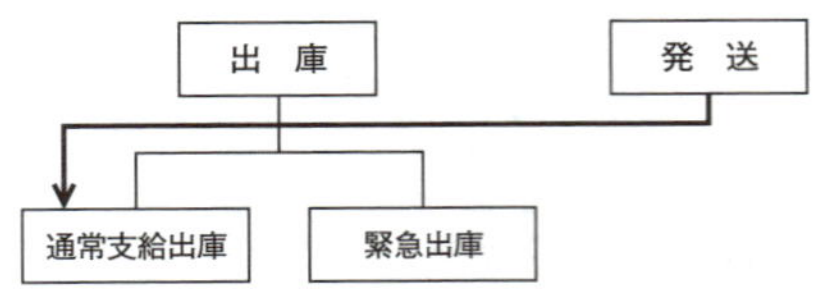

出庫（出庫番号，出庫年月日，・・・）
　　通常支給出庫（出庫番号，発送番号・・・）
　　緊急出庫（出庫番号，・・・）

発送（発送番号，発送年月日，・・・）

「1回の発送で，複数の出庫を行う。
　緊急出庫時には発送伝票は発行しない」

序
1
2
3
4

3 未完成の関係スキーマを完成させる問題

設問例

図（未完成の関係スキーマ）の ＿＿＿＿ 内に属性を補い，更に図（概念データモデル）に追加したエンティティタイプの関係スキーマを追加して，図を完成させよ。

出現率

100%

概念データモデルを完成させる問題と“ペア”で出題されるのが，ここで説明する未完成の関係スキーマを完成させる問題である。こちらも，午後Ⅱ試験では避けては通れないもののひとつになるが，それだけではなく，（後述する）概念データモデルにリレーションシップを書き加える問題の“キー”になるので，非常に重要になる。なお，関連する基礎知識については第３章で説明しているので，先に，それらをインプットしておこう。

●学習のポイント

関係スキーマの属性及び主キー，外部キーの設定に関する問題を確実に刈り取っていくには，次の手順でスキルアップしていくことが必要である。

① 本書の第３章で，基礎知識を理解する
② 本書の第２章「2.3　様々なビジネスモデル」で，業務別の標準パターンを覚える
③ 午後Ⅱ過去問題を解いた後，その概念データモデルと関係スキーマも覚える
④ 本書の第３章「参考 主キーや外部キーを示す設問」（P.304 参照）を習得する
⑤ 最後に，ここでの着眼点をおさえておく

上記の②や③は，前述の「午後Ⅱ解答テクニック」のところで説明させてもらった「2. 仮説－検証型アプローチ」のところで必要になる。特に，データベース設計未経験者にとっては欠かせない知識になる。それがないと，そもそも仮説が立てられないからだ。実務経験が豊富な人は，いろいろな設計パターンをストックしている。日常の仕事を通じて，体に染みついている。そのため，特に意識せずとも自然と「仮説－検証型アプローチ」になっている。そういう“ベテラン”を押しのけて，“ビギナー”が合格率15%の狭き門を突破するには，少なくとも，ベテランと同等の“武器”が必要になる。それを身に付けるプロセスが上記の②や③だ。

もちろん経験豊富なベテランにも有効だ。自分とは違う他人の設計思想に触れることができるかもしれないし，数多くの引き出しを持っておいて損することはないだろう。

● 着眼点１　問題文の該当箇所を絞り込む

「問題文の該当箇所を絞り込んで，そこを繰り返し熟読する」－これが，案外，重要な視点になる。

これまで何度か説明してきたが，（ここで求めたい）**“属性”は，問題文中に様々な形で埋め込まれている。それを見落とすことなく拾っていくことが高得点を得るポイントになる。**

例えば，“顧客”の属性が問われているとしよう。このとき，理想的には10ページ以上ある問題文全てに目を通し，あらゆる可能性を考えて属性を探し出した方が良い。筆者も，過去問題の解答・解説を作成するときには，念のためそうしている。しかし，それはあくまでも時間が無尽蔵にあり，かつ100点でないといけない状況だからできることで，2時間しかない試験本番時には，絶対にそんなことは不可能だ。限られた時間の中で解答生産性を高めようと思えば，そんな無駄な作業は絶対にしてはいけない。

ではどうすれば良いのだろうか。その答えがここでの着眼点になる。すなわち“問題文が体系的に整理されている点”を有効活用して，**「属性があると推測する問題文の該当箇所を大胆に絞り込む」**，そして，そこだけに目を通すというのが鉄則だ。

もちろん中には，段落間をまたがるもの，問題文全体にちらばっているものもあるかもしれない。しかし，何度も言うが実務と違って100点は必要ない。60点以上を―但し確実に―取得する方法論とすれば，「“顧客”の属性は，この「1. 顧客」（＝顧客に関する記述箇所）にしかないんだ。」と決めつけていくべきだろう。イレギュラーパターンは，ゼロではないが，それが10%以上になることもない。恐れるに足らずだ。

● 着眼点２　属性として認識するための典型的パターンを知る

問題文の記述内容から属性を抽出するには，関係スキーマの属性として認識するための（問題文中の）典型的パターンを知っていれば役に立つだろう。それをいくつかここで紹介する。

問題文中の表現パターン	表現例と関係スキーマ
①単純に属性を列挙しているケース	「顧客台帳には，顧客名，納品先住所，電話番号を登録している。」 →顧客（<u>顧客番号</u>，顧客名，納品先住所，電話番号）
②「～ごとに…が決まる」という表現	「製品名，価格は，パーツごとに設定している。」 →パーツ（<u>パーツコード</u>，製品名，価格） ※この場合，主キーもほぼ確定だと考えて良い
③伝票，帳票類の例があるケース（図示されているケース）	・単純なケースだと次の通り 　ヘッダ部の項目＝ヘッダ部のエンティティの属性 　明細部の項目＝明細部のエンティティの属性 ・複雑なケース 　正規化を実施（ボトムアップ） ※いずれも，問題文に予め記載されている既出の関係スキーマが制約になるので，それを考慮して調整が必要

②に関しては，本書の第３章「参考 関数従属性を読み取る設問」（P.288 参照）のところと共通の考え方になる。主キーを認識するための手法である。そのため，詳細はそちらを参照してほしい。

また，難易度が高くなると③のようなケースになる。図を正規化して，他の関係スキーマに配慮して解答を絞り込んでいかなければならないからだ。そのあたりの例をいくつか紹介したいと思う。

例１－③のパターンにおける単純な例

出荷伝票

出荷番号：200810150001　　出荷年月日：2008 年 10 月 15 日
会員コード：060400001　　送り先郵便番号：100-xxxx
送り先住所：東京都千代田区○×△１－１
送り先氏名：山田　太郎　様

出荷明細番号	SKU コード	商品名	サイズ		カラー		受注	
			コード	名	コード	名	番号	明細番号
01	A0012101	バギーパンツ	21	M	01	ライトブルー	200810130001	01
02	D2015030	キャップ	50	53	30	黄＆黒	200810130001	02
03	S1010055	ダスト BOX	00	—	55	シルバー	200810120085	08
04	J2747272	シーツ	72	SD	72	ミントグリーン	200810100103	01

図６　出荷伝票の例

図６の伝票だけを見て第３正規形に持っていくと，通常は，次のようになるはずだ。

出荷（出荷番号，出荷年月日）
出荷明細（出荷番号，出荷明細番号，受注番号，受注明細番号）
※会員や商品に関する属性は，“受注”及び“受注明細”を通じて参照可能

このときの仮説として，「送り先郵便番号，送り先住所，送り先氏名は“会員”が保持しているだろう。」「出荷明細番号と受注明細番号が１対１で対応しているので，SKU コード等は，そちらにあるのだろう。」「だとすれば，会員コードも“受注”にある。」などと推測してから，それを問題文や概念データモデル，他の関係スキーマ等で確認して微調整する（仮説が外れていたら，それに応じて属性を持たせるなどを考える）。これが最もシンプルな例である。

例２－③のパターンにおける複雑な例

次の例は複雑なケースになる。帳票例があるので，それを頼りに正規化していくことに変わりはないが，その後が複雑になる。もう既に完成している関係スキーマに合わせていくことになるが，その場合，受験者と問題文作成者の設計思想が異なれば，なかなか（試験センターの意図する）解答例にはならないからだ。

解答例に近い解答を捻出するには，**他人の設計思想に数多く触れて複数パターンに慣れておき，柔軟性を持って対応しなければならない。**仕事を通じてだけでは，なかなかそういう機会に恵まれないだろうから，過去問題を通じていろいろな考え方に（どれが良い設計，どれが悪い設計かは別にして）触れておこう。

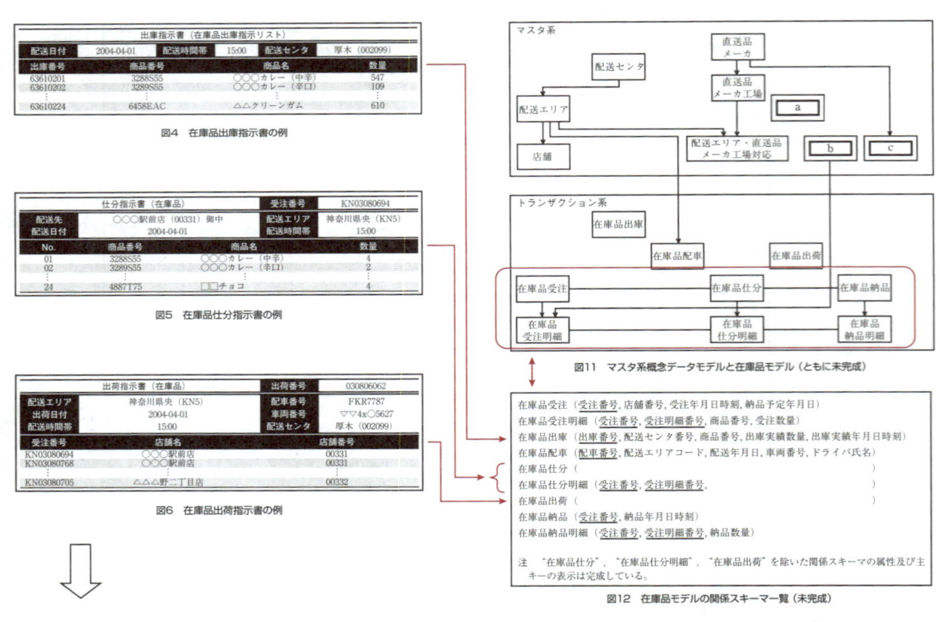

図：平成 16 年午後Ⅱ問２の例

例えば，この例で“在庫品仕分”及び“在庫品仕分明細”の属性を決めるには，（最終的にそれらのエンティティを使って作成する）図５の在庫品仕分指示書を正規化（通常は第３正規形まで）していくことになる。このときに，既に完成している概念データモデルや関係スキーマ（この例だと図 11 と図 12）を考慮しながら同時に進行させていかなければならない（ここが実際の設計とは異なるところ）。

まず，単純に（穴埋め対象となる）図5，図6だけを見て第3正規形にまで進めていくと，次のようになるだろう。ここまでは説明は不要だと思う。

【第1正規形】
在庫品仕分（受注番号，配送先，配送日付，配送エリア，配送時間帯）
在庫品仕分明細（受注番号，受注明細番号，商品番号，商品名，数量）
在庫品出荷（出荷番号，配送エリア，出荷日付，配送時間帯，配車番号，車両番号，配送センタ）
在庫品出荷明細（出荷番号，受注番号，店舗名，店舗番号）

【第2正規形・第3正規形】参照先からのマスタ系参照等の記述は割愛している
在庫品仕分（受注番号，配送先，配送日付，配送エリア，配送時間帯）
在庫品仕分明細（受注番号，受注明細番号）
※ 商品番号，商品名，数量は“在庫品受注明細”を参照
在庫品出荷（出荷番号，出荷日付，配送時間帯，配車番号）
※ 配送エリア，車両番号，配送センタは“在庫品配車”を参照
在庫品出荷明細（出荷番号，受注番号）
※ 店舗番号，店舗名は“在庫品受注”を参照
最後に，問題文の記述や，以下の制約を考慮して組み替えると解答が求められる。

図11，12での制約から判断できること
① 図5を正規化した結果，関係スキーマは“在庫品仕分”と“在庫品仕分明細”になる。
② “在庫品仕分明細”の主キー“受注番号，受注明細番号”は決まっている。これと後述する③と合わせて考えると，“在庫品仕分”の主キーは“受注番号”だと判断できる。
③ 図11と合わせてみると，“在庫品受注”と“在庫品納品”と1対1の関係にある。また，図12では，“在庫品受注”と“在庫品受注明細”，及び“在庫品納品”，“在庫品納品明細”の関係スキーマは完成している。これを考慮して属性を何に持たせようとしているのか推測できる。

【問題文の記述より】
在庫品仕分（受注番号，出荷番号）
※“在庫品出荷明細”が無いので，こちらで関連を保持”
在庫品仕分明細（受注番号，受注明細番号，仕分数量）※ 数量を仕分数量として復活。
在庫品出荷（出荷番号，配車番号）

4 新たなテーブルを追加する問題

設問例

この問題を解決するために変更が必要なテーブルについて，変更後の構造を答えよ。（中略）新たなテーブルが必要であれば，内容を表す適切なテーブル名を付け，列名は本文中の用語を用いて定義せよ。

出現率

午後Ⅰでも

61%

この設問例のように，新たなテーブルを追加する問題もよく出題される。上記の出現率や下記の表は午後Ⅰのものを取り上げているが，午後Ⅱを含めると，ここもほぼ100%になる。問題文の途中で要求や仕様が変更されるケースや，テーブル構造に問題があるケースなど，その"登場シーン"は様々なので，それぞれの状況に応じて問題文の押さえるべきところ（いわゆる勘所）をつかんでおこう。

表：過去18年間の午後Ⅰでの出題実績

年度／問題番号	設問内容の要約（関係"○○"の…or"○○"テーブルの）
H14- 問3	（…の見直しに伴って）新たに追加される"○○"テーブルの構造を記述せよ。
問4	…のような事象に対処するためには，図のテーブル構造をどのように変更，又はどのようなテーブルを追加すればよいか。70字以内で述べよ。
H15- 問3	…の問題点を解決するために，新たに追加するテーブルの構造を示せ。（2問）
	…の要件を満たすために，図のテーブル構造を変更し，かつ，新たなテーブルを追加する。その新たに追加するテーブルの構造を示せ。
H16- 問3	"○○"テーブルがない。（新たに追加する）"○○"テーブルの構造を示せ。
H17- 問2	…に関する情報がない。新たに追加するテーブルの構造を示せ。（2問）
H19- 問2	店舗と配達地域を対応付けるためのテーブルが欠落している。本文中の用語を用いて，欠落しているテーブル構造と，テーブルの主キーを示せ。
H20- 問2	…テーブルの関係を正しく設計せよ。…新たなテーブルが必要であれば，内容を表す適切なテーブル名を付け，列名は本文中の用語を用いて定義せよ。（3問）
	指摘事項④について，…の対応を示す"○○"テーブルを設計せよ。列名は本文中の用語を用いて定義せよ。
H22- 問1	関係"受講者"について，"関連資格有無"など受講者ごとに固有な属性を，任意に追加登録できるように，関係スキーマを追加することにした。追加する関係"受講者追加属性"を適切な三つの属性からなる関係スキーマで示せ。なお，主キーは，下線で示せ。
H25- 問2	"○○テーブル"を，3種類のサービスに共通の列を持つ"○○共通"テーブルと，各○○に固有の列を持つテーブルに分割することにした。列が冗長にならないように，各テーブルの構造を記述せよ。
H29- 問1	指摘事項①に対応するために，新たな関係を二つ追加し…。新たに追加する関係の主キー及び外部キーを明記した関係スキーマ，…を答えよ。
H30- 問1	新たな関係を一つ追加し…。新たに追加する関係の主キー及び外部キーを明記した関係スキーマ，…を答えよ。
H31- 問1	〔新たな要件の追加〕について関係スキーマに変更や追加を行う。

着眼点

新たにテーブルを追加する問題では，その必要性を問題文から読み取れれば解答できる。よくあるパターンは，必要なテーブルがない，業務に変更が生じた，業務や設計に変更が生じた，設計段階で不具合が発見されたなどである。その原因となるところは，普通，設問に記述されている。だから，まずはそれを確認し，その後に問題文の該当箇所を重点的にチェックしよう。

・必要なテーブルがない

→（問題文）どのようなデータを入力したり保存したりするかが記載されているところ
要件や設計について記述しているところ

→（図・表）説明を補足している図表があれば，参考にする

・業務や設計に変更が生じた

→（問題文）どのような変更なのかが記載されているところ

→（図・表）変更前・変更後の図表があれば，比較する

・不具合が発見された

→（問題文）どのような不具合かが記述されているところ
要件や設計について記述しているところ

●新たなテーブルを追加するプロセス

次に示すのは，平成16年・午後Ⅰ問3に出題された問題文と設問の一部を抜粋したものである。

〔データベース設計〕

F君は，要求仕様に基づいてテーブル構造を図6のように設計した。このテーブル構造を見たG氏は，次の問題点①～⑤を指摘した。

組織

組織コード	組織名	発足年月	廃止年月

役職

役職コード	役職名	開始年月	廃止年月

ランク

ランクコード	ランク名

時間単価

ランクコード	組織コード	年月	時間単価

社員

社員コード	社員氏名	組織コード	役職コード

PJ

PJコード	PJ名	組織コード	発足年月日	終了年月日	PJリーダ

PJ稼働計画

PJコード	社員コード	年月	稼働時間

図6　テーブル構造

問題点①　主キー，外部キーが記述されていない。
問題点②　役職とランクの関係が管理されていない。
問題点③　PJの社員別日別の稼働実績を管理するための“PJ稼働実績”テーブルがない。
問題点④　PJ終了後の計画と実績の分析において，発足年月日～終了年月日内の任意の指定日時点での計画稼働時間を表示したいという要望が想定される。しかし，計画修正に伴い，計画稼働時間が変更されてしまうので，この要望に対応できない。
問題点⑤　図6のテーブル構造では，労務費を正しく計算できない場合がある。

4. 日別稼働実績入力

(1) 社員は，月内の日別PJ別の稼働時間を翌月の第4営業日までに入力する。図5は，年月と社員コードを指定した稼働実績入力画面である。勤務時間は，出退勤システムで管理される時間である。社員は，PJごとの稼働時間を0.5時間単位で入力する。

(2) 日ごとに指定できるPJコードは，入力対象日が発足年月日～終了年月日内のコードで，その数に制限はない。指定するPJコードは順不同でよいが，同じ日に一つのPJコードを2回以上指定することはできない。

社員コード			1234567	社員氏名：山田太郎		入力年月		2004	年	4	月
年月日	曜日	勤務時間	PJごとの稼働時間								
			PJコード	稼働時間	PJコード	稼働時間	PJコード	稼働時間	PJコード		
2004-04-06	火	9.0	1234567	7.0	2345678	2.0				▲	
2004-04-07	水	8.0	1234567	7.0	3456789	1.0					
2004-04-08	木	9.0	1234567	7.0	2345678	2.0					
2004-04-09	金	10.0	1234567	5.0	2345678	2.0	3456789	1.0	5678901		
2004-04-10	土	0.0									
2004-04-11	日	0.0									
2004-04-12	月	8.0	1234567	5.5	3456789	1.0	4567890	1.5		▼	

注　網掛け以外の部分が入力可能な項目

図5　稼働実績入力画面

設問2 G氏が指摘した問題点③,④に関する,次の問いに答えよ。

(1)　問題点③で指摘されている“PJ稼働実績”テーブルの構造を示せ。解答に当たって,列名は,格納するデータの意味を表し,かつ本文中に示された名称を使用すること。

図：平成16年・午後Ⅰ 問3　問題文と設問（抜粋）

「4. 日別稼働実績入力 (1)」に「社員は，月内の日別PJ別の稼働時間を……入力する」とある。図5はそれを行うための稼働実績入力画面である。ここに入力したデータを保存するテーブルが必要である。そのテーブル名は，図5の画面名「稼働実績入力画面」を参考にし，かつ，図6中のテーブル名「PJ稼働計画」に倣って，「PJ稼働実績」が適切である。

入力欄に基づいて項目を列挙すると，「社員コード」，「年月」，「PJコード」，「稼働時間」となる。縦軸に日付が並んでいるので，テーブルには日付の項目も情報として含まれている。よって，先に挙げた「年月」を「年月日」としなければならない。

2004-04-09と2004-04-12の例から明らかなように，同じ日に同じ社員が複数のプロジェクトに従事することがある。よって，主キーは，社員コード，年月日，PJコードである。

以上より，解答をテーブル構造図で示すと次のようになる。

PJ稼働実績

<u>社員コード</u>	<u>年月日</u>	<u>PJコード</u>	稼働時間

●他に考慮すべきこと

新たにテーブルを追加したり，属性を追加したりする設問では，他にもよく問われるポイントがある。次に説明するのがそれだが，これらの点は常に意識しておいて「仮説－検証アプローチ」の“仮説立案”に使えるようにしておこう。

・時間変化への対応

時間変化への対応は，実務でよく行われる方法の一つである。

あるテーブルから別のテーブルを参照しているとき，参照先のテーブルの列の値が変化することによって，参照元のテーブルのデータ整合性が保てなくなることがある。

例えば，次に示す“職員”テーブルと“勤務実績”テーブルにおいて，勤務実績から給与支払額を計算するには，勤務した当時の時間単価と勤務時間を掛け合わせる必要がある。

職員（<u>職員番号</u>，氏名，時間単価）
勤務実績（<u>職員番号</u>，<u>勤務年月</u>，勤務時間）

しかし，“職員”テーブルの時間単価には，最新の値しか格納できない。時間単価の値が変更されると，変更前の給与支払額を正しく算出できなくなる。

それに対処する設計は，履歴管理と逆正規化がある。

・履歴管理

履歴管理とは，列の値が変化したときに，変更の履歴を残す方法である。

先ほどの例では，解答例は2通りある。

（解答例 1）

職員（<u>職員番号</u>，氏名）
職員別時間単価（<u>職員番号</u>，<u>変更年月</u>，時間単価）
勤務実績（<u>職員番号</u>，<u>勤務年月</u>，勤務時間）

“職員”テーブルから“職員別時間単価”テーブルを分割する。“職員別時間単価”テーブルに｛変更年月｝を追加し，｛職員番号，変更年月｝を主キーとする。｛時間単価｝の値が変更されたときに，行を追加する。

（解答例 2）

職員（<u>職員番号</u>，氏名）
職員別時間単価（<u>職員番号</u>，<u>適用開始年月</u>，適用終了年月，時間単価）
勤務実績（<u>職員番号</u>，<u>勤務年月</u>，勤務時間）

解答例1で追加した｛変更年月｝の代わりに，｛適用開始年月，適用終了年月｝を追加し，｛職員番号，適用開始年月｝を主キーとする。｛時間単価｝の値が変更されたときに，行を追加する。
現在適用中の場合，｛適用終了年月｝にはNULL，または「適用中を示す特殊な値」を格納する。
指定年月に適用された時間単価を取得するには，｛適用開始年月｝と｛適用終了年月｝の間で範囲検索を行えばよい。
候補キーは，｛職員番号，適用開始年月｝，｛職員番号，適用終了年月｝の二つである。ただし，適用中の｛適用終了年月｝にNULLを格納する仕様の場合は，主キーには｛職員番号，適用開始年月｝を選ぶ。

■ 2009/01の時間単価をSQLで検索する例

```
SELECT  職員番号, 時間単価  FROM  職員別時間単価
WHERE   適用開始年月  <=  '200901'
  AND   '200901' <=  COALESCE( 適用終了年月 , '999912')
  AND   職員番号  =   '001'
```

NULLのとき'999912'に変換

● **逆正規化**

逆正規化は，項目を複数のテーブルにコピーして，データが発生した当時の値を保持する方法である。ただし，1事実1箇所ではなくなるため，正規度が落ちる。これはあくまで，値の保持を目的としている場合（つまり，将来にわたりコピーした先の項目の値が変化しない場合）にのみ，採用すべき設計技法である。
先ほどの例では，“勤務実績”テーブルに，勤務した当時の時間単価をコピーした「時間単価」という列を持たせる。

職員（<u>職員番号</u>，氏名，時間単価）
勤務実績（<u>職員番号</u>，<u>勤務年月</u>，時間単価，勤務時間）

● **導出項目**

導出項目の追加は，試験でしばしば出題されるテーマの一つである。
通常，正規化の段階で導出項目は除外される。しかし，アプリケーションから頻繁に参照され，かつ，値の変更が滅多に生じない導出項目であれば，テーブルに残しておいてもよい。こうすることで，導出項目を参照すれば計算の手間を省けるため，パフォーマンスの向上を図ることができる。

- **組合せ（グループ）**

人や物品がグループを構成するときは，グループとそこに含まれるメンバを管理するテーブルを設計する。通常，グループを識別する列とメンバを識別する列の両方で主キーを構成する。

例えば，パック商品と呼ばれる商品が，「1種類又は複数種類の単品商品を幾つか箱詰めしたものである」と定義されているとする。このとき，グループに相当するものはパック商品，メンバに相当するものは単品商品である。そのテーブル構造は次のようになる。

パック商品（<u>パック商品番号</u>，<u>単品商品番号</u>，箱詰め数量）

- **「横持ち」構造**

「横持ち」とは，本来は縦方向（行方向）に並んでいる情報を，横方向（列方向）に並べたものである。

例えば，次に示す“四半期別売上”テーブルの「売上高」の情報を，第1～第4四半期を1行にまとめて横持ちさせる。その結果，「四半期」という列は不要になるため除外する。

・横持ちする前

四半期別売上（<u>年度</u>，<u>四半期</u>，売上高）

・横持ちした後

四半期別売上（<u>年度</u>，第1四半期売上高，第2四半期売上高，第3四半期売上高，第4四半期売上高）

「横持ち」させる列は，例えば四半期のように，将来にわたり列数が増えることのないものに限定する。

試験では，横持ち構造から縦持ち構造へ変更する問題が出題された例がある。

- **再帰**

再帰とは，参照元と参照先のインスタンスが同一のエンティティに属しているものである。

例えば，次に示す“部署”テーブルにおいて，上位の部署と下位の部署が存在し，かつ，各部署において上位の部署は一つしか存在しない場合，再帰構造となる。

部署（<u>部署#</u>，部署名称，上位部署#）

ここに挙げたもの以外にも，業務要件に基づいて列を追加する出題例があるが，それについては，問題文から読み取れれば素直に解答を導けることが多い。その内容はケースバイケースであるため，ここでは出題例を示さない。

序
1
2
3
4

5 データ所要量を求める計算問題

設問例（平成 30 年午後Ⅱ問 1）

出現率
過去６年
67%

表７中の [a] ～ [d] に入れる適切な数値を答えよ。ここで空き領域率は 10% とする。

表 7　“一般経費申請”テーブルのデータ所要量（未完成）

項番	項目	値
1	見積行数	1,500,000 行
2	ページサイズ	[a] バイト
3	平均行長	239 バイト
4	1 データページ当たりの平均行数	[b] 行
5	必要データページ数	[c] ページ
6	データ所要量	[d] 百万バイト

注記　項番 6 のデータ所要量は，項番 1～5 の値を用いて算出する。

平成 26 年以後の午後Ⅱ試験では，2 問のうち 1 問は物理データベース設計の問題が出題されている。その中で頻出されている設問のひとつが，ここで取り上げているデータ所要量を求める計算問題だ。この設問そのものはそんなに難しいものでもない。問題文中に書かれているルールにのっとって正確に読み進めていけば確実に点数が取れる。しかし，**だからこそ，事前にそのルールに関する情報を覚えて解答手順を決めておいて，本番の時に短時間で解答し，その分他の設問に時間をかけるようにもっていきたい。**「定番の設問を短時間で解く！」それがデータベース合格のカギを握る。

表：過去６年間の午後Ⅱでの出題実績

年度 / 問題番号	設問内容の要約（あるテーブルの…）
H26- 問 1	計算問題（平均行長，データ所要量）
H27- 問 1	計算問題（平均行長，1 データページ当たりの平均行数，必要データページ数，データ所要量）
H28- 問 1	計算問題（平均行長，1 データページ当たりの平均行数，必要データページ数，データ所要量）
H30- 問 1	計算問題（ページサイズ，1 データページ当たりの平均行数，必要データページ数，データ所要量）

●解答テクニックに入る前に

特に無し。

●着眼点　解答手順を予め覚えておく

データ所要量を求める計算問題が出題された場合，一般的な計算問題と同じで，どの数字を使ってどのように計算するのか，その数字はどこにあるのかなどを予め覚えておくことが必要になる。

表：解答手順の例

	解答対象箇所	解答に必要なルール等 ※いずれも例年ほぼ同じ記述
解答手順1	見積行数，ページサイズ，平均行長を探す	・見積行数は問題文から探す ・ページサイズは〔RDBMS の仕様〕 ・平均行長は「テーブル定義表」の時もある
解答手順2	1データページ当たりの平均行数の計算	・ページサイズと平均行長より計算 ※空き領域率を考慮 ※ヘッダ部の有無を考慮 ・切り捨て
解答手順3	必要データページ数の計算	・見積行数／解答手順2の解答 ・切り上げ
解答手順4	データ所要量の計算	・解答手順3の解答 × ページサイズ

●詳細解説

平成30年度午後Ⅱ問1設問1（4）の解説（P.viii 参照）で，実際の出題に合わせてチェックしておくと，より理解が深まるだろう。

6 テーブル定義表を完成させる問題

設問例（平成 30 年午後Ⅱ問 1）

出現率
過去 6 年
67%

(1) 表 6 中の太枠内に適切な字句を記入して，太枠内を完成させよ。

(2) 表 6 中の [ウ] に入れる適切な字句を答えよ。ここで，1 ～ 999 のような，値の上限・下限に関する制約は，検査制約では定義しないものとする。

表 6　“一般経費申請”テーブルのテーブル定義表（未完成）

項目 ＼ 列名	データ型	NOT NULL	格納長（バイト）	索引の種類と構成列				
				P	NU	NU	NU	U
申請番号	INTEGER	Y	4	1				
社員番号	CHAR(6)	Y	6		1			
申請種別	CHAR(1)	Y	1					
一般経費申請状態	CHAR(1)	Y	1					
上司承認日	DATE	N	5					
精査日	DATE	N	5					
責任者承認日	DATE	N	5					
処理年月	CHAR(6)	Y	6					
内訳科目コード	CHAR(3)	Y	3			1		
支払金額	INTEGER	Y	4					
通貨コード	CHAR(3)	N	4				1	
外貨金額								
支払先								
支払目的								
支払予定日								
支払番号								
制約　参照制約								
制約　検査制約	CHECK (一般経費申請状態 IN ('0','1','2','3','4','5','9')) CHECK (ウ)							

注記　網掛け部分は表示していない。

平成 26 年以後の午後Ⅱ試験では，物理データベース設計の問題で未完成のテーブル定義表を完成させる設問も頻出問題の一つだ。この設問もそんなに難しいものでもない。問題文中に書かれているルールにのっとって正確に読み進めていけば確実に点数が取れる。しかし，だからこそ，事前にそのルールに関する情報を覚えて解答手順を決めておいて，本番の時に短時間で解答し，その分他の設問に時間をかけるようにもっていきたい。

表：過去 6 年間の午後Ⅱでの出題実績

年度 / 問題番号	設問内容の要約
H26- 問 1	テーブル定義表 3 つ。うち 2 つの未完成のテーブル定義表の完成
H27- 問 1	テーブル定義表 3 つ。うち 1 つの未完成のテーブル定義表の完成。制約の穴埋め（参照制約）
H28- 問 1	テーブル定義表 2 つ。うち 1 つの未完成のテーブル定義表の完成。制約の穴埋め（参照制約，検査制約）
H30- 問 1	テーブル定義表 1 つ。その未完成のテーブル定義表の完成。制約の穴埋め（検査制約）

●解答テクニックに入る前に

特に無し。

●着眼点１　答えは「表　主な列とその意味・制約」の中にある

この「テーブル定義表を完成させる問題」の解答を確定させる部分の多くは，この「表　主な列とその意味・制約」の中にある。したがって，まずはこの表の存在を確認し，テーブル定義表の解答をしなければならない列の説明が，この表内にあるかどうかをチェックしよう。もちろん，問題文の中に解答を確定させる記述箇所がある可能性はゼロではない。しかしこの表があれば，まずはここからチェックして解答し，問題文中に記述の存在を発見した時に微調整（解答の修正など）をしていけばいいだろう。

表１　主な列とその意味・制約

列名	意味・制約
申請番号	申請を一意に識別する番号（1～999,999,999）。申請登録時に自動的に設定される。
社員番号	申請する社員の社員番号（6桁の半角英数字）。申請登録時の指定は必須。申請画面では，指定した社員番号の登録済申請を照会できる。
申請種別	'1'（立替経費精算），'2'（経費支払依頼）のいずれか
一般経費申請状態	'0'（未申請），'1'（申請済），'2'（承認済），'3'（精査済），'4'（確認済），'5'（精算済），'9'（否認）のいずれか
上司承認日，精査日，責任者承認日	上司の承認，庶務担当者の精査，経費管理責任者の承認が行われた日付
処理年月	申請が登録された年月（6桁の半角数字）。申請の登録時に自動設定される。
内訳科目コード	経費申請対象の内訳科目コード（3桁の半角英数字）
支払金額	経費支払対象金額（1～10,000,000）。一般経費申請登録時の指定は必須である。
通貨コード，外貨金額	旅費申請，一般経費申請において，外貨で支払う場合に，通貨コード（3桁の半角英数字）及び支払金額に相当する外貨金額（0.01～9,999,999,999.99）を指定。申請登録時の指定は任意である。
支払先	支払先の名称，所在地（全角文字100字以内，平均文字数は20文字）。申請登録時の指定は，経費支払依頼では必須，立替経費精算では任意である。
支払目的	一般経費申請における経費の目的，用途（全角文字1,000字以内，平均文字数は64文字）。申請登録時の指定は必須である。
支払予定日	一般経費申請において，支払完了時に，支払の基になった支払伝票の支払予定日を記録する。
支払番号	一般経費申請において，支払完了時に，支払の基になった支払伝票の支払番号（1～99,999）を記録する。

表６

列名＼項目								
申請番号								
社員番号								
申請種別								
一般経費申請状態								
上司承認日								
精査日								
責任者承認日	DATE	N						
処理年月	CHAR(6)	Y						
内訳科目コード	CHAR(3)	Y				1		
支払金額	INTEGER	Y						
通貨コード	CHAR(3)	N	4				1	
外貨金額								
支払先								
支払目的								
支払予定日								
支払番号								
制約：参照制約								
制約：検査制約	CHECK (一般経費申請状態 IN ('0','1','2','3','4','5','9')) CHECK (ウ)							

注記　網掛け部分は表示していない。

図：解答と「表１　主な列とその意味・制約」の関係（平成30年午後Ⅱ問１より）

●着眼点２　過去問題の「テーブル定義」に関するルールは，ある程度覚えておく

テーブル定義表を完成させる問題が出題された場合，問題文には，いろいろなところに“解答するためのルール”に関する記述がある。平成26年～平成30年の5年間は，このルールは大きくは変わっていないので，できればこの5年間のルールを事前に覚えておいて，試験本番時には「従来通りか，あるいは変更している点があるのかを確認」するようにしておきたい。そうすることで短時間で正確に解答できるようになるからだ。

表：解答手順別解答ルール

	解答対象箇所	解答に必要なルール等 ※いずれも例年ほぼ同じ記述
解答手順１	データ型の完成	・「表　使用可能なデータ型」 ・〔テーブルの物理設計〕のテーブル定義
解答手順２	NOT NULL制約の指定	・（たまにCRUD図も参考になる）
解答手順３	格納長の計算	・「表　使用可能なデータ型」 ・〔テーブルの物理設計〕のテーブル定義 ・〔RDBMSの仕様〕のテーブル ※NULLを許容する列にプラス１バイト
解答手順４	索引の種類と構成列	・〔テーブルの物理設計〕のテーブル定義
解答手順５	制約の値	

中でも特に，この**「テーブル定義表を完成させる問題」**の解答に必要なルールのために用意されているのが**〔テーブルの物理設計〕のテーブル定義**に関する説明の箇所である。

ここで，データ型欄は“一般的”だということを確認したり，格納長欄の可変長文字列の計算ルールや，索引の種類と構成列の記述ルールを確認したりする。中には，自分がずっと経験してきた設計方針と違っている場合もあるので，それを事前に確認しておいて，試験中は短時間で「例年通りかどうか」を確認できるようにしておきたい。

●詳細解説

平成30年度午後Ⅱ問１設問１（２）（３）の解説（P.viii参照）で，実際の出題に合わせてチェックしておくと，より理解が深まるだろう。

1. テーブル定義

次の方針に基づいてテーブル定義表を作成し，テーブル定義を行う。作成中の“一般経費申請”テーブルのテーブル定義表を表6に示す。

(1) データ型欄には，データ型，データ型の適切な長さ，精度，位取りを記入する。データ型の選択は，次の規則に従う。

① 文字列型の列が全角文字の場合は，NCHAR 又は NCHAR VARYING を選択し，それ以外の場合は CHAR 又は VARCHAR を選択する。

② 数値の列が整数である場合は，取り得る値の範囲に応じて，SMALLINT 又は INTEGER を選択する。それ以外の場合は DECIMAL を選択する。

③ ①及び②どちらの場合も，列の値の取り得る範囲に従って，格納領域の長さが最小になるデータ型を選択する。

④ 日付の列は，DATE を選択する。

(2) NOT NULL 欄には，NOT NULL 制約がある場合は Y を，ない場合は N を記入する。

(3) 格納長欄には，RDBMS の仕様に従って，格納長を記入する。可変長文字列の格納長は，表1から平均文字数が分かる場合はそれを基準に算出し，それ以外の場合は，最大文字数の半分を基準に算出する。

(4) 索引の種類と構成列欄には，作成する索引を記入する。

① 索引の種類には，P（主キーの索引），U（ユニーク索引），NU（非ユニーク索引）がある。

② 主キーの索引は必ず作成する。

③ 主キー以外で値が一意となる列又は列の組合せには，必ずユニーク索引を作成する。それ以外の列又は列の組合せが，外部キーを構成する場合は，必ず非ユニーク索引を作成する。

④ 各索引の構成列には，構成列の定義順に1からの連番を記入する。

(5) 制約欄には，参照制約，検査制約を SQL の構文で記入する。

データ型欄

NOT NULL 欄

格納長欄

索引の種類と構成列欄

制約欄

図：テーブル定義に関するルールの記述（平成30年午後Ⅱ問1の問題文より）

午後Ⅰ対策

LINK

午後Ⅰ対策について，著者がわかりやすく解説している動画をWebで公開しています。
QRコードまたは下記URLからアクセスしてください。

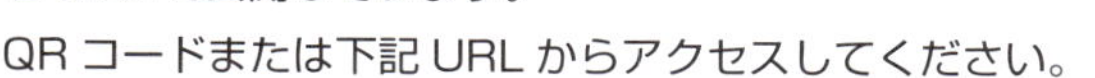

【URL】https://www.shoeisha.co.jp/book/pages/9784798167770/pm1/

平成31年の出題

問1	データベース設計（概念データモデル・関係スキーマの完成他）
問2	SQL（トリガ）
問3	テーブル設計，SQL

平成29年までの午後Ⅰ試験は，極端な話…SQLを捨てて**「データベースの基礎理論」**と（午後Ⅰ対策ではなく）午後Ⅱ対策（データベース設計＝概念データモデル・関係スキーマの感染）だけでも合格を狙えた。それほど**"定番色"**が強かった。しかし，長年続いた**「データベースの基礎理論」**に関する出題も，平成30年にはいよいよ無くなってしまった。その後の平成31年も同様に出題されていない。とはいうものの，**データベースの基礎理論**に関する知識が不要になったわけではないので，そこも押さえつつ，もはや必須となった**SQL**を理解し，午後Ⅱ対策としての**データベースの物理設計**（特に，P.26～P.34の「3.RDBMSの仕様の暗記」）の部分も午後Ⅰ対策として押さえておく必要があるだろう。

午後Ⅰ対策の考え方（戦略）

令和２年の試験対策は，次のような考え方で進めて行こう。

STEP-1 午後Ⅱ対策（午後Ⅱの問題を使った演習）→午後Ⅱ対策を参照

平成 26 年, 午後Ⅰ試験から **“基礎理論”** が消えた（出題されなくなった）。それまではずっと“問 1”は **“基礎理論”** だったが，平成 26 年以後，平成 31 年も“問 1”はデータベース設計になっている。設計の中でも，物理設計ではなく **「概念データモデル・関係スキーマを完成させる問題」** が中心だ。したがって，“問 1”に関しては，午後Ⅱ対策をしっかりやっておけば，それが対策になる。

また，午後Ⅰ試験では，問 2 や問 3 で **“物理設計”** が問われることが多くなってきたが，その中には午後Ⅱの **「データベース設計及び実装（物理設計）の問題」** と同じ問題が出題されることがある。ちょうど午後Ⅱの問題をぎゅっと凝縮したような問題だ。こちらも，午後Ⅱ試験の“物理設計”の過去問題で演習をしておけば（目を通しておけば）“午後Ⅰ対策”にもなる。

以上より，まずは午後Ⅱ対策を中心に考えればいいだろう。**特に，本書の P.26 ～ P.34 の「3.RDBMS の仕様の暗記」は重要**。設問になることも少なくないし，何より「RDBMS の仕様」が問題文に登場する比率は高くなってきているからだ。

再掲（午後Ⅱ対策の詳細は P.13 ～）

最重要問題（過去問題を使った解答手順の確認）（解くか，熟読する）	
午後Ⅱ 平成 30 年問 1	データ所要量の見積り, テーブル定義表の完成, 性能見積り, クラウドサービスをテーマにした問題（平成 26 年～平成 30 年までの定番）
午後Ⅱ 平成 31 年問 1	物理分割，クラスタ，再帰問合せなどをテーマにした問題 （STEP-2 の SQL でも有効。WITH 句，CASE 句）
重要問題（過去問題を使った解答手順の確認）（解くか，熟読する）	
午後Ⅱ 平成 26 年問 1	平成 30 年問 1 と同様の問題（復習目的）

STEP-2 SQL 対策（午前対策：午前問題を使った学習）

ここ数年，SQL の出題比率が増えてきている。SQL は午前Ⅱをクリアするためにも必要な知識で，午後Ⅰ，午後Ⅱのいずれでも出題される可能性があるので，しっかりと準備しておく必要がある。

まずは午前対策。第 1 章に掲載している SQL の構文や例を使って基礎知識を習得し，第 1 章に掲載している午前問題を解けるようにしておこう。これは，そこそこ時間がかかる可能性があるので，次の午後Ⅰの過去問題を使った学習と並行して行うのがベストである。

STEP-3 SQL 対策（午後Ⅰ過去問題を使った演習：次頁参照）

午前対策と並行して，午後Ⅰ対策も進めなければならない。しかし，午後Ⅰ試験で，SQLを中心にした問題は全部で22問もある（本書の過去問題の解説がある平成14年以後の全61問の中で22問。平成7年～平成13年は除く）。

時間があれば，片っ端から全部目を通しておくのがベストなのだが，それも時間的に難しいと思う。そこで本書では，その22問の中から，事前に解き方を知っておいた方がいい問題を**“最重要問題”**，時間があれば目を通しておいた方がいい問題を**“重要問題”**としてピックアップした（次頁参照）。自分の使える時間と相談しながら，できる範囲でベストを尽くせるようにと考えて。但し，出題予想ではないので，その点はご理解いただきたい。

STEP-4 SQLと物理設計の複合問題（午後Ⅰ過去問題を使った演習：次頁参照）

SQLの問題は，物理設計の問題とともに出題されることが多い。性能（索引，アクセスパス，オプティマイザ等）をテーマにした問題，トランザクションの同時実行制御やデッドロックをテーマにした問題だ。もちろん，それぞれが単独で出題される場合もある。ここを押さえておけば，かなり広範囲をカバーできる。

STEP-5 データベースの基礎理論

最後は，データベースの基礎理論である。ここ2年出題されなくなっただけで，もう出題されなくなったわけではない。関数従属性や候補キーを洗い出す問題は，あまり直接的に使うことはないが，正規化や主キー，外部キーの問題に関しては，午後Ⅰでも午後Ⅱでも普通に使う基礎の基礎になっている。そういう意味でも，基礎からきちんと押さえておくのは重要だ。

時間があれば，過去問題を使った演習をしておくことをお勧めする。時間がなければ，第3章に解答テクニックをテーマごとにまとめているので，いつ出題されても大丈夫なように解答手順だけは確認しておこう。その上で，第3章を熟読して基礎は押さえておこう。

知識の確認＆補充		Check ！
本書の第 1 章を熟読し，構文を覚え，午前問題を解けるようにしておく		
最重要問題（SQL と物理設計）：厳選 7 問！ →過去問題を使った解答手順の確認。解くか，熟読する問題		Check ！
①平成 31 年問 2	**「トリガ」に特化した問題** ※過去問題の中で，初のトリガ命令の SQL が問われた。ISOLATION レベルと排他制御，デッドロックなども問われている。トリガに関する知識を整理するのに良い問題である。	
②平成 30 年問 2	**「参照制約」に特化した問題** ※過去問題で，参照制約が問われることは非常に多いが，その中でもおそらく最も詳しく参照制約を取り上げている問題。平成 18 年問 3 も参照制約の問題なので，不得意な人はそちらも確認しよう。	
	→ 第 1 章の **「参照制約」** を再確認する	
③平成 19 年問 3	**「セキュリティと監査」** の問題 ※セキュリティは平成 26 年以後全区分で重視されるようになった。午後Ⅰでは過去 2 問しか出題されていないが，常に最重要であることは間違いない。出題されるとしたら新規の切り口で来るだろうが，最低でも過去に出題されたものは解けるようにしておきたい。なお，こちらの問題を選んだのは，設問 3 で監査の視点の問題が出ているからだ。	
	→ 第 1 章の **「1.4 権限」** を再確認する	
④平成 23 年問 3	**「性能・索引」** に関する問題 ※性能をテーマにした問題は多い。少なくとも 8 問出題されている。索引とアクセスパス，オプティマイザなどを RDBMS の仕様として説明したものだ。その中でこの問題を選択したのは，クラスタ索引，非クラスタ索引，ユニーク索引，非ユニーク索引に分かれていて，それと SQL を絡めているからだ。不得意だと感じたら他の問題も確認しよう。	
	→ 序章の〔RDBMS の仕様〕を再確認	
⑤平成 29 年問 2	**「トランザクション制御（同時実行制御，デッドロック）」** の問題 ※トランザクション制御の問題もよく出題されている。メインテーマとしている問題でも 3 問出題されている。不得意な人は他の問題にも目を通しておこう。	
	→ 第 4 章の「ISOLATION LEVEL」を再確認する	
⑥平成 31 年問 1	**「決定表」** に関する設問 ※これは論理設計だが最重要問題に入れた。したがって逆に午後Ⅱ対策でもある。決定表は点数を取りやすいが，規則性を見抜くのに時間がかかる。事前に解き方を知っていれば短時間で正確に解ける。	
⑦平成 26 年問 1	**「関係代数」** に関する設問 ※これも決定表と同じ考え。時間短縮のために一度目を通しておくことをお勧めしたい。	
重要問題（SQL と物理設計） →過去問題を使った解答手順の確認。解くか，熟読する問題		Check ！
①平成 26 年問 3	**「各種制約」** に関する問題。サブタイプの切り出しもある。 ※参照制約以外の制約と，索引やデッドロックも問われている複合問題。各種制約に関しては，原則，午前問題が解ければ大丈夫だが，念のため目を通しておいても損はない問題。	
	→ 第 1 章の各種制約を合わせて再確認する	
②平成 28 年問 2	**「バックアップ」** に関する問題。 ※運用設計。バックアップと回復に関する問題も過去 3 問出題されている。平成 15 年問 4 と同じ構成の問題。	
③平成 24 年問 3	**「データウェアハウス」** の問題 ※スタースキーマ，サマリテーブルなど DWH 特有のワードが使われている。	
④平成 16 年問 4	**「性能と索引設計」** に関する問題 ※ ユニーク索引 / 非ユニーク索引，クラスタ索引 / 非クラスタ索引の違いを問題文で説明している。時間を計って解く必要はないが，問題文を熟読しておけば，これらの索引の違いについてイメージできる。	
⑤平成 17 年問 3	**「3 表以上の外結合」** を使った SQL 文 ※ 1 ページにわたる SQL 文で，外結合で表を繋げている問題は，あまり見かけない。	
重要問題（データベースの基礎理論）		Check ！
①平成 25 年問 1	**「データベースの基礎理論」** の問題 ※ 昔の定番の基礎理論だが，この問題は第 3 正規形に関して少し難易度の高い切り口で出題されている。正規化の基礎を押さえるのにいい。問 1 の定番の最後の問題でもある。	
②平成 16 年問 1	**「ボイスコッド正規形・第 4 正規形」** に関する問題 ※ 第 3 章で説明しているが，それでイメージが湧かない人は（解く必要はないが），問題文と解答，解説を読んでおこう。	
③平成 22 年問 1	**「メタ概念」** に関する問題 ※ 珍しい問題。メタ概念（一つ上位の概念）もたまに話題に出てくるので，目を通しておくとイメージが湧くだろう。	

【参考】過去の午後Ⅰの問題（平成14年〜平成31年の18年間の全61問）

H14			
問1	問2	問3	問4
基礎理論	物理設計	SQL	DB設計
基礎理論	性能 ・索引設計 （ユニーク / 非ユニーク）	DWH	テーブル設計

H15			
問1	問2	問3	問4
基礎理論	SQL	DB設計	運用設計
基礎理論		テーブル設計	バックアップ

H16			
問1	問2	問3	問4
基礎理論	SQL	DB設計	物理設計
基礎理論 ・ボイスコッド正規形 ・第4正規形			性能 ・索引設計 （ユニーク / 非ユニーク） （クラスタ / 非クラスタ）

H17			
問1	問2	問3	問4
基礎理論	DB設計	SQL	SQL & 物理
基礎理論 ・関係代数	テーブル設計	集計表 ・CASE ・3表以上の外結合	トランザクション制御 ・同時実行制御 ・デッドロック ・カーソル（SQL）

H18			
問1	問2	問3	問4
基礎理論	DB設計	SQL	物理 & SQL
基礎理論	テーブル設計	参照制約	性能 ・処理回数

H19			
問1	問2	問3	問4
基礎理論	DB設計	SQL	物理設計
基礎理論	概念デ・関係ス （オプショナリティ）	セキュリティ	性能 ・アクセスパス

H20			
問1	問2	問3	問4
基礎理論	DB設計	SQL	物理設計
基礎理論	概念デ・関係ス		性能 ・アクセスパス ・オプティマイザ

H21		
問 1	問 2	問 3
基礎理論	DB 設計	SQL
基礎理論	概念デ・関係ス	

H22		
問 1	問 2	問 3
基礎理論	DB 設計	運用設計 & SQL
基礎理論 ・メタ概念	概念デ・関係ス ・決定表	バックアップ

H23		
問 1	問 2	問 3
基礎理論	DB 設計	物理 & SQL
基礎理論 ・第 4 正規形	概念デ・関係ス ・決定表	性能 ・アクセスパス ・オプティマイザ

H24		
問 1	問 2	問 3
基礎理論	DB 設計	SQL
基礎理論 ・関係代数	・基礎理論 ・概念デ・関係ス ・移行	DWH

H25		
問 1	問 2	問 3
基礎理論	DB 設計	物理 & SQL
基礎理論 ・第 3 正規形（難）	・基礎理論 ・概念デ・関係ス （オプショナリティ）	性能 ・アクセスパス ・オプティマイザ

H26		
問 1	問 2	問 3
DB 設計	物理 & SQL	物理 & SQL
・基礎理論 ・概念デ・関係ス ◦関係代数	トランザクション制御 ・同時実行制御 ・デッドロック	・各制約 ・サブタイプの実装 ・索引 ・デッドロック

H27		
問 1	問 2	問 3
DB 設計	DB 設計 & SQL	物理 & SQL
・基礎理論 ・概念デ・関係ス	概念デ・関係ス	・バッチ処理の性能 ・カーソル（SQL）

H28		
問 1	問 2	問 3
DB 設計	運用設計	SQL
・基礎理論 ・概念デ・関係ス	バックアップ	セキュリティ

H29		
問 1	問 2	問 3
DB 設計	物理 & SQL	物理 & SQL
・基礎理論 ・概念デ・関係ス （オプショナリティ）	トランザクション制御 ・同時実行制御 ・デッドロック ・カーソル（SQL）	縦持ち・横持ち

H30		
問 1	問 2	問 3
DB 設計	SQL	物理設計
概念デ・関係ス	参照制約	・所要量の計算 ・アクセスパス

H31		
問 1	問 2	問 3
DB 設計	物理 & SQL	物理 & SQL
概念デ・関係ス ◦決定表	◦トリガ ・デッドロック	

午前対策

●午前Ⅰ

午前Ⅰ試験は，応用情報の午前問題 80 問から 30 問が抜粋されて出題される。免除制度もあるのでそれを狙うのが一番だが，受験しないといけない場合，そこそこやっかいだ。非常に範囲が広いからだ。本格的に対策を取ろうとすると応用情報技術者試験の勉強をしなければならない。対策としては，**午前Ⅰ試験専用の過去問題集を使って，ひたすら過去問題を繰り返し解く方法がベスト。**自分の弱点を熟知していて，その弱点が限定的な場合は，時間の許す範囲で応用情報技術者や基本情報技術者のテキストを読んで理解を深めればいいだろう。

●午前Ⅱ（過去問題が 10 問以上）

午前Ⅱ試験は，当該区分のデータベース分野が中心になる。全 25 問中，18 問～ 20 問がデータベース分野の問題だ。しかもこのうち半数以上が，過去問題がそのまま出題される。平成 31 年度は，データベース分野の問題が 19 問で，過去問題がほぼそのまま出題されているのが 13 問だった。したがって，午前Ⅱ対策の基本戦略は**「まずは，過去に出題された問題を確実に解けるようにしておくこと」**になる。約 200 問。具体的には，次頁の対策で確実に解けるようにした上で，理解を深めていくのがいいだろう。

そのためのツールとして，本書では，本書だけで対策が可能なように，平成 14 年度からの全問題（解答・解説付き）をダウンロードして使えるようにしている。もちろん詳細解説もある。なので，そこから過去問題をダウンロードし，解いて解説を読むスタイルで進めよう。特にデータベース分野の問題は本書の構成の順番にまとめ，かつ冗長性を排除し学習しやすくしている。是非活用してほしい。

なお，SQL の問題に関しては，本書の中（第 1 章）にも問題文を掲載し，赤字でちょっとした考え方と解答を付けている。これは，ダウンロードサイト（P.viii）からダウンロードした午前問題の解説を読んで，さらに書き込んで使ってもらうことを想定している。

データベース分野以外の問題は，セキュリティ分野が 2 問～ 3 問，その他，コンピュータシステムやシステム開発の分野から 2 問～ 4 問出題される。セキュリティ分野とコンピュータシステム，システム開発の分野（データベース分野以外の分野，付録の「出題範囲」を参照）に関しては，午前Ⅰと同じような方針で考えればいいだろう。

午前対策

ここで，午前対策の最も効率のいい方法を紹介しておこう（データベース分野200問の例）。

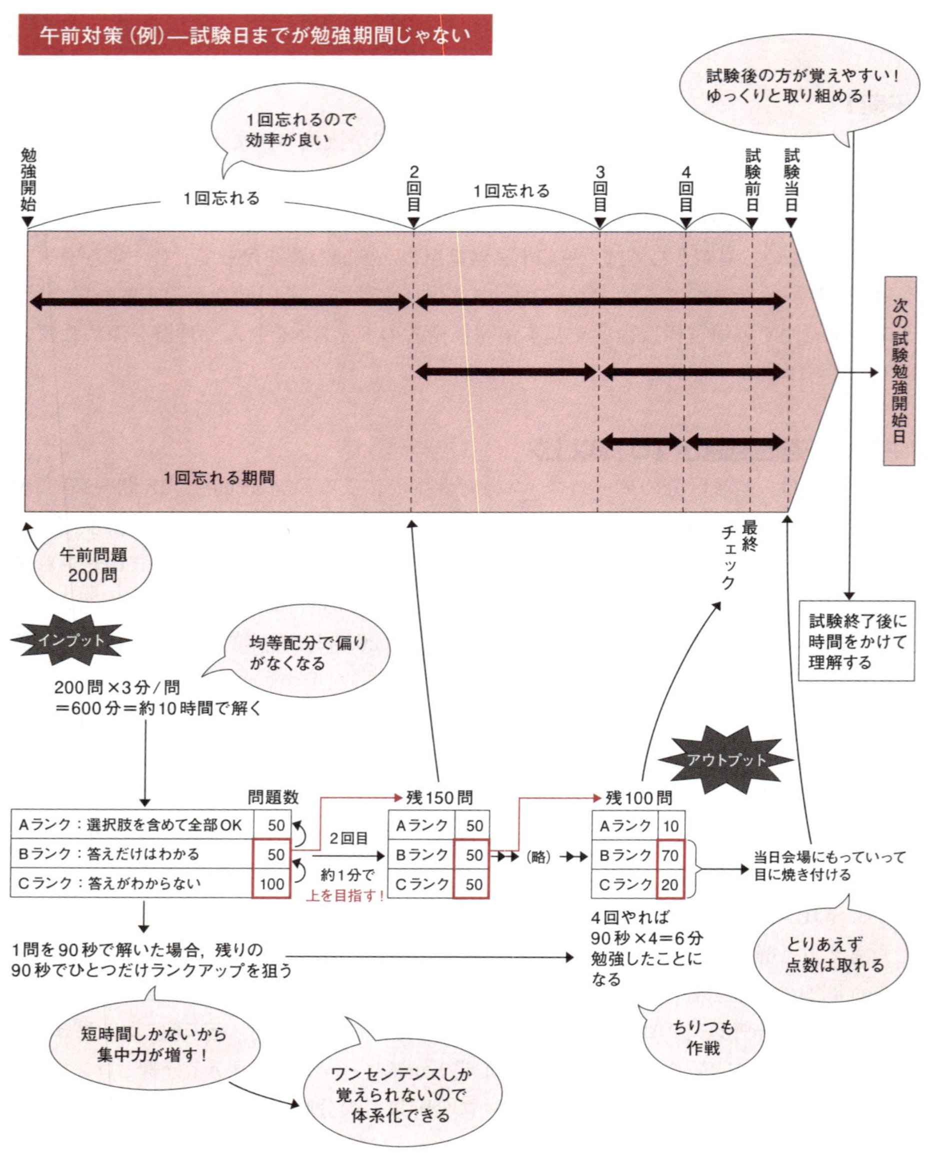

その手順はこうだ。

①解答する問題を集める。
②“1問にかける時間は3分”と決める。その3分の中で問題を解き，答えを確認して解説を読む。
③その後，その問題を下記の基準で3段階に分ける。

ランク	判断基準
Aランク	正解。選択肢も含めてすべて完全に理解して解けている
Bランク	正解。但し，選択肢を等完全に理解しているとは言えない
Cランク	不正解

④全問題を一通り解いてみたあと，Aランク，Bランク，Cランクが，それぞれ何問だったのかを記録しておく。
⑤試験日までのちょうど中間日に再度②から繰り返す。この時，Aランクは対象外とし，BランクとCランクを対象とする。
⑥試験前日に，最後まで残ったB・Cランクの問題について，もうワンサイクル繰り返す。この時には問題文に答えやポイントを書き込む。
⑦試験当日に，⑥で書き込んだ問題を試験会場に持っていき，最後に目に焼き付ける。見直すだけなので，1時間あれば100問ぐらいは見直せる。

最大のポイントは，午前対策の発想を変えること。**「試験当日にどうしても覚えられない100問を持っていく。その100問を試験日までに絞り込むんだ」**という考え方であったり，1問に3分しかかけられない（問題を解くのに1分30秒ぐらい必要なので，解答確認や解説を読むのも1分30秒ぐらいしかない）ので，**「CランクはBランクに，Bランクは選択肢のひとつでも覚えることを最大の目的とする」**ことであったり。そのためには，**「正解するためのひとこと」**だけを覚えようとすることだったり。いろいろな意味で，考え方を変える必要があるだろう。

但し，このような方法を紹介すると，常に「点数を取るためだけの技術」と揶揄され，「そんな方法で合格しても実力が付くわけない」とか，「結局，仕事で使えない」とか言われるだろう。筆者にはその光景が目に浮かぶ。しかし，実際はそうではない。以下に列挙しているように，様々な理由でこの方法は秀逸だと考えている。もちろん仕事で使える知識としても。

●とにもかくにも点数が取れる

これが一番の目的だろう。受験する限りは合格を目指さないと意味がない。カンニング等の不正行為で合格することに意味はないが，ルールを守って合格を目指すのは至極当然のこと。「実力がないのに合格しても意味がない」という言葉を，逃げ道にするのはやめよう。サッカーでもそうだろう。勝利のために，強豪チームは常にあたりが激しい。それを「乱暴だ！」というお上品な弱小チームに価値はない。勝利に貪欲になる姿の方が美しいと思う。

●3分という時間が集中力を増す！

加圧トレーニングや，高地トレーニングなどと同じように，人が厳しい制約の中におかれると，無意識にその環境に順応しようとする。その環境下でのベストな方法をチョイスする。そういう意味で，“3分しかない”という状況を作れば，自ずと集中力が増す。そして，その時間でできるベストなことを選択することになるだろう。Cランクだったものは次はBランクになるように，ワンセンテンスでのつながりを覚えることに集中したり，Bランクだったものは次はAランクになるように選択肢の意味をワンセンテンスで覚えることに集中したりである。

●ワンセンテンスで覚える＝体系化の第一歩

「“共通フレーム”といえば，“共通の物差し”」などのように，ワンセンテンスで覚えることを，学習の弊害のように見る人もいるが，それは大きな誤りである。知識を体系化して頭の中に整理しておくということは，第一レベルは「一言でいうと何？」ってなるということ。「一言でいうと何？」という質問に答えられる方がいいのか，それができない方がいいのか，考えればわかるだろう。

●均等配分で偏りがなくなる

午前対策の勉強時間が10時間だとした場合，3分／問で200問に目を通すのか，それとも30分／問で20問をじっくりやるのか，どちらが合格に近くなるだろうか？　答えは，その10時間を使う前の仕上がり具合による。

すでに半分ぐらいは点数が取れる状況で，かつ自分の弱点がわかっていて，弱い部分から20問を選択できるのなら，「30分／問で20問をじっくりやる」方が効果的だろう。しかし，どんな問題が出題されているのかもわからず，どの部分が弱いかもわからない場合には，20問しかやらないまま受験するのはあまりにもリスキーだ。そういう状況では，少なくとも1回は「3分／問で200問」をやってみたほうがいいだろう。そのうえで，弱点部分が絞り込めて時間的余裕があるのなら，別途時間を捻出して，じっくりと取り組めばいいだろう。

●1回忘れる時間を持てるので効率が良い

筆者は，脳科学に詳しいわけではない。あくまでも筆者の経験則が前提になるが，こういう理屈は“アリ”だと考えている。

「これまで1ヶ月以上覚えていたことは
（今再確認したら,）今後1か月は記憶が持つはずだ」

20歳をすぎると脳細胞は毎日恐ろしいほど死んでいくって，聞いたことがあるようなないような…。でも，だからといって，普通はそんな急激に記憶力が劣化することはないだろう。仮に，この“三好理論”が正しいとしたら，“今”から試験日までの期間の半分ごとに再確認をするのが最も効率よく，しかもAランクを外していける根拠になる。

勉強で最も効率が悪いのは，忘れてもいないのに覚えているかどうか不安になって，覚えていることだけを確認するという方法。時間が無尽蔵にあればそういう方法もありだと思うが，学生じゃあるまいし，そんなのあるわけない。

それに副次的効果もある。「忘れてもいいんだ」という意識が，ゆとりを生む。

●試験後の方が覚えやすい。ゆっくりと取り組める

人の記憶というものは，インパクトに比例して強くなる。感動した記憶は，いつまでも色あせずに残っているのと同じだ。そう考えれば，“試験当日”というのは，（合格してもそうでなくても）最もインパクトのある日だから，その直後の“調査”は，理解を深めて実力をアップするにはもってこいの時間になる。記憶に定着しやすいし，試験が終わって時間的にも余裕があるので，腰を据えてじっくり取り組めるだろう。「試験日までが勉強時間」という既成概念を打破して，もっともっと長期的に考えれば，このやり方は単に点数を取るためだけの試験テクニックではないことが理解できるだろう。

合格体験記

総学習時間：1500時間

五島 隆夫

平成31年 合格

略歴： 電気メーカに技術職としてデバイスの開発に6年間従事し、その後、販売職に移動し、国内外の販売活動を18年経験。印刷会社との合弁会社の企画に参画し、設立時に移籍し、情報システム部門の責任者となり、親会社のシステムから自前のシステムへの移行を行う。合弁設立後10年で某電子部品メーカに買収され、定年を迎え、現在監査部門のシニア社員。

1. 自分の得意な勉強スタイルと弱い部分

演習問題を解いて理解するのが昔、学生だった頃の習慣でした。データベースについては、情報処理の仕事を主とする業務には管理職になってからなので、実務の具体的な知識は、乏しかったです。知識不足で演習問題から入るのは無理だったので、知識の習得工程が必要となり、忍耐で継続して知識を拡大しました。

2. 勉強に対する制約

定年を迎えてからの受験なので時間は、現役の方よりは、余裕があったと思います。しかしながら、浮世のしがらみの付き合いとか、頭と眼とも体力もポンコツになってきているので、効率はすこぶる悪かったと思います。家族には、爺さんの変な道楽と思われていたようです。

3. 本書をどのように使ったか

受験5回（欠席1回を含む）のうち、2回目から利用しています。2回目の受験の時には、書いてある通りに勉強計画を立て、書いてある通りに実行しようとしましたが、時間が足りず、消化不足でした。結局、その後実質2年間で内容を消化して、過去問題の解答作成練習で自分の解答と解答例を詳細に比較し、理解を深めました。

とはいえ、3回目の受験では、午後Ⅰの試験で問題選択の記入忘れでOUT。4回目は、体調不良で欠席。あきらめずに、5回目で必要最小限の点数での合格となりました。この本は、実務未経験のシニア社員でもなんとか合格させてくれるすごい本だと思います。

4. 本書のいいところ

午後の問題解答の基本として、定型的なものについての攻略法の解説がありがたかったです。1度目の受験では、自分で考えて同じような答えになるようにしていたのですが、パターンとして考え方や解答の形式が整理できて、午後Ⅰの解答効率が飛躍的に上がりました。

午後Ⅱの解答解説は、懇切丁寧でどう考えればよいのかだけでなく、時間内に解答を作り上げるための方法が具体的に書かれており、非常に役立ちました。

5. 本書の限界

使った受験本はこれだけでしたが、データベースの知識はあることが前提となっている？ので、実際の業務を担当したことがない私にはちんぷんかんぷん。渡辺幸三さんの「データモデリング入門」などで、基礎を勉強する必要がありました。(^^;)

合格体験記

総学習時間：300時間
（2018年10月～2019年4月）

吉山 総志

平成31年 合格

略歴： 2004年から社会インフラ系（電気・ガス・熱供給・水道）企業の技術系社員として勤務。2016年より、企業内基幹システム（設備保全管理および運転制御）の再構築に向けた企画立案を担当。エンジニアとして「地に足を付けた、より良い提案」をしたいという思いから、データベースに関する知識を体系的に習得するきっかけとして、データベーススペシャリストの勉強を開始。

1. 自分の得意な勉強スタイルと弱い部分

漠然とテキストを読み続けるよりも、問題演習を通じて理解を深めるタイプです。午前Ⅰ・午前Ⅱ問題は通勤電車内の隙間時間、午後Ⅰ問題は平日の帰宅後、午後Ⅱ問題は週末土日いずれか一日を確保して演習を繰り返し行いました。

データベースに関する実務経験に乏しかったこと、また問題演習中心の学習であったことから、新傾向の問題への対応力は弱かったと思います。

2. 勉強に対する制約

平日は仕事で勉強時間の確保が難しかったこと、また子供達がまだ幼いこともあり、週末は妻に協力してもらい土日のいずれか一日を確保しました。家族の協力に感謝しております。

3. 本書をどのように使ったか

本書は午後Ⅰ・午後Ⅱ問題に着手するレベルになってから利用するのが良いと感じます。まずはデータベースに関する基礎知識を習得した上で、試験日3か月前から、本書および過去問（午後Ⅰ・午後Ⅱ）による問題演習を積み重ねることで、段階的なレベルアップが可能となります。

私の場合、午後Ⅰは40問、午後Ⅱは20問ほど学習しました。結果として様々なパターンの問題に触れたことで、試験に対する自信を付けることができました。

4. 本書のいいところ

午後問題および解答用紙を印刷することで、本番と同様の環境を再現できることです。データベーススペシャリスト試験は、午後Ⅰ・午後Ⅱともに時間との闘いであり、少し考え込むとあっという間に時間切れとなってしまいます。

私の場合、問題演習を始めた当初は合格点から程遠い状態でしたが、最終的に合格点を超えるレベルに伸ばせたのは、本書を通じて養った「本番力」のお蔭であると思います。是非、午後問題と解答用紙を印刷して、本番の厳しさを体感し続けることをお勧めします。

5. 本書の限界

近年は過去問と異なる内容が出題される傾向がありますが、本書のコンテンツをしっかりと消化することで、合格点の6割は十分到達可能であると思います。…が、2019年午後Ⅱ問2は、「製パン業務」という過去に例がない難解（？）なテーマであり、楽には合格させてはくれない試験だと改めて感じました。

★合格体験記

総学習時間：150時間

眞賀 俊一

平成30年 合格

略歴：2013年Sierに入社。
自己研磨と転職活動におけるアピールとして資格取得を目指し始める。
平成29年秋AP合格、平成30年春DB合格。
資格取得に臨む姿勢が認められ、無事転職も成功しエンジニアとして日々奮闘中。

1. 自分の勉強スタイルと弱い部分

APの勉強時と同様、スキマ時間を大切にし少ない時間（1日5分とか）でも良いので必ず毎日DBの学習に触れるようにしました。

2. 勉強に対する制約

日中は仕事をしているのと、子供がまだ幼いので時間的な制約はありました。

しかし逆に限られた時間を有効活用することが必要なので、勉強のスケジュールを組み立てるようにしました。

具体的には

①通勤中などのスキマ時間に本書の読み込み（インプット）
②平日帰宅後は午後Ⅰを1問解く（アウトプット）
③土日どちらかは（妻に協力してもらい）午後Ⅱを1問解く（アウトプット）

の3点を軸としました。

時間が無い場合は、本書にも書かれているとおり早めに準備をすると余裕が持てると思います。

3. 本書をどのように使ったか

まず、何も勉強しない状態で過去問を解いたところ、午後Ⅰは全くわからず、午後Ⅱは問題文すら理解できませんでした。

業務上SQLを書く機会は多かったのですが、設計に関してはほとんど経験が無かったので、正規化や概念データモデルに関する章を熟読しました。

その後、本書の解答テクニックを読み込み過去問を解きました。

全く分からなかった問題も、解説を読むと「なぜその答えになるのか」が丁寧に説明されているので、過去問を解くたびに力が付きます。

4. 本書のいいところ

午後問題を解くためのプロセスが事細かに説明されております。

過去問を解く度に理解が深まり、点数が伸びて驚きました。

また、豊富な過去問題の解説は当然役に立ったのですが、解答用紙が印刷できるので、午後問題を実際に手書きで練習できるのが良かったです。

試験本番時と同じ環境で練習する（過去問を解く）ことで、本番時も焦らずに実力を発揮できたと思います。

5. 本書の限界

「DBに合格する」という目的で考えれば特に無いと思います（笑）。それぐらい本書には価値があります。

合格体験記

総学習時間：（合格年度の時間数とその前年度までの年数 × 平均時間）
30 時間（合格年度のみ）

牧川 宏樹

平成 29 年 合格

略歴：2005 年からソフトウェア会社にて販売実績管理システム、SCM システムの開発と運用に従事。その後、2013 年からメーカーの社内 SE として基幹システムの導入や製造管理システムや購買・調達システムの開発などに従事。その中で DB 設計や SQL に関する業務を多く経験できたので、この試験の学習においてのアドバンテージとなった。

1. 自分の勉強スタイルと弱い部分

私の勉強スタイルはコツコツと毎日勉強するスタイルです。スキマ時間を含めて 1 日当たり 1 時間以上は勉強をするように心掛けています。ただし、この時間には資格勉強以外にも、業務に必要な知識の習得や英語の勉強も含んでいます。

私の弱い部分はコツコツと進めるがゆえにメリハリをつけるのが苦手なところです。今回は学習計画をきっちりと作成した上で、メリハリのある勉強を心がけ、徹底的な効率化を図ることを意識しました。

2. 勉強に対する制約

制約は勉強時間の不足です。仕事等との兼ね合いによって、この資格の勉強に費やせる時間は 1 日当たり 30 分から 60 分程度でした。結果的には約 30 時間しか時間を確保出来ませんでした。

時間不足に対しては、昼休みなどのスキマ時間も勉強に活用しました。

3. 本書をどのように使ったか

これまでの業務にて DB の知識をある程度習得しており、また時間が不足していたため、本書の通読はしませんでした。

過去問を確認する際、理解度の低い部分につき解説を確認し、理解度を高めるという使い方をしました。また、特に理解度が低い項目については解説だけでなく本書の該当箇所を熟読し、確実に理解するようにしました。これは午前、午後すべての問題についてです。なお、学習時間の不足により過去問の時間を測って解くということは出来ず、あくまでどのような問題が出るのかの確認のみに留めました。

午前の問題は試験当日のギリギリまで、何度も過去問及び解説を確認しました。

それ以外には、学習計画を立てる段階で過去問の出題傾向や出題パターンを把握することに使いました。

4. 本書のいいところ

午後Ⅰ・Ⅱの戦略として取り組むべき過去問の優先順位がつけられている点です。全ての過去問に取り組むための時間がありませんでした。なので、本書の優先順位に沿って過去問に取り組みました。この過去問の優先順位があったからこそ、効率的な学習ができ、一回で合格する事が出来たと感じています。これは、長くこの試験を分析されている三好様だからこそ提供できる事だと思います。

5. 本書の限界

試験対策に特化されているので、本書を用いて試験に合格してもすぐに全ての内容を業務に役立てることが出来ないという点です。

合格体験記

総学習時間：平成 27 年度 約 150 時間
平成 29 年度 約 130 時間

No Image

楢﨑 美麗

平成 29 年 合格

略歴：1997 年某情報システム会社入社。オープン系システムの開発・設計を担当。情報処理技術者試験第二種、Oracle Master Gold 9i 取得。2004 年結婚を機に退職し、出産・育児期間を経て、2013 年派遣社員として復職。ブランクの長さと、派遣の将来性（給料の安さ）に不安を覚え、仕事と育児の傍ら、データベーススペシャリストの勉強を始める。2015 年一回目受験不合格。午前Ⅰ免除を目指して、2016 年秋期応用情報処理技術者試験受験、合格。2017 年二回目の受験で合格。

1. 自分の勉強スタイルと弱い部分

子供が小さい為、週末や夜にまとまった時間を作ることが難しい。でもコツコツと積み上げながら勉強したいタイプ。

朝始業前の時間、昼休み、平日夜子供を寝かしつけてからがメインの勉強時間でした。30 分～ 1 時間半単位で時間を作るようにし、時間が短い時は午前Ⅱ、集中できる時は午後問題というように勉強してました。

まとまった時間がとれないため、午後Ⅰ・Ⅱも問題を読む時間、解答を考える・まとめる時間、解説を読む時間、見直し時間、と設問単位で細かく分けて隙間時間でも勉強ができるようにしていました。

通しで解くことが難しかった為、本番で集中力が続くか不安でした。

2. 勉強に対する制約

まとまった時間がとれないため、午後問題を通しで解くことは難しかったです。

3. 本書をどのように使ったか

一回目受験の時は、本書を熟読し足りない知識を補充してから午前Ⅱ→午後Ⅰ→午後Ⅱの順で勉強しました。

午前Ⅱの勉強に大幅に時間をとられ、午後問題は重要な問題を一回解いただけで時間切れでした。

二回目受験の時は、一回目の勉強の貯金があった為、午前Ⅱは復習程度。午後問題を解くことをメインに勉強しました。

本書で網掛けがしてある年度の問題を 2 ～ 3 回解きました。午後Ⅰ・Ⅱともに選択する問題のパターンを決め、パターンに慣れることを心掛けました。

午後対策の為に、他社の試験本も購入しましたが、解説が物足りず、結局本書で勉強しました。

4. 本書のいいところ

学習方針が詳しく載っているところ。どのように勉強したら良いのか悩むことがなかったです。再受験者のためのアドバイスも書いてあるとは驚きでした！

解答を導くための方法、考え方が非常に詳しく載っているところ。よくありがちな解答や解説を見ても意味がわからないということが無くて助かりました。

5. 本書の限界

ここ数年、問題の傾向が変わってきていて過去問とは違ったパターンの問題が出ること。でも本書で基礎知識と解答テクニックをおさえておけば、合格点の 6 割は問題なくとれると思います。

あと、本書で勉強しても、実務に直結するわけではないこと、当たり前のことですが。

合格体験記

総学習時間：100 時間

近藤 千恵

平成 26 年 合格

略歴：1996 年 SIer に入社、受託開発に取り組む。2001 年通販企業にてデータ解析事業にたずさわる。2005 年ネット系企業に入社。現在は新規サービス立案に従事。2012 年に産休育休を取得し、翌年仕事復帰。保有資格は DB、PM、ST。

1. 自分の勉強スタイルと弱い部分

子供が当時 1 歳だったので、勉強できるのは通勤電車の中だけでした。

試験直前に追い込みが期待できないことに不安はありました。

2. 勉強に対する制約

突然の看病などがある時期なので、スケジュール通りに勉強する、という形はやめました。

マスタースケジュールは意識しつつ、自分を無駄に追い込まないようにしていました。

3. 本書をどのように使ったか

最初の段階で、参考書の「序章　試験対策（学習方法と解答テクニック）」により、全体像を把握してからスタートしたのは効果がありました。

①現状評価が必須であること②午前問題、午後問題の特徴から不得手部分に適切なパワーをかけること③午後Ⅰ午後Ⅱには解答テクニックが存在するのでそれは暗記すること、の 3 点を意識したことで効率よく勉強することが出来ました。

具体的には、①の現状評価については参考書に載っている 25 年度を解きました。午前は合格ラインぎりぎり、午後は全く届かずでした。

②については、まず過去問題と解説をダウンロードして、ひたすら解く、その後解説を読んで理解する流れを繰り返しました。24 年から 21 年まで解いたところで、午後Ⅱの正解率があいかわらず低かったので、20 年から 18 年は午後Ⅱのみを解きました。午後Ⅱは他の問題よりページが進まないので勉強が停滞しているような気持ちになるのですが、不得手部分を克服するためにとモチベーションを上げていました。

③については、解説を理解する過程で、解答テクニックが明確でない時は参考書に戻って暗記しなおすようにしました。

4. 本書のいいところ

過去問題と解説が豊富なところです。これらを追体験するように理解し、数年分繰り返すと「型」のようなものが見えて理解が進みました。

また、不正解の問題であっても、解答プロセスが大きく外れていない時には自信をなくすことなく、間違えた箇所を集中して覚えることができました。午後Ⅱを合格ラインまで持っていけたのは、これが大きかったと思います。

5. 本書の限界

午前Ⅰの勉強が必要な場合、もう一冊用意する必要があります。

第1章 SQL

この章では，DBMSを操作するSQLについて説明する。SQLは試験に必ず出題されるため，十分に理解することが合格への絶対条件である。しかし，SQLは“言語”である。そのすべてを短期間で習得することは困難であり，実務でSQLを利用していない人にとっては脅威でもある。そこで，実務経験者でない人でも効率よく学習できるように，過去に出題された問題を基準にポイントだけを抜粋して構成した。最低限の範囲なので，十分に習得してもらいたい。

アクセスキー 2 (数字のに)

●SQL 概要

SQL(Structured Query Language)は，元々はIBM社が開発した関係データベースの処理言語で，その後JIS規格にもなっている。試験で出題されるSQLは**“標準SQL”**と呼ばれているSQLになる。JIS規格**（JIS X 3005）**や，その基になっているISO規格で定義されているSQLで，個々のRDBMS製品ベンダの策定したSQLとは細かい違いがあるので注意しよう。また，標準SQLは定期的に改訂されているため，古い規格と新しい規格で変わっていることもある。

なお，本書では合格することを最優先すべき目的としているため，SQLも過去問題で問われていた内容をベースに必要最低限のルールだけに絞り込んで説明している。機能を網羅しているわけではないし，最新機能を最優先しているわけでもない。その点理解してほしい。

本書には，過去に出題の無い“SQLの最新事情や細かい部分”は掲載していない。分量的に（過去に出題された“必要知識”だけでも100ページを超えるため）無理だし，キリがないからだ。そのあたりの試験対策としては必要ない知識（“SQLの最新事情や細かい部分”）に関しては，不定期で筆者の個人ブログにアップするので，そちらを参考にしてほしい**（筆者のブログは，著者略歴を参照）**。

●データ定義言語（DDL）とデータ操作言語（DML）

SQLには大きく分けると，データ定義言語(DDL:Data Definition Language）とデータ操作言語（DML：Data Manipulation Language）がある。

データ定義言語とは，テーブル，ビュー等の定義（領域確保）を行ったり，テーブルやビューの権限を定義したりするときに使用する命令で，主に次のようなものがある。

命令	説明
CREATE	テーブル，ビュー等を作成する
DROP	テーブル，ビュー等を削除する

データ操作言語とは，データを利用する人がデータを作成したり，取り出したりする命令を集めたもので，主に次のようなものがある。

命令	説明
SELECT	テーブルやビューの内容を照会する
INSERT	テーブルにデータを追加する
UPDATE	テーブル内のデータ内容を更新する
DELETE	テーブル内のデータを削除する

DDLやDMLの他，GRANT，REVOKEをDCL（Data Control Language：データ制御言語）とすることもある。ほかにCOMMITやROLLBACKをトランザクション制御として定義する分類もある。
また，DDLには，これら以外に，CREATE文で作成したテーブルや，ビューの内容を変更するALTERがある

この章で使用するモデルケース

SQLを説明するに当たって，理解しやすいように次の図のようなモデルケースを設定した。ここから先は，具体例や使用例などを説明する際に，このモデルケースの用語やデータを使って説明する。

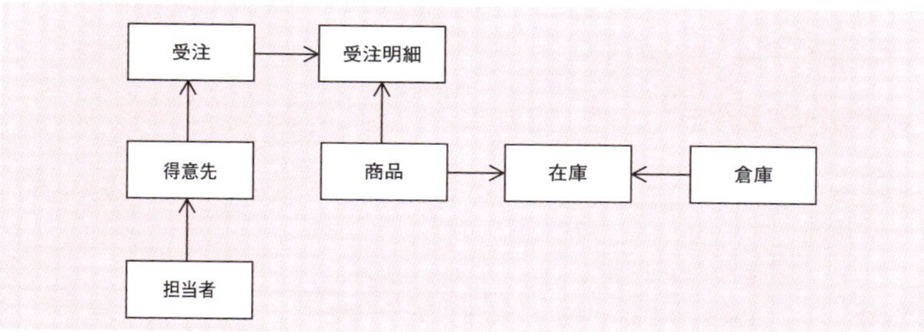

図：モデルケースのERD

得意先

得意先コード	得意先名	住所	電話番号	担当者コード
000001	A商店	大阪市中央区〇〇	06-6311-xxxx	101
000002	B商店	大阪市福島区〇〇	06-6312-xxxx	102
000003	Cスーパー	大阪市北区〇〇	06-6313-xxxx	104
000004	Dスーパー	大阪市淀川区〇〇	06-6314-xxxx	106
000005	E商店	大阪市北区〇〇	06-6315-xxxx	101

担当者

担当者コード	担当者名
101	三好　康之
102	山下　真吾
103	松田　聡
104	山本　四郎
106	豊田　久

商品

商品コード	商品名	単価
00001	えんぴつ	400
00002	ノート	200
00003	ふでばこ	800
00004	かばん	3000
00005	下敷き	150

受注

受注番号	受注日	得意先コード
00001	20030704	000001
00007	20030705	000003
00011	20030706	000001
00012	20030706	000002

倉庫

倉庫コード	倉庫名
201	茨木倉庫
202	尼崎倉庫
203	京都倉庫

受注明細

受注番号	行	商品コード	数量
00001	01	00002	3
00001	02	00003	2
00001	03	00004	6
00007	01	00002	4
00007	02	00001	2
00007	03	00003	8
00007	04	00005	10
00011	01	00004	12
00011	02	00003	5
00012	01	00001	7
00012	02	00004	9
00012	03	00005	10

在庫

倉庫コード	商品コード	数量
201	00001	1000
201	00002	2000
201	00003	2000
201	00004	3000
201	00005	2000
202	00003	2900
202	00004	3200
202	00005	3500
203	00001	3800
203	00002	4100
203	00003	4400
203	00005	100

図：モデルケースのテーブル構造

1.1 SELECT

基本構文

SELECT *列名, 列名, ・・・又は＊*
　FROM *テーブル名*
　WHERE *条件式*

列名	抽出する列名を指定する。SELECT の後に続くのは列名だが，それ以外に，次のような演算子や定数も可能である（→「1.1.1」参照）	
	＊	すべての列を指定
	'文字列定数'	文字列の定数を指定するときには，' ' で囲む
	計算式	TEIKA ＊ 0.8 など
	集約関数	SUM( )，AVG( )，MAX( ) など
テーブル名	対象となるテーブルを指定する	
条件式	抽出条件を指定して，必要な値だけを抽出する（→「1.1.2」参照）	

SELECT 文は，テーブルやビューの中から必要な列又は行を抽出し，参照するときの命令である。データを読み出すときに使うので，問合せということもある。データ操作言語の中で最も利用頻度が高い。

SELECT の後に続ける列名を列挙する部分を「選択項目リスト」という

●SELECT の基本使用例

【使用例 1】 得意先テーブルの全件・全範囲を照会する。

```
SELECT ＊ FROM 得意先
```

【使用例 2】 得意先テーブルのデータ件数を確認する。

```
SELECT COUNT （＊） FROM 得意先
```

【使用例 3】 射影（特定の列を取り出す）

➡ P.92 参照

得意先テーブルから，得意先コードと得意先名のみを問い合わせる。

```
SELECT 得意先コード, 得意先名 FROM 得意先
```

【使用例 4】 選択（特定の行を取り出す）

➡ P.93 参照

得意先テーブルから，得意先コードが「000003」のもののみ問い合わせる。

```
SELECT * FROM 得意先
        WHERE 得意先コード = '000003'
```

得意先コード	得意先名	住所	電話番号	担当者コード
000001	A商店	大阪市中央区○○	06-6311-xxxx	101
000002	B商店	大阪市福島区○○	06-6312-xxxx	102
000003	Cスーパー	大阪市北区○○	06-6313-xxxx	104
000004	Dスーパー	大阪市淀川区○○	06-6314-xxxx	106
000005	E商店	大阪市淀川区○○	06-6315-xxxx	101

使用例3「射影」

得意先コード	得意先名
000001	A商店
000002	B商店
000003	Cスーパー
000004	Dスーパー
000005	E商店

使用例4「選択」

得意先コード	得意先名	住所	電話番号	担当者コード
000003	Cスーパー	大阪市北区○○	06-6313-xxxx	104

図：SELECT の基本使用例

●射影

射影は，ある関係から，指定した属性だけを抽出する演算である。通常は重複するタプルは排除される。

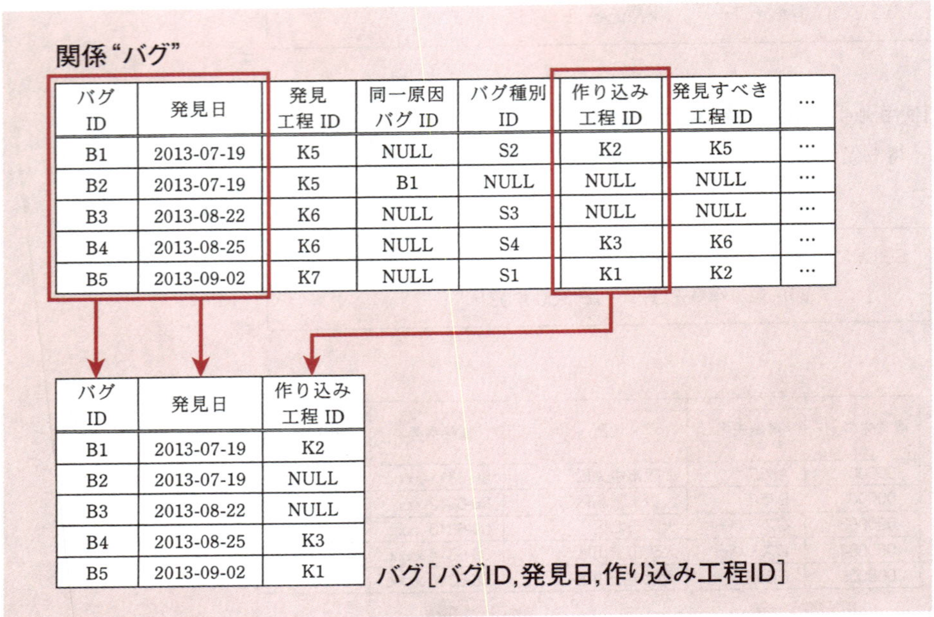

バグID	発見日	発見工程ID	同一原因バグID	バグ種別ID	作り込み工程ID	発見すべき工程ID	…
B1	2013-07-19	K5	NULL	S2	K2	K5	…
B2	2013-07-19	K5	B1	NULL	NULL	NULL	…
B3	2013-08-22	K6	NULL	S3	NULL	NULL	…
B4	2013-08-25	K6	NULL	S4	K3	K6	…
B5	2013-09-02	K7	NULL	S1	K1	K2	…

バグID	発見日	作り込み工程ID
B1	2013-07-19	K2
B2	2013-07-19	NULL
B3	2013-08-22	NULL
B4	2013-08-25	K3
B5	2013-09-02	K1

図：射影の例（平成 26 年・午後Ⅰ問 1 をもとに一部を変更）

● 試験で用いられる関係代数演算式の例

演算	式	備考
射影	R[A1，A2，…]	A1，A2 は，関係 R の属性を表す。同じ内容のタプルは重複が排除される。

● SELECT 文との対比

（公式）

```
SELECT A1, A2, ･･･
FROM R
```

➡

（使用例）

```
SELECT DISTINCT バグID, 発見日,
                作り込み工程ID
FROM バグ
```

試験に出る

平成 31 年・午前Ⅱ 問 13
平成 29 年・午前Ⅱ 問 13

射影演算は，SELECT 文で SELECT 句に選択項目リストを指定し，さらに DISTINCT を付与して重複を取り除いたものと同じである

選択

選択は，ある関係から，指定した特定のタプルだけを抽出する演算である。

関係“バグ”

バグID	発見日	発見工程ID	同一原因バグID	バグ種別ID	作り込み工程ID	発見すべき工程ID	…
B1	2013-07-19	K5	NULL	S2	K2	K5	…
B2	2013-07-19	K5	B1	NULL	NULL	NULL	…
B3	2013-08-22	K6	NULL	S3	NULL	NULL	…
B4	2013-08-25	K6	NULL	S4	K3	K6	…
B5	2013-09-02	K7	NULL	S1	K1	K2	…

バグ[発見日　＝　‘2013-07-19’]

バグID	発見日	発見工程ID	同一原因バグID	バグ種別ID	作り込み工程ID	発見すべき工程ID	…
B1	2013-07-19	K5	NULL	S2	K2	K5	…
B2	2013-07-19	K5	B1	NULL	NULL	NULL	…

図：選択の例（平成26年・午後Ⅰ問1をもとに一部を変更）

試験で用いられる関係代数演算式の例

演算	式	備考
選択	R[X　比較演算子　Y]	X，Y は，関係 R の属性を表す。X，Y のいずれか一方は，定数でもよい。

SELECT 文との対比

（公式）

```
SELECT  *
FROM  R
WHERE  X  比較演算子  Y
```

（使用例）

```
SELECT  *
FROM  バグ
WHERE  発見日＝ '2013-07-19'
```

「選択」は「制限」(restriction) ともいう

比較条件は θ と書くことがある。属性AとBがあるとき, A θ Bとは, あるタプルt上でt [A] とt [B] を θ で比較演算していることを表す。
θの内訳は, ＝, ＜, ≦, ＞, ≧, ≠である

選択演算は, SELECT 文で WHERE 句に比較条件を指定して結果セットを得ることと同じである

1.1.1 選択項目リスト

ここでは，SELECT 文の選択項目リストに指定できる様々な項目について説明する。

試験に出る

平成 25 年・午前Ⅱ 問 6
平成 20 年・午前 問 25
平成 17 年・午前 問 27

●計算式（算術演算子）を指定

計算式を指定する際に使用できる演算子には，加算（+），減算（−），乗算（*），除算（/）などがある。これらを利用して列名と列名で計算することも可能である。

```
SELECT 商品名, 単価*0.8 AS 特価
       FROM 商品
       WHERE 商品コード = '00002'
```

単価 * 0.8 は「単価を 80% にしたものの列」を指し，列名を使用して計算を行う例を示している。さらにここでは，その列に " 特価 " と名付けている

●列を連結する指定（連結演算子）

連結演算子とは，複数の列項目や定数を一つの列にするものである。下記の例は，連結演算子（||）を使って，'商品名 =' という定数の列と，" 商品名 " の列を連結し，一つの列にしたものである。その上で，" 名前 " という新たな列名を与えている。

```
SELECT '商品名=' || 商品名 AS 名前
       FROM 商品
```

●別名（相関名）を指定

これまでに説明した二つの例では，演算子や連結演算子を使った列に「AS」を使って別の名前を付けている。このように，列名などの名称を SQL 文の中で変更することを「別名を付ける」といい，新たに付けられた名称を「別名」という。別名を付ける場合，下記のように「AS」は省略可能である。

列名以外にも，次のようにテーブル名などにも使用可能である。ただし，いったんテーブルに別名を付けた場合，その SQL 文の中では，ほかの箇所でも別名を使って記述しなければならない

```
SELECT X.受注番号, X.受注日, Y.得意先名
       FROM 受注 X, 得意先 Y
       WHERE X.得意先コード = Y.得意先コード
```

重複を取り除く

DISTINCT 句を使うと，重複を取り除くことができる。下記の例だと，単価だけを表示させるSELECT文だが，同じ単価のものはいくつあっても一つにする。

```
SELECT DISTINCT 単価
       FROM 得意先
```

DISTINCT 句は複数の列に対しても指定することが可能であるが，その場合は，指定したすべての列の一意な組合せが出力される。複数列の中の特定の列だけを指定することはできない

NULL を処理できる関数

COALESCE（引数1，引数2，…）は，可変長の引数を持ち，NULLでない最初の引数を返す関数である。

下のように引数を二つ指定し，最後に定数の「0」を指定すると，SUM（B1）がNULLでない場合はSUM（B1）を返すが，NULLの場合は，次の引数の「0」を無条件に返す。これによって，A1にNULLが入らないようにすることができる。

```
SELECT 年代, 性別, COALESCE (SUM (B1), 0) A1
       FROM 会員
       GROUP BY 年代, 性別
```

条件式（CASE）の利用

CASEを使うと，下記のようにSQL文の中で条件式を使用することができる。

下の例では，入館時刻が12:00よりも前の人の数を集計している（入館時刻 ＜ '1200' が成立した場合1を加算するが，そうでない場合は，0を加算する）。

```
SELECT 会員番号,
       SUM (CASE WHEN 入館時刻 < '1200'
            THEN 1 ELSE 0 END) AS B1
       FROM ・・・
```

試験に出る
平成29年・午前II 問8

試験に出る
平成17年・午後I 問3

午前問題の解き方

平成 31 年・午前Ⅱ 問 13

問13　属性が n 個ある関係の異なる射影は幾つあるか。ここで，射影の個数には，元の関係と同じ結果となる射影，及び属性を全く含まない射影を含めるものとする。

ア　$2n$　　　2^n　　ウ　$\log_2 n$　　エ　n

午前問題の解き方

平成 25 年・午前Ⅱ 問 6

問 6　SQL の SELECT 文の選択項目リストに関する記述として，適切なものはどれか。

ア　指定できるのは表の列だけである。文字列定数，計算式，集約関数なども可

イ　集約関数で指定する列は，GROUP BY 句で指定した列でなければならない。表全体可

ウ　同一の列を異なる選択項目に指定できる。

エ　表の全ての列を指定するには，全ての列名をコンマで区切って指定しなければならない。“＊”が使える

Memo

午前問題の解き方　平成 29 年・午前Ⅱ 問 8

問 8　"社員"表から，部署コードごとの主任の人数と一般社員の人数を求める SQL 文とするために，a に入る字句はどれか。ここで，実線の下線は主キーを表す。

社員（<u>社員コード</u>，部署コード，社員名，役職）

CASE
　WHEN　条件　THEN　～
　　　　　　　ELSE　～

〔SQL 文〕

```
SELECT 部署コード, 主任なら
    COUNT(CASE WHEN 役職 = '主任' [ a ] END) AS 主任の人数,
    COUNT(CASE WHEN 役職 = '一般社員' [ a ] END) AS 一般社員の人数
FROM 社員 GROUP BY 部署コード
```

〔結果の例〕

部署コード	主任の人数	一般社員の人数
AA01	2	5
AA02	1	3
BB01	0	1

SUM () じゃなく，COUNT () なので"0" だと加算してしまう

そうじゃなければマイナス？？

ア　THEN 1 ELSE -1
イ　THEN 1 ELSE 0
ウ　THEN 1 ELSE NULL　NULL だったら加算しない
エ　THEN NULL ELSE 1　論外

午前問題の解き方　平成 29 年・午前Ⅱ 問 9

問 9　SQL が提供する 3 値論理において，A に 5，B に 4，C に NULL を代入したとき，次の論理式の評価結果はどれか。

通常のプログラム言語…真・偽　＝　2 値論理
SQL…真・偽・unknown（不定）　＝　3 値論理

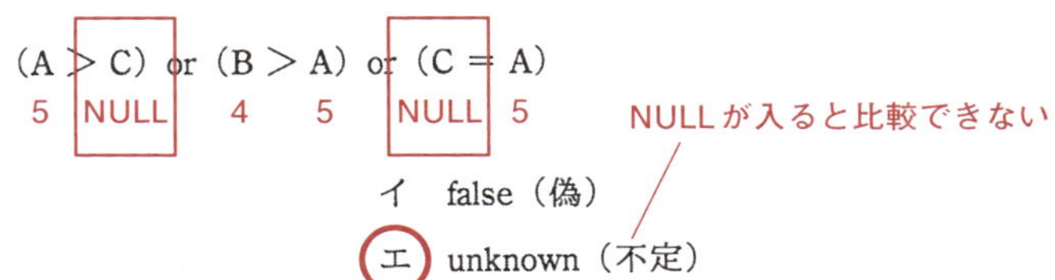

ア　φ（空）
イ　false（偽）
ウ　true（真）
エ　unknown（不定）

1.1.2 SELECT 文で使う条件設定（WHERE）

●範囲を表す BETWEEN

「BETWEEN A AND B」は，A 以上 B 以下（A と B も含む）という範囲を指定するものである。

```
WHERE 受注日 BETWEEN '20030704' AND '20030706'
```

上の例では,「受注日が 2003 年 7 月 4 日から 2003 年 7 月 6 日まで」の列を指定しており，次の条件式と同じ意味である。

```
WHERE 受注日 >= '20030704' AND
      受注日 <= '20030706'
```

●そのものの値を示す IN

IN を使用すると, 後に続く()内に指定した値だけが対象となる。次の例では，受注日が 2003 年 7 月 4 日の行と 2003 年 7 月 6 日の行だけが条件に合致する。

```
WHERE
受注日 IN ('20030704','20030706')
```

●文字列の部分一致を指定する LIKE

LIKE は，文字列の中の一部分のみを条件指定する場合に使用する。

次の例では担当者名が「三好」で始まるものを指定している。「%」は 0 桁から n 桁の任意の文字でよいということを示している。

```
WHERE 担当者名 LIKE '三好%'
```

次の例では，担当者名の 1 桁目は任意の文字で，2 桁目が「好」であるものを指定している。「_ 」は 1 桁目は任意の文字でよいということを示している。

```
WHERE 担当者名 LIKE '_好%'
```

試験に出る

①平成 20 年・午前 問 42
②平成 17 年・午前 問 38

これらを使用すると，列内の前方一致検索，後方一致検索，中間一致（前方／後方一致）検索が可能になる。次にその例を示す。

【前方一致検索】　LIKE '三好%'

【後方一致検索】　LIKE '%康之'

【中間一致検索】　LIKE '%三好康之%'

●NULLのみを抽出

これは，得意先テーブルの電話番号にNULLがセットされている行だけを取り出す指定である。

```
WHERE 電話番号 IS NULL
```

●NOT

NOTは，否定する場合に使う。次のように否定したいものの直前にNOTを入れる。

```
例1 ： WHERE 受注日 NOT BETWEEN '20030704' AND '20030706'
例2 ： WHERE 受注日 NOT IN ('20030704','20030706')
例3 ： WHERE 電話番号 IS NOT NULL
```

午前問題の解き方

問42 “学生”表に対し次のSELECT文を実行した結果，導出される表はどれか。ここで，表中の“—”は，値がNULLであることを示す。

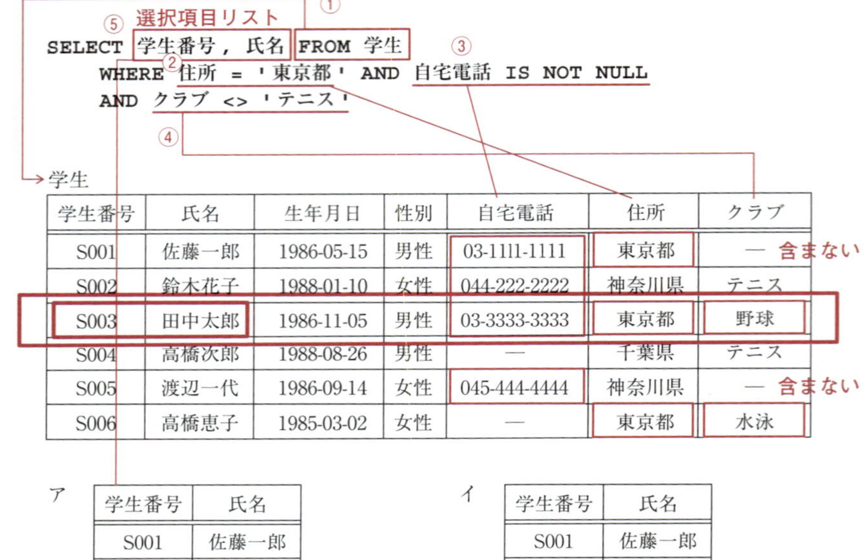


```
SELECT 学生番号，氏名 FROM 学生
    WHERE 住所 = '東京都' AND 自宅電話 IS NOT NULL
    AND クラブ <> 'テニス'
```

学生

学生番号	氏名	生年月日	性別	自宅電話	住所	クラブ
S001	佐藤一郎	1986-05-15	男性	03-1111-1111	東京都	—
S002	鈴木花子	1988-01-10	女性	044-222-2222	神奈川県	テニス
S003	田中太郎	1986-11-05	男性	03-3333-3333	東京都	野球
S004	高橋次郎	1988-08-26	男性	—	千葉県	テニス
S005	渡辺一代	1986-09-14	女性	045-444-4444	神奈川県	—
S006	高橋恵子	1985-03-02	女性	—	東京都	水泳

ア

学生番号	氏名
S001	佐藤一郎
S003	田中太郎
S006	高橋恵子

イ

学生番号	氏名
S001	佐藤一郎
S003	田中太郎

ウ

学生番号	氏名
S003	田中太郎

エ

学生番号	氏名
S003	田中太郎
S006	高橋恵子

Memo

午前問題の解き方

平成 17 年・午前 問 38

問 38 A 社では，社員教育の一環として全社員を対象に英会話研修を行っていたが，本年度（2005 年度）からは，①4 月時点で入社 3 年を経過しているにもかかわらず③初級システムアドミニストレータ（初級シスアド）試験に合格していない②技術職種の社員に対して，英会話の代わりに初級シスアド研修を受講させることにした。本年度の英会話研修を受講させる社員の一覧を出力するための SQL 文はどれか。

なお，A 社では，社員はすべて 4 月 1 日入社であり，事業年度の始まりは 4 月 1 日である。また，ここで使用するデータベースには，2005 年 4 月 1 日時点でのデータが格納されているものとする。

優先順位　NOT > AND > OR
全社員－（①AND②AND③）
＝どれかひとつでも条件に合わなければ英会話研修

ア
```
SELECT 社員 FROM 社員テーブル
    WHERE (入社年度 <= (2005 - 3) AND 職種 = '技術')
    AND 初級シスアド合格 = 'No'
```
①AND②AND③＝初級シスアド受講者

イ
```
SELECT 社員 FROM 社員テーブル
    WHERE (入社年度 <= (2005 - 3) AND 職種 = '技術')
    OR 初級シスアド合格 = 'Yes'
```
~~①AND②~~，③以外，のいずれか一方
初級シスアド受講者が含まれる

ウ
```
SELECT 社員 FROM 社員テーブル
    WHERE NOT (入社年度 <= (2005 - 3) AND 職種 = '技術')
    AND 初級シスアド合格 = 'No'
```
①AND②以外の人で，~~かつ③の人~~
初級シスアド受講者が含まれる

(エ)
```
SELECT 社員 FROM 社員テーブル
    WHERE NOT (入社年度 <= (2005 - 3) AND 職種 = '技術')
    OR 初級シスアド合格 = 'Yes'
```
①AND②以外の人全員，もしくは③以外の人

Memo

1.1.3 GROUP BY 句と集約関数

基本構文

```
SELECT 列名, ・・・
    FROM テーブル名
    GROUP BY グループ化する列名, ・・・
    [HAVING 条件式]
```

列名	GROUP BY 句を指定した SELECT 文では，SELECT の後に指定する列には，次のものだけが可能である ● グループ対象化の列（GROUP BY の後に指定した列名） ● 集約関数 ● 定数
テーブル名	対象のテーブル名
グループ化する列名	グループ化する集約キーになるもの（複数指定可能）
条件式	グループ化した結果に対し，さらに検索条件を指定したい場合に，ここで条件を指定する（詳細は，後掲の「HAVING 句を使用した GROUP BY 句の使用例」を参照）

SELECT 文で，グループごとの合計値を求めたり，件数をカウントしたりしたい時には GROUP BY 句を使用する。

試験に出る
平成 21 年・午前Ⅱ 問9

● 集約関数

GROUP BY は，しばしば集約関数とともに用いられる。よく使用する集約関数には次のようなものがある。

関数	説明
AVG（列名）	平均値を求める
MAX（列名）	最大値を求める
MIN（列名）	最小値を求める
SUM（列名）	合計値を求める
COUNT（*）	行数を求める
COUNT（DISTINCT 列名）	列項目を指定し，その列の重複値を除く行数を求める

GROUP BY 句を使う時の注意点

GROUP BY を使うと，グループ化していることにより選択項目リストに指定できるものが制限される。①グループ化に使った列（GROUP BY の後に指定した列），②集約関数，③定数だけでしか使えない。

【使用例】　受注明細テーブルの受注番号をグループ化して受注数量の合計値を求める。

```
SELECT 受注番号, SUM (数量) AS 数量合計
    FROM 受注明細
    GROUP BY 受注番号
```

受注明細

受注番号	行	商品コード	数量
00001	01	00002	3
00001	02	00003	2
00001	03	00004	6
00007	01	00002	4
00007	02	00001	2
00007	03	00003	8
00007	04	00005	10
00011	01	00004	12
00011	02	00003	5
00012	01	00001	7
00012	02	00004	9
00012	03	00005	10

受注番号	数量合計
00001	11
00007	24
00011	17
00012	26

図：GROUP BY 句の使用例①

問9　“社員”表と“人事異動”表から社員ごとの勤務成績の平均を求める適切なSQL文はどれか。ここで，求める項目は，社員コード，社員名，勤務成績（平均）の3項目とする。

社員

社員コード	社員名	性別	生年月日	入社年月日
O1553	太田　由美	女	1970-03-10	1990-04-01
S3781	佐藤　義男	男	1943-11-20	1975-06-11
O8665	太田　由美	女	1978-10-13	1999-04-01

人事異動

社員コード	配属部門	配属年月日	担当勤務内容	勤務成績
O1553	総務部	1990-04-01	広報（社内報）	69.0
O1553	営業部	1998-07-01	顧客管理	72.0
S3781	資材部	1975-06-11	仕入在庫管理	70.0
S3781	経理部	1984-07-01	資金計画	81.0
S3781	企画部	1993-07-01	会社組織，分掌	95.0
O8665	秘書室	1999-04-01	受付	70.0

GROUP BY 以降に指定しないといけない

ア
```
SELECT 社員.社員コード, 社員名, AVG(勤務成績) AS "勤務成績(平均)"
  FROM 社員, 人事異動
  WHERE 社員.社員コード = 人事異動.社員コード
  GROUP BY 勤務成績
```

結合条件は全選択肢同じ

イ
```
SELECT 社員.社員コード, 社員名, AVG(勤務成績) AS "勤務成績(平均)"
  FROM 社員, 人事異動
  WHERE 社員.社員コード = 人事異動.社員コード
  GROUP BY 社員.社員コード, 社員.社員名
```

AVGだけで平均値を求められる

ウ
```
SELECT 社員.社員コード, 社員名, AVG(勤務成績)/COUNT(勤務成績)
         AS "勤務成績(平均)"
  FROM 社員, 人事異動
  WHERE 社員.社員コード = 人事異動.社員コード
  GROUP BY 社員.社員コード, 社員.社員名
```

MAXは最大値。平均値にはならない

エ
```
SELECT 社員.社員コード, 社員名, MAX(勤務成績)/COUNT(*)
         AS "勤務成績(平均)"
  FROM 社員, 人事異動
  WHERE 社員.社員コード = 人事異動.社員コード
  GROUP BY 社員.社員コード, 社員.社員名
```

●HAVING句を使用したGROUP BY句の使用例

グループ化した結果に対して検索条件を指定したい場合は，HAVING句の後に条件式を指定する。例えば，次のように，3行以上の明細行があるものだけを抽出して合計を求めるというような場合に使用する。

【使用例】

受注明細テーブルを受注番号でグループ化して，3件以上の申し込みがあったものだけ（同一受注番号が3行以上のものだけを抽出し），（受注）数量の合計値を求める。

```
SELECT 受注番号, SUM （数量） AS 数量合計
       FROM 受注明細
       GROUP BY 受注番号
       HAVING COUNT （*） >= 3
```

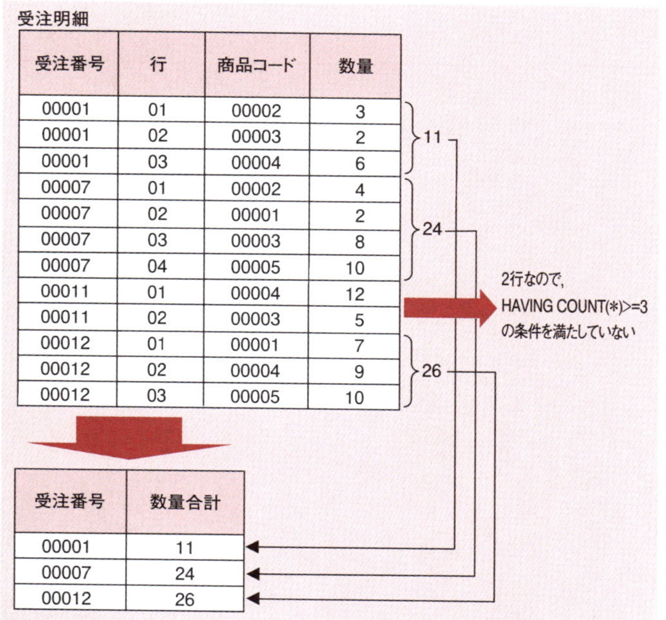

受注明細

受注番号	行	商品コード	数量
00001	01	00002	3
00001	02	00003	2
00001	03	00004	6
00007	01	00002	4
00007	02	00001	2
00007	03	00003	8
00007	04	00005	10
00011	01	00004	12
00011	02	00003	5
00012	01	00001	7
00012	02	00004	9
00012	03	00005	10

受注番号	数量合計
00001	11
00007	24
00012	26

図：GROUP BY句の使用例②

試験に出る

①平成23年・午前Ⅱ 問6
②平成17年・午前 問35
③平成25年・午前Ⅱ 問5
④平成27年・午前Ⅱ 問7

HAVING句は，GROUP BY句の前後どちらに記述しても構わないし，GROUP BY句がなくても使用できる（その場合，全件が一つのグループとみなされる）。またWHEREと同じようにも使えるが，「SUM（金額）> 2000」のように複数の行から得た結果に対する条件式の場合は，WHEREは使えずHAVINGのみ使用可能となる

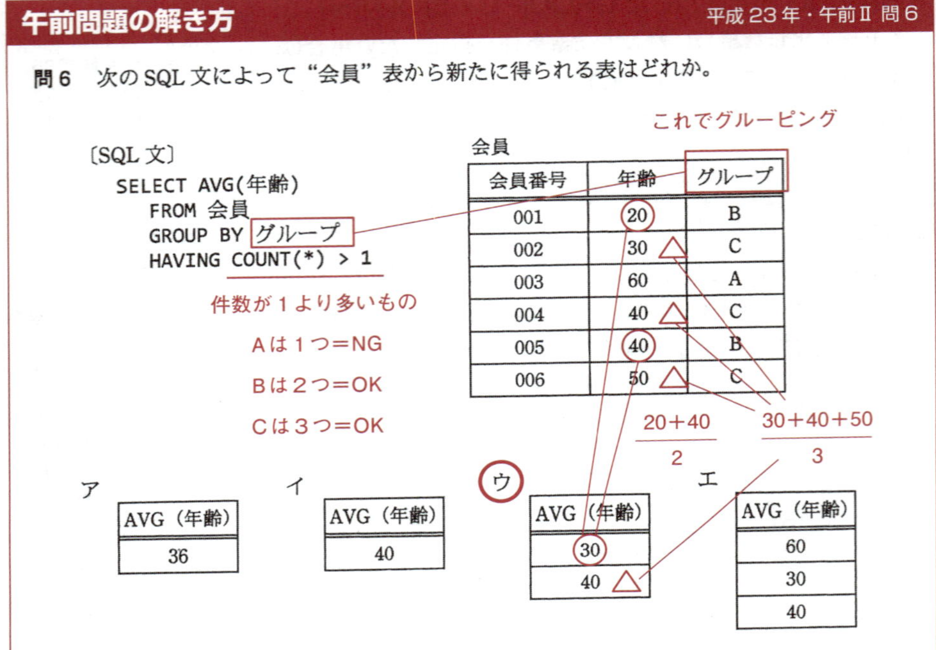

午前問題の解き方

平成 23 年・午前Ⅱ 問 6

問 6 次の SQL 文によって“会員”表から新たに得られる表はどれか。

〔SQL 文〕

```
SELECT AVG(年齢)
   FROM 会員
   GROUP BY グループ
   HAVING COUNT(*) > 1
```

会員

会員番号	年齢	グループ
001	20	B
002	30	C
003	60	A
004	40	C
005	40	B
006	50	C

ア

AVG（年齢）
36

イ

AVG（年齢）
40

ウ

AVG（年齢）
30
40

エ

AVG（年齢）
60
30
40

Memo

午前問題の解き方

平成 17 年・午前 問 35

問 35 “部品”表に対し次の SELECT 文を実行したときの結果として，正しいものはどれか。

```
SELECT 部品区分, COUNT(*) AS 部品数, MAX(単価) AS 単価
    FROM 部品 GROUP BY 部品区分 HAVING SUM(在庫量) > 200
```

SUM なので合計

部品

部品番号	部品区分	単価	在庫量
001	P1	1,500	90
002	P2	900	30
003	P2	950	90
004	P3	2,000	50
005	P1	2,000	100
006	P3	2,500	60
007	P1	1,500	50
008	P2	900	80
009	P3	1,000	40
010	P4	900	80
011	P3	1,500	70
012	P4	950	100

P1 OK ！
90＋100＋50
＝240

P2
30＋90＋80
＝200

P3 OK ！
50＋60＋40＋70
＝220

P4
80＋100
＝180

件数　最大の単価

ア

部品区分	部品数	単価
P1	3	2,000
P2	3	1,000

イ（正解）

部品区分	部品数	単価
P1	3	2,000
P3	4	2,500

ウ

部品区分	部品数	単価
P2	3	1,000
P4	2	950

エ

部品区分	部品数	単価
P1	3	2,000
P2	3	1,000
P3	4	2,500

Memo

午前問題の解き方　平成 25 年・午前Ⅱ 問 5

問 5　“社員”表から，役割名がプログラマである社員が3 人以上所属している部門の部門名を取得する SQL 文はどれか。ここで，実線の下線は主キーを表す。

社員（社員番号，部門名，社員名，役割名）

ア
```
SELECT 部門名 FROM 社員
    GROUP BY 部門名
    HAVING COUNT(*) >= 3
    WHERE 役割名 = 'プログラマ'
```
逆

イ
```
SELECT 部門名 FROM 社員
    WHERE COUNT(*) >= 3 AND 役割名 = 'プログラマ'
    GROUP BY 部門名
```

ウ
```
SELECT 部門名 FROM 社員
    WHERE COUNT (*) >= 3
    GROUP BY 部門名
    HAVING 役割名 = 'プログラマ'
```

WHEREの後に続けると，グループごとの件数ではなく「データ全体が 3 件以上」という意味になる

(エ)
```
SELECT 部門名 FROM 社員
    WHERE 役割名 = 'プログラマ'
    GROUP BY 部門名
    HAVING COUNT(*) >= 3
```
HAVINGの正しい使い方

Memo

午前問題の解き方

平成 27 年・午前Ⅱ 問 7

問 7　過去 3 年分の記録を保存している“試験結果”表から，2014 年度の平均点数が 600 点以上となったクラスのクラス名と平均点数の一覧を取得する SQL 文はどれか。ここで，実線の下線は主キーを表す。

試験結果（学生番号，受験年月日，点数，クラス名）

ア
```
SELECT クラス名, AVG(点数) FROM 試験結果
    GROUP BY クラス名 HAVING AVG(点数) >= 600
```
3年分の平均になる！ ダメ！
OK！

イ
```
SELECT クラス名, AVG(点数) FROM 試験結果
    WHERE 受験年月日 BETWEEN '2014-04-01' AND '2015-03-31'
    GROUP BY クラス名 HAVING AVG(点数) >= 600
```
OK！

ウ
```
SELECT クラス名, AVG(点数) FROM 試験結果
    WHERE 受験年月日 BETWEEN '2014-04-01' AND '2015-03-31'
    GROUP BY クラス名 HAVING 点数 >= 600
```
平均じゃない！

エ
```
SELECT クラス名, AVG(点数) FROM 試験結果
    WHERE 点数 >= 600
    GROUP BY クラス名
    HAVING (MAX(受験年月日)
        BETWEEN '2014-04-01' AND '2015-03-31')
```
これも平均じゃない！ グループでもない！

Memo

1.1.4 整列（ORDER BY 句）

ORDER BY 句を使って，SELECT 文での問合せ結果を昇順または降順に並べ替えることができる。

●ORDER BY 句の使用例

【使用例 1】

受注明細テーブルを，受注番号ごとにグループ化し，グループ単位で受注数量の合計値を求める。こうして求めた結果は'DESC'を指定しているため，降順で表示される。

```
SELECT 受注番号, SUM (数量) AS 数量合計
        FROM 受注明細
        GROUP BY 受注番号
        ORDER BY 受注番号 DESC  ←―― 降順を指定
```

【使用例 2】

「ORDER BY 列名」の後に，何も記載しない（省略する）場合，又は ASC を指定した場合は，結果が昇順で表示される。

```
SELECT 受注番号, SUM (数量) AS 数量合計
        FROM 受注明細
        GROUP BY 受注番号
        ORDER BY 受注番号 [    ]  ←―― 省略
```

【使用例 3】

ORDER BY の後に数字と ASC，DESC を付加すると，SELECT の後に指定した列項目の順番を左側から表すことができる。この例では「2 ASC」なので，SUM（数量）で並べている（昇順）。このように，ASC と DESC の前には整数指定が可能である。

```
SELECT 受注番号, SUM (数量)
       FROM 受注明細
       GROUP BY 受注番号
       ORDER BY 2 ASC
```

受注明細

受注番号	行	商品コード	数量	
00001	01	00002	3	11
00001	02	00003	2	
00001	03	00004	6	
00007	01	00002	4	24
00007	02	00001	2	
00007	03	00003	8	
00007	04	00005	10	
00011	01	00004	12	17
00011	02	00003	5	
00012	01	00001	7	26
00012	02	00004	9	
00012	03	00005	10	

ASC指定

受注番号	数量合計
00001	11
00011	17
00007	24
00012	26

DESC指定

受注番号	数量合計
00012	26
00007	24
00011	17
00001	11

図：ORDER BY 句の使用例

1.1.5 結合（内部結合）

基本構文

構文1：

```
SELECT 列名, ・・・
    FROM テーブル名1, テーブル名2
    WHERE テーブル名1.列名 = テーブル名2.列名
```

構文2：

```
SELECT 列名, ・・・
    FROM テーブル名1 [INNER] JOIN テーブル名2
    ON テーブル名1.列名 = テーブル名2.列名
SELECT 列名, ・・・
    FROM テーブル名1 [INNER] JOIN テーブル名2
    USING (列名, ・・・)
```

列名	テーブル１とテーブル２に同じ列名がある場合，「テーブル 1. 列名」というように，列名の前にテーブル名を指定する。それ以外は，通常の SELECT 文と同じである
テーブル名	テーブル名を指定する
テーブル名 1. 列名 = テーブル名 2. 列名	連結キーを指定する。JOIN を利用する場合，テーブル名１とテーブル名２で結合する列名が同じ列名ならば，ON ではなく，USING を使って記述することも可能である

複数の表を組み合わせて，必要とする結果を取り出す操作を結合という。結合は，大別すると内部結合と（後述する）外部結合に分けられるが，ここでは先に内部結合について説明する。

内部結合では，結合条件で指定した列の値が，両方の表（もしくは結合した全ての表）に存在している行だけを対象として結果を返す。

内部結合は内結合，外部結合は外結合ともいうが，本書では内部結合，外部結合を使う

内部結合をする場合，次のようにいくつかの表記方法がある。

① FROM の後に複数表を定義する。そして，WHERE 句で結合条件を指定する（構文 1）。
② INNER JOIN または JOIN と，ON 句，USING 句などで結合条件を指定する（構文 2）。
③ 自然結合なら NATURAL JOIN を指定する（ON 句，USING 句は不要）。

● 内部結合と外部結合

二つの表を結合するときに，結果行の返し方の違いによって，内部結合と外部結合を使い分けることがある。

内部結合は前述の通りだが，外部結合では，いずれか一方に値がありさえすれば結果を返す対象とする。このとき，表名の記述位置によって，**左外部結合**と**右外部結合**に分けられる。例えば「A　外部結合　B」とした場合，左外部結合では A の値すべてが（対応する B の行がなくても）結果を返す対象になり，右外部結合では，逆に B の値すべてが（対応する A の行がなくても）結果を返す対象となる。また，**全外部結合**を使う場合もある。この外部結合は，右側，左側のいずれか一方に値があれば，それら全てが，結果を返す対象になる。

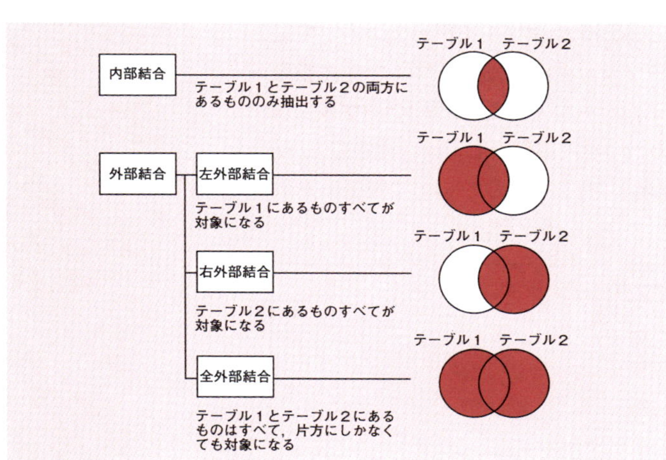

図：結合の種類

【使用例 1】 受注テーブルと得意先テーブルを得意先コードで結合して,「受注番号」「受注日」「得意先名」を表示する。

※ ほかの条件を続けるときは, WHERE 句に AND で続けていく。
※ "受注番号" と "受注日"," 得意先名" は,いずれも二つの表の中で一意であるため, その直前の " 受注 ." や " 得意先 ." は省略可能である。

```
SELECT 受注.受注番号, 受注.受注日,得意先.得意先名
        FROM 受注, 得意先
        WHERE 受注.得意先コード = 得意先.得意先コード
```

【使用例 2】 受注テーブルと得意先テーブルに別名を指定する。【使用例 1】と同じであるが,受注テーブルには「X」を,得意先テーブルには「Y」の別名を指定している。

```
SELECT X.受注番号, X.受注日, Y.得意先名
        FROM 受注 X, 得意先 Y
        WHERE X.得意先コード = Y.得意先コード
(又は)
SELECT 受注番号, 受注日, 得意先名
        FROM 受注 X, 得意先 Y
        WHERE X.得意先コード = Y.得意先コード
```

【使用例 3】 受注テーブルと得意先テーブルを得意先コードで結合し, 受注テーブルと受注明細テーブルを受注番号で結合する。受注テーブルと受注明細テーブル, 得意先テーブルの三つを内部結合して,「受注番号」「受注日」「得意先名」「行」「商品コード」「数量」を表示する。

```
SELECT X.受注番号, X.受注日, Y.得意先名,
        Z.行, Z.商品コード , Z.数量
        FROM 受注 X, 得意先 Y, 受注明細 Z
        WHERE X.得意先コード = Y.得意先コード
        AND X.受注番号 = Z.受注番号
```

受注

受注番号	受注日	得意先コード
00001	20030704	000001
00007	20030705	000003
00011	20030706	000001
00012	20030706	000002

得意先

得意先コード	得意先名	住所	電話番号	担当者コード
000001	A商店	大阪市中央区○○	06-6311-xxxx	101
000002	B商店	大阪市福島区○○	06-6312-xxxx	102
000003	Cスーパー	大阪市北区○○	06-6313-xxxx	104
000004	Dスーパー	大阪市淀川区○○	06-6314-xxxx	106
000005	E商店	大阪市北区○○	06-6315-xxxx	101

使用例1，2

受注番号	受注日	得意先名
00001	20030704	A商店
00007	20030705	Cスーパー
00011	20030706	A商店
00012	20030706	B商店

受注

受注番号	受注日	得意先コード
00001	20030704	000001
00007	20030705	000003
00011	20030706	000001
00012	20030706	000002

得意先

得意先コード	得意先名	住所	電話番号	担当者コード
000001	A商店	大阪市中央区○○	06-6311-xxxx	101
000002	B商店	大阪市福島区○○	06-6312-xxxx	102
000003	Cスーパー	大阪市北区○○	06-6313-xxxx	104
000004	Dスーパー	大阪市淀川区○○	06-6314-xxxx	106
000005	E商店	大阪市北区○○	06-6315-xxxx	101

受注明細

受注番号	行	商品コード	数量
00001	01	00002	3
00001	02	00003	2
00001	03	00004	6
00007	01	00002	4
00007	02	00001	2
00007	03	00003	8
00007	04	00005	10
00011	01	00004	12
00011	02	00003	5
00012	01	00001	7
00012	02	00004	9
00012	03	00005	10

使用例3

受注番号	受注日	得意先名	行	商品コード	数量
00001	20030704	A商店	01	00002	3
00001	20030704	A商店	02	00003	2
00001	20030704	A商店	03	00004	6
00007	20030705	Cスーパー	01	00002	4
00007	20030705	Cスーパー	02	00001	2
00007	20030705	Cスーパー	03	00003	8
00007	20030705	Cスーパー	04	00005	10
00011	20030706	A商店	01	00004	12
00011	20030706	A商店	02	00003	5
00012	20030706	B商店	01	00001	7
00012	20030706	B商店	02	00004	9
00012	20030706	B商店	03	00005	10

図：内部結合

結合（join）

必要とする結果を得るために，複数の表を組み合わせる操作を結合という。

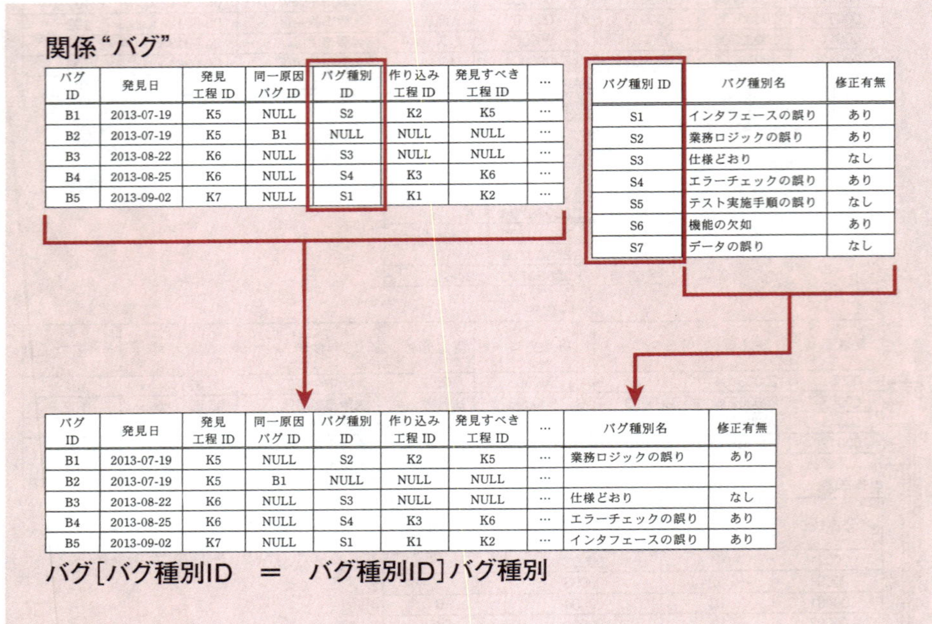

関係"バグ"

バグID	発見日	発見工程ID	同一原因バグID	バグ種別ID	作り込み工程ID	発見すべき工程ID	…
B1	2013-07-19	K5	NULL	S2	K2	K5	…
B2	2013-07-19	K5	B1	NULL	NULL	NULL	…
B3	2013-08-22	K6	NULL	S3	NULL	NULL	…
B4	2013-08-25	K6	NULL	S4	K3	K6	…
B5	2013-09-02	K7	NULL	S1	K1	K2	…

バグ種別ID	バグ種別名	修正有無
S1	インタフェースの誤り	あり
S2	業務ロジックの誤り	あり
S3	仕様どおり	なし
S4	エラーチェックの誤り	あり
S5	テスト実施手順の誤り	なし
S6	機能の欠如	あり
S7	データの誤り	なし

バグID	発見日	発見工程ID	同一原因バグID	バグ種別ID	作り込み工程ID	発見すべき工程ID	…	バグ種別名	修正有無
B1	2013-07-19	K5	NULL	S2	K2	K5	…	業務ロジックの誤り	あり
B2	2013-07-19	K5	B1	NULL	NULL	NULL	…		
B3	2013-08-22	K6	NULL	S3	NULL	NULL	…	仕様どおり	なし
B4	2013-08-25	K6	NULL	S4	K3	K6	…	エラーチェックの誤り	あり
B5	2013-09-02	K7	NULL	S1	K1	K2	…	インタフェースの誤り	あり

バグ[バグ種別ID　=　バグ種別ID]バグ種別

図：結合の例（平成26年・午後Ⅰ問1をもとに一部を変更）

試験で用いられる関係代数演算式の例

演算	式	備考
結合	R[RA　比較演算子　SA]S	RAは関係Rの属性，SAは関係Sの属性を表す。

SELECT 文との対比

（公式）

```
SELECT  *
FROM  R, S
WHERE  RA  比較演算子  SA
```

（使用例）

```
SELECT  *
FROM  バグ, バグ種別
WHERE  バグ.バグ種別ID＝バグ種別.
       バグ種別ID
```

● 等結合と自然結合

結合には，**等結合**と**自然結合**がある。等結合も自然結合も，結合条件となる列で“等しい”ものを対象とする結合方式だが，等結合では結合列が重複して保持されるのに対し，自然結合では結合列の重複は取り除かれる（図参照）。

下図は，等結合と自然結合を比較した例である。“商品”と“納品”の2表を，商品番号で結合した場合，等結合では双方の商品番号列が重複表示されているのに対し，自然結合では左側の表（商品）の商品番号列を最初に，左側の表（商品）の列，右側の表（納品）の列がそれぞれ続くが，商品番号については重複表示しない。

試験に出る

等結合
平成 27 年・午前Ⅱ 問 10
平成 20 年・午前 問 28
平成 18 年・午前 問 25

自然結合
平成 22 年・午前Ⅱ 問 13
平成 19 年・午前 問 27
平成 17 年・午前 問 28

これで結合

商品

商品番号	商品名	価格
S01	ボールペン	150
S02	消しゴム	80
S03	クリップ	200

納品

	商品番号	顧客番号	納品数
①	S01	C01	10
②	S01	C02	30
③	S02	C02	20
④	S02	C03	40
⑤	S03	C03	30

“商品”と“納品”を商品番号で結合したとき…

【等結合】
・結合条件の「商品番号」列も重複して表示

左の表 / 右の表

	商品番号	商品名	価格	商品番号	顧客番号	納品数
①	S01	ボールペン	150	S01	C01	10
②	S01	ボールペン	150	S01	C02	30
③	S02	消しゴム	80	S02	C02	20
④	S02	消しゴム	80	S02	C03	40
⑤	S03	クリップ	200	S03	C03	60

【自然結合】
・結合条件の「商品番号」列は重複して表示はしない

左の表 / 右の表

	商品番号	商品名	価格	顧客番号	納品数
①	S01	ボールペン	150	C01	10
②	S01	ボールペン	150	C02	30
③	S02	消しゴム	80	C02	20
④	S02	消しゴム	80	C03	40
⑤	S03	クリップ	200	C03	60

図：等結合と自然結合の例（平成 27 年・午前Ⅱ問 10 を元に作成）

1.1.6 結合（外部結合）

基本構文

左外部結合

```
SELECT 列名, ・・・
    FROM テーブル名1 LEFT [OUTER] JOIN テーブル名2
    ON テーブル名1.列名 = テーブル名2.列名

SELECT 列名, ・・・
    FROM テーブル名1 LEFT [OUTER] JOIN テーブル名2
    USING (列名, ・・・)
```

右外部結合

```
SELECT 列名, ・・・
    FROM テーブル名1 RIGHT [OUTER] JOIN テーブル名2
    ON テーブル名1.列名 = テーブル名2.列名
```

全外部結合

```
SELECT 列名, ・・・
    FROM テーブル名1 FULL [OUTER] JOIN テーブル名2
    ON テーブル名1.列名 = テーブル名2.列名
```

列名	テーブル１とテーブル２に同じ列名がある場合,「テーブル 1. 列名」というように，列名の前にテーブル名を指定する。それ以外は，通常のSELECT 文と同じである
テーブル名	テーブル名を指定する
テーブル名 1. 列名 = テーブル名 2. 列名	連結キーを指定する。JOIN を利用する場合，テーブル名１とテーブル名２で結合する列名が同じ列名の場合，ON ではなく，USING を使って記述することも可能である。上記の例では，左外部結合だけ記述しているが，右外部結合でも，全外部結合でも USING は同じように使用可能である

二つの表を結合するとき，内部結合では結合条件で指定した値が両方の表にあるものだけを対象としていたが，外部結合では，いずれか一方に値がなくても対象となる。

このとき，表名の記述位置が重要で，「A　外部結合　B」の場合，左外部結合ではAの値すべてが（対応するBの行がなくても）対象になり，右外部結合では，逆にBの値すべてが（対応するAの行がなくても）対象となる。全外部結合では，いずれか一方に値があればすべて対象になる。

試験に出る

左外部結合
①平成 30 年・午前Ⅱ 問 8
②平成 18 年・午前 問 32
　平成 16 年・午前 問 32
③平成 31 年・午前Ⅱ 問 11

試験に出る

午後Ⅰ・午後Ⅱで頻出

受注

受注番号	受注日	得意先コード
00001	20030704	000001
00007	20030705	000003
00008	20030706	000007
00011	20030706	000001
00012	20030706	000002
00013	20030707	000009

得意先

得意先コード	得意先名	住所	電話番号	担当者コード
000001	A商店	大阪市中央区○○	06-6311-xxxx	101
000002	B商店	大阪市福島区○○	06-6312-xxxx	102
000003	Cスーパー	大阪市北区○○	06-6313-xxxx	104
000004	Dスーパー	大阪市淀川区○○	06-6314-xxxx	106
000005	E商店	大阪市北区○○	06-6315-xxxx	101

```
SELECT X.受注番号, X.受注日, Y.得意先名
  FROM (受注 X LEFT JOIN 得意先 Y
          ON  X.得意先コード = Y.得意先コード)
```

受注番号	受注日	得意先名
00001	20030704	A商店
00007	20030705	Cスーパー
00008	20030706	−
00011	20030706	A商店
00012	20030706	B商店
00013	20030707	−

```
SELECT X.受注番号, X.受注日, Y.得意先名
  FROM (受注 X RIGHT JOIN 得意先 Y
          ON  X.得意先コード = Y.得意先コード)
```

受注番号	受注日	得意先名
00001	20030704	A商店
00011	20030706	A商店
00012	20030706	B商店
00007	20030705	Cスーパー
−	−	Dスーパー
−	−	E商店

```
SELECT X.受注番号, X.受注日, Y.得意先名
  FROM (受注 X FULL JOIN 得意先 Y
          ON  X.得意先コード = Y.得意先コード)
```

受注番号	受注日	得意先名
00001	20030704	A商店
00007	20030705	Cスーパー
00008	20030706	−
00011	20030706	A商店
00012	20030706	B商店
00013	20030707	−
−	−	Dスーパー
−	−	E商店

図：外部結合

3表以上の外部結合

内部結合や外部結合によって三つ以上の表を結合する場合がある。このときJOINを使う場合，下記のようになる。

【左外部結合で三つ以上の表を結合させる場合】

```
SELECT 列名, ・・・
  FROM テーブルA
    LEFT OUTER JOIN テーブルB ON 結合条件
    LEFT OUTER JOIN テーブルC ON 結合条件
    LEFT OUTER JOIN テーブルD ON 結合条件
```

試験に出る

3表以上の外部結合

下記の問題では3表以上の外部結合のSQL文が出題されている。このとき，テーブル名を指定する部分でSELECT文が記述されているため一見複雑に見えるが，SELECT文を一つの表として整理していくと理解しやすい

平成17年・午後Ⅰ
平成16年・午後Ⅰ

午前問題の解き方

平成30年・午前Ⅱ 問8

問8　“部品”表から，部品名に‘N11’が含まれる部品情報（部品番号，部品名）を検索するSQL文がある。このSQL文は，検索対象の部品情報のほか，対象部品に親部品番号が設定されている場合は親部品情報を返し，設定されていない場合はNULLを返す。aに入れる字句はどれか。ここで，実線の下線は主キーを表す。

部品（<u>部品番号</u>，部品名，親部品番号）

〔SQL文〕

```
SELECT B1.部品番号, B1.部品名,
   B2.部品番号 AS 親部品番号, B2.部品名 AS 親部品名
     FROM 部品 [   a   ]
     ON B1.親部品番号 = B2.部品番号
   WHERE B1.部品名 LIKE '%N11%'
```

ア　B1 JOIN 部品 B2 ← NULLを返すので内部結合はNG

イ　B1 LEFT OUTER JOIN 部品 B2 ← B1側が全部

ウ　B1 RIGHT OUTER JOIN 部品 B2

エ　B2 LEFT OUTER JOIN 部品 B1

（ウ・エ）B2側をメインにはできない

Memo

午前問題の解き方

平成 18 年・午前 問 32

問 32 “商品”表と“売上明細”表に対して，次の SQL 文を実行した結果の表として，正しいものはどれか。ここで，結果の表中の“—”は，値がナルであることを示す。

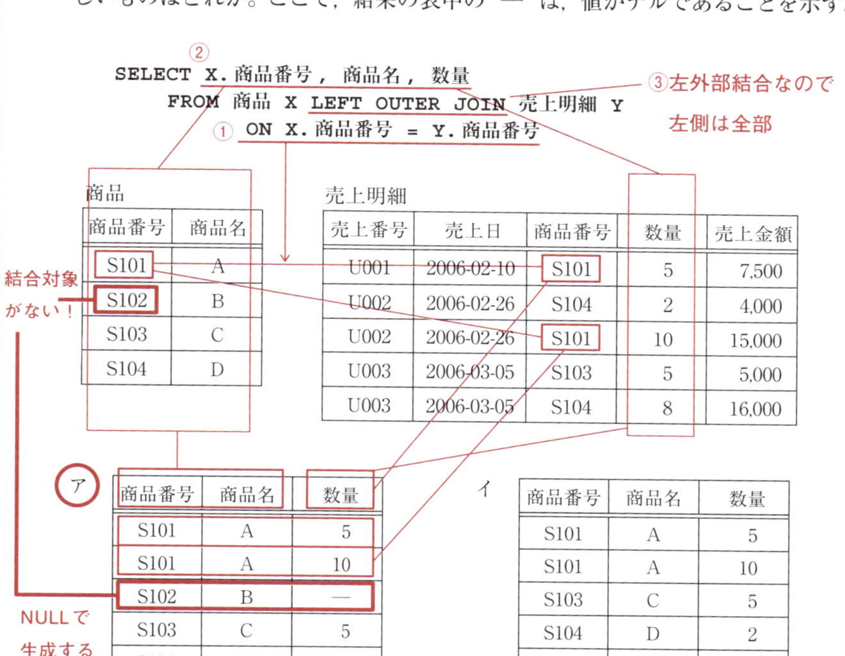


```
SELECT X.商品番号, 商品名, 数量
  FROM 商品 X LEFT OUTER JOIN 売上明細 Y
    ON X.商品番号 = Y.商品番号
```

商品

商品番号	商品名
S101	A
S102	B
S103	C
S104	D

売上明細

売上番号	売上日	商品番号	数量	売上金額
U001	2006-02-10	S101	5	7,500
U002	2006-02-26	S104	2	4,000
U002	2006-02-26	S101	10	15,000
U003	2006-03-05	S103	5	5,000
U003	2006-03-05	S104	8	16,000

ア

商品番号	商品名	数量
S101	A	5
S101	A	10
S102	B	—
S103	C	5
S104	D	2
S104	D	8

イ

商品番号	商品名	数量
S101	A	5
S101	A	10
S103	C	5
S104	D	2
S104	D	8

“S102 B”が生成されていない＝×

“S101 A”，“S104 D”が2件ない＝×

ウ

商品番号	商品名	数量
S101	A	15
S102	B	—
S103	C	5
S104	D	10

エ

商品番号	商品名	数量
S101	A	15
S103	C	5
S104	D	10

“S102 B”が生成されていない＝×
“S101 A”，“S104 D”が2件ない＝×

Memo

午前問題の解き方

平成31年・午前Ⅱ 問11

問11　“社員取得資格”表に対し，SQL文を実行して結果を得た。SQL文のaに入れる字句はどれか。

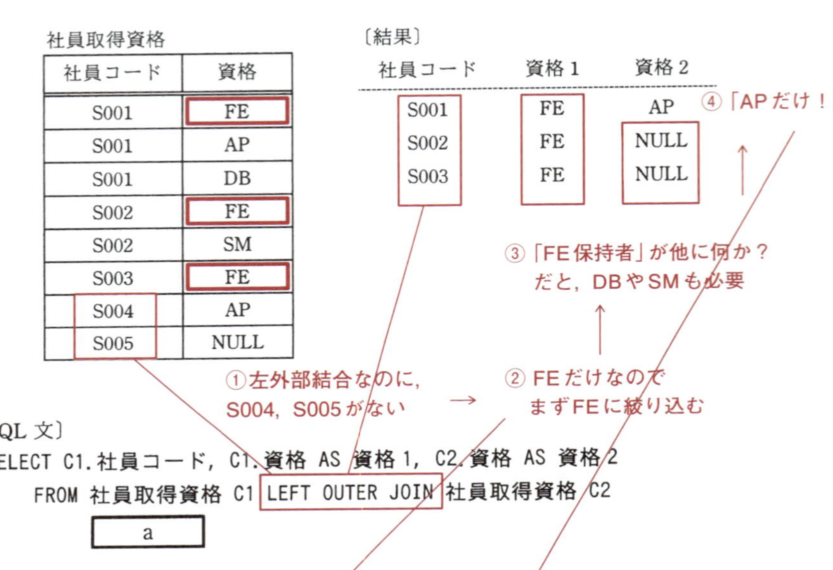

社員取得資格

社員コード	資格
S001	FE
S001	AP
S001	DB
S002	FE
S002	SM
S003	FE
S004	AP
S005	NULL

〔結果〕

社員コード	資格1	資格2
S001	FE	AP
S002	FE	NULL
S003	FE	NULL

〔SQL文〕

```
SELECT C1.社員コード, C1.資格 AS 資格1, C2.資格 AS 資格2
    FROM 社員取得資格 C1 LEFT OUTER JOIN 社員取得資格 C2
         [ a ]
```

ア
```
ON C1.社員コード = C2.社員コード
     AND C1.資格 = 'FE' AND C2.資格 = 'AP'
WHERE C1.資格 = 'FE'
```

イ
```
ON C1.社員コード = C2.社員コード
     AND C1.資格 = 'FE' AND C2.資格 = 'AP'
WHERE C1.資格 IS NOT NULL
```

ウ
```
ON C1.社員コード = C2.社員コード
     AND C1.資格 = 'FE' AND C2.資格 = 'AP'
WHERE C2.資格 = 'AP'
```

エ
```
ON C1.社員コード = C2.社員コード
WHERE C1.資格 = 'FE' AND C2.資格 = 'AP'
```

Memo

自己結合

```
SELECT X.会員名, Y.会員名 AS 上司の名前
       FROM 会員 X, 会員 Y
       WHERE X.上司会員番号 = Y.会員番号
```

試験に出る
①平成 17 年・午前 問 34
②平成 21 年・午前II 問 6

自己結合とは，一つの表に対して，二つの別名を使うことによって，（あたかも別々の）二つの表を結合したのと同じ結果を得る結合方法のことである。

会員

会員番号	会員名	・・・	上司会員番号
0001	田中	省略	0004
0002	鈴木		0005
0003	山本		0005
0004	内田		0004
0005	菅山		0005

会員（別名　X）

会員番号	会員名	・・・	上司会員番号
0001	田中	省略	0004
0002	鈴木		0005
0003	山本		0005
0004	内田		0004
0005	菅山		0005

会員（別名　Y）

会員番号	会員名	・・・	上司会員番号
0001	田中	省略	0004
0002	鈴木		0005
0003	山本		0005
0004	内田		0004
0005	菅山		0005

別名:上司の名前

会員番号	会員名	・・・	上司会員番号	会員名
0001	田中	省略	0004	内田
0002	鈴木		0005	菅山
0003	山本		0005	菅山
0004	内田		0004	内田
0005	菅山		0005	菅山

※このうち,「会員名」と「上司の名前」が表示される。

図：自己結合

このSELECT文の実行結果は，左の表の「会員名」と，右の表の「会員名」（別名で「上司の名前」）が表示される。

午前問題の解き方

平成 17 年・午前 問 34

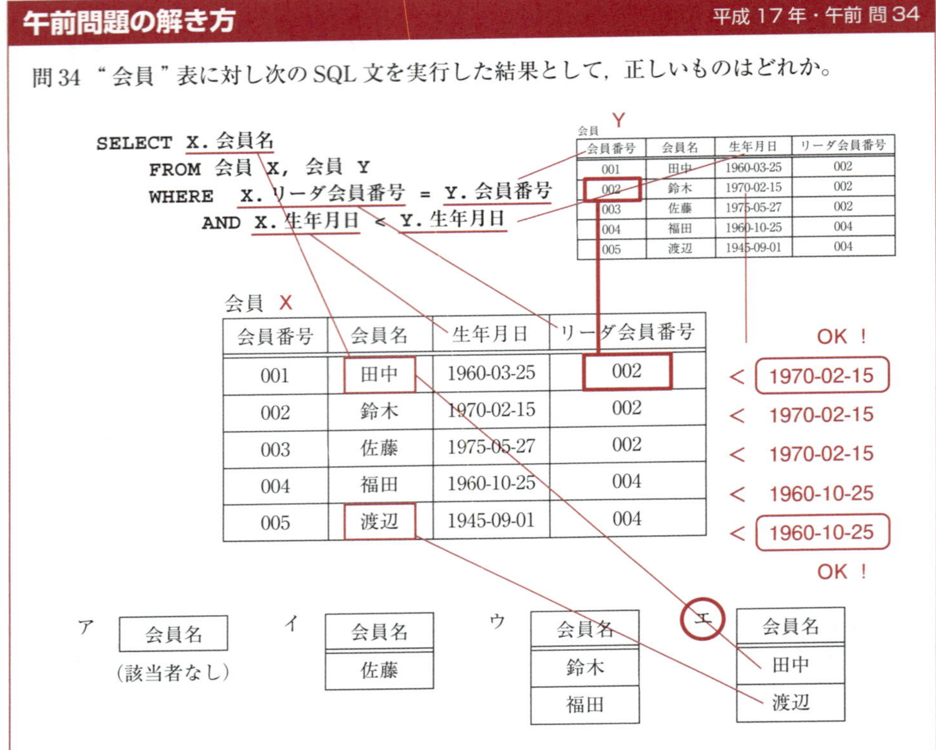

Memo

午前問題の解き方

平成 21 年・午前Ⅱ 問 6

問 6 複数の事業部，部，課及び係のような組織階層の概念データモデルを，第 3 正規形の表，

組織（ <u>組織 ID</u>，組織名，…）

として実装した。組織の親子関係を表示する SQL 文中の a に入れるべき適切な字句はどれか。ここで，"組織" 表記述中の下線部は，主キーを表し，追加の属性を想定する必要がある。また，モデルの記法として UML を用いる。{階層} は組織の親子関係が循環しないことを指示する制約記述である。

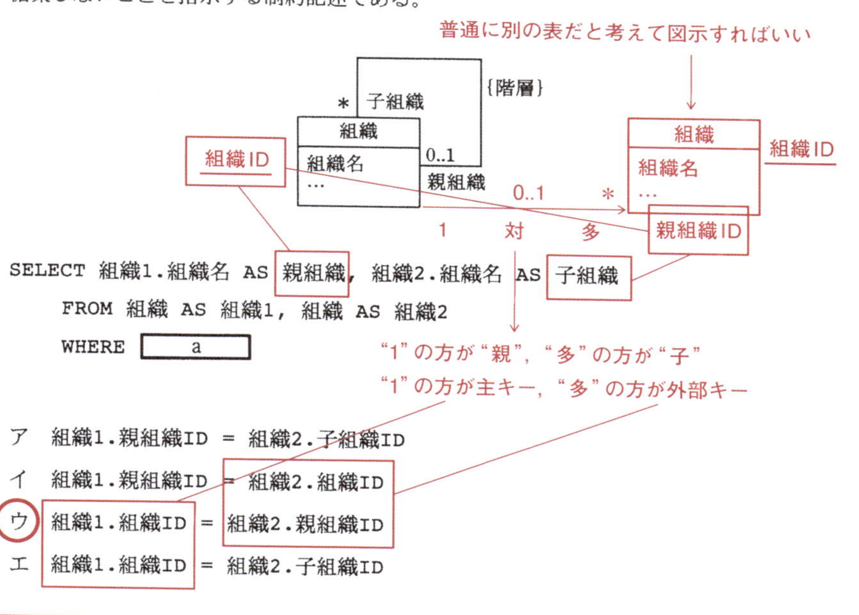


```
SELECT 組織1.組織名 AS 親組織, 組織2.組織名 AS 子組織
    FROM 組織 AS 組織1, 組織 AS 組織2
    WHERE [   a   ]
```

ア　組織1.親組織ID ＝ 組織2.子組織ID

イ　組織1.親組織ID ＝ 組織2.組織ID

ウ　組織1.組織ID ＝ 組織2.親組織ID

エ　組織1.組織ID ＝ 組織2.子組織ID

Memo

1.1.7 和・差・直積・積・商

● 和（SQL＝“UNION”, 記法＝“∪”）

和（演算）は，“R”と“S”のOR演算を意味する。**和両立**の場合のみ成立する演算で，SQL文では，UNIONを用いて表現する。

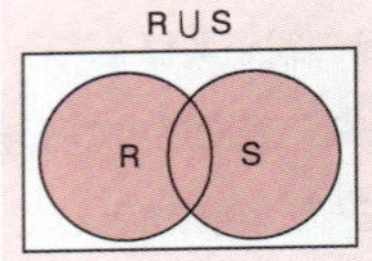

(=)

R

属性A	属性B	属性C
1	あ	α
2	い	β

S

属性A	属性B	属性C
1	あ	α
3	う	γ
4	え	δ

R∪S

属性A	属性B	属性C
1	あ	α
2	い	β
3	う	γ
4	え	δ

図：和

● SQL文の例

東京商店にある商品の商品番号と，大阪商店にある商品の商品番号との“和”を表示するSQL。

＜重複行は一つにまとめる：図の例＞

```
SELECT 商品番号 FROM 東京商店
UNION
SELECT 商品番号 FROM 大阪商店
```

＜重複行も，その行数分そのまま表示する＞

```
SELECT 商品番号 FROM 東京商店
UNION ALL
SELECT 商品番号 FROM 大阪商店
```

試験に出る

①平成28年・午前Ⅱ 問15
②平成23年・午前Ⅱ 問7
　平成19年・午前 問26

和両立

図に示したように，二つのリレーションの構造がすべて一致すること。具体的には，①属性の数が同じ（次数が同じ）で，②各属性の並びとタイプが同じ（対応する属性のドメインが等しい）こと。

t∈R

「tは集合Rの要素である」ということを表す表記

二つのSELECT文の結果を“マージ”すると言った方がわかりやすいかもしれない

午前問題の解き方

平成 28 年・午前Ⅱ 問 15

問15　関係 A と B に対して和集合演算が成立するための必要十分条件はどれか。

ア　同じ属性名でドメインが等しい属性が含まれている。
イ　次数が同じで，対応する属性のドメインが等しい。
ウ　主キー属性のドメインが等しい。
エ　濃度（タプル数）が同じで，ドメインが等しい属性が少なくとも一つ存在する。

属性の数　並びとタイプ

午前問題の解き方

平成 23 年・午前Ⅱ 問 7

問 7　地域別に分かれている同じ構造の三つの商品表，“東京商品”，“名古屋商品”，“大阪商品”がある。次の SQL 文と同等の結果が得られる関係代数式はどれか。ここで，三つの商品表の主キーは“商品番号”である。また，$X-Y$ は X から Y の要素を除いた差集合を表す。

②大阪商品にあるもの

```
SELECT * FROM 大阪商品
    WHERE 商品番号 NOT IN (SELECT 商品番号 FROM 東京商品)
UNION
SELECT * FROM 名古屋商品
    WHERE 商品番号 NOT IN (SELECT 商品番号 FROM 東京商品)
```

①東京商品にはなく，
④名古屋商品にあるもの
③東京商品にはなく，

ア　(大阪商品 ∩ 名古屋商品) − 東京商品　大阪，名古屋の両方にあって東京に無い＝×
イ　(大阪商品 ∪ 名古屋商品) − 東京商品　大阪か名古屋にあって東京に無い＝これ
ウ　東京商品 − (大阪商品 ∩ 名古屋商品)　東京にある・・・×
エ　東京商品 − (大阪商品 ∪ 名古屋商品)　東京にある・・・×

Memo

● 差（SQL＝“EXCEPT”，記法＝“−”）

試験に出る
平成 23 年・午前Ⅱ 問 5

差（演算）は，RとSの差分を意味する。RからSと共通のもの（Sにも属するもの）を取り去る演算である。

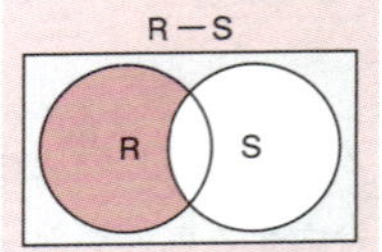

SQL では EXCEPT に相当する。WHERE 句内の NOT EXISTS や NOT IN を用いて EXCEPT と同等の操作を行うこともできる

R

属性A	属性B	属性C
1	あ	α
2	い	β

S

属性A	属性B	属性C
1	あ	α
3	う	γ
4	え	δ

R－S

属性A	属性B	属性C
2	い	β

図：差

● SQL 文の例

東京商店にある商品のうち，大阪商店にも存在している商品を除いた商品の商品番号を表示する SQL。

```
SELECT 商品番号 FROM 東京商店
EXCEPT
SELECT 商品番号 FROM 大阪商店
```

午前問題の解き方　　平成 23 年・午前Ⅱ 問 5

R表にだけある“社員”を抽出

問 5 “社員番号”と“氏名”を列としてもつ R 表と S 表に対して，差（R−S）を求める SQL 文はどれか。ここで，R 表と S 表の主キーは“社員番号”であり，“氏名”は“社員番号”に関数従属する。

```
ア SELECT R.社員番号, S.氏名 FROM R, S
       WHERE R.社員番号 <> S.社員番号
イ SELECT 社員番号, 氏名 FROM R
       UNION SELECT 社員番号, 氏名 FROM S
ウ SELECT 社員番号, 氏名 FROM R
       WHERE NOT EXISTS (SELECT 社員番号 FROM S
                           WHERE R.社員番号 = S.社員番号)
エ SELECT 社員番号, 氏名 FROM S
       WHERE S.社員番号 NOT IN (SELECT 社員番号 FROM R
                           WHERE R.社員番号 = S.社員番号)
```

（ア）これはどっちか片方だけの社員やな
（イ）どっちかにいる社員やな
（ウ：正解）Sには存在しないRの社員
（エ）逆やな

直積

RとSの直積演算とは，Rのタプルと Sのタプルのすべての組合せのことである。

R

属性A	属性B
1	あ
2	い

S

属性C	属性D
α	安
β	伊
γ	宇

R×S

属性A	属性B	属性C	属性D
1	あ	α	安
1	あ	β	伊
1	あ	γ	宇
2	い	α	安
2	い	β	伊
2	い	γ	宇

図：直積

別の言い方をすると，二つの関係（上記の例だとRとS）から，任意のタプルを1個ずつ取り出して連結したタプルの集合になる。

試験に出る

①平成28年・午前Ⅱ 問12
平成20年・午前 問27
平成18年・午前 問24
平成16年・午前 問25
②平成30年・午前Ⅱ 問9
平成26年・午前Ⅱ 問9
平成19年・午前 問29

午前問題の解き方　平成28年・午前Ⅱ 問12

問12　関係代数における直積に関する記述として，適切なものはどれか。

ア　ある属性の値に条件を付加し，その条件を満たす全てのタプルの集合である。（それ選択やがな！）

イ　ある一つの関係の指定された属性だけを残して，他の属性を取り去って得られる属性の集合である。（それ射影やがな！）

ウ　二つの関係における，あらかじめ指定されている二つの属性の 2 項関係を満たす全てのタプルの組合せの集合である。（それ結合やがな！）

㋓　二つの関係における，それぞれのタプルの全ての組合せの集合である。

午前問題の解き方　平成30年・午前Ⅱ 問9

問9　関係R，Sの等結合演算は，どの演算によって表すことができるか。

覚えよう！
等結合は直積と選択

ア　共通　　イ　差

ウ　直積と射影と差　　㋓　直積と選択

● 積（SQL＝“INTERSECT”，記法＝“∩”）

積（演算）は，“R”と“S”のAND演算を意味する。共通演算ともいう。SQL文ではINTERSECTを用いて表現する。

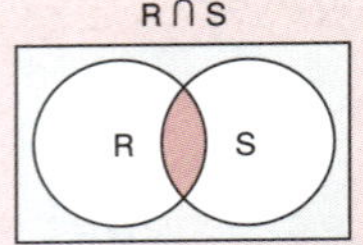

試験に出る
平成31年・午前Ⅱ 問12
平成29年・午前Ⅱ 問12
平成21年・午前Ⅱ 問8

「積」は「共通」ともいう

後述する差を使って積を表現することもできる。そのため積はプリミティブな演算セットには含まれない

R∩S＝R－（R－S）

R

属性A	属性B	属性C
1	あ	α
2	い	β

S

属性A	属性B	属性C
1	あ	α
3	う	γ
4	え	δ

R∩S

属性A	属性B	属性C
1	あ	α

図：積

● SQL文の例

東京商店と大阪商店のどちらにも存在している商品の商品番号を表示するSQL。

```
SELECT　商品番号　FROM　東京商店
INTERSECT
SELECT　商品番号　FROM　大阪商店
```

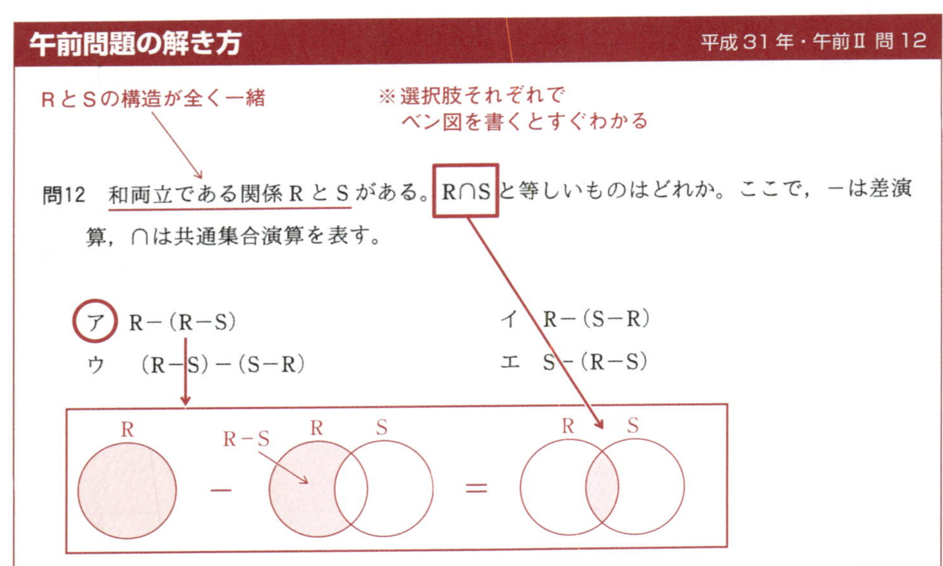

午前問題の解き方
平成31年・午前Ⅱ 問12
RとSの構造が全く一緒
※選択肢それぞれで
ベン図を書くとすぐわかる
問12　和両立である関係RとSがある。R∩Sと等しいものはどれか。ここで，－は差演算，∩は共通集合演算を表す。
ア　R－(R－S)
イ　R－(S－R)
ウ　(R－S)－(S－R)
エ　S－(R－S)
R
R－S
R
S
R
S

商（division）

リレーションR，S，Tの間にS × T＝Rが成立するとき，RとSの商演算R ÷ S＝Tが成立する。直積は四則演算の掛け算に相当し，商演算は割り算に相当する。

R

属性A	属性B	属性X
1	111	あ
2	222	あ
1	111	い
2	222	い
1	111	う
2	222	う

S

属性A	属性B
1	111
2	222

R÷S＝T

属性X
あ
い
う

図：商①

割り算には余りが出ることがある。集合Qを余りに見立て，RとQの和集合Pを作る（P＝Q∪R＝Q∪(S×T))。このとき，PとSの商演算P ÷ S＝Tが成立する。

P＝Q∪R

属性A	属性B	属性X
1	111	あ
2	222	あ
1	111	い
2	222	い
1	111	う
2	222	う
1	111	か
2	222	さ

S

属性A	属性B
1	111
2	222

P÷S＝T

属性X
あ
い
う

Q

属性A	属性B	属性X
1	111	か
2	222	さ

R

属性A	属性B	属性X
1	111	あ
2	222	あ
1	111	い
2	222	い
1	111	う
2	222	う

図：商②

試験に出る

①平成27年・午前Ⅱ 問9
　平成25年・午前Ⅱ 問12
　平成20年・午前 問26
　平成17年・午前 問29
②平成23年・午前Ⅱ 問9
　平成19年・午前 問28
③平成24年・午前Ⅱ 問10

試験に出る

商演算の結果が，業務要件を満たさない理由
　平成17年・午後Ⅰ 問1

午前問題の解き方

平成27年・午前Ⅱ 問9

問9 関係RとSにおいて，R÷Sの関係演算結果として，適切なものはどれか。ここで，÷は除算を表す。

イメージで説明すると，
①割る数“S”のパターンが，割られる数“R”の中にあり，
②その残りの属性が行単位で同じものならOK！

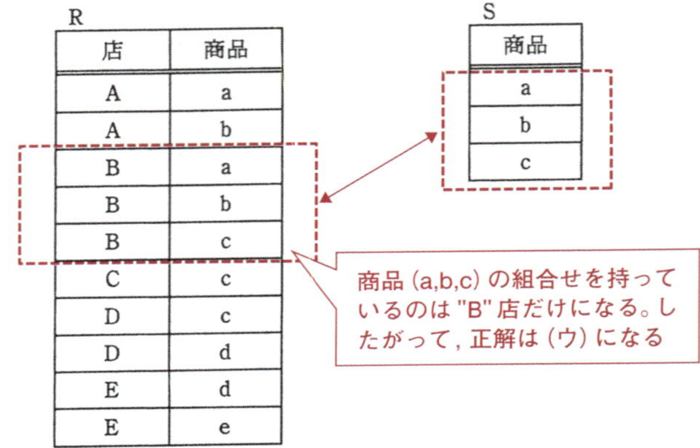

R

店	商品
A	a
A	b
B	a
B	b
B	c
C	c
D	c
D	d
E	d
E	e

S

商品
a
b
c

商品(a,b,c)の組合せを持っているのは"B"店だけになる。したがって，正解は(ウ)になる

ア

店
A
A
B
B
B
C
D

イ

店
A
B
C
D

ウ

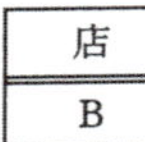

店
B

エ

店
E

Memo

午前問題の解き方

平成23年・午前Ⅱ 問9

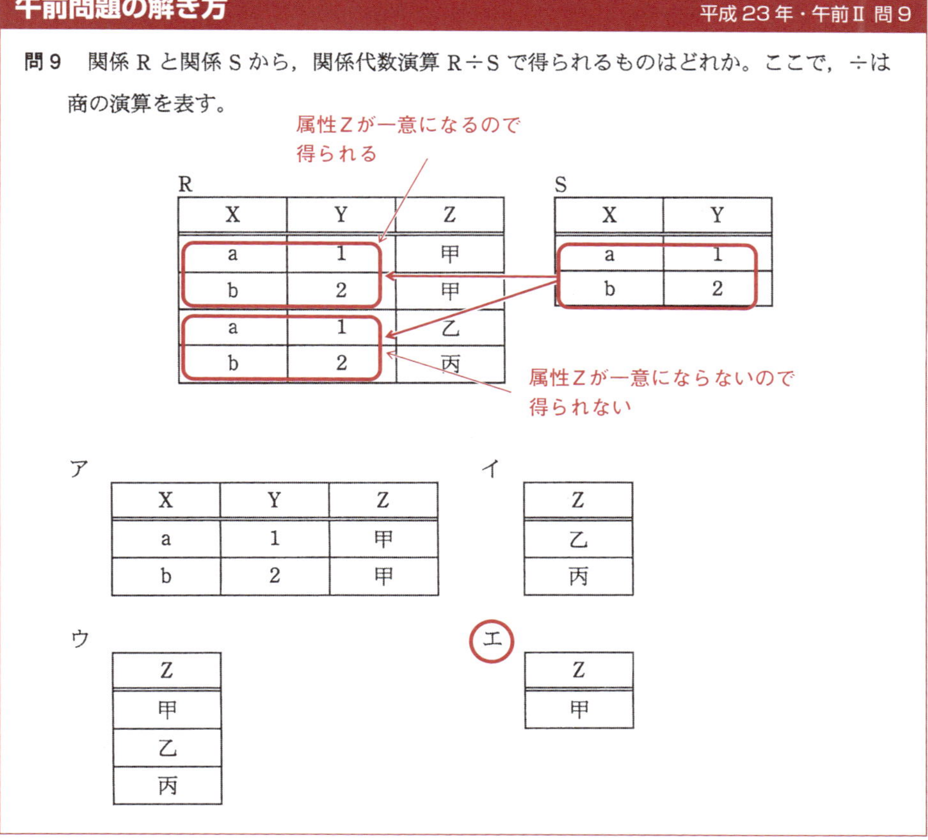

問9 関係Rと関係Sから，関係代数演算R÷Sで得られるものはどれか。ここで，÷は商の演算を表す。

属性Zが一意になるので得られる

R

X	Y	Z
a	1	甲
b	2	甲
a	1	乙
b	2	丙

S

X	Y
a	1
b	2

属性Zが一意にならないので得られない

ア

X	Y	Z
a	1	甲
b	2	甲

イ

Z
乙
丙

ウ

Z
甲
乙
丙

(エ)

Z
甲

Memo

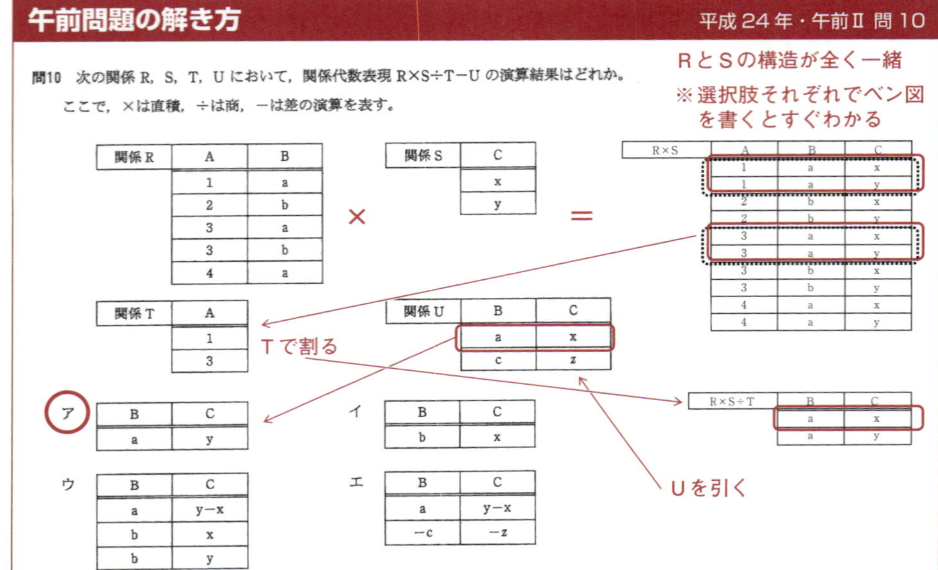

午前問題の解き方

平成 24 年・午前Ⅱ 問 10

問10　次の関係 R，S，T，U において，関係代数表現 R×S÷T−U の演算結果はどれか。
ここで，×は直積，÷は商，−は差の演算を表す。

関係 R	A	B
	1	a
	2	b
	3	a
	3	b
	4	a

関係 S	C
	x
	y

関係 T	A
	1
	3

関係 U	B	C
	a	x
	c	z

ア

B	C
a	y

イ

B	C
b	x

ウ

B	C
a	y−x
b	x
b	y

エ

B	C
a	y−x
−c	−z

R×S	A	B	C
	1	a	x
	1	a	y
	2	b	x
	2	b	y
	3	a	x
	3	a	y
	3	b	x
	3	b	y
	4	a	x
	4	a	y

R×S÷T	B	C
	a	x
	a	y

RとSの構造が全く一緒
※選択肢それぞれでベン図
を書くとすぐわかる
×
=
Tで割る
Uを引く

Memo

1.1.8 副問合せ

代表的構文

```
SELECT 列名, ・・・                                  ←主問合せ
       FROM テーブル名
       WHERE 取り出す条件 (SELECT～          )       ←副問合せ
```

列名	通常の SELECT 文と同じ
テーブル名	テーブル名を指定する
取り出す条件	<単一行副問合せ：副問合せの結果が単一の場合> ・列名　比較演算子：列名で指定した列と結果とを比較する <複数行副問合せ：副問合せの結果が複数の場合> ・列名　IN：副問合せの結果が条件となる ・列名　比較演算子 ALL：副問合せのすべての結果と比較して，すべてよりも（大きい，小さいなど） ・列名　比較演算子 SOME：副問合せの結果のいずれか一つよりも（大きい，小さいなど） ・列名　比較演算子 ANY：SOME と同じ意味

副問合せとは，SELECT 文，INSERT 文，DELETE 文などの SQL 文の中に，さらに別の SELECT 文を含んでいる問合せのことをいう。よく使われるのが，SELECT 文の WHERE 条件句に SELECT 文を指定するケースである。このケースでは，いったん WHERE 内の括弧で括られた SELECT 文（この部分を副問合せという）が実行された後，その結果に対して外側の SELECT 文（主問合せ）が実行される。

試験に出る
①平成 24 年・午前Ⅱ 問 11
②平成 17 年・午前 問 37
③平成 19 年・午前 問 34

試験に出る
平成20年・午後Ⅰ 問 3

「副問合せの結果が，単一なのか複数なのか」という点は十分チェックしなければならない。過去の出題でも，SQL の構文エラーを答えさせる問題で，副問合せで複数行が返されるにもかかわらず，「>」や「=」など単一の場合のみ使える比較演算子を使っているケースが出題されている

●副問合せの使用例

【使用例】 担当者：三好康之（担当者コード：101）の受注を調べる

```
SELECT 受注番号，受注日
       FROM 受注
       WHERE 得意先コード IN (SELECT 得意先コード
                               FROM 得意先
                               WHERE 担当者コード = '101')
```

① まず，IN の中にある 内側の問合せが評価される。

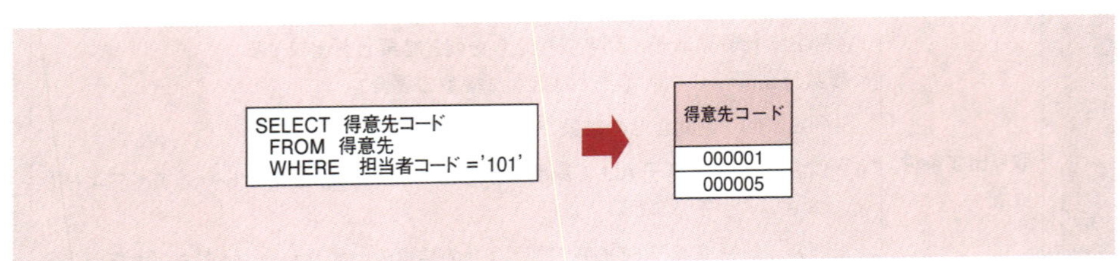

図：副問合せ使用例①

② 次に，外側の問合せが評価される。

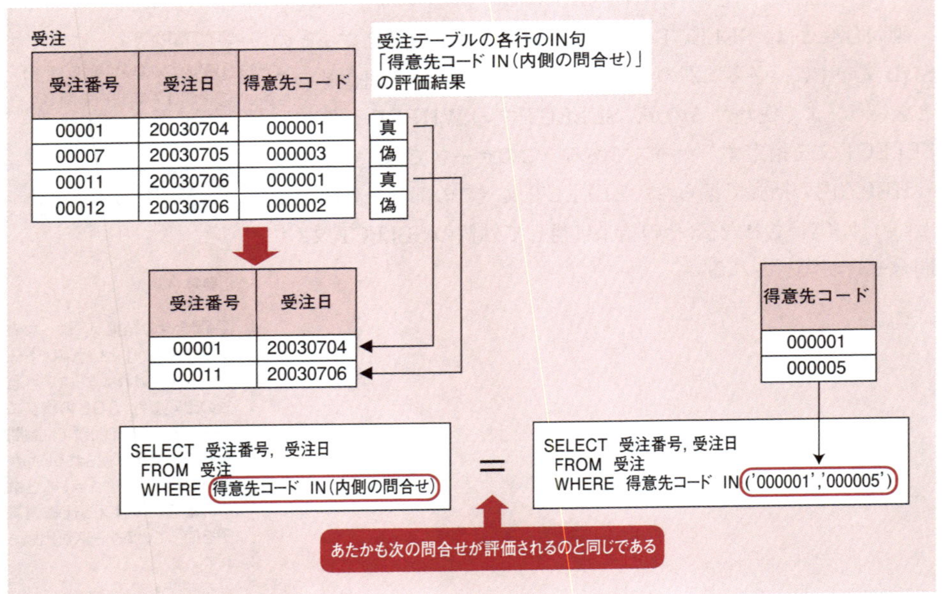

図：副問合せ使用例②

副問合せは，WHERE 句の中だけではなく，SELECT 文の FROM 句の中で使用したり，HAVING 句，UPDATE 文の SET 句及び WHERE 句，DELETE 文の WHERE 句などでも指定することが可能である

午前問題の解き方

平成 24 年・午前Ⅱ 問 11

問11 “社員” 表と “プロジェクト” 表に対して，次の SQL 文を実行した結果はどれか。

```
SELECT プロジェクト番号, 社員番号 FROM プロジェクト
    WHERE 社員番号 IN
    (SELECT 社員番号 FROM 社員 WHERE 部門 <= '2000')
```

①最初に実行
②これが抽出
③抽出した社員番号と同じ社員番号
④プロジェクト番号，社員番号を抽出

社員

社員番号	部門	社員名
11111	1000	佐藤一郎
22222	2000	田中太郎
33333	3000	鈴木次郎
44444	3000	高橋美子
55555	4000	渡辺三郎

プロジェクト

プロジェクト番号	社員番号
P001	11111
P001	22222
P002	33333
P002	44444
P003	55555

ア

プロジェクト番号	社員番号
P001	11111
P001	22222

イ

プロジェクト番号	社員番号
P001	22222
P002	33333

ウ

プロジェクト番号	社員番号
P002	33333
P002	44444

エ

プロジェクト番号	社員番号
P002	44444
P003	55555

スキルUP!

WITH 句

平成 31 年度の午後Ⅱ問 1 で **WITH 句**が出題されている。WITH 句を使えば，当該 SQL 文を実行している間だけ一時的に利用できるテーブル（一時テーブルやインラインビューなどという）を作成することができる。つまり，副問合せに名前を付けて使用するイメージだ。平成 31 年度の午後Ⅱ問 1 では「WITH RECURSIVE」として再帰問合せでも使っているので，しっかりと目を通しておきたい。（P.481 参照）

午前問題の解き方

平成 17 年・午前 問 37

問 37　二つの表“納品”,“顧客”に対する次の SQL 文と同じ結果が得られる SQL 文はどれか。

②その顧客番号，顧客名を抽出

```
SELECT 顧客番号 , 顧客名 FROM 顧客
    WHERE 顧客番号 IN
    (SELECT 顧客番号 FROM 納品
        WHERE 商品番号 = 'G1')
```

①商品番号'G1'を納入した顧客を抽出

納品

商品番号	顧客番号	納品数量

顧客

顧客番号	顧客名

ア
```
SELECT 顧客番号 , 顧客名 FROM 顧客
    WHERE 'G1' IN (SELECT 商品番号 FROM 納品 )
```
商品番号を抽出？顧客との接点なし

イ
```
SELECT 顧客番号 , 顧客名 FROM 顧客
    WHERE 商品番号 IN
    (SELECT 商品番号 FROM 納品
    WHERE 商品番号 = 'G1')
```
“顧客”には商品番号がない

ウ
```
SELECT 顧客番号 , 顧客名 FROM 納品 , 顧客
    WHERE 商品番号 = 'G1'
```
複数表の場合，結合条件が必要。それがない

エ（正解）
```
SELECT 顧客番号 , 顧客名 FROM 納品 , 顧客
    WHERE 納品 . 顧客番号 = 顧客 . 顧客番号 AND 商品番号 = 'G1'
```
結合条件

Memo

午前問題の解き方

平成19年・午前 問34

問34　T1表とT2表が，次のように定義されているとき，次のSELECT文と同じ検索結果が得られるSELECT文はどれか。

（例）000001, 000002, 000003

〔T1表の定義〕　主キー　②③

```
CREATE TABLE T1 (SNO CHAR(6) PRIMARY KEY, SNAME CHAR(20))
```

〔T2表の定義〕　①結合　外部キー

```
CREATE TABLE T2 (CODE CHAR(4), SNO CHAR(6), SURYO INT)
```

000001, 000003

〔SELECT文〕

```
SELECT DISTINCT T1.SNAME   …②重複を排除して抽出
    FROM T1, T2
    WHERE T1.SNO = T2.SNO  …①
    ORDER BY T1.SNAME      …③名前の昇順に抽出
```

ア（○）

```
SELECT DISTINCT SNAME
    FROM T1
    WHERE SNO IN (SELECT SNO FROM T2)
    ORDER BY SNAME
```

000001, 000003

イ

```
SELECT DISTINCT SNAME
    FROM T1
    WHERE T1.SNO IN (SELECT SNO FROM T1)
    ORDER BY SNAME
```

000001, 000002, 000003

？？？？　T1だけ？　ダメダメ

ウ

```
SELECT SNAME
    FROM T1
    WHERE SNO NOT IN (SELECT SNO FROM T2)
    ORDER BY SNAME
```

これだと，000002だけを抽出することに＝×

000001, 000003

エ

```
SELECT T2.SNAME
    FROM T1, T2
    WHERE T1.SNO = T2.SNO
    ORDER BY T2.SNAME
```

？？？　T2にSNAMEない…

Memo

1.1.9 相関副問合せ

基本構文

※存在チェックに限定

```
SELECT 列名, …
    FROM テーブル名1
    WHERE EXISTS     (SELECT *
          NOT EXISTS     FROM テーブル名2
                         WHERE テーブル名2. 列名=テー
                               ブル名1. 列名)
```

※存在チェックの基本構文

主問合せ（外側）	列名	SELECT 文に同じ 抽出したい列名を指定
	テーブル名	抽出する側のテーブル名を指定
	条件式	EXISTS（副問合せ）：副問合せの結果存在している NOT EXISTS（副問合せ）：副問合せの結果存在していない ※ここでは割愛しているが，他に IN や比較演算子も可能 （後述の午前問題参照）
副問合せ（内側）	列名	存在チェックの場合通常は“*”
	テーブル名	チェック対象のテーブル名を指定
	条件式	WHERE 以下には，主問合せ（外側）と副問合せ（内側）で結合する条件式を書く。

相関副問合せは，EXISTS（もしくはNOT EXISTS）を使った存在チェックで利用することが多い（そのため基本構文もそこに限定している）。最大の特徴は，外側のテーブルと内側のテーブルを特定の列で結合しているところ（内側のSELECT文のWHERE以下に記述）。これにより，通常の副問合せのように，「①副問合せを実行，②主問合せを実行」するのではなく，1行ずつ処理していく。

試験に出る

①平成22年・午前Ⅱ 問14
　平成17年・午前 問36
②平成30年・午前Ⅱ 問5
③平成30年・午前Ⅱ 問10
　平成26年・午前Ⅱ 問10
　平成23年・午前Ⅱ 問11
　平成19年・午前 問35
④平成26年・午前Ⅱ 問16
⑤平成27年・午前Ⅱ 問11

【使用例】 担当者コードが‘101’の顧客の（顧客として存在していて）受注分を抽出して，受注番号と受注日を表示する。

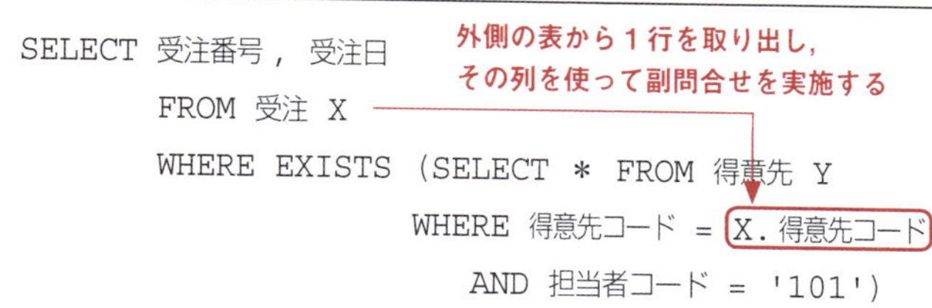


```
SELECT 受注番号 , 受注日
    FROM 受注 X
    WHERE EXISTS (SELECT * FROM 得意先 Y
                  WHERE 得意先コード = X.得意先コード
                    AND 担当者コード = '101')
```

① まず，主問合せ（外側のSELECT文）を実行し，受注テーブルから１行目の得意先コード（='000001'）を取り出す。そして，その値を副問合せ（内側のSELECT文）の結合条件（WHERE句）にセットし，副問合せのSELECT文を実行する。

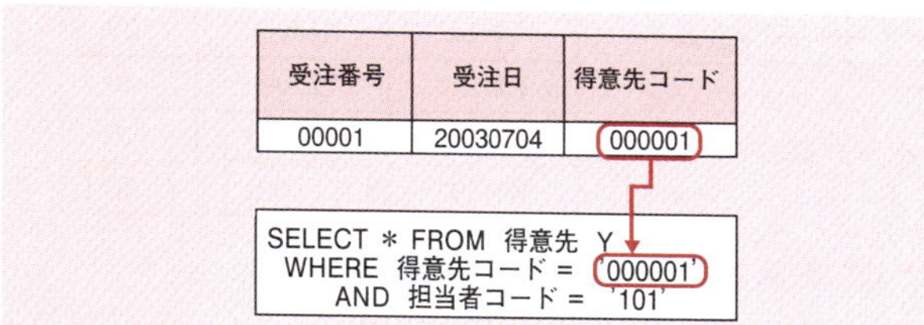

受注番号
受注日
得意先コード
00001
20030704
000001
SELECT * FROM 得意先 Y
WHERE 得意先コード = '000001'
AND 担当者コード = '101'

図：相関副問合せの動き①

② その結果は「真」なので，主問合せ（外側）のSELECT文を実行し，"受注番号"と"受注日"を表示する。この後は，①と②を繰り返す。

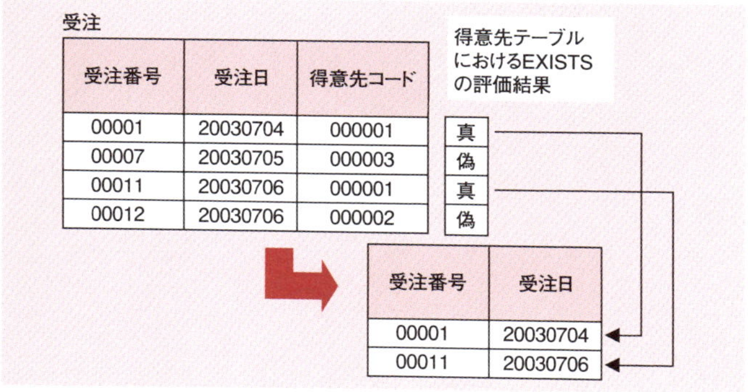

受注
受注番号
受注日
得意先コード
00001
20030704
000001
00007
20030705
000003
00011
20030706
000001
00012
20030706
000002
得意先テーブルにおけるEXISTSの評価結果
真
偽
真
偽
受注番号
受注日
00001
20030704
00011
20030706

図：相関副問合せの動き②

使用例のようにEXISTS句を使う場合，副問合せのSELECT文では，該当データが存在するかどうかという結果のみが必要なため，副問合せのSELECT文の列名のところは，一般的に「*」を使用する

午前問題の解き方

平成22年・午前Ⅱ 問14

問14 “製品”表と“在庫”表に対し，次の SQL 文を実行した結果として得られる表の行数は幾つか。

③その製品番号を抽出（重複なし）

②存在しない場合に…

```
SELECT DISTINCT 製品番号 FROM 製品
    WHERE NOT EXISTS (SELECT 製品番号 FROM 在庫
        WHERE 在庫数 > 30 AND 製品.製品番号 = 在庫.製品番号)
```

①在庫数が30を超えている製品の製造番号が…

製品

	製品番号	製品名	単価
存在	AB1805	CD-ROM ドライブ	15,000
存在	CC5001	ディジタルカメラ	65,000
	MZ1000	プリンタ A	54,000
	XZ3000	プリンタ B	78,000
存在	ZZ9900	イメージスキャナ	98,000

在庫

倉庫コード	製品番号	在庫数
WH100	AB1805	20
WH100	CC5001	200
WH100	ZZ9900	130
WH101	AB1805	150
WH101	XZ3000	30
WH102	XZ3000	20
WH102	ZZ9900	10
WH103	CC5001	40

①

※他の倉庫に30を超えているところがあるので除外

結局「どの倉庫にも30を超える在庫がない製品を抽出」という意味になる

ア 1　　イ 2　　ウ 3　　エ 4

Memo

午前問題の解き方

平成 30 年・午前Ⅱ 問 5

問 5　“社員”表に対して，SQL 文を実行して得られる結果はどれか。ここで，実線の下線は主キーを表し，表中の‘NULL’は値が存在しないことを表す。

社員

社員コード	上司	社員名
S001	NULL	A
S002	S001	B
S003	S001	C
S004	S003	D
S005	NULL	E
S006	S005	F
S007	S006	G

〔SQL 文〕

```
SELECT 社員コード FROM 社員 X
  WHERE NOT EXISTS
    (SELECT * FROM 社員 Y WHERE X.社員コード = Y.上司)
```

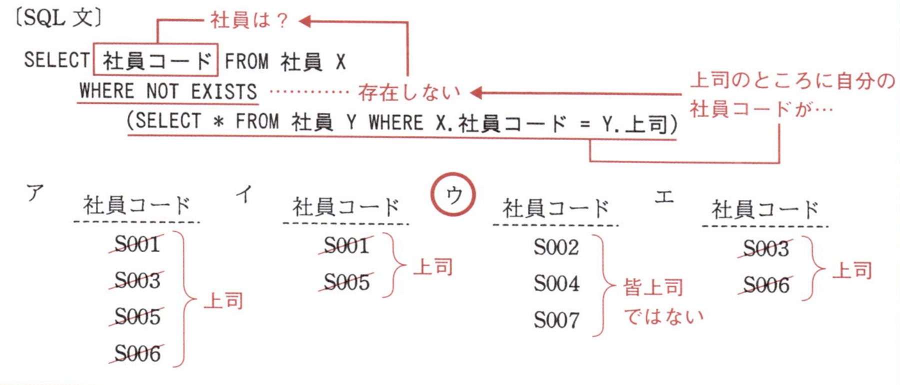

Memo

午前問題の解き方

平成30年・午前Ⅱ 問10

問10 “社員”表から，男女それぞれの最年長社員を除く全ての社員を取り出す SQL 文とするために，a に入れる字句はどれか。ここで，“社員”表の構造は次のとおりであり，実線の下線は主キーを表す。

意図がわからない（笑）

社員（<u>社員番号</u>，社員名，性別，生年月日）

〔SQL 文〕

社員表から社員番号，社員名を取り出すSQL

```
SELECT 社員番号，社員名 FROM 社員 AS S1
          WHERE 生年月日 > ( [ a ] )
```

条件：男女それぞれの最年長じゃなければ（＝生年月日が大なら）…

```
ア  SELECT MIN(生年月日) FROM 社員 AS S2
                        GROUP BY S2.性別
```

これだと2件（男と女）できる。

不等号の片側に複数の値は使えない

```
イ  SELECT MIN(生年月日) FROM 社員 AS S2
                        WHERE S1.生年月日 > S2.生年月日
                        OR S1.性別 = S2.性別
```

不要

```
ウ  SELECT MIN(生年月日) FROM 社員 AS S2
                        WHERE S1.性別 = S2.性別
```

最年長を取り出す部分

```
エ  SELECT MIN(生年月日) FROM 社員
                        GROUP BY S2.性別
```

アに同じ

Memo

午前問題の解き方

平成 26 年・午前Ⅱ 問 16

問16 “商品月間販売実績” 表に対して，SQL 文を実行して得られる結果はどれか。

①1件取り出す

商品月間販売実績

商品コード	総販売数	総販売金額
S001	150	45,000
S002	250	50,000
S003	150	15,000
S004	400	120,000
S005	400	80,000
S006	500	25,000
S007	50	60,000

②順番に比較して150より大きい行の件数をカウント

③3件を超えなければ抽出

※'S001'は4件なので対象外

〔SQL 文〕

```
SELECT A.商品コード AS 商品コード, A.総販売数 AS 総販売数
    FROM 商品月間販売実績 A
    WHERE 3 > (SELECT COUNT(*) FROM 商品月間販売実績 B
        WHERE A.総販売数 < B.総販売数)
```

ア

商品コード	総販売数
~~S001~~	~~150~~
S003	150
S006	500

イ

商品コード	総販売数
~~S001~~	~~150~~
S003	150
S007	50

ウ

商品コード	総販売数
S004	400
S005	400
S006	500

比較

エ

商品コード	総販売数
S004	400
S005	400
S007	50

Memo

午前問題の解き方

問11 庭に訪れた野鳥の数を記録する“観測”表がある。観測のたびに通番を振り，鳥名と観測数を記録している。AVG 関数を用いて鳥名別に野鳥の観測数の平均値を得るために，一度でも訪れた野鳥については，観測されなかったときの観測数を 0 とするデータを明示的に挿入する。SQL 文の a に入る字句はどれか。ここで，通番は初回を 1 として，観測のタイミングごとにカウントアップされる。

何をしたいのか？を把握する

※1回の観測で，複数の野鳥を複数回観測する

```
CREATE TABLE 観測 (
   通番   INTEGER,
   鳥名   CHAR(20),
   観測数 INTEGER,
PRIMARY KEY (通番, 鳥名))
```

例えば，これまで20種類の野鳥を観測しているとしたら，観測ごとに20件のデータを作る。毎回20種類の野鳥が来ることはないので，観測数が0のデータを挿入する

挿入する

```
INSERT INTO 観測
  SELECT DISTINCT obs1.通番, obs2.鳥名, 0
    FROM 観測 AS obs1, 観測 AS obs2
   WHERE NOT EXISTS (
    SELECT * FROM 観測 AS obs3
      WHERE [   a   ]
        AND obs2.鳥名= obs3.鳥名)
```

0のデータを

データがなければ

処理中の通番＝観測

ヒバリ，メジロ，キジのいずれでもない鳥を探す
＝obs2とobs3でチェック！

ヒバリ，メジロ，キジは追加しない
＝obs1とobs3でチェック！

1	ヒバリ
1	メジロ
1	キジ

ア obs1.通番 = obs1.通番

イ obs1.通番 = obs2.通番

(ウ) obs1.通番 = obs3.通番

エ obs2.通番 = obs3.通番

Memo

●IN 句を使った副問合せと EXISTS 句を使った相関副問合せ

IN 句を使った副問合せと EXISTS 句を使った副問合せは，記述の仕方によって同じ結果を得ることができる。しかし，一般的に，IN 句を使った副問合せよりも EXISTS 句を使った相関副問合せの方が，処理速度が速いとされている（もちろん実装する DBMS にもよるが）。

IN 句を使った副問合せの場合，最初に副問合せの結果を得る。その結果は作業エリアに保存されるが，主問合せの 1 件ごとに，作業エリアを全件検索する。つまり，主問合せの処理件数が 1,000 件で，副問合せの結果が 1,000 件なら，最大 1,000 件 ×1,000 件の処理時間が必要になる。

一方，EXISTS を使った相関副問合せの場合，結合キーの副問合せ部分（本書の使用例では "得意先テーブルの得意先コード "）に索引（インデックス）が定義されていれば，実表ではなくインデックスだけを使って検索できるため，主問合せの 1,000 件＋副問合せの 1,000 件の処理時間でよい。

試験に出る
平成 28 年・午前Ⅱ 問 9
平成 22 年・午前Ⅱ 問 10

午前問題の解き方　平成 28 年・午前Ⅱ 問 9

問 9　次の SQL 文と同じ検索結果が得られる SQL 文はどれか。

重複は 1 つに

```
SELECT DISTINCT TBL1.COL1 FROM TBL1
       WHERE COL1 IN (SELECT COL1 FROM TBL2)
```

TBL1 の COL1 と同じ COL1 が，TBL2 にもある場合に抽出
＝AND 条件。両方にあるやつ

```
ア  SELECT DISTINCT TBL1.COL1 FROM TBL1
      UNION SELECT TBL2.COL1 FROM TBL2
```
和集合なので OR 条件＝×

```
イ  SELECT DISTINCT TBL1.COL1 FROM TBL1
      WHERE EXISTS
      (SELECT * FROM TBL2 WHERE TBL1.COL1 = TBL2.COL1)
```
（正解：イ）存在する場合 ← 同じ COL1 が…

```
ウ  SELECT DISTINCT TBL1.COL1 FROM TBL1, TBL2
      WHERE TBL1.COL1 = TBL2.COL1
      AND TBL1.COL2 = TBL2.COL2
```
COL2 なんか無いし…＝×

```
エ  SELECT DISTINCT TBL1.COL1 FROM TBL1 LEFT OUTER JOIN TBL2
      ON TBL1.COL1 = TBL2.COL1
```
TBL1 だけのやつも抽出してしまうし…＝×

●EXISTS 句を使った副問合せ

EXISTS 句は相関副問合せではなく副問合せでも使用することは可能だが，その実行結果は大きく異なるので，注意しなければならない。例えば，使用例から結合条件のキーを取って，単なる副問合せにしてみる。

副問合せの場合，最初に副問合せを実行する。すると，今回は「得意先テーブルに，担当者コードが '101' のデータが存在する」ため，主問合せは実行される。その結果，単に「SELECT 受注番号，受注日 FROM 受注」が実行されただけになり，データ全件（今回は 4 件）が出力される。仮に，副問合せの結果が存在しなければ，主問合せも実行されないため，検索結果は 0 件になる。

EXISTS を副問合せで使った例

```
SELECT 受注番号, 受注日
    FROM 受注
    WHERE EXISTS (SELECT * FROM 得意先
                  WHERE 担当者コード = '101')
```

実行結果

受注番号	受注日
00001	20030704
00007	20030705
00011	20030706
00012	20030706

1.2 INSERT・UPDATE・DELETE

INSERT 文・UPDATE 文・DELETE 文は，SELECT 文と同様に SQL の基本となるデータ操作文である。

1.2.1 INSERT

基本構文

INSERT INTO *テーブル名* [(*列名*, ・・・)]
　　挿入する内容

テーブル名	データを挿入するテーブル名（又はビュー名）を指定する
列名	特に挿入する列があるときに指定する
挿入する内容	挿入する内容には，次のものがある ● VALUES　(定数, ・・・) 挿入する内容を，カンマで区切りながら順に指定する。定数以外にも，NULL を指定できる ● SELECT 文 SELECT 文で抽出した内容を挿入する。この場合，複数行でも挿入が可能である

テーブルに行を追加するときに使う命令が，INSERT 文である。

【使用例 1】　得意先テーブルにデータを挿入する。

```
INSERT INTO 得意先 (得意先コード, 得意先名, 住所,電話番号, 担当者コード)
      VALUES ('000008' , 'Kスーパー' , '大阪市北区○○・・' ,
              '06-6313-ｘｘｘｘ' , '101')
```

【使用例 2】

受注テーブルで使用されている得意先コードを抽出して，その得意先コードだけを得意先テーブルに登録しておく（得意先テーブルは，データ 0 件の初期状態だと仮定する）。

```
INSERT INTO 得意先 (得意先コード)
      SELECT DISTINCT 得意先コード FROM 受注
```

1.2.2 UPDATE

基本構文

UPDATE *テーブル名*
　SET *列名 = 変更内容, ・・・*
　WHERE *条件式*

テーブル名	データを変更するテーブル名（又はビュー名）を指定する
列名 = 変更内容	対象の列の内容をどのように変更するかを指定する。「列名 = 変更内容」をカンマで区切って，複数指定することが可能である。変更内容には，定数，計算式，NULL が指定可能である
条件式	変更するデータを条件によって絞り込む。何も指定しないと，すべてのデータが対象になる

テーブル内のデータ内容を変更するときに使う命令が，UPDATE 文である。

【使用例】 得意先テーブルのデータを変更する。

```
UPDATE 得意先
    SET 電話番号 = '06-6886-XXXX'
    WHERE 得意先コード = '000001'
```

ここでは，得意先テーブルの得意先コードが「000001」のデータに対して，電話番号を「06-6886-XXXX」に変更する操作を行っている。

1.2.3 DELETE

基本構文

DELETE FROM *テーブル名*
　　　　WHERE *条件式*

テーブル名	データを削除するテーブル名を指定する
条件式	削除するデータを条件によって絞り込む。何も指定しないと，すべてのデータが対象になってしまう

テーブル内のデータを削除するときに使う命令が，DELETE文である。

【使用例】 得意先テーブルのデータを削除する。

```
DELETE FROM 得意先
       WHERE 得意先コード = '000008'
```

ここでは，得意先テーブルの得意先コードが「000008」のデータを削除する操作を行っている。

1.3 CREATE

CREATE 命令は，実テーブル（または表）やビュー，ユーザなど様々なものを定義するときに使われる。各製品では，多くのCREATE 命令が用意されているが，情報処理技術者試験の過去問題を調べてみると，以下の三つが出題されている。なお，これらの位置付けについて，モデルケースのデータを使用して表したのが，以下の図である。

CREATE TABLE：実表を作成する（1.3.1 を参照）
CREATE VIEW：ビューを作成する（1.3.2 を参照）
CREATE ROLE：ロールを作成する（1.3.3 を参照）
CREATE TRIGGER：トリガを作成する
（平成 31 年午後 I 問 2 の解説を参照）

➡ P.412 参照

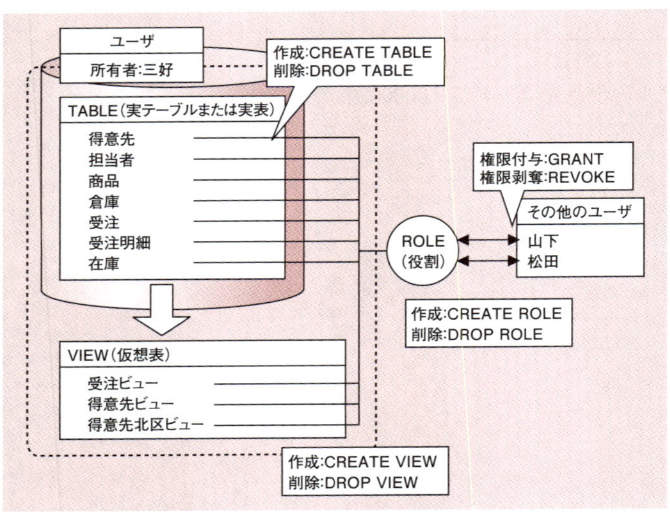

図：モデルケースのデータベース構造

1.3.1 CREATE TABLE

序 1 2 3 4

基本構文

CREATE TABLE *テーブル名*
　　(*列名 データ型 [列制約定義]*,
　　　・・・,
　　　・・・,
　　[テーブル制約定義])

テーブル名	ここで定義するテーブル名を指定する
列名	このテーブルで定義する列名を，最初から順番に指定する
データ型	列のデータ型と必要に応じて長さを指定する。指定方式は「データ型（長さ）」とする
制約	列制約定義，テーブル制約定義→「整合性制約の定義」へ

CREATE TABLE は，テーブル（実テーブル又は表）を定義するときに使用する。CREATE TABLE の後に，テーブル名を指定し，そのテーブルの属性（列名）を () の中に「,」で区切りながら指定していく。

試験に出る
CREATE TABLE を使ってテーブル定義をする際に可能な**整合性制約定義**は，午前問題，午後問題を問わず頻繁に出題されている。各種整合性制約定義と併せて覚えておくとよい

【使用例】　得意先テーブルを作成する。

```
CREATE TABLE 得意先
        (得意先コード CHAR(6) PRIMARY KEY,
         得意先名 NCHAR(10),
         住所 NCHAR(20) DEFAULT "不明",
         電話番号 CHAR(15),
         担当者コード CHAR(3),
         PRIMARY KEY (得意先コード))
```

or
どちらか択一
or

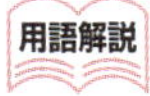

スキーマ
データベースの構造を表す概念。テーブル，ビュー，ユーザなどを管理している。概念スキーマ，外部スキーマ，内部スキーマと分けて説明される場合が多い

モデルケースのテーブル構造を見ると，得意先テーブルの列は，得意先コード，得意先名，住所，電話番号，担当者コードで，主キーは得意先コード，住所の初期値には「不明」とセットされている。
※主キー（得意先コード）の設定は，どちらか片方に記述する。

●データ型

平成26年以後の午後Ⅱの問1（データベースの実装関連の問題）の問題文中には，ほぼ毎年，次の表（使用可能なデータ型）が登場している。しかも，テーブル定義表を完成させる問題（いくつかの列名に対して適切なデータ型を答える問題）や，領域の大きさを計算させる問題を解く時に，この表を使う。したがって，完全に丸暗記をする必要はないが，あらかじめ（試験勉強をしている間に）理解し，ある程度覚えておけば，試験の時には短時間で解答できるようになる。だから覚えよう。三つ（①文字列，②数値，③日付）に分けると覚えやすい。

試験に出る

データ型を元に領域等の計算をさせる設問が出ている。
平成30年度・午後Ⅱ問1
平成28年度・午後Ⅱ問1
平成27年度・午後Ⅱ問1
平成26年度・午後Ⅱ問1
適切なデータ型を答えさせる設問
平成18年度・午後Ⅰ問4

①文字列の型

この表のルールだと“文字列”のデータ型はさらに，半角（アルファベットなど）か全角（日本語など）か，固定長か可変長かによって4つに分けられる（下図参照）。

データ型はRDBMSごとに微妙に違っているので，実際に使用する場合は，対象となるRDBMSの仕様を確認してRDBMSごとに理解するようにしよう

CHAR(n)	n文字の半角固定長文字列（1≦n≦255）。文字列がn字未満の場合は，文字列の後方に半角の空白を埋めてnバイトの領域に格納される。	固定長
NCHAR(n)	n文字の全角固定長文字列（1≦n≦127）。文字列がn字未満の場合は，文字列の後方に全角の空白を埋めて“n×2”バイトの領域に格納される。	固定長
VARCHAR(n)	最大n文字の半角可変長文字列（1≦n≦8,000）。値の文字数分のバイト数の領域に格納され，4バイトの制御情報が付加される。	可変長
NCHAR VARYING(n)	最大n文字の全角可変長文字列（1≦n≦4,000）。“値の文字数×2”バイトの領域に格納され，4バイトの制御情報が付加される。	可変長

(例1)　社員番号　CHAR(6)　[1|2|3|4|5|6]　……　6バイト固定

(例2)　銘柄名　NCHAR(30)　[株|式|会|…| |]　……　60バイト固定

(例3)　電話番号　VARCHAR(20)　[0|6|X|X|X|X|3|2|1|4] +4バイトの制御情報　……　この場合は14バイト

(例4)　顧客名　NCHAR VARYING(30)　[S|E|プ|ラ|ス] +4バイトの制御情報　……　この場合は14バイト

全角の場合は1文字が2バイトになり，頭に“N”を付け“NCHAR”という名称になる。

他に，DECIMALと同じ使い方のNUMERICというのもある

データ型	説明
CHAR(n)	n 文字の半角固定長文字列（1≦n≦255）。文字列が n 字未満の場合は，文字列の後方に半角の空白を埋めて n バイトの領域に格納される。
NCHAR(n)	n 文字の全角固定長文字列（1≦n≦127）。文字列が n 字未満の場合は，文字列の後方に全角の空白を埋めて“n×2”バイトの領域に格納される。
VARCHAR(n)	最大 n 文字の半角可変長文字列（1≦n≦8,000）。値の文字数分のバイト数の領域に格納され，4 バイトの制御情報が付加される。
NCHAR VARYING(n)	最大 n 文字の全角可変長文字列（1≦n≦4,000）。“値の文字数×2”バイトの領域に格納され，4 バイトの制御情報が付加される。
SMALLINT	−32,768 ～ 32,767 の範囲内の整数。2 バイトの領域に格納される。
INTEGER	−2,147,483,648 ～ 2,147,483,647 の範囲内の整数。4 バイトの領域に格納される。
DECIMAL(m,n)	精度 m（1≦m≦31），位取り n（0≦n≦m）の 10 進数。“m÷2+1”の小数部を切り捨てたバイト数の領域に格納される。
DATE	0001-01-01 ～ 9999-12-31 の範囲内の日付。4 バイトの領域に格納される。
TIME	00:00:00 ～ 23:59:59 の範囲内の時刻。3 バイトの領域に格納される。
TIMESTAMP	0001-01-01 00:00:00.000000 ～ 9999-12-31 23:59:59.999999 の範囲内の時刻印。10 バイトの領域に格納される。

表：平成 30 年度午後Ⅱ問 1 の表 5 に平成 26 ～ 28 年の午後Ⅱの内容を加えたもの

また，文字型は ( ) 内に有効桁数を定義するが，固定長の場合は，その値の大きさに関わらず固定でエリアを確保し（例 1 の場合 6 バイト，例 2 の場合は 60 バイト），可変長の場合は，その値の大きさ分に制御情報の 4 バイトを加えたエリアを確保する（例 3 の場合は電話番号が 10 桁（= 10 バイト）だったので 4 バイト加えて 14 バイト，例 4 の場合は 2 バイトで 5 桁（= 10 バイト）なので同じく 4 バイト加えて 14 バイト）。

午前問題の解き方

平成 30 年・午前Ⅱ 問 1

問 1　SQL における BLOB データ型の説明として，適切なものはどれか。

(Binary Large Object) ＝画像や音声など

大小？ ア　全ての比較演算子を使用できる。

㋑　大量のバイナリデータを格納できる。

ウ　列値でソートできる。順番もない…

エ　列値内を文字列検索できる。文字じゃない…

②数値の型

数値型は，その数値の取りうる値の大きさ，小数部を持つかどうかによって使い分けられる。整数部だけで小数部を持たない場合，SMALLINT か INTEGER を値に必要な桁数の大きさで決め，小数部を持つ場合に DECIMAL を採用する。

SMALLINT	−32,768 ～ 32,767 の範囲内の整数。2 バイトの領域に格納される。
INTEGER	−2,147,483,648 ～ 2,147,483,647 の範囲内の整数。4 バイトの領域に格納される。
DECIMAL(m,n)	精度 m（1≦m≦31），位取り n（0≦n≦m）の 10 進数。“m÷2＋1”の小数部を切り捨てたバイト数の領域に格納される。

（例１） 検査項目数　SMALLINT　□□　…… 2バイト固定

（例２） 支払金額　INTEGER　□□□□　…… 4バイト固定

（例３） 外貨金額　DECIMAL(12，2)　□□□□□□□　…… 7バイト

なお，上記の例３のように DECIMAL（12,2）というのは，全体の有効桁数が 12 桁で，そのうち小数部が 2 桁（整数部が 10 桁）という意味になる。よって，最大の値は 9,999,999,999.99 になる。

③日付の型

３つ目の型が日付型になる。システムで使われる様々な“日付”や“時間”として認識させたい列に使用するデータ型になる。DATE 型，TIME 型を設定する列は説明するまでもないと思うので割愛するが，TIMESTAMP 型に関してはこのような感じで使用されている（平成 28 年午後Ⅱ問１）。

DATE	0001-01-01 ～ 9999-12-31 の範囲内の日付。4 バイトの領域に格納される。
TIME	00:00:00 ～ 23:59:59 の範囲内の時刻。3 バイトの領域に格納される。
TIMESTAMP	0001-01-01 00:00:00.000000 ～ 9999-12-31 23:59:59.999999 の範囲内の時刻印。10 バイトの領域に格納される。

最終更新 TS	テーブルの行が，追加又は最後に更新された時刻印（年月日時分秒）。システムで自動設定する。

<重要>データ型の選択の規則

問題文には,「テーブル定義」のところに「データ型の選択の規則」について言及しているところがあるので, 必ずそれを確認して, そのルールに従って適用するデータ型を決めるようにしなければならない。

(1) データ型欄には, データ型, データ型の適切な長さ, 精度, 位取りを記入する。データ型の選択は, 次の規則に従う。

① 文字列型の列が全角文字の場合は, NCHAR 又は NCHAR VARYING を選択し, それ以外の場合は CHAR 又は VARCHAR を選択する。

② 数値の列が整数である場合は, 取り得る値の範囲に応じて, SMALLINT 又は INTEGER を選択する。それ以外の場合は DECIMAL を選択する。

③ ①及び②どちらの場合も, 列の値の取り得る範囲に従って, 格納領域の長さが最小になるデータ型を選択する。

④ 日付の列は, DATE を選択する。

図:データ型の選択の規則に関する記述の例(平成 30 年午後Ⅱ問1)

ちなみに過去問題では, **日本語文字列型の場合, NCHAR はほとんど使われていない。9割以上が NCHAR VARYING だ**。したがって, 値の桁数に変動が大きいと判断できる場合はもちろんのこと, 特に指定の無い限り NCHAR VARYING にしておけば無難である。

同じく数値型でも, **SMALLINT はほとんど使われていない。9割以上が INTEGER になっている**。もちろん図の③のように「格納領域の長さが最小になるデータ型を選択する」必要があるので, 必要となる桁数を確認して決定するので SMALLINT が使われてもおかしくないが, 実際にはほとんど見かけない。したがって, 問題文に必要な桁数が見つけられない場合で, 常識的に考えて3万ぐらいは超えそうな場合は INTEGER にしておくと安全だろう。

そもそも, 住所や名前, 名称, 備考, 理由などは値の桁数の変動が大きいから, 自ずと NCHAR VARYING になる。備考などは書く時は書くし, 全く何も書かない時もある。昆虫の名前でも『エンカイザンコゲチャヒロコシイタムクゲキノコムシ』という 24 文字のものがいるらしく(ネット情報なので確かではない), これに合わせて固定長にすると,「カブトムシ (5文字)」などは実に 19 文字 (38 バイト) も空白になり, もったいない。NCHAR VARING (24) とすると,「カブトムシ」は 14 バイトを確保すればいいだけになる

整合性制約の定義

CREATE TABLE 文を使ってテーブルを定義する場合，次のような整合性制約（以下，制約とする）を同時に定義することができる。

テーブルを定義する段階で，これらの制約を DBMS 上で設定しておくと，個々のアプリケーションで，入力チェックなどを記述する必要がなくなるため生産性が向上する。さらに，制約に変更があった場合でも DBMS に変更を加えるだけなので，システムの保守性も向上する。

制約の代表的なものには，非ナル制約，UNIQUE 制約，主キー制約，検査制約，参照制約，表明などがあり，記述する場所によって列制約とテーブル制約に分かれる。

試験に出る

CREATE TABLE 文における制約

CREATE TABLE 文における制約は，午前問題，午後問題を問わず頻繁に出題されている

デフォルト値

列名定義時に DEFAULT キーワードを使って，デフォルト値を設定しておくと，データを追加するときに値を指定しなければ，デフォルト値が設定される。

DEFAULT 句は，通常，制約には分類されない（制約をするものではないから）。ただ，記述方法が列制約と同じなので便宜上，ここに加えている。その観点では出題されることはないだろうが，制約には分類されない点は知っておこう

【使用例 1】 電話番号の初期値に“090-9999-9999”を設定したい。

```
・・・・・・・,
電話番号 CHAR (15) DEFAULT '090-9999-9999',
・・・・・・・,
```

【使用例 2】電話番号の初期値に NULL 値を設定したい。

```
・・・・・・・,
電話番号 CHAR (15) DEFAULT NULL,
・・・・・・・,
```

非ナル制約

ある列に NULL が入らないようにする制約。

非ナル制約

列の値として NULL を持つことができないという制約。列ごとに指定する。非ナル制約が指定された列では，初期値でその列に数値や文字列がセットされていなくても NULL が入ることはない

【列制約の例】 電話番号に NULL を認めない。

```
・・・・・・・,
電話番号 CHAR(15) NOT NULL,
・・・・・・・,
```

UNIQUE 制約

指定した列，または列の組合せが一意であること（そこに重複値が存在しないこと）を強制する制約。この制約を指定していると，同じ値をその列（もしくは列の組合せ）に入力しようとすると，エラーが返される。一意性制約ということもある。

【列制約の例】 電話番号に重複値が入らないようにする。

```
・・・・・・・,
電話番号 CHAR(15) UNIQUE,
・・・・・・・,
```

【テーブル制約の例】 商品名に重複値が入らないようにする。

```
CREATE TABLE 商品
        (商品コード CHAR(5) PRIMARY KEY,
         商品名 NCHAR(20),
         単価 INT,
         UNIQUE(商品名))
```

主キー制約

指定した列，または列の組合せに一つだけ主キーを指定。

【列制約の例】 受注テーブルの主キーに受注番号を設定する。

```
CREATE TABLE 受注
        (受注番号 CHAR(5) PRIMARY KEY,
         受注日 DATE,
         ・・・・・・・
```

【テーブル制約の例】 受注明細テーブルの主キーに受注番号，行番号の複合キーを設定する。

```
CREATE TABLE 受注明細
        (受注番号 CHAR(5),
         行 CHAR(2),
         ・・・・・・・
         PRIMARY KEY(受注番号, 行))
```

試験に出る

UNIQUE 制約
①平成 22 年・午前Ⅱ 問 3
②平成 16 年・午前 問 45
③平成 30 年・午前Ⅱ 問 7

UNIQUE 制約
指定した列，または列の組合せには，重複値が許されないものの，①その表に，複数設定することが可能で，② NULL も許される点に特徴がある。しかも標準 SQL や多くの DBMS では NULL のみだが重複値も許容される。NULL を禁止したい場合は，合わせて NOT NULL を付ける必要がある

一意性制約は，重複値が存在しないことを強制する制約である。したがって，UNIQUE 制約と主キー制約の両者を包含する概念になるが，主キー制約が“一意性”だけの制約ではないため，一般的には，一意性制約＝UNIQUE 制約として説明されている

試験に出る

平成 29 年・午前Ⅱ 問 11

主キー制約
主キーの指定なので，①その表に一つだけ設定が可能で，② NULL も許されない（その 2 点が UNIQUE 制約と違う）

午前問題の解き方　平成22年・午前Ⅱ 問3

問3　表Rに，(A，B) の2列でユニークにする制約 (UNIQUE制約) が定義されているとき，表Rに対するSQL文でこの制約の違反となるものはどれか。ここで，表Rには主キーの定義がなく，また，すべての列は値が決まっていない場合 (NULL) もあるものとする。

この組合せで一意であればいい

※標準SQLではNULLの重複を許容

正確には重複という概念じゃないけど…

R

A	B	C	D
AA01	BB01	CC01	DD01
AA01	BB02	CC02	NULL
AA02	BB01	NULL	DD03
AA02	BB03	NULL	NULL

A='AA02'に変えると…ぶつかる

UNIQUEはNULL許容

ア　`DELETE FROM R WHERE A = 'AA01' AND B = 'BB02'` 問題なし

イ　`INSERT INTO R VALUES ('AA01' , NULL , 'DD01' , 'EE01')` 問題なし

ウ　`INSERT INTO R VALUES (NULL , NULL , 'AA01' , 'BB02')` 問題なし

エ　`UPDATE R SET A = 'AA02' WHERE A = 'AA01'`

午前問題の解き方　平成16年・午前 問45

問45　DBMSの表において，指定した列にNULL値の入力は許すが，既に入力されている値の入力は禁止するSQLの制約はどれか。

ア　CHECK　検査制約＝無関係

イ　PRIMARY KEY　※NULLはダメ。

ウ　REFERENCES　参照制約のやつ＝無関係

エ　UNIQUE

Memo

午前問題の解き方

平成 30 年・午前Ⅱ 問 7

問 7　商品情報に価格，サイズなどの管理項目を追加する場合でもスキーマ変更を不要とするために，“管理項目”表を次の SQL 文で定義した。“管理項目”表の“ID”は商品ごとに付与する。このとき，同じ ID の商品に対して，異なる商品名を定義できないようにしたい。a に入れる字句はどれか。

→ NG → 1　商品名　文字列　ライト01
1　商品名　文字列　ノート01

管理項目

ID	項目名	データ型	値
1	商品名	文字列	ライト 01
1	商品番号	文字列	L001
1	価格	数値	400
2	商品名	文字列	ノート 02
2	⋮	⋮	⋮

〔商品情報〕

ID	商品名	商品番号	価格	サイズ
1	ライト 01	L001	400	
2	ノート 02	N001	120	A4
		⋮		

〔SQL 文〕

```
CREATE TABLE 管理項目 (
    ID          INTEGER NOT NULL,
    項目名      VARCHAR(20) NOT NULL,
    データ型    VARCHAR(10) NOT NULL,
    値          VARCHAR(100) NOT NULL,
    [      a      ]
)
```

1　商品名 → 登録
1　商品名 → 不可
→ OK

IDしかない

ア　UNIQUE (ID)

イ　UNIQUE (ID, 項目名)

ウ　UNIQUE (ID, 項目名, 値)

1　商品名　ライト01
1　商品名　ノート01
→ 登録できてしまう

エ　UNIQUE (項目名, 値) ← IDがない

Memo

問11　PC へのメモリカードの取付け状態を管理するデータモデルを作成した。1 台の PC は，スロット番号によって識別されるメモリカードスロットを二つ備える。“取付け”表を定義する SQL 文の a に入る適切な制約はどれか。ここで，モデルの表記には UML を用いる。

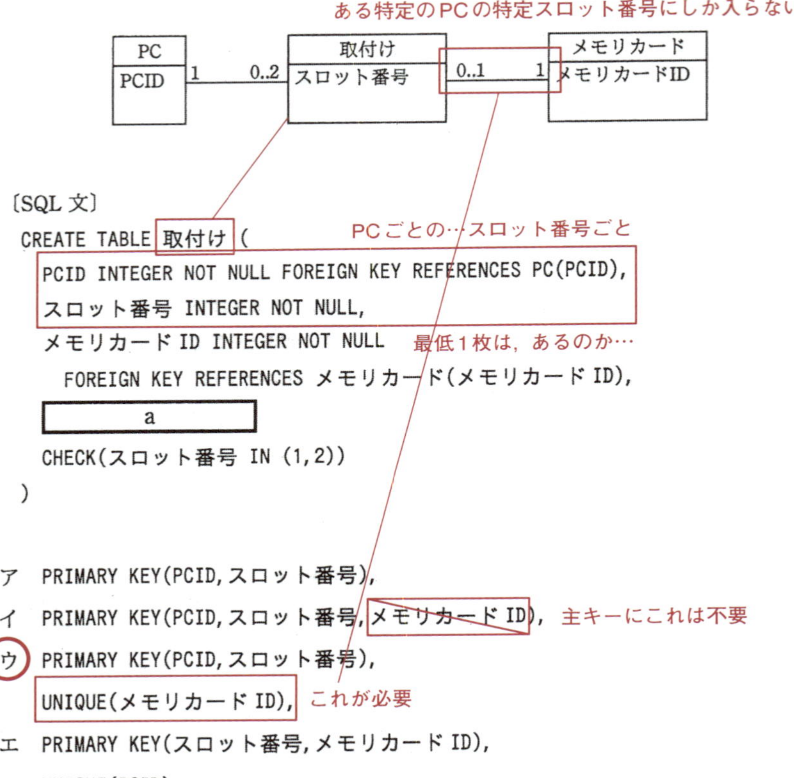

ア　PRIMARY KEY(PCID, スロット番号),

イ　PRIMARY KEY(PCID, スロット番号, メモリカード ID),　主キーにこれは不要

ウ　PRIMARY KEY(PCID, スロット番号),
　　UNIQUE(メモリカード ID),　これが必要

エ　PRIMARY KEY(スロット番号, メモリカード ID),
　　UNIQUE(PCID),

Memo

検査制約

指定した列の内容を，指定した条件を満足するもののみにする制約。

【列制約の例】 商品単価が100円以上のもののみ設定可能にした例。

```
・・・・・・・,
単価 INT CHECK(単価>=100),
・・・・・・・,
```

【テーブル制約の例】 上記に同じ。

```
CREATE TABLE 商品
        (商品コード CHAR(5) PRIMARY KEY,
         商品名 NCHAR(20),
         単価 INT,
         CHECK(単価>=100))
```

試験に出る

平成30年・午後Ⅱ 問1
平成29年・午後Ⅰ 問3
平成26年・午後Ⅰ 問3

検査制約

テーブル内の指定した列又は列の組合せが，特定の検査条件を満たすという制約。検査制約が指定された列では，データの挿入時・更新時にチェックされ，範囲外であればエラーが返される

広義には，非ナル制約も検査制約の一形態だといえるが，ここではCHECK制約に限定して説明している

・参照制約

基本構文

```
FOREIGN KEY(参照元の列名=外部キー)
    REFERENCES 参照先テーブル名(参照先列名)
        [ON DELETE] [NO ACTION]
        [ON UPDATE] [CASCADE]
                    [SET NULL]
```

オプション	説明
NO ACTION	参照元テーブル（従属テーブル）にデータが存在している場合，参照先では，削除や更新ができない。何も指定せずに省略した場合は，この NO ACTION が指定される
CASCADE	参照元テーブル（従属テーブル）にデータが存在している場合でも，参照先テーブル（主テーブル）側で行を削除・更新することが可能。データを連携して削除する
SET NULL	参照元テーブル（従属テーブル）にデータが存在している場合でも，参照先テーブル（主テーブル）側で行を削除・更新することが可能。参照元の列には，NULL を設定する

参照制約は，テーブルとテーブルが参照関係にある場合の整合性制約で，**“参照元テーブルに外部キーを指定する”**ことで，テーブル間の整合性を保つ。指定できるのは，参照先テーブルの原則主キーになる。

参照元テーブルに外部キーを指定して参照制約を指定しておくと，次のように参照元テーブルと参照先テーブルの双方に操作の制約がかかる。

参照先テーブルには，行を追加することは問題ないが，ある行を削除しようとした場合，参照元テーブルの外部キーに同じ値が存在している場合（参照関係にある行が存在する場合），削除はできない。

また，参照元テーブルへの操作に関しては，行を削除することは問題ない。逆に，行を追加する場合に，参照先テーブルに存在するものしか追加できない。更新に関しても，更新後の値が参照先テーブルに存在する値にしか更新できない。

試験に出る
①平成 18 年・午前 問 45
②平成 19 年・午前 問 45
③平成 23 年・午前Ⅱ 問 17
④平成 16 年・午前 問 43
⑤平成 18 年・午前 問 44

試験に出る
午後Ⅰ・午後Ⅱでも頻出

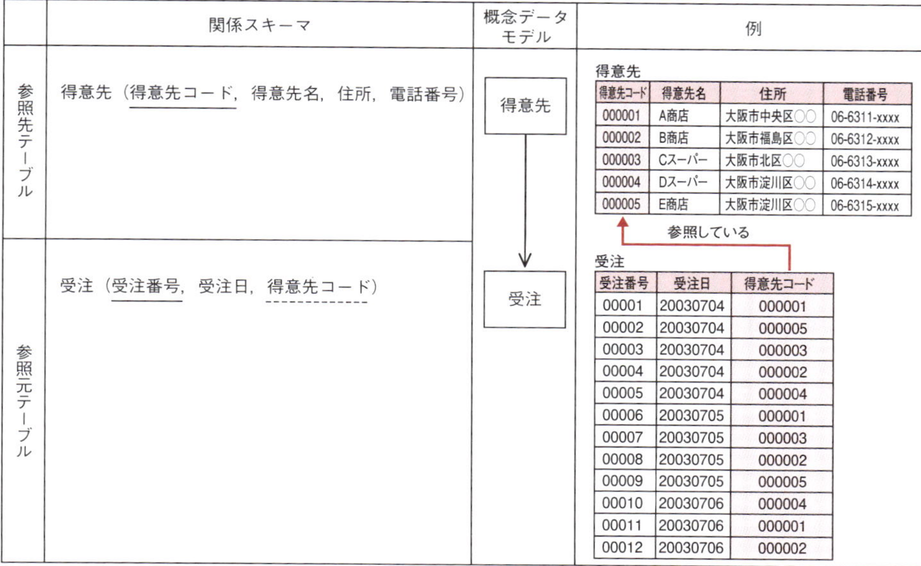

	関係スキーマ	概念データモデル	例
参照先テーブル	得意先（<u>得意先コード</u>，得意先名，住所，電話番号）	得意先	得意先（下表）
参照元テーブル	受注（<u>受注番号</u>，受注日，得意先コード）	受注	受注（下表）

得意先

得意先コード	得意先名	住所	電話番号
000001	A商店	大阪市中央区○○	06-6311-xxxx
000002	B商店	大阪市福島区○○	06-6312-xxxx
000003	Cスーパー	大阪市北区○○	06-6313-xxxx
000004	Dスーパー	大阪市淀川区○○	06-6314-xxxx
000005	E商店	大阪市淀川区○○	06-6315-xxxx

参照している

受注

受注番号	受注日	得意先コード
00001	20030704	000001
00002	20030704	000005
00003	20030704	000003
00004	20030704	000002
00005	20030704	000004
00006	20030705	000001
00007	20030705	000003
00008	20030705	000002
00009	20030705	000005
00010	20030706	000004
00011	20030706	000001
00012	20030706	000002

【参照先テーブルへの操作】

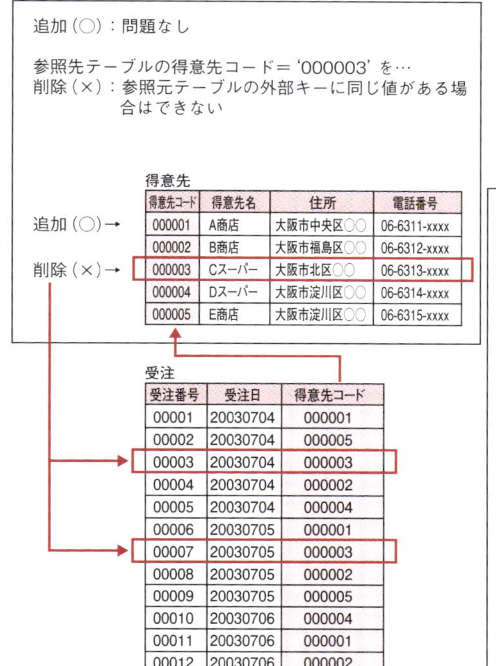

追加（○）：問題なし

参照先テーブルの得意先コード＝'000003'を…
削除（×）：参照元テーブルの外部キーに同じ値がある場合はできない

得意先

得意先コード	得意先名	住所	電話番号
000001	A商店	大阪市中央区○○	06-6311-xxxx
000002	B商店	大阪市福島区○○	06-6312-xxxx
000003	Cスーパー	大阪市北区○○	06-6313-xxxx
000004	Dスーパー	大阪市淀川区○○	06-6314-xxxx
000005	E商店	大阪市淀川区○○	06-6315-xxxx

受注

受注番号	受注日	得意先コード
00001	20030704	000001
00002	20030704	000005
00003	20030704	000003
00004	20030704	000002
00005	20030704	000004
00006	20030705	000001
00007	20030705	000003
00008	20030705	000002
00009	20030705	000005
00010	20030706	000004
00011	20030706	000001
00012	20030706	000002

【参照元テーブルへの操作】

得意先

得意先コード	得意先名	住所	電話番号
000001	A商店	大阪市中央区○○	06-6311-xxxx
000002	B商店	大阪市福島区○○	06-6312-xxxx
000003	Cスーパー	大阪市北区○○	06-6313-xxxx
000004	Dスーパー	大阪市淀川区○○	06-6314-xxxx
000005	E商店	大阪市淀川区○○	06-6315-xxxx

受注

受注番号	受注日	得意先コード
00001	20030704	000001
00002	20030704	000005
00003	20030704	000003
00004	20030704	000002
00005	20030704	000004
00006	20030705	000001
00007	20030705	000003
00008	20030705	000002
00009	20030705	000005
00010	20030706	000004
00011	20030706	000001
00012	20030706	000002

削除（○）→

追加（×）→

削除（○）：問題なし

参照元テーブルのデータに外部キー'000008'を…
追加（×）：参照先テーブルに同じ値のデータが存在しない場合はできない

【列制約の例】 受注テーブルの中の得意先コードを外部キーに指定している。

```
CREATE TABLE 受注
        (受注番号 CHAR(5) PRIMARY KEY,
         受注日 CHAR(8) NOT NULL,
         得意先コード CHAR(6)
         REFERENCES 得意先(得意先コード))
```

【テーブル制約の例】 上記に同じ。

```
CREATE TABLE 受注
        (受注番号 CHAR(5) PRIMARY KEY,
         受注日 CHAR(8) NOT NULL,
         得意先コード CHAR(6),
         FOREIGN KEY(得意先コード)
         REFERENCES 得意先(得意先コード))
```

●オプションの指定で連携した操作が可能

オプションを指定することで，参照先テーブルへの操作が可能になる。例えば，参照元テーブルに参照している行がある場合でも，参照先テーブルのデータを削除することができる。参照元テーブルの外部キーにNULLを設定したい場合には“SET NULL”オプションを，参照元テーブルの行を連動して削除したい場合には“CASCADE”オプションを，それぞれ指定する。

【オプションを指定した例】 テーブル制約定義の例

```
CREATE TABLE 受注
        (受注番号 CHAR(5) PRIMARY KEY,
         受注日 CHAR(8) NOT NULL,
         得意先コード CHAR(6),
         FOREIGN KEY(得意先コード)
         REFERENCES 得意先(得意先コード)
         ON DELETE SET NULL)
```

左記はテーブル制約時の構文である（列制約の場合，“FOREIGN KEY 句(参照元の列名＝外部キー)”は不要になる)。外部キーを指定する場合，REFERENCESキーワードの後に，参照先テーブル名と参照先の列名を指定する。その後は省略可能だが，オプションとして明示的に指定すると，削除や更新時に連動した操作が可能になる

外部キーが参照する参照先テーブルの列は，主キー制約又は一意性制約が指定されている必要がある。試験問題は，ほとんどのケースで主キーが設定されている

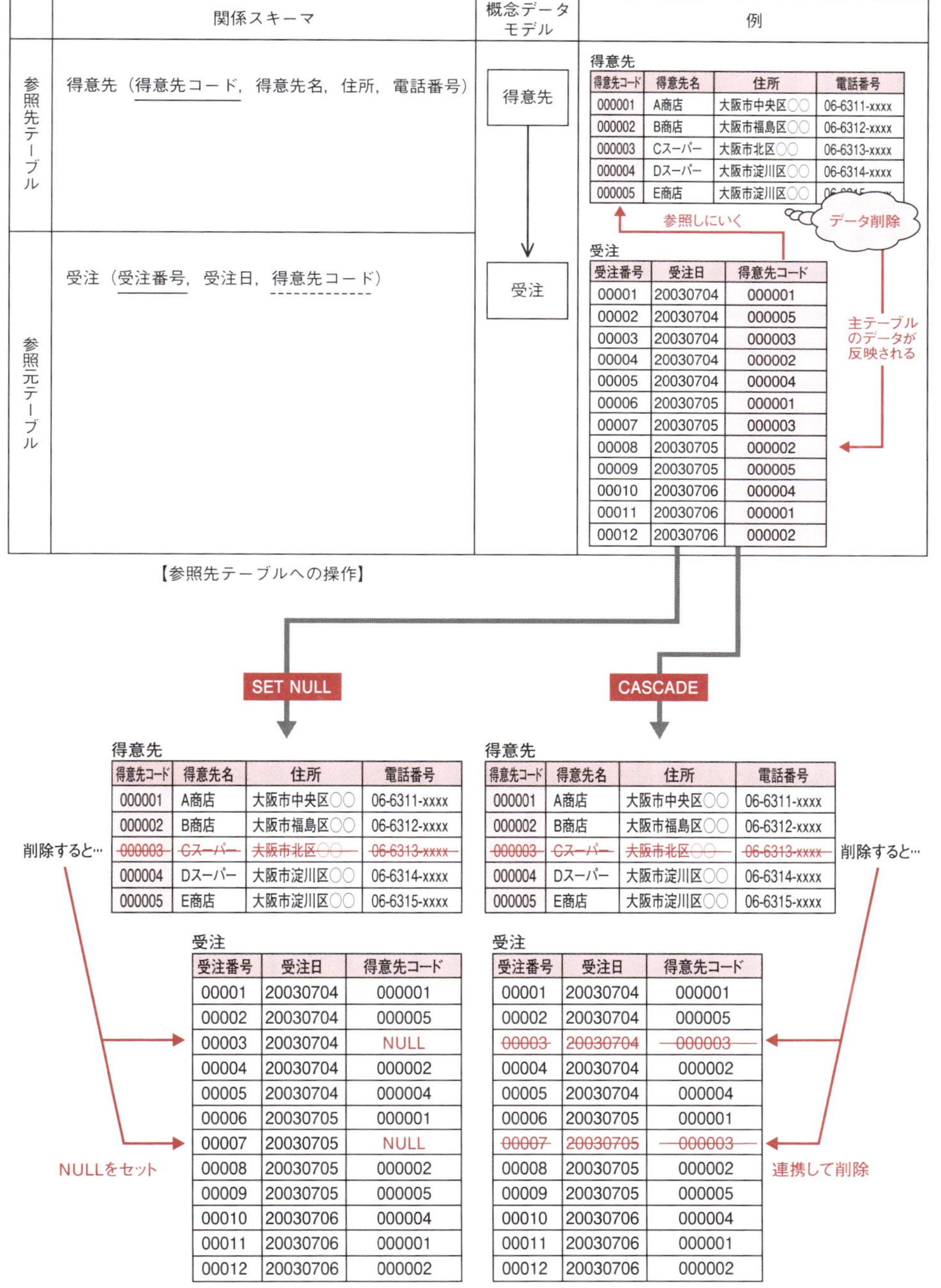

	関係スキーマ	概念データモデル	例
参照先テーブル	得意先（得意先コード，得意先名，住所，電話番号）	得意先	得意先（下表）
参照元テーブル	受注（受注番号，受注日，得意先コード）	受注	受注（下表）

得意先

得意先コード	得意先名	住所	電話番号
000001	A商店	大阪市中央区○○	06-6311-xxxx
000002	B商店	大阪市福島区○○	06-6312-xxxx
000003	Cスーパー	大阪市北区○○	06-6313-xxxx
000004	Dスーパー	大阪市淀川区○○	06-6314-xxxx
000005	E商店	大阪市淀川区○○	[illegible]

受注

受注番号	受注日	得意先コード
00001	20030704	000001
00002	20030704	000005
00003	20030704	000003
00004	20030704	000002
00005	20030704	000004
00006	20030705	000001
00007	20030705	000003
00008	20030705	000002
00009	20030705	000005
00010	20030706	000004
00011	20030706	000001
00012	20030706	000002

【参照先テーブルへの操作】

SET NULL

得意先

得意先コード	得意先名	住所	電話番号
000001	A商店	大阪市中央区○○	06-6311-xxxx
000002	B商店	大阪市福島区○○	06-6312-xxxx
~~000003~~	~~Cスーパー~~	~~大阪市北区○○~~	~~06-6313-xxxx~~
000004	Dスーパー	大阪市淀川区○○	06-6314-xxxx
000005	E商店	大阪市淀川区○○	06-6315-xxxx

受注

受注番号	受注日	得意先コード
00001	20030704	000001
00002	20030704	000005
00003	20030704	NULL
00004	20030704	000002
00005	20030704	000004
00006	20030705	000001
00007	20030705	NULL
00008	20030705	000002
00009	20030705	000005
00010	20030706	000004
00011	20030706	000001
00012	20030706	000002

CASCADE

得意先

得意先コード	得意先名	住所	電話番号
000001	A商店	大阪市中央区○○	06-6311-xxxx
000002	B商店	大阪市福島区○○	06-6312-xxxx
~~000003~~	~~Cスーパー~~	~~大阪市北区○○~~	~~06-6313-xxxx~~
000004	Dスーパー	大阪市淀川区○○	06-6314-xxxx
000005	E商店	大阪市淀川区○○	06-6315-xxxx

受注

受注番号	受注日	得意先コード
00001	20030704	000001
00002	20030704	000005
~~00003~~	~~20030704~~	~~000003~~
00004	20030704	000002
00005	20030704	000004
00006	20030705	000001
~~00007~~	~~20030705~~	~~000003~~
00008	20030705	000002
00009	20030705	000005
00010	20030706	000004
00011	20030706	000001
00012	20030706	000002

午前問題の解き方

平成 18 年・午前 問 45

問 45　DBMS の整合性制約のうち，データの追加，更新及び削除を行うとき，関連するデータ間で不一致が発生しないようにする制約はどれか。

午後Ⅱでよくあるやつ

ア　形式制約　　イ　更新制約　　ウ　参照制約　　エ　存在制約

午前問題の解き方

平成 19 年・午前 問 45

問 45　“社員”表，“受注”表からなるデータベースの参照制約について記述したものはどれか。

ア　“社員”表の列である社員番号は，ドメインをもつ。　CREATE DOMAIN か…無関係

イ　“社員”表の列である社員番号は，“社員”表の主キーである。　それは主キー制約やろ！

ウ　“社員”表の列である社員名は，入力必須である。　知らんがな！非 NULL 制約か

エ　“受注”表の列である受注担当社員番号は，外部キーである。　社員表を参照！

午前問題の解き方

平成 23 年・午前Ⅱ 問 17

問17　SQL において，A 表の主キーが B 表の外部キーによって参照されている場合，行を追加・削除する操作の制限について，正しく整理した図はどれか。ここで，△印は操作が拒否される場合があることを表し，○印は制限なしに操作できることを表す。

参照先はどんどん追加可能。but！参照されていたら削除は NG もある！

ア

	追加	削除
A 表	○	△
B 表	△	○

イ

	追加	削除
A 表	○	△
B 表	○	△

参照元は，削除はバンバンできる。but！追加は相手がいないとな…

ウ

	追加	削除
A 表	△	○
B 表	○	△

エ

	追加	削除
A 表	△	○
B 表	△	○

午前問題の解き方

平成 16 年・午前 問 43

問 43 関係データベースの“注文”表と“注文明細”表が，次のように定義されている。“注文”表の行を削除すると，対応する“注文明細”表の行が，自動的に削除されるようにしたい。この場合，SQL 文に指定する語句として，適切なものはどれか。ここで，表定義中の実線の下線は主キーを，破線の下線は外部キーを表す。

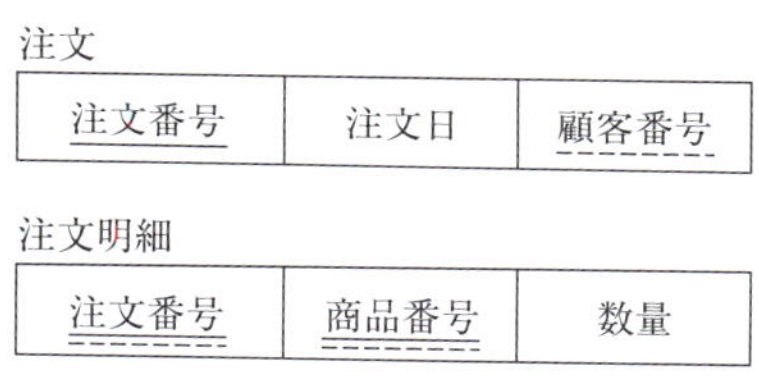

ア CASCADE　イ INTERSECT　ウ RESTRICT　エ SET NULL

積の計算
・デフォルト
・削除できない
NULL を設定する

午前問題の解き方

平成 18 年・午前 問 44

問 44 事業本部制をとっているA社で，社員の所属を管理するデータベースを作成することになった。データベースは表 a，b，c で構成されている。新しいデータを追加するときに，ほかの表でキーになっている列の値が，その表に存在しないとエラーとなる。このデータベースに，各表ごとにデータを入れる場合の順序として，適切なものはどれか。ここで，下線は各表のキーを示す。

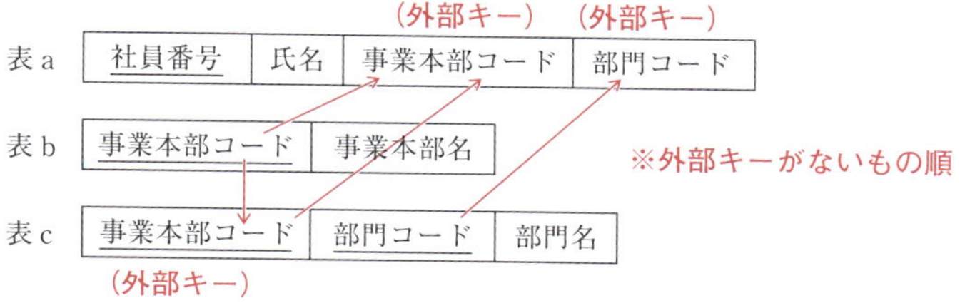

ア 表 a → 表 b → 表 c　イ 表 a → 表 c → 表 b

ウ 表 b → 表 a → 表 c　エ 表 b → 表 c → 表 a

・表明（ASSERTION）

一つ又は複数の表のテーブルの列に対して制約を定義することで，テーブル間にまたがる制約や，SELECT 文を使った複雑な制約を定義することができる。

試験に出る
平成 16 年・午後II 問 1

【使用例】 延長依頼の終了予定日が，既に行っている派遣の終了予定日よりも後である。

```
CREATE ASSERTION 終了予定日チェック
CHECK(NOT EXISTS(SELECT *
  FROM 延長依頼, 派遣依頼
  WHERE 延長依頼.派遣依頼番号 = 派遣依頼.派遣依頼番号
  AND 延長依頼.終了予定日 <= 派遣依頼.終了予定日))
```

・定義域（DOMAIN）

新たなデータドメインを定義するときに使う。作成に当たっては CREATE DOMAIN 文を使い，その定義したドメインはデータ型として使える。複数の表で同じ定義を繰り返し使う場合などに有効。

試験に出る
平成 25 年・午前II 問 7

【使用例】 学生テーブルなどで使用する“AGE”というデータ型を定義。SMALLINT 属性のうち，7 以上 18 以下のみの値をとることが可能。

```
CREATE DOMAIN AGE
AS SMALLINT CHECK(STUDENT >= 7)
            AND (STUDENT <= 18)
```

制約名の付与（CONSTRAINT）

CONSTRAINTキーワードを使用すると，制約に任意の名前を付与することができる。制約に名前を付けておくと，後からALTER TABLEで制約を削除するときに役に立つ。

試験に出る
平成18年・午後I 問3

【列制約の例】　主キーを設定する制約に名前（受注PK）を付ける。

```
CREATE TABLE 受注
       (受注番号 CHAR(5)
        CONSTRAINT 受注PK PRIMARY KEY,
        受注日 DATE,
        ・・・・・・
```

【テーブル制約の例】　主キーを設定する制約に名前（受注明細PK）を付ける。

```
CREATE TABLE 受注明細
       (受注番号 CHAR(5),
        行 CHAR(2),
        ・・・・・・
        CONSTRAINT 受注明細PK
        PRIMARY KEY(受注番号, 行))
```

午前問題の解き方

平成25年・午前II 問7

問7　SQLにおけるドメインに関する記述のうち，適切なものはどれか。

ベースになる表　「～限定！」って感じ

ア　基底表を定義するには，ドメインの定義が必須である。別に…
イ　ドメインの定義にはCREATE文，削除にはDROP文を用いる。
ウ　ドメインの定義は，それを参照する基底表内に複製される。独自で管理される
エ　ドメイン名は，データベースの中で一意である必要はない。一意でないといけない

1.3.2 CREATE VIEW

基本構文

CREATE VIEW *ビュー名* [(*列名, 列名,* ・・・)]
AS SELECT〜 [WITH CHECK OPTION]

ビュー名	ここで定義するビュー名を指定する。ビューで使用する列名を，この後に続けることも可能である
AS SELECT 〜	SELECT 文を続けて，実テーブルから抽出する。SELECT 以下の構文は，SELECT 文に準拠する
WITH CHECK OPTION	SELECT 文の後に指定した条件と合致しないデータが挿入されようとした場合，挿入を阻止できる

CREATE VIEW は，ビュー（仮想テーブル）を定義するときに使用する。

ビューとは，CREATE TABLE 文で作成するテーブル（実テーブル）のように物理的にテーブルを定義するのではなく，一つのテーブルの特定部分や複数のテーブルを組み合わせて，あたかも一つの実在するテーブルであるかのように振る舞うものである。

ビューは，次のような理由で作成される。

- 新しく物理的にテーブルを作る（CREATE TABLE）と，ディスク容量が必要となる。また，テーブル間で整合性もとらねばならない
- 実テーブルでは，実際にデータの出し入れ（登録や削除）を行っているので，誤操作などでデータを喪失するリスクがある
- セキュリティを意識して，参照はできるが更新はできないようにするなど，不要な部分を隠蔽する必要がある

ビューは CREATE VIEW の後にビュー名を指定し，AS SELECT 文をつなげて使用する。また，ビューを作成するための SELECT 文（AS 以降の SELECT 文）に関しては，SELECT の項で詳しく述べる。

試験に出る

①平成 18 年・午前 問 22
②平成 18 年・午前 問 31
③平成 29 年・午前Ⅱ 問 10
平成 24 年・午前Ⅱ 問 9

【使用例 1】 得意先テーブルから得意先コードと得意先名だけの得意先ビューを作成。

```
CREATE VIEW 得意先ビュー
    AS SELECT 得意先コード,得意先名
        FROM 得意先
```

得意先コード	得意先名
000001	A商店
000002	B商店
000003	Cスーパー
000004	Dスーパー
000005	E商店

図：CREATE VIEW の使用例（1）得意先ビュー

使用例 1 のメリット

単純に得意先テーブルから得意先コードと得意先名だけを列にしたビューを作成する場合の目的として,「名前以外の項目（住所や電話番号）を隠蔽して,ユーザに使わせたい」というような場合に有効である

【使用例 2】 得意先テーブルから住所が北区のものだけの得意先北区ビューを作成。

```
CREATE VIEW 得意先北区ビュー
    AS SELECT *
        FROM 得意先
        WHERE 住所 LIKE '大阪市北区%'
```

得意先コード	得意先名	住所	電話番号	担当者コード
000003	Cスーパー	大阪市北区〇〇	06-6313-xxxx	104
000005	E商店	大阪市北区〇〇	06-6315-xxxx	101

図：CREATE VIEW の使用例（2）得意先北区ビュー

使用例 2 のメリット

一つのテーブルからある条件に合致した行を取り出して,一つのビューを作る例である。

これを実テーブルで作成する場合は,データの整合性確保に注意する必要がある。しかし,ビューであれば全く意識する必要がない

【使用例 3】 受注テーブルと得意先テーブルから，印刷用に受注ビューを作成。

```
CREATE VIEW 受注ビュー (受注番号, 受注日, 得意先名)
    AS SELECT X.受注番号, X.受注日, Y.得意先名
        FROM 受注 X, 得意先 Y
         WHERE X.得意先コード = Y.得意先コード
```

受注テーブルと得意先テーブルからそれぞれ，受注番号，受注日，得意先名で構成される受注ビューを作成した。このビューは，受注テーブルと得意先テーブルを得意先コードで結合したものである。

受注番号	受注日	得意先名
00001	20030704	A商店
00007	20030705	Cスーパー
00011	20030706	A商店
00012	20030706	B商店

図：CREATE VIEW の使用例（3）受注ビュー

使用例 3 のメリット

複数のテーブルを結合して，それぞれ必要な部分をピックアップし，一つのビューにした例である。
受注テーブルのようなトランザクションデータをプリントアウトする場合，トランザクションデータを 1 件読み込んだ後に，商品マスタや得意先マスタなどの各マスタテーブルを物理的に読み込むことを，プログラム上で行わなくてはならない。しかし，【使用例 3】のように，各テーブルにある必要なデータのみをまとめて一つのビューを作成しておけば，プログラムでの記述が簡素化される

午前問題の解き方 平成 18 年・午前 問 22

問 22 関係データベースの利用において，仮想の表（ビュー）を作る目的として，適切なものはどれか。

ア 記憶容量を節約するため　実表をバンバン作るよりは節約できるけど…

イ 処理速度を向上させるため　結果的にそうなることもあるけど…その狙いでってわけじゃない

(ウ) セキュリティを向上させるためや表操作を容易にするため　覚えよう！

エ デッドロックの発生を減少させるため　いやいやいやいや…これはない

問31　四つの表“注文”,“顧客”,“商品”,“注文明細”がある。これらの表から，次のビュー“注文一覧”を作成するSQL文はどれか。ここで，下線の項目は主キーを表す。

注文（<u>注文番号</u>，注文日，顧客番号）
顧客（<u>顧客番号</u>，顧客名）
商品（<u>商品番号</u>，商品名）
注文明細（<u>注文番号</u>，<u>商品番号</u>，数量，単価）

4つの表の結合なので，
最低3つ（4−1）の結合条件が必要

注文一覧

注文番号	注文日	顧客名	商品名	数量	単価
001	2006-01-10	佐藤	AAAA	5	5,000
001	2006-01-10	佐藤	BBBB	3	4,000
002	2006-01-15	田中	BBBB	6	4,000
003	2006-01-20	高橋	AAAA	3	5,000
003	2006-01-20	高橋	CCCC	10	1,000

ア
```
CREATE VIEW 注文一覧
    AS SELECT * FROM 注文, 顧客, 商品, 注文明細
       WHERE 注文.注文番号 = 注文明細.注文番号 AND
             注文.顧客番号 = 顧客.顧客番号 AND
             商品.商品番号 = 注文明細.商品番号
```

イ
```
CREATE VIEW 注文一覧
    AS SELECT 注文.注文番号, 注文日, 顧客名, 商品名, 数量, 単価
       FROM   注文, 顧客, 商品, 注文明細
       WHERE  注文.注文番号 = 注文明細.注文番号 AND
              注文.顧客番号 = 顧客.顧客番号 AND
              商品.商品番号 = 注文明細.商品番号
```

結合条件は
ANDでつなぐ

ウ
```
CREATE VIEW 注文一覧
    AS SELECT 注文.注文番号, 注文日, 顧客名, 商品名, 数量, 単価
       FROM   注文, 顧客, 商品, 注文明細
       WHERE  注文.注文番号 = 注文明細.注文番号 OR
              注文.顧客番号 = 顧客.顧客番号 OR
              商品.商品番号 = 注文明細.商品番号
```

おい！顧客名がないぞ！

エ
```
CREATE VIEW 注文一覧
    AS SELECT 注文.注文番号, 注文日, 商品名, 数量, 単価
       FROM   注文, 商品, 注文明細
       WHERE  注文.注文番号 = 注文明細.注文番号 AND
              商品.商品番号 = 注文明細.商品番号
```

午前問題の解き方

平成 29 年・午前Ⅱ 問 10

問10　ある月の“月末商品在庫”表と“当月商品出荷実績”表を使って，ビュー“商品別出荷実績”を定義した。このビューに SQL 文を実行した結果の値はどれか。

月末商品在庫

商品コード	商品名	在庫数	
S001	A	100	150
S002	B	250	NULL
S003	C	300	300
S004	D	450	NULL
S005	E	200	350

当月商品出荷実績

商品コード	商品出荷日	出荷数
S001	2017-03-01	50
S003	2017-03-05	150
S001	2017-03-10	100
S005	2017-03-15	100
S005	2017-03-20	250
S003	2017-03-25	150

〔ビュー“商品別出荷実績”の定義〕

150

```
CREATE VIEW 商品別出荷実績 (商品コード, 出荷実績数, 月末在庫数)
  AS SELECT 月末商品在庫.商品コード, SUM (出荷数), 在庫数
    FROM 月末商品在庫 LEFT OUTER JOIN 当月商品出荷実績
    ON 月末商品在庫.商品コード = 当月商品出荷実績.商品コード
      GROUP BY 月末商品在庫.商品コード, 在庫数
```

出荷実績数が 300 以下。

〔SQL 文〕

月末在庫数の合計

```
SELECT SUM (月末在庫数) AS 出荷商品在庫合計
  FROM 商品別出荷実績 WHERE 出荷実績数 <= 300
```

100＋300

 400　　イ　500　　ウ　600　　エ　700

●更新可能なビュー

ビューに対しても，一定の条件（下記の①②③の全て）を満たせば追加・更新・削除が可能になる。これを“更新可能なビュー”という。

① 基底表（元の実表）そのものが特定できること

複数の表を結合等で使用していても構わないが，更新しようとした時に基底表（元の実表）が特定できることが前提になる。特定できない場合には更新はできない。

② 基底表（元の実表）の“行”が特定できること

基底表が特定できても，更新対象の“行”が特定できないと更新できない。次の句や演算子を使用していると更新できない。

- 集約関数（AVG，MAX 等）
- GROUP BY，HAVING
- 重複値を排除する DISTINCT

③ そもそも基底表（元の実表）が更新可能なこと

上記①と②をクリアしても，そもそも対象となる基底表が更新可能でなければ，当たり前だが更新できない。

- 適切な権限が付与されている
- NULL が適切に処理されている
- WITH CHECK OPTION への対応が適切

また，WITH CHECK OPTION を指定しておくと，ビューで指定した条件以外のデータが作成されないようにすることができる。

【使用例】 得意先北区ビューに，WITH CHECK OPTION 句を指定。これにより，住所が‘大阪市北区 %’以外のデータを追加（INSERT）しようとするとエラーになる。

```
CREATE VIEW 得意先北区
       AS SELECT *
       FROM 得意先
       WHERE 住所 LIKE '大阪市北区%'
       WITH CHECK OPTION
```

試験に出る

①平成 28 年・午前Ⅱ 問 10
　平成 20 年・午前 問 37
　平成 16 年・午前 問 33
②平成 25 年・午前Ⅱ 問 11
　平成 23 年・午前Ⅱ 問 8

過去の午前問題では，この視点では問われていない。「ビュー定義の中で参照する基底表は全て更新可能とする」という条件が付いていた

例えば特定の列だけを抜き出したビューに対して，データを追加しようとした場合，ビューで指定していない列には NULL が入る。その場合，その属性が NULL を許容していない場合，追加できない

WITH READ ONLY 句を指定すると，読取り専用のビューになる

午前問題の解き方

平成28年・午前Ⅱ 問10

問10　更新可能なビューの定義はどれか。ここで，ビュー定義の中で参照する基底表は全て更新可能とする。

ア　CREATE VIEW ビュー1(取引先番号, 製品番号)
　　　　AS SELECT DISTINCT 納入.取引先番号, 納入.製品番号
　　　　　FROM 納入

1件だけにしてるので複数データがある可能性＝×

イ　CREATE VIEW ビュー2(取引先番号, 製品番号)
　　　　AS SELECT 納入.取引先番号, 納入.製品番号
　　　　　FROM 納入
　　　　　GROUP BY 納入.取引先番号, 納入.製品番号

グループピングしてしまうと，行が特定できない

ウ　CREATE VIEW ビュー3(取引先番号, ランク, 住所)
　　　　AS SELECT 取引先.取引先番号, 取引先.ランク, 取引先.住所
　　　　　FROM 取引先　単一表
　　　　　WHERE 取引先.ランク > 15　行が特定できる

エ　CREATE VIEW ビュー4(取引先住所, ランク, 製品倉庫)
　　　　AS SELECT 取引先.住所, 取引先.ランク, 製品.倉庫
　　　　　FROM 取引先, 製品
　　　　　HAVING 取引先.ランク > 15

取引先×製品直積なので，行が特定できない

Memo

問11　三つの表“取引先”，“商品”，“注文”を基底表とするビュー“注文 123”を操作するSQL文のうち，実行できるものはどれか。ここで，各表の列のうち下線のあるものを主キーとする。

取引先

<u>取引先ID</u>	名称	住所
111	中央貿易	東京都中央区
222	上野商会	東京都台東区
333	目白商店	東京都豊島区

商品

<u>商品番号</u>	商品名	価格
111	スパナ	1,000
123	レンチ	1,300
313	ドライバ	800

注文

<u>注文番号</u>	注文日	取引先ID	商品番号	数量
1	2013-04-17	111	111	3
2	2013-04-18	222	123	4
3	2013-04-19	111	313	3
4	2013-04-20	333	123	2

〔ビュー“注文 123”の定義〕

```
CREATE VIEW 注文123 AS
  SELECT 注文番号, 取引先.名称 AS 取引先名, 数量
    FROM 注文, 取引先, 商品
    WHERE 注文.商品番号 = '123'
      AND 注文.取引先ID = 取引先.取引先ID
      AND 注文.商品番号 = 商品.商品番号
```

取引先名ならあるけど，取引先IDはない

ア　`DELETE FROM 注文123 WHERE 取引先ID = '111'`

イ　`INSERT INTO 注文123 VALUES (8, '目白商店', 'レンチ', 3)`　属性数も異なる　この属性なし

ウ　`SELECT 取引先.名称 FROM 注文123`　取引先名に変わってるので…

(エ)　`UPDATE 注文123 SET 数量 = 3 WHERE 取引先名 = '目白商店'`

Memo

●ビューと権限

ビューと権限を考える場合は，(1) ビューを作成するとき，(2) ビューを使用するとき，この二つのケースに分けて考える必要がある。

試験に出る
平成22年・午前Ⅱ 問11
平成19年・午前 問33

(1) ビューを作成するときの権限

ビューを作成する場合，その元になる表すべてにSELECT権限が必要になる。ただし，元表の持つSELECT権限が，GRANT OPTIONを持つかどうかで以下の表のような違いがある。

元表の権限 （複数の場合は，すべての元表）	ビューの作成
SELECT権限なし	不可
SELECT権限あり （GRANT OPTIONなし）	ビューの作成は可能（ただし，作成したビューのSELECT権限を他に付与することはできない）
SELECT権限 あり （GRANT OPTIONあり）	ビューの作成は可能。作成したビューのSELECT権限を他に付与することも可能

(2) ビューを使用するときの権限

ビューの使用に関しては次の表のようになる。原則，ビューの所有者は，元表の権限に従うことになる。また，すべての権限においてGRANT OPTIONがあれば，その権限を他者に付与できるが，ビューで権限を付与されたものは，もはや元表の権限を持たなくても構わない。

ビューに対する権限	
SELECT権限	＜ビューの所有者＞ 可能 ＜ビューの所有者以外＞ 元表に対するSELECT権限の有無は関係なくビューに対する権限の有無だけで判断
INSERT権限	前提条件：更新可能なビューであること ＜ビューの所有者＞ 元表に従う ＜ビューの所有者以外＞ 元表に対する権限の有無は関係なく，ビューに対する権限の有無だけで判断
UPDATE権限	（同上）
DELETE権限	（同上）

午前問題の解き方

平成22年・午前Ⅱ 問11

問11　ビューの SELECT 権限に関する記述のうち，適切なものはどれか。

ア　ビューに対して問合せをするには，ビューに対する SELECT 権限だけではなく，元の表に対する SELECT 権限も必要である。

イ　ビューに対して問合せをするには，ビューに対する SELECT 権限又は元の表に対する SELECT 権限のいずれかがあればよい。

ウ　ビューに対する SELECT 権限にかかわらず，元の表に対する SELECT 権限があれば，そのビューに対して問合せをすることができる。逆！

エ　元の表に対する SELECT 権限にかかわらず，ビューに対する SELECT 権限があれば，そのビューに対して問合せをすることができる。覚えておこう！

午前問題の解き方

平成24年・午前Ⅱ 問7

問7　体現ビュー（Materialized view）に関する記述のうち，適切なものはどれか。

重複して格納される

ア　同じデータが実表と体現ビューとに重複して格納されることはない。

イ　更新可能であるとDBMSが判断したビューのことである。更新可能なビュー

ウ　実表のようにデータベースに格納されるビューのことである。

エ　問合せや更新要求のたびにビュー定義を SQL 文に組み込んで処理する。

午前問題の解き方

平成30年・午前Ⅱ 問12

問12　導出表に関する記述として，適切なものはどれか。

＝実表から関係データベースの操作によって“導出”される仮想表

ア　算術演算によって得られた属性の組である。

属性の組じゃない

イ　実表を冗長にして利用しやすくする。

実表じゃない

ウ　導出表は名前をもつことができない。

名前可能

エ　ビューは導出表の一つの形態である。

1.3.3 CREATE ROLE

CREATE ROLE ロール名

ロールとは，データベースに対する権限をまとめたものである。以下の使用例のように，最初に権限をまとめたロールを作成しておけば，個々のユーザに権限を付与したり，取り消したりする作業が効率化できる。ロールを利用する手順は，次の通り。

① CREATE ROLE でロールを作成する
② ロールに必要な権限を付与する（GRANT 命令）
③ そのロールをユーザに付与する（GRANT 命令）

"人事部課長ロール" という名称のロール（役割・権限の集合）を作成する。

```
CREATE ROLE 人事部課長ロール
```

参考までに，この後の GRANT 文の使用例も記しておこう。"人事部課長ロール" に，従業員給料ビューに対する参照権限を付与する時の GRANT 文と，B 課長と C 課長に人事部課長ロールを付与する GRANT 文の二つである。

```
GRANT SELECT ON 従業員給料ビュー TO 人事部課長ロール
GRANT 人事部課長ロール TO B課長, C課長
```

試験に出る
平成 28 年・午後I 問3
平成 19 年・午後I 問3

GRANT 命令の詳細は,「1.4.1 GRANT」を参照

1.3.4 DROP

基本構文

構文1：

DROP TABLE *テーブル名*

構文2：

DROP VIEW *ビュー名*

構文3：

DROP ROLE *ロール名*

テーブル名	削除するテーブル名（実テーブル名）を指定する
ビュー名	削除するビュー名を指定する
ロール名	削除するロール名を指定する

CREATE TABLEで作成したテーブルや，CREATE VIEWで作成したビュー，CREATE ROLEで作成したロールを削除する場合にDROPを使用する。削除したいテーブルとビュー，ロールは，次のように指定する。

【使用例1】“得意先”というテーブルを削除する。

```
DROP TABLE 得意先
```

【使用例2】“得意先ビュー”というビューを削除する。

```
DROP VIEW 得意先ビュー
```

【使用例3】“人事部課長ロール”というロールを削除する。

```
DROP ROLE 人事部課長ロール
```

1.4 権限

セキュアなデータベースが望まれる昨今，情報処理技術者試験でもセキュリティをテーマにした問題が出題されている。このときに使われるのが，GRANTとREVOKEである。

1.4.1 GRANT

基本構文

GRANT(A) 権限, ・・・ ON テーブル名（又はビュー名）
　TO ユーザID, ・・・ [WITH GRANT OPTION]

権限（与える権限を指定する）	ALL PRIVILEGES	すべての権限（以下のすべてを含む権限）
	SELECT	参照する権限
	INSERT	データを挿入・追加する権限
	DELETE	データを削除する権限
	UPDATE	データを更新する権限UPDATE（列名，・・・）で列名を制限して与えることができる権限
テーブル名	権限を与えるテーブル又はビューを指定する	
ユーザID	権限を与えるユーザを指定する。PUBLICを指定すると，すべてのユーザが対象になる また，ロール名を指定することも可能	
WITH GRANT OPTION	このオプションを指定すると，テーブルの権限を与えられたユーザは，与えられた権限をほかのユーザに与えることが可能になる	

※下線（A）の部分にロール名を指定すると，ユーザIDで指定したユーザに対してロールを付与することになる。

CREATE文で作成されたテーブルやビューが，誰でもデータ操作言語を使って処理できるようになっているとしたら，セキュリティ上問題がある。そのため，テーブルやビューの所有者（作成者又はオーナー）には，それらを使用するすべての権限が与えられているが，ほかのユーザには明示的に権限を与えないと利用できないように考慮されている。そのときに使う命令が，GRANT命令である。

試験に出る
①平成22年・午前Ⅱ 問2
②平成21年・午前Ⅱ 問7

試験に出る
平成28年・午後Ⅰ 問3
平成19年・午後Ⅰ 問3

【使用例 1】 得意先テーブルに対するすべての権限を，山下と松田に与える。

```
GRANT ALL PRIVILEGES ON 得意先
      TO 山下，松田
```

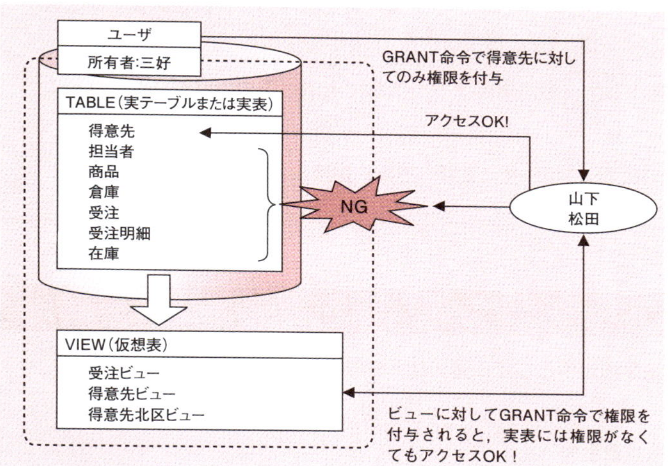

※この場合，権限を与えられた使用者は，次のようにテーブル名の前に，所有者の識別子を付けて使用しなければならない。作成者自身が操作する場合，識別子は不要である。

```
SELECT * FROM 三好.得意先
```

【使用例 2】 得意先テーブルの電話番号だけは，誰もが変更や参照を行えるよう，権限を与える。

```
GRANT SELECT, UPDATE (電話番号) ON 得意先
      TO PUBLIC
```

【使用例 3】 B 課長と C 課長に人事部課長ロールを付与する。

```
GRANT 人事部課長ロール TO B課長，C課長
```

参考

ちなみに，複数のテーブルからビューを作成する場合，使用するすべての実テーブルに SELECT 権限が必要である

午前問題の解き方

平成 22 年・午前Ⅱ 問 2

問 2　表の所有者が，SQL 文の GRANT を用いて設定するアクセス権限の説明として，適切なものはどれか。

権限を与える命令

ア　パスワードを設定してデータベースの接続を制限する。

何をおっしゃっているのかわかりません…

イ　ビューによって，データベースへのアクセス処理を隠ぺいし，表を直接アクセスできないようにする。

って…それ，ビューやん

ウ　表のデータを~~暗号化して，~~第三者がアクセスしてもデータの内容が分からないようにする。

しない

エ　表の利用者に対し，表への問合せ，更新，追加，削除などの操作を許可する。

午前問題の解き方

平成 21 年・午前Ⅱ 問 7

問 7　次の SQL 文の実行結果の説明として，適切なものはどれか。

```
CREATE VIEW 東京取引先 AS
    SELECT * FROM 取引先
    WHERE 取引先.所在地 = '東京'
GRANT SELECT
    ON 東京取引先 TO "8823"
```

ビュー"東京取引先"

所在地が'東京'のものだけをビューに

参照権を与えている

権限を与える相手

ビューの所有者（作成者）は SELECT 権限を持つ

ア　8823 のユーザは，所在地が“東京”の行を参照できるようになる。

イ　このビューの作成者は，このビューに対する~~SELECT 権限をもたない。~~

ウ　実表“取引先”が削除されても，このビューに対する~~ユーザの権限は残る。~~

実表が存在する間

エ　導出表“東京取引先”には，8823 行までを記録できる。

おいおいおい！

Memo

1.4.2 REVOKE

基本構文

REVOKE *権限, ・・・* ON *テーブル名*（又はビュー名）
　　FROM *ユーザID, ・・・*

権限	取り消す権限を指定する	ALL PRIVILEGES	すべての権限（以下のすべてを含む権限）
		SELECT	参照する権限
		INSERT	データを挿入・追加する権限
		DELETE	データを削除する権限
		UPDATE	データを更新する権限
テーブル名		権限を与えるテーブル又はビューを指定する	
ユーザ ID		権限を与えるユーザを指定する。PUBLIC を指定すると，全員が対象になる また，ロール名を指定することも可能	

GRANTで与えた権限を取り消す場合に,REVOKEを使用する。

試験に出る
平成 16 年・午前 問 30

【使用例】 GRANTの使用例1で与えた権限を取り消す。

```
REVOKE ALL PRIVILEGES ON 得意先
       FROM 山下, 松田
```

権限を与えるときは「TO ユーザ ID」，権限を取り消す場合は「FROM ユーザ ID」であることに注意する。

午前問題の解き方　平成 16 年・午前 問 30

問 30　SQL におけるオブジェクトの処理権限に関する記述のうち，適切なものはどれか。

ア　権限の種類は INSERT，DELETE，UPDATE の三つである。SELECTもあるでよ

イ　権限は実表だけに適用でき，ビューには適用できない。ビューにもできるでよ

ウ（〇）　権限を取り上げるには REVOKE 文を用いる。YES

エ　権限を付与するには COMMIT 文を用いる。GRANTです

Memo

1.5 プログラム言語における SQL 文

COBOL や C 言語などのプログラム言語と合わせて SQL 文を使用する場合，いくつかのルールがある。ここでは，そのルールについて説明する。

例えば，SELECT 文などを使用する場合，結果が複数行返される場合がある。プログラム言語では複数の行をまとめて処理することができないため，このような場合はカーソル操作を行う。

試験に出る
①平成 25 年・午前Ⅱ 問 8
　平成 20 年・午前 問 35
②平成 16 年・午前 問 34

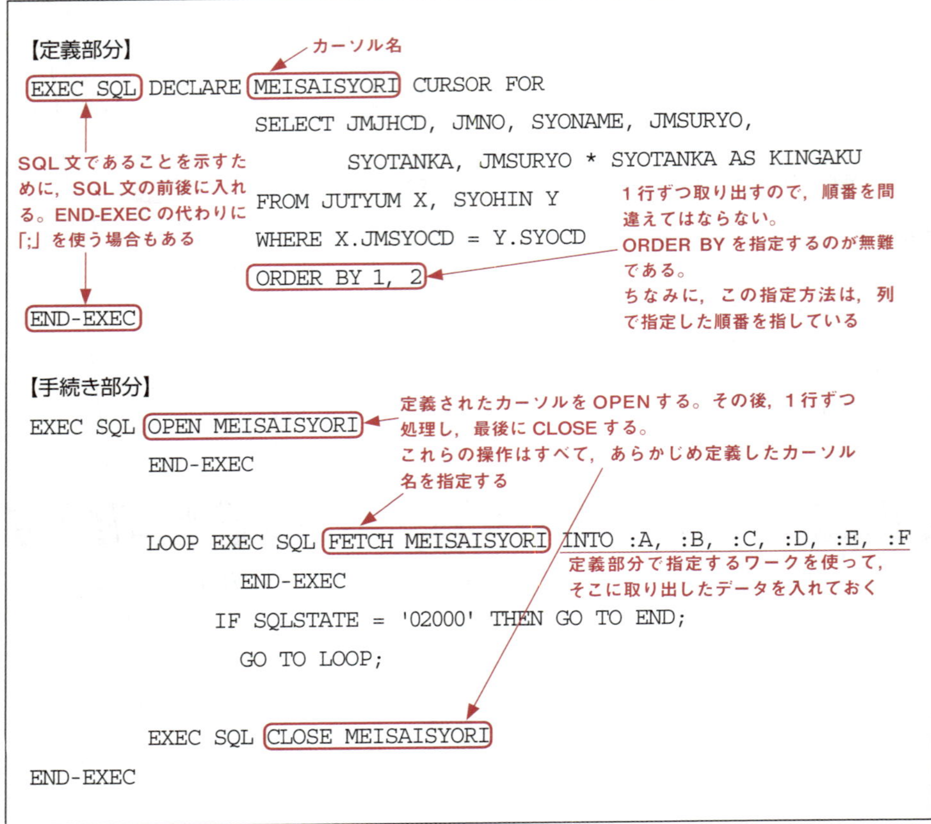

図：カーソル操作の例

序

1

2

3

4

午前問題の解き方

平成25年・午前Ⅱ 問8

問8　SQLで用いるカーソルの説明のうち，適切なものはどれか。

ア　COBOL，Cなどの親言語内では使用できない。できるっちゅうねん！

イ　埋込み型SQLにおいて使用し，会話型SQLでは使用できない。そういうこっちゃ

ウ　カーソルは検索用にだけ使用可能で，更新用には使用できない。できるわ！

エ　検索処理の結果集合が単一行となる場合の機能で，複数行の結果集合は処理できない。1行ずつ取り出すためのもの。結果が1行になるのとは違う

午前問題の解き方

平成16年・午前 問34

問34　埋込みSQLに関する記述として，適切なものはどれか。

そのためのカーソル！

ア　INSERTを実行する前に，カーソルをOPENしておかなければならない。

イ　PREPAREは与えられたSQL文を実行し，その結果を自分のプログラム中に記録する。PREPAREは"準備"。実行はEXECUTE

ウ　SQLでは一度に0行以上の集合を扱うのに対し，親言語では通常一度に1行のレコードしか扱えないので，その間をカーソルによって橋渡しする。

エ　データベースとアプリケーションプログラムが異なるコンピュータ上にあるときは，カーソルによる1行ごとの伝送が効率的である。そういう意味ではなく…

Memo

●EXEC SQL と END-EXEC

プログラムの中にSQL文を指定する場合，そのSQL文の最初に「EXEC SQL」を，最後に「END-EXEC」を加えなければならない。ただし，言語によっては文の最後が「END-EXEC」ではなく，「;」の場合もある。

試験に出る
平成17年・午前 問33

●DECLARE カーソル名 CURSOR FOR

カーソル処理をする場合，その処理内容のSQL文は定義部分で定義することになる。そのように定義部分で定義した処理に「カーソル名」を付けて，手続き部ではそのカーソル名を使って処理を行う。「DECLARE カーソル名 CURSOR FOR…」は，カーソルを定義するものである。

午前問題の解き方　平成17年・午前 問33

問33　次のSQL文は，COBOLプログラムでテーブルAのレコードを読み込むためにカーソル宣言をしている。aに入れるべき適切な語句はどれか。

```
[    a    ]
SELECT * FROM A
    ORDER BY 1, 2
END-EXEC
```

カーソル名はここ！

ア　EXEC SQL DECLARE C1 CURSOR FOR　構文なので覚えるしかねえ！

イ　EXEC SQL DECLARE CURSOR FOR C1

ウ　EXEC SQL OPEN CURSOR C1 FOR

エ　EXEC SQL OPEN CURSOR DECLARE C1 FOR

Memo

●読取り処理（OPEN, FETCH, CLOSE）

手続き部では，通常のファイルと同じように「OPEN 文」を実行した後に利用が可能になる。その後「FETCH 文」を実行して，参照している行を移動させ，移動後の行の値を，INTO 句で指定したホスト変数に入れる。すべての処理が完了したら，「CLOSE 文」を実行して終了を宣言する。

1回の FETCH 処理の後，SQLSTATE 内を確認して，対象データ終了なのか，次があるのか，正常処理したのか，エラーだったのかを判断する。通常，トランザクションデータに対して FETCH を行う場合は，主処理のループで表現される場合が多い。「図：カーソル操作の例」では，それを示している。

●SQLSTATE

ホスト変数に SQLSTATE を定義しておかなければならない。これは，次のように SQL 文の実行結果のステータスを返すものである。FETCH で取り出すデータがなくなったときに終了判定条件として使ったり，正常処理されなかったりした場合に利用する（定義部分での定義は省略している）。

'00000'：正常処理
'02000'：条件に合うデータなし

●更新処理（UPDATE と DELETE）

FETCH 文によって位置付けされた行に対して，更新や削除を実行することができる。この場合の UPDATE 文や DELETE 文を，特に「位置設定による UPDATE 文」，「位置設定による DELETE 文」という。通常の UPDATE 文及び DELETE 文と異なるのは，WHERE 文節の代わりに，「WHERE CURRENT OF カーソル名」を使って記述する。

試験に出る
平成 30 年・午前Ⅱ 問 6
平成 26 年・午前Ⅱ 問 7
平成 20 年・午前 問 36
平成 18 年・午前 問 30
平成 16 年・午前 問 31

試験に出る
平成 17 年・午後Ⅰ 問 4

```
EXEC SQL
UPDATE文 ～
  WHERE CURRENT OF カーソル名
END-EXEC

EXEC SQL
DELETE文 ～
  WHERE CURRENT OF カーソル名
END-EXEC
```

また，定義したカーソルが次の条件に当てはまる場合は処理できないので，十分注意が必要である。

- 集約関数（AVG，MAX 等）を含む場合
- GROUP BY，ORDER BY を使っている場合
- 表結合，合併などしている場合

●処理の完了（COMMIT，ROLLBACK）

バッチ処理形式のプログラムの場合，SQL の実行のたびに，その処理が正しく処理された場合には「COMMIT 文」を，エラーになった場合は「ROLLBACK 文」を指定しておく。記述例は以下の通りである。

SQL92 では，COMMIT 文，ROLLBACK 文の WORK が省略可能

```
EXEC SQL COMMIT (WORK) END-EXEC
EXEC SQL ROLLBACK (WORK) END-EXEC
```

午前問題の解き方

平成 30 年・午前Ⅱ 問 6

問 6　次の SQL 文は，A 表に対するカーソル B のデータ操作である。a に入れる字句はどれか。　ほら…更新あるやろ

```
UPDATE A
    SET A2 = 1, A3 = 2
    WHERE [    a    ]
```

構文

UPDATE ～
WHERE CURRENT OF カーソル名

ここで，A 表の構造は次のとおりであり，実線の下線は主キーを表す。

A（A1，A2，A3）

ここはカーソル名

ア　CURRENT OF A1

イ　CURRENT OF B

ウ　CURSOR B OF A

エ　CURSOR B OF A1

Memo

スキルUP!

SQL に関する問題

SQL に関しては，基礎理論やテーブル設計に比べて特別なテクニックは存在しないが，守らなければならないルールや，高得点を狙うためのポイントがある。次の点を覚えておいてほしい。

- 文法は標準 SQL である。キーワードは，一字一句に至るまで正確に覚える
- SQL 文を記述する際，英大文字・小文字の区別は特にないが，問題文で示されているのは英大文字なので，できるだけそれに従う
- テーブルを結合したり，相関副問合せを使ったりする場合は，テーブルの相関名を使用した方がよい
- 文字列は「'」と「'」で囲む
- 日付を文字列として扱うか数字として扱うかは，問題に応じて判断する
- 副問合せがしばしば出題されている。問題文をよく読んで，WHERE 句の条件を正確に見極める
- SQL 文の末尾にセミコロン（;）は不要である

1.6 SQL暗記チェックシート

本章で解説しているSQL文や過去に出題された午前問題のSQL文の中から，暗記しておいた方がいいSQL文をチェックシートにまとめました。QRコードまたは下記URLからアクセスし，必要に応じてダウンロードしてお使いください。

URL

https://www.shoeisha.co.jp/book/pages/9784798167770/sql/

QRコード

第2章 概念データモデル

最初に，概念データモデル（下図）について説明する。概念データモデルとは，対象世界の情報構造を抽象化して表現したものである。データベースの種類にも，特定のDBMS製品にも依存せず，情報化しない範囲まで対象範囲とするのが特徴。情報処理技術者試験では，午後Ⅱ事例解析試験で必ず登場しており，E-R図で表現されている。午後Ⅱ対策は，ここからスタートしよう。

これが
概念データモデルだ！

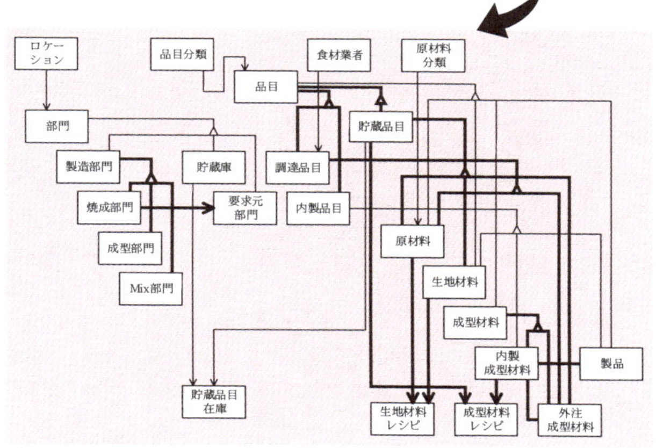

平成31年度午後Ⅱ問2設問1（1）解答例より

アクセスキー P（大文字のピー）

2.1 情報処理試験の中の概念データモデル

午後Ⅰ試験と午後Ⅱ試験の問題冊子には，概念データモデルの表記ルールが示されている。過去問題で確認してみよう，「**問題文中で共通に使用される表記ルール**」という説明文が付いているのがわかるだろう。最初に，そのルールを理解し，慣れておく必要がある。

試験に出る
平成 26 年・午前Ⅱ 問 1
平成 20 年・午前 問 21

序章「午後Ⅱ問題（事例解析）の解答テクニック」（P.37）でも説明しているが，試験までに，この「問題文中で共通に使用される表記ルール」は覚えておこう

本書の過去問題の解説では，この表記ルールに即した解答の場合，「表記ルールにあるから」という説明はしていない。受験者の常識として割愛しているので，演習に入る前に，理解しておこう

平成 31 年度試験における「問題文中で共通に使用される表記ルール」

以下の説明は，平成 31 年度試験における「問題文中で共通に使用される表記ルール」のうち，概念データモデルのところだけを抜き出したものである。最初に，このルールから理解していこう。

1．概念データモデルの表記ルール

(1) エンティティタイプとリレーションシップの表記ルールを，図 1 に示す。

①エンティティタイプは，長方形で表し，長方形の中にエンティティタイプ名を記入する。

②リレーションシップは，エンティティタイプ間に引かれた線で表す。
“1 対 1”のリレーションシップを表す線は，矢を付けない。
“1 対多”のリレーションシップを表す線は，“多”側の端に矢を付ける。
“多対多”のリレーションシップを表す線は，両端に矢を付ける。

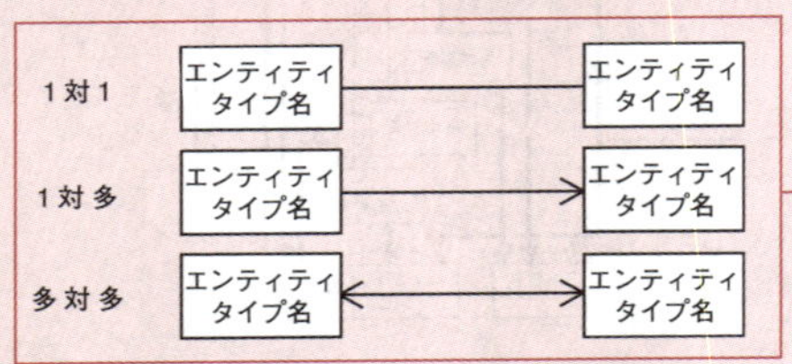

図 1　エンティティタイプとリレーションシップの表記ルール

(2) リレーションシップを表す線で結ばれたエンティティタイプ間において，対応関係にゼロを含むか否かを区別して表現する場合の表記ルールを，図 2 に示す。

①一方のエンティティタイプのインスタンスから見て，他方のエンティティタイプに対応するインスタンスが存在しないことがある場合は，リレーションシップを表す線の対応先側に“○”を付ける。

②一方のエンティティタイプのインスタンスから見て，他方のエンティティタイプに対応するインスタンスが必ず存在する場合は，リレーションシップを表す線の対応先側に“●”を付ける。

エンティティタイプの意味
➡ P.198 参照

リレーションシップの意味
➡ P.199 参照

図 1 の矢印の意味
➡ P.200「多重度」参照

“○”“●”の意味
➡ P.200「オプショナリティ」参照

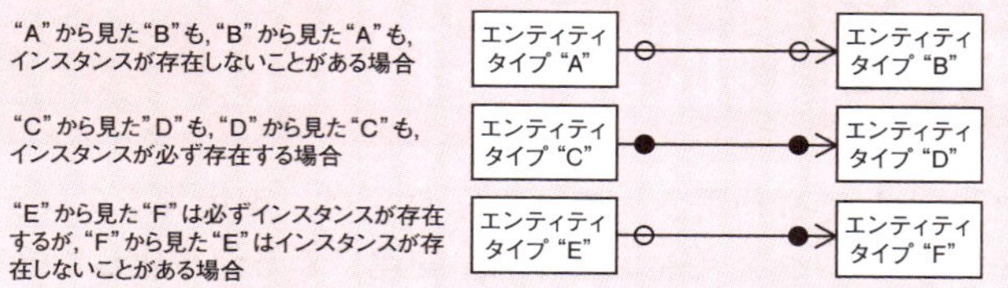

図２　対応関係にゼロを含むか否かを区別して表現する場合の表記ルール

(3) スーパタイプとサブタイプの間のリレーションシップの表記ルールを，図３に示す。

①サブタイプの切り口の単位に"△"を記入し，スーパタイプから"△"に1本の線を引く。

②一つのスーパタイプにサブタイプの切り口が複数ある場合は，切り口の単位ごとに"△"を記入し，スーパタイプからそれぞれの"△"に別の線を引く。

③切り口を表す"△"から，その切り口で分類されるサブタイプのそれぞれに線を引く。

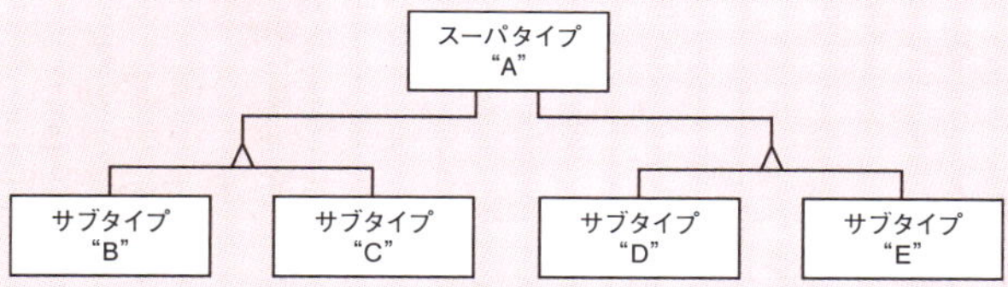

スーパタイプ"A"に二つの切り口があり，それぞれの切り口にサブタイプ"B"と"C"及び"D"と"E"がある例

図３　スーパタイプとサブタイプの間のリレーションシップの表記ルール

(4) エンティティタイプの属性の表記ルールを，図４に示す。

①エンティティタイプの長方形内を上下２段に分割し，上段にエンティティタイプ名，下段に属性名の並びを記入する。[1)]

②主キーを表す場合は，主キーを構成する属性名又は属性名の組に実線の下線を付ける。

③外部キーを表す場合は，外部キーを構成する属性名又は属性名の組に破線の下線を付ける。ただし，主キーを構成する属性の組の一部が外部キーを構成する場合は，破線の下線を付けない。

エンティティタイプ名
属性名1，属性名2，… …，属性名n

図４　エンティティタイプの属性の表記ルール

注 [1)] 属性名と属性名の間は","で区切る。

図：平成31年度の「問題文中で共通に使用される表記ルール」
（概念データモデルの説明部分のみ抽出）

スーパタイプ
サブタイプ
➡P.211参照

2.2 E-R 図（拡張 E-R 図）

概念データモデルの表記法としても利用されている E-R 図は，実世界をエンティティ（Entity:実体）とリレーションシップ（Relationship:関連）でモデル化した図で，現在では広く利用されている。

2.2.1 試験で用いられる E-R 図

試験では拡張された E-R 図が用いられる。これは 1976 年に P.P.Chen が提唱した従来の E-R 図とは異なっている。それは，エンティティタイプにスーパタイプ・サブタイプ（汎化・特化関係）の概念が導入されている点である。

試験に出る
平成 18 年・午前 問 17

本書では特に断りがない場合，この拡張された E-R 図，つまり，試験で用いられる表記ルールに従って表した E-R 図を基に解説する

●エンティティ

エンティティとは，対象事物を概念としてモデル化したものである。エンティティはいくつかの属性を持つ。また，必要に応じてデータ制約が定義される。一方，属性が特定の値を持ったものをインスタンスと呼ぶ。

エンティティの実現値がインスタンスであり，インスタンスを抽象化した概念がエンティティである。別の言い方をすると，エンティティは集合であり，インスタンスはその要素である

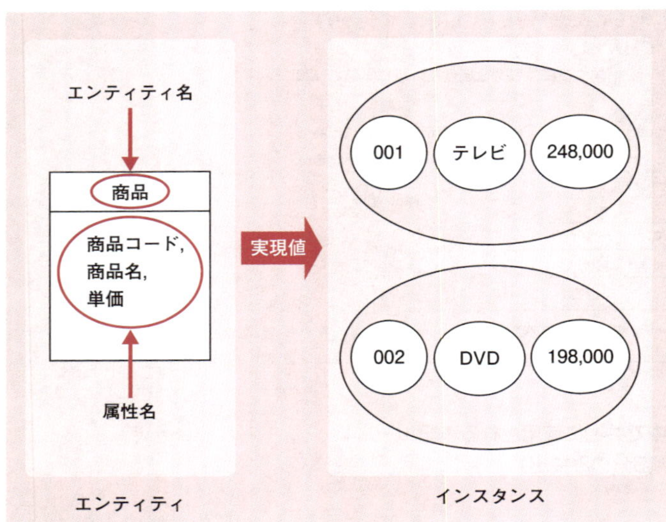

図：エンティティとインスタンスの例

●リレーションシップ

リレーションシップとは，業務ルール（業務遂行上の運用ルール）によって発生するエンティティ間の結びつきのことである。二つのエンティティに含まれるインスタンスの間に何らかの参照関係が存在するとき，両エンティティはリレーションシップで結ばれる。

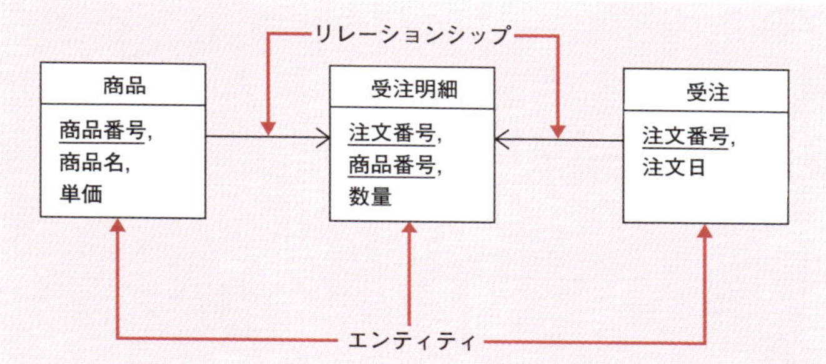

図：エンティティとリレーションシップの表記例

〈参考〉

試験では，**「エンティティ」**の代わりに**「エンティティタイプ」**が用いられている。エンティティタイプとは，「タイプ（型）」という語が示唆しているように，簡単にいうとエンティティの構造を定義したものである。

一方，エンティティとは，エンティティタイプの中身，すなわち実現値（インスタンス）の集合を意味している。実用上は，「エンティティ」と「エンティティタイプ」を区別することはほとんどない。本書もこれに倣い，特に必要がない限り，「エンティティタイプ」を「エンティティ」と呼ぶことにする（過去問題の解説部分を除く）。

試験に出る

未完成の概念データモデルを完成させる問題（エンティティタイプを追加する問題，リレーションシップを追加する問題）

序章（P.38，P.44）に書いている通り，午後Ⅱを中心に午後Ⅰや午前Ⅱでも毎年必ず出題される

2.2.2 多重度

エンティティタイプとリレーションシップの間にある，インスタンスの対応関係を**多重度**という。この多重度は，相手側のインスタンスに対して，自分側のインスタンスが常に1の場合は直線でつなぎ,複数の場合も存在するなら“⟶”で表記することになっている。

試験に出る
①平成 17 年・午前 問32
②平成 16 年・午前 問26
③平成 21 年・午前Ⅱ 問4

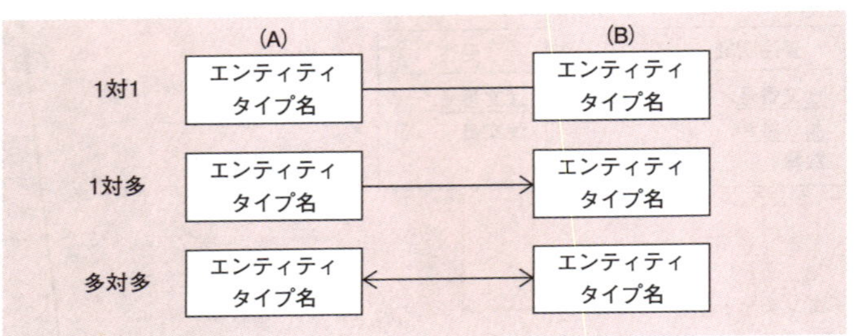

図：多重度の例

多重度のことをカーディナリティということもある

上記の例でいうと，真ん中の「1対多」の関係は，(A) の一つのインスタンスに対して，(B) のインスタンスは複数存在し，逆に (B) のインスタンス一つに対して，(A) のインスタンスは一つであることを表している（詳細例は後述)。

● オプショナリティ

このオプショナリティとは，多重度にゼロ（以下，0とする）を含むか否かを区別して表記するもので，相手のインスタンスに対して，絶対に存在する場合（つまり“0”が発生しない場合）には“●”を，存在しないことがある場合（つまり“0”が発生する場合）には“○”を表記する。

試験に出る
平成 23 年・午前Ⅱ 問1

試験に出る
平成 29 年・午後Ⅰ 問1
平成 25 年・午後Ⅰ 問2
平成 25 年・午後Ⅱ 問2
平成 19 年・午後Ⅱ 問2

オプショナリティの記述を要求する問題は，上記の通り，これまで定期的に出題されている。したがって，今回の試験でも出題される可能性は十分にある。時間があれば，過去問題の解説を読んで確認しておいた方がいい

表：多重度とオプショナリティの関係

表記	多重度	インスタンス	意味
─○─ A	1	必須でない	相手から見て，A側のインスタンスが対応する数は，0又は1
─●─ A	1	必須である	相手から見て，A側のインスタンスが対応する数は，厳密に1
─○→ A	多	必須でない	相手から見て，A側のインスタンスが対応する数は，0以上
─●→ A	多	必須である	相手から見て，A側のインスタンスが対応する数は，1以上

オプショナリティは，問題文の状況を勘案して確定させることになるが，次のようなよくあるパターンは知っておいて損はない。

① データの発生順を考慮する場合

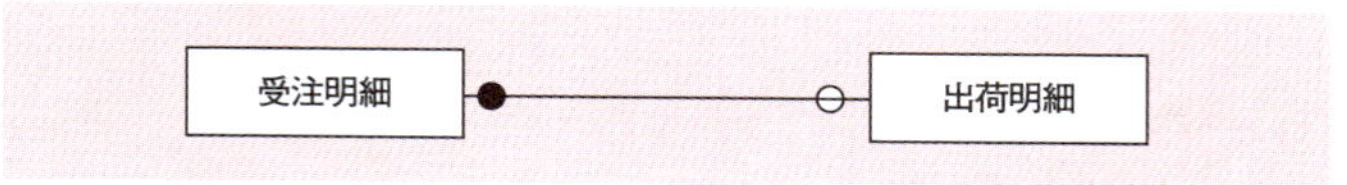

データの発生順を考慮する場合は，後に発生するエンティティ側に“○”が付く。タイムラグが発生し一時的に相手側のエンティティがNULLになるからだ。

左の例以外でも，部門マスタと社員マスタや，社員マスタと営業成績データの関係のように，参照制約が必要で，データの登録順を考えないといけない場合なども，厳密にいうと，後から登録する側は“○”になる

② 伝票形式の場合

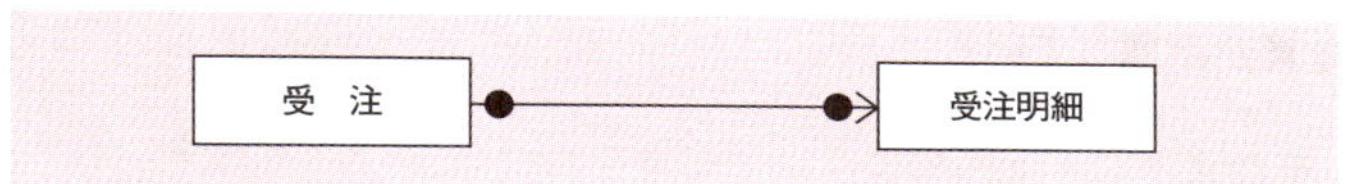

“受注”と“受注明細”の伝票形式のように，お互いが存在しないと意味をなさないエンティティ同士は，両側に“●”が付く。

③ 日常の状態を把握したい場合

平成25年度の午後Ⅱ問2のオプショナリティを含む解答を求める問題には，次のような注意書きがあった。

平成25年度の午後Ⅱ問2には目を通しておいた方がいい

> (1) 今回の概念データモデリングでは，日常的に特売企画，販売などが行われている状態でのサブタイプ構造，及びリレーションシップの対応関係を分析することを目的とする。例えば，店舗の新規開店時（店舗が開設され，まだ店舗の活動がない期間），商品の取扱い開始時（商品が登録され，まだ入荷及び販売がない期間）は考慮しない。

これは，常識的に**「店舗で全ての商品を扱っているわけないよね」**というのでも，**「先に商品マスタを登録するけど，その時には入荷はまだないよね」**というタイミングの問題でもなく，特に明確な理由が無い限り，原則「●――●>」だということを示している。実際，この時の解答もゼロを含まないリレーションが多かった。このように，問題文の解答のルールを読み落とさないようにしよう。

(1) 1対多

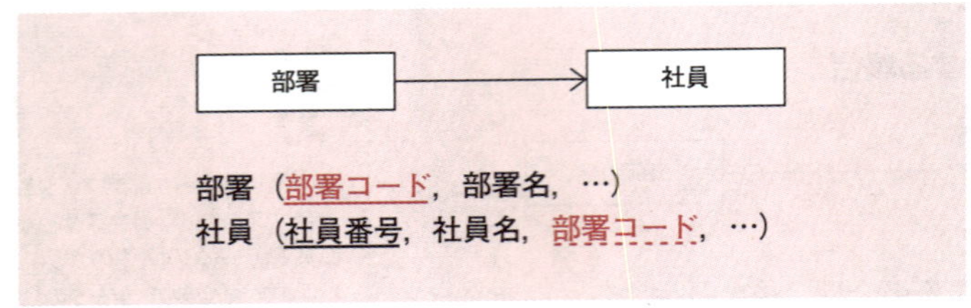

まずは“1対多”の関係を見ていこう。上記は“部署”と“社員”の最もシンプルな例で，次のような解釈になる。

①各社員は，どこか一つの部署に所属する。
②各部署には，複数の社員が所属している。

上記にオプショナリティを加えると，下図のように「ゼロを含む場合と，含まない場合」で書き分ける必要がある。

部署マスタのように，新設の部署でまだ誰も所属していないケースや，社員マスタよりも先にデータ登録が必要なケース，社員が一人もいなくなってもデータを残すようなケースなどでは，リレーション先のオプショナリティとして“0”を許容する必要がある

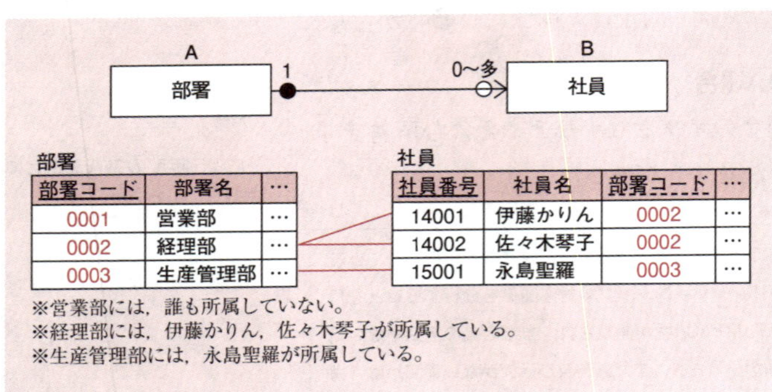

部署

部署コード	部署名	…
0001	営業部	…
0002	経理部	…
0003	生産管理部	…

社員

社員番号	社員名	部署コード	…
14001	伊藤かりん	0002	…
14002	佐々木琴子	0002	…
15001	永島聖羅	0003	…

※営業部には，誰も所属していない。
※経理部には，伊藤かりん，佐々木琴子が所属している。
※生産管理部には，永島聖羅が所属している。

図：1対多の関連の例（オプショナリティを加えた場合）

上記の例のようなオプショナリティを加えた場合は，次のような解釈になる。

①’ 各社員は，どこか一つの部署に“必ず”所属する。
どこにも所属しない社員はいない。
②’ 各部署には，複数の社員が所属している。
但し，社員が一人もいない部署も存在する。

【覚えておいて損はない！】基本は“→”（1 対多）

概念データモデルを完成させる問題では，問題文に書かれている業務要件をもとにリレーションシップを追加する必要があるが，**この場合，最も数が多く基本とも言えるリレーションシップが“1対多”である。**原則，第 3 正規形にしなければならないので“多対多”のリレーションシップを書くことはないので，選択肢は“1対多（多対 1 も同じ）”か“1 対 1”の二択になる。

この二択のいずれかを判断する場合，左ページの①と②の記述のように双方のエンティティタイプから見た記述を探す必要があるが，②の記述（相手が“多”になる記述）は省略されることも少なくない。その場合は常識的に判断して“1 対多”とする。

左ページの例で言うと，仮に②の記述が省略されていても，**「ひとつの部署には，1 人の社員しか所属できない」**という非常識な**「1対 1 を確定付ける記述」**が無いから，常識的に判断して“1 対多”だなと考える。

参考

したがって，どうしても 1 対多のリレーションシップが多くなる。そのため「困ったら1対多」，「時間が無ければ1対多にしておく」という戦略も有効だ

【覚えておいて損はない！】矢印は，主キーから外部キーへ

リレーションシップの“→”の向きがどうだったのか，なかなか覚えられない人は，**「（リレーションシップの）矢印（→）は，主キーから外部キーへ」**と覚えるといいだろう。概念データモデルの図を見ると，リレーションを張っている主キー側のエンティティから，外部キー側のエンティティに矢印が伸びているからだ。

左ページの例でも，“部署”エンティティの主キーと，“社員”エンティティの外部キーたる部署コードとの間に“1対多”のリレーションシップが存在するが，その矢印は主キーでリレーションシップを張っている“部署”から，その外部キーを持つ“社員”に矢印が伸びている。

参考

語呂合わせのような，単なる覚え方の工夫に過ぎないが，単純で覚えやすいのでそこそこ便利

(2) 1対1

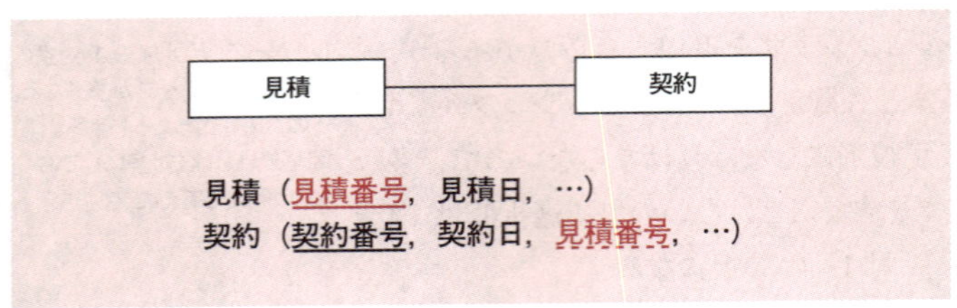

これは“1対1”の例である。最初に見積りを提示して，その見積りに対して（見積りどおりに）契約を行うケースなどは，この関係になる。

①見積と契約は1対1になる。
→分割契約も，複数の見積をまとめる一括契約もない

上記にオプショナリティを加えると，下図のように「ゼロを含む場合と，含まない場合」で書き分ける必要がある。

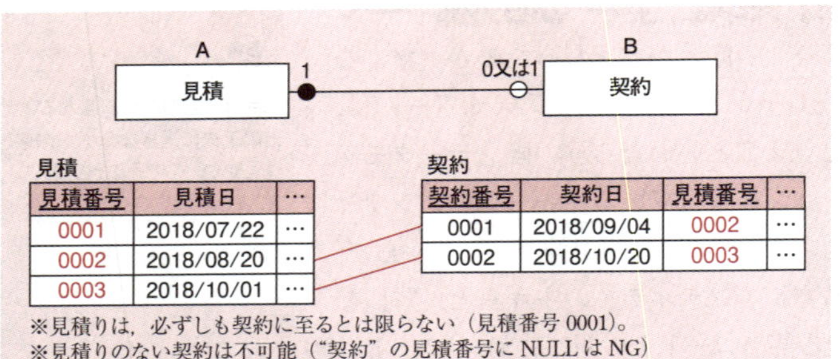

見積

見積番号	見積日	…
0001	2018/07/22	…
0002	2018/08/20	…
0003	2018/10/01	…

契約

契約番号	契約日	見積番号	…
0001	2018/09/04	0002	…
0002	2018/10/20	0003	…

※見積りは，必ずしも契約に至るとは限らない（見積番号 0001）。
※見積りのない契約は不可能（“契約”の見積番号に NULL は NG）
※ひとつの見積りが複数の契約に分割されることはない

図：1対1の関連の例（オプショナリティを加えた場合）

上記の例のようなオプショナリティを加えた場合は，次のような解釈になる。

②全ての見積りが，契約に至るとは限らない。

③見積をしていないと契約はできない。

後から発生する側に外部キー
午後Ⅰや午後Ⅱ試験の問題文には，通常**「リレーションシップが1対1の場合，意味的に後からインスタンスが発生する側のエンティティタイプに外部キー属性を配置する。」**という記述がある。1対1の場合，理論上どちらに外部キーを持たせても構わないが，運用面と参照制約を考えた場合には，後から発生する側に外部キーを持たせるのは当然のこと。覚えておこう

1件の見積りに対して，分割して契約する場合は“1対多”になる

(3) 多対多

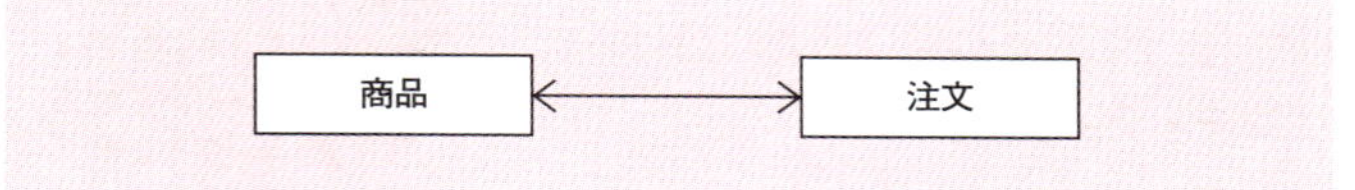

最後に"多対多"の関係も見ておこう。これは"商品"と"注文"の例になる。

①一つの商品は，複数の注文で販売される。
②1回の注文で，複数の商品を受け付ける。

ここでも同様に，オプショナリティを加えた場合の例を示す。

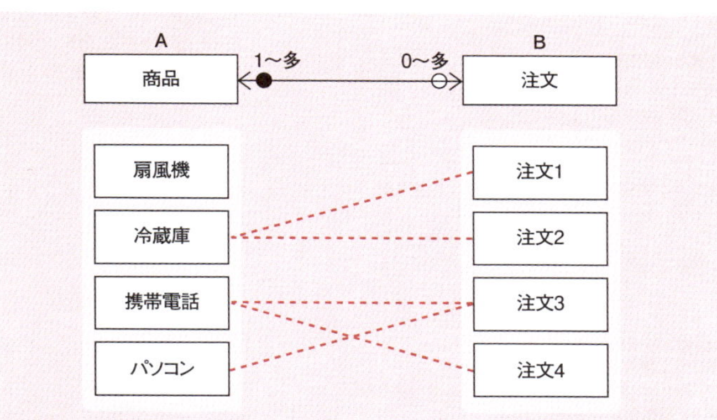

●業務ルールの例
・一つの商品に対し複数の取引先から注文が入る。顧客は1回の発注で複数の商品を注文できる
・ただし，商品のない注文はない
・全ての商品に対して注文があるわけではない

●インスタンス
・扇風機には注文がない
・注文1で冷蔵庫を受注した
・注文2で冷蔵庫を受注した
・注文3で携帯電話とパソコンを受注した
・注文4で携帯電話を受注した

図：多対多の関連の例（オプショナリティを加えた場合）

多対多の関連は，そのまま論理データモデルに転換していくと非正規形になる。これは，どちらに外部キーを持たせても，その外部キーが繰返し項目（非単純定義域）になってしまうからである。

多対多の関係は正規化して第3正規形にし，そこで作成される連関エンティティ（次ページで説明）を使う設計にする。情報処理技術者試験でも，データベースの論理設計の問題では**「関係スキーマは第3正規形にする。」**という指示があるので，多対多の関係をそのまま解答することはない

●連関エンティティ

多対多を排除するには，そのリレーションの間にエンティティを一つ設けて１対多の関連に変換する。この時，新たに設けられたこのエンティティを**連関エンティティ**という。

次の図を例に，連関エンティティについて説明する。

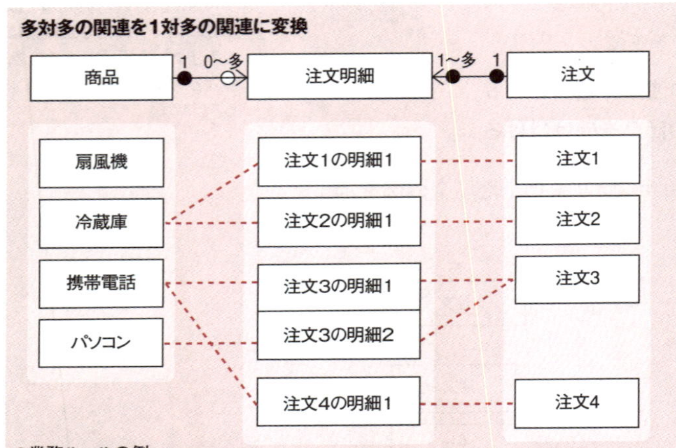

●業務ルールの例

・一つの商品に対し複数の注文が入る。顧客は1回の発注で複数の商品を注文できる

●インスタンス

・扇風機には注文がない。
・注文1には明細1がある。注文1の明細1で冷蔵庫を受注した
・注文2には明細1がある。注文2の明細1で冷蔵庫を受注した
・注文3には明細1，2がある。注文3の明細1で携帯電話，明細2でパソコンを受注した
・注文4には明細1がある。注文4の明細1で携帯電話を受注した

図：連関エンティティの例

ここでの業務ルールは**「一つの商品に対し，複数の注文が入る。顧客は１回の発注で複数の商品を注文できる」**というものである。ここから**“商品”エンティティ**と**“注文”エンティティ**を抽出すると，両者の間に多対多の関連が生まれてしまう。

そこで，連関エンティティとして**“注文明細” エンティティ**を設けて，多対多の関連は排除し，１対多の関連だけでE-R図を表記する。

試験に出る

①平成25年・午前Ⅱ 問3
②平成17年・午前 問31
③平成23年・午前Ⅱ 問4
④平成31年・午前Ⅱ 問5
平成28年・午前Ⅱ 問6
平成19年・午前 問32
平成16年・午前 問29

試験に出る

午後Ⅰや午後Ⅱの問題のE-R図では基本的に多対多の関連が排除されている。なぜなら，正規化することで多対多が排除されるからである。もしも問題の中で多対多の関連があるとしたら，これを排除することが設問で求められているのかもしれない。その場合，連関エンティティを新たに作って対応できないかを，まずは考えるようにしよう

強エンティティと弱エンティティ

エンティティの性質もしくは特徴として，強エンティティや弱エンティティということがある。

強エンティティとは，そのインスタンス（エンティティ中のある値だとイメージすれば良い）が，他のエンティティのインスタンスに関係なく存在可能なエンティティのことをいう。

一方，弱エンティティとは，そのインスタンスが，（対応している）他のエンティティのインスタンスが存在する時だけ，存在可能なエンティティのことをさす。"売上"エンティティと"売上明細"エンティティや,"請求" エンティティと "請求明細" エンティティなどをイメージすればわかりやすい。

このような販売管理でよく使用される伝票類の多くは，通常，非正規形になっているので，第１正規形にするときに繰り返し項目を除去する。このときに,いわゆる "ヘッダ" エンティティと "明細部" エンティティに分かれるが,その関係が,ちょうど強エンティティと弱エンティティの関係になる。これで覚えておけばいいだろう。下図はその典型例である。弱エンティティが,強エンティティの存在に依存していることが，はっきりとわかると思う。

試験に出る

平成 29 年・午前Ⅱ 問 5
平成 26 年・午前Ⅱ 問 5
平成 24 年・午前Ⅱ 問 16
平成 20 年・午前 問 33

強エンティティを強実体，弱エンティティを弱実体ともいう。過去問題では，強実体，弱実体の方を使っていたが,ここでは"エンティティ" という言葉の方を使っている

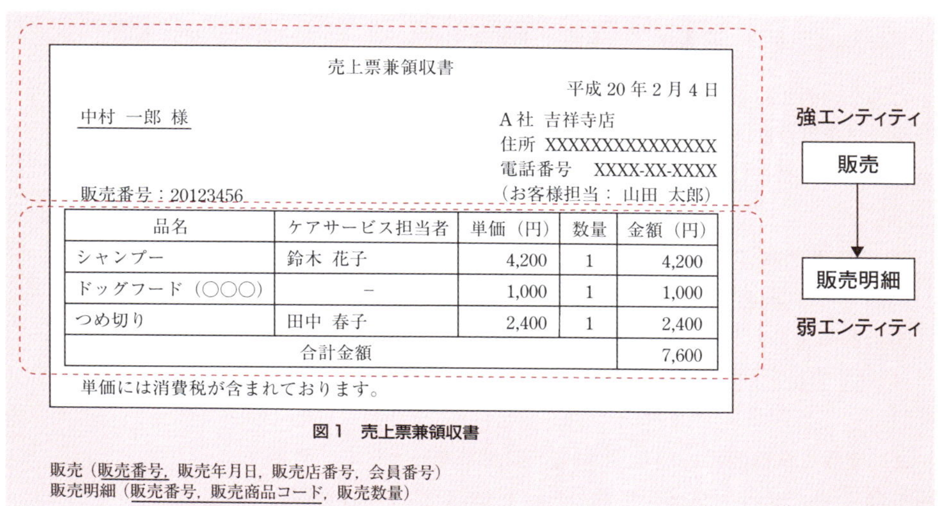

売上票兼領収書

平成 20 年 2 月 4 日

中村　一郎 様

A 社　吉祥寺店
住所 XXXXXXXXXXXXXXX
電話番号　XXXX-XX-XXXX
（お客様担当：山田 太郎）

販売番号：20123456

品名	ケアサービス担当者	単価（円）	数量	金額（円）
シャンプー	鈴木 花子	4,200	1	4,200
ドッグフード（○○○）	−	1,000	1	1,000
つめ切り	田中 春子	2,400	1	2,400
合計金額				7,600

単価には消費税が含まれております。

図１　売上票兼領収書

販売（販売番号，販売年月日，販売店番号，会員番号）
販売明細（販売番号，販売商品コード，販売数量）

図：強エンティティと弱エンティティとの関係例
（平成 20 年午後Ⅰ問２より引用）

●リレーションシップを書かないケース

エンティティ間に参照関係があっても，リレーションシップを書かないケースもある。

【具体例】
営業所（営業所番号，営業所名）
営業担当者（営業担当者番号，氏名，営業所番号）
顧客（顧客番号，氏名，営業担当者番号）

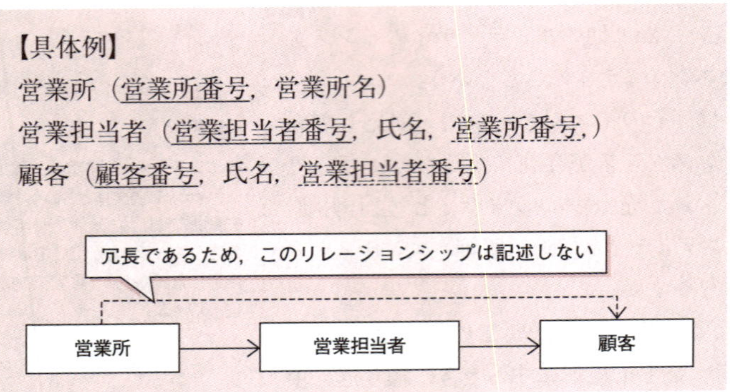

上記の例のように，“営業所”，“営業担当者”，“顧客”の関係性があり，ある“顧客”のデータから“営業所”の営業所名を参照する必要がある時には，以下のように2通りのルートが考えられる。

① “営業担当者”を介して“営業所”にアクセスするルート
② “顧客”から“営業所”へ直接アクセスするルート

この2つのルートのうち**「（“顧客”と“営業所”の間に）リレーションシップを書かないケース」**は①の方で，例えば次のような業務要件がある場合には①を選択する。

【業務要件の例（①の場合）】

顧客の営業担当者が他の営業所に異動になっても，営業担当者は変わらない。その顧客の管轄の営業所も担当者の（現在）所属する営業所になる。

このような業務要件の場合，“顧客”に外部キーとして‘営業所番号’を持たせると，営業担当者が異動するたびに“営業担当者”と“顧客”の両方の‘営業所番号’を更新しなければならず，最悪“担当者”と“顧客”の‘営業所番号’が異なってしまうことになる。したがって，“顧客”から“営業所”を参照したい場合には，“営業担当者”を介して推移的に導出しなければならない。

一方，次のような業務要件の場合には②になる。つまり，“顧客”と“営業所”の間にもリレーションシップが必要になる（“顧客”に‘営業所番号’を外部キーとして持たせる）場合だ。

【業務要件の例（②の場合）】

顧客の営業担当者が他の営業所に異動になっても，営業担当者に関わらず，その顧客の管轄の営業所は契約当時の営業所を保持しておく。

他にも次のようなケースでも**“一見するとリレーションシップが冗長になるので必要無いように思えるが，実はリレーションシップが必要になるケース”**になる。

【例外的にリレーションシップが必要な例】

部屋（部屋番号，部屋名，収容人数，部屋区分）

利用者（利用者番号，氏名，住所，電話番号）

予約（予約番号，部屋番号，使用年月日，時間帯，利用者番号，予約年月日時分）

貸出（貸出番号，部屋番号，使用年月日，時間帯，利用者番号，予約番号）

【業務要件】

予約なしで当日来館しても，部屋が空いていれば貸し出す。

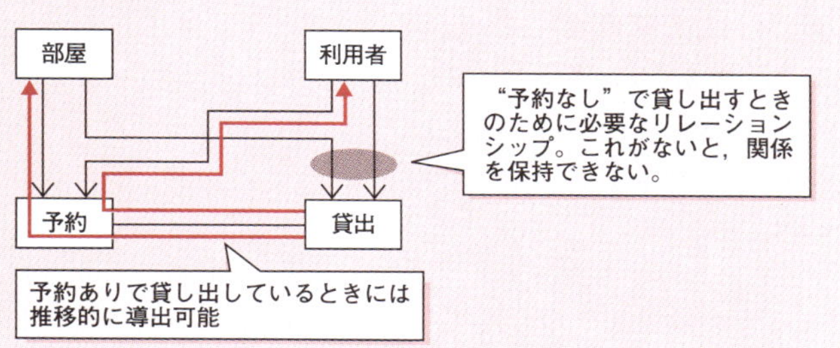

試験に出る

リレーションシップが必要になるケース
平成30年午後Ⅰ問1

要するに，“顧客”と“営業担当者”の関係と，“顧客”と“営業所”の関係に独立性があるかどうかで，リレーションシップが必要かどうかを判断する

左図の場合，「ただし，予約なしで当日来館しても，部屋が空いていれば貸し出す」という記述から，“部屋”と“貸出”間のリレーションシップ，“利用者”と“貸出”間のリレーションシップは冗長にはならない。“予約”が生成されていないときにも“部屋”や“利用者”と“貸出”のリレーションシップは必要になるからだ。したがって，この図のように両方のリレーションシップはいずれも必要になる。なお，“予約なしの宿泊”の場合，“貸出”の‘予約番号’には“NULL”を設定したりする

●自己参照のリレーションシップ

自分のエンティティの主キーを外部キーに設定する自己参照のケースは，次の図のように表記する。

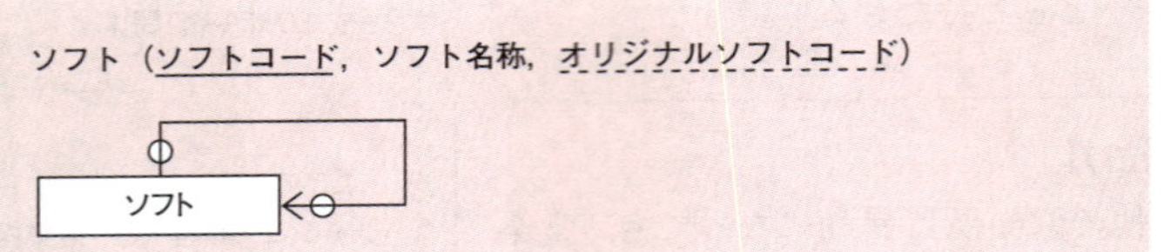

例えば，人気のあるソフトで，シリーズ化されたものを管理するようなケースでは，シリーズの最初のソフト（オリジナルソフト)がわかるようにしておきたいことがある。そういうケースでは，属性の中に自己を参照する外部キーを持たせることになる。それが自己参照だ。

試験に出る
平成 18 年・午前 問16

試験に出る
自己参照
・問題文の表記のみ
平成 17 年・午後Ⅱ 問 1
平成 16 年・午後Ⅱ 問 1
・解答に必要
平成 30 年・午後Ⅱ 問 2
平成 20 年・午後Ⅱ 問 1
平成 18 年・午後Ⅱ 問 1

●複数のリレーションシップが存在するケース

あるエンティティから，別のエンティティに対して複数の外部キーを持つ場合，次の図のように，その数だけリレーションシップを表記しなければならない。

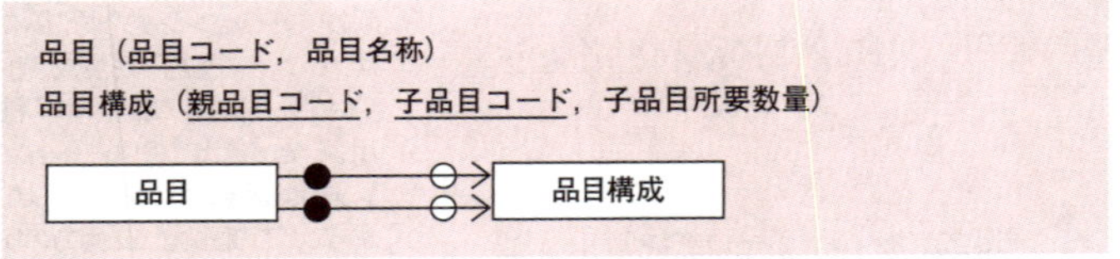

例えば，BOM（部品表，もしくは品目構成表）に，親コードと子コードを持たせるとしよう。この場合，品目構成と品目のリレーションシップは二つになるので，2 本の矢印が必要になる。

(1) 親品目コードと品目コード
(2) 子品目コードと品目コード

試験に出る
平成 20 年・午前 問31
平成 18 年・午前 問27

試験に出る
複数のリレーションシップ
・問題文の表記のみ
平成 20 年・午後Ⅱ
問 1, 問 2
平成 15 年・午後Ⅱ 問 1
平成 14 年・午後Ⅱ 問 2
・解答に必要
平成 17 年・午後Ⅱ 問 1

2.2.3 スーパタイプとサブタイプ

「2.1 情報処理試験の中の概念データモデル」で説明している「問題文中で共通に使用される表記ルール」内に見られるように，スーパタイプとサブタイプという考え方がある。これは，**汎化・特化**関係を表現するためのもので，汎化した側のエンティティをスーパタイプ，特化した側のエンティティをサブタイプとするものだ。

試験に出る

スーパタイプ，サブタイプを含む概念データモデルの作成

平成 15 年～平成 31 年まで毎年午後Ⅱで少なくとも 1 問出題されている

●標準パターン

スーパタイプとサブタイプの関係には，この後説明するように様々なパターンがある。そのため，それらを全部最初から見ていくと，すごく難しいものになる。そこで，最初に，最もよくあるパターンを標準パターンとして，それでスーパタイプとサブタイプの関係を理解していこう。平成 24 年度の午後Ⅱ問 2 より抜粋した，切り口が一つのケースで，サブタイプが 4 つ存在する例である。

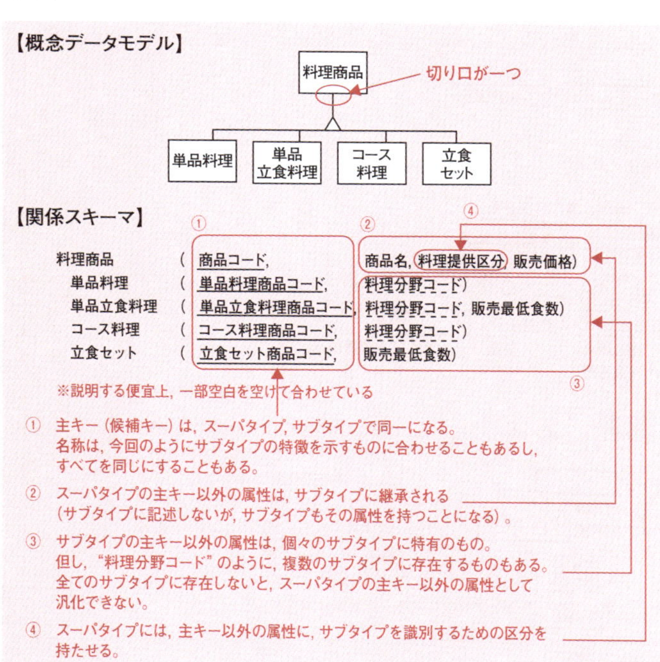

用語解説

汎化（is-a 関係）

共通の属性を取り出してスーパタイプを作ること。汎化を行うと，サブタイプには属性の差分だけを記述すれば済むようになる

特化（専化）

スーパタイプの属性を引き継ぎ，ほかのサブタイプとの差分の属性のみを持つこと

通常，汎化／特化は，エンティティとリレーションシップが一通り見つかって，E-R モデルを洗練する段階で行われることが多い

【例:スーパータイプとサブタイプ】

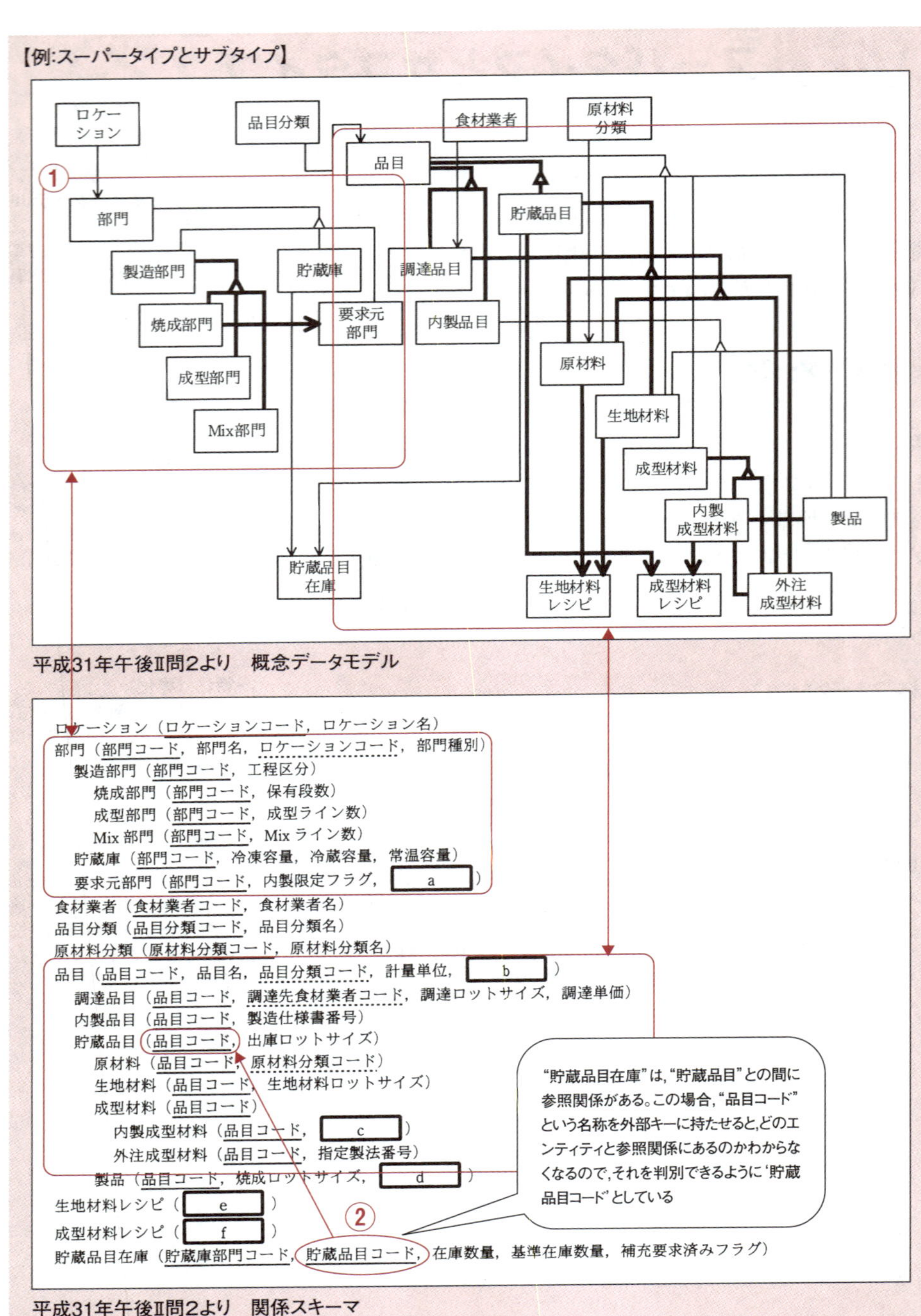

平成31年午後Ⅱ問2より　概念データモデル

平成31年午後Ⅱ問2より　関係スキーマ

それではここで，過去問題（平成 31 年午後Ⅱ問２）を例に，スーパータイプとサブタイプの表記に関する“特徴”を説明する。

関係スキーマの表記

関係スキーマ（左ページの下側）でスーパータイプとサブタイプの関係を表現する時には，スーパータイプを先に書き（上に書き），その下に**“一文字下げて”**サブタイプを続けるのが慣例になっている。左ページの例だと，①の枠囲み内の“部門”と“製造部門”，“貯蔵庫”，“要求元部門”の関係性などがそうである。また，階層化表記されるので“製造部門”と“焼成部門”，“成型部門”，“Mix 部門”もスーパータイプとサブタイプの関係になる。

参考

問題文の関係スキーマをチェックすると，関係スキーマの字下げの部分を見れば，おおよそスーパータイプとサブタイプの関係がわかる

主キー，外部キーの表記

スーパータイプとサブタイプの主キーは，左記の例のように原則同じ名称である。

但し，他のエンティティに外部キーを設定する場合，参照先をスーパータイプかサブタイプか明確に区別する必要があるので，外部キーには“違いがわかるような名称”（左ページの②：単なる‘品目コード’ではなく‘貯蔵品品目コード’）を付ける。

スーパータイプとサブタイプの主キーの名称が同じかどうかはケースバイケースだ。左ページの例は同じ名称を用いているが，その前のページの例では異なっている。問題によって異なるので都度問題文で確認しよう

外部キーをスーパータイプから継承した属性にする場合

下図のように，外部キーの役割を持たせるためにサブタイプに継承した属性は，前後を“[”と“]”で挟んで明示する。下図の例では，関係 C に対する外部キーを，関係 A ではなく関係 B に持たせたいケースだ。

試験に出る

平成 31 年午後Ⅱ問２で，この形式が指定されており，実際に，属性を答えさせる問題の中の１問で，この形式の記述が必要な問題があった。今後デフォルトになるかもしれないので，確認しておこう

概念データモデルの例

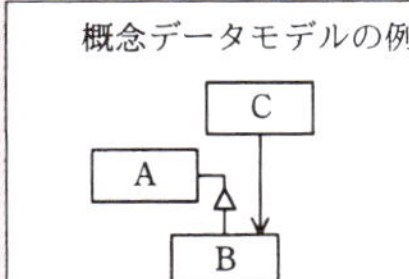

関係スキーマの例

関係 A（属性 a，属性 b，属性 c，属性 d）
　関係 B（属性 a，[属性 c]，属性 e，属性 f）
関係 C（属性 c，属性 e，属性 g，属性 h）

注記　関係 B における属性 c はスーパタイプから継承した属性である。

図：平成 31 年午後Ⅱ問２より

●排他的サブタイプと共存的サブタイプ

スーパタイプとサブタイプの検討を行う場合に，インスタンスが排他的かどうかを考慮する必要がある。実際に，午後Ⅱの事例解析問題等において，問題文から関係性を読み取るときに，この視点でチェックしなければならないことが多い。

排他的か否かというのは，インスタンス（1件1件のデータと考えてもらえばわかりやすい）が，複数のサブタイプの中のいずれか一つにしか属せないのか，そうではなく，複数のサブタイプに属することが可能なのかの違いである。そして，その違いによって，**排他的サブタイプ**（前者），**共存的サブタイプ**（後者）に分ける。

例を使って説明してみよう。例えば，次のようなスーパタイプ“取引先”とサブタイプ“得意先”，“仕入先”があったとする。

スーパタイプ …… 取引先（<u>取引先番号</u>，取引先名）
サブタイプ …… 仕入先（<u>取引先番号</u>，買掛金残高）
サブタイプ …… 得意先（<u>取引先番号</u>，売掛金残高）

これだけでは，排他的サブタイプか共存的サブタイプかはわからないので，どちらにするのかは，問題文から読み取らなければならない。

排他的サブタイプと判断する場合の記述例

「取引先は，仕入先か得意先かどちらか一方にしか登録できない。」

「仕入先かつ得意先の取引先は存在しない。」

共存的サブタイプと判断する場合の記述例

「取引先は，仕入先か得意先のどちらか一方，または両方に登録することができる。」

常識で考えて共存できないもの（法人会員と個人会員など）も多い。特に説明のないものは，排他的サブタイプだと考えても良いだろう

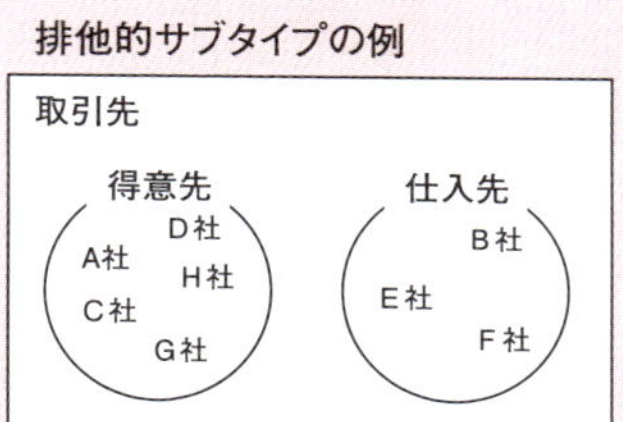

共存的サブタイプの例
取引先
得意先
仕入先
A社
D社
C社
G社
H社
B社
E社
F社

図：取引先8社（A社～H社）を例に考えた場合の違い

現実的な設計では，これに限らず様々な方法があるが，ここでは，過去の情報処理技術者試験でのパターンから，このように設定している

切り口を一つにすることが大前提の場合（問題文でそこに制約がある場合），概念データモデルは，排他的サブタイプのものと同じ記述にしなければならない。その場合，関係スキーマも取引先区分を使って実装することになる。例えば，1=仕入先，2=得意先，3=仕入先兼得意先のようにすれば可能だ

排他的サブタイプ

排他的サブタイプの場合，概念データモデルは図のように書き，関係スキーマ上は，スーパタイプには“分類区分”を持たせて，サブタイプの違いがわかるようにしている。

【概念データモデル】

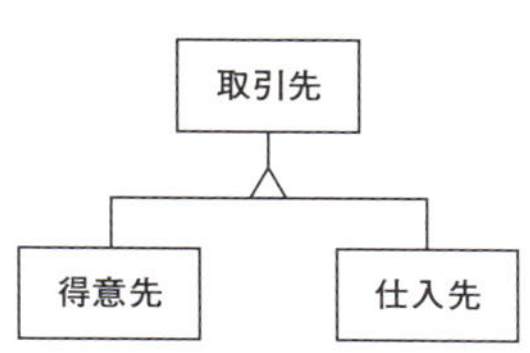

【関係スキーマ】

スーパタイプ
　取引先（取引先番号，取引先名，取引先区分）← 切り口
サブタイプ
　仕入先（取引先番号，買掛金残高）
　得意先（取引先番号，売掛金残高）

共存的サブタイプ

共存的サブタイプの場合は，切り口自体を二つに分けて，すなわち仕入先という切り口と，得意先という切り口に分けて考えるケースが多い。異なる切り口なので，概念データモデルは図のようになり，関係スキーマ上は，スーパタイプに“フラグ”を持たせている。

【概念データモデル】

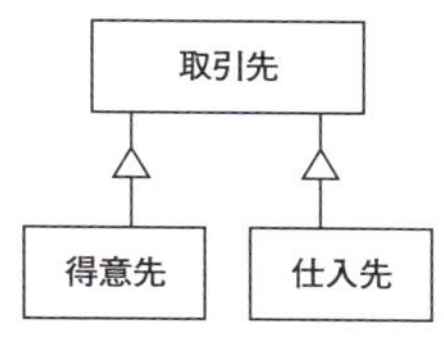

【関係スキーマ】

スーパタイプ
　取引先（取引先番号，取引先名，仕入先ﾌﾗｸﾞ，得意先ﾌﾗｸﾞ）← 切り口
サブタイプ
　仕入先（取引先番号，買掛金残高）
　得意先（取引先番号，売掛金残高）

●包含

共存的サブタイプ同様フラグを使ったケースに，図のような1対1の関係にあるケースも問題文でよく見かけるようになった。これは，**包含**関係にあるパターンだ。

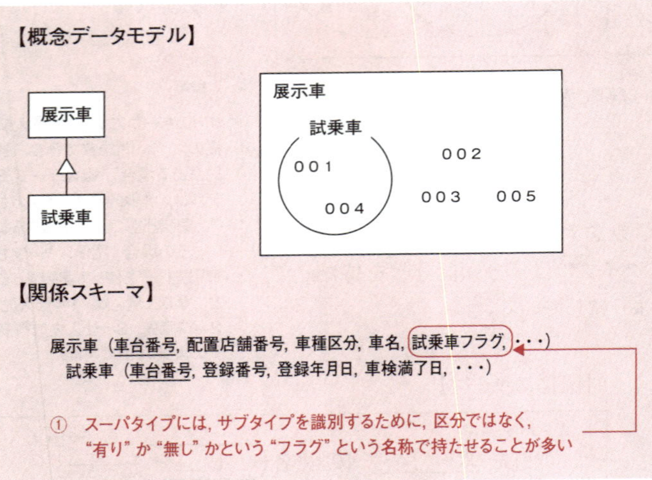

図：包含関係の例（平成24年・午後Ⅱ問1より）

仮に，展示車と試乗車の関係について，図のように記載されていれば，次のように解釈すればいい。

「展示車には，公道を走れる試乗車が含まれる」
「全ての展示車を，試乗車にするわけではない（試乗車にならない展示車もある）」

要するに，包含関係とは，あるエンティティ（試乗車）に含まれるインスタンスが，別のエンティティ（展示車）に含まれるということ。通常は，この例のように，展示車の中に試乗車でないものが存在する場合（両者が，常に，完全に一致するわけではない場合）のことを言う。集合論で言うところの部分集合（subset）が包含になる。

部分集合
集合Aと集合Bが包含関係にある時（集合Aが集合Bを含む時），一時的にA＝Bの状態になる可能性がある場合（つまり，集合Aに存在するインスタンスと集合Bに存在するインスタンスが一時的に同じになることがある場合），BはAの部分集合（subset）という。表記は「A⊇B」（AはBを含む）

真部分集合
集合Aと集合Bが包含関係にある時（集合Aが集合Bを含む時），一時的にもA＝Bの状態にならない場合，特に，BはAの真部分集合（proper subset）という。表記は「A⊃B」（AはBを含む）。この場合ももちろん包含関係にある

情報処理試験では，包含の場合，スーパタイプにフラグとしてもたせることが多い

過去問題（平成18年・午後Ⅱ問2）では，表から包含関係を見出す問題も出題されている。その一例を紹介しておこう（詳細は，当該過去問題を参照）。

次の「表:部品の調達方法」の中には包含関係がみられる。（i）だけ枠で囲んで強調してみた。このように，“納入指示部品”は“自社設計部品”に含まれる。しかし，“都度発注部品”は，“自社設計部品”には含まれない。

（i）自社設計部品　⊇　納入指示部品
（ii）都度発注部品　⊇　汎用調達部品
（iii）都度発注部品　⊇　長納期部品

表：部品の調達方法

		部品の分類と適用する調達方法		
		パターン①	パターン②	パターン③
分類の観点	自社設計区分	自社設計部品	自社設計部品	汎用調達部品
	納期区分	通常納期部品	長納期部品	－
	発注方式区分	納入指示部品	都度発注部品	都度発注部品
調達方法	購入する資材業者	既定	既定	都度決定
	納入リードタイム	既定	納期回答	納期回答
	購入単価	既定	既定	都度決定
	納入ロットサイズ	既定	既定	都度決定

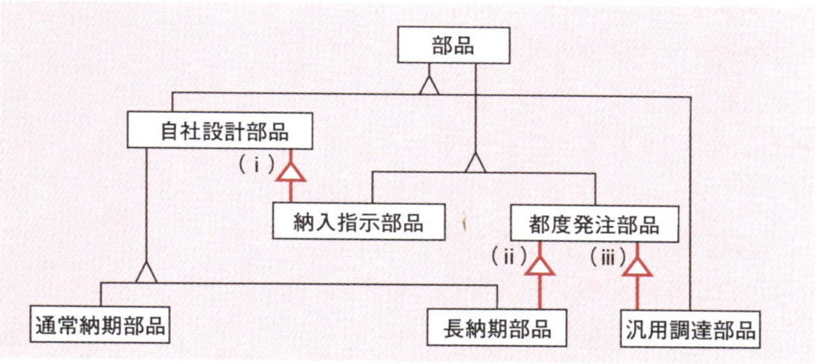

部品
自社設計部品
（i）
納入指示部品
都度発注部品
（ii）
（iii）
通常納期部品
長納期部品
汎用調達部品

図：「表:部品の調達方法」及び「集合間の関係」から包含関係を導き出し，それを加味した概念データモデル

〈参考〉完全／不完全

情報処理技術者試験の午後Ⅱ－事例解析問題において，これまではあまり意識する必要はなかったが，参考までに，完全なサブタイプ化と不完全なサブタイプ化とについても説明しておこう。

完全とは，スーパタイプのインスタンスのすべてが，サブタイプのいずれかに含まれることを意味し，**不完全**とは，スーパタイプのインスタンスの中に，どのサブタイプにも含まれないものが存在することを意味する言葉だ。

こちらも例を使って説明した方がわかりやすいだろう。例えば，次のようなスーパタイプ“会員”とサブタイプ“優良会員”，“要注意会員”があったとしよう。

スーパタイプ …… 会員（<u>会員番号</u>，会員名，会員区分） サブタイプ …… 優良会員（<u>会員番号</u>，ポイント数） サブタイプ …… 要注意会員（<u>会員番号</u>，注意事項）

会員を，必ず，優良会員か要注意会員のいずれかに分類する場合（例えば，会員区分が，1＝優良会員，2＝要注意会員だけしか取りえない場合），それは，完全なサブタイプ化である。

しかし，そうではなく，いずれにも属さない会員が存在する場合（例えば，会員区分に，3＝それ以外を持つ場合など），それは，不完全なサブタイプ化になる。

先に説明した通り，この場合，切り口そのものを分けるとともに，会員区分ではなく，フラグで区分することが多い

排他的サブタイプ，共存的サブタイプとの関係

完全か不完全かは，先の排他的サブタイプと共存的サブタイプのどちらにも存在する概念になる。例えば，前ページの図のベン図の例を完全と不完全に分けると，いずれも“完全なサブタイプ化”だと言える。それに対して，次ページのベン図（現実的には若干無理があるが，A社とF社は，取引先ではあるものの，得意先でも仕入先でもないケース）のようになるケースなら，いずれも“不完全なサブタイプ化”だと言えるだろう。

不完全な排他的サブタイプの例

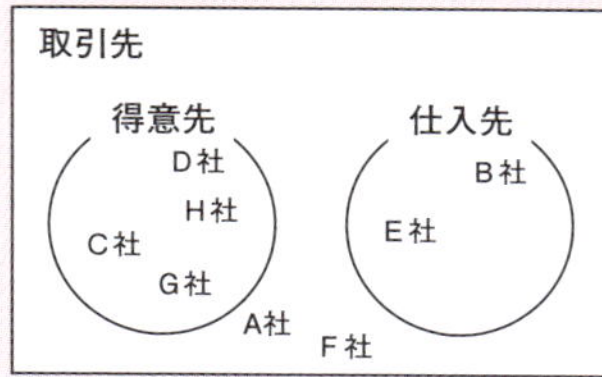

不完全な共存的サブタイプの例

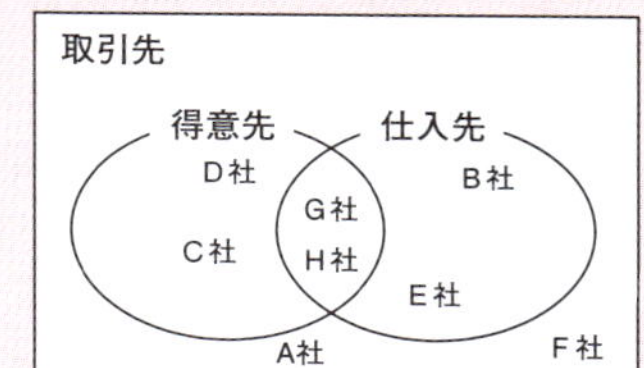

シンプルに考えれば，不完全は“その他大勢”の存在

完全か不完全かは，サブタイプの数で決まると考えればわかりやすいだろう。

サブタイプが高々３つや４つであれば，完全なサブタイプ化にしやすいだろう。しかし，30 種類も 40 種類にも分かれるようであれば，その数分だけサブタイプ化し，“完全なサブタイプ化”とすることは非現実的だ。そこで，そういう場合は，数の多い上位から３つ４つをサブタイプ化して，それ以外をサブタイプ化しないという選択をすることがある。そういうケースで，不完全なサブタイプ化が成立するというわけだ。

平成 21 年・午後Ⅱ問１の例

平成21年・午後Ⅱ問１で,不完全なサブタイプが登場している。問題文のどこにも“不完全”という言葉は使われていないし，完全や不完全を知らなくても，全く点数には影響がなかった（設問には無関係だった）が，せっかくなので，一例としてだけ紹介しておこう。届出印の例である（詳細は，当該問題や解答・解説を参照)。

- “届出印”には，“個人の届出印”と“会社の届出印”がある
- 会社の届出印には，“代表者印”と“代理者印”がある

このとき，スーパタイプ＝“届出印”，サブタイプ＝“代表者印”と“代理者印”としていた。スーパタイプに“人としての属性”を持たせることで,“個人の届出印”のサブタイプを作らなかったというわけだ。その結果，不完全になった。

〈参考〉同一のサブタイプ

サブタイプ化されたエンティティの属性が異なるものを“相違”のサブタイプという。「完全／不完全」の例を見ても明らかだが，普通は“相違”を目的にサブタイプ化する。しかし，特殊な事情でエンティティが同じでもサブタイプ化した方が良いケースがある。そのときに行われるのが“同一”のサブタイプ化だ。

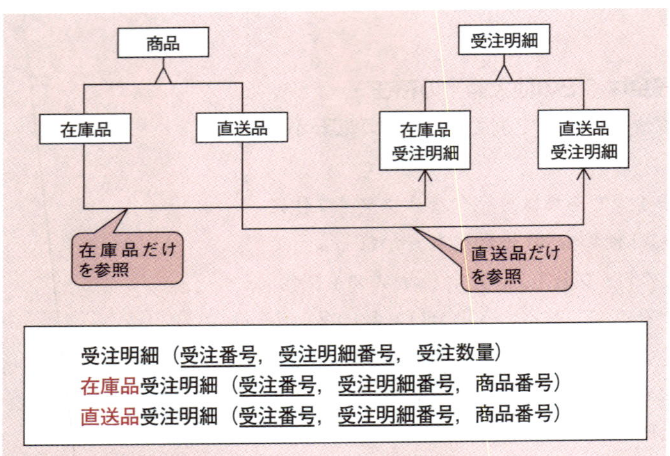

受注明細（<u>受注番号</u>，<u>受注明細番号</u>，受注数量）
在庫品受注明細（<u>受注番号</u>，<u>受注明細番号</u>，商品番号）
直送品受注明細（<u>受注番号</u>，<u>受注明細番号</u>，商品番号）

図：受注明細の関係スキーマ

この図を見れば明白だが，“受注明細”のサブタイプにあたる“在庫品受注明細”と“直送品受注明細”の属性は同じである。普通に考えれば「属性が同じならサブタイプ化する必要がない」となるかもしれないが，実はこのケース，参照しているインスタンスが異なるという特徴がある。

図にあるように，“受注明細”が参照している“商品”エンティティは，“在庫品”と“直送品”の二つのサブタイプに分けられている。さらに，この二つは排他的という設定なので，それを参照している“受注明細”も“在庫品受注明細”と“直送品受注明細”に分けた方が扱いやすくなる。受注段階では同じ処理でも，その後の使われ方が異なってくるからだ。そういう場合に，同一のサブタイプ化を実施することになる。

2.3 様々なビジネスモデル

ここでは，様々なビジネスモデルについて説明する。データベーススペシャリスト試験の午後Ⅱ－事例解析問題－では，10ページ以上にわたって説明されている業務モデルを理解して，データベース設計へと展開しなければならない。その作業に役立つように，**過去に出題された午後Ⅱ試験の問題で取り上げられた概念データモデルと関係スキーマを事例として紹介しながら**，基本的な業務の用語をまとめてみた。特に，データベース設計の経験が少ない人や販売管理・生産管理システム以外の開発に携わっている人にとっては，有益だと考えている。ここで，標準的なビジネスモデルを理解して，本番試験に立ち向かってほしい。

なお，ビジネスモデルの全体像は，以下のようになる。まずはこの図を見て，ビジネスモデルの全体像を把握しておこう。

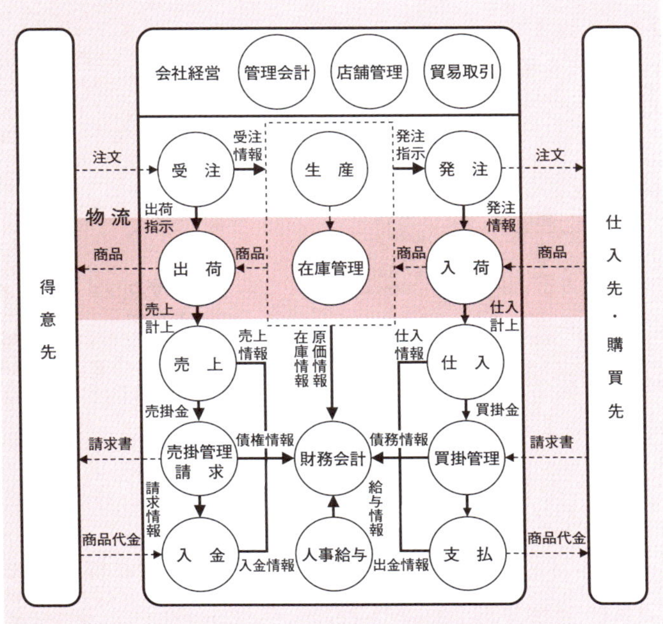

図：企業全体のデータモデル

参考

2.3 で紹介するビジネスモデルは，本試験の過去問題の中から販売管理と生産管理に関する業務についてピックアップしたものである

参考

午後問題で，企業全体のモデルケースについて問われることはない。実際に午後の問題としてピックアップされる場合は，もう一つ下位のレベルの業務（図の各々の丸の中の処理）に焦点が当てられることになるが，その位置付け，他の業務との関連を把握しておく必要はある

2.3.1 マスタ系

午後Ⅱの問題文は，**組織**や**顧客**，**商品**，**製品**，**サービス**など，いわゆる“マスタ系”エンティティタイプとして表現される部分から始まっていることが多い。

マスタ系のエンティティタイプとは，平成16年・午後Ⅱ問2の問題文中での定義を借りて説明すると**「組織や人，ものなどの経営資源を管理するもの」**である。後述する2.3.2の在庫系や2.3.3以後2.3.7までのトランザクション系のエンティティタイプと大別されている（在庫系はどちらかに分類されることもある）。

試験に出る

ここで説明する“マスタ系”に関しては，午後Ⅱの問題，午後Ⅰのデータベース設計の問題で，ほぼ必ず登場している。

試験に出る

①平成31年・午前Ⅱ 問3
　平成28年・午前Ⅱ 問4
②平成24年・午前Ⅱ 問4
　平成20年・午前 問34
　平成18年・午前 問29

(1) 組織，社員，顧客など

組織，社員，顧客などに関する部分は，これまでは設問になることが少なく，完成した概念データモデルや関係スキーマとして問題文中に存在することが多かった。**“組織”**そのものが体系化・階層化されているので，そんなに複雑なケースがないからだろう。

基本形は下図のようになる。問題文でチェックするポイントとしては図の3つ。それぞれのリレーションが，“1対多”なのか“多対多”なのかを問題文から読みとって決める。

マスタ系の特徴は，トランザクション系に比べてインスタンスの動き（生成や削除）が少なく，それゆえ管理しやすく体系化・階層化されているところだろう。したがって，スーパタイプ・サブタイプの関係性を持つケースも多い。その可能性をもとに仮説として利用してもいいだろう（スーパタイプとサブタイプがあるはずだなどという仮説）。

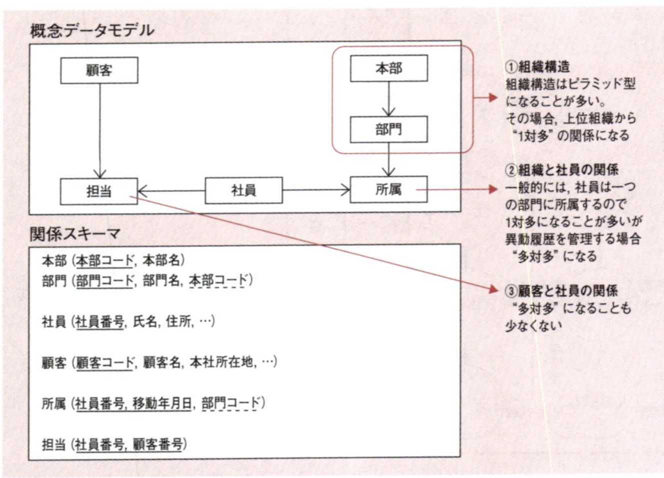

図：概念データモデル，関係スキーマの基本形

トランザクション系エンティティタイプ

日々の取引などの業務事象を管理するもの。本書では，2.3.3から2.3.7まではトランザクション系になる

階層化

マスタは，組織構造のように階層化されていることが多い。例えば，“エリア”－“部”－“課”－“チーム”のような感じである。

【事例】平成 18 年午後Ⅱ問 1 （情報処理サービス業）

概念データモデル

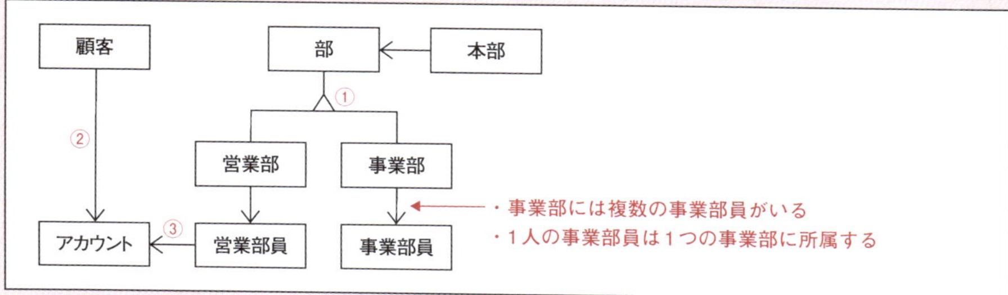

関係スキーマ

本部（本部コード，本部名）
部（部コード，部名，本部コード）
　事業部（事業部コード，サービス区分コード）
　営業部（営業部コード，業種コード）

営業部員（営業部員番号，営業部コード，氏名，…）
事業部員（事業部員番号，事業部コード，氏名，標準サービス単価，標準コスト単価）

顧客（顧客コード，顧客名，本社所在地，事業概要）
アカウント（アカウントコード，顧客コード，営業部員番号，アカウント名，
　　窓口担当部署，窓口担当者，連絡先）

この事例では，下記のような要件に基づいて“部”をサブタイプ化している。

・X 社の組織体系は，営業本部と事業本部に**大別される**。 ①
・営業本部では，対象とする**業種ごとに**営業部を設けている。 ①
・事業本部では，**提供業務の種類ごとに**事業部を設けている。 ①
（各事業部が提供する業務の種類を“サービス区分”と呼ぶ）
・顧客企業に対して，**一つ以上の**営業単位（これをアカウントという）を設けることができる。（②）
・**アカウントごとに一人**の営業担当者を決める。 ③
・一人の営業担当者が，**複数のアカウント**を担当することもある。 ③

図：問題文の記述（H18 午後Ⅱ問2より）

(2) 商品

商品に関するデータモデルは，図のように**“商品”**を中心に構成されるのが基本形になる。管理の最小単位として**“SKU”**が登場することもある。

概念データモデル

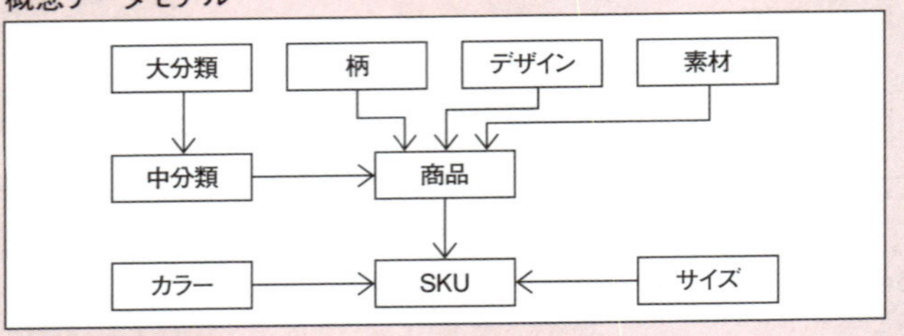

関係スキーマ

商品（商品コード，商品名，中分類コード，柄コード，デザインコード，素材コード，…）
SKU（SKUコード，商品コード，カラーコード，サイズコード）
大分類（大分類コード，大分類名）
中分類（中分類コード，中分類名，大分類コード）
柄（柄コード，柄名，…）
デザイン（デザインコード，デザイン名，…）
素材（素材コード，素材名，…）
カラー（カラーコード，色名，…）
サイズ（サイズコード，サイズ名称，…）

図：概念データモデルと関係スキーマの例（平成15年午後Ⅱ問2より一部加工）

・商品には，W社で一意な商品コードが付与されている。
<カラー及びサイズ>
・商品は，カラー及びサイズ以外の属性が同じものを，同一の商品として管理する。
<商品の仕様ではなく，販売傾向を分析するための区分>
・柄，デザイン，素材は，商品の特徴を表す属性である。
・柄，デザイン，素材の属性すべてが同一の複数の商品が存在する。
<商品の分類を表す属性>
・一つの商品は，一つの中分類に属す。
・一つの中分類は，一つの大分類に属す。大分類ごとに分類内容は異なる。
<SKU>
・商品の販売数量や金額を，各商品のカラー別サイズ別を最小単位として管理している。この単位をSKUと呼ぶ。
・SKUには，W社で一意となるSKUコードを付与している。

図：問題文の記述

SKU
(Stock Keeping Unit)

販売・在庫管理を行うときの最小単位。今回の例のように，商品コードが同じでも，色やサイズ等が異なるラインナップを持つような場合に，“商品”エンティティとは別に，“SKU”エンティティとして管理することがある

大分類と中分類（ときに小分類なども）の関係にも注意が必要。この図の例では，問題文の中分類の説明に「**大分類ごとに分類内容は異なる**」と書かれているため，“大分類”と“中分類”間に1対多のリレーションシップを持たせたが，大分類と中分類（ときに小分類なども）間に関連性がなければ，すべてを“商品”エンティティとの関連として持たせることになる

【事例】平成20年午後Ⅱ問2（つゆやたれのメーカ）

関係スキーマの例

ライン内在庫（製造品品目コード，製造ロット番号，製造ラインコード，在庫数量）
調達品在庫（品目コード，調達ロット番号，調達品倉庫コード，在庫数量）
製品在庫（製品品目コード，製造ロット番号，製品倉庫コード，在庫数量）

また，“商品”や“SKU”よりも細かい管理単位に，**“ロット番号”**を保持する場合がある。ロット番号とは，単に“ひとまとまりの番号”を意味するだけの言葉だが，生産現場や流通現場では，通常，次のような番号として使われている。いずれも同一商品（アイテム）に一意の“品番”よりも細かい単位になる。

- 同じ条件下（同じ日など）で製造した製造番号
- 生産指示単位に付与される製造番号
- 1回の出荷，1回の入荷ごとに付与される番号

このロット番号は，“在庫”エンティティや，“入出庫”，“入出荷”，“生産指示”など，様々なところに登場する。

問題文の記述

問題文の記述	意味
A社が発番するロット番号には，調達ロット番号，製造ロット番号の2種類があり，これらは同じ構造の番号体系である	ロット管理をしている。
製造品には，1回の製造単位に新たな製造ロット番号を付与する	
調達品には，1回の納入単位に新たな調達ロット番号を付与する	
調達先のロットに対して，調達先でロット番号が付与されており，これを供給者ロット番号という。供給者ロット番号は，納入時に知らされ，A社の調達ロット番号とは別に，納入単位に記録する	調達先ロット番号と供給者ロット番号の両方を管理している。

後述している在庫管理のトレーサビリティ管理では，どの製造ロットがどの消費者の元に行ったか，あるいは，ある消費者の元にある製品が，どの製造ロットなのかを管理しなければならないことが多い。その場合には，調達ロットや製造ロットの属性を持たせて管理する。詳細は，トレーサビリティ管理のところを参照すること

商品や製品の最も細かい（ロット番号よりも細かい）管理単位は，製品ひとつひとつに割り与えられた個別の製造番号であったり，商品ひとつひとつに与えられた個体番号であったり，個別単品番号になる

(3) 製造業で取り扱う“もの”

流通業で取り扱う**“もの”**は**“商品”**エンティティで表し，分析や管理目的で，属性の中に外部キーを持たせて当該商品の特徴（分類，素材，デザインなど）を示すパターンが多かったが，製造業で取り扱う**“もの”**は，完成品として販売する**“製品”**だけではなく，当該製品を製造する**“原材料”**や**“部品”**，**“貯蔵品”**など多岐にわたるため，**“品目”**をスーパータイプとして，そのサブタイプとして細かく分類したものを保持することが多い。

加えて，最終製品が，どういう中間部品や構成部品からできているのか，**“構成管理”**に関するエンティティを保持していることも多い。そのあたりを問題文から正確に読み取るようにしよう。

● 生産工程と品目の関係

生産工程は図のように複数の工程に分かれており，それが順番に並べられている。ひとつの工程は**“調達”**，**“加工や組立”**，**“検査”**が標準パターンだと覚えておけばいいだろう。工程をどう分けるのかは，指示単位，人やラインが変わる，在庫するなど様々なので，都度問題文から読み取ろう。

試験に出る

午後Ⅱでメーカ（製造業）を題材にした問題は割と多いが，その中で，ここで説明する生産管理業務や製造業務が出題されているものは以下の問題くらいになる。在庫管理や物流の方がメインになっている問題も多く，複雑な割には，あまり出題としては多くはないという印象だ。

平成 20 年・午後Ⅱ問2
平成 30 年・午後Ⅱ問2
平成 31 年・午後Ⅱ問2

対象とする製品は，いずれも複雑なものではなく，パンの製造（H31）やつゆやたれ（H20）などシンプルなものである。製菓ライン（H30）という機械がやや複雑だったぐらいだ。

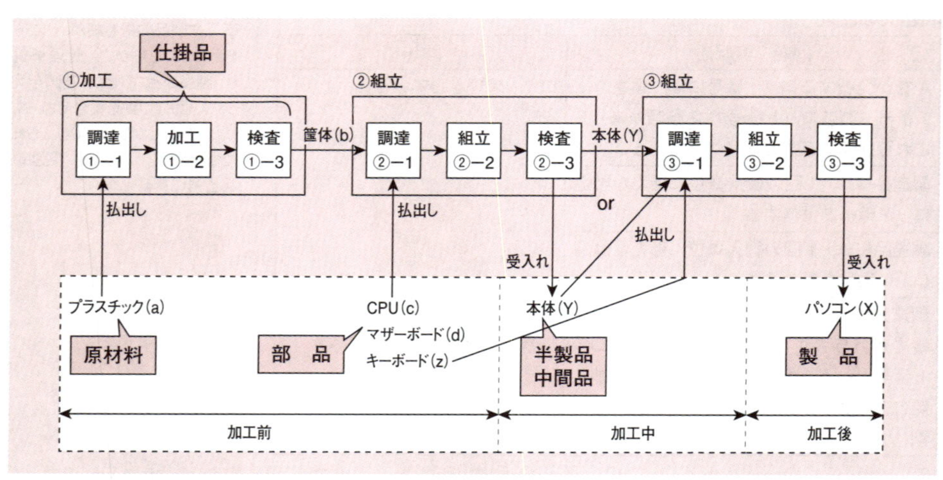

図：生産工程で見る原材料，仕掛品，半製品，製品の違い

● 問題文の“品目”の部分を熟読

製造業で取り扱う**“もの”**は，問題文の「品目」のところにまとめて記載されている。そのため，そこを熟読して，スーパータイプとサブタイプの関係になっていないか，構成管理はどこで実施しているのかなどを読み取って解答することを想定しておこう。

ちなみに，過去問題で出題されているエンティティを下の表にまとめてみた。問題によって表現や切り口も異なるが，おおよそはこのようになる。大きく二つの切り口に分けられているケースが多い。これも覚えておいて損はないだろう。

表：各エンティティの説明

エンティティ			問題文の説明及び一般的な意味
品目			製品及びサービス，製品の製造にかかわるものの総称。過去問題では，スーパータイプとして用いられていることが多い。
品目の種類	原料		製品の元になるもの。一般的に化学変化させるものは“原料”で，形を変えたり組み合わせたりするものを“材料”という。まとめて原材料とすることが多い。
	半製品		加工途中の状態で在庫しているもの。一般的に，製品もしくは仕掛品とは区別して認識される。半製品として販売可能であったり，製造工程から外して在庫したりするもの。
	製品		製造された完成品。
		単品製品	単品の製品。
		セット製品	複数の製品をセットにしたもの。
	包装資材		包装や梱包で使用する材料。
自社で製造するかどうか他	製造品		自社で製造する品目。製造品目，内製品目ということもある。
	調達品		仕入先等の外部に発注し調達する品目。調達品目，発注品目ということもある。
		汎用品	標準的な汎用品。
		専用仕様品	専用の仕様で製造してもらっている調達品。
	貯蔵品		製品を作るために使われるもののうち“原材料”として扱うほどの重要性が認められないもの（補助材料：ネジや釘，油，燃料，梱包資材など），事務用消耗品（切手やコピー用紙等）や消耗工具，器具備品などになる。
	受注品目		得意先から受注する品目。
	投入品目		製造に必要な品目。

“製品”と“商品”の違い

自社または自社の判断で，原材料に加工や化学変化など“手を加えて”いるもの，すなわち製造工程を経ているものは製品。包装や梱包，詰替え（いわゆる流通加工）程度しか行わず，“もの”そのものには手を加えずに販売するものを“商品”という。実務上はどちらでも問題ないが，会計上区別が求められる

セット製品

複数の製品を組み合わせたもの。通常，部品や半製品を組み立てたものではなく，単純に，詰め合わせたもののことをいうことが多い（組み立てたものはあくまでも製品で，組立ては製造工程になる。セット組は流通加工という認識になる）。アソート品ともいう

仕掛品

完成前，製造過程中の状態。“半製品（その状態で保管したり，販売したりする）”と区別して使う。決算など特定の一時点において“製造中の資産”として認識するときに使用する勘定科目

【事例1】平成30年午後Ⅱ問2（製菓ラインのメーカ）

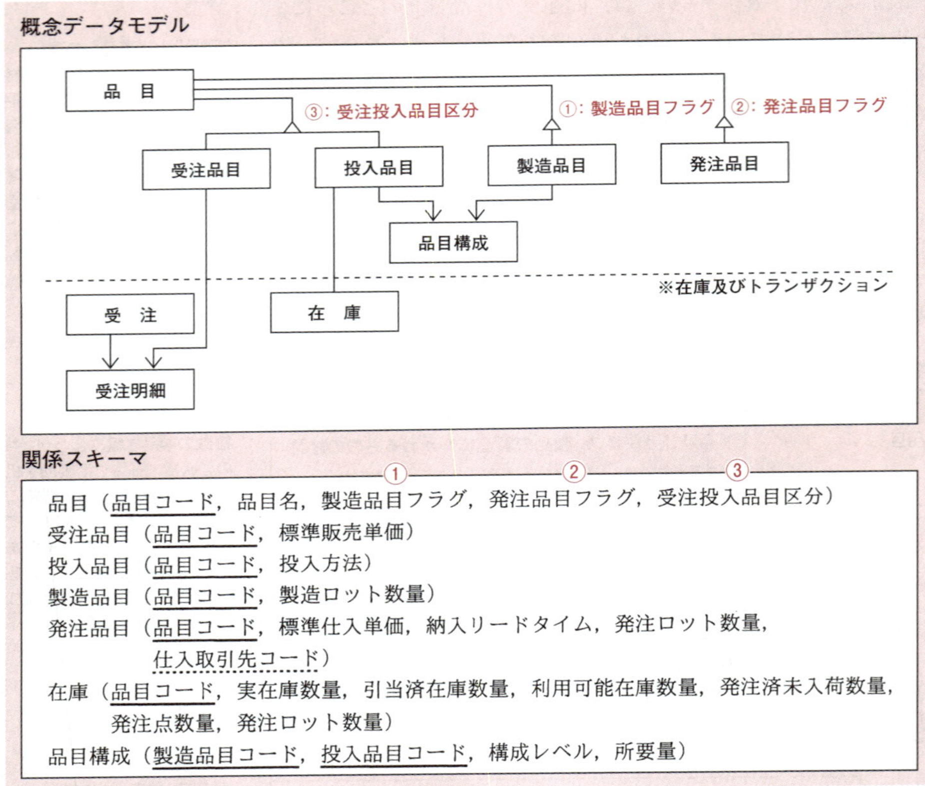

品目（品目コード，品目名，製造品目フラグ，発注品目フラグ，受注投入品目区分）
受注品目（品目コード，標準販売単価）
投入品目（品目コード，投入方法）
製造品目（品目コード，製造ロット数量）
発注品目（品目コード，標準仕入単価，納入リードタイム，発注ロット数量，
仕入取引先コード）
在庫（品目コード，実在庫数量，引当済在庫数量，利用可能在庫数量，発注済未入荷数量，
発注点数量，発注ロット数量）
品目構成（製造品目コード，投入品目コード，構成レベル，所要量）

このケースでは，品目を3つの切り口で分類している。受注品目（得意先から受注する品目）と投入品目（製造に必要な品目）は排他的サブタイプで，受注投入品目区分で分類している。これは，**部品等製造で使う品目は販売しない（受注しない）**ということを示している。

そして受注品目か投入品目と，製造品目（自社で製造する品目），発注品目（仕入先に発注する品目）は共存的サブタイプで，それぞれ，先の受注投入品目区分と，製造品目フラグ，発注品目フラグで判別している。

また，品目構成は**「製造品目ごとに，どの投入品目が幾つ必要なのかをまとめたもの」**としている。

【事例2】平成20年午後Ⅱ問2（つゆやたれのメーカ）

概念データモデル

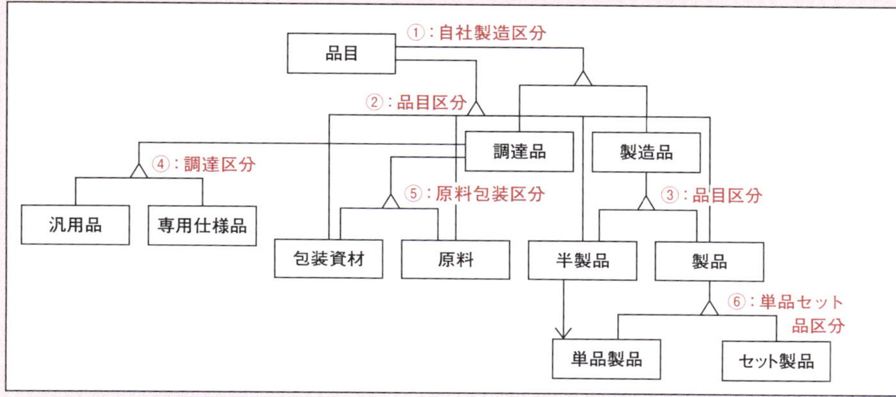

関係スキーマ

品目（品目コード，品目名称，**自社製造区分（①）**，**品目区分（②）**）
　製造品（製造品品目コード，**品目区分（③）**，…）
　調達品（調達品品目コード，**調達区分（④）**，**原料包装区分（⑤）**，…）
　　汎用品（汎用品品目コード，…）
　　専用仕様品（専用仕様品品目コード，…）
　包装資材（包装資材品目コード，…）
　原料（原料品目コード，…）
　半製品（半製品品目コード，…）
　製品（製品品目コード，**単品セット品区分（⑥）**，…）
　　単品製品（単品製品品目コード，…）
　　セット製品（セット製品品目コード，…）
※赤字は切り口。（　）の番号は概念データモデルの番号と対応

この事例では，**“品目”**エンティティを二つの切り口（自社製造区分と品目区分）を使ってサブタイプ化している**（①②）**。他にも細かい切り口でサブタイプ化しているが，③や⑤の切り口のように，自社製造区分と品目区分とにまたがっているものもある。他の問題でもよく見かけるパターンだが，こういうパターンの場合存在しない組合せ（自社製造区分が調達品で，かつ品目区分が製品の**“品目”**など）が発生しないように（設定やプログラム等で）注意しなければならない。

【事例3】平成31年午後Ⅱ問2（パンのメーカ）

概念データモデル

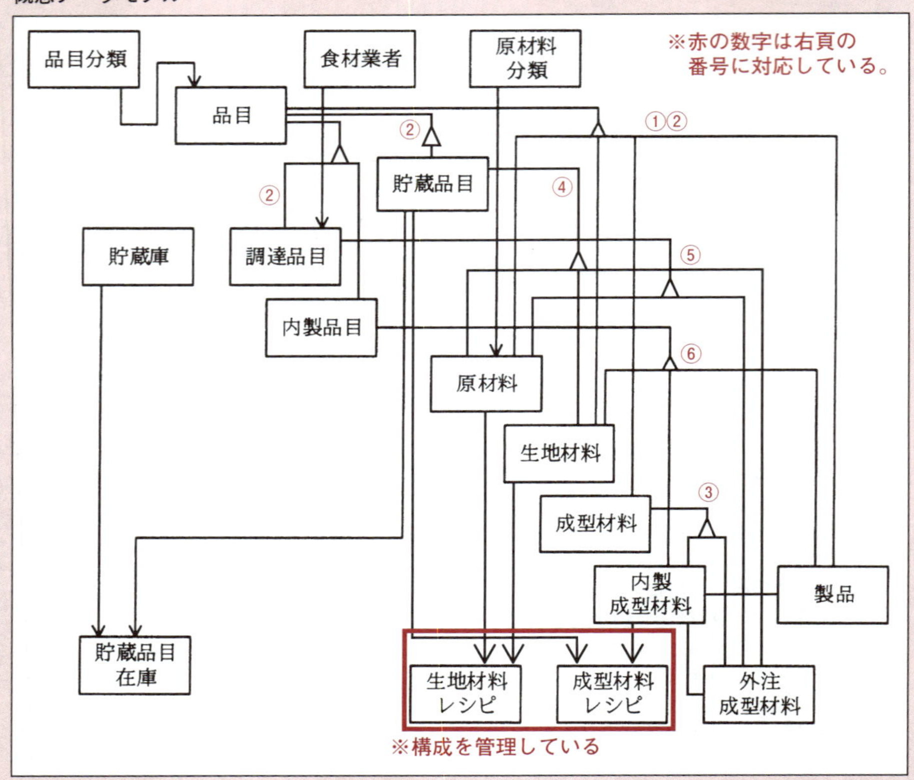

関係スキーマ

品目（品目コード，品目名，品目分類コード，計量単位，調達内製区分，貯蔵区分）
　調達品目（品目コード，調達先食材業者コード，調達ロットサイズ，調達単価）
　内製品目（品目コード，製造仕様書番号）
　貯蔵品目（品目コード，出庫ロットサイズ）
　　原材料（品目コード，原材料分類コード）
　　生地材料（品目コード，生地材料ロットサイズ）
　　成型材料（品目コード）
　　　内製成型材料（品目コード，代替外注成型材料品目コード，）
　　　外注成型材料（品目コード，指定製法番号）
　　製品（品目コード，焼成ロットサイズ，内製成型材料品目コード，）
生地材料レシピ（生地材料品目コード，使用品目コード，使用量）
成型材料レシピ（内製成型材料品目コード，使用品目コード，使用量）
貯蔵品目在庫（貯蔵庫部門コード，貯蔵品目コード，在庫数量，基準在庫数量，補充要求済みフラグ）

この事例での問題文は次のようになっている。問題文中の①～⑥の記述で，品目を頂点としたスーパータイプとサブタイプの関係を説明し，⑦～⑬の記述で各エンティティの属性とリレーションシップを説明している。

(3) 品目

① 原材料，生地材料，成型材料，製品を品目と呼ぶ。

② 品目は，品目コードで識別し，品目名，計量単位及び次を設定する。

・原材料，生地材料，成型材料及び製品のいずれかを表す品目分類

・調達又は内製のいずれかを表す調達内製区分

・貯蔵対象かどうかを表す貯蔵区分

③ 成型材料には，成型部門が成型する内製成型材料と，食材業者から調達する外注成型材料がある。内製成型材料には，対応する代替外注成型材料を一つ決めて設定する。外注成型材料が代替できる内製成型材料は，一つだけである。

④ 品目のうちの貯蔵品目には，原材料，生地材料及び外注成型材料が含まれる。貯蔵品目には，出庫のロットサイズを設定する。

⑤ 品目のうちの調達品目には，原材料及び外注成型材料が含まれる。調達品目には，調達先食材業者，調達ロットサイズ，調達単価を設定する。

⑥ 品目のうちの内製品目には，生地材料，内製成型材料及び製品が含まれる。内製品目には，製造仕様書番号を設定する。

⑦ 原材料には，粉類，ミルク類などの分類を表す原材料分類を設定する。

⑧ 生地材料には，1回の製造単位としての生地材料ロットサイズを設定する。

⑨ 外注成型材料には，食材業者に成型材料の製造を依頼するための指定製法番号を設定する。

⑩ 製品には，1回の製造単位としての焼成ロットサイズ，及び焼成に用いる内製成型材料を設定する。一つの内製成型材料からは，一つの製品だけ製造する。

⑪ 内製成型材料を作るロットサイズは，焼成ロットサイズに等しい。

⑫ 生地材料には，そのレシピとして，1回の製造に使用する，幾つかの原材料とその使用量を設定する。

⑬ 内製成型材料には，そのレシピとして，1回の製造に使用する，幾つかの品目（生地材料又は原材料）とその使用量を設定する。例えば，レーズンパンの成型材料には，イギリス食パン用の生地材料の使用量と原材料のレーズンの使用量を決めている。

切り口は3つ

サブタイプ

さらにサブタイプ

2.3.2 在庫管理業務

在庫管理とは，商品や製品，製造で使用する資材，原料，部品など企業に存在する資産価値のある **“もの”** を管理する一連の業務のことである。最低限必要な情報はいたってシンプル。**「どこに」，「何が」，「いくつ」** あるのかということだけだ。これを，通常は **“在庫” エンティティ** で表す。

試験に出る

“在庫” エンティティが出てくる問題は多い。後述する事例1～5の他に，平成 24 年午後Ⅱ問 1，平成 25 年午後Ⅱ問 1，平成 27 年午後Ⅱ問 2，29 年午後Ⅱ問 1 などもある。但し，属性を答えさせる穴埋め等で設問になったケースは，事例1と事例3だけである。

どこに	倉庫，組織等	→ 2.3.1 参照
何が	商品，製品等	→ 2.3.1 参照
いくつ	数量	下記参照

(1) 基本パターンを覚える

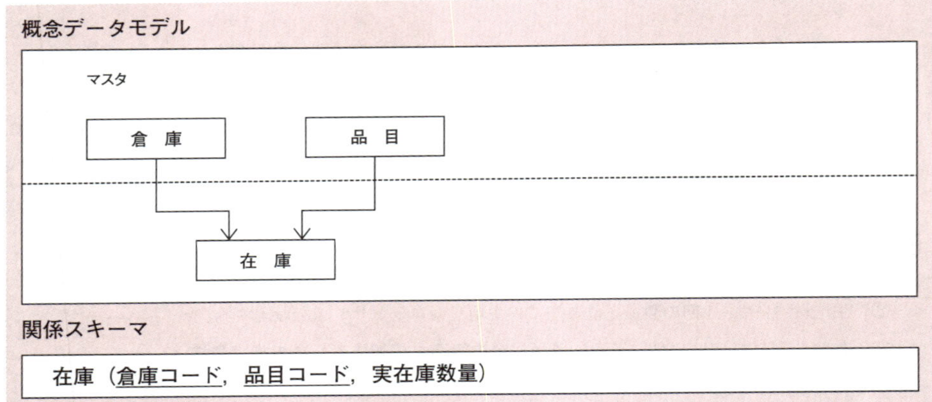

図：概念データモデル，関係スキーマの基本形

“在庫” エンティティの基本属性は，**「どこに」** ＝倉庫コード，**「何が」** ＝品目コード，**「いくつ」** ＝実在庫数量という 3 つの項目で構成されていることが多い。

通常，**「一つの倉庫には複数の品目が保管されている」** し，**「一つの品目は複数の倉庫に保管されている」** ため，主キーは **“倉庫”** エンティティ等の **「どこに」** の主キーと，**“品目”** エンティティ等の **「何が」** の主キーの連結キーになることが多い。

(2)“在庫”エンティティの主キー以外の属性

在庫エンティティの主キー以外の属性には，実在庫数量以外にもいろいろある。何かしらの数量を表す属性が多い。それぞれの意味，利用目的，計算方法などとともに覚えておこう。

属性名（例）	属性の意味と利用目的	数量の更新（例）
実在庫数量	実際に，現段階で保持している在庫数。**“引当”**の時点では処理をしない。現時点での当該企業の保有**“資産”**を把握するために必要（会計上必要）。	実際に，出庫された時に（－），入庫した時に（＋）
引当済数量	受注時や生産時に割当てられた（確保された）出庫先等が決まっているものの，まだ実際には倉庫などに残っているものの数量。	受注時や生産計画立案時に（＋），実際に出庫された時に（－）
引当可能数量	現時点で引当可能な数。右の計算式によって導出できる属性だが，参照頻度が多い場合には属性として保持することがある。受注時や生産計画立案時に，受注等ができるかどうかを判断するために必要。	実在庫数量－引当済数量
入荷予定数量	発注済みだが，まだ入荷されていない数量。入荷予定日をあまり意識しなくても良い場合だと（だいたい発注翌日に納入されるなど）は”在庫”テーブルの属性として持たせる。そうではなく入荷予定日別に管理する場合は別テーブルで管理することになる。いずれにせよ，入荷予定数量を保持しておけば，受注時等に入荷予定を加味した納期回答が可能になる。	発注時に（＋） 入荷したら（－）
基準在庫数量	ここで設定した数量を下回ったら発注するという感じで，発注するタイミングを決める基準となる数量。品目マスタに持たせる場合もある。	手動で変更することが多い

上記の表の中に出てくる**“引当”**とは，受注時や，生産指示のときに，在庫の中から，その用途向けに使用する前提で，（論理的に）押さえておく（割り当てておく）こと。物理的な移動（出荷や製造開始に伴う移動）との間にタイムラグが発生することに対する処理で，具体的には上記の表のように計算する。

また，平成23年午後Ⅱ問2（次頁の事例3）のように，資産管理上必要になるケースなどでは，倉庫以外の場所にある在庫を管理することもある。

属性	状況
倉庫内在庫数量	物理的に倉庫内に存在するもの
積置在庫数量	ほかの事業所に向けて送る準備中で倉庫に隣接する積下ろし場所に存在するもの
輸送中在庫数量	事業所間を輸送中のもの（トラックに積まれている状態のもの）

【事例1】平成29年午後Ⅱ問2　(自動車用ケミカル製品メーカ)

関係スキーマ

在庫（拠点コード，商品コード，基準在庫数量，補充ロットサイズ，実在庫数量，引当済数量）

この事例では，基本パターン以外に，**'引当済数量'**，**'基準在庫数量'**を保持している（引当可能数は保持していないパターン）。**'基準在庫数量'**は**'実在庫数量'**と比較して，**'実在庫数量'**が**'基準在庫数量'**を下回った時に補充要求を出すために用いられている。このケースでは，1日1回のバッチ処理だとしている。また，**'補充ロットサイズ'**に関する説明は記載されていないが，通常は補充要求を出す時の単位を意味する。

試験に出る
平成29年午後Ⅱ問2
主キー以外の属性を解答させる出題有。

【事例2】平成30年午後Ⅱ問2（製菓ラインのメーカ）

関係スキーマ

在庫（品目コード，実在庫数量，引当済在庫数量，利用可能在庫数量，発注済未入荷数量，発注点数量，発注ロット数量）

この事例2では，表現こそ異なるものの，前頁の表の属性の多くを保持している。**'利用可能在庫数量'**は引当可能数量と，**'発注済未入荷数量'**は入荷予定数量と，**'発注点数量'**は基準在庫数量と，**'発注ロット数量'**は事例1の**'補充ロットサイズ'**と，それぞれ同意だと考えておけばいいだろう。

【事例3】平成23年午後Ⅱ問2（オフィスじゅう器メーカ）

関係スキーマ

在庫（倉庫拠点コード，部材番号，倉庫内在庫数量，積置在庫数量，輸送中在庫数量）

この例では，事業所間の移動があるので，倉庫別の実在庫数量を，①倉庫内在庫数量，②積置在庫数量，③輸送中在庫数量に分けて管理している。そして，①②③の合計をもって当該企業の資産としている。

試験に出る
平成23年午後Ⅱ問2
主キーを含む全ての属性を解答させる出題有。

【事例4】平成31年午後Ⅱ問2（製パン業務）

関係スキーマ

貯蔵品目在庫（貯蔵庫部門コード，貯蔵品目コード，在庫数量，基準在庫数量，補充要求済みフラグ）

事例4では，数量以外の属性の‘**補充要求済みフラグ**’を用いている。問題文では「**補充要求をかけたら補充要求済みフラグをセットし，入庫したら補充要求済みフラグをリセットする。補充要求済みフラグを見ることで，補充要求の重複を防いでいる。**」と記されている。

【事例5】平成22年午後Ⅱ問1（オフィスサプライ商品販売会社）

関係スキーマ

在庫（物流センタコード，SKUコード，期初在庫数量，現在庫数量，…）

この事例では‘**期初在庫数量**’を保持している。これは，年度の開始時点（これを期首，もしくは期初という）での在庫数量で，前年度末に棚卸処理等で確定させた（補正した）数量を設定する。問題文では特に言及されてはいないが，物流センタ別SKUコード別に損益を把握する目的（そのために，物流センタ別SKUコード別に“**売上原価**”を算出するためのもの）だと思われる。

売上原価 = 期首在庫棚卸高 + 当期在庫仕入高 − 期末在庫棚卸高

【事例6】平成18年午後Ⅱ問2（オフィスじゅう器メーカ）

関係スキーマ

部品（部品番号，部品名，主要補充区分，出庫ロットサイズ，現在在庫数量）

最後に例外も紹介しておこう。これは“**部品**”エンティティに直接在庫数量を保持している例である。倉庫別に把握する必要が無い場合は，こうして持たせても理屈の上では問題ない。しかし，実装した時に，更新頻度の少ない“**部品マスタ**”の属性情報と，更新頻度の多い在庫数量を混在させると，更新履歴の把握等の観点で問題になることもあるので注意が必要になる。

(3) 棚卸処理

棚卸処理とは，実際の商品の在庫数を人の目で確認し，記帳する処理のことである（これを，特に実地棚卸という)。本来は，決算時に実在庫を調べ，そこから棚卸資産や売上原価を求めるために行われる処理だが，コンピュータ在庫（理論在庫）を利用している企業では，実在庫との間に生じる **“差”** を補う目的もある。頻度は，決算期や月に１回（月次棚卸）などで，倉庫の入出庫を１日停止して，全社員一丸で（人海戦術で）行うこともある。

試験に出る
棚卸関連のエンティティが出てくる問題は，後述する事例1，事例2の他に，平成 24 年午後Ⅱ問２などもあるが，設問になったのは事例1と事例2になる。

【事例１】平成 25 年午後Ⅱ問２（スーパーマーケット）

関係スキーマ

棚卸（<u>店舗コード</u>，<u>棚卸対象年月</u>，棚卸実施年月日）
棚卸明細（<u>店舗コード</u>，<u>棚卸対象年月</u>，<u>商品コード</u>，在庫数，棚卸数，棚卸差異数）

この事例では，商品によって棚卸しをするものとしないものがあり，さらに棚卸しをしても在庫更新するものとしないものがある **(次頁の図内の (a))**。

作業手順としては，(次頁の図内の「図３　実地棚卸しを記録する画面の例」のような）ハンディターミナルやタブレット端末の画面，あるいは棚卸記入表を用いて，実際に目で数えた数量を **‘棚卸数’** に入力（棚卸記入表の場合は，そこに記入後に入力）していく。**‘在庫数’** はコンピュータ上で管理している理論在庫数なので，その差を計算し **‘棚卸差異数’** として記録する。

実地棚卸が完了したら，次に，**‘棚卸差異数’** がゼロではない商品に対して，数え間違いがないか再度確認したり，どこかに持ち出していないかを確認するなど，棚卸差異の原因を追及するのが一般的だ。それでも（数え間違いや見落としがなく）差異が発生していたら，その時点で差異を確定し，**“棚卸明細”** エンティティの **‘棚卸数’** で，**“在庫”** エンティティの **‘実在庫数’** を更新する（この事例では，在庫更新対象フラグが，在庫数を都度更新する対象となっている商品)。

以上が，一般的な棚卸処理の流れになるが，この事例１も概ね一般的な流れである。

試験に出る
平成 25 年午後Ⅱ問2
主キーを含む全ての属性を解答させる出題有。

8.　実地棚卸しと在庫更新の対象

(a)

(1)　実地棚卸しをするか否か，在庫数を都度更新するか否かは，商品によって次のように分けている。

①　実地棚卸しをしない商品は，翌日まで品質を維持できない総菜など毎日の営業終了後に廃棄するものである。

②　実地棚卸しをする商品は，在庫数を保持して，商品の販売・入荷の都度在庫数を更新する商品と，在庫数を保持しない商品に分けている。在庫数を保持しない商品は，日をまたがった品質の維持はできるが，箱を開けて中身の一部だけを売場に補充していたり，カットされて入荷時と重さが変わったりして，在庫数を更新できないものである。

(2)　実地棚卸しをする商品か否かは，棚卸対象フラグで区別している。

(3)　在庫数を都度更新する商品か否かは，在庫更新対象フラグで区別している。

＜中略＞

13.　実地棚卸し

(1)　棚卸対象フラグが，実地棚卸しの対象となっている商品については，月次で実地棚卸しを行い，棚卸数，棚卸実施年月日を記録する。

(2)　在庫更新対象フラグが，在庫数を都度更新する対象となっている商品については，実地棚卸し時点の在庫数，棚卸差異数を記録する。

実地棚卸しを記録する画面の例を，図3に示す。

“棚卸”エンティティ

対象店舗　：　004　○△団地店　　棚卸実施年月日：

棚卸対象年月：　2013 年　3 月　　2013 年　3 月　31 日

棚卸明細

商品コード	商品名	在庫数	棚卸数	棚卸差異数
A0101001	○○丸大豆しょう油１L	200	202	2
A0101101	△△マヨネーズ	85	83	-2
A0203005	××カップラーメンみそ	60	60	0
⋮	⋮	⋮	⋮	⋮

“棚卸明細”エンティティ

図３　実地棚卸しを記録する画面の例

図　平成25年午後Ⅱ問2より

【事例2】平成23年午後Ⅱ問2（オフィスじゅう器メーカ）

関係スキーマ

棚卸し（<u>棚卸年月</u>，実施年月日） 棚卸明細（<u>棚卸年月</u>，<u>倉庫拠点コード</u>，<u>部材番号</u>，棚卸数量，補正前倉庫内在庫数量，補正数量）

この事例では，**‘補正前倉庫内在庫数量’**と**‘補正数量’**が用いられている。前者は，事例1の**‘在庫数’**（コンピュータ上の理論在庫）と同意で，後者も事例1の**‘棚卸差異数’**と同意である。棚卸終了後に，（再度確認しても差異が発生している場合は），この**“棚卸明細”**エンティティの**‘棚卸数量’**で，**“在庫”**エンティティの**‘倉庫内在庫数量’**を更新する。

試験に出る

平成23年午後Ⅱ問2
主キー以外の属性を解答させる出題有。

2.3.3 受注管理業務

受注管理とは，顧客から注文を受け，その注文品を出荷して売上計上するまでに行う一連の業務である。原則，注文を受けてから出荷または売上を計上するまでにタイムラグのある信用取引（掛取引ともいう）を実施している企業に必要な業務である。

最もシンプルな一連の流れは次の通り。

> (1) 受注入力画面から受注を登録する
> （受注データ，受注明細データの作成）
> (2) 売上または出荷後，不要になった受注データを消込む
> （受注データ，受注明細データの消込み）
> (3) 出荷忘れ等をしないように，日々，受注残を確認する
> （受注残管理）

試験に出る

頻出。商品や製品を販売する販売管理業務以外にも，ホテルの予約や見積業務なども含めると結構よく出題されている。いずれも，トランザクションの発生になる

(1) 基本パターンを覚える

受注に関する，最もシンプルな概念データモデルと関係スキーマは，図のようになる。

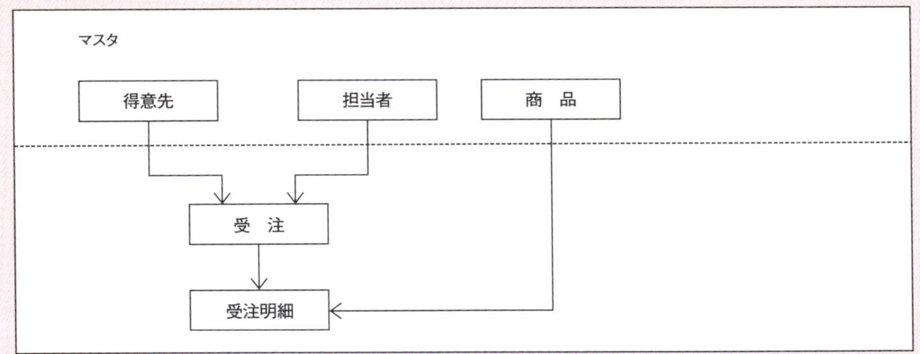

図：概念データモデル，関係スキーマの基本形

(2) 受注入力画面から読み取る

受注管理業務をテーマにする問題では，受注入力画面のサンプルを示していることが多い。いうまでもなく，受注入力画面からデータを投入し，受注データと受注明細データを作成しているので，画面の中にある項目が，そのまま“受注”や“受注明細”の属性になる。

そんな“受注入力画面”が，平成22年・午後Ⅱ問2で問題文の中に登場した（次図の「図2　キット製品に対応した受注画面の例」)。このときは，明細部分が，さらに「ヘッダ部＋明細部」に分割されるというものだったので，応用ケースといえるだろう。

厳密には，この受注入力画面を正規化していくプロセスになるが，ざっと見て“受注”と“受注明細”，各マスタに分けられるようにしておけば短時間で解答できる

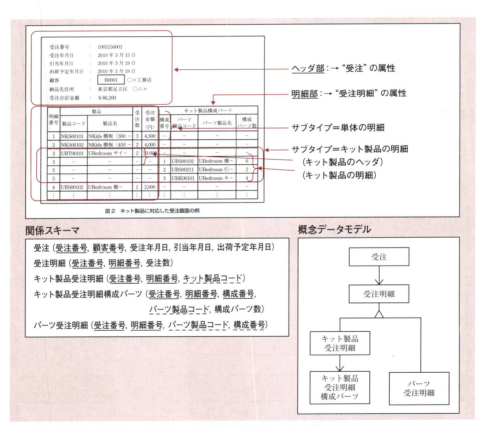

受注番号　：　1003150001
受注年月日　：　2010年3月15日
引当年月日　：　2010年3月19日
出荷予定年月日　：　2010年3月19日
顧客　：　B0001　○×工務店
納品先住所　：　東京都足立区　○△×
受注合計金額　：　¥86,200

明細番号	製品		受注数	受注金額（円）	キット製品構成パーツ			
	製品コード	製品名			構成番号	パーツ製品コード	パーツ製品名	構成パーツ数
1	NKS00101	NKids 棚板（300 ～	3	4,500	−	−	−	−
2	NKS00102	NKids 棚板（450 ～	2	4,000	−	−	−	−
3	UBT00101	UBedroom サイ～	2	39,600	−	−	−	−
3	−	−	−	−	1	UBS00102	UBedroom 棚～	6
3	−	−	−	−	2	UBS00211	UBedroom 引～	2
3	−	−	−	−	3	UBK00101	UBedroom キ～	4
4	UBS00102	UBedroom 棚～	1	2,000	−	−	−	−
⋮	⋮	⋮	⋮	⋮	⋮	⋮	⋮	⋮

図2　キット製品に対応した受注画面の例

ヘッダ部：→“受注”の属性
明細部：→“受注明細”の属性
サブタイプ＝単体の明細
サブタイプ＝キット製品の明細
（キット製品のヘッダ）
（キット製品の明細）

関係スキーマ

受注（受注番号，顧客番号，受注年月日，引当年月日，出荷予定年月日）
受注明細（受注番号，明細番号，受注数）
キット製品受注明細（受注番号，明細番号，キット製品コード）
キット製品受注明細構成パーツ（受注番号，明細番号，構成番号，パーツ製品コード，構成パーツ数）
パーツ受注明細（受注番号，明細番号，パーツ製品コード，構成番号）

概念データモデル

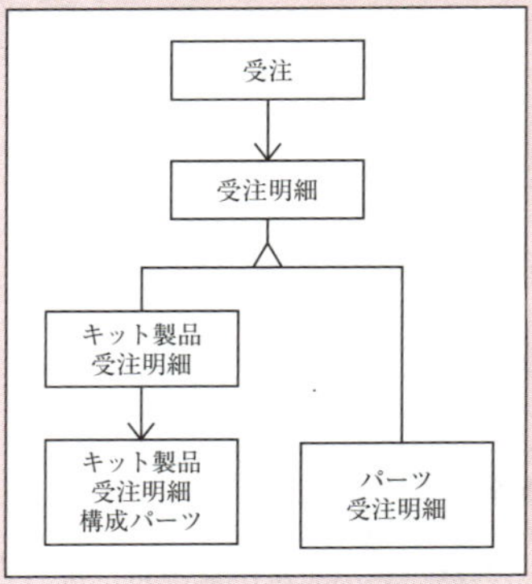

受注
受注明細
キット製品受注明細
キット製品受注明細構成パーツ
パーツ受注明細

図：受注（受注入力画面）の概念データモデル，関係スキーマの例
（平成22年・午後Ⅱ問2をまとめたもの）

(3) 問題文でチェックする勘所

受注関連の記載箇所では，次のような点を確認しておこう。いずれも，関係スキーマや概念データモデルに影響する部分になる。

① 一つの受注で同じ商品等の指定が可能か？

これは受注明細の主キーを決定するときに関係するところになる。通常は，1回の受注が一つの“受注”になるので，仮に顧客がそのときに“同じ商品”を注文してきても，数量を加算すれば事足りる。そのため，一つの“受注”では，同じ商品を指定できないようにすることが多い。

そのときの主キーは，例えば{受注番号，商品番号}のようになる。しかし，一つの“受注”で同じ商品を何回も指定できる場合，少なくとも{受注番号，商品番号}にはできない。そういう違いがあるだろう。通常は，どちらのケースでも{受注番号，明細番号(行番号)}を主キーにすることで事足りるが，問題文にその違いが明記されているようなケースでは注意しておこう。

② 引当の有無

受注段階で引当を行っているかどうかをチェックする。引当を実施しているケースでは，“在庫”または“生産枠”に，受注番号などの属性が必要になる。引当に関しては，P.233を参照。

表：受注業務に関するまとめ

問題文の表現	概念データモデル／関係スキーマ
受注単位に一意な受注番号を付与する	受注番号が主キー
・受注には複数明細を指定できる ・一つの受注で，複数の～の注文を受け付けている	“受注”と“受注明細”が1対N
～は受注単位に指定する	～は“受注”の属性
各明細行では，～を指定する	～は“受注明細”の属性
商品単価は，変更する可能性があるので，受注時点の商品単価である“受注単価”を記録する	“受注明細”に属性‘受注単価’が必要

【事例 1】平成 30 年午後Ⅱ問 2（商談後の受注）

概念データモデル

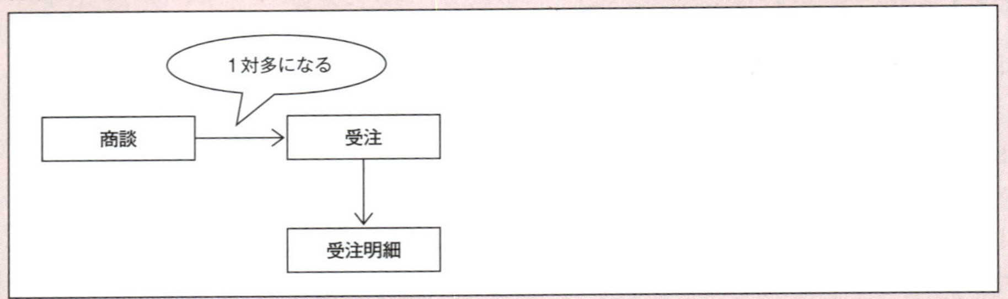

関係スキーマ

商談（商談＃，案件名，案件内容，商談年月日，契約取引先コード，技術営業社員コード）
受注（受注＃，商談＃，受注年月日，出荷取引先コード）
受注明細（受注＃，受注明細＃，受注品目コード，受注明細区分，受注数量，受注単価，受注金額，出荷予定年月日，納入予定年月日）

平成 30 年の午後Ⅱ問 2 では，**“商談”** 後の案件について **“受注”** した場合の事例を取り上げている。この例では **「1 件の商談で複数の受注が発生することがある」** 前提で，**「どの商談に対する受注かが分かるようにする」** ことを求めている。したがって，概念データモデルと関係スキーマは上記のようになる。

ちなみに，問題文には明記されていなかったが，上記の関係スキーマからは次の点が読み取れる。

- 商談は “取引先” 単位で，受注は “出荷先” 単位
- 受注単価は “受注” の都度異なる（品目単位に一律ではない）
- 受注金額は導出項目（受注数量 × 受注単価）だが，何かしらの理由で受注金額も保持するようにしている

【事例 2】平成 27 年午後 I 問 2（案件からの受注）

概念データモデル

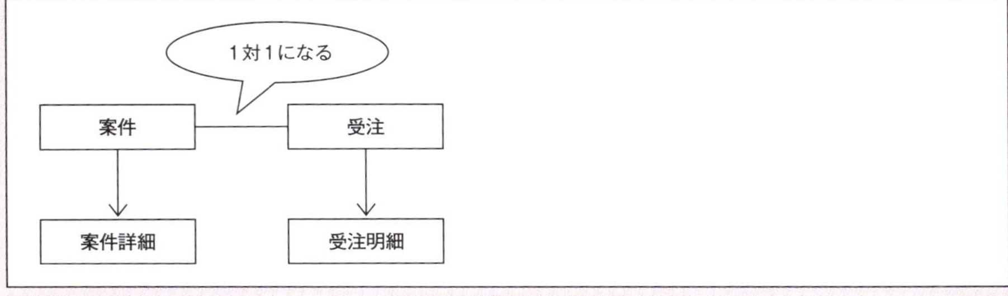

関係スキーマ

案件（案件番号, 案件名, 案件状態コード, 無効フラグ, 案件内容, 案件開始日, 顧客番号, 受注見込額, 担当営業部コード, 分割元案件番号, 統合先案件番号, …）
案件詳細（案件詳細番号, 案件詳細名, 案件番号, 無効フラグ, 工事開始予定日, 工事終了予定日, 担当工事部コード, 売上見込額, 労務費, 材料費, …）
受注（受注番号, 受注名, 受注日, 契約開始日, 契約終了日, 受注額, 契約種別, 案件番号, …）
受注明細（受注番号, 受注明細番号, 受注明細名, 受注明細額, 担当工事部コード, …）

平成 27 年午後 I 問 2 では,“商談”ではなく“案件”と 1 対 1 で対応付けられた“受注”テーブルのケースを取り上げている。“案件”テーブルには当該案件の案件状態（商談中, 受注, 失注, 消滅）を保持し, 案件状態が‘受注’になった時点で, 案件ごとに受注として記録するという要件になっている。加えて,**「それ以降, 案件及び案件詳細が変更されることはない」**という運用になっている。

【事例 3】平成 30 年午後Ⅰ問 1（見積り後の受注）

概念データモデル

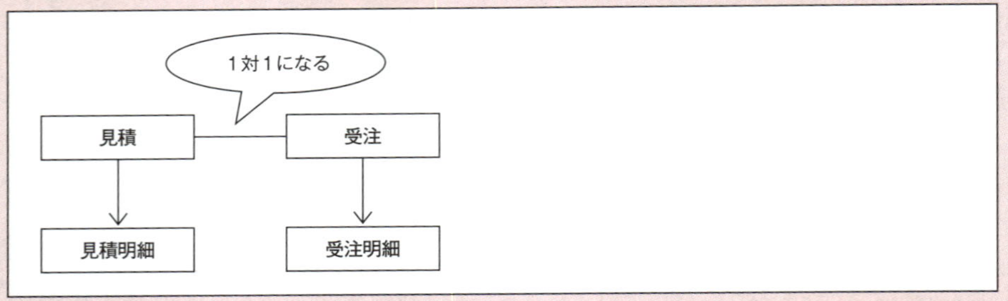

関係スキーマ

見積（見積番号，見積年月日，見積有効期限年月日，案件名，納期年月日，社員番号，営業所組織コード，顧客コード）
見積明細（見積番号，商品コード，数量，見積単価）
受注（受注番号，受注年月日，見積番号）
受注明細（受注番号，受注明細番号，顧客コード，設置事業所コード，設置場所詳細，設置補足，本体製品受注明細内訳番号）

平成 30 年の午後Ⅰ問 1 では，**“見積（り）”** 後の案件について **“受注”** した場合の事例を取り上げている。この例では **「制約に至ったときに，見積りと同じ単位で受注登録を行う」** 前提で，**「該当する見積番号を登録する」** ことを求めている。したがって，概念データモデルと関係スキーマは上記のようになる。

なお，上記の関係スキーマは次のような前提条件の元に設計されている。

- “見積” の属性のうち，‘納期年月日’ と ‘社員番号’，‘営業所組織コード’ は，“受注” でも必要な情報にもかかわらず “受注” には持たせていない。これは “受注” と “見積” との間に 1 対 1 のリレーションシップがあるためで，見積り時と受注時で変わってはいけないということを意味している
- 見積り時の明細と受注時の明細は単位が違う。前者は商品単位（商品コードで識別）で，後者は設置場所単位（顧客コードと設置事業所コードで識別）である。問題文にも「受注明細は設置の単位であり，本体製品 1 台単位，又はセット製品 1 セット単位に作成し」という記述がある。そのため，“見積” の属性にも ‘顧客コード’ があるが，設置場所単位が ‘顧客コード’ ＋ ‘設置事業所コード’ なので “受注明細” にも持たせている
- 見積金額は，数量と単価から導出する

【事例 4】平成 27 年午後Ⅰ問 1（更新処理）

関係スキーマ

販売書籍（商品番号，書籍区分，販売価格）
新品書籍（商品番号，形態別書籍ID，実在庫数，受注残数，受注制限フラグ）
中古書籍（商品番号，形態別書籍ID，出品会員会員ID，品質ランク，品質コメント，ステータス）
注文（注文番号，会員ID，注文日時）
注文明細（注文番号，商品番号，注文数）

平成 27 年の午後Ⅰ問 1 では，受注時の処理（データベース更新処理）について言及している。対象商品は“書籍”で，“販売書籍”テーブルをスーパータイプ，“新品書籍”テーブル及び“中古書籍”テーブルをサブタイプに設計している。

試験に出る
H27 午後Ⅰ問1
受注時の引当処理によるデータベース更新処理の部分が出題されている。

＜業務要件＞

EC サイトで会員からの注文を受け付け，在庫の引き当てを行う。注文日時，注文した書籍のタイトルなどを記載した電子メールを，会員宛てに送付する。

＜データベースの処理＞

- 受注時には“注文”テーブル及び“注文明細テーブル”に行を登録する
- 新品書籍の場合は，受注した販売書籍に該当する，“新品書籍”テーブルの行の受注残数列の値を，受注した数量を加算した値に更新する（“新品書籍”テーブルは実在庫数と受注残数で管理し，出荷時に引き当てる運用なので）
- 中古書籍の場合は，受注した販売書籍に該当する，“中古書籍”テーブルの行のステータス列の値を，‘引当済’に更新する（“中古書籍”テーブルは 1 冊ごとに記録なので）

2.3.4 出荷・物流業務

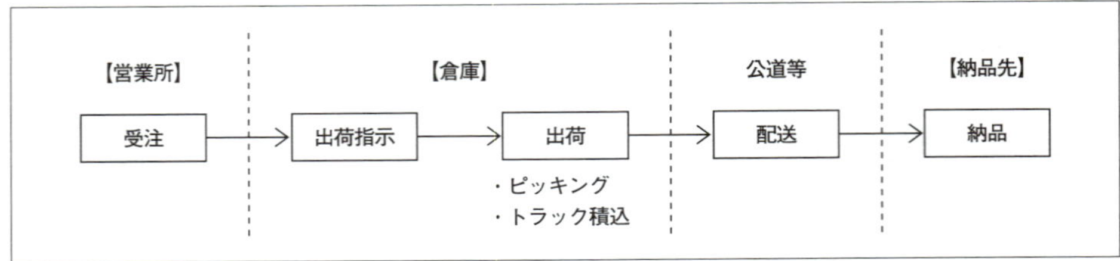

図：受注から出荷，納品までの流れの例（基本形）

受注した商品は，（納期に最適なタイミングで）倉庫に出荷指示を出す。出荷指示を受けた倉庫では，ピッキング作業を行いトラックに積み込み，その後トラックが納品先まで出向いて（配送），到着後納品する。

なお，**"ピッキング"** 作業とは，在庫品を出庫するために倉庫から集めてくる作業のこと。出荷時期になった商品は納期に合わせて出荷指示書の中にまとめられる。そうしてあるタイミングで出荷指示書が発行され，それをもとに，決められた保管場所から順番に商品等を集めていく。

ちなみに，ピッキングには，複数の取引先からの注文を商品ごとに集約し，1回の移動でピッキングする方法（商品別ピッキング）や，取引先ごとに商品を取っていく方法（取引先別ピッキング）などがある。また，出荷指示書を使わずに，棚番にピッキングする商品と数量を表示させるデジタルピッキングや，商品のピッキングまでも自動化した自動倉庫などもある。

（1）受注と出荷の関係の基本パターンを覚える

問題文に，出荷処理や出庫処理についての記述がある場合，まずは受注処理との関係を読み取ろう。そのポイントは，分割納品可能かどうかと，まとめて出荷することがあるのかどうかだ。

① 受注と出荷が1対1

概念データモデル

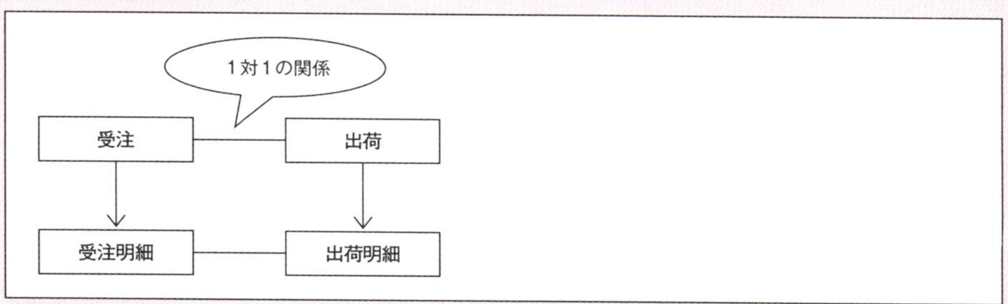

関係スキーマ

受注（受注番号，…）
受注明細（受注番号，受注明細番号，…）
出荷（出荷番号，受注番号，…）
出荷明細（出荷番号，出荷明細番号，受注番号，受注明細番号，…）

図：概念データモデル，関係スキーマの基本形

1つの受注（伝票）に対して，1つの出荷（伝票）を行うパターンは，**“受注”** エンティティと **“出荷”** エンティティ，または **“受注明細”** エンティティと **“出荷明細”** エンティティは1対1になる。後述する分割納品や複数受注の一括納品ではなく，伝票単位の一括納品で，次のようなケースが該当する。

- 1回の受注に対して，それらが全て揃ったタイミングで出荷する
- 出荷時点で無いもの（欠品）はキャンセル扱いする

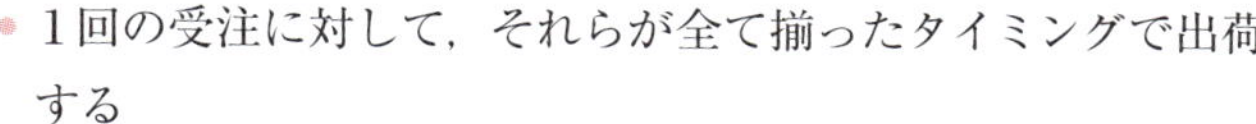

“出荷” と **“受注”** が1対1なのか，**“出荷明細”** と **“受注明細”** が1対1なのか，はたまた両方なのか（図の例のように両方にリレーションシップが必要なのか）は，問題文から読み取る必要がある。

オプショナリティを付ける場合は，データの発生順を考慮すると，基本形は P.202 のようになる。

問題文には，混乱しないように「分割納品はしない」とか，「まとめて出荷することはない」という記述があるはずだが，それらも無ければ1対1で考えるのが妥当な判断になる

② 分割納品（受注と出荷が１対多）

概念データモデル

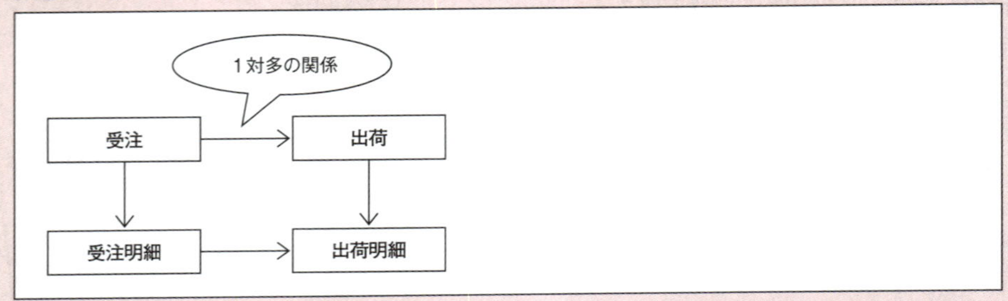

関係スキーマ

受注（受注番号，…）
受注明細（受注番号，受注明細番号，…）
出荷（出荷番号，受注番号，…）
出荷明細（出荷番号，出荷明細番号，受注番号，受注明細番号，…）

図：概念データモデル，関係スキーマの基本形

分割納品とは，１回の注文に対して下記のような理由で何回かに分けて納品することをいう。もちろん１回で出荷することもあるが，**"受注"** エンティティと **"出荷"** エンティティ，または **"受注明細"** エンティティと **"出荷明細"** エンティティは１対多になる。

- １回の受注に対して揃ったもの（在庫があったもの）から出荷する
- １回の受注に対して異なる倉庫に出荷指示を出し，出荷指示の単位で出荷伝票や納品書を作成する
- １回の受注で納期の異なるものがある（納品希望日を **"受注"** ではなく **"受注明細"** に保持している場合は，**"受注明細"** と **"出荷明細"** は１対１になることもある）

この分割納品が可能かどうかを問題文から読み取ろう。

③ 複数の受注伝票を一括納品（受注と出荷が多対1）

概念データモデル

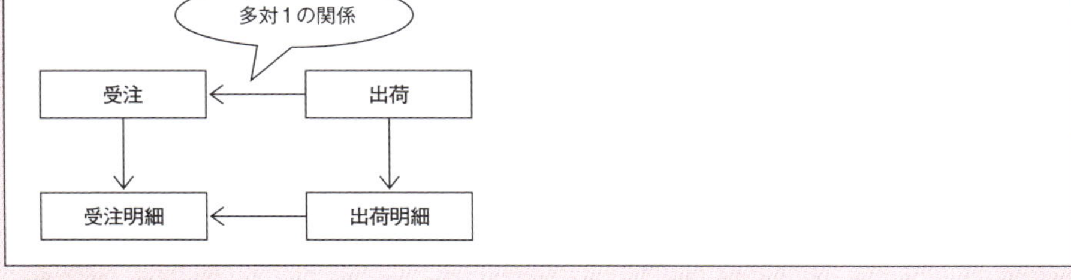

関係スキーマ

受注（受注番号，出荷番号…）
受注明細（受注番号，受注明細番号，出荷番号，出荷明細番号…）
出荷（出荷番号，…）
出荷明細（出荷番号，出荷明細番号，…）

図：概念データモデル，関係スキーマの基本形

分割納品とは逆に，複数回の受注を一定期間まとめて1回で出荷する場合は，**“受注”**エンティティと**“出荷”**エンティティ，または**“受注明細”**エンティティと**“出荷明細”**エンティティは多対1になる。但しこれは分割納品をしない場合で，分割納品もする場合には多対多になる（連関エンティティが必要になる）。

【事例1】平成20年午後Ⅱ問2（食品製造業）

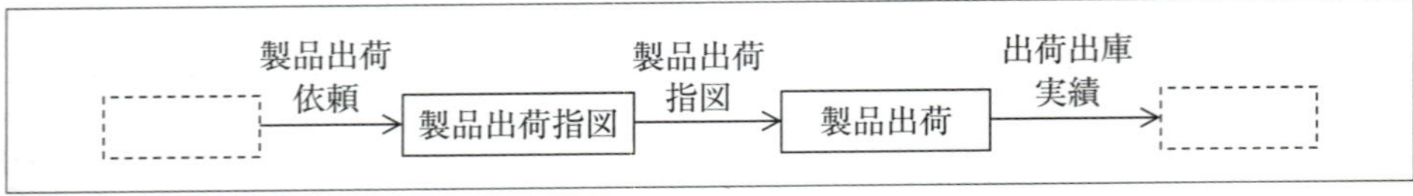

図：製品出荷業務の流れ（平成20年午後Ⅱ問2の図4より）

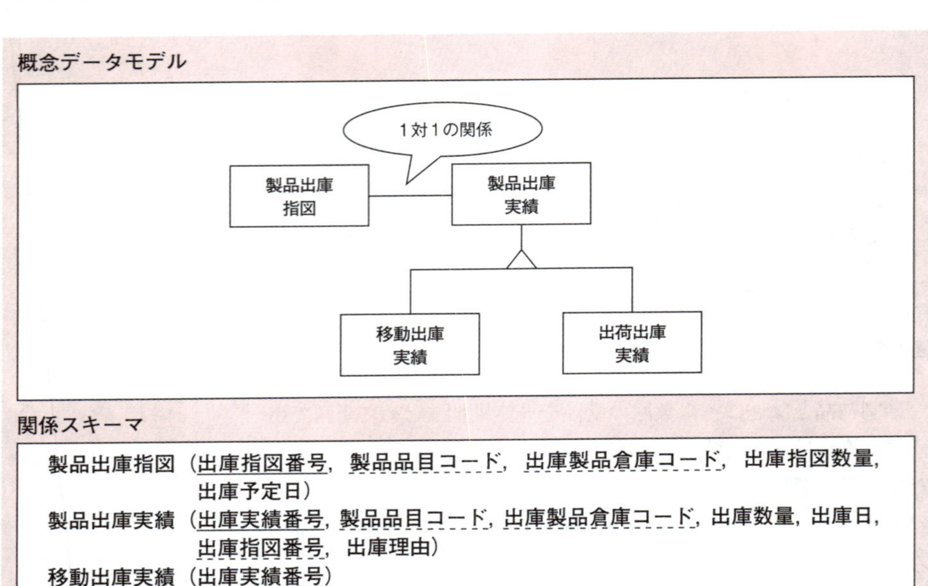

関係スキーマ

製品出庫指図（出庫指図番号，製品品目コード，出庫製品倉庫コード，出庫指図数量，出庫予定日）
製品出庫実績（出庫実績番号，製品品目コード，出庫製品倉庫コード，出庫数量，出庫日，出庫指図番号，出庫理由）
移動出庫実績（出庫実績番号）
出荷出庫実績（出庫実績番号，出荷先コード）

この事例は，生産管理業務がメインのものであるが，最もオーソドックスな事例なので，基本形としてチェックしておこう。

製品に対する注文を受けた部門から製品の出荷依頼を受けて，製品出荷指図を行い，その指図に従って製品を出荷し，実績を記録するところまでについても言及している。

表：製品出荷業務で用いられる情報（平成 20 年午後Ⅱ問 2 の表5より）

情報	説明
製品出荷依頼	受注に基づいて出荷依頼された製品の品目及び出荷数量
製品出荷指図	出荷対象の製品倉庫に対する出荷の指図
出荷出庫実績	製品倉庫からの出荷のための，出庫実績。 出荷出庫に基づき，出荷元の製品在庫を更新する。

この事例では，**“製品出庫実績”**エンティティをスーパータイプとし，サブタイプに倉庫間移動を目的とした出庫の**“移動出庫実績”**エンティティと，受注に対する出荷を目的とした出庫の**“出荷出庫実績”**を設けている。

また，**“製品出庫指図”**エンティティと**“製品出庫実績”**エンティティは1対1の関係で，後からインスタンスが発生する**“製品出庫実績”**エンティティ側に外部キー**‘出庫指図番号’**を保持している。

但し，指図の段階での**‘出庫指図数量’**及び**‘出庫予定日’**と実績の**‘出庫数量’**及び**‘出庫日’**を別々に保持しているところから，指図と実績で異なる可能性があることがわかる。

コラム　出庫と出荷

出庫と出荷は，同じような意味で使われることもある。物流の視点であれば特に差はないからだ。しかし，この問題のように厳密に使い分けることも少なくない。その場合，**“出庫”**は単に**“倉庫から出す作業”**の意味で使われ，**“出荷”**は**“顧客や市場に向けて（荷物として）出す時の一連の行為”**の意味で使われるのが一般的だ。少なくとも，自社の中での移動（工場での製造目的であったり別倉庫や営業所への移動）の時には**“出荷”**とはいわないし，最終的に顧客や市場向けではあるが，いったん別の場所に向かったり，タイムラグがある場合には**“出荷”**ではなく**“出庫”**が使われることもある。

【事例2】平成20年午後Ⅱ問2（トレーサビリティ管理）

概念データモデル

【ロケーション】
履歴を把握する上で必要な，トランザクションの発生場所を汎化した概念である。ロケーションコードが主キーである。

【受払】
品目が移動すること，使用されること，作られることを汎化した概念である。ロケーションと品目について，受払の元と先を参照している。

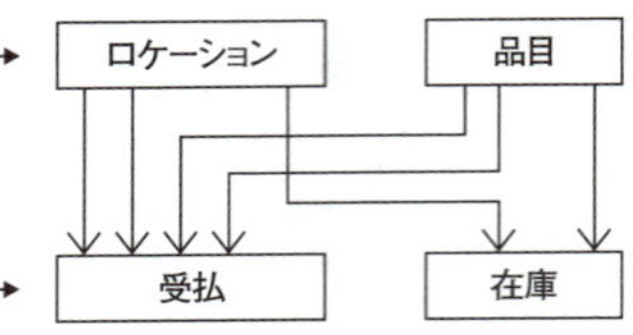

関係スキーマ

受払（受払種類，受入品目コード，受入ロット番号，受入ロケーションコード，
　　　払出品目コード，払出ロット番号，払出ロケーションコード，供給者ロット番号）
在庫（品目コード，ロット番号，ロケーションコード，在庫数量）

これは，トレーサビリティ管理の事例である。**トレーサビリティ（Traceability：追跡可能性）**とは，製品の生産から消費・廃棄に至るまでの流通経路を管理して追跡（バックトレース，フォワードトレース）を可能にする管理状態のことである。ポイントは，**"品目"**よりさらに細かい**"ロット番号"**と，ロケーションが移動したり製造したりするたびに**"受払"**エンティティを使って履歴をすべて管理するところにある。

そのあたりを，事例の一部（天つゆ500 mℓを製造する工程）で示すと右ページの図のようになる。入庫，出庫，移動等が発生した場合，移動元を**'払出'**，移動先を**'受入'**に設定した**"受払"**を作成している**（①④⑤⑥）**。製造の場合は複数の**"受払"**を作成することで対応している**（②③。但し，右ページの下の図を参照。上の図は複数のうちの一つだけで，他は割愛している）**。

このようにデータを残しておけば，例えばロット番号403の天つゆ500 mℓに何かあった場合，**"受払"**を逆にたどっていくことで，普通しょう油（111）やだし汁B（311），500 mℓ PET（511），PETキャップ（611）までバックトレースできる。

なお，このトレーサビリティシステムを構築するには，流通経路にある各企業が協力して，ロットの追跡ができる仕組みを構築する必要がある

試験に出る
在庫管理業務の中でも，特にトレーサビリティ管理をテーマにした出題があった。トレーサビリティ管理の基本を押さえる上でも役に立つ貴重な問題になる
平成20年・午後Ⅱ問2

用語解説
バックトレース
問題のあった"製品"の製造ロットを基点にして，製造に用いられた半製品の製造ロットや原料の調達ロットまでさかのぼるなど，製造工程と反対にバックしてトレースすること

用語解説
フォワードトレース
問題のあった"部品"を基点にして，それを使用した半製品や製品に至るまでなど，製造工程と同じ方向にトレースすること

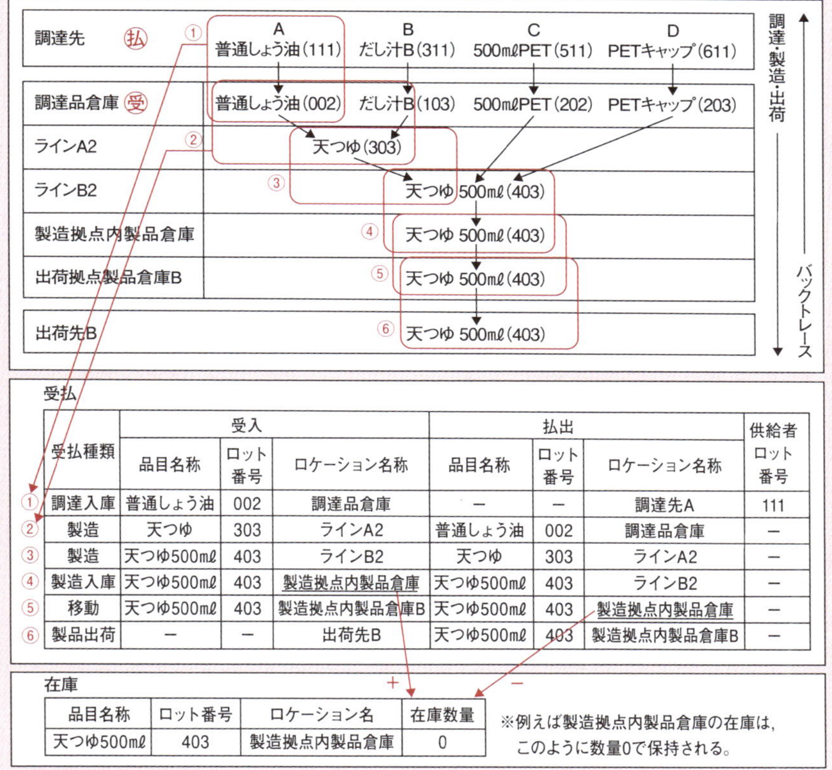

受払

	受払種類	受入			払出			供給者ロット番号
		品目名称	ロット番号	ロケーション名称	品目名称	ロット番号	ロケーション名称	
①	調達入庫	普通しょう油	002	調達品倉庫	ー	ー	調達先A	111
②	製造	天つゆ	303	ラインA2	普通しょう油	002	調達品倉庫	ー
③	製造	天つゆ500mℓ	403	ラインB2	天つゆ	303	ラインA2	ー
④	製造入庫	天つゆ500mℓ	403	製造拠点内製品倉庫	天つゆ500mℓ	403	ラインB2	ー
⑤	移動	天つゆ500mℓ	403	製造拠点内製品倉庫B	天つゆ500mℓ	403	製造拠点内製品倉庫	ー
⑥	製品出荷	ー	ー	出荷先B	天つゆ500mℓ	403	製造拠点内製品倉庫B	ー

在庫

品目名称	ロット番号	ロケーション名	在庫数量
天つゆ500mℓ	403	製造拠点内製品倉庫	0

図：製造の流れと“受払”，“在庫”エンティティ

“天つゆ”製造時の受払（上の図の②）

受払種類	受入			払出			供給者ロット番号
	品目名称	ロット番号	ロケーション名称	品目名称	ロット番号	ロケーション名称	
製造	天つゆ	303	ラインA2	普通しょう油	002	調達品倉庫	ー
製造	天つゆ	303	ラインA2	だし汁B	103	調達品倉庫	ー

“天つゆ500ml”製造時の受払（上の図の③）

受払種類	受入			払出			供給者ロット番号
	品目名称	ロット番号	ロケーション名称	品目名称	ロット番号	ロケーション名称	
製造	天つゆ500mℓ	403	ラインB2	天つゆ	303	ラインA2	ー
製造	天つゆ500mℓ	403	ラインB2	500mℓPET	202	調達品倉庫	ー
製造	天つゆ500mℓ	403	ラインB2	PETキャップ	203	調達品倉庫	ー

図：製造時に作成される“受払”

(2) 配送業務

過去問題には，数は少ないものの配送車の割り当て等の配送業務を加味したものもある。その場合，**“受注”** や **“出荷”** と **“配送”** の関係性を読み取らなければならない。

基本は，やはり **“出荷”** もしくは **“出荷明細”** エンティティと **“配送”** 関連のエンティティ（配送車や手配）との間にリレーションシップを持たせるケースになる。例えば **「複数の出荷を１つのトラックに積み込んで配送する場合で，かつ１つの出荷が異なるトラックに積み込まれることが無いケース」** は下図のようになる。

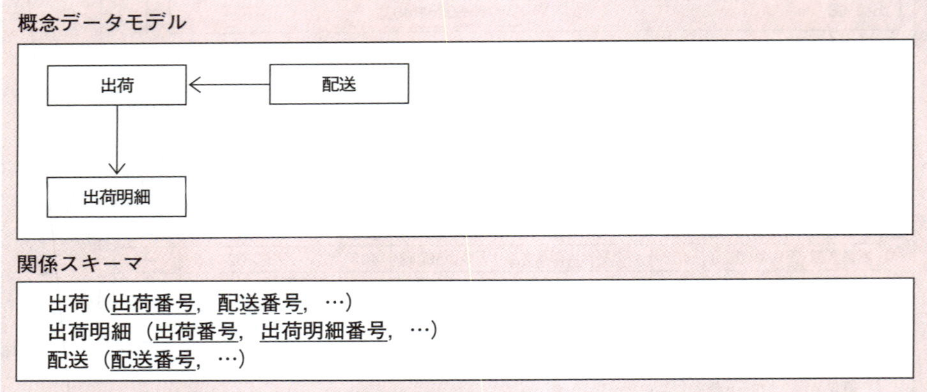

図：概念データモデル，関係スキーマの基本形

通常は，受注と出荷の間で１対多や多対１になっているので，出荷と配送の関係はシンプルになる。また，受注段階で配送車を割り当てる場合は，**“受注”** エンティティとの間にもリレーションシップが必要になるかもしれないが，特にそういう記述が無ければ，出荷するタイミングで配送を決めると考えればいいだろう。後は，過去問題の事例を参考に応用パターンを押さえていこう。

【事例1】平成15年午後Ⅱ問1（配送の事例）

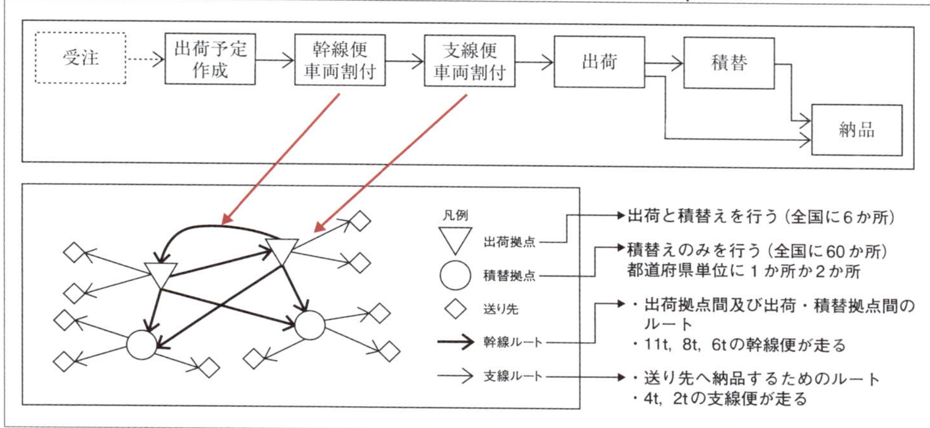

この問題は**"出荷"**以後**"納品"**までの**"配送業務"**をテーマにしたものである（上図参照）。階層化された複数の物流拠点を持つ**ハブアンドスポーク方式**を取り上げている。

表：業務内容

業務名称	業務内容
出荷予定作成	受注情報から希望納期に到着させるためのリードタイムを逆算し，出荷情報を作成する
幹線便車両割付	① 出荷情報から各幹線ルートの荷物量を算出する（必要に応じて追加手配を行う） ② 各出荷情報を幹線便に割り振る（※1） ③ 各出荷情報の出荷状態を"幹線便車両割付済み"にする ※一つの出荷を複数の便に分けることはない
支線便車両割付	① 出荷情報から各支線ルートの荷物量を算出する（必要に応じて追加手配を行う） ② 各出荷情報を支線便に割り振る（※1） ③ 出荷状態を"支線便車両割付済み"にする ※できるかぎり一つの受注を一つの支線便にまとめる
出荷	幹線便車両割付業務，支線便車両割付業務の決定に基づいて出荷する
積替	幹線便の到着都度，個々の荷物を出荷情報に示される支線便に積み替える

※1では荷物の割当ては，次のように行っている。

- "配送車種類"の属性として'積載可能容積'を持つ（荷台の空間の積載ロスを見込んだ積載可能容積を設定している）
- "製品"の属性として，'製品容積'を持つ（実際の製品には，様々な形状があるので，'製品容積'は余裕を見て設定されている）
- 荷物量は，"製品"ごとに設定されている'製品容積'に製品数量を乗じて算出する

概念データモデル

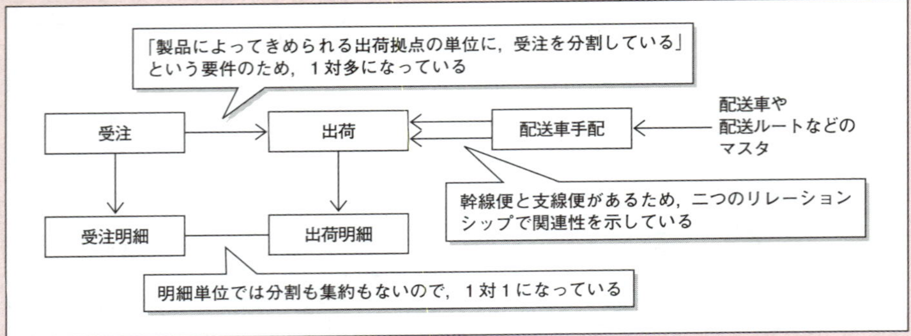

関係スキーマ

【マスタ】

物流拠点（物流拠点コード，物流拠点名称，出荷機能フラグ）
　出荷拠点（物流拠点コード，物流拠点名称）
配送車種類（配送車種類コード，積載可能容積，積載量）
配送ルート（発地物流拠点コード，ルート番号，幹線支線区分）
　幹線ルート（発地物流拠点コード，ルート番号，着地物流拠点コード，幹線リードタイム）
　支線ルート（発地物流拠点コード，ルート番号）
地域（地域コード，地域名称，発地物流拠点コード，ルート番号）
製品（製品番号，製品名称，在庫物流拠点コード，製品容積）

受注（受注番号，地域コード，送り先名称，送り先住所，到着納期年月日）
受注明細（受注番号，受注明細番号，製品番号，受注数量）
配送車手配（発地物流拠点コード，ルート番号，便番号，手配年月日，配送車種類コード）
出荷（出荷状態，出荷番号，受注番号，出荷物流拠点コード，出荷指示年月日，
　　幹線便発地物流拠点コード，幹線便ルート番号，幹線便番号，幹線便手配年月日，
　　積替物流拠点コード，積替指示年月日，支線便発地物流拠点コード，支線便ルート番号，
　　支線便番号，支線便手配年月日，出荷実績年月日，積替実績年月日，納品実績年月日）
出荷明細（出荷番号，出荷明細番号，製品番号，出荷数量，受注番号，受注明細番号）

注“出荷機能フラグ”は，当該の物流拠点が出荷拠点であることを表す属性。

これらを概念データモデルと関係スキーマで表すと次のようになる。この事例では，**“配送車”**エンティティや**“配送ルート”**エンティティをマスタとして設定するとともに，**“配送車手配”**エンティティを用いて，**“出荷”**エンティティと関連付けている。

【事例2】平成16年午後Ⅱ問2（コンビニストアチェーン）

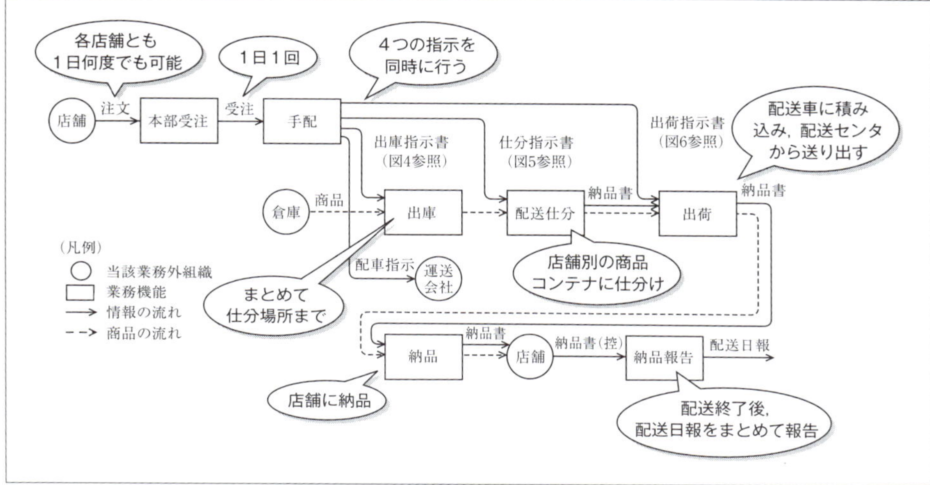

図：在庫品配送業務のフロー（平成16年午後Ⅱ問2図3より（ふきだし＝説明を追記））

次は，コンビニエンスストアの配送物流のケースである。事例1と異なるのは，**“出荷”**エンティティと**“配車”**エンティティだけではなく，**“仕分”**エンティティ，**“納品”**エンティティに分けている点だ（業務フローは上記参照）。

表：業務内容

業務名	内容
手配	受注締め後に，出庫，仕分，配車，出荷を同時に指示する業務
出庫	出庫指示書をトリガに，倉庫→仕分場所
配送仕分	仕分指示書をトリガに，店舗別に仕分ける業務
出荷	出荷指示書をトリガに，仕分された商品を配送車に積込み，配送センタから送り出す業務
納品	配送車が担当の配送エリアを回り，店舗に納品する業務

問題文には，**“手配”**で4つの指示（出庫指示，配車指示，仕分指示，出荷指示）に分けた理由は書いていないが，一般的には，指示する相手が異なる場合や，指示するタイミングが異なる場合に，その指示する相手単位や時期単位に分けることが多い。

この事例では**「配送業務は，配送センタから配送エリア単位に商品が出荷され，配送車が担当の配送エリア内の全店舗に納品することで完了する形態」**だとしている（図参照）。

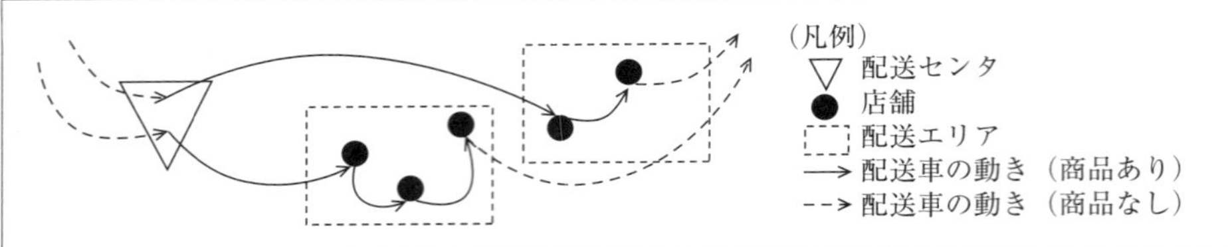

図：在庫品の配送業務形態（平成 16 年午後Ⅱ問2の図1より）

そして，これらを概念データモデルと関係スキーマで表すと右頁のようになる。

受注と仕分，納品は，明細レベルで全て1対1で対応付けられている。主キーは全て**'受注番号'**及び**'受注番号＋受注明細番号'**である。これは，一連の流れが受注単位で管理されていることを表している。

ただ，個々の非キー属性にはそれぞれ別々に'数量'を保持している。これは問題文に**「日常は欠品を起こさないように業務運用されている。しかし，不測の事態による欠品の可能性は否定できないので，業務の各段階で実績の数量を記録している」**という要件に基づいた設計にしているからだ。受注数量と仕分数量，納品数量が異なる可能性があるためである。

また，**"配車"**エンティティと**"出荷"**エンティティは1対1になっている。これは，例えば今回のように，配送エリア内に1台のトラックがあり，それが1日1回全店舗の荷物を積んで走るような場合で，出荷指示が配車単位になるケースに該当する。

加えて，1台の車両には複数店舗の複数の受注が含まれているため，（当日の）**"出荷"**エンティティと**"仕分"**エンティティ（受注番号単位）との間には，1対多のリレーションシップが必要になる。

なお，**"出庫"**エンティティと**"仕分明細"**エンティティの間に1対多のリレーションシップが書いてあるのは，出庫は1日1回商品ごとにまとめてピッキングし，仕分場所まで持ってくるからだ。

概念データモデル

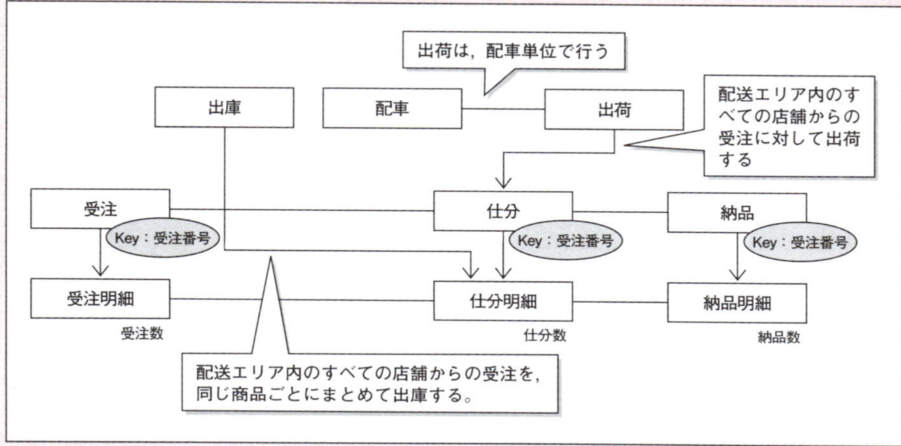

関係スキーマ

受注（受注番号，店舗番号，受注年月日時刻，納品予定年月日）
受注明細（受注番号，受注明細番号，商品番号，受注数量）
出庫（出庫番号，配送センタ番号，商品番号，出庫実績数量，出庫実績年月日時刻）
配車（配車番号，配送エリアコード，配送年月日，車両番号，ドライバ氏名）
仕分（受注番号，出荷番号）
仕分明細（受注番号，受注明細番号，出庫番号，仕分数量）
出荷（出荷番号，配車番号）
納品（受注番号，納品年月日時刻）
納品明細（受注番号，受注明細番号，納品数量）

2.3.5 売上・債権管理業務

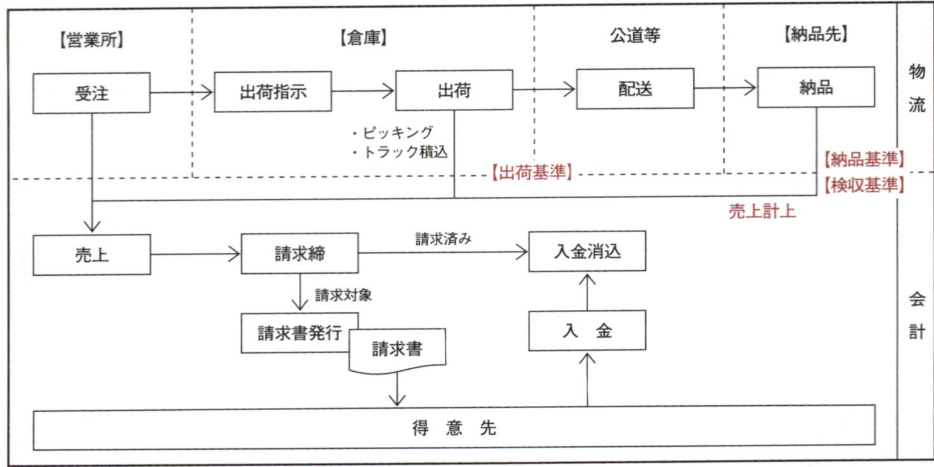

図：売上から請求，入金消込までの流れの例（基本形）

得意先から受注した商品等を出荷し，納品が完了したら **"売上"** を計上する（売上計上処理）。そして，その **"売上"** は **"売掛金"** という債権として管理され，一定期間分をまとめて請求して回収する。その一連の処理の流れを簡潔にまとめたのが図になる。

現金で取引をする場合には，請求締処理や請求書発行処理は必要ないが，企業間取引の場合は信用取引が一般的なので（午後Ⅰや午後Ⅱの問題になる事例でも企業間取引が多いため），この一連の流れを基本形としてイメージしておくといいだろう。

なお，売上計上後の処理は，財務会計上 **"記録"** が義務付けられている。したがって，ここの内容をさらに詳細に知りたい場合は，簿記の勉強が最適である。

なお，売上を計上するタイミング（収益認識基準）は，いくつかの考え方があり，財務会計上は個々のビジネスに即した基準を適用しなければならないが，データベーススペシャリスト試験の問題になるレベルでは次の２つのいずれかでいいだろう。

① 出荷基準：出荷時
② 検収基準：納品・検収が完了し受領書をもらった時

試験に出る

債権管理業務に特化した問題もそれほど多くは無い。午後Ⅱでは，今のところこの問題ぐらいだろう
平成 22 年・午後Ⅱ 問 1

物販以外だと，2021 年 4 月以降に始まる事業年度から上場企業等に義務付けられる収益認識基準や IFRS の第 15 号の基準のようにサービスを履行したタイミングなどもある。

(1) 基本パターンを覚える

概念データモデル

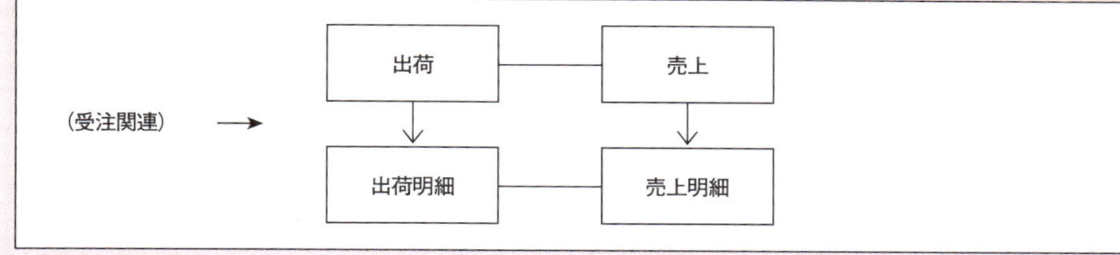

関係スキーマ

出荷 (出荷番号, 受注番号, …)
出荷明細 (出荷番号, 出荷明細番号, 受注番号, 受注明細番号, …)
売上 (売上番号, 出荷番号, …)
売上明細 (売上番号, 売上明細番号, 出荷番号, 出荷明細番号…)

図：概念データモデル，関係スキーマの基本形

上記は **“売上”** 及び **“売上明細”** エンティティの基本パターンである。この例では **“出荷”** 及び **“出荷明細”** エンティティを引き継いでいるが（外部キーでリレーションを張っているが），他に **“受注”** 及び **“受注明細”**，**“納品”** 及び **“納品明細”** エンティティを引き継いでいるケースもある。

但し，過去問題を見る限り，**“売上”** 関連のエンティティを使っているケースは，現金取引の小売業や販売分析系の問題が多い。つまり，**“売上”** 関連のエンティティから開始するケースだ。そのため，上記のような基本パターンのケースは少ないが，財務会計システムへのデータ連携等を考える場合，出荷や納品という物流関連のデータと別に保持することも考えられるため，次のような点は意識しておいた方がいいだろう。

【債権管理部分が問われる場合に読み取ること】

- **“売上”** と **“売上明細”** エンティティの存在の有無
  →出荷や納品ベースに請求しているかどうか？
- 請求に必要な情報をどこに保持しているか？
  →**“売上”**，**“売上明細”** 等の属性？それとも “出荷”，“出荷明細” ？

(2) 請求までの処理

売上を計上した後，請求書を発行するまでに行う処理がある。売上計上後の取消処理や，返品，値引きなどの処理だ。売上計上後は，会計上記録を求められる部分になるので，その管理も厳密になる。

① 売上の取消処理（赤黒処理）

売上入力後の売上訂正や取消処理は，たとえ，それが単純ミスだったとしても，内部統制上，その経緯を記録して保存しておく必要がある。そこで，売上訂正入力や売上取消入力を行った場合，まずマイナスの伝票を発行し，その後，訂正の場合は訂正後の伝票を発行する。前者を**「赤伝」**，後者を**「黒伝」**といい，こうした処理を**「赤黒処理」**と呼ぶ。

② 値引処理・返品処理（次頁の事例参照）

商品を販売したら，値引や返品についても適切に処理しなければならない。値引処理では，売上伝票単位，明細行単位，請求書単位など，その対象がいくつか存在する点に注意が必要である。

また，返品処理では，返品理由がいろいろある点に注意しなければならない。単純に交換目的の返品処理であれば，在庫管理上の処理だけでも構わないが，返金する場合は，①の売上の取消処理になるため赤黒処理が必要になる。

③ リベート処理

リベートとは，報奨金，販売促進費，目標達成金，協力金などいろいろな別称があるが，端的にいうと，一定期間の売上実績に対するインセンティブである。その計算ルールは，企業によって大きく異なるし，複雑になっていることも多い。

この処理は，特に請求までに行う処理ではない。請求段階で加味することもあれば，1年間の計算により翌年に考慮されることもある。用語の存在だけを覚えておいて，問題文に出てきたら，その要件をしっかりと読み取ろう。

【事例】平成22年午後Ⅱ問1（受注取消，返品処理）

この事例では，売上の取消処理で赤黒処理を行うだけではなく，受注取消及び返品処理でも赤黒処理を行っている。

ちなみに，後述している通り，この事例では請求対象は，出荷エンティティで把握している。

業務要件

〔受注の取消と返品〕

(1)　顧客は，商品出荷前の注文を取り消すことができる。取消は注文書単位に行い，特定のSKUの注文だけを取り消すことはできない。

(2)　顧客は，返品可能な商品に限り返品することができる。ただし，納品後10日以内にA社の物流センタに到着することが条件となる。

(3)　取消又は返品があれば，受注数量及び出荷数量をすべてマイナスにした受注伝票及び出荷伝票（以下，赤伝という）を新たに作成する。さらに，一部のSKUだけが返品された場合は，返品されたSKUを除く受注伝票及び出荷伝票（以下，黒伝という）を新たに作成する。

(4)　返品された商品は，商品の状態に応じて，在庫に戻されるか，又は処分される。

処理概要

受注取消	受注の取消を行う。受注と受注明細，及び出荷と出荷明細の赤伝を作成する。取り消された受注の受注番号（取消元受注番号）を赤伝に，赤伝の受注番号（取消先受注番号）を取消元に記録する。取消元の受注状態を“取消済”にする。
返品	返品の入庫を確認し，受注単位に返品処理を行う。受注と受注明細，及び出荷と出荷明細について，それぞれ赤伝と黒伝を作成する。返品対象の受注の受注状態を“取消済”にし，出荷の出荷状態を“返品済”にする。さらに，返品対象の出荷に対応するすべての出荷明細の返品区分に“返品”を記録する。赤伝と黒伝の出荷明細の返品区分には値を設定しない。

関係スキーマ

受注（受注番号，顧客番号，受注担当社員番号，受注年月日，受注状態，受注金額，消費税額，届先住所，取消元受注番号，取消先受注番号，…）
受注明細（受注番号，受注明細番号，SKUコード，受注数量，単価，…）
出荷（出荷番号，受注番号，出荷状態，出荷年月日，納品年月日，請求番号，取消元受注番号，取消先受注番号）
出荷明細（出荷番号，出荷明細番号，SKUコード，出荷数量，単価，返品区分）

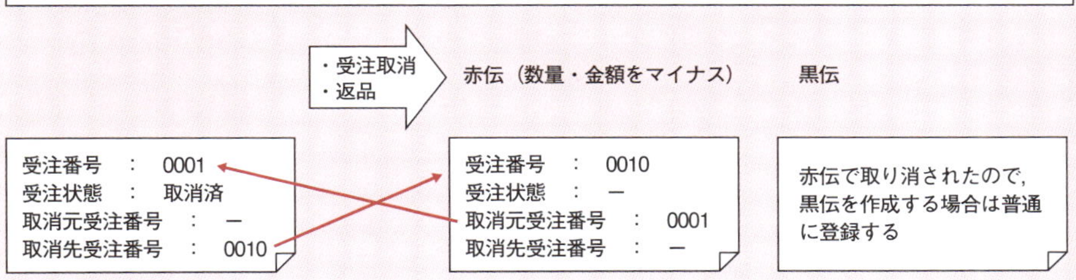

図：赤黒処理の設計例（平成22年午後Ⅱ問1より一部追記）

(3) 請求締処理と請求書発行処理

納品が完了すると，毎月１回など定期的に（時に不定期に）請求書を発行しなければならない。この時に行う処理が，請求締処理と請求書発行処理である。

① 請求締処理

信用取引の場合，いつからいつまでの売上分を請求するかということを取引先ごとに決めておく必要があるが，その区切りになる日を**「締日」**と呼ぶ。企業では，締日が来るたびに，請求締処理（請求締更新とも呼ぶ）を実行して，請求対象データを抽出し，請求内容を確定させる。

シンプルな例では，取引先（顧客）ごとに締日を設定するが，納品先，売上計上の単位，請求先と，それぞれ異なることも少なくない。

締日は**“20日”**や**“月末”**など取引先によって異なる。また月１回（月に締日が一つ）のケースが多いが，取引先によっては月に複数回や都度請求などもある。

② 請求書発行処理

締処理が完了すると，続いて請求書を発行する。請求書は，３枚以上の複写になっていることが多い。その場合，例えば，１枚は取引先に送るもの，もう１枚は保存義務のある経理部門の控え，最後の１枚（以上）は営業部門などの関連部門の控えなどで使い分けたりする。

【事例】平成22年午後Ⅱ問1（請求関連）

問題文の記述

〔代金の請求〕

(1) 事業所では，月初日から月末日までに納品が済んだ受注を確認して，月締めを行う。事業所によって月締めのタイミングは異なるが，翌月の第15営業日までには前月分の月締めを行う規則になっている。

(2) 事業所では，顧客ごとに，月締めの対象月中に納品が済んだ受注の受注金額と消費税額を合計して請求金額を求め，請求書を作成して顧客に送付する。あわせて，請求金額を未収金額に計上する。請求書には，顧客番号と振込先口座番号も記載されている。振込先口座番号は，事業所ごとに異なっている。

月締め	事業所の月締めの時期に合わせて，対象月中に納品が済んだ受注の受注金額及び消費税額を，顧客別に集計する。さらに，請求対象年月が前月以前で，かつ，1年以内の請求データの未収金額を月締め時点での累積未収金額として集計し，請求状態を“未請求”にして，請求データを作成する。請求データ作成済の出荷は，出荷状態を“請求済”にする。また，請求年月日から5年経過した請求データを削除する。
請求	事業所ごとの月締めによって作成された請求データを確認して請求書を出力し，請求状態を“請求済”にする。あわせて，請求金額を未収金額として記録する。

関係スキーマ

出荷（出荷番号，受注番号，出荷状態，出荷年月日，納品年月日，請求番号，取消元受注番号，取消先受注番号）

出荷明細（出荷番号，出荷明細番号，SKUコード，出荷数量，単価，返品区分）

請求（請求番号，顧客番号，事業所コード，請求対象年月，請求年月日，請求金額，入金日，未収金額，累積未収金額，請求状態）

【処理の流れのまとめ】

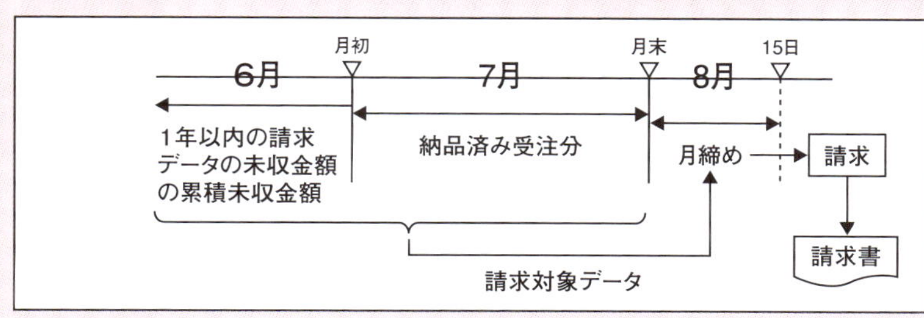

図：月締めと請求書発行処理の例（平成22年・午後Ⅱ問1より一部加筆）

この事例では“**売上**”関連のエンティティを使わずに，“**出荷**”及び“**出荷明細**”から“**請求**”エンティティを作成している。

(4) 入金処理と入金消込処理

請求先から入金があると，債権を消滅させなければならない。この時に行うのが入金処理と入金に対する消込処理である。

入金処理に関しては入金された金額，その方法（銀行振込，集金，手形など）を登録するだけの処理なので複雑な処理ではないが，入金に対する消込処理は複雑になる。請求金額と入金額が一致しない場合の消し込みを考慮する必要があるからだ。

【事例】平成22年午後Ⅱ問1（入金関連）

問題文の記述

〔入金の確認〕

(1) 顧客は，請求書に記載されている請求年月日の翌月の月末日までに，請求金額を銀行振込によって支払う。その際，振込人欄に請求書に記載された顧客番号を記入する。

(2) 各事業所の請求担当者は，銀行から入金情報（振込人，入金日，入金金額）を取得する。振込人欄に記載された顧客番号で，当該顧客の請求済で未入金の請求書と照合して，次のように消込みを行う。

① 入金金額を未消込金額に設定し，ゼロを不足金額に設定する。

② 請求年月日の古いものから順に，最新の請求まで，次のいずれかを行う。

- 未消込金額が未収金額以上の場合，未消込金額から未収金額を差し引いた額を未消込金額に設定し(a)，未収金額を消込金額として記録する(b)。未収金額にゼロを設定する。(c)
- 未消込金額がゼロよりも大きく，かつ，未消込金額が未収金額よりも小さい場合，未収金額から未消込金額を差し引いた額を，不足金額と未収金額に設定し，未消込金額を消込金額(d)として記録する。未消込金額にゼロを設定する。(e)
- 未消込金額がゼロの場合，不足金額に未収金額を加算する。(f)

(3) 消込みの結果，顧客ごとの不足金額がゼロより大きければ，不足金額の支払を求める。また，顧客ごとの未消込金額がゼロより大きければ，未消込金額を返金する。

〔損金処理〕

請求後1年以内に回収できない請求は，未収金額をゼロにして損金処理を行う。

入金確認	事業所ごとに，銀行から取得した入金情報によって，顧客を特定し，その顧客の請求データと照合する。照合結果として，請求入金の消込金額を記録し，請求データの未収金額を更新する。同時に，未収金額がゼロになった請求は，請求データの請求状態を“入金済”にする。

関係スキーマ

請求（請求番号，顧客番号，事業所コード，請求対象年月，請求年月日，請求金額，入金日，未収金額，累積未収金額，請求状態）

入金（入金番号，振込人，入金日，入金金額）

請求入金（請求番号，入金番号，消込金額）

図：平成22年午後Ⅱ問1より

この事例では，**“請求”**エンティティ，**“入金”**エンティティに加えて，その2つのエンティティを関連付ける**“請求入金”**エンティティを使って処理をしている。

“請求”データを作成する時に，**‘請求状態’**に**“請求済”**を，**‘未収金額’**に**“請求金額”**を，それぞれ設定する。そして銀行から取得した入金情報を元に**“入金”**データを作成し，当該顧客の**“請求”**データと照合する。この時に**“請求入金”**データを作成して入金の消し込みを行うというわけだ。

例えば，ある得意先への**“入金済”**になっていない（未収金額がゼロではない）請求データが4つ（4/30，5/31，6/30，7/31，合計2,200）残っているところに，1,200の入金があった場合は，下図のような処理になる。

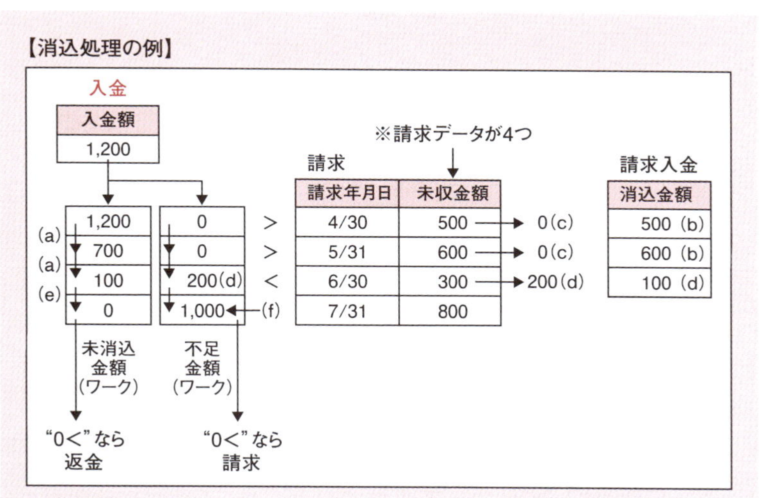

図：平成22年午後Ⅱ問1より

図の（a）～（e）は，前頁の図内（問題文に加えた下線部分）に対応する処理である。ここを見れば，ワークエリアの**“未消込金額”**と**“不足金額”**を使って，請求データの古いものから順に‘未収金額’を消し込んでいることがわかる。

2.3.6 生産管理業務

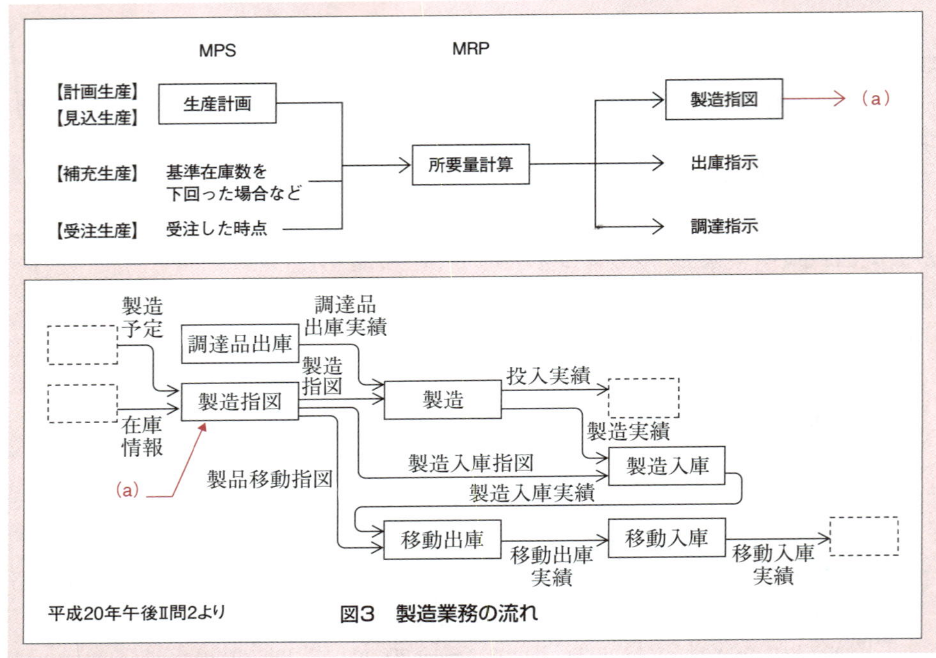

図：生産管理業務の流れの例

生産管理業務とは，生産計画に基づいて（見込生産，計画生産の場合），あるいは在庫が少なくなった時（基準在庫を下回った場合の補充生産の場合），顧客からの注文があった時（受注生産の場合）などをきっかけに，必要なものを製造する一連の管理業務のことである。

通常，生産計画は最終製品の単位（自動車等）で計画されるが，これを **MPS（Master Production Schedule）** という。そして，このMPSを基に，所要量計算を実施して不足する部分を手配する。この所要量を計算し手配する部分を，特に **MRP（Material Requirements Planning）** という（ここまでが図の上段）。

諸々の手配が完了し準備が整った段階で，製造指図を出して製造を始める。製品が完成すると製造実績を記録して終了する（図の下段）。ざっとこのような流れになる。

試験に出る

午後Ⅱでメーカ（製造業）を題材にした問題は割と多いが，その中で，ここで説明する生産管理や製造業務が出題されているものは以下の問題くらいになる。在庫管理や物流の方がメインになっている問題も多く，複雑な割には，あまり出題としては多くはないという印象だ。
平成 20 年・午後Ⅱ 問2
平成 30 年・午後Ⅱ 問2
平成 31 年・午後Ⅱ 問2
対象とする製品は，いずれも複雑なものではなく，パンの製造（H31）やしょうゆやタレ（H20）などシンプルなものである。製菓ライン（H30）という機械がやや複雑だったぐらいだ。

システムフローは下図のようになる。これは，製品の生産計画を登録し，その計画に基づいて所要量計算を行い，①在庫があるものは倉庫に対して出庫指示を出し，②購買が必要なものは購買データを作成して仕入先に注文し，③組立てが必要なものは製造指図（組立指示）を出している。この基本的な流れを把握しておこう。

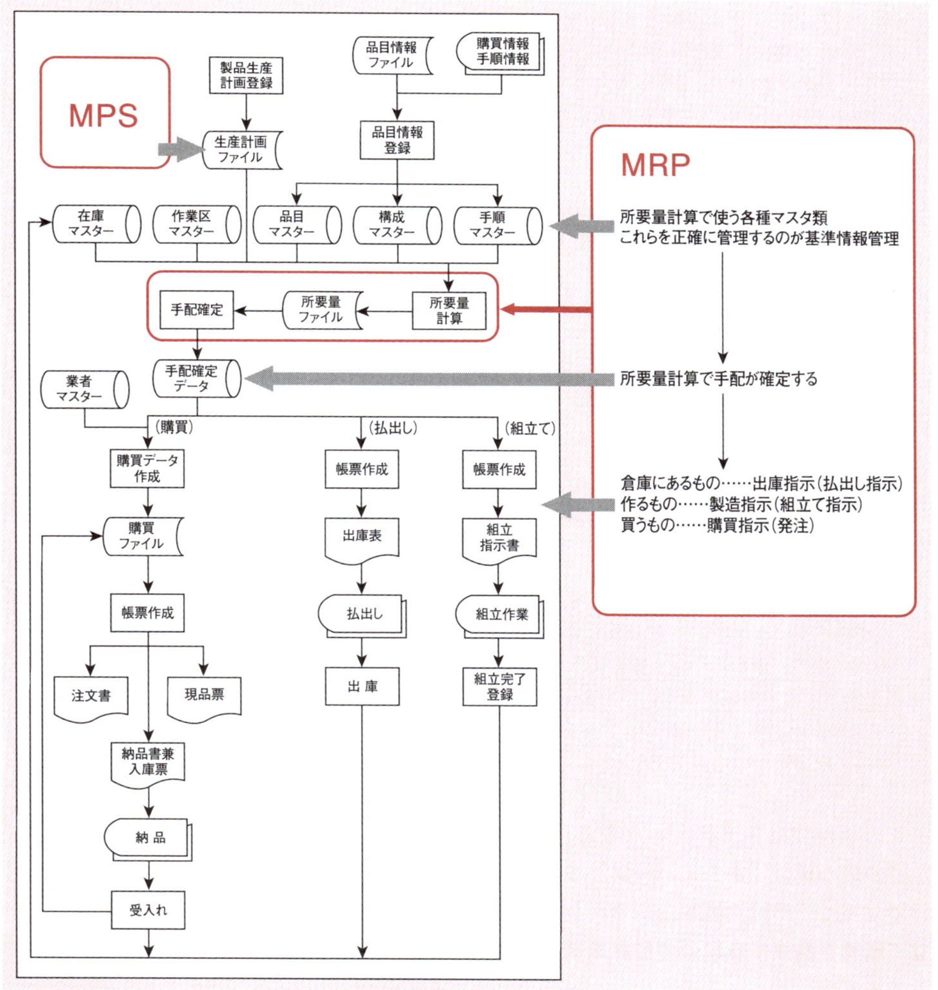

図：生産管理システムフローの例（情報処理技術者試験 AE 平成 13 年・午後 I より）

(1) 生産計画

生産計画の部分は，これまでのところ設問で問われることはなかった。なので，あまり意識する必要はないが，どのように記載されているかぐらいは目を通しておこう。

【事例1】平成29年午後Ⅱ問2（計画生産，補充生産の例）

(4) 計画生産品の生産・物流

① 四半期ごとに，販売目標と販売実績から向こう 12 か月分の需要を予測する。

② 予測した需要と工場の生産能力から，商品別物流センタ別に，向こう 12 か月分の入庫数量を決め，月別商品別物流センタ別入庫計画を立てる。このとき，前の四半期の計画は最新の計画に更新する。

③ 月別商品別物流センタ別入庫計画は，立案時に計画値を設定し，生産入庫時に実績値を累計する。

④ 工場は，月別商品別物流センタ別入庫計画の計画値に対する実績値の割合が低い商品について，入庫先物流センタを決めて生産し，その都度，生産入庫を行う。

⑤ 在庫補充の方式は，営業所だけに適用する。

(5) 補充生産品の生産・物流

① 在庫補充の方式は，在庫をもつ全ての拠点に適用する。

② 物流センタでは，生産工場別に補充要求を行う。

③ 工場は，上位拠点がないので，補充要求の代わりに生産要求を行う。

【事例2】平成22年午後Ⅱ問2（生産枠を使用した例）

5. 在庫と生産枠

(1) パーツごとに基準在庫数を決めて，在庫を保有している。

(2) 受注に対して在庫が不足しない場合，受注したパーツは，在庫から引き当てる。

(3) 受注に対して在庫が不足する場合，受注したパーツは，生産枠から引き当てる。生産枠とは，年月日ごとの生産予定数を設定したものである。生産枠は，パーツごとではなく，部位ごとに設定している。また，生産枠の登録は，毎月最終営業日に，向こう 2 か月分の営業日を対象として生産管理室が行っている。

この事例では生産枠という考え方を用いている。ポイントは，品目の最小単位である **“パーツ”** ごとに生産計画を立てているわけでは無く，**部位（棚板，引き出しユニット，キャスタなど組み立て家具を構成する類似の形状を持つ要素）単位にしているところである。**

(2) MRP (Material Requirements Planning)

資材所要量計画。製品の需要計画（基準生産計画：MPS）に基づき，その生産に必要となる資材及び部品の手配計画を作成する一連の処理のことである。

通常，製品（この最終製品を独立需要品目と呼ぶ）は，多くの資材や部品（その製品を構成する品目を従属需要品目と呼ぶ）から構成されている。そのため，最終製品（独立需要品目）の需要計画を立てても，そのままでは，いつ，どの資材・部品がどれだけ必要なのかがわからない。そこで，その製品を構成品目（従属需要品目）に展開して，手配計画を立てるというわけである。

MPS (master production schedule)
基準生産日程計画。最終製品の一定期間の期別の所要量（需要量）のこと

試験に出る
平成31年・午後I 問3で階層化された部品構成表について出題されている

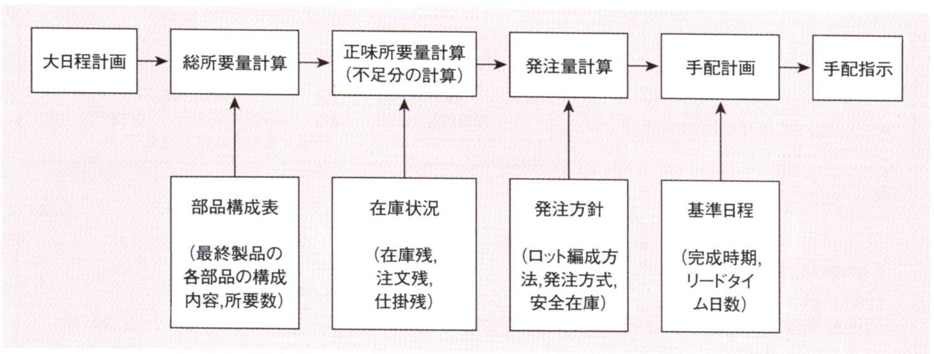

図：MRPの手順

① 総所要量計算（品目マスタと品目構成マスタなどを使って，独立需要品目を従属需要品目に展開。生産計画（大日程計画）の（製品の）必要生産量から，各部品の"総所要量"を算出する）
② 正味所要量計算（各部品の総所要量から，各部品の手持在庫を引いて，手配が必要な"正味所要量"を計算）
③ 発注量計算（ロット，発注方式，安全在庫などを考慮し，発注量を計算する）
④ 手配計画（製品の納期，リードタイムから，いつ発注するのかを計画する）
⑤ 手配指示

MRPを利用するときに，必要になるのが品目マスタや品目構成マスタなどの基準情報である。生産管理システムにおいて，基準情報の管理は非常に重要である。計画的な生産活動をするには，この基準情報の正確さが重要になるからだ。なお，生産管理システムにおいては，基準情報は各種マスタテーブル（品目マスタ，品目構成マスタ，手配マスタ，工程マスタなど）として管理される

【事例】平成30年午後Ⅱ問2（所要量展開の事例）

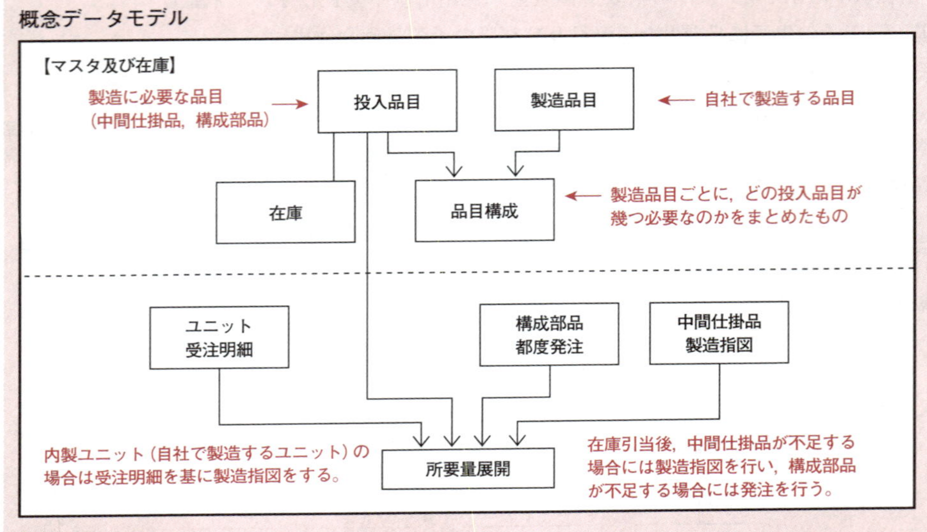

関係スキーマ

製造品目（品目コード，製造ロット数量）
投入品目（品目コード，投入方法）
品目構成（製造品目コード，投入品目コード，構成レベル，所要量）
所要量展開（受注#，受注明細#，所要量明細#，投入品目コード，必要数量，引当済数量，
発注#，製造#）

この事例では，次のような流れを想定している。

① **受注**

顧客から注文があると **“受注”** と **“受注明細”** に記録する。

② **製造指図（製造するもののみ）**

“受注明細” は複数のサブタイプを持つが，そのうちの **“ユニット受注明細”** は，さらに自社で作成する内製ユニットと，他社から購入する構成ユニットに分けられる。このうち内製ユニット（受注明細の品目が **“製造品目”** に該当する場合）に関しては製造を指図する。

③ **所要量展開**

“製造品目” に必要な投入品目とその数量を **“品目構成”** に基づいて求める。具体的には，**“製造品目”** マスタの製造品目コード（下図の（a））を **“品目構成”** マスタにセットして読み込み（同（b）），投入品目とその所要量を（同（c））求める（同（d））というイメージになる。

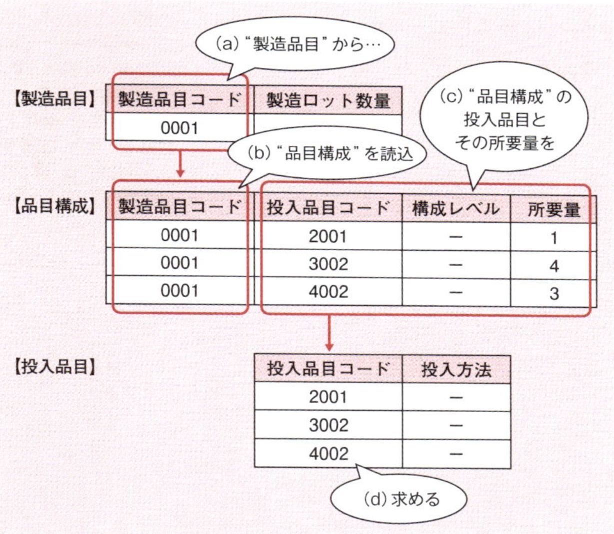

図：各マスタを使った所要量展開の例

　但し，投入品目には中間仕掛品と構成部品があり，中間仕掛品は，さらに中間仕掛品や構成部品で構成されているため，階層化されている。

④ 在庫引当

各中間仕掛品及び各構成部品の在庫引当を行う。

→ 中間仕掛品の在庫が不足する場合
　中間仕掛品をさらに部品展開し，各構成部品ごとに在庫引当を行う

⑤ “所要量展開” のデータ作成

⑥ 手配

在庫引当で不足したものを…

- 中間仕掛品は製造指図を行う **（製造＃を記録）**
- 構成部品は発注を行う **（発注＃を記録）**

(3) 製造指図と実績入力

実際の生産は，製造指図を行うことによって開始する。1回の製造指図では，「いつ（製造予定日），何を（製造品品目コード），どこで（製造ラインコード），いくつ（製造予定数量）作るのか？」が決められている。

この後，その製造指図単位（製造番号単位）に，資材や半製品を投入したらその都度実績入力を行い“投入実績”データを作成し，製造がすべて完了したら製造実績を入力して“製造実績”データを作成する。

用語解説

製造番号（製番:せいばん）
1回の製造指示に割り当てられた一意の番号。「製造オーダーNo.」や「指図番号（指番）」のことで，そのまま製造ロット番号とすることもある。製品番号（同一製品ならすべて同じ番号）よりも細かいレベルの管理単位。この製造番号で，指図発行以後の生産を管理することを製造番号管理（製番管理）と呼ぶ。日本では，多くの製造業で製番管理を実施している

概念データモデル

関係スキーマ

製造指図（製造指図番号，製造品品目コード，製造ラインコード，製造予定数量，製造予定日）

製造実績（製造番号，製造品品目コード，製造ロット番号，製造ラインコード，製造数量，製造日，製造指図番号，…）
　半製品製造実績（製造番号，製造半製品品目コード，…）
　製品製造実績（製造番号，…）
　単品製品製造実績（製造番号，製造単品製品品目コード，…）

投入実績（製造番号，枝番号，投入数量，投入日，…）
　原料投入実績（製造番号，枝番号，原料調達入庫番号，…）
　包装資材投入実績（製造番号，枝番号，包装資材調達入庫番号，…）
　半製品投入実績（製造番号，枝番号，半製品製造番号，…）
　単品製品投入実績（製造番号，枝番号，単品製品製造番号，…）

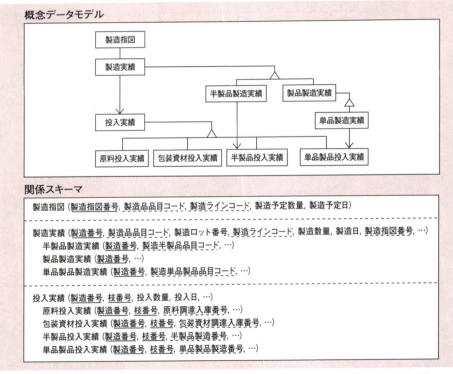

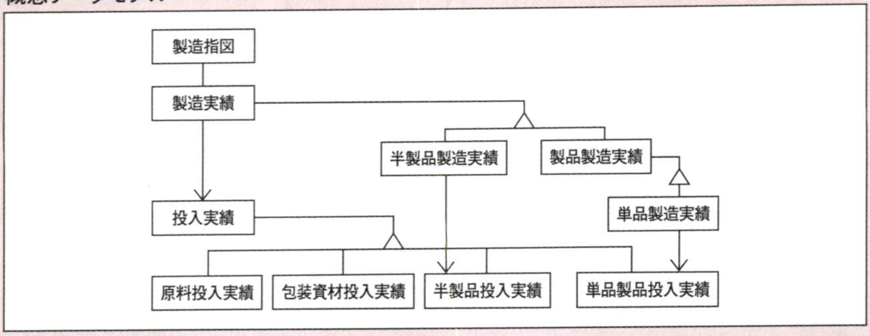

図：製造業務の概念データモデルと関係スキーマの例（平成20年・午後Ⅱ問2を一部加工）

2.3.7 発注・仕入（購買）・支払業務

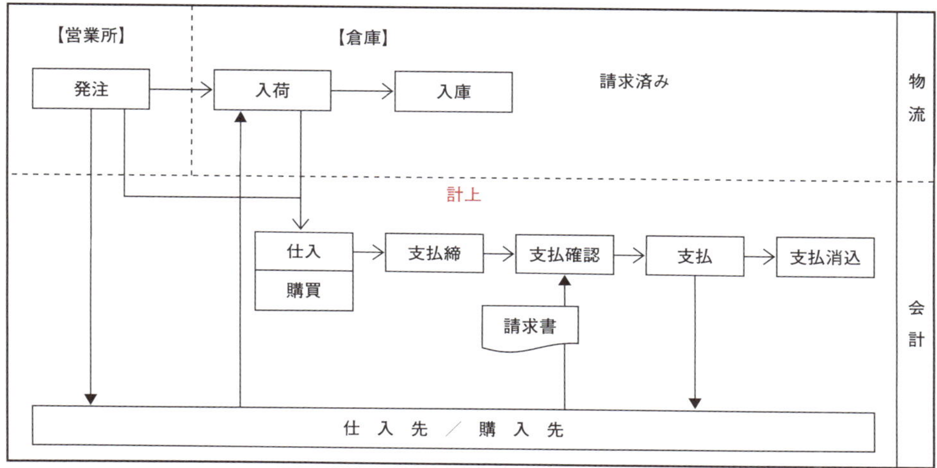

図：発注から請求，支払消込までの流れの例（基本形）

ここでは，発注から仕入，支払にいたるまでの一連の流れを説明する。これらの処理は，これまで説明してきた受注から売上，請求，入金にいたる一連の販売業務の裏返しである。そのため，販売業務をしっかりと理解していさえすれば，仕入業務や購買業務の方は理解しやすいだろう。

但し，ここに掲載している3つの事例を見ても明らかだが，発注処理には複数のパターンがある。分納発注方式や都度発注方式，定量発注方式だ。一般的にも次のように，定量発注方式と定期発注方式に分けて説明されることが多い。

定量発注方式とは，「在庫が3,000個を下回ったら10,000個発注する」というように、あらかじめ決めておいた水準を在庫が下回った時に一定量を発注する方式になる。

また，定期発注方式とは，「毎月1日」というように、ある決まった時期（定期）に、発注する量をその都度変えながら行う発注方式である。在庫量をチェックするのは、発注するとき（上記の例では、毎月1日）だけでいいので、定量発注方式に比べて、在庫管理が楽になるが、その分欠品する可能性も高くなるという特徴がある。

定量発注方式は，需要の変動が小さく，比較的安価な商品で在庫切れを起こしてはならない重要商品や部品などに向いている。また，定期発注方式は，需要変動の大きい季節物や流行物，比較的高価なもので，都度売り切りたいものに向いている。

(1) 発注業務

発注業務とは，生産で使用する資材や部品を購買先に，または販売目的の商品を仕入先に注文することである。ほかに，消費目的の消耗品や備品などを購買するときにも発注処理が行われる。発注業務は，発注先からすると受注業務になる。そのため，ちょうど受注処理の裏返しだと考えれば理解しやすい。

試験に出る

発注や購買業務は在庫を左右することになるので，在庫管理業務と合わせて出題されることが多い。その中で，発注や購買業務をメインテーマにした出題は下記の通り。在庫管理業務と合わせて押さえておきたいテーマだ

平成25年・午後Ⅱ 問1
平成18年・午後Ⅱ 問2

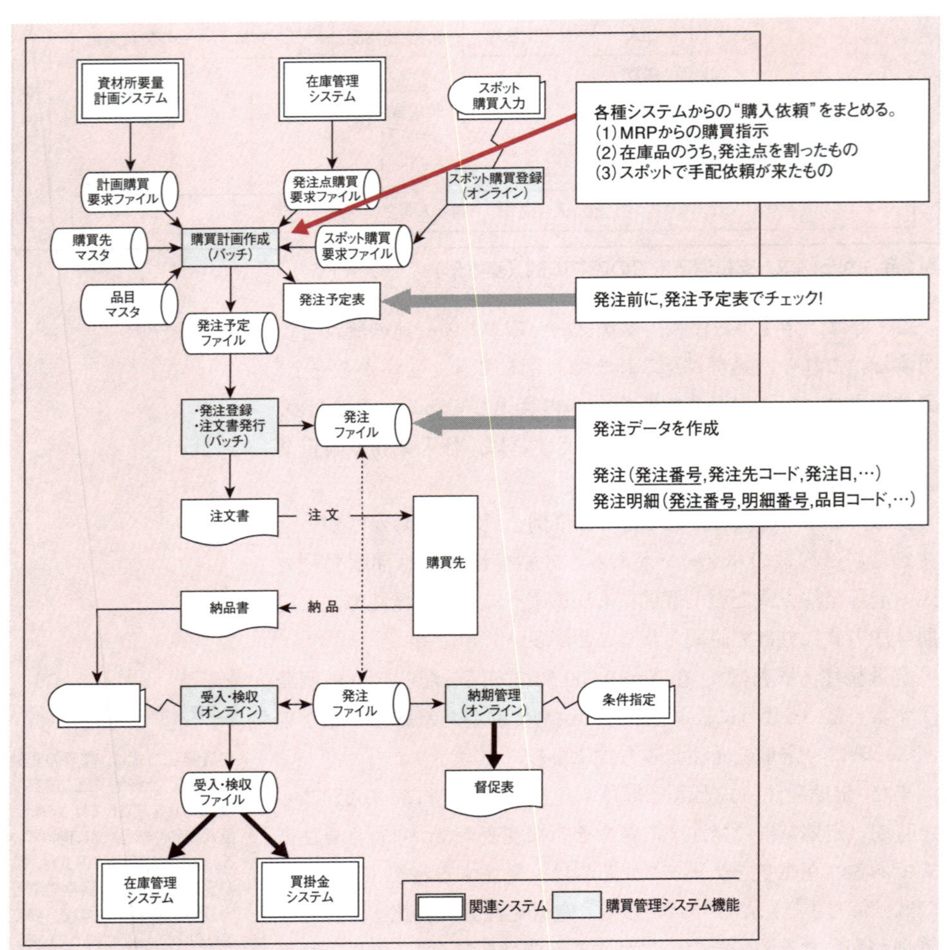

図：資材購買管理システム処理フローの例（情報処理技術者試験 AE 平成９年・午後Ⅰ問４）

(2) 入荷業務

発注した“もの”が倉庫に到着すると,倉庫では入荷処理を行ってその荷物を引き取るわけだが,一般的には以下のような処理を入庫処理といっている。

- 入荷検品処理
  (入荷予定表と実際の商品・納品書との突合せチェック)
- 受入検査
- 流通加工
- 保管場所に商品を収納する
- 発注残の消込み

用語解説

流通加工
流通段階で商品に手を加えることで,昔から行われていた商品の値付や包装などから,最近ではパソコンのセットアップなど高度になってきている

(3) 仕入管理業務

発注品の入荷処理が完了したら,仕入計上を行う。売上計上の時には,出荷基準や検収基準などがあったが,仕入計上の場合は,入荷したタイミングで計上することが多い(一部,検査に長期間を要するものを除く)。

(4) 買掛管理業務

発注品を受け取った後(入荷後)は,仕入先や購買先に対して債務が発生する。ちなみに,商品だろうが資材・部品だろうが,消耗品だろうが債務には変わりない。いずれにせよ,債務が発生したら,これをきちんと管理しなければならない。

具体的には,月に1回または数回,自社で設定している締日に支払締処理を実施する。この処理で,今回支払い対象のものを抽出し確定させる。続いて,支払予定表(明細)を作成しておく。

(5) 支払業務

仕入先や購買先から請求書が送られてくると,支払予定表と突合せチェックを行い,内容を確認する(支払確認処理)。特に誤りがなければ,振込一覧表を出力したり,ファームバンキングシステムに対して「口座振込データ」を作成したり,出金処理を実施する。最後は,出金確認後,買掛データを消し込んで(支払消込処理)一連の処理は完了する。

【事例1】平成 18 年午後Ⅱ問2　（オフィスじゅう器メーカ）　：

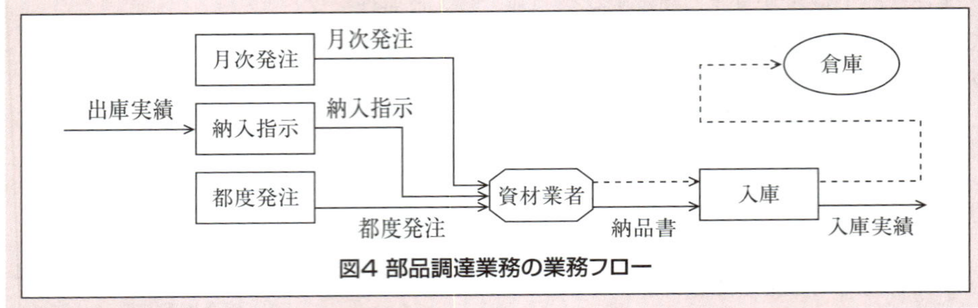

図　部品調達業務の業務フロー（平成 18 年午後Ⅱ問2より）

概念データモデル

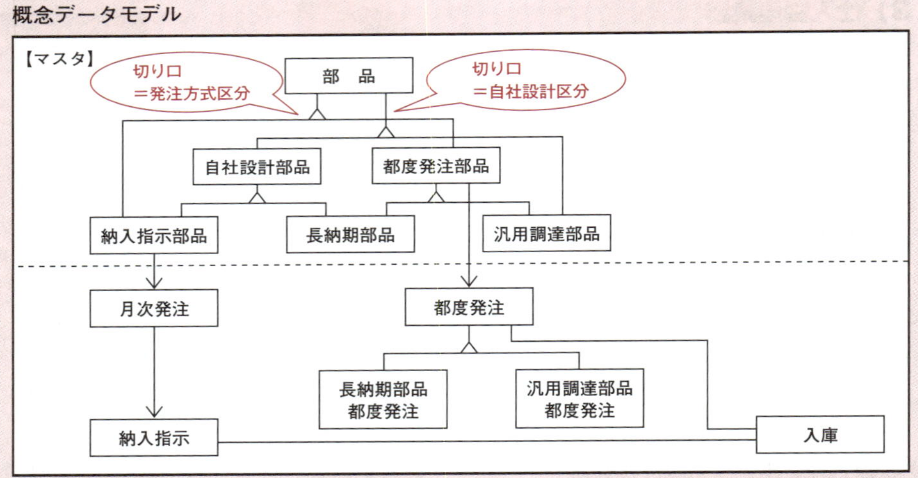

関係スキーマ

部品（部品番号，部品名，自社設計区分，発注方式区分，…）
　自社設計部品（部品番号，納期区分，…）
　都度発注部品（部品番号，納期区分，…）
　納入指示部品（部品番号，…）
　長納期部品（部品番号，…）
　汎用調達部品（部品番号，…）
月次発注（月次発注番号，部品番号，月次発注数量，発注日時）
納入指示（納入指示番号，月次発注番号，納入指示数量，納入指示日時，受入予定日時）
都度発注（都度発注番号，部品番号，発注数量，発注日時，回答納期日時）
　長納期部品都度発注（都度発注番号）
　汎用調達部品都度発注（都度発注番号，資材業者コード，購入単価）
入庫（入庫番号，納入指示番号，都度発注番号）

この事例では，部品の特性によって**納入指示方式（月次発注）**と**都度発注方式**に分けて発注処理が行われている。

発注方式	内　　容
納入指示方式（月次発注）	毎月1回，納入指示方式が適用される部品単位で，翌月必要な数量を資材業者に対して発注する。ただし，月次発注時点では納入は行われず，毎日1回，資材業者に対して納入を指示する。納入指示数量は，倉庫の出庫実績と当該部品の納入ロットサイズから算出する。
都度発注方式	長納期部品の発注では，資材業者に納期を確認した上で発注する。汎用調達部品の発注では，発注可能な資材業者に対して，希望する購入単価，納期，発注数量を伝えて，適した回答をした資材業者に発注する。

納入指示方式では，1回の**“月次発注”**に対して複数回の**“納入指示”**があり，1回の**“納入指示”**に対して1回の**“入庫”**があるため，図のような概念データモデルになる。同様に，都度発注方式では，1回の**“都度発注”**に対して1回の**“入庫”**が発生する。

また，管理しているマスタのうち**“部品”**マスタの構成が複雑になっているところも特徴である。しかもこの問題では，この概念データモデルから，さらに在庫管理システムと統合した**“部品”**マスタが問われている（設問3）。したがって，今後の午後Ⅱ試験問題でも発注対象となる部品や原材料，購買品などのマスタは，スーパータイプ，サブタイプを駆使した複雑なものになっていることを想定しておこう。

【事例2】平成25年午後Ⅱ問1（OA周辺機器メーカ）

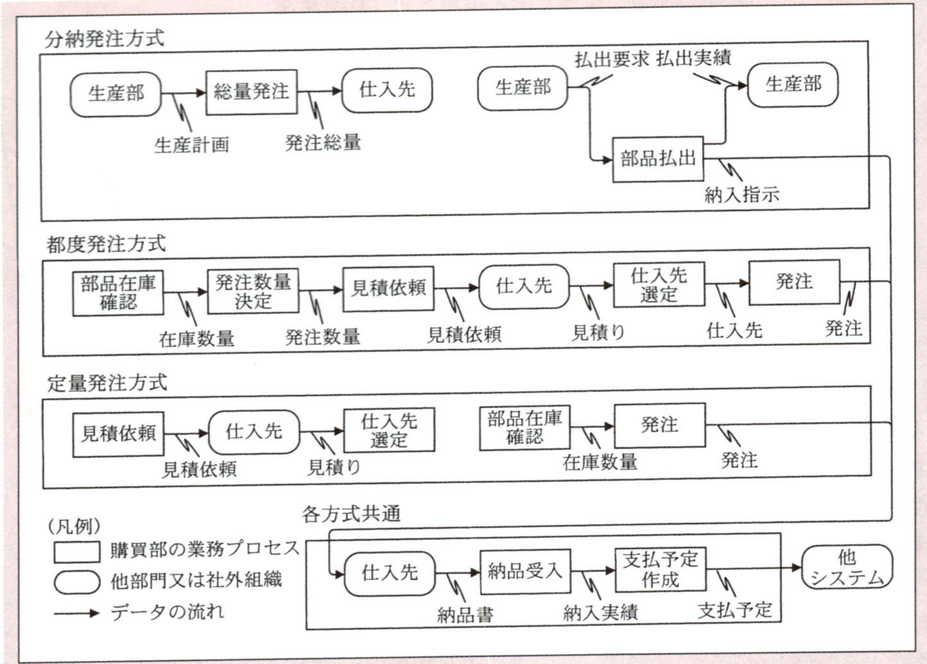

図　部品購買業務プロセス（平成25年午後Ⅱ問1より）

この事例では，次のように3種類の発注方式を採用している。

発注方式	内　　容
分納発注方式	予め契約している仕入先に対し，生産計画に合わせて月間発注総量を事前に提示し，必要となった時点で具体的な納入年月日と納入数量を確定させて指示を出す（納入指示）。月間発注総量は，前々月最終営業日に見積もり，前月最終営業日に見直しを行う。
都度発注方式	在庫の推移や生産見通し，価格変動等を考慮して，発注ごとに仕入先や発注数量を決定し発注する。
定量発注方式	毎日の業務終了時に在庫数量を確認し，部品ごとの所定の数量（発注点在庫数量）を下回っている場合，一定数量を発注する。仕入先は，過去の納入実績から優先順位が設定されており，見積結果とその優先順位によって都度決定される。

概念データモデル

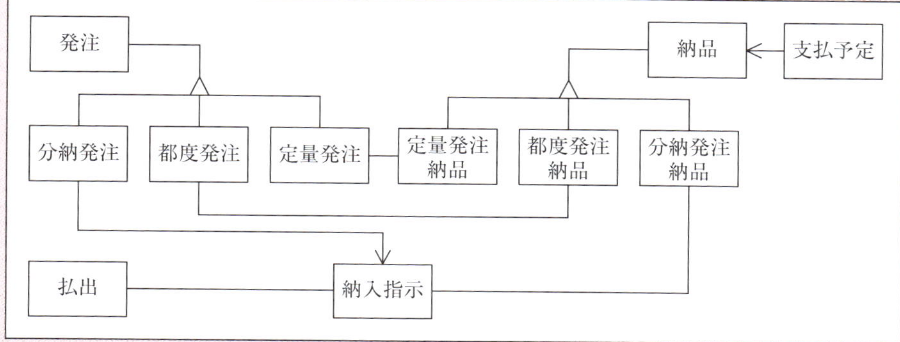

関係スキーマ

発注（発注番号，発注区分，発注年月日，部品番号，発注担当社員番号，…）
　分納発注（発注番号，対象年月，発注総量，見積年月日，…）
　都度発注（発注番号，納期年月日，発注数量，単価，見積依頼番号，見積依頼明細番号，…）
　定量発注（発注番号，納期年月日，発注数量，単価，見積依頼番号，見積依頼明細番号，…）
払出（払出番号，部品番号，払出年月日，払出数量，…）
納入指示（発注番号，納入指示明細番号，納入指示年月日，納入予定年月日，納入指示数量，納入指示担当社員番号，払出番号，…）
納品（納品番号，納品区分，納品年月日，納品数量，納品担当社員番号，支払先コード，支払年月，発注番号，…）
　分納発注納品（納品番号，納入指示明細番号）
　都度発注納品（納品番号，…）
　定量発注納品（納品番号，…）
支払予定（支払先コード，支払年月，支払予定金額，…）

分納発注方式は，いわゆる内示発注と確定発注で製造業者がよく行っている方式である。事前に内示発注をするのは，仕入先等に供給量を確保しておいてもらうことが目的になる。

但し，内示発注の場合は，当初の発注総量と実際の納入量に差がある場合（特に，大幅に減少した場合）トラブルになることがある。その点，この問題では，必ず総発注数量以上になるように月間の最終の納入指示で調整している。したがって，前月最終営業日に見直しを行った時点で確定発注となり，それ以後は単なる納入指示になる。

【事例3】平成 25 年午後Ⅱ問 1 （OA 周辺機器メーカ）

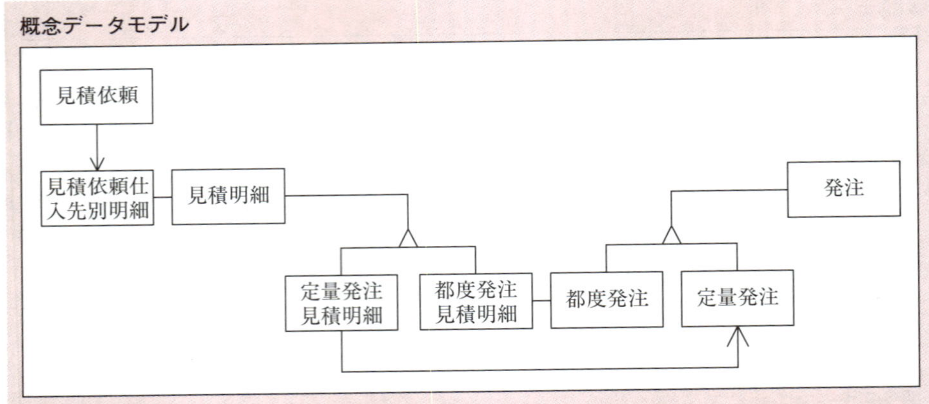

関係スキーマ

見積依頼（見積依頼番号，見積依頼年月日，部品番号，希望数量，見積担当社員番号，定量発注都度発注区分，希望開始年月日，希望終了年月日，希望納期，…）
見積依頼仕入先別明細（見積依頼番号，見積依頼明細番号，仕入先コード，選定結果，…）
見積明細（見積依頼番号，見積依頼明細番号，見積受領年月日，部品番号，単価，納入可能数量，定量発注都度発注区分，開始年月日，終了年月日，納入 LT，納期年月日，…）
定量発注見積明細（見積依頼番号，見積依頼明細番号，…）
都度発注見積明細（見積依頼番号，見積依頼明細番号，…）

事例２の３つの発注方式のうち，都度発注方式と定量発注方式に関しては，発注することが決定すると，複数の仕入先候補に見積依頼を行うところから始める（**“見積依頼”**）。仕入先候補から入手した見積りは **“見積依頼仕入先別明細”** に登録する。これは１回の **“見積依頼”** に対して複数あるので１対多の関係になる。そして，このうちの一つを仕入先として契約し発注する。その時に登録するのが **“見積明細”** エンティティと，**“発注”** エンティティだ。いずれも **“都度発注”** と **“定量発注”** のサブタイプを持つ。

さらに定量発注方式の場合，数か月～１年ごとに，あらかじめ部品ごとに補充部品仕入先候補として登録してある仕入先に対して見積りを依頼して仕入先を決定しておく。その後，在庫数量が発注点在庫数量を下回った部品を発注することにしている。これは複数回の可能性があるため，**“定量発注見積明細”** と **“定量発注”** は１対多になっている。

第3章 関係スキーマ

ここでは，関係スキーマについて説明する。関係スキーマとは，関係を関係名とそれを構成する属性名で表したもの。情報処理技術者試験では，午後Ⅰ・午後Ⅱの両試験で必ず登場している第２章の概念データモデルに並ぶ最重要キーワードの一つといえるだろう。

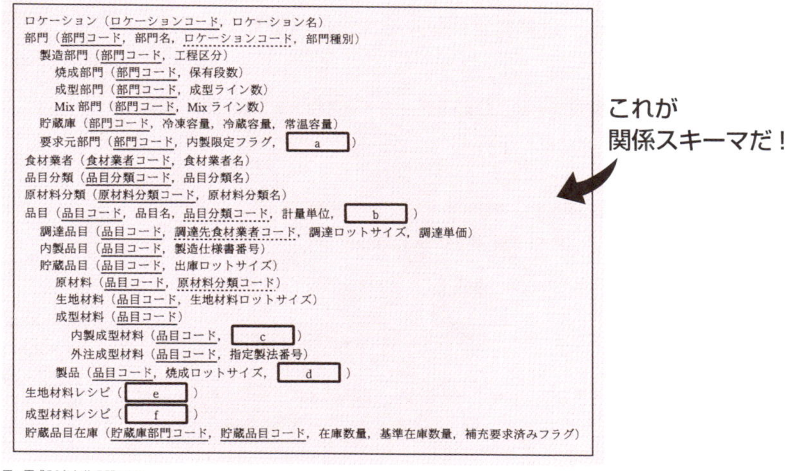

ロケーション（ロケーションコード，ロケーション名）
部門（部門コード，部門名，ロケーションコード，部門種別）
　製造部門（部門コード，工程区分）
　　焼成部門（部門コード，保有段数）
　　成型部門（部門コード，成型ライン数）
　　Mix 部門（部門コード，Mix ライン数）
　貯蔵庫（部門コード，冷凍容量，冷蔵容量，常温容量）
　要求元部門（部門コード，内製限定フラグ，［ a ］）
食材業者（食材業者コード，食材業者名）
品目分類（品目分類コード，品目分類名）
原材料分類（原材料分類コード，原材料分類名）
品目（品目コード，品目名，品目分類コード，計量単位，［ b ］）
　調達品目（品目コード，調達先食材業者コード，調達ロットサイズ，調達単価）
　内製品目（品目コード，製造仕様書番号）
　貯蔵品目（品目コード，出庫ロットサイズ）
　　原材料（品目コード，原材料分類コード）
　　生地材料（品目コード，生地材料ロットサイズ）
　　成型材料（品目コード）
　　　内製成型材料（品目コード，［ c ］）
　　　外注成型材料（品目コード，指定製法番号）
　　製品（品目コード，焼成ロットサイズ，［ d ］）
生地材料レシピ（［ e ］）
成型材料レシピ（［ f ］）
貯蔵品目在庫（貯蔵庫部門コード，貯蔵品目コード，在庫数量，基準在庫数量，補充要求済みフラグ）

図：平成31年午後Ⅱ問2より

アクセスキー W（大文字のダブリュー）

3.1 関係スキーマの表記方法

概念データモデル同様，情報処理技術者試験では，午後Ⅰ試験及び午後Ⅱ試験における問題冊子の最初のページに関係スキーマの表記ルールも示されている。過去問題で確認してみよう。**「問題文中で共通に使用される表記ルール」**という説明文が付いているのがわかるだろう。最初に，そのルールを理解し，慣れておく必要があるだろう。

本書の過去問題解説
本書の過去問題の解説では，この表記ルールに即した解答の場合，「表記ルールに従っている」という説明はいちいちしていない。受験者の常識として割愛しているので，演習に入る前に，理解しておこう

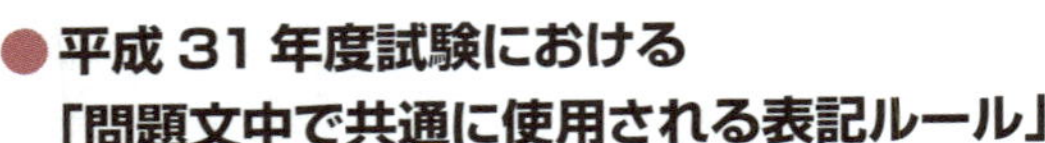

●平成 31 年度試験における「問題文中で共通に使用される表記ルール」

以下の説明は，平成 31 年度試験における「問題文中で共通に使用される表記ルール」のうち，関係スキーマのところだけを抜き出したものである。最初に，このルールから理解していこう。

2. 関係スキーマの表記ルール及び関係データベースのテーブル（表）構造の表記ルール

(1) 関係スキーマの表記ルールを，図 5 に示す。

関係名（属性名1，属性名2，属性名3，…，属性名n）

図 5　関係スキーマの表記ルール

①関係を，関係名とその右側の括弧でくくった属性名の並びで表す。[1] これを関係スキーマと呼ぶ。

②主キーを表す場合は，主キーを構成する属性名又は属性名の組に実線の下線を付ける。

③外部キーを表す場合は，外部キーを構成する属性名又は属性名の組に破線の下線を付ける。ただし，主キーを構成する属性の組の一部が外部キーを構成する場合は，破線の下線を付けない。

(2) 関係データベースのテーブル（表）構造の表記ルールを，図 6 に示す。

テーブル名（列名1，列名2，列名3，…，列名n）

図 6　関係データベースのテーブル（表）構造の表記ルール

関係データベースのテーブル（表）構造の表記ルールは，(1) の①～③で“関係名”を“テーブル名”に，“属性名”を“列名”に置き換えたものである。

注[1]　属性名と属性名の間は“,”で区切る。

図：平成 31 年度の「問題文中で共通に使用される表記ルール」
※関係スキーマの説明部分のみ抽出

主キーの意味
➡ P.294 参照

外部キーの意味
➡ P.297 参照

3.2 関数従属性

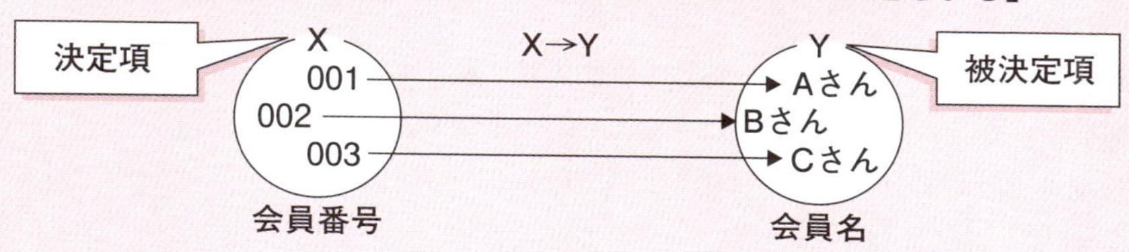

図：関数従属性の説明図

関係スキーマの属性間には，関数従属性が存在するものがある。関数従属性とは，関係スキーマを考えるときの非常に重要な概念である。情報処理技術者試験でも，正規化する時，候補キーを抽出する時など様々なシーンで利用される。

その関数従属は，**「項目 X の値を決定すると，項目 Y の値が一つに決定される」**というような事実が成立するときに使われる。このとき，項目 Y は項目 X に関数従属しているといい，これを X → Y と表記する。また，この場合，X を**決定項**，Y を**被決定項**という。

試験に出る
①平成 28 年・午前Ⅱ 問 3
②平成 25 年・午前Ⅱ 問 2
平成 20 年・午前 問 22
平成 17 年・午前 問 24

●関数従属性の推論則

関数従属性には，次に示す推論則が成立する（次の，X，Y，Z，及び W は，属性集合（属性を要素とする集合））。

反射律	Y が X の部分集合ならば，X → Y が成立する。
増加律	X → Y が成立するならば，{X，Z} → {Y，Z} が成立する。
推移律	X → Y かつ Y → Z が成立するならば，X → Z が成立する。
擬推移律	X → Y かつ {W，Y} → Z が成立するならば，{W，X} → Z が成立する。推移律は W が空集合 {φ} の場合である。
合併律	X → Y かつ X → Z が成立するならば，X → {Y，Z} が成立する。
分解律	X → {Y，Z} が成立するならば，X → Y かつ X → Z が成立する。

●関数従属性の表記方法と例

続いて，関数従属性の表記方法について説明しておこう。難しい説明はさておき，イメージとしては「"→"の元が一つ決まれば，"→"の先も一つに決まる」と考えておけば良い。実際の試験問題でも，その程度の解釈で十分だ。その点を次の表記方法で確認しておこう。

ただ，過去の試験では，たまに特殊な表記方法を使っていることがあった。その場合，問題文にはきちんとその意味を書いてくれているので混乱することはないだろうが，知っておいて損はないだろう。

次の図は，ある属性の値次第で，関数従属する先が異なっているというケース。例にあるように"小問タイプ"の値によって関連する属性の組が異なっている。

一方，次ページの図は，属性をグループ化したうえでそのグループに名称を付与しているイメージだ。一部，繰り返し項目（複数の値）を表す"＊"も使用されている。

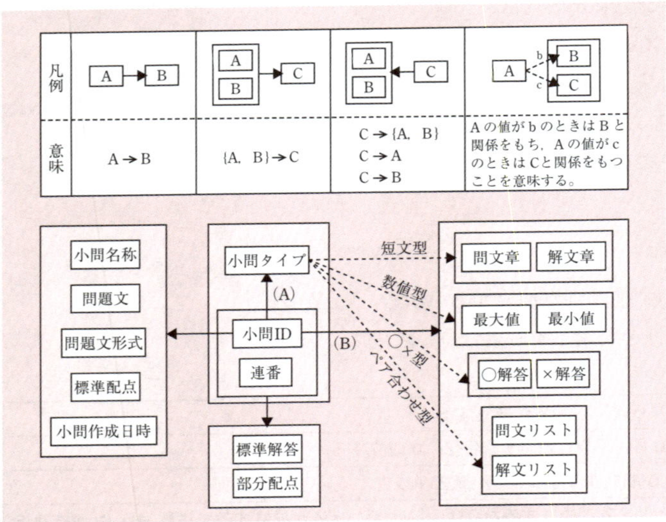

図：関数従属性の例（平成22年・午後Ⅰ問1より引用）

関数従属性で使う矢印（→）は，概念データモデルの図の中でエンティティ間をつなぐリレーションシップの矢印"→"と違う点に注意

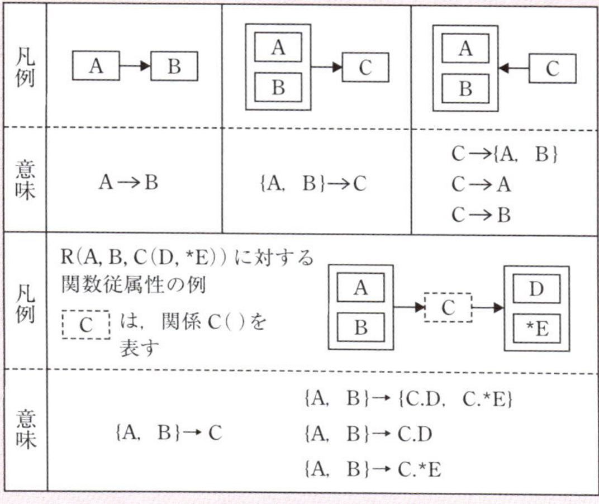

図2　関数従属性の表記法

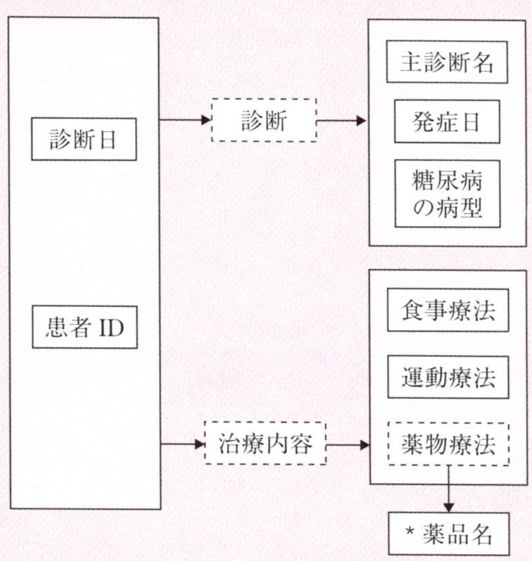

図5　関係“診療”の属性間の主な関数従属性（改）

注１　*：複数の値又は値の組を取り得ることを表す。
注２　関係の表記は，次のとおりである。
R（X1，X2，…，Xn）
R：関係名，Xi（i＝1，2，…，n）：属性名又は関係を表す。
注３　同じ関係内の同じ属性名は，“関係名．属性名”のように関係名を付けて区別する。例えば，“紹介先．病院名”，“紹介元．病院名”など。

図：平成21年・午後Ｉ問１の出題例

参考 関数従属性を読み取る設問

設問例

表の属性と関係の意味及び制約を基に，図○を完成させよ。[　　　　]には，属性名を記述し，関数従属性は図○の表記法に従うこと。また，導出される関数従属性は，省略するものとする。（補足：表と図は，右側ページを参照）

最終出題年度
平成25年

平成 25 年まで，午後 I 試験の問 1 で必ず出題されていた「データベースの基礎理論」。その中でも，毎年必ず出題されていたのが，この関数従属性を読み取る設問になる。未完成の関数従属性の図に矢印を加えて完成させるというものだ。

下表に記しているように，平成 26 年以後は設問単位でも出題されていない。したがって出題される可能性は低いかもしれないが，関数従属性の概念は正規化やキーを考える時の基礎になるので知識としては必須になる。しかも，出題範囲もシラバスも変わっていないので，いつ何時復活してもおかしくない。ざっと目を通して理解をしておこう。

表：過去 18 年間の午後 I での出題実績

年度／問題番号	設問内容（ある関係について…）の要約
H14- 問 1	“関数従属性を表した図” を完成させよ。（属性名の穴埋めのみ）
	“関数従属性を表した図” を完成させよ。（属性名の穴埋めのみ）
H15- 問 1	“関数従属性を表した図” を完成させよ。
H17- 問 1	関数従属性の，誤っているものを答えよ。
H18- 問 1	インスタンス例の穴埋め。
H19- 問 1	“関数従属性を表した図” を完成させよ。属性名の穴埋めあり。
	関数従属性の，誤っているものを答えよ。
H20- 問 1	“関数従属性を表した図” を完成させよ。属性名の穴埋めあり。
H21- 問 1	“関数従属性を表した図” を完成させよ。属性名の穴埋めあり。
	関数従属性の，誤っているものを答えよ。
H22- 問 1	関数従属性の，誤っているものを答えよ。
	図中には示されていない決定項が異なる関数従属性を二つ挙げよ。
	“関数従属性を表した図” を完成させよ。
H23- 問 1	“関数従属性を表した図” を完成させよ。
H24- 問 1	“関数従属性を表した図” を完成させよ。
H25- 問 1	“関数従属性を表した図” を完成させよ。

●着眼ポイント

関数従属性は問題文の中に記述されている。その場所は，多くの場合次のようになる。これらの中から，後述する特定の表現（“一意”など）や“→”を頼りに，一つ一つ丁寧に関数従属性を読み取っていく。

> ① 問題文中
> ② 表「属性及びその意味と制約」…個々の属性を説明している表
> ③ 図「関係○○の関数従属性」…“→”で関数従属性を示している（未完成もあり）
> ④ 帳票サンプル，画面サンプル

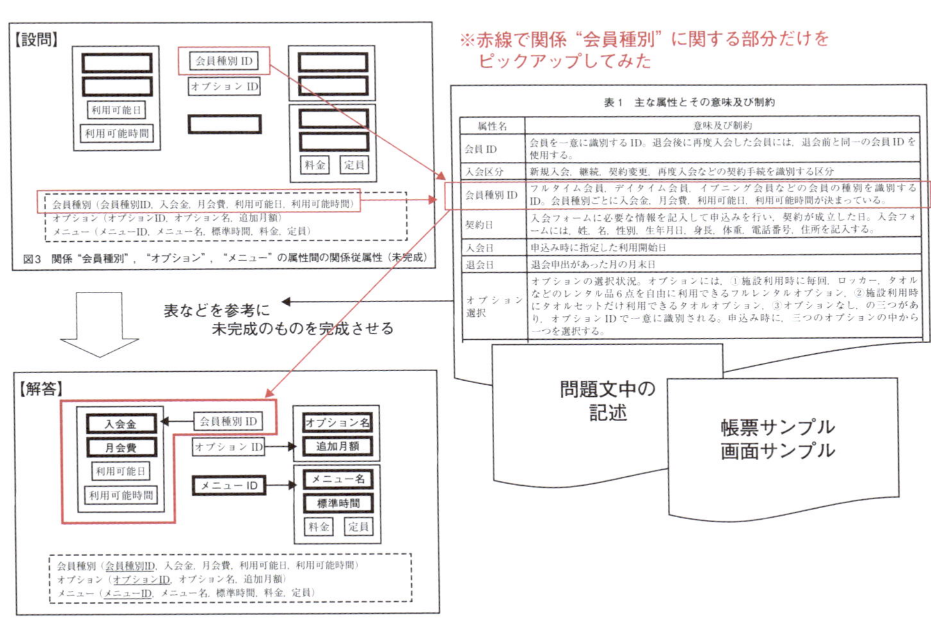

図：関数従属性を読み取る問題（平成23年度午後Ｉ問1より）

関数従属性を読み取る“場所”のうち, 表（前ページの着眼ポイント②）と図（同③）の例。以後, この図表の例を使って説明していく。

表：属性及びその意味と制約

属性	意味と制約
会員番号	本通信教育講座に会員登録している受講生に割り振られた一意な番号
氏名, 住所, 性別	受講生の氏名, 住所, 性別
講座名	開講している講座名
受講番号	受講生が新規に講座の受講を申し込むたびに振られる一意な番号である。同じ講座を２度申し込むことはできない
学費支払日	学費が支払われた年月日
開始日	教材セットを送付した年月日
修了日	修了証書申請が受講生からあり, 資格認定で承認された年月日
提出日	課題提出の受付年月日。同じ日に同じ講座内で二つ以上の課題答案を同時に提出することはできない
課題答案	課題, レポートなどの答案
課題番号	各講座ごとに定められている課題の連番。同じ番号の課題を再提出する場合もありえる
指導者	課題答案の添削指導者。受講生の受講番号ごと, 課題番号ごとに事前に担当の指導者を割り振る
講評, 点数	課題答案の添削結果の講評, 点数
返却日	課題答案を返却した年月日

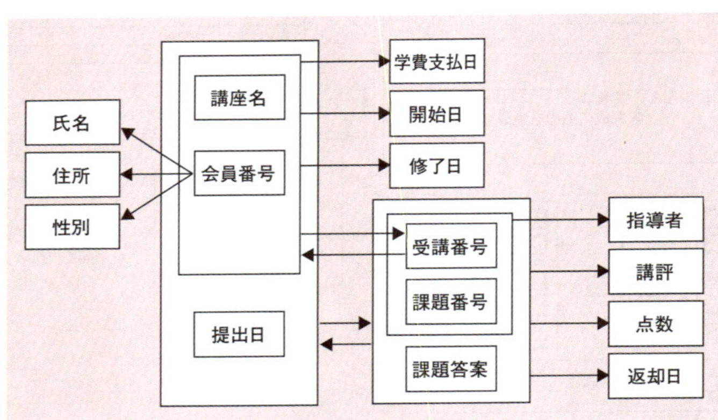

図：関係“通信講座”の関数従属性

①	通信講座（会員番号, 氏名, 住所, 性別, 講座名, 受講番号, 学費支払日, 開始日, 修了日, 提出日, 課題答案, 課題番号, 指導者, 講評, 点数, 返却日）
②	受講生（会員番号, 氏名, 住所, 性別） 受講（講座名, 会員番号, 受講番号, 学費支払日, 開始日, 修了日） 課題添削（受講番号, 提出日, 課題答案, 課題番号, 指導者, 講評, 点数, 返却日）

図2：関係スキーマ

●関数従属性を読み取れる表現

関数従属性は，「～が決まれば，…も決まる」という表現のように，原則，そのままの言葉の意味を読み取って反映させればいい。しかし，中には普段使わない特有の表現もある。それを知らなければ，ついつい見落としてしまうかもしれない。そこで，ここではよく使われる表現をいくつか紹介する。もちろんこれだけに限らないがひとまず確認してほしい。そして，慣れない表現があれば，ここで覚えてしまおう。

Ⅰ．「一意」
Ⅱ．「同じ□□を登録することができない」
Ⅲ．「□□ごとに○○が一つ定まる」
Ⅳ．帳票や画面の中の項目

Ⅰ．「一意」

問題文中に「一意」という表現が出てきたら，そこに関数従属性を見出すことができる。この「一意」という言葉には，「意味や値が一つに確定していること」（大辞林）という意味がある。データベース基礎理論においては，ある集合の中で，その要素一つ一つを識別できる「文字列」や「番号」などが割り振られていることを示している。要するに，その項目を決定項とし，その項目によって識別された対象を被決定項とする関数従属性が成立しているというわけだ。

例えば，表中の「会員番号」や「受講番号」には，それぞれ「一意な番号」という表現が含まれている。よって，次に示す関数従属性が存在する。

例題の文		関数従属性の例
会員番号	受講生に割り振られた一意な番号である	会員番号 →受講生の属性
受講番号	受講生が新規に講座の受講を申し込むたびに振られる一意な番号である	受講番号 → {講座名，会員番号}

また，要件によっては，複数の項目によって一意性が保たれていることがある。同じく表の例だと，「課題番号」には，「各講座ごとに定められている課題の連番」と記されている。よって，{講座名，課題番号} を決定項とし，課題の属性（表だけだとこれ以上は読み取れない）が決まることになる。

例題の文		関数従属性の例
課題番号	各講座ごとに定められている課題の連番	{講座名，課題番号} → {課題の属性}

Ⅱ.「同じ□□を登録することができない」

問題文中に「同じ□□を登録することができない」という表現が出てきたら，そこに関数従属性を見出すことができる。「□□」で示される項目の値は重複していないということを示しているので，その項目の値も一意に定まるというわけだ。難しい表現だと，その項目を決定項とし，その項目によって識別された対象を被決定項とする関数従属性が成立しているといえる。

表中の「受講番号」を見ると,「(同じ受講生は) 同じ講座を２度申し込むことはできない」とある。このことは,「受講者」と「講座」は１組しかないことを示しており，さらに，その組({会員番号, 講座名})と「受講番号」が１対１になっていることを表している。したがって，次に示す関数従属性が存在する。

例題の文		関数従属性の例
受講番号	同じ受講者が同じ講座を２度申し込むことはできない	受講番号 → {会員番号，講座名}

もう一つ別の具体例を使って説明しよう。表中の「提出日」には,「課題提出の受付年月日。同じ日に同じ講座内で二つ以上の課題答案を同時に提出することはできない」と記されている。この意味を「同じ受講者が同じ日に同じ講座内で，異なる課題答案を二つ以上提出できない」ととらえ直すと，次の関数従属性が成立する。

例題の文		関数従属性の例
提出日	同じ受講者が同じ日に同じ講座内で，異なる課題答案を二つ以上提出できない	{会員番号, 講座名, 提出日} → {会員番号, 講座名, 課題番号, 課題答案}

Ⅲ.「□□ごとに○○が一つ定まる」

問題文中に「□□ごとに○○が一つ定まる」を意味する表現が出てきたら，そこに関数従属性を見出すことができる。「□□」で示される項目を決定項とし,「○○」で示される項目を被決定項とする関数従属性が成立しているからだ。なお, 過去問題を分析すると,「一つ定まる」ことが明確に示されていないケースがある。その場合,「複数定まる」ことが明記されていなければ,「一つ定まる」ものと判断してよい。実際のところ，文脈や常識から「一つ」であることが容易に判断できるように配慮されていることが多い。以下の具体例で確認しよう。

例題の文		関数従属性の例
指導者	受講生の受講番号ごと，課題番号ごとに事前に担当の指導者を割り振る	{受講番号，課題番号} → 指導者

Ⅳ．帳票や画面の中の項目

問題文の中で示されている帳票や画面の中にも，関数従属性を見出すことができる。つまり，帳票や画面の中にある項目が属性であり，個々の属性間には決定項や被決定項が存在しているというわけだ。

例えば，問題に図のような“課題”とその添削結果になる“課題添削”の結果レポートに関するサンプル（の図）が紹介されていたとしよう。この図を見ただけでも，次のような仮説を立てることは可能だ。

・｛講座名，課題番号｝→課題の内容
・｛講座名，課題番号，会員番号｝→｛提出日，課題答案｝
　もしくは，｛講座名，課題番号，会員番号，提出日｝→｛課題答案｝
・会員番号→氏名
・｛講座名，課題番号，会員番号｝→｛点数，指導者，返却日，講評｝

課　題

講 座 名　：ペン習字　　　　課題番号：01
会員番号　：K555　　氏　名：鈴木一郎　　提 出 日：09/06/01
［課題答案］　○○○○○……

点　　数　：80 点　　指導者：佐藤花子　　返 却 日：09/06/01
［講　　評］　○○○○○……

図：課題添削の具体例

図を見る限り，上部が決定項で，下部が被決定項のように見えるし，そう推測できる。他の関数従属性に関する仮説は，経験や常識から導出されるものだろう。もちろん，最終的に問題文を読まなければ“確定”することはできないが，こうした推測をもとに問題文を読み進めていくことで，効率良く関数従属性を見極めることができる。

ワンポイントアドバイス

関数従属性の表現方法は，ここで紹介した代表的なもの以外にも存在する。過去問題でチェックしなければいけないのは，その“表現”だ。午後Ⅰの関数従属性に関する過去問題を解いてみて，反応できなかったり，間違えたりした部分の“表現”を覚えていこう。そうすれば，試験本番時に，きちんと正解を得られるだろう。

3.3 キー

関係（表）において，タプル（行）を一意に識別するための属性もしくは属性集合を“キー”という。次のような種類がある。

参照
「1.3.1　CREATE TABLE」の主キー制約を参照

主キー（primary key）

関係（もしくは表）の中に一つだけ設定するキーが主キーである。**一意性制約**と**非ナル制約（NULL が認められない）**を併せ持つもので，候補キーの中から最もふさわしいものが選ばれる。

試験に出る
平成 17 年・午前 問 23

候補キー（candidate key）

関係（もしくは表）の中に複数存在することもあるキーが候補キーである。“主キー”の候補となるキーである。候補キーの条件は，①タプルを一意に識別できることに加え，②**極小**であること（スーパーキーの中で極小のもの）。

主キーとは異なり，**NULL を許可する属性を持つ**（もしくは含む）ものでも可。例えば，平成 21 年・午後 I 問 2 でも，**NULL を許可する**属性を含む組を候補キーと明言している。

試験に出る
①平成 23 年・午前Ⅱ 問 2
②平成 30 年・午前Ⅱ 問 3
平成 27 年・午前Ⅱ 問 3
平成 21 年・午前Ⅱ 問 2
平成 19 年・午前 問 22
③平成 29 年・午前Ⅱ 問 4
④平成 28 年・午前Ⅱ 問 7
平成 24 年・午前Ⅱ 問 6

NULL
「属性が値を取りえない」こと。“0”や“　”（スペース）とも異なるもので，“0”だと決定したわけではなく，“未定である”という状態を表すときなどに使用する

スーパーキー（super key）

関係（もしくは表）の中に，候補キーの数以上に存在するのがスーパーキーである。タプルを一つに特定できるという条件さえ満たせばいい（極小でなくていい）ので，どうしても数が多くなる。具体的には，**候補キーに，様々な組み合わせで他の属性を付け足したものになる**。したがって，関係（もしくは表）の，全ての属性もスーパーキーの一つになる。

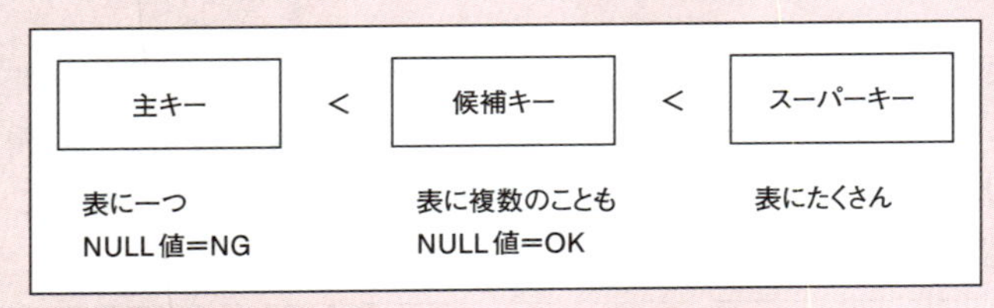

序
1
2
3
4

スキルUP!

主キー，候補キー，スーパーキーの違いの例

次のような 1 人の社員に対して複数のデータを管理している社員名簿がある。

社員番号	連番	氏名	性別	電話番号	住所
0001	01	三好康之	男性	072-XXX-XXXX	兵庫県 ……
0001	02	三好康之	男性	090-YYYY-YYYY	兵庫県 ……
0002	01	松田幹子	女性	03-ZZZZ-ZZZZ	NULL
0003	01	山下真吾	男性	090-WWWW-WWWW	東京都渋谷区 ……
0003	02	山下真吾	男性	NULL	神奈川県 ……

※自宅の電話番号は家族で共有している場合があるので一意にはならない前提

この表では，社員番号’と‘連番’，及び‘社員番号’と‘電話番号’と‘住所’の組合せで一意になる。つまり，候補キーが，次のようになる。

候補キー {社員番号，連番}，{社員番号，電話番号，住所}

候補キーのうち，電話番号や住所には NULL を許容しており，社員番号と連番はいずれも NULL を許容していない。そのため，主キーは {社員番号，連番} になる。

主キー {社員番号，連番}

スーパーキーは，二つの候補キーに，それぞれ“他の属性”を様々な組合せで付け足したものすべてになるので下記のようになる。これでも全部ではない。そういう特性上，スーパーキーは実務では使われない。あくまでも理論に登場するだけなので，その意味を知ってさえいれば良いだろう。

スーパーキー {社員番号，連番}，{社員番号，連番，氏名}，{社員番号，連番，氏名，性別}，…
{社員番号，電話番号，住所}，{社員番号，連番，電話番号，住所}，…

“極小”の意味

候補キーの定義に使われる“極小”とは，属性集合の中で，余分な属性を含まない必要最小限の組合せのことをいう。どれか一つでも欠ければ一意性を確保できなくなる組合せのことだ。

候補キーとスーパーキーの違いを見てもらえればよくわかると思う。

“極小” → {社員番号，連番}
{社員番号，連番，氏名}
{社員番号，連番，性別}
{社員番号，連番，電話番号}
{社員番号，連番，氏名，性別}
{社員番号，連番，氏名，性別，電話番号}
…
{社員番号，連番，氏名，性別，電話番号，住所}

すべてスーパーキー

●サロゲートキー（surrogate key）

エンティティが本来持つ属性からなる主キー（都道府県名など）を“ナチュラルキー”もしくは“自然キー”という。そのナチュラルキーに対して，“代わりに”付与されるキーのことをサロゲートキーという。サロゲートキーは“連番”に代表されるようにそれ自体に意味はなく，一意性を確保して主キーとして使うためだけに付与される。具体的には，次のようなケースで使われることが多い。

- **主キーが複合キーの場合**
  主キーが複数の属性で構成されている場合（複合キー），それを扱いやすくしたいときに，“連番”（サロゲートキー）に置き換える。

- **データウェアハウスで，長期間の履歴を管理したい場合**
  そのテーブルの主キーとは別に“連番”を割り当てて管理する。データウェアハウスの管理システムで，自動的に割り当てられることもある。

（例）社員IDではなくサロゲートキーを使った例

srg_key	社員ID	社員名	…
00001	0001	三好康之	…
00002	0002	山田太郎	…
00003	0003	川田花子	…
00004	0001	山下真吾	…

長期間の履歴を管理する場合，その期間内にマスタが変更される可能性がある。「社員ID = 0001の社員は，5年前には“三好”だったが，その後退職したので，ID = 0001を“山下”に，再度割り当てた。」ようなケースだ。このように，長期間の“履歴”を管理しようと考えると，社員IDとは別に“連番”を割り当て，両者を別物だとわかるようにしておかなければならない。サロゲートキーを使わない場合は，利用期間の日付をキーに持たせたりする。

試験に出る
平成22年・午前Ⅱ 問4
平成20年・午前 問30
平成18年・午前 問26
平成16年・午前 問27

試験に出る
平成24年・午後Ⅰ 問3

主キーではない候補キーのことをalternate key（代理キー）というが，サロゲートキーを使った場合にも，元々存在していたナチュラルキーは，“主キーではない候補キー”になるのでalternate key（代理キー）という。

情報処理技術者試験では，サロゲートキーを“代用キー”もしくは“代用のキー”と言っている。しかし，開発の現場では“代理キー”や“代替キー”と言うこともある。
また，サロゲートキーを使った場合の元の主キーは，平成20年度の問題では“代替キー”としていたが，平成22年度の問題では“代理キー（alternate key）”に改めている。しかし，先に説明した通り，代理キーや代替キー＝サロゲートキーと使う場合があるので代理キー，代替キー，代用キーの定義が迷走している状況である

●外部キー（foreign key）

ほかのリレーションの主キー（又は候補キーでもよい）を参照する項目を**外部キー**という。

例えば，次の例のように，エンティティA，B間の関連が1対1の場合，片方の主キーをもう片方の属性に組み入れて外部キーとすることがある。

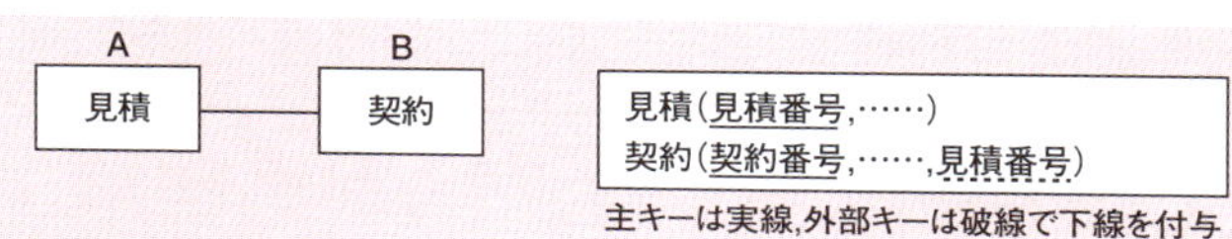

図：1対1の場合

関連が1対多の場合，関係A（1側）の主キーを関係B（多側）に組み入れて外部キーとする。

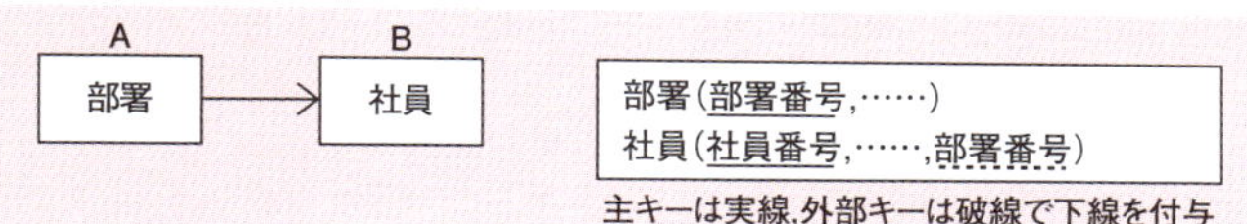

図：1対多の場合

関連が多対多の場合，新たに連関エンティティを設ける。これをエンティティCとおき，関係Cに対応付けられるとする。このとき，関係A，関係Bのそれぞれの主キーを関係Cに組み入れて外部キーとする。

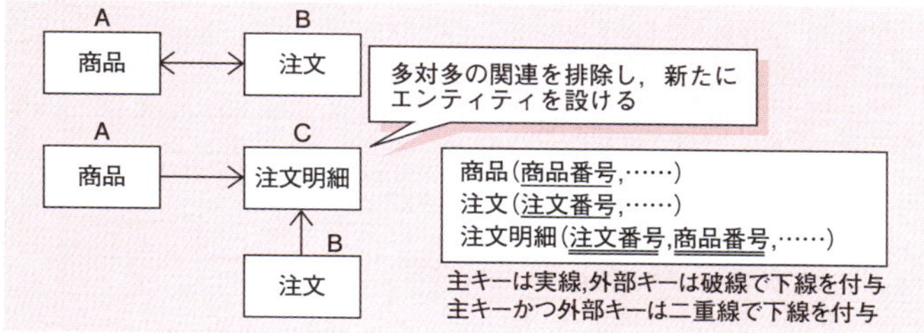

図：多対多の場合

試験に出る
平成30年・午前Ⅱ 問2
平成28年・午前Ⅱ 問5
平成26年・午前Ⅱ 問3
平成24年・午前Ⅱ 問2
平成20年・午前 問32
平成18年・午前 問28

参照 外部キーに対しては，テーブル作成時に‘参照制約’を定義することができる。本書では，参照制約については第1章SQLのところ（1.3.1 CREATE TABLE）で詳しく説明しているので，合わせてチェックしておくと理解が深まるだろう

左記の例（図：1対1の場合）では,Aの主キーをBの外部キーとして設定しているが，1対1の関係の場合,逆にBの主キー(契約番号）をAの外部キーとして設定することも可能することも理屈の上では可能になる。しかし，通常は先にインスタンスが作成される方の主キー（例だと“見積”）を，その後，そのインスタンスに対応して作成される方（例だと“契約”）に外部キーとして設定する。逆だと，登録できないからだ。ビジネスルールから，その点を読み取ろう

連関エンティティの主キー
この例では，エンティティ“注文明細”の主キーを構成する属性は，同時に外部キーにもなっている

参考 候補キーを（すべて）列挙させる設問

設問例

関係“受講者”の候補キーをすべて列挙せよ。

最終出題年度

平成29年

候補キーに関する設問も午後Ⅰ試験の定番の時期があった。平成 26 年以後，問 1 が「データベースの基礎理論」から「データベース設計」に変わってからも，平成 29 年までは設問単位で出題されていた。しかし，平成 30 年，31 年は出題されていない。そのため優先順位を下げてもいいが，候補キーの意味，候補キーの考え方などは押さえておきたいところになる。そして時間的に余裕があれば，解き方もチェックしておこう。基本的な解き方は，関数従属性をベースに結構独特な手順なので，本番で復活した時に備えておくと万全になる。

表：過去 18 年間の午後Ⅰでの出題実績

年度／問題番号	設問内容の要約（関係“○○”の…or“○○”テーブルの）
H14- 問 1	候補キーをすべて挙げよ。（関数従属性を示す図あり）
H15- 問 1	候補キーをすべて挙げよ。（関数従属性を示す図あり）
	どの候補キーにも属さない属性（非キー属性）をすべて挙げよ。（関数従属性を示す図あり）
H16- 問 1	どの候補キーにも属さない属性（非キー属性）をすべて挙げよ。（関数従属性を示す図あり）
	候補キーをすべて挙げよ。（関数従属性を示す図あり）
H17- 問 1	候補キーをすべて列挙せよ。（関数従属性を示す図あり）
H18- 問 1	候補キーをすべて列挙せよ。（関数従属性を示す図あり）
H19- 問 1	候補キーをすべて列挙せよ。（関数従属性を示す図あり）
H21- 問 1	候補キーをすべて挙げよ。（関数従属性を示す図あり）
問 2	二つの候補キーがある。適切な主キーと，もう一つが不適切な理由を，候補キーを具体的に示し，60 字以内で述べよ。（関数従属性を示す図なし。未完成のテーブル構造）
H22- 問 1	候補キーをすべて列挙せよ。（関数従属性を示す図あり）
問 2	候補キーを二つ挙げよ。（関数従属性を示す図なし。未完成のテーブル構造）
H23- 問 1	候補キーを一つ答えよ。（関数従属性を示す図あり）
問 2	候補キーを一つ示せ。（関数従属性を示す図なし。未完成のテーブル構造）
H24- 問 1	候補キーをすべて答えよ。（関数従属性を示す図あり）
H25- 問 1	候補キーを全て答えよ。（関数従属性を示す図あり）
問 2	候補キーを全て答えよ。（関数従属性を示す図なし。未完成のテーブル構造）
H26- 問 1	候補キーを全て答えよ。（関数従属性を示す図あり）
H27- 問 1	候補キーを全て答えよ。（関数従属性を示す図なし。未完成の関係スキーマ）
H28- 問 1	候補キーを全て答えよ。（関数従属性を示す図なし。未完成の関係スキーマ）
H29- 問 1	候補キーを全て答えよ。（関数従属性を示す図なし。未完成の関係スキーマ）

着眼ポイント

候補キーを列挙させる問題には，大別して二つのパターンがある。最もオーソドックスなものは，問題文中に以下の情報が提示されているパターンだ。

・関係スキーマもしくは，テーブル構造
・関数従属性を示す図

最低限この２つの情報があれば，候補キーを列挙できる。ひとまず，この最も多い典型的なパターンを「関数従属性を示す図を使って解答するパターン」としておこう。そして，もう一つが「関数従属性を示す図」がないパターンである。関数従属性を示す図の代わりに，「表：属性及びその意味と制約」や，問題文中の記述を読み取って解答しなければならない。基礎理論（問１に多い）ではなく，データベース設計の問題（問２に多い）で取り上げられている。このパターンは，ここでは「関数従属性を示す図を使わずに解答するパターン」としておこう。

また，過去に問われている設問のパターンは四つ。

①候補キーをすべて列挙する設問
②候補キーを一つ挙げる設問（一つだけ挙げれば良い設問）
③非キー属性をすべて挙げる設問
④候補キーのうち主キーになれるもの，なれないものに関する設問

以上の，どのパターンに関する設問なのかをしっかりと見極めたうえで，解答しよう。

候補キーを見つけ出すプロセス

それでは，続いて，候補キーを見つけ出すプロセスについて考えてみよう。候補キーを探し出すプロセスには様々な方法がある。上記の②のように，一つの候補キーを探し出すだけなら，「すべての属性を一意に決定する属性の極小の組合せ」を，仮説－検証を繰り返して試行錯誤のもと見つけ出せば良い。それで十分事足りるだろう。

難しいのは，候補キーが複数ある場合で，それらを“すべて”挙げなければならない設問だ。前ページの設問パターンで言うと①や③，場合によっては④もそうである。“すべて”なので，漏れがあってはならない。

そういうことで，ここでは，次の関係“病歴”の関数従属性を示す図を使って，“すべて”候補キーを列挙するプロセスを見ていこう。漏れをなくすための考え方を重点的に理解してもらいたい。

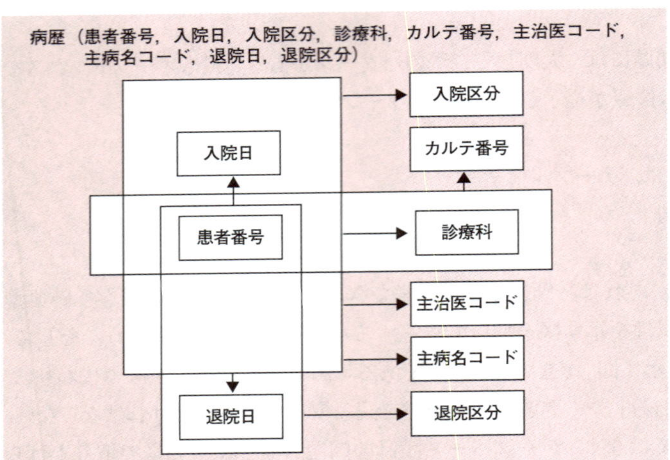

図：関係"病歴"の関数従属図

【手順1】

すべての「→」の始点をピックアップする。

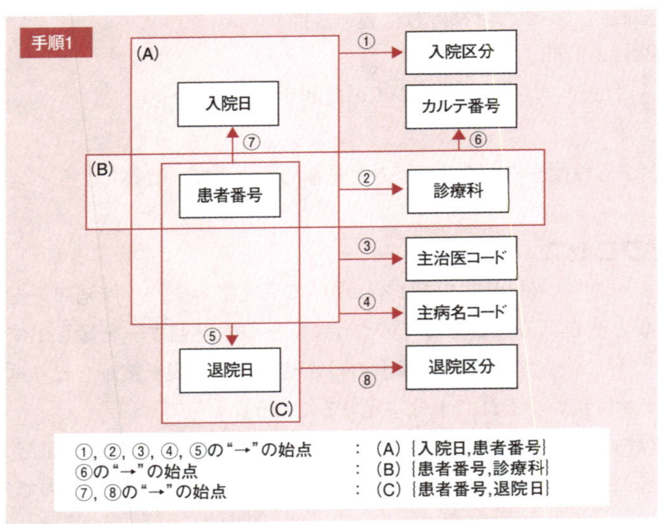

図：候補キーの探し方【手順 1】

【手順 2】

次に，手順1でピックアップした候補キーの候補（A，B，Cの3つ）が，すべての属性を一意に決定できるかどうかをチェックする。これは，候補キーになる可能性のある各属性（及び属性集合）の数だけ順番に行っていく（今回の例だと3つ）。まず，手順2-1では(A)をチェックする。

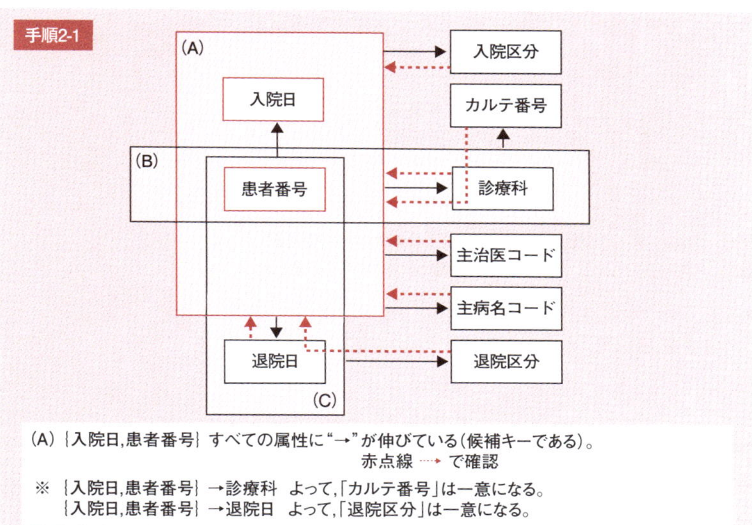

図：候補キーの探し方【手順 2 -1】

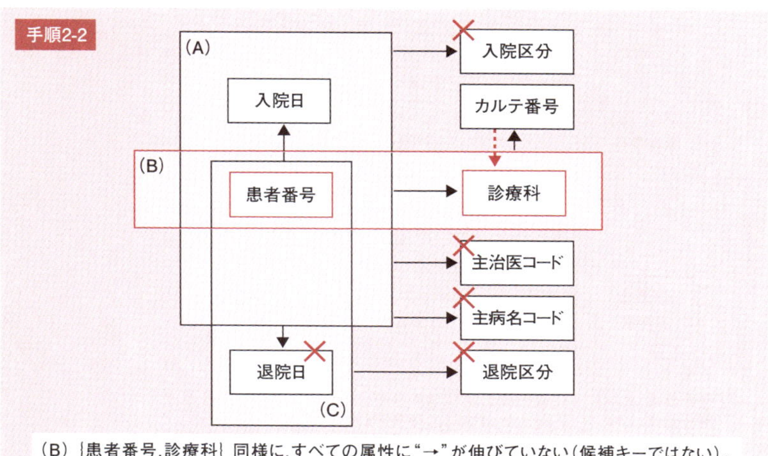

図：候補キーの探し方【手順 2 - 2】

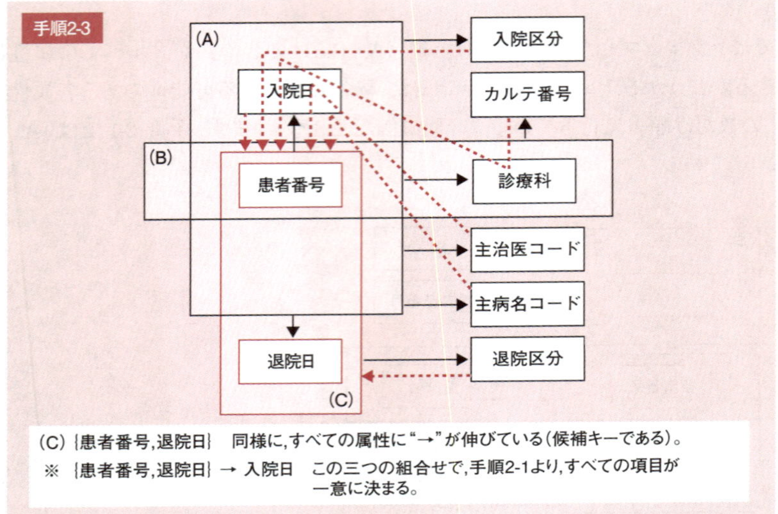

図：候補キーの探し方【手順 2 - 3】

【手順 3】

ある属性から候補キーに「→」と「←」の両方の矢印が伸びている場合，その属性も候補キーの一部とみなすことができるため，置換えが発生する。今回の例では置換えが発生しないので，確認だけ行う。

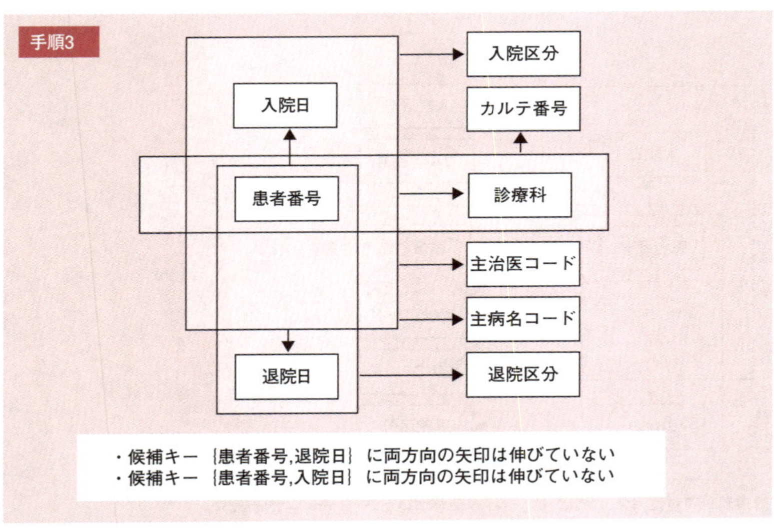

図：候補キーの探し方【手順 3】

候補キーは，{患者番号 , 入院日}，{患者番号 , 退院日} になる。

ちなみに，次のようなケースなら，置換えが発生する。

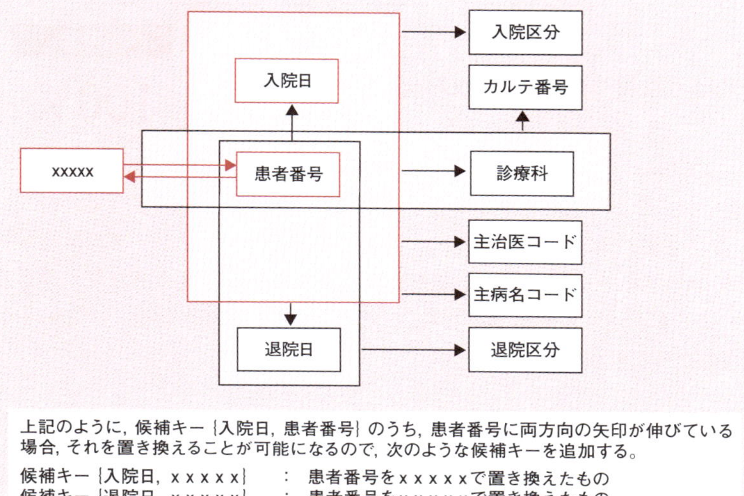

上記のように，候補キー {入院日，患者番号} のうち，患者番号に両方向の矢印が伸びている場合，それを置き換えることが可能になるので，次のような候補キーを追加する。

候補キー {入院日，xxxxx} ： 患者番号をxxxxxで置き換えたもの
候補キー {退院日，xxxxx} ： 患者番号をxxxxxで置き換えたもの

図：候補キーの置換えがある場合

●結果的に候補キーが見つからなかった場合

この方法も万能ではない。最終的に候補キーが見つからないこともある。そのときは，候補キーの定義に立ち返って考えれば良い。候補キーとは，全ての属性を一意に決定する属性の“極小の組合せ”である。したがって，候補キーの“候補”の中で，最も候補キーの位置に近いものに，「(残っている）一意に決定できない属性」や「その属性を一意に決定できる属性」を加えるなどして考える。つまり，極小になるように残りの属性を少しずつ加えていくというわけだ。

●イレギュラーなケースの確認（二つの“→”が被決定属性に向いている場合）

候補キーを探す設問では，たまにトリッキーなものもある。平成 24 年度の午後 I 問 1 がそうだった。普通に“→”を辿っていくと，属性 a が候補キーに見えた。しかし，この問題では，一つだけおかしなところがあった。被決定属性（b とする）に，二つの“→”が向いていたのだ。問題文でビジネスルールを確認すると，片方のルートも，もう片方のルートも保持しなければならないとのこと。そうなると，属性 a だけではタプルが一意に決まらない。属性 b が二つあるので。そういうケースでも，少しずつ候補キーに属性を加えるなどして，極小の組合せを見出さなければならない（詳細は平成 24 年度の午後 I 問 1 を参照）。

参考 主キーや外部キーを示す設問

設問例

関係“物品”及び“社員”の主キー及び外部キーを示せ。

出現率
100%

主キーや外部キーを示せという設問は毎年必ず，午前Ⅱ，午後Ⅰ，午後Ⅱ全ての時間区分で出題されている。上記の設問例のように，未完成の関係スキーマやテーブル構造が提示されていて，その中の主キーや外部キーを示せと要求されている設問もあれば，第3正規形に分割したり，新たにテーブルを追加したりしたときに，その構造と併せて主キーや外部キーを答えるようなケースもある。

表：過去18年間の午後Ⅰでの出題実績

年度／問題番号	設問内容の要約（関係“○○”の…or“○○”テーブルの）
H14-問4	主キー及び外部キーを示せ。※主キーを示すのは2問。
H15-問3	主キーを示せ。
H16-問3	主キー及び外部キーを答えよ。
H17-問2	主キー及び外部キーを示せ。
H18-問2	主キー及び外部キーを示せ。※主キーを示すのは全部で4問。
H19-問1	適切な主キーを一つ挙げよ。
問2	(欠落しているテーブル構造と)，テーブルの主キーを示せ。
H20-問1	主キーを一つ挙げよ。
問2	主キー及び外部キーを示せ。
H21-問2	(第3正規形に分解し）主キー及び外部キーも併せて答えよ。
	(二つの候補キーがある。）適切な主キーと，もう一つが不適切な理由を，候補キーを具体的に示し，60字以内で述べよ。
H22-問1	(第3正規形に分解し）主キーは下線で示せ。
H23-問1	(第3正規形に分解し）主キーは下線で示せ。
H24-問2	(欠落しているテーブル構造と)，テーブルの主キーを示せ。
H25-問1	(第3正規形に分解し）主キーは下線で示せ。
H26-問1	(第3正規形に分解し）主キーは下線で示せ。
H27-問1	(第3正規形に分解し）主キー及び外部キーを明記した関係スキーマを示せ（他多数)。
問2	(空欄）に入れる適切な外部キーとなる属性の属性名を答えよ。
H28-問1	(第3正規形に分解し）主キー及び外部キーを明記した関係スキーマを示せ（他多数)。
問3	テーブル構造を示し，主キーは下線で示せ。
H29-問1	(第3正規形に分解し）主キー及び外部キーを明記した関係スキーマを示せ（他多数)。
H30-問1	主キー及び外部キーを明記した関係スキーマを示せ（他多数)。
H31-問1	主キーを表す実線の下線及び外部キーを表す破線の下線を明記すること。

●着眼ポイント

① **テーブル構造図から主キーを見つける（仮説）**

テーブル構造図から主キーを見つける。その際，**“○○コード”，“○○番号”，“○○ ID” など，名称から主キーであると判断できる項目に着目する**。多くの場合，マスタテーブルはこのような方法で簡単に主キーを見つけることができる。（ただし，あくまでもそれだけで判断するのは“仮説レベル”にとどめておこう。必ず，問題文を読んで検証する必要がある（→②）。問題文中の記述から裏付けを取っておくとよい）。

② **問題文中の記述から主キーを見つける（検証）**

①で複数の項目がある場合（複合主キー）や構造が複雑な場合などは，テーブル構造図からだけでは判断できない。そこで，問題文中の記述をもとに，候補キーを見つける方法を適用して主キーを見つけ出す。関数従属図が示されていなくても，文章から関数従属性を読み取って候補キーを見つけ出し，候補キーの一つを選んで主キーとする。

③ **候補キーから主キーを決める**

前の設問において，全ての候補キーを列挙させているようなケースで，複数の候補キーが判明している場合で，どれを主キーにすべきか問われているケースがある。その場合は，**NULL を許容するかどうかをチェックすればいい**。過去の情報処理技術者試験では，候補キーは NULL を許容するが，主キーは許容しないというスタンスを取っている。したがって，そこが問われることが多い。その時に，NULL に関して明示していない場合は，**登録順序をチェックする**。先に登録する方が主キーになる。その場合，一時的かもしれないが，他の候補キーが NULL になることが考えられるからだ。

④ **外部キーを見つける**

マスタテーブルを参照する外部キーについては，問題文の記述やテーブル構造図を活用しながら，マスタテーブルの主キー項目の名称を手がかりにして見つけ出す。具体的には，**同じような名称（例：社員コードと使用者コード）を手がかりに，問題文の記述から関連を確認する**。特に，①で候補に挙がったもので主キーでなく，他のテーブルの主キーになっているものは，外部キーである可能性が高い。

●主キーや外部キーを見つけ出すプロセス

それでは，次の図を使ってそのプロセスを見ていこう。

F君は，物品管理業務のまとめに基づき，テーブル構造を図4のように設計した。このテーブル構造を見たG氏は，幾つかの問題点を指摘した。

問題点①　主キー，外部キーが明示されていない。
問題点②　“物品”テーブルの構造が冗長である。
問題点③　物品構成品が廃棄済になったかどうかが判断できない。
問題点④　現況調査リストに記入された内容がデータベース上で管理できない。
問題点⑤　過去の使用部署変更時の承認者を特定できない場合がある。

物品

物品番号	物品名	子番号	物品構成品名	単位	購入単価	購入年月日

購入部署コード	購入者コード

現在使用部署コード	現在代表使用者コード	現在設置場所コード

使用部署コード1	代表使用者コード1	設置場所コード1	変更年月日1	変更理由1
使用部署コード2	代表使用者コード2	設置場所コード2	変更年月日2	変更理由2
使用部署コード3	代表使用者コード3	設置場所コード3	変更年月日3	変更理由3
使用部署コード4	代表使用者コード4	設置場所コード4	変更年月日4	変更理由4

現況調査結果

物品番号	調査年度	確認日付	確認者コード	確認結果

部署

部署コード	部署名

役職

役職コード	役職名

社員

社員コード	社員氏名	所属部署コード	役職コード

設置場所

設置場所コード	設置場所名

図4　テーブル構造

設問1　G氏が指摘した問題点①と②に関する次の問いに答えよ。
　(1) 図4の“物品”及び“社員”テーブルの主キー及び外部キーを示せ。

図：問題点とテーブル構造（平成 14 年・午後Ⅰ問 4 より）

【手順 1】

着眼ポイントの①で示した「テーブル構造図から主キーを見つける方法」で，次のような仮説を立てる。

“物品”テーブル＝“物品番号”,“子番号”,“購入部署コード”,“購入者コード”,
“現在使用部署コード”,“現在代表使用者コード”,
“現在設置場所コード”,“使用部署コード1～4”,
“代表使用者コード1～4”,“設置場所コード 1 ～ 4”

“現況調査結果”テーブル＝“物品番号”,“確認者コード”
“部署”テーブル＝“部署コード”(確定)
“役職”テーブル＝“役職コード”(確定)
“社員”テーブル＝“社員コード”,“所属部署コード”,“役職コード”
“設置場所”テーブル＝“設置場所コード”(確定)

【手順 2】

着眼ポイントの②に示した方法で，問題文中の記述から主キーを確定させる（ここでは，問題文は省略しているが，実際の解答プロセスでは問題文から該当箇所をピックアップして確認する)。

【手順 3】

着眼ポイントの③に示した方法で外部キーを探す。ここでは，“物品”テーブルと“社員”テーブルのテーブル構造図から，解答の候補を探す。

“物品”テーブルの“購入部署コード”→“部署”テーブルの“部署コード”
“物品”テーブルの“購入者コード”→“社員”テーブルの“社員コード”
“物品”テーブルの“現在使用部署コード”→“部署”テーブルの“部署コード”
“物品”テーブルの“現在代表使用者コード”→“社員”テーブルの“社員コード”
“物品”テーブルの“現在設置場所コード”→“設置場所”テーブルの“設置場所コード”
“物品”テーブルの“使用部署コード１～4”→“部署”テーブルの“部署コード”
“物品”テーブルの“代表使用者コード１～4”→“社員”テーブルの“社員コード”
“物品”テーブルの“設置場所コード１～4”→“設置場所”テーブルの“設置場所コード”
“社員”テーブルの“所属部署コード”→“部署”テーブルの“部署コード”
“社員”テーブルの“役職コード”→“役職”テーブルの“役職コード”

後は，問題文の記述からこの対応付けが正しいかどうかを確認する。

ワンポイントアドバイス

主キーと外部キーを示す設問は，午後Ⅱの問題では100%出題される。午後Ⅱの方では，候補キーを求めるプロセスはなく，いきなり主キーや外部キーを設定する。そのためだと思うが，「受注は，受注番号で一意に識別される。」など，比較的明確かつシンプルに定義されていることが多い（そちらの方が現実に近いかもしれない)。問題の数も多いので，午後Ⅱの問題を解く過程で，どういう記述（文，文章）が主キーや外部キーだと判断する基準になるのかを，しっかりと覚えておこう。

3.4 正規化

正規化とは，ある対象を，ある一定のルールに基づいて加工していくことをいう。データベースの用語として使用される場合は（これが，情報処理技術者試験では最もメジャーな使い方），“ある対象”はデータで，“ある一定のルール”が正規化理論になる。

試験に出る
①平成19年・午前 問23
②平成19年・午前 問24

多くのシステムで，「顧客マスタ」「取引先マスタ」「受注データ」など，複数のテーブルやファイルに分割されているのは“正規化”の結果である。用語の定義は難しいが，実務では，その程度のイメージ（＝テーブル設計するときのやり方）で十分である

正規化の目的

正規化は，データの冗長性（無駄なところ）を排除し，独立性を高めるために行われる。しかし，一つ間違えば，分割したデータ間に矛盾が発生し，整合性がなくなることになりかねない。そのため，きちんとしたルールにのっとって整合性や一貫性を確保しながら独立性を高めていくというわけだ。

具体的には，「1事実1箇所（1 fact in 1 place）」にすることで，更新時異状が発生しないようにすること。難しい表現を使うのなら，それが正規化の目的になる。

冗長性の排除
日々発生するデータを，「顧客マスタ」「取引先マスタ」「受注データ」などに分割するのも，冗長性を排除するためだ

「1事実1箇所（1 fact in 1 place）」，更新時異状は「3.4.8 更新時異状」を参照

正規化の種類

正規化には，非正規形（正規化がまったく行われていない状態）から，第1正規形，第2正規形，第3正規形，第4正規形，第5正規形まである。第3正規形に関しては，ボイス・コッド正規形という正規形もある。

正規形には第6正規形を最終形とする概念もあるが，過去に出題実績がないため，本書では今のところ扱わない

非正規形	→	3.4.1 参照
第1正規形	→	3.4.2 参照
第2正規形	→	3.4.3 参照
第3正規形	→	3.4.4 参照
ボイス・コッド正規形	→	3.4.5 参照
第4正規形	→	3.4.6 参照
第5正規形	→	3.4.7 参照

● 情報無損失分解

情報無損失分解とは，分解後の関係を自然結合したら，分解前の関係を復元できる分解のことをいう。厳密な定義は次の通り。

> **関係 R が関係 R1，R2，…，Rn に無損失分解できるとは，以下が成立するときをいう。**
>
> R ＝ R1 * R2 * … * Rn
> Ω ＝ X1 ∪ X2 ∪…∪ Xn（ある属性が複数の関係の中含まれていてもよい）
>
> ※ Ω=R の全属性集合，X1，X2，…，Xn =R1，R2，…，Rn の全属性集合

簡単に言えば，情報無損失分解とは**「分解⇔組立（結合）を繰り返しても同じ結果になるような分解」**ということである。第3正規形にまで分解しても問題ない根拠にある存在だと言えよう。

そう考えれば，「（第3正規形まで）正規化する」というのは，「結合したらいつでも元の状態を再現できる」，すなわち「情報が損失しないこと」が前提だからできることだといえる。

試験に出る

①平成 31 年・午前Ⅱ 問7
　平成 28 年・午前Ⅱ 問8
②平成 26 年・午前Ⅱ 問4
③平成 22 年・午前Ⅱ 問6

試験に出る

適切でない情報無損失分解
　平成 19 年・午後Ⅰ 問1

3.4.1 非正規形

非正規形は次のように定義される。

> [非正規形の定義]
> リレーションRの属性の中に，単一でない値が含まれている。

次の図は売上伝票の例であるが，伝票1枚分をテーブルの1行に見立てると，売上明細部分の｛商品コード，商品名，単価，数量，小計｝が繰返し項目になっていることがわかる。この繰返し項目が，非単純属性又は非単純定義域といわれるもので，非正規形モデルに見られる属性とされている。

店舗欄	店舗名	店舗ID	店舗住所

伝票番号	売上伝票	売上日

売上明細

商品コード	商品名	単価	数量	小計
商品コード	商品名	単価	数量	小計
商品コード	商品名	単価	数量	小計
商品コード	商品名	単価	数量	小計
商品コード	商品名	単価	数量	小計
			合計	合計
			消費税	消費税
			請求額	請求額

担当者欄	担当者名	担当者ID

お買い上げいただき有難うございます

※網かけ部分は，実際にはデータが格納される

図：売上伝票

伝票番号	店舗ID	店舗名	店舗住所	売上日	売上明細（1～n）											合計	消費税	請求額	担当者ID	担当者名
					売上明細1						売上明細n									
					商品コード	商品名	単価	数量	小計	…	商品コード	商品名	単価	数量	小計					

伝票番号	店舗ID	店舗名	店舗住所	売上日	売上明細					合計	消費税	請求額	担当者ID	担当者名
					商品コード	商品名	単価	数量	小計					
1	01	銀座店	東京都○○	2002.9.9	ERS-A-01	消しゴムA	100	2	200	1,500	75	1,575	2001	鈴木花子
					SPN-B-03	シャーペンB	300	1	300					
					LNC-XY-01	弁当XY	1,000	1	1,000					
2	01	銀座店	東京都○○	2002.9.10	SPN-B-03	シャーペンB	300	2	600	1,000	50	1,050	1023	佐藤太郎
					BPN-C-04	ボールペンC	100	4	400					

図：非正規形のテーブル例とデータ例

試験に出る

非正規形
第1正規形でない理由

単一でない値
図の売上伝票の中の売上明細のように一つの属性の中に繰返し項目があるもの。多値属性ともいうが，試験センターの公表する平成18年・午後I 問1の解答例では，（反対語の単値属性を）"単一値"と表現しているため，ここでもそれに倣って"単一でない値"という表現にしている

非正規形とは，伝票や帳票をそのままテーブルにしたようなものである

3.4.2 第 1 正規形

第 1 正規形は次のように定義される。

> [第 1 正規形の定義]
> リレーション R のすべての属性が，単一値である。

試験に出る
平成 27 年・午前II 問6
平成 20 年・午前 問23
平成 17 年・午前 問25

第 1 正規形のテーブルを作るには，**繰返し項目をなくして単純な形にすればよい。**

先ほどの非正規形のデータから繰返し項目をなくして，次の図のように明細部分に合わせてテーブルを設計する。つまり，非正規形で{伝票番号}ごとに 1 行のデータとしていたものを，{伝票番号，商品コード}ごとのデータとすることによって，繰返し項目をなくしたものが第 1 正規形である。この例では，非正規形の{伝票番号}単位の 3 行のデータが，次の図のように{伝票番号，商品コード}単位の 7 行のデータになる。その場合，伝票を一意に表す“伝票番号”と，明細を一意に表す“商品コード”の二つを連結したものが主キーになる。

売上

伝票番号	店舗ID	店舗名	店舗住所	売上日	商品コード	商品名	単価	数量	小計	合計	消費税	請求額	担当者ID	担当者名
1	01	銀座店	東京都○○	2002.9.9	ERS-A-01	消しゴムA	100	2	200	1,500	75	1,575	2001	鈴木花子
1	01	銀座店	東京都○○	2002.9.9	SPN-B-03	シャーペンB	300	1	300	1,500	75	1,575	2001	鈴木花子
1	01	銀座店	東京都○○	2002.9.9	LNC-XY-01	弁当XY	1,000	1	1,000	1,500	75	1,575	2001	鈴木花子
2	01	銀座店	東京都○○	2002.9.10	SPN-B-03	シャーペンB	300	2	600	1,000	50	1,050	1023	佐藤太郎
2	01	銀座店	東京都○○	2002.9.10	BPN-C-04	ボールペンC	100	4	400	1,000	50	1,050	1023	佐藤太郎
3	01	銀座店	東京都○○	2002.9.10	LNC-XY-01	弁当XY	1,000	1	1,000	1,200	60	1,260	2001	鈴木花子
3	01	銀座店	東京都○○	2002.9.10	JUC-W-01	ジュースW	100	2	200	1,200	60	1,260	2001	鈴木花子

図：第 1 正規形のデータの例

第 1 正規化後のテーブル構造は次のようになる。

> 売上 1（伝票番号, 店舗 ID, 店舗名, 店舗住所, 売上日, 合計, 消費税, 請求額, 担当者 ID, 担当者名, 商品コード, 商品名, 単価, 数量, 小計）

3.4.3 第２正規形

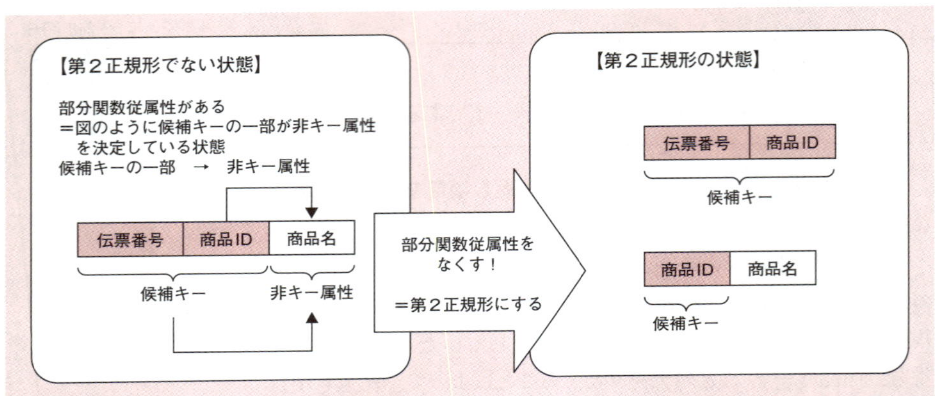

第２正規形は次のように定義される。

> [第２正規形の定義]
> リレーションＲが次の二つの条件を満たす。
> (1) 第１正規形であること
> (2) すべての非キー属性は，いかなる候補キーにも部分関数従属していない（完全関数従属である）こと

第２正規化されたテーブルは，非キー属性が，候補キーに完全関数従属した形になっている。

●完全関数従属性と部分関数従属性

“完全関数従属している状態”とか“完全関数従属性という性質”は，①関数従属性（候補キー：X）→（非キー属性：Y）が成立するが，②（候補キー：Xの真部分集合）→（非キー属性：Y）は成立しないときの状態及び性質のことである(上図の右側)。逆に，①ではあるが，②が成立･存在している状態及び性質のことを“部分関数従属している”とか“部分関数従属性”という(上図の左側)。

試験に出る
平成29年・午前Ⅱ 問7
平成24年・午前Ⅱ 問8
平成16年・午前 問23

試験に出る
平成17年・午後Ⅰ 問1

候補キーが単一キー（候補キー＝一つの属性）の場合，第２正規形の定義を（必然的に）満たしている。第２正規形の条件を満たしているかどうかを判断しなければならないのは，複合キーである（候補キーが２つ以上の属性で構成されている）場合に限られる

非キー属性
候補キーの一部にも含まれない属性

●第２正規化の具体例

第１正規形のテーブルから部分関数従属性を排除すると，第２正規形のテーブルになる。先ほどの売上伝票を第２正規化すると，次のようになる。

第1正規形

売上

伝票番号	店舗ID	店舗名	店舗住所	売上日	商品コード	商品名	単価	数量	小計	合計	消費税	請求額	担当者ID	担当者名
1	01	銀座店	東京都○○	2002.9.9	ERS-A-01	消しゴムA	100	2	200	1,500	75	1,575	2001	鈴木花子
1	01	銀座店	東京都○○	2002.9.9	SPN-B-03	シャーペンB	300	1	300	1,500	75	1,575	2001	鈴木花子
1	01	銀座店	東京都○○	2002.9.9	LNC-XY-01	弁当XY	1,000	1	1,000	1,500	75	1,575	2001	鈴木花子
2	01	銀座店	東京都○○	2002.9.10	SPN-B-03	シャーペンB	300	2	600	1,000	50	1,050	1023	佐藤太郎
2	01	銀座店	東京都○○	2002.9.10	BPN-C-04	ボールペンC	100	4	400	1,000	50	1,050	1023	佐藤太郎
3	01	銀座店	東京都○○	2002.9.10	LNC-XY-01	弁当XY	1,000	1	1,000	1,200	60	1,260	2001	鈴木花子
3	01	銀座店	東京都○○	2002.9.10	JUC-W-01	ジュースW	100	2	200	1,200	60	1,260	2001	鈴木花子

第2正規形

売上明細

伝票番号	商品コード	数量	小計
1	ERS-A-01	2	200
1	SPN-B-03	1	300
1	LNC-XY-01	1	1,000
2	SPN-B-03	2	600
2	BPN-C-04	4	400
3	LNC-XY-01	1	1,000
3	JUC-W-01	2	200

商品

商品コード	商品名	単価
ERS-A-01	消しゴムA	100
SPN-B-03	シャーペンB	300
LNC-XY-01	弁当XY	1,000
BPN-C-04	ボールペンC	100
JUC-W-01	ジュースW	100

売上ヘッダ

伝票番号	店舗ID	店舗名	店舗住所	売上日	合計	消費税	請求額	担当者ID	担当者名
1	01	銀座店	東京都○○	2002.9.9	1,500	75	1,575	2001	鈴木花子
2	01	銀座店	東京都○○	2002.9.10	1,000	50	1,050	1023	佐藤太郎
3	01	銀座店	東京都○○	2002.9.10	1,200	60	1,260	2001	鈴木花子

図：第１正規形から第２正規形への変換例

まず，第１正規形のテーブル“売上”から部分関数従属性を排除する。主キーの部分集合である“伝票番号”には，“店舗ID”以下９項目の属性が，“商品コード”には“商品名”以下２項目の属性が関数従属しているため，これを分解する。その結果，次のようなテーブル構造になる。

売上明細（伝票番号，商品コード，数量，小計）
商品（商品コード，商品名，単価）
売上ヘッダ（伝票番号，店舗 ID，店舗名，店舗住所，売上日，合計，消費税，請求額，担当者 ID，担当者名）

3.4.4 第３正規形

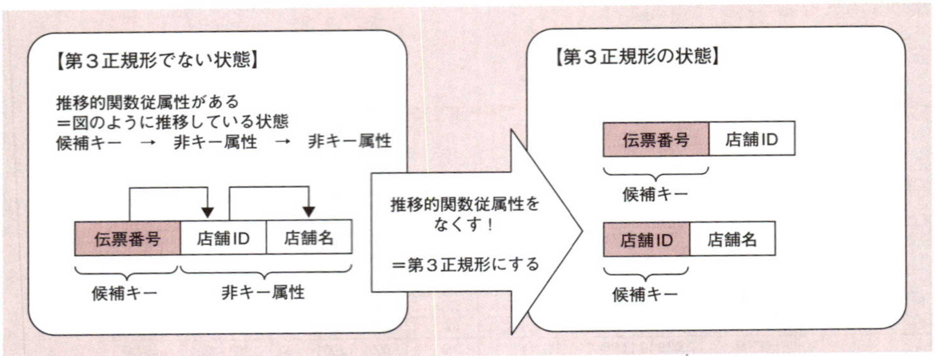

第３正規形は次のように定義される。

> [第３正規形の定義]
> リレーションＲが次の二つの条件を満たす。
> (1) 第２正規形であること
> (2) すべての非キー属性は，いかなる候補キーにも推移的関数従属していない

試験に出る
①平成 31 年・午前Ⅱ 問８
平成 26 年・午前Ⅱ 問６
②平成 30 年・午前Ⅱ 問４
平成 22 年・午前Ⅱ 問８
③平成 21 年・午前Ⅱ 問５
④平成 22 年・午前Ⅱ 問９
平成 19 年・午前 問 25
平成 17 年・午前 問 26

● 推移的関数従属性

関数従属が推移的に行われているとき，これを推移的関数従属性という。

集合Ｒの属性Ｘ，Ｙ，Ｚにおいて，

①Ｘ→Ｙ
②Ｙ→Ｘではない
③Ｙ→Ｚ（ただし，ＺはＹの部分集合ではない）

の三つの条件が成立しているときに，“Z” は “X” に推移的に関数従属している。

このとき，次の二つが成立する。

（i）Ｘ→Ｚ
（ii）Ｚ→Ｘではない

試験に出る
３つの成立条件
３つの成立条件を知らないと解けない設問が出ている
平成 25 年・午後Ⅰ 問１
平成 25 年・午後Ⅰ 問２

（例 1）これは推移的関数従属性ではない！

この三つの成立条件の例を具体的に示すと，このようになる。前ページの図と同様に，「店舗 ID →店舗名→住所」と関数従属性が推移してはいるが，「店舗名→店舗 ID」の関係がある（同じ店舗名は絶対に付けないルールなど）ため推移的関数従属性は存在しない。したがって，この例は第 3 正規形になる。

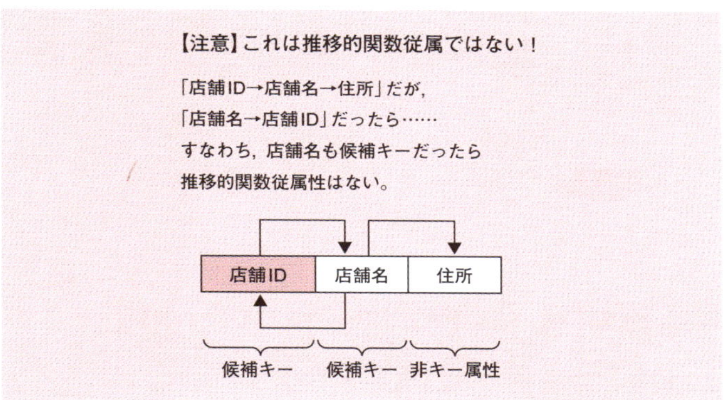

（例 2）これは推移的関数従属性だ！

逆に，この図は推移的関数従属性の例である。「{伝票番号，得意先 ID} → {得意先 ID ，商品 ID} →得意先別商品別単価」で，かつ「{得意先 ID, 商品 ID} → {伝票番号, 得意先 ID}」ではない。つまり，{得意先 ID, 商品 ID} のように，候補キーの一部＋非キー属性なら推移していると考えよう。

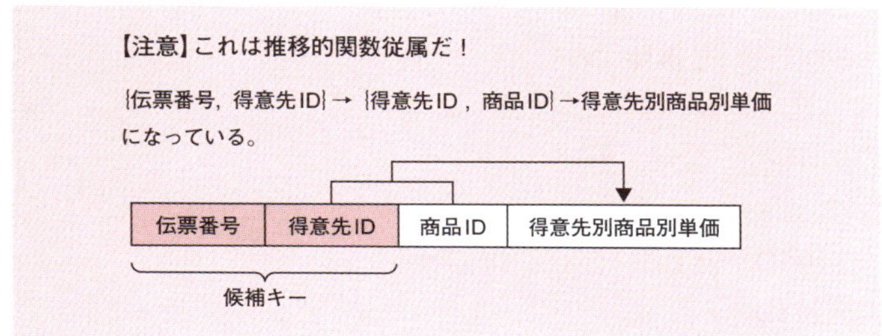

●第３正規化の具体例

第２正規形のテーブルから推移的関数従属性を排除すると，第３正規形のテーブルになる。先ほどの売上伝票の例を第３正規化すると，次のようになる。

第2正規形

売上明細

伝票番号	商品コード	数量	小計
1	ERS-A-01	2	200
1	SPN-B-03	1	300
1	LNC-XY-01	1	1,000
2	SPN-B-03	2	600
2	BPN-C-04	4	400
3	LNC-XY-01	1	1,000
3	JUC-W-01	2	200

商品

商品コード	商品名	単価
ERS-A-01	消しゴムA	100
SPN-B-03	シャーペンB	300
LNC-XY-01	弁当XY	1,000
BPN-C-04	ボールペンC	100
JUC-W-01	ジュースW	100

売上ヘッダ

伝票番号	店舗ID	店舗名	店舗住所	売上日	合計	消費税	請求額	担当者ID	担当者名
1	01	銀座店	東京都○○	2002.9.9	1,500	75	1,575	2001	鈴木花子
2	01	銀座店	東京都○○	2002.9.10	1,000	50	1,050	1023	佐藤太郎
3	01	銀座店	東京都○○	2002.9.10	1,200	60	1,260	2001	鈴木花子

第3正規形（途中）

売上明細

伝票番号	商品コード	数量	小計
1	ERS-A-01	2	200
1	SPN-B-03	1	300
1	LNC-XY-01	1	1,000
2	SPN-B-03	2	600
2	BPN-C-04	4	400
3	LNC-XY-01	1	1,000
3	JUC-W-01	2	200

商品

商品コード	商品名	単価
ERS-A-01	消しゴムA	100
SPN-B-03	シャーペンB	300
LNC-XY-01	弁当XY	1,000
BPN-C-04	ボールペンC	100
JUC-W-01	ジュースW	100

売上ヘッダ

伝票番号	店舗ID	売上日	合計	消費税	請求額	担当者ID
1	01	2002.9.9	1,500	75	1,575	2001
2	01	2002.9.10	1,000	50	1,050	1023
3	01	2002.9.10	1,200	60	1,260	2001

店舗

店舗ID	店舗名	店舗住所
01	銀座店	東京都○○

担当者

担当者ID	担当者名
2001	鈴木花子
1023	佐藤太郎

図：第２正規形から第３正規形への変換

テーブル“売上ヘッダ”には，“店舗 ID”に対する“店舗名”，“店舗住所”，及び“担当者 ID”に対する“担当者名”といった推移的関数従属性が含まれているのでそれを排除する。

売上明細（伝票番号，商品コード，数量，小計）
商品（商品コード，商品名，単価）
売上ヘッダ（伝票番号，店舗 ID，売上日，合計，消費税，
請求額，担当者 ID）
店舗（店舗 ID，店舗名，店舗住所）
担当者（担当者 ID，担当者名）

さらに,第3正規化する際には導出項目も一緒に取り除く。テーブル"売上ヘッダ"の"合計","消費税","請求額",テーブル"売上明細"の"小計"を削除し,次のテーブルを得る。

売上明細(<u>伝票番号</u>,<u>商品コード</u>,数量)
商品(<u>商品コード</u>,商品名,単価)
売上ヘッダ(<u>伝票番号</u>,店舗ID,売上日,担当者ID)
店舗(<u>店舗ID</u>,店舗名,店舗住所)
担当者(<u>担当者ID</u>,担当者名)

参考

小計など,計算によって得られる項目を導出項目という。通常,導出項目は第3正規形にする段階で取り除かれる。例に登場した"小計"のように,推移的関数従属性を排除するタイミングで多くの導出項目はおのずと取り除かれてしまう。ただし,すべての導出項目が候補キーに対して推移的に関数従属しているわけではない

第3正規形(途中)

売上明細

伝票番号	商品コード	数量	小計
1	ERS-A-01	2	200
1	SPN-B-03	1	300
1	LNC-XY-01	1	1,000
2	SPN-B-03	2	600
2	BPN-C-04	4	400
3	LNC-XY-01	1	1,000
3	JUC-W-01	2	200

商品

商品コード	商品名	単価
ERS-A-01	消しゴムA	100
SPN-B-03	シャーペンB	300
LNC-XY-01	弁当XY	1,000
BPN-C-04	ボールペンC	100
JUC-W-01	ジュースW	100

売上ヘッダ

伝票番号	店舗ID	売上日	合計	消費税	請求額	担当者ID
1	01	2002.9.9	1,500	75	1,575	2001
2	01	2002.9.10	1,000	50	1,050	1023
3	01	2002.9.10	1,200	60	1,260	2001

店舗

店舗ID	店舗名	店舗住所
01	銀座店	東京都○○

担当者

担当者ID	担当者名
2001	鈴木花子
1023	佐藤太郎

自明な関数従属性

データベーススペシャリスト試験には「自明な関数従属性」という用語がしばしば登場する（他にも「自明な多値従属性」とか「自明な結合従属性」という用語もある）。この“自明な”というのは，「当たり前で，証明しなくても常に成立する」という意味の数学用語“trivial”を訳したもので，そこから**「（当たり前のように）常に成立する関数従属性」**を**“自明な関数従属性”**と言っている。厳密な定義は次の通りだが，どういうものが自明な関数従属性なのか幾つかの例を挙げるので，その“例”でイメージを掴んでおけばいいだろう。

属性集合 A，B があり，B は A の部分集合とする。このとき，A → B は常に成立する。

このような関数従属性を自明な関数従属性という。

【例】関係“顧客”
　　顧客（顧客名，住所，電話番号，性別，生年月日）

上記の関係“顧客”を使って「B は A の部分集合とする」ということを説明すると，例えば次のような関係性のことになる。

- 属性集合 A ｛顧客名，住所，電話番号，性別，生年月日｝
- 属性集合 B1 ｛顧客名｝
- 属性集合 B2 ｛顧客名，性別｝
- 属性集合 B3 ｛顧客名，住所，電話番号，性別，生年月日｝
- 属性集合 B…

上記の属性集合 B1 ～属性集合 B3 までは，全て「A の部分集合」である。つまり単純に“A の一部”だと考えればいい。ゆえに属性集合 A の部分集合は，この例だと関係“顧客”の個々の属性から全ての組合せにいたるまで，他にもいくつかの部分集合がある。

この時，次の関数従属性が成立する。

- ｛顧客名，住所，電話番号，性別，生年月日｝ → ｛顧客名｝
- ｛顧客名，住所，電話番号，性別，生年月日｝ → ｛顧客名，性別｝
- ｛顧客名，住所，電話番号，性別，生年月日｝
  → ｛顧客名，住所，電話番号，性別，生年月日｝

部分集合とは B1 ～ B3 のようなものだから，当たり前だが A → B は必ず成立する。A に含まれる属性だから当然だ。この「（当たり前のように）常に成立する関数従属性を自明な関数従属という。

また，自明な関数従属性に対して**「自明ではない関数従属性」**がどのようなものかをイメージできていれば，より理解が進むだろう。自明ではない関数従属性とは，常に“当たり前”とは限らない関数従属性のこと。関係“顧客”以外も含めて例を挙げれば，次のような関数従属性になる。

- 顧客名 → 収入
- 店長 → 店舗
- 固定電話の電話番号 → 住所

要するに，いつも関数従属性としてピックアップしているものだ。業務要件やルールに基づいたもの。それらが**「自明ではない関数従属性」**になる。

スキルUP!

“極小”と“真部分集合”

データベースの基礎理論を学習していると，普段使わないような，やたら難解な言葉をよく目にする。この“極小”と“真部分集合”もその類のものだろう。ベースが数学なので仕方ないことで，合格者に聞くと「少しずつ慣れていくしかない」とのこと…。

極小とは，属性集合の中で，余分な属性を含まず，どれか一つでも欠ければ一意性を確保できなくなる組合せのこと。候補キーの説明では必ず登場する。簡単に言えば「全てを一意に決定する必要最低限の属性の組合せ（正にそれが候補キー）」で，難しい表現をすると「キーのいかなる真部分集合もスーパーキーにならない」という状態になる。

一方，真部分集合とは，ある集合（A）とその部分集合（B）において，(A)＝(B)ではなく，(A)の中には（B）にはない要素が存在するという状態のとき，「(B)は（A）の真部分集合である」ということだ。図で見るとわかりやすい。

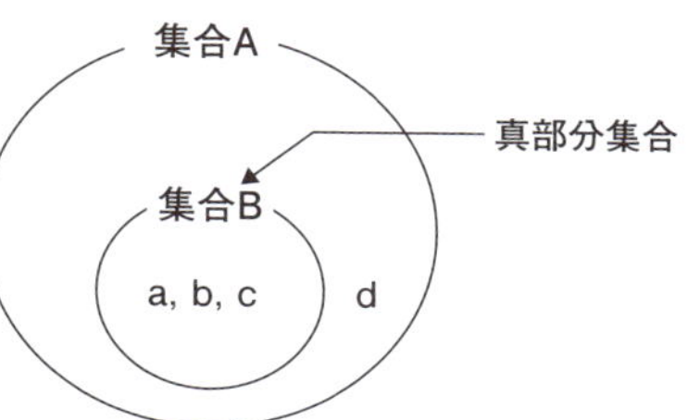

参考 第○正規形である根拠を説明させる設問

設問例

関係“診療・診断”は，第１正規形，第２正規形，第３正規形のうち，どこまで正規化されているか。また，その根拠を 60 字以内で述べよ。

最終出題年度

平成29年

午後Ⅰ試験のデータベース基礎理論に関する問題では，第○正規形である根拠，理由を問う設問が出題されていた。

表：過去 18 年間の午後Ⅰでの出題実績

年度／問題番号	設問内容（ある関係について…）の要約
H14- 問 1	第 1，2，3 のどれに該当するか。その根拠を 60 字以内で述べよ。
H15- 問 1	第 1 であるが第 2 正規形でない。その根拠を，具体的に 60 字以内で述べよ。
	推移的関数従属の例を一つ挙げよ。
H16- 問 1	第 1，2，3 のどれに該当するか。その根拠を 60 字以内で述べよ。
	推移的関数従属の例を一つ挙げよ。
	自明でない多値従属性の例を記述せよ。
	ボイスコッド正規形であるが，第 4 正規形ではない。その理由を述べよ（穴埋め問題）
H17- 問 1	適切な正規形名を答えよ。その根拠を 70 字以内で述べよ。
H18- 問 1	適切な正規形名を答えよ。その根拠を 60 字以内で述べよ。
	推移的関数従属の例を一つ挙げよ。なければ“なし”と記述せよ。
	部分関数従属の例を一つ挙げよ。なければ“なし”と記述せよ。
	第何正規形か。判定根拠を 60 字以内で述べよ。
	第 1 正規形の条件を満たさなくなる。その理由を 30 字以内で述べよ。
問 2	第 2 正規形でない理由を，列名を示し具体的に 70 字以内で述べよ。
H19- 問 1	第 1，2，3 のどこまで正規化されているか。その根拠を具体的に三つ挙げ，それぞれ 40 字以内で述べよ。
H20- 問 1	推移的関数従属の例を一つ挙げよ。
	第 3 正規形になっている関係を一つ挙げよ。
	第 1，2，3 のどこまで正規化されているか。その根拠を二つ挙げ，それぞれ 20 字以内及び 60 字以内で述べよ。
問 2	第 2 正規形でない理由を 40 字以内で述べよ。
H21- 問 1	推移的関数従属の例を一つ挙げよ。なければ“なし”と記述せよ。
	第 1 正規形を満たしていない。その理由を 30 字以内で述べよ。
	第 1，2，3 のどこまで正規化されているか。その根拠を 60 字以内で述べよ。
問 2	第 2 正規形でない理由を，列名を用いて具体的に 60 字以内で述べよ。
H22- 問 1	正規形を答えよ。（判別根拠は選択制，具体例を一つ挙げる）
H23- 問 1	第 1 正規形を満たしていない。その理由を 40 字以内で述べよ。
	正規形を答えよ。（判別根拠は選択制，具体例を一つ挙げる）
H24- 問 1	どこまで正規化されているか（根拠の説明なし）
問 2	第 1，2，3 のどこまで正規化されているか。その根拠を 75 字以内で述べよ。
H25- 問 1	部分関数従属性，推移関数従属性の有無，具体例を一つ答えよ。
	第 1，2，3 のどこまで正規化されているか（根拠の説明なし）。
問 2	正規形を答えよ。（判別根拠は選択制，具体例を一つ挙げる）※ 表記法あり

年度／問題番号	設問内容（ある関係について…）の要約
H26-問1	正規形を答えよ。（判別根拠は選択制，具体例を一つ挙げる）※表記法あり
	第1，2，3のどこまで正規化されているか（根拠の説明なし）。
H27-問1	部分関数従属性，推移的関数従属性の有無，具体例を一つ答えよ。※表記法あり
	第1，2，3のどこまで正規化されているか（根拠の説明なし）。
H28-問1	部分関数従属性，推移的関数従属性の有無，具体例を一つ答えよ。※表記法あり
	第1，2，3のどこまで正規化されているか（根拠の説明なし）。
H29-問1	部分関数従属性，推移的関数従属性の有無，具体例を一つ答えよ。※表記法あり
	第1，2，3のどこまで正規化されているか（根拠の説明なし）。

●着眼ポイント

この類の設問への対応策は，次の３つのステップを踏むのがベスト。

① 本書の「3.4 正規化」を熟読して正規化に関する正しい知識を身に付ける
② ここで説明する解答表現の常套句（表現パターン）を暗記する
③ A，B，Cは，必要に応じて，問題文中の具体例に置き換える

平成22年度は**「部分関数従属性及び推移関数従属性の“あり”又は“なし”で示せ。“あり”の場合は，その関数従属性の具体例を示せ。」**という指定で，常套句を覚えていなくても解答できるように配慮されていたが，それまでは左ページの表のように“60字前後での解答表現”が要求されている。常套句を暗記しておかないと対応が難しいだろう。

●常套句

それではここで，設問に応じた常套句を紹介していこう。最もよく出題されるのが，第1正規形から第3正規形までの根拠である。いずれも，「該当する正規形の定義を満たす（すなわち，該当する正規形を含むそれより下位の定義全てを満たす）点」と，「それより一つ上位の正規形の定義を満たさない点」を説明している（第3正規形に関しては，別段の要求がある時を除き，第4正規形を満たしていない点に言及しないケースが多い）。

また，設問の指示は「60字で述べよ。」というものが最も多いが，前述の平成22年度のようなケースや，「その根拠を2つ（もしくは3つ）挙げよ」というケース（平成19年度午後Ⅰ問1）などもあるので，その指示に対して正確に反応できるように何パターンかは覚えておこう。

【第1正規形である理由】
①全ての属性が単一値で,②候補キー{A, B}の一部であるBに非キー属性のCが部分関数従属するため（46字）

①非正規形ではなく，第1正規形の条件をクリアしている理由を説明している部分（10字）
②第2正規形にはなっていない理由を説明している部分。
A，B，Cには，それぞれ一例となる属性を問題文中から探し出して置き換える。
※「40字以内で述べよ」等，字数が足りず①と②を両方に言及できない場合は②を優先する。

【第2正規形である理由】
①全ての属性が単一値で,②候補キーからの部分関数従属がなく,③推移的関数従属性A→B→Cがあるため（46字）

①非正規形ではなく，第1正規形の条件をクリアしている理由を説明している部分（10字）
②第2正規形の条件もクリアしている理由を説明している部分（16字）
「候補キーに完全関数従属し（12字）」という表現でもOK
③第3正規形にはなっていない理由を説明している部分
A，B，Cには，それぞれ一例となる属性を問題文中から探し出して置き換える。
※「40字以内で述べよ」等，字数が足りず①～③の全てに言及できない場合の優先順位は③，②，①の順。

【第3正規形である理由】
①全ての属性が単一値で,②候補キーからの部分関数従属がなく,③候補キーからの推移的関数従属性もないため（48字）

①非正規形ではなく，第1正規形の条件をクリアしている理由を説明している部分（10字）
②第2正規形の条件もクリアしている理由を説明している部分（16字）
「候補キーに完全関数従属し（12字）」という表現でもOK
③第3正規形の条件もクリアしている理由を説明している部分（20字）
※部分関数従属や推移関数従属の例がないので，原則，置き換えは発生しない。

図：正規形の根拠を述べる常套句

●A，B，Cを具体例に置き換える

文章で解答を組み立てる場合は，設問で指定が無くても，（常套句のA，B，C）を具体例に置き換えて解答しなければならない（原則，第3正規形の場合，具体例そのものがなく，第4正規形でない理由も問われないことが多いので，第3正規形の根拠を解答する場合を除く）。この点については，平成20年度の採点講評でも，次のように，直接的に言及されているので十分注意しよう。

> 根拠及び問題点の指摘は，問題文中の属性，関数従属性などを用いて具体的に記述してほしい。

平成20年度の採点講評（午後Ｉ問1）より抜粋した該当箇所

候補キー{A, B}の一部であるBに，非キー属性Cが部分関数従属するため

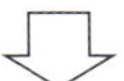

候補キー{**伝票番号，明細番号**}の一部である“**伝票番号**”に，非キー属性{**売上金額，従業員番号**}が部分関数従属するため

常套句内のA，B，Cを文中の具体例に置き換えた例

その他の常套句

出題頻度は高くないが，他の正規形についても常套句を掲載しておく。

● 第1正規形でない理由

「属性○は,属性△の集合であり,単一値ではないため（24字）」
「属性○が繰り返し項目であり単一値ではないため（22字）」
「属性○の値ドメインが関係であり,単一値ではないため（25字）」

● ボイス・コッド正規形である理由

「すべての属性が単一値で,すべての関数従属性が,自明であるか,候補キーのみを決定項として与えられている（50字）」

● 第4正規形である理由

「すべての属性が単一値で,すべての多値従属性が,自明であるか,候補キーのみを決定項として与えられている（50字）」

● 第5正規形である理由

「すべての属性が単一値で,すべての結合従属性が,自明であるか,候補キーのみを決定項として与えられている（50字）」

図：正規形の理由を述べる常套句（応用）

〈参考〉「属性○の値ドメインが関係であり」という表現に関して

上記に記しているように“第1正規形でない理由”の常套句として「値ドメイン」という言葉が使われている。これは，平成18年度午後Ⅰ問1の解答例で使われた表現だ。しかし，筆者の勉強不足や経験不足によるものなのかもしれないが，これまで，このような表現を使ったことがなかった。そういう人が多いだろう。しかし，難しく考えなくても良い。平成23年度の特別試験では，「値ドメインが関係であり」という表現はなくなっている。他の常套句（第2正規形，第3正規形の根拠）でも，「属性○は単一値であり…」という表現に統一されていることから，あえてそれを表現しなくても問題はない。なお，ドメインが関係であることも解答に含める場合，“値ドメイン”ではなく，単なる「定義域」や「ドメイン」でも意味が通るので，正解になると考えられる。

参考　第３正規形まで正規化させる設問

設問例

関係“答案”を，第３正規形に分解した関係スキーマで示せ。
なお，主キーは，下線で示せ。

出現率
100%

第３正規形まで正規化させる問題は，下表の中にある問題のように「第３正規形になっていない関係スキーマやテーブルが提示されている」パターンはめっきり減ったが，概念データモデルや関係スキーマを完成させる問題の場合，そもそも第３正規形にしなければならない。したがって，右ページの「テーブルを分割して第３正規形にしていくプロセス」は，頭の中に叩き込んでおいて，短時間で正確に分割できるようにしておこう。

表：過去 18 年間の午後Ⅰでの出題実績

年度／問題番号	設問内容の要約（関係“○○”の…or“○○”テーブルの）
H14- 問 1	関係“○○”を第３正規形に分割した関係を，関係スキーマの形式で記述せよ。
	関係“○○”を更に分割するとしたら，どのように分割すればよいか。関係スキーマの形式で記述せよ。
問 4	“○○”テーブルが冗長なテーブル構造である。これを冗長性のないテーブル構造に変更して，テーブルの主キーを示せ。
H15- 問 1	関係“○○”を第３正規形に分割した関係を，関係スキーマの形式で記述せよ。
問 3	“○○”テーブルが冗長なテーブル構造である。これを冗長性のないテーブル構造に変更して，テーブルの主キーを示せ。
H16- 問 1	第３正規形に分割した結果を，関係スキーマの形式で記述せよ。
問 3	ある問題を解決するために“社員”テーブルの構造を変更することにした。適切な“社員”テーブルの構造を示せ。解答に当たって，必要に応じて複数テーブルに分割し，冗長でないテーブル構造とすること。また，テーブル名及び列名は，格納するデータの意味を表す名称とすること。
H17- 問 1	（更新時異状による）不都合を解消するために分割した関係を，…関係スキーマの形式で記述せよ。
問 2	“注文”テーブルを，“注文”テーブルと“注文明細”テーブルに分割せよ。なお，解答に当たって，冗長でないテーブル構造とすること。また，分割前の“注文”テーブルに含まれていない列は追加しないこと。
H18- 問 2	ある不具合を解消するため，“○○”テーブルの構造を変更することにした。…必要に応じ複数のテーブルに分割し，冗長でないテーブル構造にすること。
H19- 問 1	（更新時異状による）不都合を解消するために，関係“○○”を二つの関係に分割せよ。（2 問）
H21- 問 1	関係“○○”を，第３正規形に分割せよ。
問 2	“○○”テーブルを第３正規形に分割せよ。（2 問）
H22- 問 1	第３正規形に分解した関係スキーマで示せ。主キーは，下線で示せ。（3 問）
H23- 問 1	第３正規形に分解した関係スキーマで示せ。
問 2	“○○”テーブルを第３正規形の条件を満たすテーブルに分解せよ。
H24- 問 1	第３正規形に分解した関係スキーマで示せ。
問 2	第３正規形に分解した“○○”テーブルの構造を示せ。
H25- 問 1	第３正規形に分解した関係スキーマで示せ。
H26- 問 1	第３正規形に分解した関係スキーマで示せ。

H27- 問 1	第 3 正規形に分解し，主キー及び外部キーを明記した関係スキーマで示せ。
H28- 問 1	第 3 正規形に分解し，主キー及び外部キーを明記した関係スキーマで示せ。
H29- 問 1	第 3 正規形に分解し，主キー及び外部キーを明記した関係スキーマで示せ。

※概念データモデル等を完成させる問題で第 3 正規形にすることが前提の問題の記載は割合している

●着眼ポイント

図のような手順で，更新時異状を引き起こしている関数従属性を情報無損失分解していけば良い。

●テーブルを分割して第 3 正規形にしていくプロセス

以下に，テーブルを第 3 正規形にしていくプロセスをまとめておく。詳細は，「3.4 正規化」を読まないとならないが，一連の基本的な手順を知っていれば，短時間で解答できるので，ここで全体の流れを押さえておこう。

(1) 非正規形→第 1 正規形

- 繰返し項目をなくして単純な形にする。
- もとの主キー＋繰り返し項目のキーを主キーにする。
- 詳細は「3.4.2 第 1 正規形」参照。

(2) 第 1 正規形→第 2 正規形

- 主キーをチェックして部分関数従属性があれば，それを排除する。
- 具体的には部分関数従属しているものを別テーブルとする。
- 詳細は「3.4.3 第 2 正規形」参照。

(3) 第 2 正規形→第 3 正規形

- 非キー属性をチェックして推移関数従属性があれば，それを排除する。
- 具体的には推移関数従属しているものを別テーブルとする。
- 詳細は「3.4.4 第 3 正規形」参照。

※ 主キーが明確でない場合

- 関数従属性のあるものから順に正規化する。
- 第 1，第 2，第 3・・・という順番にとらわれない。
- 主キーを推測するなど柔軟に対応。

3.4.5 ボイス・コッド正規形

ボイス・コッド正規形は，次のように定義される。

> [ボイス・コッド正規形の定義]
> リレーションRに存在するあらゆる関数従属性に関して，次のいずれかが成立する(Rの関数従属性をX→Yとする)。
> (1) X→Yは**自明な関数従属性**である
> (2) XはRの**スーパーキー**である

この定義だと少々わかりにくいので，例を使って説明する。

第3正規形でもあり，ボイス・コッド正規形でもある例

まずは，第3正規形まで進めていった関係のうち，ボイス･コッド正規形にもなっている例を，下記の関係"顧客"を用いて，ボイス･コッド正規形の定義に該当するか否かという視点で見ていこう。

> 【例】関係“顧客”
> 顧客（<u>電話番号</u>，顧客名，住所，性別，生年月日）

この関係の中の**「あらゆる関数従属性」**とは次のようなもの。

- 電話番号 → 顧客名
- 電話番号 → 性別
- 電話番号 → 住所
- 電話番号 → 生年月日

これらの関数従属性はすべて自明な関数従属性ではない。したがって，続いて（2）の条件を満たしているかどうかを確認する。

この例の場合，全ての関数従属性が‘電話番号’によってのみ決定されることになる。‘電話番号’は主キーなので当然スーパーキーでもある。したがって，条件（1）は満たしていなくても，条件（2）を満たしているので，この例は**第3正規形でもありボイス･コッド正規形でもある**。

試験に出る
ボイス・コッド正規形
第3正規形との相違，ボイス・コッド正規形への分解

スーパーキー，候補キー
「3.3 キー」を参照

自明な関数従属性は左記のように抽出しない。候補キーを求める時などに抽出する関数従属性自体が，自明ではないから抽出していることになる。逆に言うと，抽出しない**「あらゆる関数従属性」**には，“{電話番号，顧客名}→ 顧客名”のような自明な関数従属性も含まれるが，それらは(1)の条件を満たしていることになる

第３正規形ではあるが，ボイス・コッド正規形ではない例

次は，第３正規形まで進めていった関係のうち，ボイス・コッド正規形にはなっていない例を見ていこう。

> 【例】関係“受講”
> 受講（学生，科目，教官）
> 但し，次の関数従属性も存在している
> 教官→科目（※ 一つの科目に教官は１人とは限らない）
> したがって候補キーは二つある
> {学生，科目}，{学生，教官}

「自明ではない関数従属性」をピックアップすると，今回は下記の二つになったとしよう。

- {学生，科目} → 教官
- 教官 → 科目

このうち，{学生，科目} は主キーなので当然スーパーキーでもある。したがって (2) の条件もクリアしている。しかしもうひとつの関数従属性の‘教官’は，候補キーの一部ではあるものの候補キーではないのでスーパーキーではない。したがって (2) の条件をクリアしていないので，第３正規形ではあるものの，ボイス・コッド正規形ではないことになる。

ボイス・コッド正規形かどうかの見極め方法

以上の２例を比較すると多少理解しやすくなると思うが，**候補キーが一つの場合，第３正規形まで進めていくとおのずとボイス・コッド正規形になる。**自明ではない関数従属性が，全てその候補キーで一意に決定されるため (2) の条件をクリアするからだ。

しかし，この例のように**①候補キーが複数あり，②その中に，候補キーの一部が決定項（例：教官）となっている関数従属性がある**場合（すなわち，全ての決定項が候補キーではない場合），それは第３正規形でもボイス・コッド正規形ではないことになる。

●ボイス・コッド正規形ではなく第3正規形にとどめる理由

正規化理論の学習を進めていると，必ず「実務的には，ボイス・コッド正規形は不要。第3正規形でとどめておく。」というニュアンスの説明を耳にするだろう。情報処理技術者試験でも，ボイス・コッド正規形がテーマの問題は別にして，概念データモデルや関係スキーマを完成させる事例解析問題では，第3正規形でとどめておくのが基本である。その理由を考えてみよう。

試験に出る
第3正規形にとどめる理由
データ整合性を保証するために，ボイス・コッド正規形まで正規化せずに第3正規形にとどめる

① ボイス・コッド正規形は，全ての関数従属性が保存されるわけではない

第3正規化までの情報無損失分解は，関数従属性保存分解になる。これに対して，ボイス・コッド正規形では，全ての関数従属性が保存されるわけではない。

先の例をボイス・コッド正規形にするため，次のように正規化を進めたとしよう。

受講

<u>学生</u>	<u>科目</u>	教官
鈴木	英語	ジェニファー
鈴木	数学	丹羽
佐藤	英語	ポール
佐藤	数学	丹羽
高橋	哲学	宇野

担任

<u>教官</u>	科目
ジェニファー	英語
ポール	英語
丹羽	数学
宇野	哲学

↓

受講（ボイス・コッド正規形）

<u>学生</u>	<u>教官</u>
鈴木	ジェニファー
鈴木	丹羽
佐藤	ポール
佐藤	丹羽
高橋	宇野

担任

<u>教官</u>	科目
ジェニファー	英語
ポール	英語
丹羽	数学
宇野	哲学

図：第3正規形からボイス・コッド正規形へ

この場合,「関数従属性① {学生, 科目} →教官」を保存するテーブルが分解により失われる。その結果, 例えば実際には「鈴木君が, ジェニファー先生の担当する英語の授業を受けていた」としても,「学生：“鈴木”, 教官：“ポール”」のようなデータも登録できてしまう。ポールは英語の先生なので，事実に反するデータ登録が可能となってしまう。

② 第3正規形の問題点は整合性制約で回避する

ただ，ボイス・コッド正規形が可能にもかかわらず，第3正規形で止めておくと，それはそれで問題が発生することがある。例えば，図の「関数従属性に基づいて作成したテーブル」の例で，「丹羽」教官の教えている科目の名称が「数学」から「数学Ⅰ」に変更されたとしよう。このとき，次のレコードを更新する必要がある。

“担任”テーブルの3行目の項目“科目”
“受講”テーブルの2行目と4行目の項目“科目”

要するに“受講”テーブルの2行目と4行目を同時に更新しなければ，整合性が失われてしまうことになる。

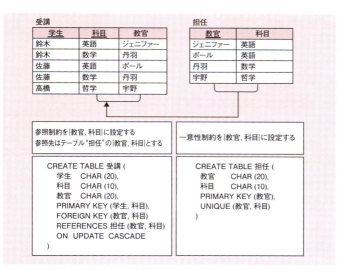

受講

学生	科目	教官
鈴木	英語	ジェニファー
鈴木	数学	丹羽
佐藤	英語	ポール
佐藤	数学	丹羽
高橋	哲学	宇野

担任

教官	科目
ジェニファー	英語
ポール	英語
丹羽	数学
宇野	哲学

参照制約を{教官, 科目}に設定する
参照先はテーブル“担任”の{教官, 科目}とする

一意性制約を{教官, 科目}に設定する

```
CREATE TABLE 受講 (
    学生  CHAR (20),
    科目  CHAR (10),
    教官  CHAR (20),
    PRIMARY KEY (学生, 科目),
    FOREIGN KEY (教官, 科目)
    REFERENCES 担任 (教官, 科目)
    ON  UPDATE  CASCADE
)
```

```
CREATE TABLE 担任 (
  教官    CHAR (20),
  科目    CHAR (10),
  PRIMARY KEY (教官),
  UNIQUE (教官, 科目)
)
```

図：テーブル“受講”とテーブル“担任”の参照制約

この問題に対しては，正規化だけでは限界があるため，テーブルを実装するときに整合性を取って回避する。具体的には，図のように一意性制約と参照制約を使う。

3.4.6 第４正規形

第４正規形は次のように定義される。

> [第４正規形の定義]
> リレーションＲに存在するあらゆる多値従属性に関して，次のいずれかが成立する。今，Ｒの多値従属性をＸ→→Ｙと書く。
>
> (1) Ｘ→→Ｙは自明な多値従属性である
> (2) ＸはＲのスーパーキーである

第４正規形とは，**①ボイス・コッド正規形を満たしており，②自明でない多値従属性を含まない正規形**だと言える。

●多値従属性

多値従属性とは，{鈴木} →→ {スキューバダイビング，スキー}のように，**「項目Ｘ の値が一つ決まれば，項目Ｙの値が１つ以上決まる性質」**のことである。

●自明ではない多値従属性

ここで，自明ではない多値従属性というのは，次の“ビジネスルール”のように，互いに独立な意味を持つ多値従属性が存在していることをいう。表現は“Ｘ→→Ｙ｜Ｚ”。

① １人の社員は複数の趣味を持つ。同じ趣味を持つ複数の社員がいる
② １人の社員は複数の資格を持つ。同じ資格を持つ複数の社員がいる

これを多値従属性で表記すると，「社員氏名→→趣味｜資格」となる。

試験に出る
平成 23 年・午後Ⅰ 問1
平成 18 年・午後Ⅰ 問1
平成 16 年・午後Ⅰ 問1

ボイス・コッド正規形までのメインテーマであった“関数従属性”に似た用語だが，その関数従属性は**「項目Ｘの値が一つ決まれば，項目Ｙの値が一つに決まるという性質」**のものなので，多値従属性の特殊な形になる

第４正規形への分解例

全ての決定項が候補キーであるボイス・コッド正規形まで正規化を進めると，同時に第４正規形になっているケースが多い。

しかし，この例のように**①非キー属性が存在せず，②複合キー**である場合で，その中に自明でない多値従属性が含まれていると第４正規形の条件を満たしていないことになる。要するに，第４正規形ではないケースとは，候補キーの内部に決定項と被決定項の両方があるケースだとイメージすればいいだろう。

非キー属性が存在している場合，例えば，先の例でも“{社員氏名，趣味，資格}→点数”（点数は非キー属性）のような関数従属性がある場合，“社員氏名→趣味”と“社員氏名→資格”とに分解すると，“{社員氏名，趣味，資格}→点数”の関数従属性が保持できなくなるため，情報無損失分解はできない

ボイス・コッド正規形だが第4正規形ではない例

社員趣味資格（社員氏名，趣味，資格）

自明でない多値従属性(1)	社員氏名→→趣味
自明でない多値従属性(2)	社員氏名→→資格

社員氏名	趣味	資格
鈴木	スキューバダイビング	TE(DB)
鈴木	スキューバダイビング	Oracle Master
鈴木	スキー	TE(DB)
鈴木	スキー	Oracle Master

図：第４正規形ではない例

こうした自明ではない多値従属性がある場合，第４正規形まで進める場合はこれを分解する。具体的には(X →→ Y | Z)の関係にあるものを，(X →→ Y) と (X →→ Z) の二つの関係に分解する。

第4正規形に分割した例

社員趣味（社員氏名，趣味）

自明な多値従属性	社員氏名→→趣味

社員氏名	趣味
鈴木	スキューバダイビング
鈴木	スキー

社員資格（社員氏名，資格）

自明な多値従属性	社員氏名→→資格

社員氏名	資格
鈴木	TE(DB)
鈴木	Oracle Master

図：第４正規形に分解した例

3.4.7 第５正規形

第５正規形は次のように定義される。

試験に出る
平成 18 年・午後I 問 1
※ 解答例に出てくるだけ

> **[第５正規形の定義]**
> リレーションRに存在するあらゆる結合従属性に関して，次のいずれかが成立する。今，Rの結合従属性を＊(A1, A2, …, An) と書く。
>
> (1) ＊(A1, A2, …, An) は自明な結合従属性である
> (2) Ai（i は 1 から n までの整数）は，Rのスーパーキーである

第５正規形とは，**①ボイス・コッド正規形を満たしており，②自明でない結合従属性を含まない正規形**だと言える。

●結合従属性

結合従属性とは，ざっくり言うと多値従属性が分解後に２つになるケースに対して，それ以上に分解可能な場合のことをいう（後述の例で確認）。

つまり，学習の順番で言うと，第４正規形の多値従属性が先に出てくるので混乱するが，多値従属性は結合従属性の特殊な形になる。第４正規形のところでも説明した通り，関数従属性が多値従属性の特殊な形になるので，全体的には次のようなイメージになる。

> 結合従属性＝Ａが決まれば，１つ以上のＢが決定される
> ３つ以上に分解される
>
> > 多値従属性（A →→ B|C）２つに分解される
> >
> > > 関数従属性(A → B:Aが決まればBが決まる)

●第５正規形への分解例

例えば図に示すような以下の三つのビジネスルールが存在するとしよう。

① 一つの量販店は複数の商品種別を取り扱っており，一つの商品種別は複数の量販店で取り扱われている
② 一つの商品種別は複数のメーカから仕入れており，メーカは複数の商品種別を納入している
③ 一つの量販店は複数のメーカと取り引きしており，メーカは複数の量販店と取引している

この三つのビジネスルールに対応する関係“量販店別取扱商品種別”，“取引メーカ別取扱商品種別”，“量販店別取引メーカ”を結合すると，関係“販売”を得ることができる。その逆に，“販売”を情報無損失分解して，“量販店別取扱商品種別”，“取引メーカ別取扱商品種別”，“量販店別取引メーカ”という三つの関係を得ることができる。つまり，次式が成立する。

販売 = 量販店別取扱商品種別 * 取引メーカ別取扱商品種別 *
　　量販店別取引メーカ

このとき，関係“販売”は「結合従属性を持つ」という。これを表記するときは，「*{ }」という記号を用い，分解後の関係ごとに属性を中括弧 { } の中に列挙する。

* {{量販店，取扱商品種別}，{取扱商品種別，取引メーカ}，{量販店，取引メーカ}}

第4正規形だが第5正規形ではない例（3分解可能）

販売（量販店，取扱商品種別，取引メーカ）

自明でない結合従属性	*{{量販店,取扱商品種別},{取扱商品種別,取引メーカ},{量販店,取引メーカ}}

量販店	取扱商品種別	取引メーカ
△△カメラ	パソコン	F芝電気
○○電器	テレビ	F芝電気
○○電器	パソコン	ZONY
○○電器	パソコン	F芝電気

図：第５正規形ではない例

関係“量販店別取扱商品種別”，“取引メーカ別取扱商品種別”，“量販店別取引メーカ”のように，これ以上，複数個の関係に分解できないとき，これら三つの関係は，それぞれ第５正規形である。分解後の関係が１個であるとき（これ以上分解できないとき），分解前と分解後の関係が等しいことは自明である。更に，分解後の関係が複数個であっても，分解前と等しい関係が分解後の関係の中に１個含まれていれば，情報無損失分解が成立することも自明である

第５正規形に分解した例

量販店別取扱商品種別（量販店，取扱商品種別）

自明な結合従属性	＊{量販店，取扱商品種別}

量販店	取扱商品種別
△△カメラ	パソコン
○○電器	テレビ
○○電器	パソコン

取引メーカ別取扱商品種別（取扱商品種別，取引メーカ）

自明な結合従属性	＊{取扱商品種別,取引メーカ}

取扱商品種別	取引メーカ
パソコン	F芝電気
テレビ	F芝電気
パソコン	ZONY

量販店別取引メーカ（量販店，取引メーカ）

自明な結合従属性	＊{量販店,取引メーカ}

量販店	取引メーカ
△△カメラ	F芝電気
○○電器	F芝電気
○○電器	ZONY

図：第５正規形に分解した例

第３正規形であれば，第５正規形も満たしていることが多いということに関して

最後に，第３正規形（ボイス・コッド正規形）まで正規化を進めれば，それで第５正規形の条件を満たしていることが多いという点について，通常よくある事例を元に考えてみよう。

難しい言葉で言うと「関数従属性以外の多値従属性が存在しない場合」，及び「関数従属性以外の結合従属性が存在しない場合」である。

例として，「第３正規形」の説明に登場したテーブル"売上明細"，"商品"，"売上ヘッダ"，"店舗"，"担当者"を用いる。

参考

条件(2)の意味するところは，「関数従属性以外の結合従属性が存在しない場合は，ボイス・コッド正規形を満たしている」ということである

売上明細（伝票番号，商品コード，数量）
商品（商品コード，商品名，単価）
売上ヘッダ（伝票番号，店舗 ID，売上日，担当者 ID）
店舗（店舗 ID，店舗名，店舗住所）
担当者（担当者 ID，担当者名）

売上明細

伝票番号	商品コード	数量
1	ERS-A-01	2
1	SPN-B-03	1
1	LNC-XY-01	1
2	SPN-B-03	2
2	BPN-C-04	4
3	LNC-XY-01	1
3	JUC-W-01	2

商品

商品コード	商品名	単価
ERS-A-01	消しゴムA	100
SPN-B-03	シャーペンB	300
LNC-XY-01	弁当XY	1,000
BPN-C-04	ボールペンC	100
JUC-W-01	ジュースW	100

売上ヘッダ

伝票番号	店舗ID	売上日	担当者ID
1	01	2002.9.9	2001
2	01	2002.9.10	1023
3	01	2002.9.10	1023

店舗

店舗ID	店舗名	店舗住所
01	銀座店	東京都○○

担当者

担当者ID	担当者名
2001	鈴木花子
1023	佐藤太郎

図：第３正規形まで正規化した例

これらのテーブルには，候補キー以外のものを決定項とする関数従属性が含まれていない（ただし，自明な関数従属性を除く）。つまり，第3正規形の定義だけでなく，ボイス・コッド正規形の定義をも満たしている（そして，第4，第5正規形の定義をも満たしていることをこれから示す）。

テーブル“売上ヘッダ”の関数従属性は，

伝票番号→｛店舗ID，売上日｝

である。

さて，関数従属性は多値従属性の一種であるから，上記の関数従属性は，次に示すような多値従属性として表記することができる。

伝票番号→→店舗ID
伝票番号→→売上日

これは，自明でない多値従属性である。それゆえ，テーブル“売上ヘッダ”は第4正規形の条件（1）を満たさない。しかし，決定項｛伝票番号｝は候補キーであるため，条件（2）を満たしている（候補キーはスーパーキーの一種であるため）。よって，第4正規形である。

さて，上記の関数従属性に分解律を適用すると，次の二つの関数従属性を得ることができる。

伝票番号→店舗ID
伝票番号→売上日

各々の関数従属性において，決定項と被決定項を項目にとるテーブルを作ることができる。つまり，テーブル“売上ヘッダ”は，テーブル“売上ヘッダ店舗”とテーブル“売上ヘッダ売上日”に分解することができる。これら三つのテーブルは候補キーが共通であり，テーブルの行数は同じである。

売上ヘッダ店舗（伝票番号，店舗 ID）
売上ヘッダ売上日（伝票番号，売上日）

テーブル“売上ヘッダ店舗”とテーブル“売上ヘッダ売上日”を，結合列｛伝票番号｝で自然結合すれば，元のテーブル“売上ヘッダ”を得ることができる。よって，次に示すような結合従属性として表記することができる。

＊｛｛伝票番号，店舗 ID｝，｛伝票番号，売上日｝｝

これは，自明でない結合従属性である。それゆえ，テーブル“売上ヘッダ”は第 5 正規形の条件（1）を満たさない。しかし，結合従属性を構成する属性集合｛伝票番号，店舗 ID｝，｛伝票番号，売上日｝は，テーブル“売上ヘッダ”のスーパーキーである（なぜなら，候補キー｛伝票番号｝を含んでいるため）。つまり，条件（2）を満たしている。よって，第 5 正規形である。

したがって，テーブルがボイス・コッド正規形の定義を満たしており，かつ，関数従属性以外に多値従属性と結合従属性が存在しない場合は，第 5 正規形の定義をも満たしている。

次のようにシンプルに考えればわかりやすい。

第 2 正規形：関数従属（候補キー→非キー属性）を排除
第 3 正規形：関数従属（非キー属性→非キー属性）を排除
BCNF：関数従属（非キー属性→候補キー）を排除
第 4 正規形：第 5 正規形（候補キー→候補キー）を排除
※“候補キー”はいずれも複合キーで，その一部というイメージ

実務で登場する多くのテーブルには，関数従属性以外に多値従属性と結合従属性が存在しない。よって，ボイス・コッド正規化を施せば，第 5 正規形になる

BCNF の場合，正確には別の候補キーの一部になっているので“非キー属性”とは言えない。主キー以外の属性のことである

3.4.8 更新時異状

正規化が不十分だと，テーブルへ新しい行を挿入するときや，不要となった行を削除するとき，あるいは項目を修正するときに様々な異状が発生する。これを更新時異状という。

更新時異状が起きるテーブルには冗長性があるので，これを排除して「1事実1箇所」(1 fact in 1 place) とすることが正規化の目的である。

そこで，更新時異状の発生するテーブルの例を，第2正規化されていない場合と第3正規化されていない場合の二つのケースに分けて説明する。

試験に出る
平成22年・午前 問7

1事実1箇所
一つの事実が，一つのテーブルの，1行の中だけに存在していること。あるいは，一つの従属性（事実関係）だけが一つのテーブルに実装されていること

●第2正規化されていない場合の更新時異状の例

店舗ID	店舗名	商品ID	商品名	在庫数
01	東京店	001	パソコンA	10
01	東京店	002	パソコンB	5
02	大阪店	001	パソコンA	8
03	名古屋店	003	プリンタC	2

主キー：店舗ID，商品ID
関数従属性：店舗ID→店舗名，商品ID→商品名
{店舗ID，商品ID} →在庫数

図：在庫テーブル

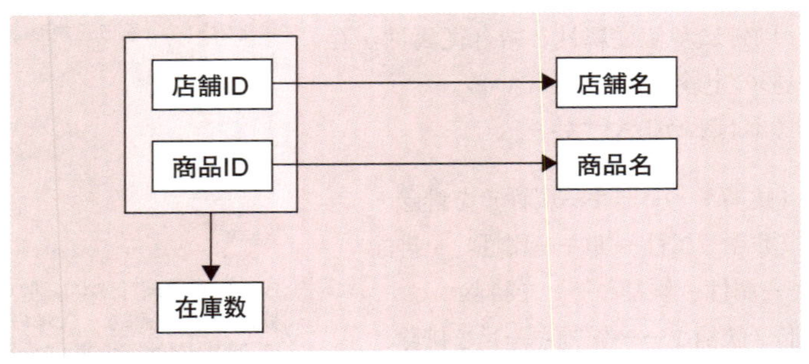

図：関数従属図

冗長性

このテーブルでは「店舗ID：01，店舗名："東京店"」と「商品ID：001，商品名："パソコンA"」が複数の箇所に存在している（冗長性がある）。

挿入時の更新時異状

在庫する店舗が未決定の新規商品「商品ID：004，商品名："デジカメD"」を在庫テーブルに挿入したいとき，{店舗ID，店舗名，在庫数} をNULL値にしたままで {商品ID，商品名} を挿入しようとすると，店舗IDは主キーの一部なので，主キー制約に反する。つまり挿入できない。

主キーにはNULLを設定できない

修正時の更新時異状

「商品ID：001，商品名："パソコンA"」のデータが誤っており，実は「商品ID：001，商品名："パソコンE"」だった場合，データ修正が必要だが，その際，同じ情報が存在する複数の行を同時に更新しないと，整合性が失われてしまう。

削除時の更新時異状

名古屋店が閉店となった場合，該当する行を削除すると，「商品ID：003，商品名："プリンタC"」という情報が失われる。この行を失わないように {店舗ID，店舗名，在庫数} をNULLにしようとすると，主キー制約に反する。

● 第3正規化されていない場合の更新時異状の例

社員ID	社員氏名	役職ID	役職名称
001	鈴木	905	社長室長
002	佐藤	106	課長
003	高橋	106	課長

主キー：社員ID
関数従属性：役職ID→役職名称，社員ID→社員氏名，社員ID→役職ID

図：社員テーブル

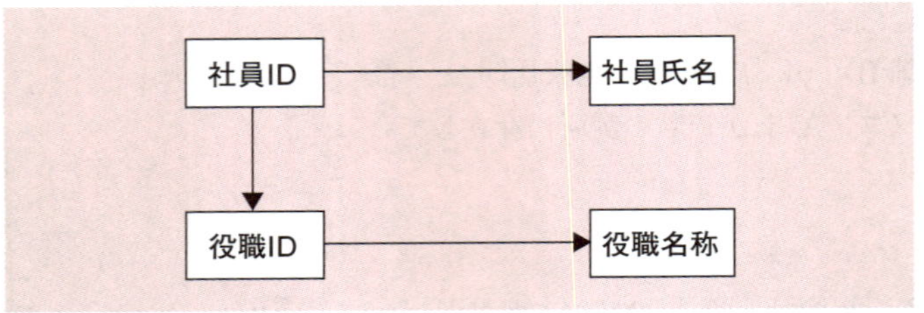

図：関数従属図

冗長性

「役職 ID：106，役職名："課長"」が複数の箇所に存在しているため，役職情報｛役職 ID，役職名称｝に冗長性があるといえる。

挿入時の更新時異状

新しい役職「役職 ID：108，役職名："営業本部長"」の設置を計画していて，辞令を交付する社員はまだ決まっていない場合を考えてみる。このとき，｛社員 ID，社員氏名｝を NULL 値にしたままで｛役職 ID，役職名称｝の関係を挿入しようとすると，主キー制約に反するため，挿入できない。

修正時の更新時異状

「役職 ID：106，役職名："課長"」を修正する際，同じ情報が存在する複数の行を同時に更新しないと，整合性が失われる。

削除時の更新時異状

鈴木氏が退職する予定なので，その行を削除しようとすると，「役職 ID：905，役職名："社長室長"」という情報が失われる。この行を失わないように｛社員 ID，社員氏名｝を NULL にしようとすると，主キー制約に反する。

参考 更新時異状の具体的状況を指摘させる設問

設問例

関係“治療・指導”は，タプルの挿入に関してどのような問題があるか。30 字以内で具体的に述べよ。

最終出題年度

平成25年

データベースの基礎理論の問題が出題されていた平成 25 年までは，更新時異状に関する問題もよく出題されていた。この問題の最大の特徴は，50 字や 60 字の解答が求められている点だ。平成 26 年以後は出題されていないが，今度いつ出題されるかわからない。面食らうことのないように準備をしておきたい 1 問だと言える。

表：過去 18 年間の午後Ⅰでの出題実績

年度／問題番号	設問内容の要約（関係“○○”の…or“○○”テーブルの）
H14- 問 1	関係“○○”は，データ削除時に不都合が生じる。その状況を具体的に 50 字以内で述べよ。
H15- 問 1	関係“○○”は，データ更新時に不都合が生じる。その状況を，具体的に 50 字以内で述べよ。
H16- 問 1	この関係では，申込みの際に不都合が生じることがある。どのような不都合かを，具体的に 50 字以内で述べよ。
H17- 問 1	関係“○○”は，データ登録時に不都合が生じる。その状況を 50 字以内で述べよ。
H19- 問 1	関係“○○”は，…情報の登録に際して不都合が生じることがある。その状況を具体的に 45 字以内で述べよ。
H20- 問 1	関係“○○”は，タプルの挿入に関してどのような問題があるか。40 字以内で具体的に述べよ。
H21- 問 1	関係“○○”は，タプルの挿入に関してどのような問題があるか。30 字以内で具体的に述べよ。
H23- 問 1	関係“○○”は，更新時に不都合なことが生じる。その状況を 60 字以内で具体的に述べよ。
H25- 問 1	関係“○○”は，タプル挿入に関してどのような問題があるか。35 字以内で具体的に述べよ。

平成 23 年度午後Ⅰ問 1 の問題は，多少それまでの傾向と変わっていた。設問の「更新」が，広義の意味で用いられていたからだ。

データベースの「更新」という用語には，狭い意味と広い意味とがある。狭義の更新は，既存のレコードのどれかの項目の値を変更すること（SQL の UPDATE に相当）を意味している。一方，広義の更新は，関係のインスタンスを変更することを意味している。つまり，狭義の更新（UPDATE）だけでなく，レコードの挿入（INSERT）と削除（DELETE）も含む概念になる。

平成 23 年度－問 1 に対する試験センターの解答例では，広義の更新，すなわち，DELETE 時，UPDATE 時，INSERT 時の異常になっていた。それまでは，全て狭義の“更新”だったので，今後は使い分けに注意しなければならない。

●着眼ポイント

更新時異状は，第３正規形にまで正規化されていないことが原因で発生する。そのため最初に実施しなければならないことは，その“関係○○”や“○○テーブル”が第何正規形なのか，（まず間違いなく，第１もしくは第２正規形なので）部分関数従属性や推移関数従属性がどこに存在しているのかを探し出すことだ。後は，次のように常套句をベースに，具体的な属性名に置き換えて文章をまとめる。

① ここで説明する解答表現の常套句（表現パターン）を暗記する
② A，B，Cは，必要に応じて，問題文中の具体例に置き換える

●常套句

それではここで，その“常套句”について考えてみよう。設問で問われていることを分類すると，大きく３つに分けることができる。次ページの表に見られるように（データやタプルの）登録時，更新時，削除時である。さらに，登録時には２つの解答が可能なことが多いので，ここでも二種類の常套句を用意している。結果，合計４つの常套句になる。こちらも表で確認できるだろう。なお，ここでは解説の便宜上，これら四つをＡ～Ｄの型に分けている。このＡ型からＤ型に分けているのは本書内部だけの話なので，その点だけ注意してほしい（本書を知らない人には全く通用するものではない）。

それはさておき，解答例（表）を見てもらえば明白だが，一見すると，常套句を利用しているようには見えないだろう。字数も30字から60字と幅があるので，どこを優先してどこをカットするのかも，判断に困るということを受験生からよく聞く。そこで，ここでの常套句の説明に関しては，必要な要素を３つないしは４つに分解している。原則，具体的な不都合になるケースを一つ上げて，必須の文言で締めくくっている。いずれも，解答例と突き合わせて見てもらった方が理解しやすいだろう。多少，わかりにくいかもしれないので，ある程度時間をかける必要があるかもしれないところだと思う。

表：常套句

更新時異状を引き起こす関数従属性のパターン	更新時異状の状況		
	タイミング	型	常套句 （下記の①～④を要求字数によって取捨選択しながら組み立てる）
R1(A,B,C,D) において，部分関数従属（B → C）が存在する R2(A,B,C) において，推移関数従属（B → C）が存在する	挿入時 登録時	A	**【主キー {A，B} の組合せが未登録の場合で説明するとき】** ①（主キー（A 及び A, B）が未定の場合の状況を具体的に説明した文言）の ②（B と C の組合せ，あるいは B に関する情報）は， ③主キーが NULL となるので **④登録できない（必須の文言）**
		B	**【主キー {A，B} の組合せが既に登録されている場合で説明するとき】** ①（A が登録されている状況の一例）時の登録で ②（B と C の組合せ，あるいは B に関する情報）が **③“冗長になる”又は，“重複して登録するため不整合が生じる”（択一で必須の文言）**
	修正時 更新時	C	①（A が異なり B が同じである複数の行の一例を示す）で， ②（B と C の組合せ，あるいは B に関する情報が）冗長であるため， **③これらを同時に修正しないと整合性が失われる（必須の文言）**
	削除時	D	①（B と C の組合せ，あるいは B に関する情報）が ②特定の 1 行にしか存在しない場合において **③（主キーになる A や A，B）を削除すると，①が（永久に）失われる（必須の文言）**

参考までに，過去問題の解答例（試験センター公表分）を，上記の常套句の型別，①～④別に分類，及び分解してみた。中には番号が前後していたり，字数によってすべての要素を入れることができなかったりしているが，ほぼ，上記の常套句の概念，考え方で対応できていることがわかるだろう。最初は，理解しにくいかもしれないが，じっくりと確認してもらいたい。

年度／問題	
H16- 問 1	A 型「申込時，①旅券を取得していない②顧客の情報は，③主キーが NULL となるので，④登録できない（40 字）」 B 型「①旅券更新又は再発行後の登録で，②{氏名，連絡先，生年月日，性別} の情報が③冗長になる（42 字）」
H17- 問 1	A 型「③主キー制約のため，①年月度の値が決まらないと②氏名や住所などの顧客情報を④登録できない（40 字）」 B 型「②氏名や住所などの顧客情報が③冗長であり，重複して登録するため不整合が生じる可能性がある（42 字）」
H19- 問 1	A 型「②車名や新車価格など車の情報を，①該当する具体的な査定車が現れるまで，④登録できない（39 字）」 B 型「①同じ車種の査定車が複数ある場合に，②車情報を③重複して登録しなければならない（36 字）」
H20- 問 1	B 型「伝票番号に従属する②属性“販売店コード”などが③冗長なデータとなる（31 字）」
H21- 問 1	A 型「①診断しても，指導を行わないと②情報を④登録できない（23 字）」
H23- 問 1	C 型「①②属性“予約枠 ID”と，“予定日時”，“メニュー ID”の組合せを③同時に更新しないと不整合が生じる（48 字）」

●表の常套句の（　）内を具体例に置き換える

解答例を見ると明らかだが，①や②など常套句の（　）内の部分は，問題文をよく読んで，具体的な状況，具体的な属性，具体的な情報に置き換えて解答しなければならない。例えば，問題文に次のような文章があったとしよう。

H19-1 の例

設問：「関係"査定車"は, 車情報の登録に際して不都合が生じることがある。その状況を, 具体的に 45 字以内で述べよ。」

STEP-1：登録時の不都合なので，A 型もしくは B 型の常套句を使用すると決める。

STEP-2：問題文を読んで，関係"査定車"の関係スキーマを確認し，第何正規形で，部分関数従属性もしくは推移関数従属性がどこに存在するのかを確認する（ここでは，その結果だけを示す）。

査定車（販売店番号，モデル，査定日，車台番号，登録番号，年式，車検，車体色，走行距離，主要装備，車名，製造元，新車価格，排気量）

候補キー＝｛車台番号，査定日｝

部分関数従属：車台番号→｛モデル，年式｝…①

推移関数従属：モデル→｛車名，製造元，排気量，新車価格｝…②

STEP-3：問題文を読んで，上記の①②のどちらで更新時異状を引き起こすのかをチェックする。

今回のケースだと，査定日に登録する情報を細かく定義している記述がないので，一部常識で行間を読み取って考えていく。すると①の場合は，おそらく査定情報が登録されるタイミングで，車台番号，モデル，年式などの情報も登録されると推測できるので，だとしたら更新時異状を引き起こすことはないと判断できる。一方，②の場合は，本来，査定とは無関係に存在，すなわち登録されていなければならない。しかし，これまで一度も査定がないモデルの場合，登録することができない。ひとつはこれになる。また，特定のモデルの車が既に査定されている場合，モデルと，その｛車名，製造元，排気量，新車価格｝が重複して登録されることになる。もうひとつはこれになる。よって，このケースで常套句を加工してみる。

A 型「②車名や新車価格など車の情報を，①該当する具体的な査定車が現れるまで，④登録できない（39 字）」

B 型「①同じ車種の査定車が複数ある場合に，②車情報を③重複して登録しなければならない（36 字）」

重要キーワード

第4章

ここでは，データベースに関する重要キーワードの説明をする。主として午前Ⅱ問題で出題されること，午後試験を解く上での常識事項をまとめてみた。知識の確認に使うことを想定している。

1. データベーススペシャリストの仕事
2. ANSI/SPARC3層スキーマアーキテクチャ
3. 論理データモデル
4. 関係代数
5. トランザクション管理機能
6. 障害回復機能
7. 分散データベース
8. 索引（インデックス）
9. 表領域
10. チューニング
11. データウェアハウス

（5.～11.）Web に掲載。詳しくは，本書の使い方（viii ページ）を参照。

アクセスキー　m（小文字のエム）

1 データベーススペシャリストの仕事

データベーススペシャリストの主要業務を図に示した。この図のようにデータベース関連業務を，上流を担当するDAと下流を担当するDBAに分けることがある。

DA（Data Administrator）とは，情報システム全体のデータ資源を管理する役割を持ち，システム開発工程において，分析・論理設計といった**上流フェーズ**（概念データモデルの作成／検証，論理データモデルの作成／検証）を担当する者をいう。

他方，**DBA（Database Administrator）**とは，データの器となるデータベースの構築と維持を行う役割を持ち，システム開発工程では，実装・運用・保守といった**中流以降のフェーズ**（DBMSの選定と導入以後のフェーズ）を担当する者をいう。

試験に出る
平成19年・午前 問20

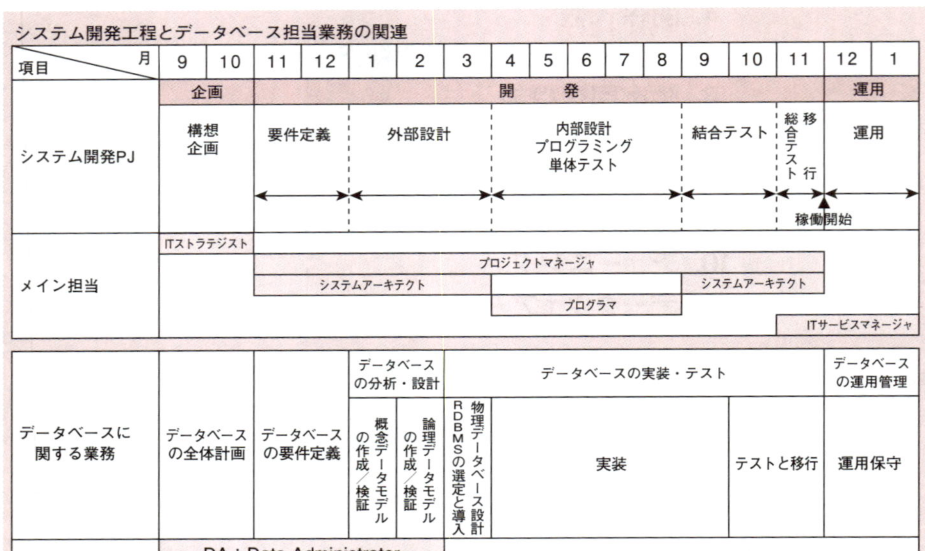

図：データベーススペシャリストの主要業務

2 ANSI/SPARC3層スキーマアーキテクチャ

ANSI/SPARC3層スキーマアーキテクチャは，データベースの構造を3階層（概念スキーマ，外部スキーマ，内部スキーマ）で説明するモデルで，ANSI/SPARC（ANSI Standards Planning And Requirements Committee）が1978年に発表したものである。3層に分けることで，物理的データ独立性及び論理的データ独立性が確保できるとしている。

試験に出る

①平成29年・午前Ⅱ 問1
平成27年・午前Ⅱ 問1
平成24年・午前Ⅱ 問1
平成16年・午前 問21
②平成21年・午前Ⅱ 問1
平成19年・午前 問21
平成17年・午前 問21

外部スキーマ	ユーザがアクセスするスキーマ。実世界が変化しても，ユーザが利用する応用プログラムは影響を受けないという論理データ独立性を持つ。RDBMSにおける（SQLの）ビューなど
概念スキーマ	データ処理上必要な現実世界のデータ全体を定義し，特定のアプリケーションプログラムに依存しないデータ構造を定義するスキーマ。関係データベースの場合は，実表（テーブル）全体を指す
内部スキーマ	概念スキーマをコンピュータ上に実装するためのスキーマ。実装に当たっては，直接編成ファイルやVSAMファイルなどの物理ファイルを用いる。実世界が変化しても，データベースそのものは影響を受けない（物理データ独立性）

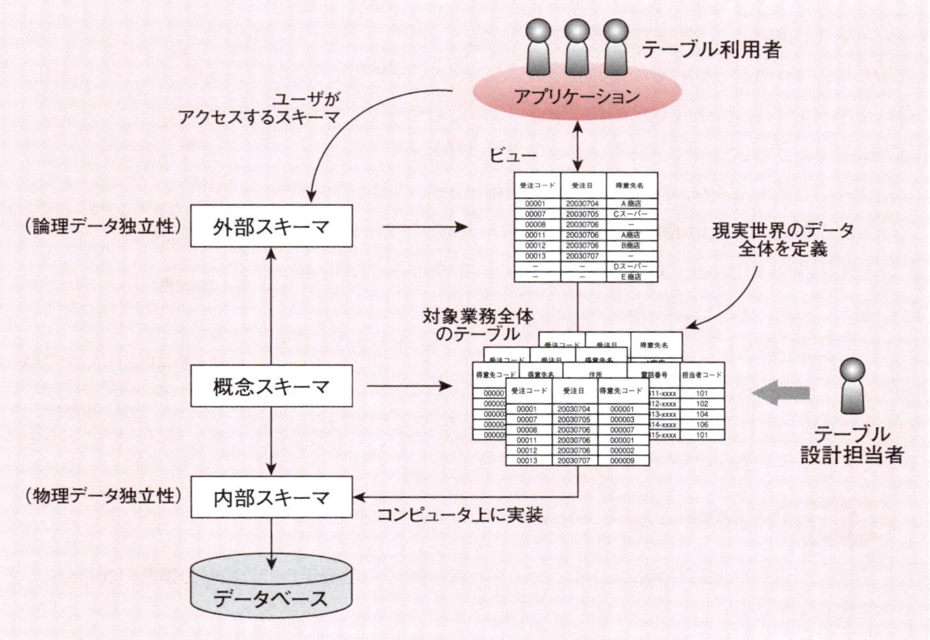

情報処理技術者試験では，ANSI/SPARC3層スキーマとしているが，ANSI/X3/SPARCということもある

図：ANSI/SPARC3層スキーマアーキテクチャ

3 論理データモデル

論理データモデルとは，概念データモデルをコンピュータに実装できる形にしたものである。そのためDBMSに依存するモデルになる。情報処理技術者試験では，関係モデル，階層モデル，ネットワークモデルの三つのモデルが出題範囲となっている。

試験に出る
平成20年・午前 問29
平成16年・午前 問22

(1) 関係モデル

関係モデルは，データ構造を2次元の表（テーブル）を使って表すモデルである。現在最も広く用いられているモデルであり，情報処理技術者試験でもこのモデルの事例が用いられている。

関係モデルにおいて，"関係（Relation）"は，次のように定義されている。

関係とは，n個の定義域（ドメイン）の直積の部分集合である。

いささか難しい表現なので，DBMSやExcelで慣れ親しんでいる"表（Table）"を使って整理してみよう。

関係（Relation）という概念を，DBMSやExcel（あるいはSQLやマクロ）などで扱うために"形"にしたものが表（Table）になる。ちょうど次ページの図のような対応関係だ。

この図にも示しているが，表の"列（Column）"は関係の概念でいうと"**属性（Attribute）**"に，表の"行（Row）"は同じく"**組**または**タプル（Tuple）**"に，それぞれ対応付けることができる。まずは，そこから押さえていこう。

次に，**定義域＝ドメイン（Domain）**という概念を理解する。定義域＝ドメインとは，属性値（属性は，属性名と属性値に分けられる）の集合のことである。次ページの図を使って例えれば，こんなイメージになるだろう。

属性＝列，行＝組＝タプルというような覚え方でも，試験対策としては問題ない

タプル
値を順番にならべたものという意味。元々数学用語から来たものだが，現場で実践的に使う場合，行やレコード，インスタンスと考えて良い

スキルUP!

関係モデルは，1970年にE.F.Coddによって提唱されたモデルで，数学の集合論を基礎にするものである。

属性‘氏名’において

- 属性名＝氏名
- 属性値＝三好康之，または山下真吾，または松田幹子
- 定義域（ドメイン）＝｛三好康之，山下真吾，松田幹子｝

試験に出る
ドメイン
平成 17 年・午前 問22
タプル
①平成 22 年・午前Ⅱ 問 1
②平成 23 年・午前Ⅱ 問 10
平成 17 年・午前 問30

これら，属性，組（タプル），定義域（ドメイン）の意味を覚えて，直積を理解したら，冒頭の“関係の定義”のイメージもわくだろう。簡単に言うと，n 個の定義域（ドメイン）の直積とは“属性の値を用いた全通りの組合せ”になるので，その組合せたる“組（タプル）”や“行”，あるいは“登録データ”は，その部分集合になる。

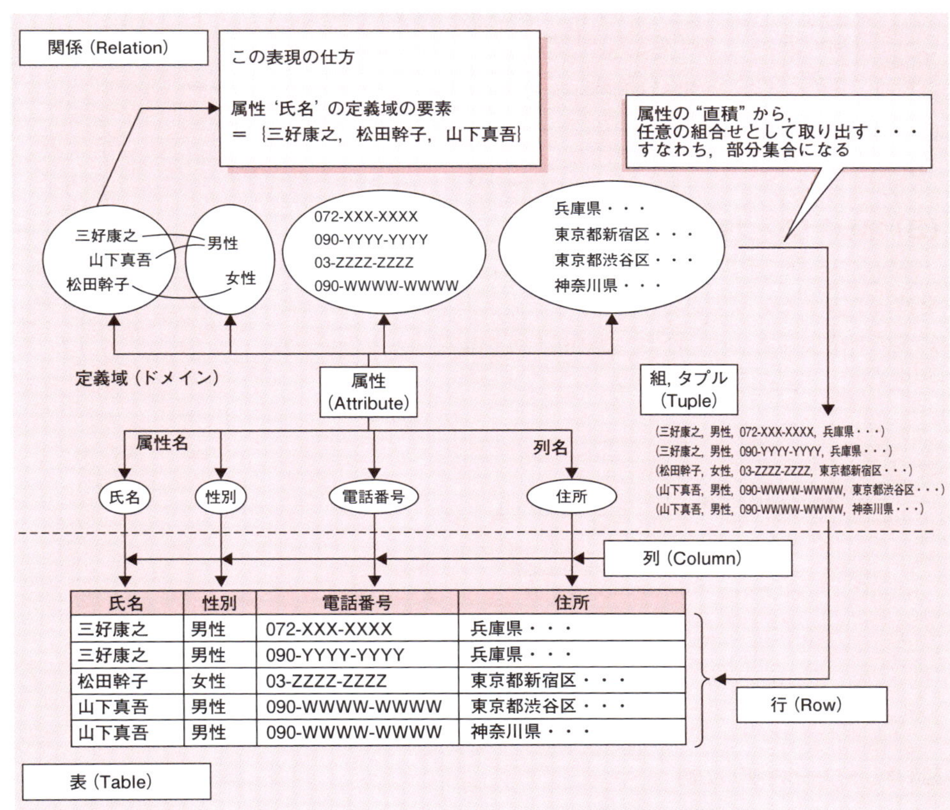

氏名	性別	電話番号	住所
三好康之	男性	072-XXX-XXXX	兵庫県・・・
三好康之	男性	090-YYYY-YYYY	兵庫県・・・
松田幹子	女性	03-ZZZZ-ZZZZ	東京都新宿区・・・
山下真吾	男性	090-WWWW-WWWW	東京都渋谷区・・・
山下真吾	男性	090-WWWW-WWWW	神奈川県・・・

図：関係（Relation）と表（Table）の関係

(2) 階層モデル

階層モデルは，データ構造を階層構造（木構造）を使って表すモデルである。上位のエンティティを親，下位のエンティティを子とし，その間に1対多の対応関係を持つ。なお，このモデルを実装するには，アクセスパス（ポインタ）を用いる。

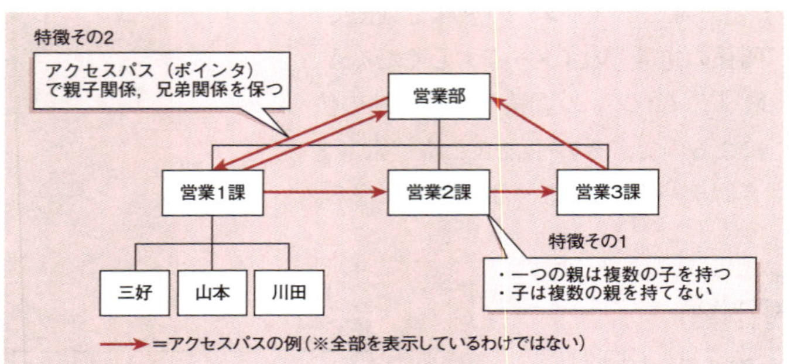

図：階層モデルの例

(3) ネットワークモデル

ネットワークモデルは，データ構造をネットワーク構造（網構造）を使って表すモデルである。エンティティとエンティティ間に多対多の対応関係を持つ。なお，このモデルを実装するときも，アクセスパス（ポインタ）を用いる。

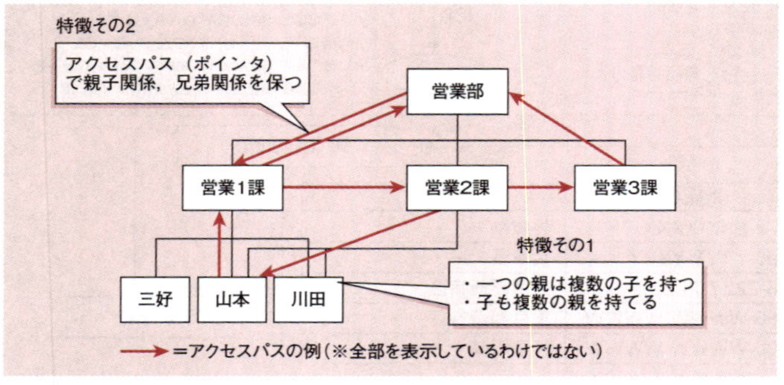

図：ネットワークモデルの例

4 関係代数

関係代数とは，関係モデルにおける演算体系のことで，通常の集合演算と関係代数独自の演算（関係演算という）からなる。集合演算は，和，差，積，直積の四つ，関係代数独自の演算は，射影，選択，結合，商の四つである。

合計して8種類の演算のうち，「和，差，直積，選択，射影」を特にプリミティブ（基本的）な演算のセットという。プリミティブな演算のセットとは，互いに独立している演算の集まりをプリミティブな演算のセットという。複数の演算を組み合わせることによって，同等の操作を行うことができるものを除いたものの集合体になる。

詳細は第1章 SQL で説明。掲載ページは次の通り。

種類	名称	SQL 文	掲載ページ
関係代数独自の演算	射影	SELECT	92
	選択		93
	結合	SELECT，JOIN	116
	商		131
集合演算	和	UNION	126
	差	EXCEPT	128
	積	INTERSECT	130
	直積		129

平成 31 年度　春期
本試験問題・解答・解説

ここには，平成 31 年 4 月に行われた最新の試験問題，及びその解答・解説を掲載する。
本書の「解答」では IPA 公表の解答例を転載している。

午前Ⅰ，午前Ⅱの問題とその解答・解説は，翔泳社の Web サイトからダウンロードできます。ダウンロードの方法は，本書の viii ページをご覧ください。

平成31年度　春期
データベーススペシャリスト試験
午後Ⅰ　問題

試験時間	12:30 ～ 14:00（1時間30分）

注意事項

1. 試験開始及び終了は，監督員の時計が基準です。監督員の指示に従ってください。
2. 試験開始の合図があるまで，問題冊子を開いて中を見てはいけません。
3. **答案用紙への受験番号などの記入は，試験開始の合図があってから始めてください。**
4. 問題は，次の表に従って解答してください。

問題番号	問1 ～ 問3
選択方法	2問選択

5. 答案用紙の記入に当たっては，次の指示に従ってください。
   (1) B又はHBの黒鉛筆又はシャープペンシルを使用してください。
   (2) **受験番号欄**に**受験番号**を，**生年月日欄**に**受験票の生年月日**を記入してください。正しく記入されていない場合は，採点されないことがあります。生年月日欄については，受験票の生年月日を訂正した場合でも，訂正前の生年月日を記入してください。
   (3) **選択した問題**については，次の例に従って，**選択欄**の**問題番号**を**○印**で囲んでください。○印がない場合は，採点されません。3問とも○印で囲んだ場合は，はじめの2問について採点します。
   (4) 解答は，問題番号ごとに指定された枠内に記入してください。
   (5) 解答は，丁寧な字ではっきりと書いてください。読みにくい場合は，減点の対象になります。

〔問1，問3を選択した場合の例〕

注意事項は問題冊子の裏表紙に続きます。
こちら側から裏返して，必ず読んでください。

6. 退室可能時間中に退室する場合は，手を挙げて監督員に合図し，答案用紙が回収されてから静かに退室してください。

退室可能時間	13:10 ～ 13:50

7. **問題に関する質問にはお答えできません。**文意どおり解釈してください。
8. 問題冊子の余白などは，適宜利用して構いません。ただし，問題冊子を切り離して利用することはできません。
9. 試験時間中，机上に置けるものは，次のものに限ります。

   なお，会場での貸出しは行っていません。

   受験票，黒鉛筆及びシャープペンシル（B 又は HB），鉛筆削り，消しゴム，定規，時計（時計型ウェアラブル端末は除く。アラームなど時計以外の機能は使用不可），ハンカチ，ポケットティッシュ，目薬

   これら以外は机上に置けません。使用もできません。
10. 試験終了後，この問題冊子は持ち帰ることができます。
11. 答案用紙は，いかなる場合でも提出してください。回収時に提出しない場合は，採点されません。
12. 試験時間中にトイレへ行きたくなったり，気分が悪くなったりした場合は，手を挙げて監督員に合図してください。
13. 午後IIの試験開始は **14:30** ですので，**14:10** までに着席してください。

試験問題に記載されている会社名又は製品名は，それぞれ各社又は各組織の商標又は登録商標です。
なお，試験問題では，™ 及び ® を明記していません。

問１　データベース設計に関する次の記述を読んで，設問1～3に答えよ。

A社は，スポーツイベント（以下，大会という）の運営サービスを主催者に提供している大会運営サービス会社である。A社では，大会運営システムを新たに構築することになり，B君がデータベース設計を任された。

〔大会の登録から参加申込受付の準備まで〕

1. 主催者
   (1) 大会を主催する団体を主催者という。
   (2) 主催者は，主催者番号で識別し，主催者名，代表者氏名，住所，電話番号，メールアドレスを登録する。
2. 種目と種目分類
   (1) フルマラソン，ハーフマラソン，自転車ロードレースなどを種目という。
   (2) 種目は，種目コードで識別し，種目分類コードで，ランニング，自転車レースなどに分類する。
3. 大会

   大会は，大会番号で識別し，大会名，開催年月日，開催場所の都道府県コード，主催者番号を登録する。
4. 運営サービス
   (1) A社が主催者に提供するサービスを運営サービスという。運営サービスには，大会に関する告知サービス，大会への参加申込みを受け付けるエントリサービス，記録計測サービスなどがある。
   (2) 運営サービスは，運営サービスコードで識別し，運営サービス名，課金単位，単価を登録する。
   (3) 主催者は，大会ごとに一つ以上の運営サービスを選択する。A社は，主催者が選択した運営サービスを登録する。
5. エントリ枠
   (1) 大会において，参加希望者からの参加申込みを受け付ける単位をエントリ枠という。主催者は，大会ごとに一つ以上のエントリ枠を登録する。エントリ枠は，大会番号とエントリ枠番号で識別し，エントリ枠名，エントリ枠説明，種目コード，定員，参加費用，募集期間（募集開始年月日〜募集終了年月日）などを登録する。

(2) 一つの大会において，幾つかのエントリ枠に同じ種目を登録することがある。例えば，フルマラソンに対して，一般枠，地元優先枠，アスリート優先枠の三つのエントリ枠を登録することがある。

(3) エントリ枠に対する参加者を決める方式には，先着順と抽選があり，先着順抽選区分で分類する。抽選の場合は，抽選年月日を登録する。抽選年月日には，募集終了年月日よりも後の日付を登録する。

(4) エントリ枠には，エントリ枠状態を保持する。エントリ枠状態の取り得る値には，参加者を決める方式ごとに，先着順の場合は，'募集前'，'募集中'，'参加者確定'があり，抽選の場合は，'募集前'，'募集中'，'抽選中'，'参加者確定'がある。

6. アイテム

(1) 大会で，参加者に配布する参加賞や，ナンバカード，IC タグなどをアイテムという。

(2) アイテムは，アイテムコードで識別し，アイテム名を登録する。

(3) 主催者は，大会ごとに利用するアイテムを複数登録することができる。

〔大会への参加申込みから参加費用の入金まで〕

1. 会員

(1) 大会の参加希望者は，あらかじめ会員登録をする。

(2) 会員は，会員番号で識別し，会員氏名，性別，生年月日，住所，電話番号，メールアドレスを登録する。

2. 参加申込み及びエントリ枠状態の設定

(1) 会員は，参加したい大会に対して，エントリ枠を指定して参加申込みを行う。

(2) 会員は，一つの大会について一つのエントリ枠だけ参加申込みできる。

(3) 参加申込みは，大会番号，会員番号で識別し，参加申込年月日を登録する。

(4) 参加申込みと同時に，エントリ枠の参加申込数も合わせて更新する。

(5) エントリ枠状態は，次のように設定する。

① エントリ枠の登録においては，初期値を'募集前'にする。

② 募集期間中は‘募集中’にする。

③ エントリ枠が先着順の場合

・募集期間が終わったら‘参加者確定’にする。

・参加申込数が定員に達したら，募集期間中であっても‘参加者確定’にする。

④ エントリ枠が抽選の場合

・募集期間が終わり，参加申込数が定員以下だったら‘参加者確定’にする。

・募集期間が終わり，参加申込数が定員を超えていれば‘抽選中’にし，その後，抽選年月日に抽選を実施した上で‘参加者確定’にする。

(6) エントリ枠状態が‘募集中’の間だけ，参加申込みを受け付ける。

3．抽選結果の登録

抽選を実施したら，参加申込みに抽選結果を登録する。

4．参加費用の入金及びポイントの付与

(1) 参加が確定したら，会員は参加費用を支払う。

(2) A 社は，会員の参加費用の支払を確認して入金年月日を登録し，参加費用に対して一定割合のポイントを会員に付与する。

(3) 会員は，保持しているポイントを，1 ポイント＝1 円として，参加費用に充てることができる。

(4) 会員は，ポイントを使用する場合，使用ポイントを登録し，参加費用から使用ポイントを差し引いた額を支払う。

〔概念データモデルと関係スキーマの設計〕

B 君が設計した概念データモデルを図 1 に，関係スキーマを図 2 に示す。

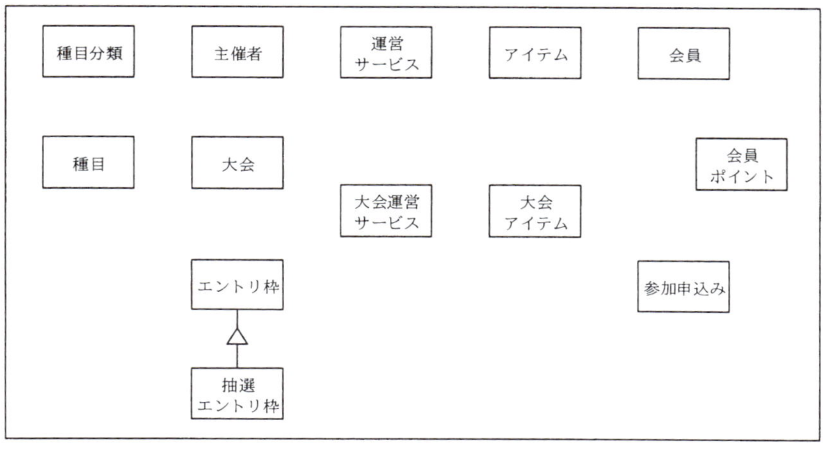

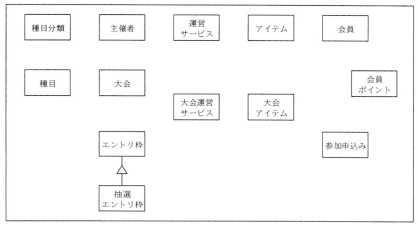

図1　概念データモデル（未完成）

主催者（主催者番号，主催者名，代表者氏名，住所，電話番号，メールアドレス）
種目分類（種目分類コード，種目分類名）
種目（種目コード，種目名，［ a ］）
運営サービス（運営サービスコード，運営サービス名，課金単位，単価）
アイテム（アイテムコード，アイテム名）
大会（大会番号，大会名，［ b ］，開催年月日，開催場所都道府県コード）
大会運営サービス（大会番号，運営サービスコード）
大会アイテム（大会番号，アイテムコード）
エントリ枠（大会番号，エントリ枠番号，エントリ枠名，エントリ枠説明，［ c ］，定員，参加費用，参加申込数，先着順抽選区分，募集開始年月日，募集終了年月日，エントリ枠状態）
抽選エントリ枠（大会番号，エントリ枠番号，抽選年月日）
会員（会員番号，会員氏名，性別，生年月日，住所，電話番号，メールアドレス）
参加申込み（［ d ］，［ e ］，エントリ枠番号，参加申込年月日，抽選結果，［ f ］，［ g ］）
会員ポイント（会員番号，ポイント残高）

図2　関係スキーマ（未完成）

〔指摘事項〕

C部長は，概念データモデル及び関係スキーマに対して，次を指摘した。

・エントリ枠状態と抽選実施を決める決定表が必要である。

・この決定表は，日付が変わった時点及び参加申込受付時点で評価する。

この指摘を受けて作成した，日付が変わった時点及び参加申込受付時点で評価する決定表を表１に示す。この決定表の各条件の取り得る値は次のとおりである。

なお，() 内に略字がある場合，表１は略字で表す。

先着順抽選区分　：先着順，抽選

募集期間に対する本日　：募集期間よりも前の日（前），募集期間中（中），募集期間よりも後の日（後）

参加申込数　：定員未満（未満），定員以下（以下），定員到達（到達），定員超過（超過）

抽選年月日に対する本日　：抽選年月日よりも前の日（前），当日，抽選年月日よりも後の日（後）

表１　日付が変わった時点及び参加申込受付時点で評価する決定表（未完成）

先着順抽選区分	先着順	先着順	先着順	先着順	抽選	抽選	抽選	抽選	抽選	抽選
募集期間に対する本日	前	中	中	後						
参加申込数	－	未満	到達	－						
抽選年月日に対する本日	－	－	－	－						後
エントリ枠状態を‘募集中’にする	－	X	－	－	－	X	－	－	－	－
エントリ枠状態を‘抽選中’にする	－	－	－	－	－	－	－	X	－	－
抽選実施	－	－	－	－	－	－	－	－	X	－
エントリ枠状態を‘参加者確定’にする	－	－	X	X	－	－	X	－	X	X

〔新たな要件の追加〕

1. 多段階抽選方式

例えば，地元優先枠，アスリート優先枠，一般枠の三つの枠があり，会員が地元優先枠又はアスリート優先枠に参加申込みをして落選したら，その後に抽選を行う一般枠の抽選対象に加えるというような多段階に抽選するサービスを新たに追加することになった。

このサービスを実現するために，多段階抽選方式の仕様を次のように決定した。

・多段階抽選の対象のエントリ枠には，後続のエントリ枠を一つ設定する。
・後続のエントリ枠が設定されたエントリ枠で落選した会員は，後続するエントリ枠の抽選対象に加える。
・エントリ枠の抽選ごとに抽選結果を登録する。

2．ポイント有効期限

ポイントに有効期限を設けることにした。ポイントの有効期限は，付与された日から 1 年であり，有効期限を超過したポイントは消失する。ポイントの使用は，有効期限の近いものから行う。

解答に当たっては，巻頭の表記ルールに従うこと。ただし，エンティティタイプ間の対応関係にゼロを含むか否かの表記は必要ない。また，関係スキーマの表記又は関係スキーマに入れる属性名を答える場合，主キーを表す実線の下線及び外部キーを表す破線の下線を明記すること。

なお，エンティティタイプ間のリレーションシップには“多対多”のリレーションシップを用いないこと。

設問1　図 1 の概念データモデル，図 2 の関係スキーマについて，(1)，(2)に答えよ。

(1)　図 2 中の［ a ］～［ g ］に入れる適切な属性名を答えよ。

(2)　図 1 のリレーションシップは未完成である。必要なリレーションシップを全て記入し，図を完成させよ。

設問2　表 1 は，太枠で示した部分が未完成である。太枠外の例に倣って表を完成させよ。

設問3　〔新たな要件の追加〕について，(1)，(2)に答えよ。

(1)　多段階抽選方式に対応できるよう，図 2 の関係スキーマに次の変更を行う。

①　ある関係に一つの属性を追加する。属性を追加する関係名及び追加する属性名を答えよ。

②　ある関係から一つの属性を削除する。属性を削除する関係名及び削除する属性名を答えよ。

③　新たに一つの関係を追加する。追加する関係の関係スキーマを答えよ。

(2)　ポイント有効期限に対応できるよう，関係“会員ポイント”を変更する。変更後の関係の属性名を全て答えよ。

問2　データベースでのトリガの実装に関する次の記述を読んで，設問1～3に答えよ。

オフィスじゅう器メーカのY社は，部品の入出庫，発注を行う在庫管理システムを構築している。

〔RDBMSの主な仕様〕

在庫管理システムに用いているRDBMSの主な仕様は，次のとおりである。

1. ISOLATIONレベル

選択できるトランザクションのISOLATIONレベルとその排他制御の内容は，表1のとおりである。ただし，データ参照時にFOR UPDATE句を指定すると，対象行に専有ロックを掛け，トランザクション終了時に解放する。

ロックは行単位で掛ける。共有ロックを掛けている間は，他のトランザクションからの対象行の参照は可能であり，更新は共有ロックの解放待ちとなる。専有ロックを掛けている間は，他のトランザクションからの対象行の参照，更新は専有ロックの解放待ちとなる。

表1　トランザクションのISOLATIONレベルとその排他制御の内容

ISOLATIONレベル	排他制御の内容
READ COMMITTED	データ参照時に共有ロックを掛け，参照終了時に解放する。 データ更新時に専有ロックを掛け，トランザクション終了時に解放する。
REPEATABLE READ	データ参照時に共有ロックを掛け，トランザクション終了時に解放する。 データ更新時に専有ロックを掛け，トランザクション終了時に解放する。

索引を使わずに，表探索で全ての行に順次アクセスする場合，検索条件に合致するか否かにかかわらず全行をロック対象とする。索引探索の場合，索引から読み込んだ行だけをロック対象とする。

2. トリガ

テーブルに対する変更操作（挿入・更新・削除）を契機に，あらかじめ定義した処理を実行する。

(1)　実行タイミング（テーブルに対する変更操作の前又は後。前者をBEFOREトリガ，後者をAFTERトリガという）を定義することができる。

(2) 列値による実行条件を定義することができる。

(3) トリガ内では，トリガを実行する契機となった変更操作を行う前と後の行を参照することができる。挿入では操作後の行の内容を，更新では操作前と操作後の行の内容を，削除では操作前の行の内容を参照することができる。参照するには，操作前と操作後の行に対する相関名をそれぞれ定義し，相関名で列名を修飾する。

(4) BEFORE トリガの処理開始から終了までの同一トランザクション内では，全てのテーブルに対して変更操作を行うことはできない。

(5) トリガ内で例外を発生させることによって，契機となった変更操作をエラーとして終了することができる。

〔在庫管理システムのテーブル〕

在庫管理システムの主なテーブルのテーブル構造は，図 1 のとおりである。索引は，主キーだけに定義している。

生産ライン（生産ラインコード，…）
部材メーカ（部材メーカコード，会社名，…）
部品（部品番号，部品名，部品単価，発注先部材メーカコード）
在庫（部品番号，実在庫数量，引当済数量，基準在庫数量，補充ロットサイズ，発注済フラグ）
出庫要求（出庫要求番号，出庫年月日，処理状況，生産ラインコード）
出庫要求明細（出庫要求番号，部品番号，出庫要求数量）
出庫（出庫番号，出庫要求番号，部品番号，出庫年月日，出庫数量）
発注（発注番号，発注年月日，部品番号，発注数量，処理状況）
入庫（入庫番号，入庫年月日，部品番号，入庫数量）

図 1　主なテーブルのテーブル構造

〔在庫管理業務の概要〕

(1) 組立工場では，複数の生産ラインが稼働し，それぞれ異なる製品を組み立てている。各製品の組立てに必要な部品は倉庫に保管し，必要に応じて生産ラインに出庫する。

(2) 部品は，部品番号で識別する。倉庫内に存在する在庫を，実在庫と呼ぶ。このうち，出庫対象となったものを，引当済在庫と呼ぶ。

(3) 部品の発注の方式は定量発注である。Y 社の定量発注では，部品ごとの実在庫数量から引当済数量を差し引いた値が，基準在庫数量を下回った都度，部品ごとに決められた部材メーカに対して，決められた数量（補充ロットサイズ）を発注する。

(4) 出庫要求では，倉庫に対して部品の出庫を要求する。“出庫要求”テーブル及び“出庫要求明細”テーブルに出庫要求の内容を登録し，“出庫要求”テーブルの処理状況に‘要求発生’を記録する。出庫要求番号は，出庫要求の発生順に一意な連番である。組立てに必要な複数の部品を一つの出庫要求とし，1 トランザクションで処理する。生産ラインごとに様々な組合せの部品を要求する。また，部品の要求は生産ラインでの組立ての状況に応じて任意の契機で発生する。

(5) 在庫引当では，出庫要求に応じて，“出庫要求明細”テーブルに指定した部品番号の部品について出庫要求数量の出庫が可能かどうか判定し，出庫可能であれば“在庫”テーブルの引当済数量を更新する。全ての部品の在庫引当が完了したら，“出庫要求”テーブルの処理状況を‘引当実施’に更新する。

在庫引当できない部品が存在した場合は，在庫引当を破棄して処理状況を‘引当失敗’に更新し，部品が入庫されるのを待って改めて出庫要求する。

(6) 出庫では，在庫引当が完了した部品を倉庫から搬出する。毎朝，“出庫要求”テーブルの処理状況が‘引当実施’のものを対象に実施する。それぞれの部品の出庫が完了したら，“在庫”テーブルの実在庫数量及び引当済数量を更新し，“出庫要求”テーブルの処理状況を‘出庫実施’に更新する。出庫は出庫要求単位に 1 トランザクションで処理し，全ての部品をまとめて出庫する。

(7) 発注では，“発注”テーブルの処理状況に‘要求発生’を記録し，“在庫”テーブルの発注済フラグをオンにする。

(8) 入庫では，部材メーカから納品される都度，“在庫”テーブルの実在庫数量を更新し，発注済フラグをオフにする。また，“発注”テーブルの処理状況を‘入庫実施’に更新する。納品された複数の部品をまとめて，1 トランザクションで処理する。

〔トリガでの在庫引当処理の設計〕

出庫要求に連動した在庫引当を実行させたいので，トリガを利用するように処理を見直すことにした。トリガでの在庫引当処理を図 2 に示す。

なお，引当失敗の場合は，出庫要求側でロールバックを行った後，“出庫要求”テーブルの処理状況を‘引当失敗’に更新する。

> “［　ア　］”テーブルへの行の［　イ　］に対して，BEFORE トリガと AFTER トリガを定義する。
> BEFORE トリガでは，“［　ア　］”テーブルに対して［　イ　］した行の，［　ウ　］列の値を検索条件に指定して，“［　エ　］”テーブルから［　オ　］，［　カ　］を参照する。出庫要求に指定した出庫要求数量と比較して，引当可能か判定し，不可能ならば契機となった変更操作を引当失敗のエラーにする。
> AFTER トリガでは，“［　エ　］”テーブルの［　カ　］を更新する。

図 2　トリガでの在庫引当処理（未完成）

〔トリガでの定量発注の設計〕

在庫引当時の定量発注のために，発注の具体的な処理はストアドプロシージャで用意し，トリガから呼び出すことにした。ストアドプロシージャでは，“発注”テーブルと“在庫”テーブルに変更操作を行う。トリガを定義する SQL を図 3 に示す。さらに，図 3 の内容のレビューを行った。レビューでの指摘内容と対策を表 2 に示す。

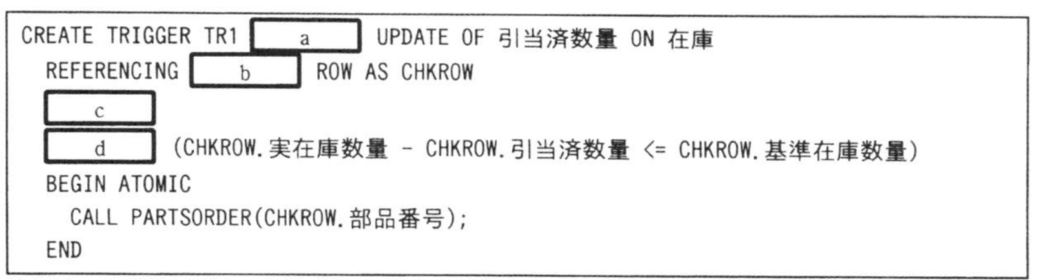

```
CREATE TRIGGER TR1 [  a  ] UPDATE OF 引当済数量 ON 在庫
  REFERENCING [  b  ] ROW AS CHKROW
  [  c  ]
  [  d  ] (CHKROW.実在庫数量 - CHKROW.引当済数量 <= CHKROW.基準在庫数量)
  BEGIN ATOMIC
    CALL PARTSORDER(CHKROW.部品番号);
  END
```

注記 1　CHKROW は，トリガを実行する契機となったテーブルに対する変更操作の行を参照するために定義する相関名を表す。
注記 2　CALL PARTSORDER は，発注を行うストアドプロシージャの呼出しを表す。

図 3　トリガを定義する SQL（未完成）

表 2　指摘内容と対策（未完成）

指摘内容	対策
在庫引当以外に，［　あ　］でも“［　い　］”テーブルの［　う　］列が更新され，図 3 で定義したトリガが発動し，発注が繰り返されることになる。	発注が繰り返されないように，トリガ内で在庫を確認する際に，“［　い　］”テーブルの［　え　］列の値も判定に加えることにした。

設問１　〔トリガでの在庫引当処理の設計〕について，(1)，(2)に答えよ。

(1)　図２中の［ア］～［カ］に入れる適切な字句を答えよ。

(2)　図２のトリガを実行するトランザクションのISOLATIONレベルについて，(a)，(b)に答えよ。

(a)　READ COMMITTEDで，複数の出庫要求が同時に発生した場合，トリガに起因して引当済数量が不正になることがある。どのようにして問題が発生するか，80字以内で述べよ。

(b)　READ COMMITTEDで，(a)の問題を発生させないためには，BEFOREトリガで行を参照する際に，どのような対策を施す必要があるか，20字以内で述べよ。

設問２　〔トリガでの定量発注の設計〕について，(1)，(2)に答えよ。

(1)　図３中の［a］～［d］に入れる適切な字句を解答群の中から選び，記号で答えよ。

解答群

ア　AFTER	イ　BEFORE
ウ　FOR EACH ROW	エ　FOR EACH STATEMENT
オ　NEW	カ　OLD
キ　WHEN	ク　WHERE

(2)　表２中の［あ］～［え］に入れる適切な字句を答えよ。

設問３　デッドロックについて，(1)，(2)に答えよ。

(1)　出庫要求と入庫でデッドロックが発生することがある。対象のテーブル名を答えよ。

(2)　(1)のデッドロックの回避策を二つ挙げ，それぞれ50字以内で具体的に述べよ。

問３　部品表の設計及び処理に関する次の記述を読んで，設問1～4に答えよ。

E社は，機械メーカである。E社では，RDBMSに構築した生産部品表（以下，部品表という）を用いて生産管理を行っている。情報システム部門のFさんは，新たに配属されたDB管理者のために，部品表に関する研修を担当することになった。

〔RDBMSの主な仕様〕

(1) 索引は，ユニーク索引と非ユニーク索引に分けられる。

(2) DMLのアクセスパスは，RDBMSによって索引探索又は表探索に決められる。

(3) 索引探索に決められるためには，WHERE句のANDだけで結ばれた一つ以上の等値比較の述語の対象列が，索引キーの全体又は先頭から連続した一つ以上の列に一致していなければならない。ON句の場合も同様である。

〔部品表の概要〕

部品表は，E社が製造する製品と製品を構成する部品との関係を表すものである。Fさんは，研修で使用するためにE社の製品を簡略化して表した製品AX，AY及びAZの構成図を図1に示し，次のように説明することにした。

1. 品目

(1) 品目は，品番で識別し，品目ごとに在庫をもっている。

(2) 品目には，製品と，他の部品を使って組み立てられる中間部品，単独で使われる単体部品があり，品目区分で分類する。例えば，図1中のAXは製品，P1及びP2は中間部品，P3，P4及びP9は単体部品である。

2. 製品の構成

(1) 製品は，複数種類の部品で構成され，構成図は，階層で表現される。製品からの階層の深さをレベルという。製品のレベルを0として，階層を一つ下るごとにレベルに1を加算する。例えば，製品AXを構成する部品について，レベル1に部品P1，P4及びP9，レベル2に部品P2及びP9，レベル3に部品P3がある。

(2) 各部品について，当該部品を使う全ての製品の構成図の中で，当該部品が出現するレベルの最大値を，最も深い階層を示すことから，ローレベルコード（以下，LLCという）という。例えば，図1では，部品P5のLLCは1，部品

P9のLLCは3である。

(3) ある品目が他の品目から構成される場合，当該品目を親品目といい，親品番で識別する。また，当該親品目の一つ下のレベルの品目を子品目といい，子品番で識別する。

(4) 親品目1個当たりに使う各子品目の個数を構成数という。例えば，製品AXの製造に使う各部品の構成数は，次のとおりである。

① 製品AXは，1個当たり，部品P1を2個，部品P4，P9をそれぞれ1個ずつ使う。

② 部品P1は，1個当たり，部品P2，P9をそれぞれ1個ずつ使う。

③ 部品P2は，1個当たり，部品P3を2個使う。

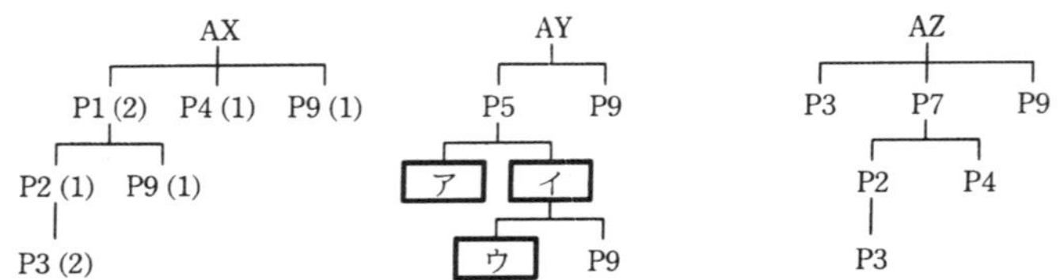

注記 製品AXの各部品の（）内の数字は，当該部品の親品目1個当たりに使う当該部品の構成数を示す。製品AY及びAZの部品については構成数を省略している。

図1 製品AX，AY及びAZの構成図（未完成）

3. 主なテーブルのテーブル構造

E社が生産管理に用いている主なテーブルのテーブル構造を図2に示す。図1に基づいて登録した“品目”テーブルの行を表1に，“構成”テーブルの行を表2に示す。

なお，各テーブルには主索引だけが定義されている。索引キーが複合列の場合，テーブル構造に示した列の順番で定義される。

品目（<u>品番</u>，品名，品目区分，LLC，…）
構成（<u>親品番</u>，<u>子品番</u>，構成数，…）
在庫（<u>品番</u>，在庫数，引当可能数，…）

図2 主なテーブルのテーブル構造（一部省略）

表1 “品目”テーブルの行（一部省略）

品番	品名	品目区分	LLC	…
AX	AX	製品	0	…
AY	AY	製品	0	…
AZ	AZ	製品	0	…
P1	P1	中間部品	1	…
P2	P2	中間部品	2	…
P3	P3	単体部品	3	…
P4	P4	単体部品	2	…
P5	P5			…
P6	P6			…
P7	P7			…
P8	P8			…
P9	P9	単体部品	3	…

注記 網掛け部分は表示していない。

表2 “構成”テーブルの行（未完成）

親品番	子品番	構成数	…
AX	P1	2	…
AX	P4	1	…
AX	P9	1	…
AY	P5	1	…
AY	P9	1	…
AZ	P3	1	…
AZ	エ	2	…
AZ	P9	2	…
P1	P2	1	…
P1	P9	1	…
P2	P3	2	…
P5	P3	1	…
P5	P6	1	…
P6	P8	1	…
P6	P9	1	…
オ	カ	1	…
P7	P4	1	…

〔部品表に対する基本的な処理〕

1．正展開処理，逆展開処理及び所要量計算処理の概要

Fさんは，部品表に対する三つの基本的な処理として，正展開処理，逆展開処理及び所要量計算処理を挙げた。

(1) 正展開処理は，親品目がどの子品目を使っているかを，階層を上から下に1階層ずつたどることで調べる。

(2) 逆展開処理は，子品目がどの親品目に使われているかを，正展開処理とは逆に，階層を下から上に1階層ずつたどることで調べる。逆展開処理は，ある部品が廃番になったとき，その部品がどの品目に影響するかを調べるときなどに行われる。

(3) 所要量計算処理は，製品の生産計画に基づいて，各製品の製造に必要な部品の所要量を計算し，計算した所要量を部品の引当可能数から差し引くことで，在庫を引き当てる。

2．正展開処理，逆展開処理及び所要量計算処理に用いるSQL

Fさんは，部品表に対する三つの基本的な処理に用いられるSQLの構文の例を，表3に示した。

表3　SQLの構文の例（未完成）

SQL	上段：SQLの目的，下段：SQLの構文
SQL1	正展開処理において，図1中の製品AZを構成する部品のうち，レベル2までの部品ごとの品番と所要量を調べる。
	SELECT PNUM, SUM(QTY) SUMQTY FROM (SELECT 子品番 PNUM, 構成数 QTY FROM 構成 WHERE 親品番='AZ' UNION ALL SELECT L2.子品番 PNUM, L2.構成数*L1.構成数 QTY FROM 構成 L1 JOIN 構成 L2 ON L1.［ a ］ = L2.［ b ］ WHERE L1.親品番='AZ') TEMP GROUP BY PNUM ORDER BY PNUM
SQL2	逆展開処理において，レベル2に部品P9を使っている全ての製品の品番を調べる。
	SELECT L1.親品番 FROM 構成 L2 JOIN 構成 L1 ON L2.［ c ］ = L1.［ d ］ JOIN 品目 ON L1.親品番=品番 WHERE L2.子品番='P9' AND LLC=0
SQL3	HPNUMに指定した品目の一つ下のレベルの全ての部品について，品番，構成数及び品目区分を調べる。ここで，当該品目の一つ下のレベルの値を，HLLCに設定する。
	SELECT 子品番, 構成数, 品目区分 FROM 構成 JOIN 品目 ON 子品番=品番 WHERE 親品番=:HPNUM AND <u>LLC>=:HLLC</u> ORDER BY 子品番
SQL4	HPNUMに指定した部品について，所要量をHQTYに設定し，在庫の引当可能数を更新する。
	UPDATE 在庫 SET 引当可能数=引当可能数-:HQTY WHERE 品番=:HPNUM

注記　HPNUM，HLLC及びHQTYは，ホスト変数である。

〔所要量計算処理プログラムの概要〕

所要量計算処理プログラムは，表3中のSQL3及びSQL4を用いる。Fさんは，製品をN個製造する場合の所要量計算処理プログラムの処理手順を，表4に示した。

なお，当該処理は，次の前提で行うものとする。

(1)　各部品の所要量の計算は，SQL3を用いて調べた構成数に基づいて，プログラムのロジックで行う。

(2)　ISOLATIONレベルは，READ COMMITTEDとする。

(3)　製品が複数ある場合，製品の品番順に，製品ごとに手順①～⑥を繰り返す。

(4)　在庫は，適切に管理されているので，引当可能数が負の数になることはない。

表 4　所要量計算処理プログラムの処理手順

手順	処理
手順①	製品の品番を設定した SQL3 を用いて，当該製品の一つ下のレベルの全ての部品について品番，構成数及び品目区分を調べる。
手順②	手順①で調べた全ての部品について，部品ごとに製品を N 個製造するために必要な当該レベルでの所要量を計算し，その所要量を設定した SQL4 を用いて，在庫の引当可能数を品番順に更新する。
手順③	前の手順（手順②又は⑤）で在庫を引き当てた全ての部品について，部品ごとに部品の品番を設定した SQL3 を用いて，当該部品の一つ下のレベルの部品の品番，構成数及び品目区分を調べる。
手順④	手順③を実行した結果，一つでも部品が存在すれば手順⑤に進み，なければ手順⑥に進む。
手順⑤	手順③で調べた全ての部品について，部品ごとに製品を N 個製造するために必要な当該レベルでの所要量を計算し，その所要量を設定した SQL4 を用いて，製品ごとレベルごと部品ごとに，在庫の引当可能数を品番順に更新し，手順③に戻る。
手順⑥	COMMIT 文を発行し，他に処理すべき製品があれば手順①に戻り，なければ終了する。

〔F さんの研修内容に対する K 部長の指示〕

表 4 について，K 部長から次のような指示があった。

指示 1　表 4 中の手順③の SQL3 の発行回数を減らすために，手順①及び③の SQL3 で部品の品目区分を調べている。その理由を説明すること。

指示 2　品目の設計変更において，例えば，製品 AX の部品 P3 を新部品 P11 に置き換えるべきところ，誤って部品 P1 を“構成”テーブルに登録してしまった場合，SQL3 の構文中に下線部分の述語が指定されていなければ，プログラムは不具合を起こすことを説明すること。

指示 3　製品は多品種なので，スループット向上のために所要量計算を製品ごとに分割して並行処理している。しかし，表 4 の処理手順のままではデッドロックが起きるので，プログラムを改良したことを説明すること。

設問 1　図 1 及び表 2 について，(1)，(2)に答えよ。

(1)　図 1 中の [ア] ～ [ウ] に入れる適切な字句を答えよ。

(2)　表 2 中の [エ] ～ [カ] に入れる適切な字句を答えよ。

設問 2　〔部品表に対する基本的な処理〕の正展開処理について，(1)，(2)に答えよ。

(1)　表 3 中の SQL1 の [a] ， [b] に入れる適切な字句を答えよ。

(2) 製品 AZ を 1 個製造するのに必要な，部品 P2，P3 及び P4 の所要量をそれぞれ答えよ。

設問3 〔部品表に対する基本的な処理〕の逆展開処理について，(1)，(2)に答えよ。

(1) 表 3 中の SQL2 の [c]，[d] に入れる適切な字句を答えよ。また，SQL2 を用いて得られる図 1 中の製品の品番を全て答えよ。

(2) SQL2 が参照する全てのテーブルのアクセスパスは，索引探索に決められるようにしたい。“構成”テーブルにユニーク索引を追加する場合，その索引を構成する全ての列名を定義順に答えよ。

設問4 〔F さんの研修内容に対する K 部長の指示〕について，(1)～(4)に答えよ。

(1) 指示 1 に対して，なぜ部品の品目区分を調べれば，SQL3 の発行回数を減らすことができるのか，その理由を 30 字以内で述べよ。

(2) 指示 2 に対して，プログラムが起こす不具合とは，処理がどのようになることか，20 字以内で述べよ。

(3) 指示 3 で述べられたデッドロックについて，F さんは，図 1 の製品 AX と AZ の間で起きるデッドロックの一つのケースを，ケース 1 として図 3 に示し，デッドロックに関わる 2 種類の部品の組合せを丸印で囲んだ。図 3 に倣って，他にデッドロックが起きるケースをケース 2 として，図 4 を完成させよ。

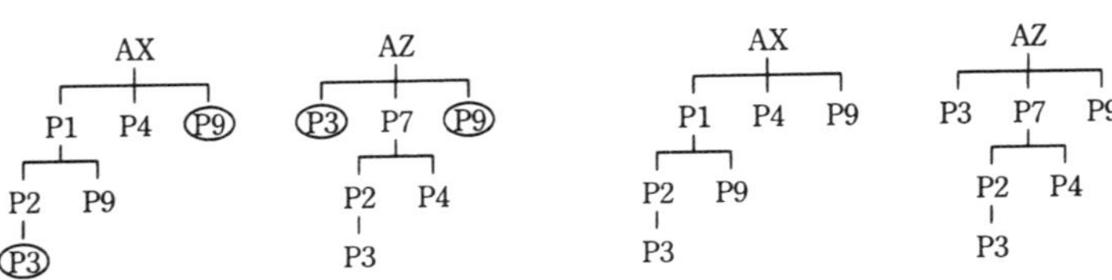

図 3　デッドロックのケース 1　　図 4　デッドロックのケース 2（未完成）

(4) 指示 3 に対して，F さんは，プログラムの改良について，次のように説明した。“SQL4 を，製品ごとレベルごと部品ごとに実行するのではなく，製品ごと部品ごとに集計した所要量をホスト変数 HQTY に設定してから表 4 の手順⑥の前に実行するように，手順②～⑤を改良しました。”

この説明に加えて，複数回の SQL4 をどのように実行するべきか，20 字以内で述べよ。

平成 31 年度　午後Ⅰ　問 1　解説

平成31年春期　午後Ⅰ問題の解答・解説

問1

IPA公表の出題趣旨と採点講評

出題趣旨
データベースの設計では，業務要件を理解し，その要件を的確に実現することが求められる。 本問では，スポーツイベントの運営システムを題材に，データモデリング，データベース設計，リレーションシップと外部キーの適切な設定などの能力，決定表による要件整理，ビジネスの要件の変化に対応してデータモデル，データベース設計を拡張する能力を問う。

採点講評
問1では，スポーツイベント運営サービス会社の大会運営システムのデータベース設計について出題した。全体として，正答率は高かった。 設問1(1)は，正答率は高かったが，関係スキーマや属性名を解答する設問では，主キーを表す実線の下線及び外部キーを表す破線の下線を記入していない解答が散見された。解答に当たっては問題文をよく読み，解答方法の指示に従ってほしい。 設問1(2)は，正答率は高かったが，“大会運営サービス”を“運営サービス”のサブタイプ，“大会アイテム”を“アイテム”のサブタイプとする誤った解答が散見された。図2の関係スキーマに記載された主キーからサブタイプにならないことを読み取ってほしい。 設問3は，正答率が低かった。(1)①は，後続するエントリ枠が抽選エントリ枠と再帰的な関係にあることが読み取れていない解答が散見された。また，③は，抽選結果が会員ごとに決まるものであることが読み取れていない解答が散見された。状況記述を正確に読み取るようにしてほしい。

■ 問題文を確認する

本問の構成は以下のようになっている。

問題タイトル：データベース設計
題材：大会運営サービス会社の大会運営システム
ページ数：6P

第1段落 〔大会の登録から参加申込受付の準備まで〕
第2段落 〔大会への参加申込みから参加費用の入金まで〕
第3段落 〔概念データモデルと関係スキーマの設計〕
　図1　概念データモデル（未完成）
　図2　関係スキーマ（未完成）
第4段落 〔指摘事項〕
　表1　日付が変わった時点及び参加申込受付時点で評価する決定表（未完成）
第5段落 〔新たな要件の追加〕

平成31年の問1は，例年通りの**「データベース設計」**だった。これは平成26年から6年連続で午後Ⅰの問1で取り上げられているので想定通りの出題である。ボリューム（ページ数）も例年通りの6ページ（平成26年だけ8ページ）で，問題文の構成も**「業務の概要（説明）」**と，**「未完成の概念データモデルと関係スキーマ」**なので，午後Ⅱ対策を進めてきた人には取り組み安かっただろう。

■ 設問を確認する

設問は次の表のようになっている。いずれも例年の傾向に合致しているものになる。概念データモデルと関係スキーマの完成と決定表だ。

設問		分類	過去頻出
1	1	関係スキーマの完成（属性の穴埋め，主キー，外部キー）	あり
	2	概念データモデルの完成（リレーションシップを記入）	あり
2		決定表の完成	あり
3	1	関係スキーマの変更（属性の追加，削除，関係の追加）	あり
	2	関係スキーマの変更（属性の追加）	あり

■ 解答戦略—45 分の使い方—を考える

平成 26 年以後昨年までの傾向と同じ**「データベース設計」**の標準的な構成になっているので，次に書いているような手順で処理していき，できる限り短時間で正解を導き出すことを心がける。

【データベース設計の問題の構成要素と確認】

① データベース設計の問題の 3 点セット

a） 概念データモデルの図

b） 関係スキーマの図

c） 主な属性とその意味・制約の表（今回は“なし”。問題文中に記載されている）

→ 最初に，図と問題文の対応付けをしながら全体像を把握する

② 問題文は，個々のエンティティの説明が中心

→ その中で説明されるものが，どのエンティティタイプのものなのかを確認

③ 設問の確認

a） 概念データモデルの完成

エンティティタイプの追加はあるのか？（今回は“なし”）

リレーションシップの追加はあるのか？　ゼロと 1 は？（今回は“なし”）

b） その他，正規化やキーに関する基礎理論の問題があるのか？（今回は“なし”）

まず，タイトルの**「データベース設計」**と設問で問われていることを確認した段階で**「午後Ⅱの対策でやってきたことで解いていける。」**と判断し，本書で学んできた手順で回答していけばいいだろう。確認に 10 秒程度，その後すぐに上記の①の作業に入ることができれば短時間で解けるだろう。これが**“数分後”**あるいは**“問題文全体を読んだ後で 5 分後”**とかになってしまうとすごくもったいない。過去の出題パターンから変えられている場合は，それぐらいの時間がかかってしまうだろうが，まったく同じパターンや類似パターンの場合は，その幸運を十分生かして短時間で解答できるようにしておこう。**“秒単位の勝負”**とまでは言わないが，**“分単位の勝負”**にはなるわけだから，どういう手順で解いていくのかをしっかりと意識して，本番を迎えよう。

＜この問題の解答手順＞

① 図 1，図 2 の対応付けを行う

② 問題文の 1 － 3 ページの前半まで（個々のエンティティの説明）を読みながら，①（図 1，図 2）と対応付けるとともに，設問 1 に解答する。

③ 上記の①と②でおおよそ全範囲に目を通したので，残りの設問 2，設問 3 に解答する。

■ 設問 1

IPA の解答例

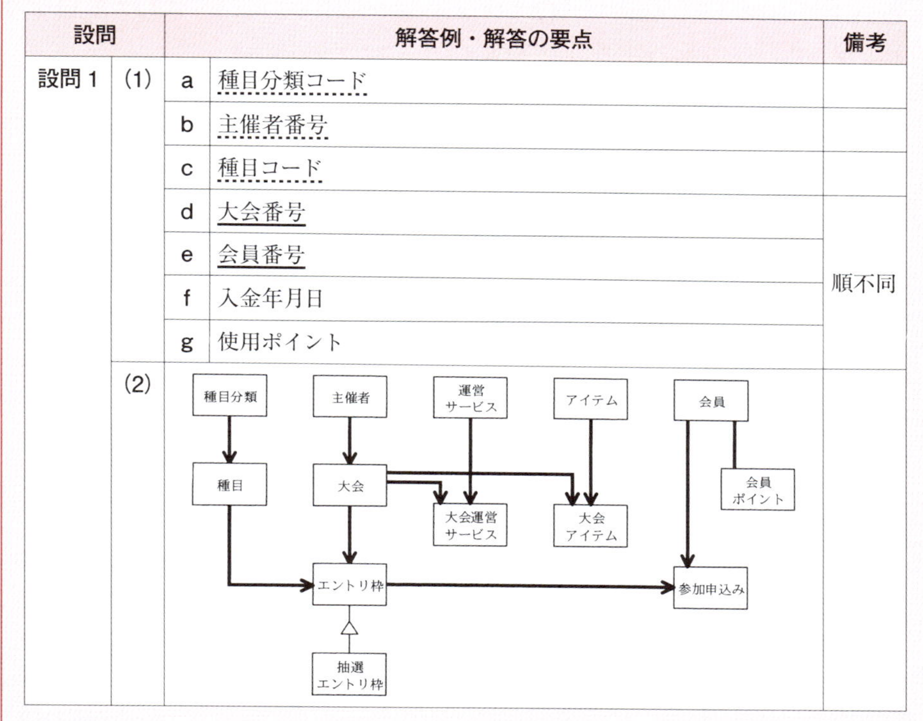

設問			解答例・解答の要点	備考
設問 1	(1)	a	種目分類コード	
		b	主催者番号	
		c	種目コード	
		d	大会番号	順不同
		e	会員番号	
		f	入金年月日	
		g	使用ポイント	
	(2)		（図）	

設問 1 は，未完成の概念データモデルと関係スキーマを完成させる問題になる。最初に図 1 と図 2 を比較するだけで解答できる部分がないかを考えるとともに，確認したい部分や疑問点を明確にする（STEP-1）。そして，問題文の**〔大会の登録から参加申込受付の準備まで〕**段落を読み進めながら空欄 a ～ g の埋められる部分を埋めていく。その際に，外部キーか否かを判断し，必要に応じて図 1 にリレーションシップを加えていけばいいだろう。なお，今回は図 1 へのエンティティタイプの追加はなく，リレーションシップも 0 と 1 を区別する必要はない。

STEP-1. 概念データモデル，関係スキーマ，問題文を対応付ける

まずは図１（概念データモデル（未完成））と図２（関係スキーマ（未完成）），及び問題文の該当箇所を対応付ける。そして，図１と図２だけで付け加えるリレーションシップと，外部キーがないかどうかをチェックする。具体的には次の視点でチェックする。

① ざっくりで良いので分類する。通常は**“マスタ系”**と**“トランザクション系”**に分ける場合が多い。しかし，今回はエンティティタイプが全部で13しかなく，特にまとまっているわけでもないので，特に分けない。

② 図２の中から破線の下線で表されている外部キーをピックアップし，そのリレーションシップが図１に記述されているかどうかを確認する。もしくは，図１の中に記載されているリレーションシップが，図２に外部キーとして記述されているかどうかを確認する。しかし今回は図１に記載済みのリレーションシップがゼロで，図２に外部キーも一つしかないので，問題文を読みながら解答を進めていけばいいだろう。

③ 図２の中から主キー（実線の下線）で，かつ外部キーでもあるものをピックアップし，そのリレーションシップが図１に記述されているかどうかを確認する。リレーションシップには，次のような典型的なパターンがあるが，今回は特に考慮しない。

＜マスタ＞
・マスタの階層化
＜トランザクション＞
・伝票形式で１対多の関係にあるもの
・トランザクションがマスタを参照しているもの
＜共通＞
・スーパータイプとサブタイプ
・連関エンティティ…（仮説）⑫
・自己参照

今回の問題の場合は，図１にも図２にも特徴もなく（ゆえに，図１と図２を見ただけでリレーションシップを追加したり，空欄を埋めたりするまでできない），エンティティタイプも13個程度で，問題文も高々３ページしかない。したがって，問題文と図１及び図２の対応付けが終わったら，即，問題文を順番に読み進めながら，図１と図２を埋めていけばいいだろう。

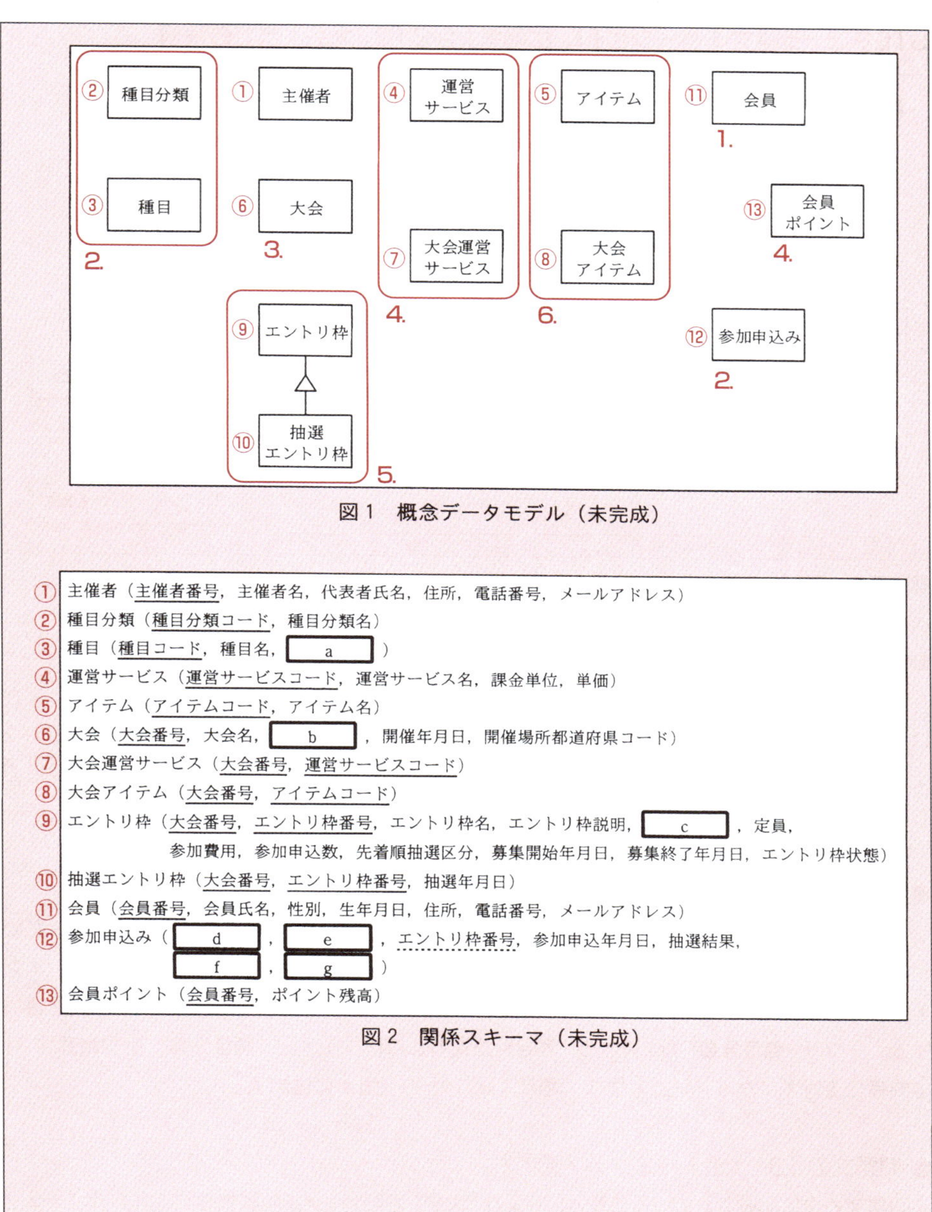

図１　概念データモデル（未完成）

① 主催者（主催者番号，主催者名，代表者氏名，住所，電話番号，メールアドレス）
② 種目分類（種目分類コード，種目分類名）
③ 種目（種目コード，種目名，［ a ］）
④ 運営サービス（運営サービスコード，運営サービス名，課金単位，単価）
⑤ アイテム（アイテムコード，アイテム名）
⑥ 大会（大会番号，大会名，［ b ］，開催年月日，開催場所都道府県コード）
⑦ 大会運営サービス（大会番号，運営サービスコード）
⑧ 大会アイテム（大会番号，アイテムコード）
⑨ エントリ枠（大会番号，エントリ枠番号，エントリ枠名，エントリ枠説明，［ c ］，定員，参加費用，参加申込数，先着順抽選区分，募集開始年月日，募集終了年月日，エントリ枠状態）
⑩ 抽選エントリ枠（大会番号，エントリ枠番号，抽選年月日）
⑪ 会員（会員番号，会員氏名，性別，生年月日，住所，電話番号，メールアドレス）
⑫ 参加申込み（［ d ］，［ e ］，エントリ枠番号，参加申込年月日，抽選結果，［ f ］，［ g ］）
⑬ 会員ポイント（会員番号，ポイント残高）

図２　関係スキーマ（未完成）

解説図１　STEP-1　図１，図２の対応付け

STEP-2. 問題文１ページ目「1. 主催者」から「3. 大会」までの読解

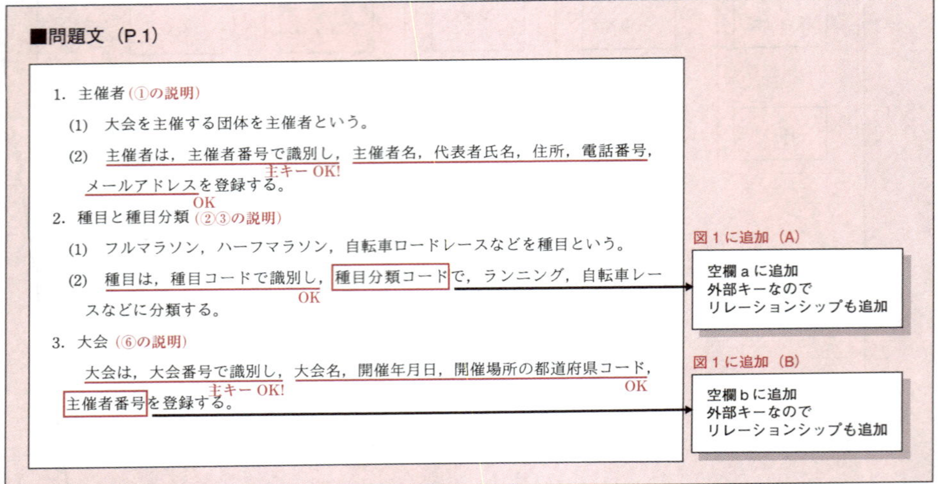

解説図２　問題文の読み進め方

● 問題文の「1. 主催者」…エンティティ①

“主催者” エンティティに関しては，図２の関係スキーマが完成形なので，図２に追加する属性はない。外部キーもなく，主キーが外部キーを兼ねているわけでもないので，図１に加えるリレーションシップもない。したがって問題文を読みながら，図２で属性の突き合わせチェックをするぐらいでいいだろう。

● 問題文の「2. 種目と種目分類」…エンティティ②，③

この部分の問題文より，**“種目”** エンティティには **「種目分類コード」** を属性として持たせる必要があることがわかる。これが **空欄 a** になる。しかも，属性 **‘種目分類コード’** は **“種目分類”** エンティティに対する **外部キーになるので破線の下線を加えて，図１にもリレーションシップを追加する。** 一つの **“種目分類”** は，複数の **“種目”** で使われるだろうから，**“種目分類”** と **“種目”** の対応関係は１対多になる（記述方法は，**“種目”** 側に矢印）**（図１に追加 A）**。

● 問題文の「3. 大会」…エンティティ⑥

問題文の中に記載されている属性と，図２の **“大会”** エンティティの属性を突き合わせてチェックする。すると，**「主催者番号」** を属性として持たせなければならないことがわかるだろう。これが **空欄 b** になる。しかも，属性 **‘主催者番号’** は **“主催者”** エンティティの主キーになっていることと，その意味合いから考えて，**“主催者”** エンティティに対する外部キーであると判断できる。した

● 概念データモデル（図1）への追記（その1）

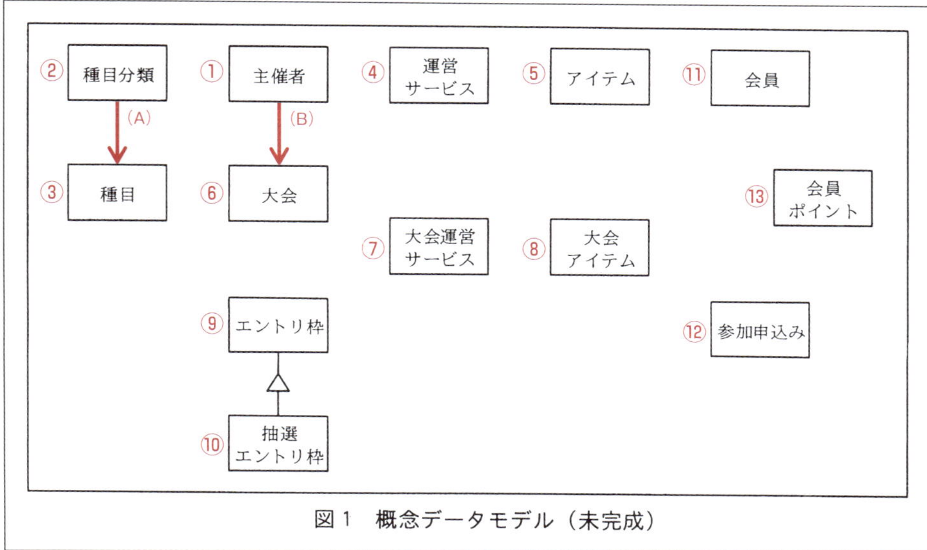

解説図3　ここで追記するリレーションシップ（赤線）

● 関係スキーマ（図2）への追加（その1）

種目（種目コード，種目名，**種目分類コード**）**…空欄 a**
大会（大会コード，大会名，**主催者番号**，開催年月日，開催場所都道府県コード）**…空欄 b**

解説図4　空欄の解答（枠内）

がって，**破線の下線を加えて，図1にもリレーションシップを追加する。**一つの“**主催者**”は，一つの“**大会**”しか開催できないとは，どこにも書いていないので常識的に複数の“**大会**”を開催できると考える。すると“**主催者**”と“**大会**”の対応関係は1対多になる（記述方法は，“**多**”側の“**大会**”側に矢印）**（図1に追加 B）**。

STEP-3. 問題文１ページ目「4. 運営サービス」の読解

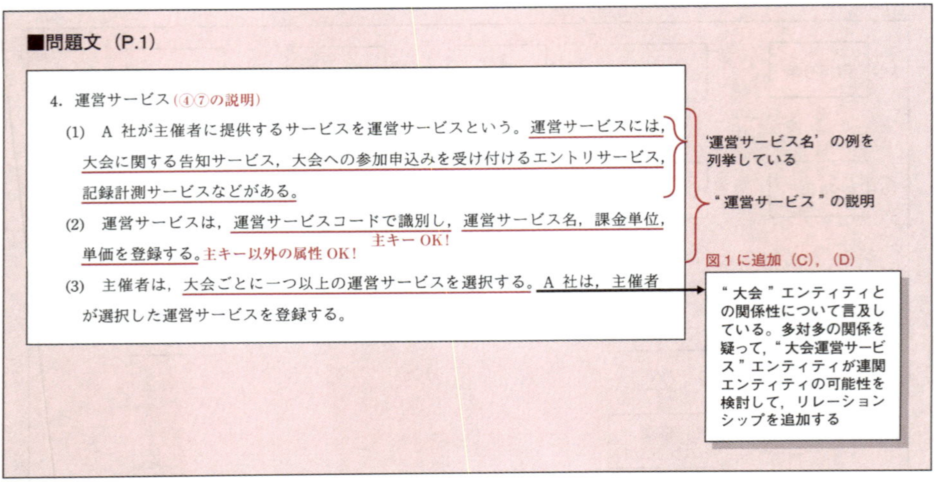

■問題文（P.1）

4. 運営サービス（④⑦の説明）

(1) A 社が主催者に提供するサービスを運営サービスという。運営サービスには，大会に関する告知サービス，大会への参加申込みを受け付けるエントリサービス，記録計測サービスなどがある。

(2) 運営サービスは，運営サービスコードで識別し，運営サービス名，課金単位，単価を登録する。主キー以外の属性 OK!

主キー OK!

(3) 主催者は，大会ごとに一つ以上の運営サービスを選択する。A 社は，主催者が選択した運営サービスを登録する。

'運営サービス名' の例を列挙している

" 運営サービス " の説明

図１に追加（C），（D）

" 大会 " エンティティとの関係性について言及している。多対多の関係を疑って，" 大会運営サービス " エンティティが連関エンティティの可能性を検討して，リレーションシップを追加する

解説図５　問題文の読み進め方

● 問題文の「4. 運営サービス」…エンティティ④

ここでは **"運営サービス"** エンティティをチェックする。図２の **"運営サービス"** エンティティは完成形なので追加する属性はない。(1) と (2) をチェックしても，特に内容を確認する程度になる。

しかし (3) の記述は，**"大会"** エンティティとの関係性について言及している。**「大会ごとに一つ以上の運営サービスを選択する。」**という記述から，何かしらのリレーションシップが必要なことがわかる。ここには記載がないものの，常識的に考えて，一つの運営サービス（大会に関する告知サービスや，記録計測サービスなど）は，複数の大会で利用される。したがって **"大会"** エンティティと **"運営サービス"** エンティティは多対多のリレーションシップになる。

多対多の関係は，連関エンティティを用いて１対多に分解しなければならないので，そのエンティティを図２から探す。すると，名称だけでも判断できる **"大会運営サービス"** エンティティを見つけるだろう。主キーが，**"大会"** エンティティの主キーと **"運営サービス"** エンティティの主キーの連結キーになっていることからも，この **"大会運営サービス"** が連関エンティティで，その主キーは両エンティティに対する外部キーになっていることも確認できる。

"運営サービス" エンティティ，及び **"大会運営サービス"** エンティティの二つのエンティティを図２で確認すると，いずれも完成形で空欄がないので，図２に追加するものはない。後は，図１にリレーションシップを追加すればいいだろう。

多対多を，連関エンティティを用いて分解した場合，連関エンティティ側を **"多"** とするリレーションシップを追加しなければならない。今回のケースだと次の２本のリレーションシップである。

● 概念データモデル（図１）への追記（その２）

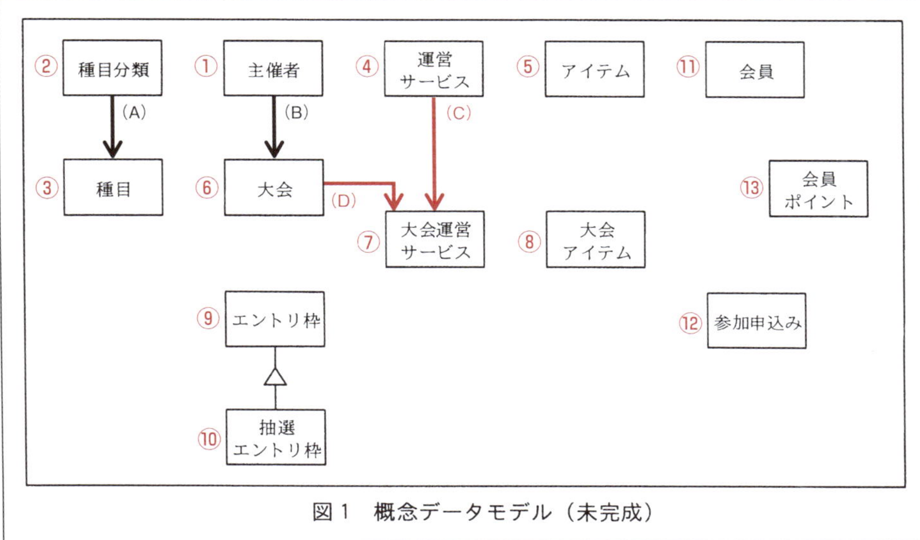

図１　概念データモデル（未完成）

解説図６　ここで追記するリレーションシップ（赤線）

・**“運営サービス”** と **“大会運営サービス”** の間に１対多のリレーションシップ **(図１に追加 C)**
・**“大会”** と **“大会運営サービス”** の間に１対多のリレーションシップ **(図１に追加 D)**

● 関係スキーマ（図２）への追加（その２）

図２に追加するものはない。

STEP-4. 問題文1～2ページ目「5. エントリ枠」の読解

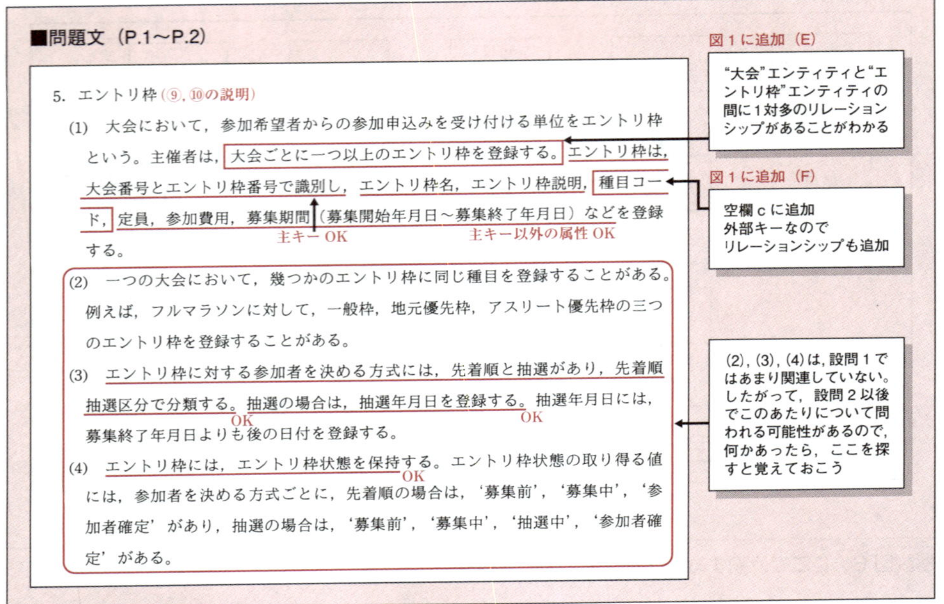

解説図7　問題文の読み進め方

● 問題文の「5. エントリ枠」…エンティティ⑨，⑩

「5. エントリ枠」に関する記述が（1）～（4）まであるので，一つずつチェックしていく。

問題文の（1）には，**「大会ごとに一つ以上のエントリ枠を登録する。」**という記述から，**"大会"**エンティティと**"エントリ枠"**エンティティの間にリレーションシップが必要なことがわかる。図2で両エンティティの主キーをチェックすると，**"大会"**エンティティは属性**'大会番号'**が，**"エントリ枠"**エンティティは属性**'大会番号'**と**'エントリ枠番号'**が主キーであることから，**"エントリ枠"**エンティティの主キーの一部の**'大会番号'**が**"大会"**エンティティに対する外部キーも兼ねていると考えられる。それゆえ，**その追加のリレーションシップを図1に加える（図1に追加E）**。

また，問題文の**(1)**の後半部分には**"エントリ枠"**エンティティの主キー及び主キー以外の属性について言及しているので，図2の**"エントリ枠"**の属性と突き合わせながら，必要に応じて**空欄c**を埋めていく。すると，図2には**「種目コード」**がないことがわかるので，これを**空欄c**の属性の一つとする。但し，**「種目コード」**は**"種目"**エンティティの主キーなので，**"エントリ枠"**エンティティの属性としての**'種目コード'**も**"種目"**エンティティに対する外部キーと考えられるため，**'種目コード'**に破線の下線を付けるとともに，合わせて**"種目"**エンティティと**"エントリ枠"**エンティティの間に，**1対多のリレーションシップを追加する（図1に追加F）**。

● 概念データモデル（図 1）への追記（その 3）

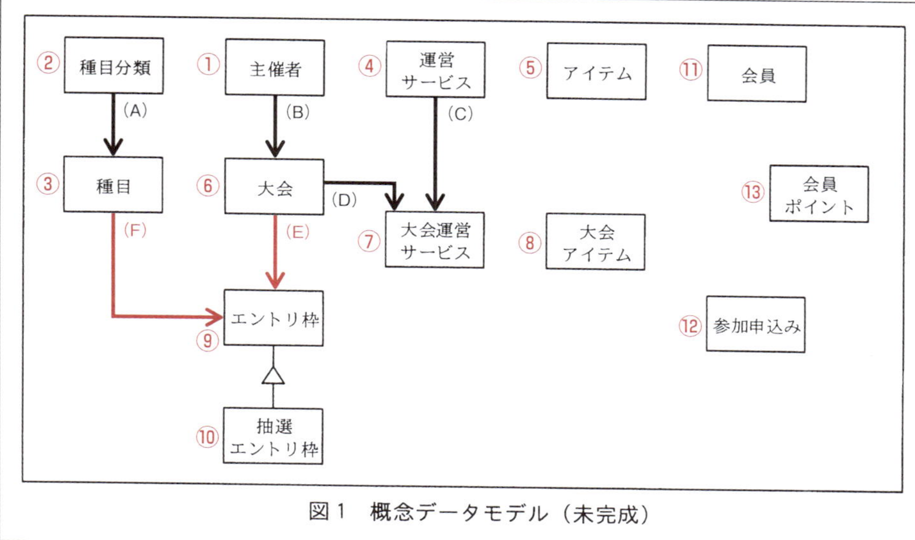

解説図 8　ここで追記するリレーションシップ（赤線）

● 関係スキーマ（図 2）への追加（その 3）

エントリ枠（大会番号，エントリ枠番号，エントリ枠名，エントリ枠説明，**種目コード**，定員，参加費用，参加申込数，先着順抽選区分，募集開始年月日，募集終了年月日，エントリ枠状態）**…空欄 c**

解説図 9　空欄の解答（枠内）

問題文の（2）の記述内には，図 1 にも図 2 にも，特に追加するものはない。この内容に関しては，図 1 に追加したリレーションシップ E と F で実現できているからだ。

問題文の（3）では，**"エントリ枠"** エンティティのサブタイプである **"抽選エントリ枠"** エンティティの説明になっている。図 1 に唯一最初から書き込まれているリレーションシップで，ここでは特に図 1，図 2 に追加するものはない。

最後に**問題文の（4）**を確認するが，ここは，**"エントリ枠"** エンティティの属性 **'エントリ枠状態'** についての記述なので，図 1 にも図 2 にも追加するものはない。

STEP-5. 問題文２ページ目「6. アイテム」及び〔大会への参加申込みから参加費用の入金まで〕段落の「1. 会員」の読解

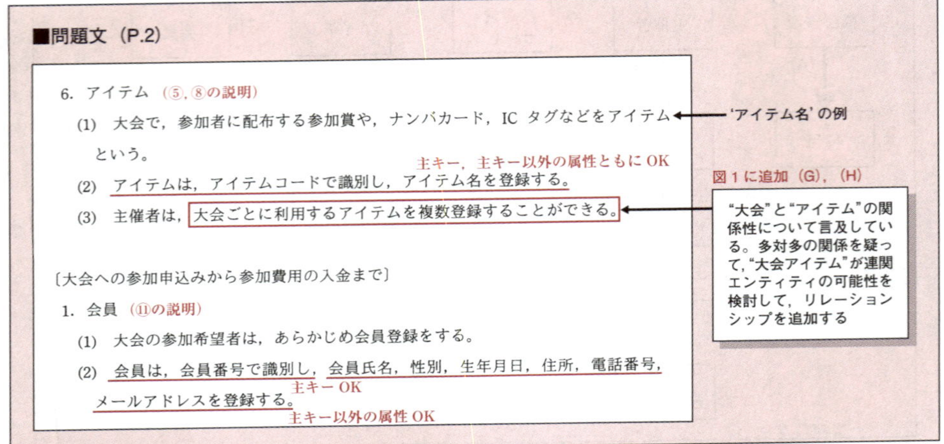
■問題文（P.2）

6. アイテム （⑤, ⑧の説明）

(1) 大会で，参加者に配布する参加賞や，ナンバカード，IC タグなどをアイテムという。

(2) アイテムは，アイテムコードで識別し，アイテム名を登録する。

(3) 主催者は，大会ごとに利用するアイテムを複数登録することができる。

〔大会への参加申込みから参加費用の入金まで〕

1. 会員 （⑪の説明）

(1) 大会の参加希望者は，あらかじめ会員登録をする。

(2) 会員は，会員番号で識別し，会員氏名，性別，生年月日，住所，電話番号，メールアドレスを登録する。

解説図 10　問題文の読み進め方

● 問題文の「6. アイテム」…エンティティ⑤，⑧

続いて**「6. アイテム」**に関する記述を処理していく。(1) は**「アイテム名」**の例を列挙しているだけで，特に注意する部分はない。(2) も**"アイテム"**エンティティの主キーと主キー以外の属性について言及している部分になるが，図２の**"アイテム"**エンティティは完成形なので追加するものも，図１に追加するリレーションシップもない。

しかし (3) の**「大会ごとに利用するアイテムを複数登録することができる。」**という記述から，**"アイテム"**エンティティと**"大会"**エンティティの間にあるリレーションシップを疑う。一つの**"アイテム"**は一つの大会でしか使えないという制約もないので，常識的に，一つの**"アイテム"**は複数の**"大会"**で使用される可能性はある。また，問題文にあるように，一つの**"大会"**で複数の**"アイテム"**を登録することができる。以上より，**"大会"**エンティティと**"アイテム"**エンティティのリレーションシップは多対多だということになる。そこで連関エンティティを使って分解することを考えて図２を確認する。すると，その名称からすぐに連関エンティティを見つけるだろう。**"大会アイテム"**エンティティだ。**"大会アイテム"**エンティティの主キーが，**"大会"**エンティティの主キー（**'大会番号'**）と**"アイテム"**エンティティの主キー（**'アイテムコード'**）の連結キーになっている点からも確定できる。

● 概念データモデル（図 1）への追記（その 4）

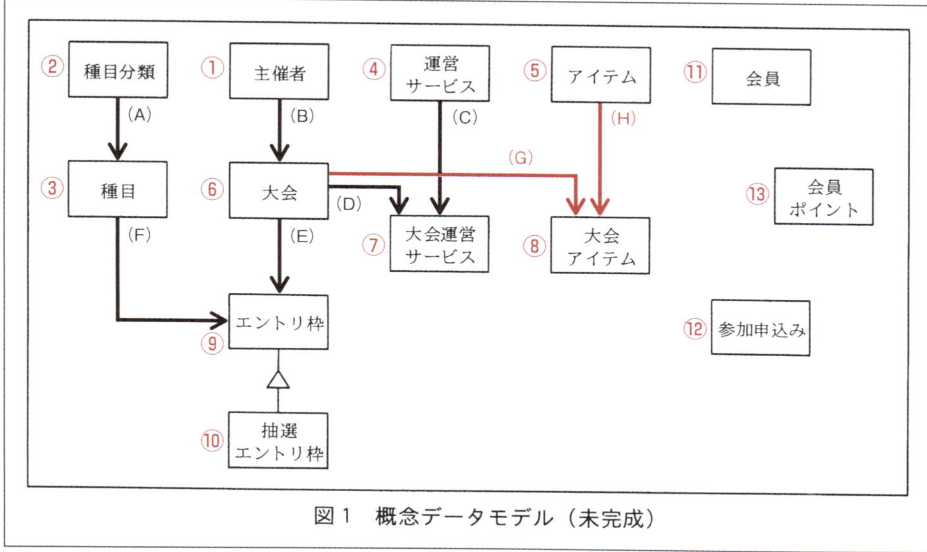

解説図 11　ここで追記するリレーションシップ（赤線）

そういうわけで，**"大会アイテム"** エンティティの主キーを構成する二つの属性は，**"大会"** エンティティと **"アイテム"** エンティティ，それぞれ対する外部キーになっている。したがって図 1 に次のリレーションシップを追加する。

- **"大会"** と **"大会アイテム"** の間に 1 対多のリレーションシップ **（図 1 に追加 G）**
- **"アイテム"** と **"大会アイテム"** の間に 1 対多のリレーションシップ **（図 1 に追加 H）**

● 関係スキーマ（図 2）への追加（その 4）

図 2 に追加するものはない。

● 問題文の「1．会員」…エンティティ⑪

次の **〔大会への参加申込みから参加費用の入金まで〕** 段落の **「1．会員」** に関する記述をチェックする。図 2 の **"会員"** エンティティを確認すると完成形になっている。外部キーもない。したがって，軽くチェックするだけでいいだろう。

STEP-6. 問題文２～３ページ目「2. 参加申込み及びエントリ枠状態の設定」及び「3. 抽選結果の登録」の読解

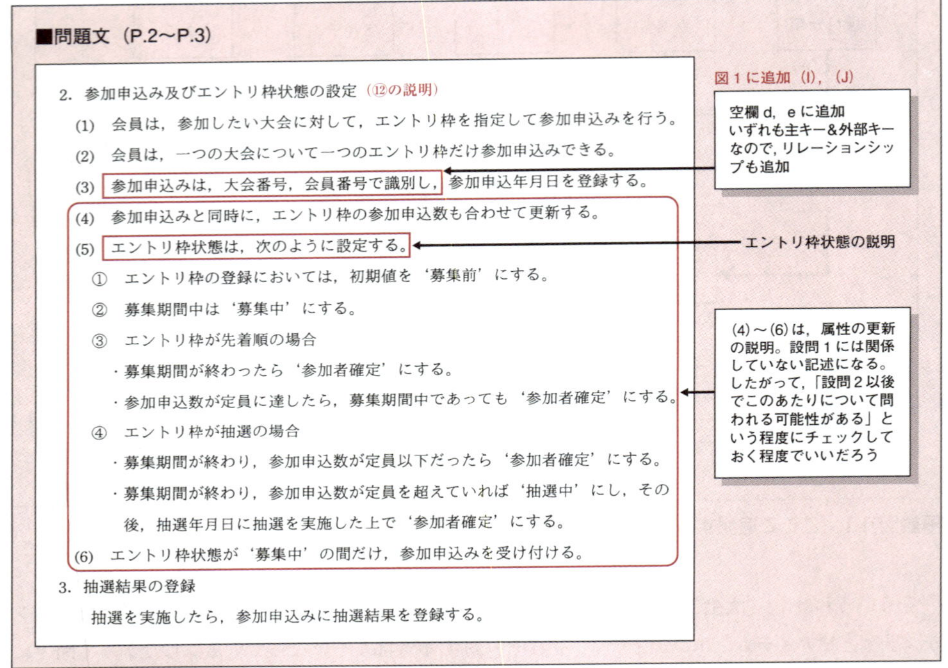
■問題文（P.2～P.3）

2. 参加申込み及びエントリ枠状態の設定（⑫の説明）

(1) 会員は，参加したい大会に対して，エントリ枠を指定して参加申込みを行う。

(2) 会員は，一つの大会について一つのエントリ枠だけ参加申込みできる。

(3) 参加申込みは，大会番号，会員番号で識別し，参加申込年月日を登録する。

(4) 参加申込みと同時に，エントリ枠の参加申込数も合わせて更新する。

(5) エントリ枠状態は，次のように設定する。

① エントリ枠の登録においては，初期値を‘募集前’にする。

② 募集期間中は‘募集中’にする。

③ エントリ枠が先着順の場合

・募集期間が終わったら‘参加者確定’にする。

・参加申込数が定員に達したら，募集期間中であっても‘参加者確定’にする。

④ エントリ枠が抽選の場合

・募集期間が終わり，参加申込数が定員以下だったら‘参加者確定’にする。

・募集期間が終わり，参加申込数が定員を超えていれば‘抽選中’にし，その後，抽選年月日に抽選を実施した上で‘参加者確定’にする。

(6) エントリ枠状態が‘募集中’の間だけ，参加申込みを受け付ける。

3. 抽選結果の登録

抽選を実施したら，参加申込みに抽選結果を登録する。

解説図 12　問題文の読み進め方

● 問題文の「2. 参加申込み及びエントリ枠状態の設定」…エンティティ⑫

ここの記述は **“参加申込み”** エンティティに関する記述になるので，図２の **“参加申込み”** エンティティの属性と突き合わせながらチェックしていく。

問題文の（1）は **‘エントリ枠番号’** の属性に関する説明になっている。そこで，図２で **‘エントリ枠番号’** をチェックする。すると外部キーの設定になっていることが確認できる。しかし，他の主キーを見ても **‘エントリ枠番号’** だけで主キーを構成しているエンティティはない。そこで，**‘エントリ枠番号’** を主キーに含むエンティティを探す。すると，**“エントリ枠”** エンティティと，そのサブタイプの **“抽選エントリ枠”** エンティティの二つのエンティティを見つけるだろう。この二つのエンティティの主キーが **‘大会番号’** と **‘エントリ枠番号’** になっている。このどちらに対する外部キーはさておき，空欄 d ～ g のうち，一つに **‘大会番号’** が必要だということがわかるだろう。これを外部キーとして持たせる **（空欄 d）**。

後は，スーパータイプの **“エントリ枠”** エンティティと，サブタイプの **“抽選エントリ枠”** エンティティのどちらとリレーションシップを結ぶのかを考える。エントリ枠が抽選の時だけ参加申込みが可能という記述があれば**“抽選エントリ枠”**エンティティの方と，抽選の時だけではなく先着順の時も参加申込みが可能という記述があれば**“エントリ枠”**エンティティの方とリレーションシップを持たせる。どちらかを問題文で確認すると，問題文の（5）の③と④がそれぞれ先着順と抽選のケースについて言及しているので，先着順と抽選の両方の場合に**“参加申込み”**エンティティが作成されることがわかる。したがって，リレーションシップはスーパータイプ側とに持たせる。以上より，**“エントリ枠”**エンティティと**“参加申込み”**エンティティの間に**リレーションシップを追加する。**一つのエントリには1人から複数の参加申込みがあるので，そのリレーションシップは1対多になる**（図1に追加I）**。（←解説図14参照）

続いて**問題文の（2）と（3）**は同時に考える。**（3）**の記述より，属性**‘大会番号’**と属性**‘会員番号’**が**“参加申込み”**エンティティの主キーだということが確認できる。この二つの属性は，いずれも図2の**“参加申込み”**エンティティの属性にはないので，空欄に追加する属性になる。先に，**空欄d**をいったん属性**‘大会番号’**にしていたが，これを外部キー兼主キーの**‘大会番号’**にして，**空欄e**を**‘会員番号’**にする（解答例に明記されているように空欄d～空欄gの4つは順不同）。

次に，追加するのが主キーの一部の**‘会員番号’**なので，（**‘大会番号’**だけではなく）こちらも**“会員”**エンティティに対する外部キーでもある。そこで，図1に追記する**“会員”**エンティティと**“参加申込み”**エンティティの間のリレーションシップについて考える。特に**「1人の会員がエントリを一生に1回しか挑戦できない」**という強い制約は書いてないので，常識的に1人の会員は一生に何度でも参加申込みをするだろうから，**“会員”**エンティティと**“参加申込み”**エンティティの間には**1対多の関係だと考えられる（図1に追加J）**。（←解説図14参照）

（3）の記述の処理が終われば，続いて（2）の制約について確認する。**“参加申込み”**エンティティの主キーが**‘大会番号’**と**‘会員番号’**なので，自ずと**「会員は，一つの大会について一つのエントリ枠だけ」**しか参加申込みできないことになる。

最後に**問題文の（4）～（6）**についてもチェックする。これらの記述は，データの更新や変化の話なので，設問1で考える概念データモデルや関係スキーマには関係ない。設問2以後で関連してくるところだと想像できる。したがって，設問2以後で使う可能性としてのマークをしておく程度でいいだろう。

● 問題文の「3．抽選結果の登録」…エンティティ⑫

ここの記述は**“参加申込み”**エンティティに**‘抽選結果’**の属性が必要だということに言及しているだけなので，それを確認するだけでいい。図2で確認すると，既に記載されているので追加する属性はない。

STEP-7. 問題文３ページ目「4. 参加費用の入金及びポイントの付与」の読解

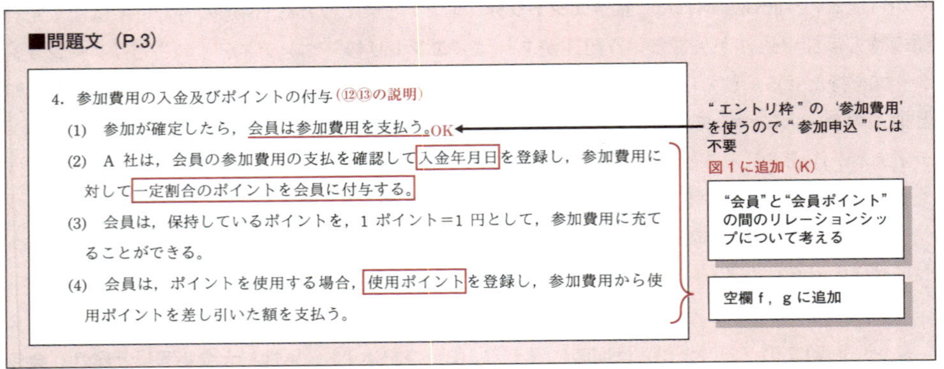

解説図 13　問題文の読み進め方

● 問題文の「4. 参加費用の入金及びポイントの付与」…エンティティ⑫，⑬

いよいよ最後の記述になる。ここの記述では図 2 の **“参加申込み”** エンティティの残りの空欄 2 つを埋める属性を探すとともに，図 1 に追記するリレーションシップがないかを合わせてチェックする。

まず，空欄 2 つを埋める属性だが，この中の記述のうち図 2 にまだ存在しないものを探すだけでいい。それが最初の候補になるからだ。すると **「入金年月日」** と **「使用ポイント」** の二つの属性に反応できるだろう。後は，それを空欄に持たせていいのか，すなわち **“参加申込み”** エンティティの属性に持たせるべきかどうかを判断する。

一つ目の **「入金年月日」** に関しては，会員の申込みに対して行う処理なので，**“参加申込み”** エンティティに持たせて問題はない。したがって **空欄 f** は **「入金年月日」** とする（順不同）。

そしてもう一つの **「使用ポイント」** に関しては，ポイントを使用するのは会員の申込みに対して，その単位で行うことなので，こちらも **“参加申込み”** エンティティに持たせて問題はない。したがって **空欄 g** は **「使用ポイント」** とする（順不同）。

最後に図 1 に追記するリレーションシップについて考える。残りのエンティティは **“会員ポイント”** エンティティである。このエンティティの主キーが **‘会員番号’** になっている。したがって **“会員”** エンティティとの間に **リレーションシップがあることが確認できる。** 問題文には，特に **「1 人の会員は複数の会員ポイントを…」** というような不可解な記述もないし，**“会員”** エンティティと **“会員ポイント”** エンティティの主キーが同じことから考えても，このリレーションシップは 1 対 1 になる **（図 1 に追加 K）**。

● 概念データモデル（図 1）への追記（完成）

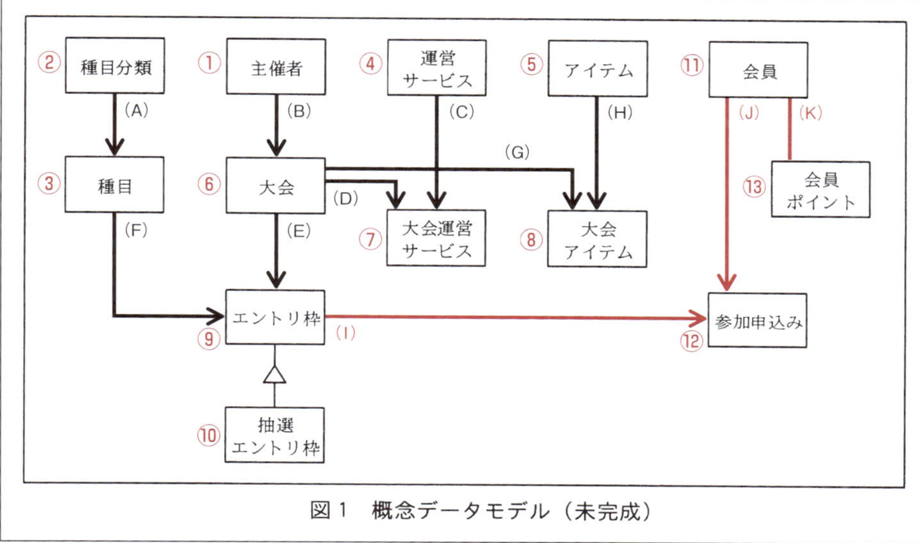

図 1　概念データモデル（未完成）

解説図 14　ここで追記するリレーションシップ（赤線）

● 関係スキーマ（図 2）への追加（完了）

参加申込み（**大会番号**，**会員番号**，エントリ枠番号，参加申込年月日，抽選，**入金年月日**，**使用ポイント**）…空欄 d ～空欄 g（順不同）

解説図 15　空欄の解答（枠内）

■ 設問 2　未完成の決定表を完成させる設問

IPA の解答例

設問	解答例・解答の要点	備考
設問 2	（下表）	*1（後も可） *2（前も可）

先着順抽選区分	先着順	先着順	先着順	先着順	抽選	抽選	抽選	抽選	抽選	抽選
募集期間に対する本日	前	中	中	後	前	中	後	後	ー*1	ー*1
参加申込数	ー	未満	到達	ー	ー	ー	以下	超過	超過	超過
抽選年月日に対する本日	ー	ー	ー	ー	ー*2	ー*2	ー	前	当日	後
エントリ枠状態を‘募集中’にする	ー	X	ー	ー	ー	X	ー	ー	ー	ー
エントリ枠状態を‘抽選中’にする	ー	ー	ー	ー	ー	ー	ー	X	ー	ー
抽選実施	ー	ー	ー	ー	ー	ー	ー	ー	X	ー
エントリ枠状態を‘参加者確定’にする	ー	ー	X	X	ー	ー	X	ー	X	X

設問 2 は，未完成の決定表を完成させる設問である。問題文を正確に読み取ることさえできれば確実に正解できる設問だ。したがって，試験対策としては**「どうすれば速く解答できるか？」**を考えることが重要になる。具体的には，次のような手順で考えていけばいいだろう。

> 前提知識：決定表の見方を知っている
> STEP-1.　決定表の確認－「何が問われているのか？」を確認する
> STEP-2.　決定表だけをチェックして，問題文で探す情報を決める
> STEP-3.　解答の記述ルール（条件部）と問題文の該当箇所を確認する

STEP-1. 決定表の確認－「何が問われているのか?」を確認する

最初に行うのは決定表そのもののチェックである。設問 1 を解いた後など，ある程度問題文を読んだ後なら，おおよそ問題文の内容も頭に入っているだろうから，決定表だけを見て，どういうパターンで何が問われているのかを読み取り，自分自身が解答で必要な情報を設定してから，その情報を**“探す”**読み方をすれば，短時間で効率よく正確に解答できるだろう。

今回の決定表では，ある条件の組み合わせによって 4 つの動作が定義されている。この問題では条件部の**「先着順抽選区分」が‘抽選’**の時のことが問われている。抽選の時の状況によって決定する動作は記載されているので，その動作の時の状況を問題文から読み取ればいい。加えて，**「先着順抽選区分」が‘先着順’**の時の状況と動作は確定している。これも大きなヒントになるので，参考にしながら解答していくことになる。

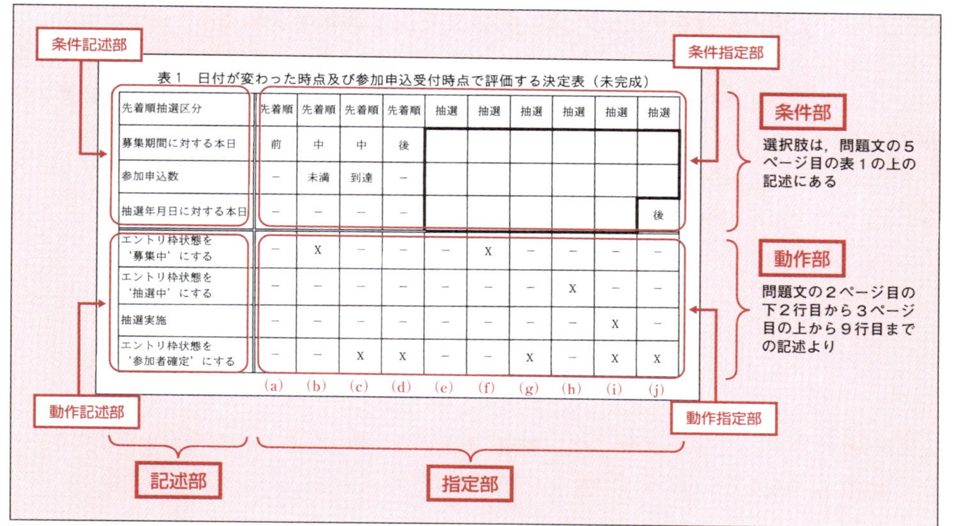

表１　日付が変わった時点及び参加申込受付時点で評価する決定表（未完成）

	(a)	(b)	(c)	(d)	(e)	(f)	(g)	(h)	(i)	(j)
先着順抽選区分	先着順	先着順	先着順	先着順	抽選	抽選	抽選	抽選	抽選	抽選
募集期間に対する本日	前	中	中	後						
参加申込数	−	未満	到達	−						
抽選年月日に対する本日	−	−	−	−						後
エントリ枠状態を‘募集中’にする	−	X	−	−	−	X	−	−	−	−
エントリ枠状態を‘抽選中’にする	−	−	−	−	−	−	−	X	−	−
抽選実施	−	−	−	−	−	−	−	−	X	−
エントリ枠状態を‘参加者確定’にする	−	−	X	X	−	−	X	−	X	X

解説図 16．表１（決定表）の読み方（(a)～(j) を解説の為に割りふる）

なお，解説の便宜上，これ以後の解説では，表１の決定表の **“指定部”** の列を左から右に (a) から (j) とする（解説図 16）。つまり，設問２で解答するのは，(e)～(j) の指定部になる。なお，決定表の基本的な見方に関しては，下記を参照してほしい。

参考　**決定表の見方**

決定表の形式や名称は JIS X 0125 で標準化されている。決定表は二重線又は一本の太線によって４つの部分に分割し，上下を“条件部”と“動作部”，左右を“記述部”と“指定部”とする。そして，その組み合わせによって図のように４つの部分の名称を定めている。

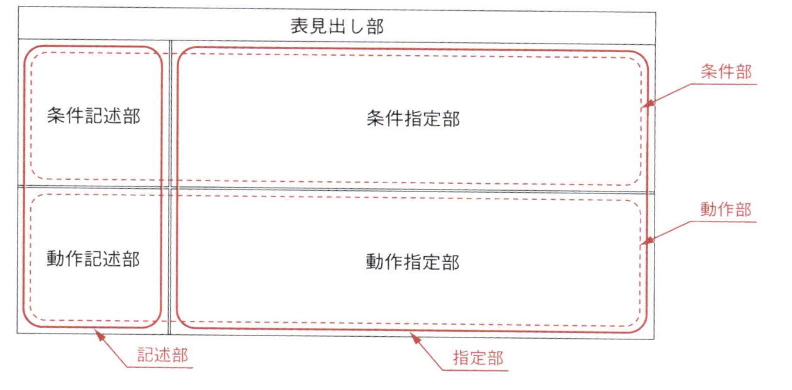

STEP-2. 決定表だけをチェックして，問題文で探す情報を決める

次に，短時間で解答するための戦略を練る。問題文を読まされるのではなく，自ら必要な情報を取りに行くというスタンスで考えた場合に，決定表を眺めながら**「どういう情報が必要なのか？」**を整理する。

まずは，確定している先着順抽選区分が**“先着順”**のものと同じ動作になるようにペアを決める。今回の場合だと，次のようになる。

・列（a）と列（e）→ 列（e）を解答する時に，列（a）を参考にする
・列（b）と列（f）→ 列（f）を解答する時に，列（b）を参考にする
・列（c）（d）と列（g）（j）→ 列（g）（j）を解答する時に，列（c）（d）を参考にする

また，動作の中で，先着順抽選区分が**“抽選”**にしかない動作があるので，それを確認する。列（h）と（i）は抽選ならではの動作になるようである。

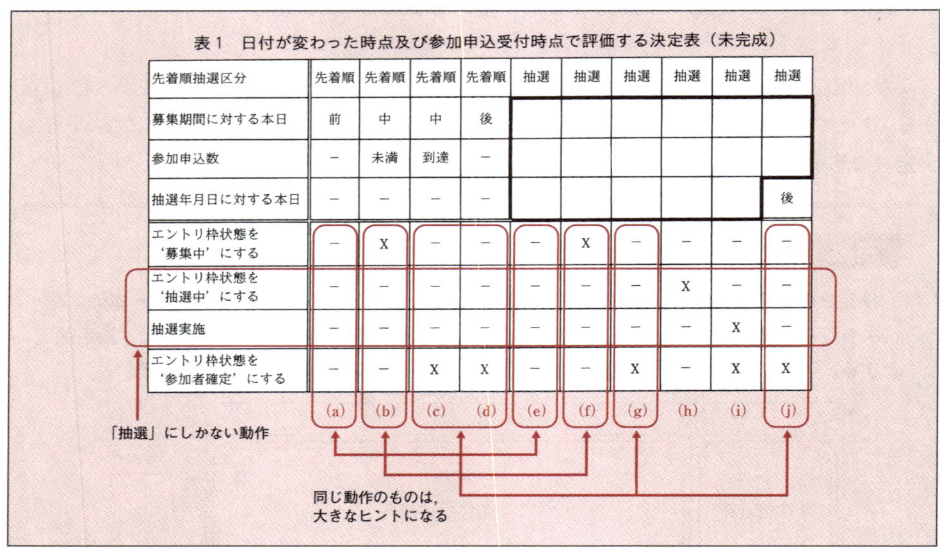
表 1　日付が変わった時点及び参加申込受付時点で評価する決定表（未完成）

先着順抽選区分	先着順	先着順	先着順	先着順	抽選	抽選	抽選	抽選	抽選	抽選
募集期間に対する本日	前	中	中	後						
参加申込数	−	未満	到達	−						
抽選年月日に対する本日	−	−	−	−						後
エントリ枠状態を‘募集中’にする	−	X	−	−	−	X	−	−	−	−
エントリ枠状態を‘抽選中’にする	−	−	−	−	−	−	−	X	−	−
抽選実施	−	−	−	−	−	−	−	−	X	−
エントリ枠状態を‘参加者確定’にする	−	−	X	X	−	−	X	−	X	X
	(a)	(b)	(c)	(d)	(e)	(f)	(g)	(h)	(i)	(j)

解説図 17. 表 1 の決定表の解析

STEP-3. 解答の記述ルール（条件部）と問題文の該当箇所を確認する

次に，解答のための記述ルールについて確認する。表1の決定表は，募集とエントリ枠状態に関するもので，決定表の各条件の取り得る値（条件指定部で取り得る値）は，表1の決定表のすぐ上に記載されている。これらは表1の決定表の条件部の取り得る値になるので，（当然だが）解答に当たっては，この取り得る値を使って解答する。

■問題文（P.5）

先着順抽選区分	：先着順，抽選
募集期間に対する本日	：募集期間よりも前の日（前），募集期間中（中）， 募集期間よりも後の日（後）
参加申込数	：定員未満（未満），定員以下（以下），定員到達（到達）， 定員超過（超過）
抽選年月日に対する本日	：抽選年月日よりも前の日（前），当日， 抽選年月日よりも後の日（後）

解説図 18. 問題文の 5 ページ目の表 1 のすぐ上に記載されている決定表の各条件の取り得る値

続いて，問題文の該当箇所をチェックする。表1の決定表から，問題文の中に記載されている**'先着順'**，**'抽選'**，**'エントリ枠状態'** 等に関して説明している部分を探し出す。すると，2か所見つけることができるだろう。

1か所目は問題文の2ページ目の上から6行目以後（解説図19）。ここに**「抽選」**の取り得る値の種類が書いている（下線部）

■問題文（P.2）

(3) エントリ枠に対する参加者を決める方式には，先着順と抽選があり，先着順抽選区分で分類する。抽選の場合は，抽選年月日を登録する。抽選年月日には，募集終了年月日よりも後の日付を登録する。

(4) エントリ枠には，エントリ枠状態を保持する。エントリ枠状態の取り得る値には，参加者を決める方式ごとに，先着順の場合は，'募集前'，'募集中'，'参加者確定' があり，抽選の場合は，'募集前'，'募集中'，'抽選中'，'参加者確定' がある。

解説図 19. 問題文の 2 ページ目の上から 6 行目以後に記載されている '先着順' 及び '抽選'，'エントリ枠状態' に関する記載箇所

2か所目は問題文の2ページ目の下から2行目から，3ページ目の上から9行目までの部分。ここに詳しく**‘エントリ枠状態’**の推移に関する記述がある（解説図20）。これは条件ごとの動作部の決定に関する記述になる。したがって，ここの記述を紐解きながら空欄を埋めていくことになる。

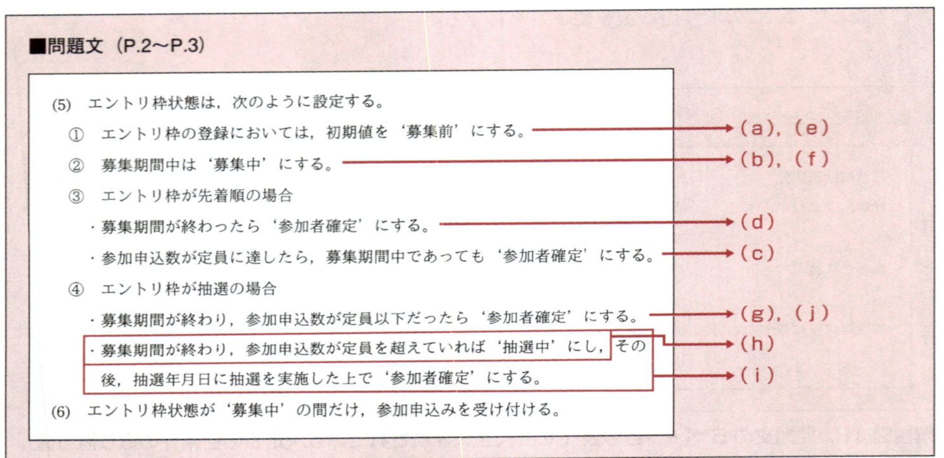

■問題文（P.2〜P.3）

(5) エントリ枠状態は，次のように設定する。
① エントリ枠の登録においては，初期値を‘募集前’にする。→(a)，(e)
② 募集期間中は‘募集中’にする。→(b)，(f)
③ エントリ枠が先着順の場合
・募集期間が終わったら‘参加者確定’にする。→(d)
・参加申込数が定員に達したら，募集期間中であっても‘参加者確定’にする。→(c)
④ エントリ枠が抽選の場合
・募集期間が終わり，参加申込数が定員以下だったら‘参加者確定’にする。→(g)，(j)
・募集期間が終わり，参加申込数が定員を超えていれば‘抽選中’にし，→(h) その後，抽選年月日に抽選を実施した上で‘参加者確定’にする。→(i)
(6) エントリ枠状態が‘募集中’の間だけ，参加申込みを受け付ける。

解説図20. 問題文の2ページ目の下から2行目以後に記載されている‘エントリ枠状態’の推移に関する記載箇所

STEP-4. 問題文を正確に理解して解答する

問題文の該当箇所が把握できれば，後は順番に枠内の解答をしていく。

● 条件指定部の列（e）

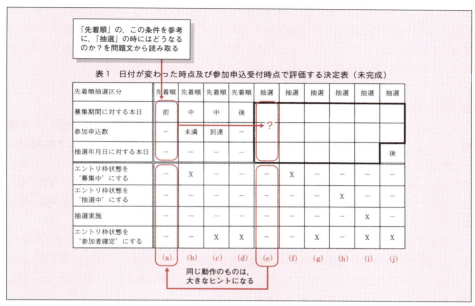

「先着順」の，この条件を参考に，「抽選」の時にはどうなるのか？を問題文から読み取る

表1　日付が変わった時点及び参加申込受付時点で評価する決定表（未完成）

先着順抽選区分	先着順	先着順	先着順	先着順	抽選	抽選	抽選	抽選	抽選	抽選
募集期間に対する本日	前	中	中	後						
参加申込数	−	未満	到達	−	?					
抽選年月日に対する本日	−	−	−	−						後
エントリ枠状態を‘募集中’にする	−	X	−	−	−	X	−	−	−	−
エントリ枠状態を‘抽選中’にする	−	−	−	−	−	−	−	X	−	−
抽選実施	−	−	−	−	−	−	−	−	X	−
エントリ枠状態を‘参加者確定’にする	−	−	X	X	−	−	X	−	X	X
	(a)	(b)	(c)	(d)	(e)	(f)	(g)	(h)	(i)	(j)

同じ動作のものは，大きなヒントになる

解説図 21　短時間で解答するための考え方

まず，解説図 21 の（a）と（e）は，何の動作もないということを示している。加えて，（a）の**「募集期間に対する本日」**が**‘前’**（募集期間よりも前の日）なので募集前には何も動作はないのもイメージできる。後は問題文で，先着順と抽選の両方で**「募集前」**に関する記述を確認する。すると，エントリ枠の説明をしている箇所（解説図 20）に**「① エントリ枠の登録においては，初期値を‘募集前’にする。」**という記述を見つけるだろう。これは先着順と抽選を両方区別せずに書いているので同じ条件だと判断できる。結果，列（a）の条件指定部と，列（e）の条件指定日は同じになる。

列（e）の解答	「募集期間に対する本日」	：‘前’
	「参加申込数」	：‘−’
	「抽選年月日に対する本日」	：‘−’（もしくは‘前’）

解説図 22　列（e）の解答

なお“－”は無関係という意味で，ここでは**「募集期間に対する本日」**が**‘前’**という条件だけで成立するが，本日と抽選年月日の比較が可能なこともあり，解答例では**「抽選年月日に対する本日」**は**‘前’**を含めても正解だとしている。

ちなみに，表1の決定表は，**‘先着順’**の**「募集期間に対する本日」**が左から右に時系列に並んでいる。これより，**‘抽選’**も左から右に時系列に並んでいると考えられる。したがって，列（a）と列（e）が同じ条件になるという可能性もかなり高いと考えられる。このように決定表の穴埋め問題は，決定表の他のヒントになる部分から規則性を読み取って，その規則に従って考えることが短時間で解答するコツになる。

● 条件指定部の列（f）

同じく動作指定部に着眼し，**「先着順抽選区分」**が**‘抽選’**の列（f）の動作と同じ動作の**‘先着順’**の列（b）をチェックする。列（b）の条件は，**「募集期間に対する本日」**が**‘中’**，**「参加申込数」**が**‘未満’**，**「抽選年月日に対する本日」**が**‘－’**になっている。これは，募集期間に入って募集中の動作になる。エントリ枠を募集中にしているのもイメージはできる。合わせて参加申込数にまだ達していないので**「募集開始になって，募集中でまだ定員に満たない状況だから，募集中にしている」**という状況である。

そこで，問題文で，**‘抽選’**の場合の同じ状況（エントリ枠状態が募集中）に関する記述を探す。すると，解説図20の「② **募集期間中は‘募集中’にする。**」という記述箇所が関連箇所だと判断できる。これ以外の記述もないので，抽選時の**「募集期間に対する本日」**は，先着順の時と同じ**‘中’**になる。また，**「抽選年月日に対する本日」**も，先に説明していた列（e）の解説のところと同じ理由で**‘－’**か**‘前’**になる。

最後に**「参加申込数」**について考える。問題文の該当箇所は**「④エントリ枠が抽選の場合」**になる。ここに書いている通り，（定員未満なのか，）定員以下なのか，（定員に到達したのか，）定員を超過したのかを判断するのは，あくまでも募集期間が終わってからになると書いている。先着順のように締め切りを考える必要がないので，募集中に**「定員に達したかどうか」**を判断する必要はない。したがって，先着順の列（b）では**「参加申込数」**が**‘未達’**になっているが，抽選の列（f）の**「参加申込数」**は**‘－’**になる。

列（f）の解答	「募集期間に対する本日」	：‘中’
	「参加申込数」	：‘－’
	「抽選年月日に対する本日」	：‘－’（もしくは‘前’）

解説図23　列（f）の解答

条件指定部の列（g）

「先着順抽選区分」が**‘抽選’**の列（g）の動作と同じ動作は列（c）（d）になる。また。列（j）も同じ動作だ。

列（c）の条件は，**「募集期間に対する本日」**が**‘中’**，**「参加申込数」**が**‘到達’**，**「抽選年月日に対する本日」**が**‘－’**なので，問題文の表現に合わせると**「③エントリ枠が先着順の場合」**の箇条書きの２つ目**「・参加申込数が定員に達したら，募集期間中であっても‘参加者確定’にする。」**というケースになる。

列（g）は，抽選時の，これと同じようなタイミングでの**「参加者確定」**のケースであり，列（h）が**「エントリ枠状態を‘抽選中’にする」**になっている。そのため，その前の**「参加者確定」**のケースだと考えられるので，問題文では**「④エントリ枠が抽選の場合」**の箇条書きの１つ目にある**「・募集期間が終わり，参加申込数が定員以下だったら‘参加者確定’にする。」**というケースになる。そこから，列（g）の解答は次のようになる。

列（g）の解答	「募集期間に対する本日」	：‘後’
	「参加申込数」	：‘以下’
	「抽選年月日に対する本日」	：‘－’

解説図 24　列（g）の解答

● 条件指定部の列（h）～（j）の解答

ここまでくれば，列（h）～（j）の残り3つをまとめて考えて行けるだろう。問題文の該当箇所も定まっているからだ。

まず列（i）は**“抽選実施”**に**“X”**が付いているので抽選実施と，それによる参加者確定に関する内容だと考えられる。問題文では**「④エントリ枠が抽選の場合」**の箇条書きの2つ目にある**「・募集期間が終わり，参加申込数が定員を超えていれば‘抽選中’にし，その後，抽選年月日に抽選を実施した上で‘参加者確定’にする。」**というケースになる。この記述から，列（i）は次のようになる。

列（i）の解答	「募集期間に対する本日」	：‘－’もしくは‘後’
	「参加申込数」	：‘超過’
	「抽選年月日に対する本日」	：‘当日’

解説図25　列（i）の解答

続いて，列（h）について考える。これは**“抽選実施”**前に，抽選することに決まったが，まだ抽選日までの状況なので，そこから次のような解答になる。

列（h）の解答	「募集期間に対する本日」	：‘後’
	「参加申込数」	：‘超過’
	「抽選年月日に対する本日」	：‘前’

解説図26　列（h）の解答

最後の列（j）は**“抽選実施”**後に，参加者が確定した状況である。したがって次のような解答になる。

列（j）の解答	「募集期間に対する本日」	：‘－’もしくは‘後’
	「参加申込数」	：‘超過’
	「抽選年月日に対する本日」	：‘後’←これは最初から表示

解説図27　列（j）の解答

■ 設問３

IPA の解答例

設問		解答例・解答の要点			備考
設問３	(1)	①	関係名	抽選エントリ枠	
			属性名	後続エントリ枠番号	
		②	関係名	参加申込み	
			属性名	抽選結果	
		③	抽選結果（大会番号，会員番号，エントリ枠番号，抽選結果）		
	(2)	会員番号，ポイント付与年月日，付与ポイント，使用済ポイント			

設問３は，〔**新たな要件の追加**〕段落に関するもので，これまで考えてきた概念データモデルと関係スキーマを変更するという問題である。設問３（1）が多段階抽選方式へ，設問３（2）がポイント有効期限の設定への変更である。

解答に当たっては，設問１や設問２で現状はもう頭の中に入っていると思うので，どこをどう変更するのかを読み取って，考えればいいだろう。

設問３（1）多段階抽選方式への対応

①は「**ある関係に一つの属性を追加する。**」というものである。問題文の変更点を熟読して，「**ある関係に属性を追加しないと実現できない仕様**」を探し出す。すると，「**・多段階抽選の対象のエントリ枠には，後続のエントリ枠を一つ設定する。**」という記述や，「**・後続のエントリ枠が設定されたエントリ枠**」という記述を見つけるだろう。現状では，エントリ枠同士の連動はできない。そこで，**“抽選エントリ枠”**エンティティに（対象は抽選の場合限定なので，**“エントリ枠”**エンティティではない），後続するエントリ枠の主キー（大会番号，エントリ枠番号）を設定する。但し，問題文に書かれている例を見る限り，多段階抽選方式は同一大会の範囲内になる。したがって，**“抽選エントリ枠”**エンティティの**‘大会番号’**は，後続するエントリ枠でも同じ**‘大会番号’**なので新たに追加する必要はない。設問でも「**一つの属性**」となっている。したがって，**“ある関係”**は**“抽選エントリ枠”**エンティティで，追加する一つの属性は**‘後続エントリ枠番号’**を外部キーとして持たせて，自己参照させる。

続く②では，逆に「**ある関係から一つの属性を削除する。**」というものである。これは③と合わせて考える。③では「**新たに一つの関係を追加する。追加する関係の関係スキーマを答えよ。**」というものである。

この変更で，増えるのは抽選回数である。これまでは申込みに対して１回しか抽選がなかったものを，申込みに対して複数回抽選することになる。その観点で考えれば，**“参加申込み”**エンティティに対して**‘抽選結果’**があると，参加申込み１回に対して１回しか抽選できないままになる。したがって，削除するのは**“参加申込み”**エンティティの**‘抽選結果’**になる。

そして，抽選結果がなくなったままでは仕様を満たさないので，**“参加申込み”**エンティティに対して，複数の抽選結果を持たせる必要がある。したがって追加する関係は**“抽選結果”**エンティティになる。そこに持たせる属性は，主キー以外の属性として**‘抽選結果’**を持たせるのはもちろんのこと，**“参加申込み”**エンティティと追加する**“抽選結果”**エンティティとの間には１対多のリレーションシップが必要なので，**“参加申込み”**エンティティの主キー（**大会番号，会員番号**）が**“抽選結果”**エンティティの主キーにも必須になる。加えて，１対１ではないので，**“抽選結果”**エンティティには**「多段階」**を示す主キー属性が必要になる。問題文には**「エントリ枠の抽選ごとに抽選結果を登録する。」**という記述があるので，**“抽選結果”**の主キーには**‘エントリ枠番号’**を加える。以上より，次のような関係スキーマを一つ追加する。

抽選結果（大会番号，会員番号，エントリ枠番号，抽選結果）

設問３（2）ポイントの有効期限への対応

新たな要件の追加の２つ目は，ポイントの有効期限への対応である。現状，会員のポイントを管理しているのは**“会員ポイント”**エンティティである。それを図２で確認すると，**‘会員番号’**と**‘ポイント残高’**の二つの属性しか持たないシンプルな構成である。これを，有効期限を管理できるようにするというのが，設問で求められている変更である。

まず，**「ポイントの有効期限は，付与された日から１年であり」**という記述から，１人の会員に対して，会員ポイントの管理は，付与される日ごとに，その単位で管理しなければならないことになる。必然的に，今の**“会員”**エンティティと**“会員ポイント”**エンティティの１対１のリレーションシップが，１対多に変わることになる。したがって，**“会員ポイント”**の主キーは，**‘会員番号’**だけではなくポイントが付与された日付（**‘ポイント付与年月日’**）を加える必要が出てくる。

次に主キー以外の属性について考える。ポイントが付与された日の**‘付与ポイント’**が必要になる。加えて，問題文の**「ポイントの使用は，有効期限の近いものから行う。」**という記述から，**‘使用済ポイント’**も必要になる。以上より，変更後の**“会員ポイント”**エンティティは次のようになる。

会員番号，ポイント付与年月日，付与ポイント，使用済ポイント

なお，属性の名称は，意味が通じれば多少の言い回しの違いは問題ない。

平成 31 年度　午後Ⅰ　問２　解説

問2

IPA公表の出題趣旨と採点総評

出題趣旨
RDBMSのトリガを利用する際には，そのトリガの影響を受けて予期せぬ結果を発生させることのないように，テーブルに対する変更操作の内容や，トリガの定義条件を注意深く設計する必要がある。 本問では，在庫管理データベースを題材に，トリガを絡めて，SQLの基礎知識とその実装，及び，誤動作を発生させないトリガとテーブル変更操作の設計能力を問う。

採点講評
問2では，データベースでのトリガの実装，及び，トリガ内のロックによって引き起こされるデッドロックについて出題した。全体として，正答率は高かった。 設問1は，正答率が高かった。トリガの基本や，ISOLATIONレベルに応じたトランザクションの振る舞いについてよく理解されていた。 設問2(1)は，設問1に比べて正答率が低かった。設問中のトリガの仕様と状況記述から，与えられたSQLの目的と必要な定義内容を読み取ってほしい。設問2(2)は正答率が高く，トリガの振る舞いについてよく理解されていた。 設問3は，正答率が低かった。同一テーブル内での，複数行間のデッドロックを題材としたが，デッドロックの発生要因に気付けない受験者が多かったと思われる。デッドロックが発生するメカニズムについて，理解を深めてもらいたい。

問題文を確認する

本問の構成は以下のようになっている。

問題タイトル：データベースでのトリガの実装

題材：オフィスじゅう器メーカの在庫管理システム

ページ数：5P

第1段落〔RDBMSの主な仕様〕

　表1　トランザクションのISOLATIONレベルとその排他制御の内容

第2段落〔在庫管理システムのテーブル〕

　図1　主なテーブルのテーブル構造

第3段落〔在庫管理業務の概要〕

第4段落〔トリガでの在庫引当処理の設計〕

　図2　トリガでの在庫引当処理（未完成）

第5段落〔トリガでの定量発注の設計〕

　図3　トリガを定義するSQL（未完成）

　表2　指摘内容と対策（未完成）

問2は，タイトルにある通り**「トリガ」**に関する問題である。トリガは平成30年の午後Ⅰでも出題されたが，平成31年はSQLの構文を覚えているかどうかという点も問われるようになっている。もう必須の知識だと考えていいだろう。他には，ISOLATIONレベルとその排他制御に関する問題やデッドロックに関する問題も出題されている。

■ 設問を確認する

設問は以下のようになっている。

設問		分類	過去頻出
1	1	トリガに関する設問（穴埋め問題）	あり
	2	ISOLATIONレベルに関する設問	あり
2	1	SQLの完成：トリガの構文（穴埋め問題）	なし
	2	問題文の状況を読み取る設問（穴埋め問題）	なし
3	1	デッドロックに関する問題	あり
	2	デッドロックへの対応策に関する問題	あり

■ 解答戦略―45分の使い方―を考える

ISOLATIONレベルと排他制御（デッドロック）に関する知識と，トリガに関する知識が，どれくらいあるのかによって時間の使い方が変わる。得意なところから解いていけばいいが，設問1から設問2，設問3へと順番に解いていった方が解きやすい並びにはなっている。したがって，前半多少時間がかかったとしても基本は均等割りでいい。設問3に10-15分残すと考えて，設問1に全体像を把握する時間を含めて20分，設問2に10-15分のペースで考えておけばいいだろう。

トリガに関しては，設問2（1）はSQLの構文を知らなければ解けないが，手も足も出ないわけではなく選択式なので，何かしらの解答はできるだろう。平成30年午後Ⅰ問2の問題で理解しておくに越したことはないが，この問題で理解しながら進めていっても，ある程度時間を使えば十分高得点を狙える。

設問3のデッドロックに関しては，午前レベルの問題も含まれているので，難易度自体はそんなに高くない。そんなに時間もかからないだろう。

いずれにせよ，**〔RDBMSの主な仕様〕**を使った問題が今後も出題されるのは間違いないので，本番では，出題されているものとの差分だけを読み取って短時間で正確に把握できるように，試験対策として過去問題の中に出てくる**〔RDBMSの主な仕様〕**をしっかりと理解しておきたい。

■ 設問 1

IPA の解答例

設問			解答例・解答の要点	備考
設問 1	(1)	ア	出庫要求明細	
		イ	挿入	
		ウ	部品番号	
		エ	在庫	
		オ	実在庫数量	
		カ	引当済数量	
	(2)	(a)	BEFORE トリガを実行した後に，別のトランザクションが割り込んで先に実行されてしまうと，AFTER トリガで不当な引当判定に基づいて更新することになる。	
		(b)	FOR UPDATE 句を指定する。	

設問 1 はトリガに関する問題と ISOLATION レベルに関する問題である。いずれも**〔RDBMS の主な仕様〕**段落に書かれている仕様を十分に理解した上で設問を解いていく必要がある。

■ 設問 1（1）

未完成のトリガを完成させる問題に関しては，次の手順で解答するといいだろう。

① 契機（きっかけ）となる処理を探す
② BEFORE トリガに設定する前処理を探す（条件判定が多い）
③ AFTER トリガに設定する後処理を探す（追加・更新・削除処理が多い）

もちろん，その前に（上記の①～③を探すために），問題文でその処理の説明している箇所を探したり，ヒントになる記述をチェックしたりする必要がある。この設問では，解説図 1 のように**〔在庫管理業務の概要〕**段落の **(5)** が在庫引当に関する記述箇所になる。

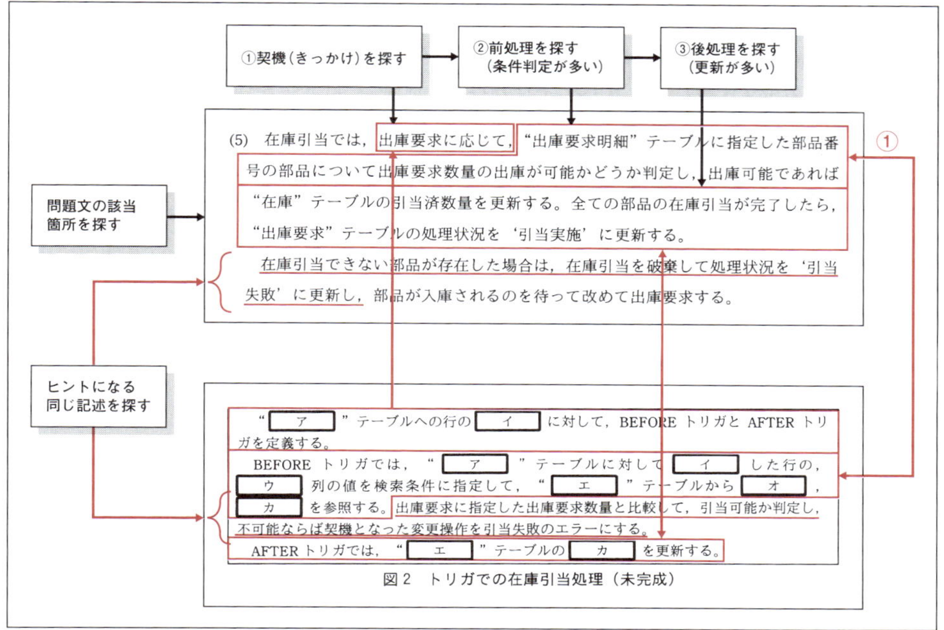

解説図 1 業務処理とトリガ処理の突き合わせチェック

● 空欄ア（出庫要求明細），イ（挿入）

空欄アと空欄イには，トリガを発動する契機（きっかけ）となる処理が入る。そこで，対応する問題文の記述のうち，契機となるような“タイミング”に言及しているところをチェックする。**「出庫要求に応じて，“出庫要求明細”テーブルに指定した部品番号の部品について…」**という記述箇所だ（解説図 1 の①）。

空欄アにはテーブル名が入るので，図 1 で**“出庫要求明細”**テーブルが存在していることと，その属性に**‘部品番号’**を保持していることを確認して，**空欄ア**の解答を**「出庫要求明細」**で確定する。

空欄イに関しては，常識的に考えれば**「出庫要求に応じて」**ということなので**「挿入」**になるが，最終的に解答を決定するためには出庫要求に関する問題文の記述を確認しなければならない。ちょうど，解説図 1 に記している在庫引当に関する記述（5）のすぐ上の（4）が出庫要求に関する説明になっているので，そこをチェックする。すると**「“出庫要求”テーブル及び“出庫要求明細”テーブルに出庫要求の内容を登録し」**という記述があるので，**空欄イ**は**「挿入」**で問題ないことが確認できる。

なお，空欄イを**「追加」**と解答した場合に正解になるかどうか，部分点があるのがどうかは不明である。実務上は使い分ける必要はないが，問題文のトリガの説明部分（問題文の１ページ目の**〔RDBMS の主な仕様〕**段落の**「2．トリガ」**の１行目）には変更操作を**「挿入・更新・削除」**と明記しているからだ。広義に考えれば追加と挿入は同じ意味にも取れるが，問題文で定義されている場合は，その表現を使っておくのが安全である。極力，その表現を使うように心がけよう。

● 空欄ウ（部品番号），エ（在庫），オ（実在庫数量），カ（引当済数量）

続いて，BEFORE トリガの部分を検討する。**“出庫要求明細”**テーブルに対して挿入した行のいずれかの列を使って，別のテーブルを参照している。そのテーブルは，AFTER トリガで更新するテーブルなので，問題文の状況から考えれば，容易に**“在庫”**テーブルだということがわかるだろう。在庫引当処理だし，**“在庫”**テーブルしか問題文に出てきていないからだ。したがって**空欄エ**は**「在庫」**になる。

また，**“出庫要求明細”**テーブルから**“在庫”**テーブルを参照するには，**“在庫”**テーブルの主キーである**‘部品番号’**に，**“出庫要求明細”**テーブルの**‘部品番号’**を設定する。したがって**空欄ウ**は**「部品番号」**になる。

残りの空欄オ，カは，**“在庫”**テーブルから選択する列になる。問題文には，その列を使って**「出庫要求に指定した出庫要求数量と比較して，引当可能か判定」**すると書いているので，その在庫の**「引当可能数量」**に関係する列になる。**“在庫”**テーブルでは，実在庫数量と引当済数量を持たせて，その差で引当可能数量を求めるようにしている。したがって**空欄オ**，**空欄カ**は，**「実在庫数量」**と**「引当済数量」**になる（現段階では順不同）。

そして最後に，AFTER トリガの空欄を検討する。AFTER トリガの空欄はエと空欄カだ。いずれも既出になる。空欄エは**「在庫」**なので，更新するのは**“在庫”**テーブルだ。そしてその列名が**「実在庫数量」**か**「引当済数量」**になるが，問題文に書かれている通り，ここで行うのは引当処理なので，（空欄オと空欄カは順不同ではなく）**空欄カ**が**「引当済数量」**になる。その結果，自動的に**空欄オ**は**「実在庫数量」**になる。

■ 設問１(2)

まず，設問に**「トランザクションの ISOLATION レベルについて」**という記述があるので，問題文より ISOLATION レベルに関するルールを確認する。該当箇所は，問題文の１ページ目の**〔RDBMS の仕様〕**段落の**「1．ISOLATION レベル」**のところになる。

■問題文（P.1）

1. ISOLATION レベル

選択できるトランザクションの ISOLATION レベルとその排他制御の内容は，表1のとおりである。ただし，データ参照時に FOR UPDATE 句を指定すると，対象行に専有ロックを掛け，トランザクション終了時に解放する。

ロックは行単位で掛ける。共有ロックを掛けている間は，他のトランザクションからの対象行の参照は可能であり，更新は共有ロックの解放待ちとなる。専有ロックを掛けている間は，他のトランザクションからの対象行の参照，更新は専有ロックの解放待ちとなる。

共有ロックと専有ロックに関する基礎知識。午前問題でも出題されるので覚えておきたい内容

表1　トランザクションの ISOLATION レベルとその排他制御の内容

ISOLATION レベル	排他制御の内容
READ COMMITTED	データ参照時に共有ロックを掛け，参照終了時に解放する。 データ更新時に専有ロックを掛け，トランザクション終了時に解放する。
REPEATABLE READ	データ参照時に共有ロックを掛け，トランザクション終了時に解放する。 データ更新時に専有ロックを掛け，トランザクション終了時に解放する。

索引を使わずに，表探索で全ての行に順次アクセスする場合，検索条件に合致するか否かにかかわらず全行をロック対象とする。索引探索の場合，索引から読み込んだ行だけをロック対象とする。

今回は過去問題と大きく変わることはなかったが，今後は細かい違いがあるかもしれない

そういう意味で，過去問題との違いをチェックしておこう

表1や，その下の表探索と索引探索の時のロックの掛け方を確認

解説図2　問題文中の ISOLATION レベルに関する記述の確認

■ 設問1（2）の（a）

ISOLATION レベルによるロックの掛け方の違いを把握したら，次に，設問1（1）で検討したトリガの処理の順番を，ISOLATION レベルを考慮した形で整理してみる（解説図3）。設問では，不正になるのは**「引当済数量」**なので**“在庫”**テーブルの排他制御の部分を中心に見ていく。

	トリガの処理	READ COMMITTED の時の排他制御
①	**“出庫要求明細”**テーブルに行挿入発生	出庫要求明細テーブルに専有ロック
②	**“在庫”**テーブルを参照 →実在庫数量，引当済数量	・同じ部品番号の在庫1行読み込む ・参照なので**共有ロック（参照終了時に解放）** ・索引探索なので**行ロック**
③	引当判定処理 ②と出庫要求数量と比較	・引当不可能ならエラーで終了 ・引当可能なら④へ
④	引当可能な場合 **“在庫”**テーブルの引当済数量を更新	・更新なので**専有ロック（トランザクション終了時に解放）** ・索引探索なので**行ロック**
⑤	→まだ，データがある場合は①へ	

解説図3　出庫要求のトランザクション

ここまでである程度，不正のイメージができればそのまま解答してもいいし，どう表現していいのか迷えば，解説図４のような例を使って順に説明していくことを考えていくと，頭の中も整理しやすい。

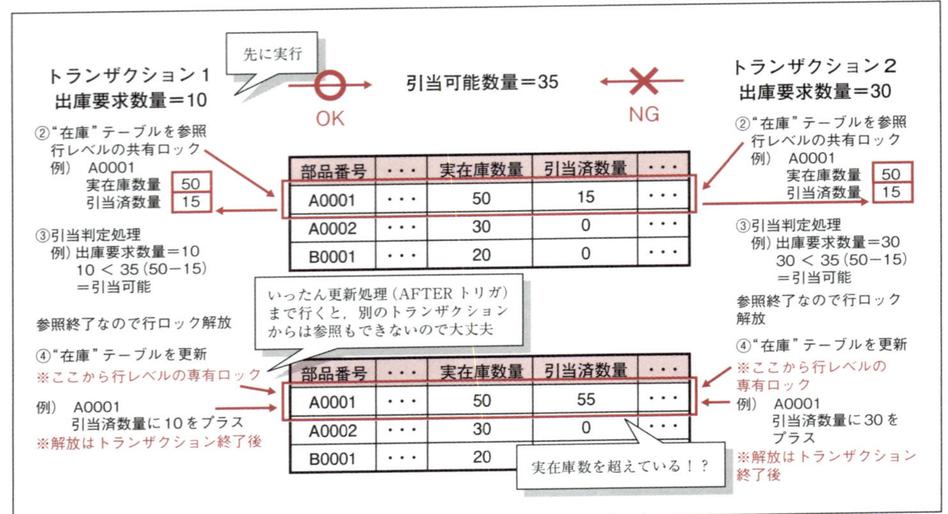

解説図４　例を使って考えてみる

例えば，引当可能数量が35個の部品（例ではA0001）に対して，トランザクション１で10個の出庫要求数量と，トランザクション２で30個の出庫要求数量があったとしよう。トランザクション１が先に実行されると，引当可能数量は25個に更新され，後から実行するトランザクション２の30個の出庫要求数量は引当できないので**‘引当失敗’**の処理をしなければならない。当然，トランザクション２で引当済数量を更新してはいけない。

トランザクション１の実行が終了してから，トランザクション２を実行するのなら何ら問題はない。ひとまずトランザクション１で**‘A0001’**の部品のAFTERトリガで**“在庫”**テーブルを更新するところまで実行が進めば，その時に掛けるロックは行単位の専有ロックなので，トランザクション２からは参照できないため，全く問題は発生しない。

この手の問題が発生するのは，複数のトランザクションから参照できる**“共有ロック”**をしている時に，２つのトランザクションが同時に参照するケースだ。今回はBEFOREトリガのところになる。トランザクション１でBEFOREトリガを実行してからAFTERトリガを実行するまでの間は，共有ロックなので他のトランザクション（トランザクション２）の参照（共有ロック）は可能になる。不正が入るとしたら，このタイミングしかない。したがって，まずはこのタイミングだということを解答に含める。解答例のようなものでもいいし，**「BEFOREトリガを実行してから**

AFTER トリガを実行するまでに，他のトランザクションが割り込んだ場合（51 字）」のようなものでもいい。いずれにせよ，他のトランザクションの実行が，このタイミングであることを解答に含めるのは必須になる。

次に，発生する問題について考えてみよう。解説図 4 の例のように，共有ロックを掛けている間は複数のトランザクションが参照可能だが，ただそれらは全て更新前（専有ロックを掛ける前）の値になる。つまり，それらの値から計算する引当可能数量（実在庫数量から引当済数量を差し引いた値）は，全てのトランザクションで同じ値（例えばこの例だと **'35 個'** という値）になり，その値を使って引当判定を行うことになる。したがって，続く更新処理では，最初に専有ロックを掛けたトランザクションだけが正しい引当判定に基づいて処理できるが，後からのトランザクションの引当判定処理は正しい判断にはならないケースが出てくる。

引当判定処理が不正でも引当可能なケース（例えば，引当可能数量が 100 で，トランザクション 1 で 20 引当，トランザクション 2 で 30 引当など）では問題にはならないが，解説図 4 の例のように，本来，引き当てることができないケースでも引き当ててしまうケースが発生する。つまり**「不当な引当判定処理に基づいて更新してしまう（21 字）」**という説明も必要になる。

以上を組み合わせて，**「BEFORE トリガを実行してから AFTER トリガを実行するまでに，他のトランザクションが割り込んだ場合，不当な引当判定処理に基づいて更新してしまう（73 字）」**というようにまとめればいいだろう。

■ 設問 1(2) の(b)

（a）に正しく解答できれば，この答えは簡単だろう。READ COMMITTED で**「データ参照時に共有ロックを掛け，参照終了時に解放する。」**というのが問題なので，問題文の**「1. ISOLATION レベル」**のところに記載されている**「FOR UPDATE 句を指定」**して，**「対象行に専有ロックを掛け，トランザクション終了時に解放する。」**という方法に変えればいい。したがって**「FOR UPDATE 句を指定する。(17 字：空白を 1 文字とした場合)」**という解答になる。

■ 設問２

IPA の解答例

設問			解答例・解答の要点	備考
設問２	(1)	a	ア	
		b	オ	
		c	ウ	
		d	キ	
	(2)	あ	出庫	
		い	在庫	
		う	引当済数量	
		え	発注済フラグ	

設問２もトリガに関する問題になる。但し，設問１とは異なりSQL文になる。該当箇所は**〔トリガでの定量発注の設計〕**段落。題材は**「発注処理」**なので，**〔在庫管理業務の概要〕**段落の中から**「発注処理」**に関する記述を探して，そこと突き合わせを行いながら解いていくといいだろう。

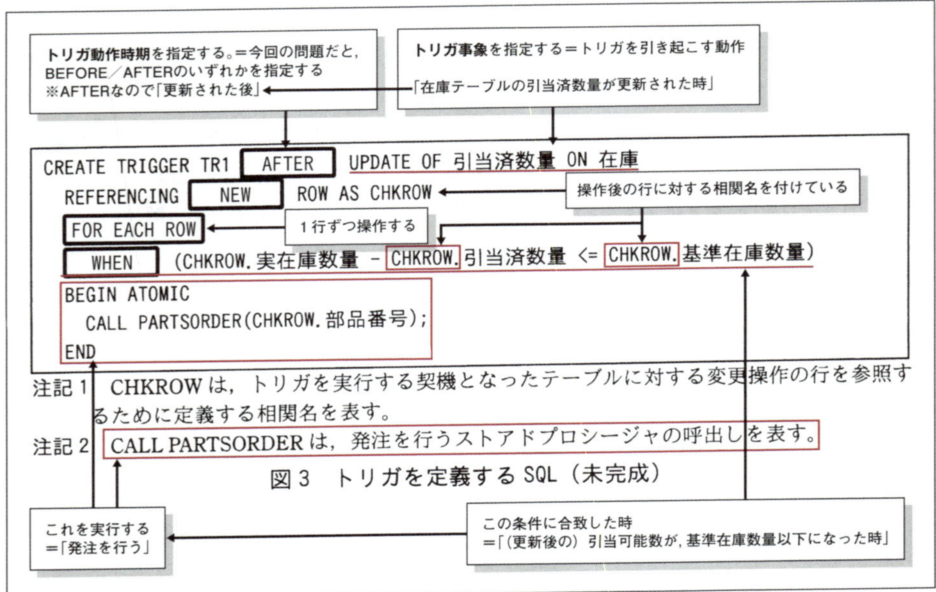

解説図５　問題文の図３のSQL文の解析

■ 設問２(１)

この問題は，トリガを定義するSQL文“**CREATE TRIGGER**”に関する知識があるかどうかが問われている。知識があれば解けるが，構文を知らなければ“**運**”に頼るしかない。問われている部分は，“**CREATE TRIGGER**”の基本的なところになる。今回は選択肢から選ぶことができたが，次回からは選択ではなくなることは十分考えられるので，今回，解説図５を使って構文を覚えておこう。

● 空欄ａ

空欄ａは，構文上“**トリガ動作時期**”を指定する場所になる。ここに入るのは，問題文の「**2.トリガ**」の（**1**）のところに書いている“**実行タイミング**”なので，指定できるのはBEFORE（BEFOREトリガ）かAFTER（AFTERトリガ）になる。

■問題文（P.1〜P.2）

2. トリガ

テーブルに対する変更操作（挿入・更新・削除）を契機に，あらかじめ定義した処理を実行する。

空欄ａ (1) 実行タイミング（テーブルに対する変更操作の前又は後。前者をBEFOREトリガ，後者をAFTERトリガという）を定義することができる。

空欄ｄ→ (2) 列値による実行条件を定義することができる。

(3) トリガ内では，トリガを実行する契機となった変更操作を行う前と後の行を参照することができる。挿入では操作後の行の内容を，更新では操作前と操作後の行の内容を，削除では操作前の行の内容を参照することができる。参照するには，操作前と操作後の行に対する相関名をそれぞれ定義し，相関名で列名を修飾する。（空欄ｂ）

(4) BEFOREトリガの処理開始から終了までの同一トランザクション内では，全てのテーブルに対して変更操作を行うことはできない。

(5) トリガ内で例外を発生させることによって，契機となった変更操作をエラーとして終了することができる。

解説図６　問題文中のトリガの仕様に関する記述の確認

BEFOREとAFTERのどちらが適切かは，空欄ａに続く処理次第で決まる。今回は「**UPDATE OF 引当済数量 ON 在庫（在庫テーブルの引当済数量が更新された）**」という記述なので，常識的に考えて，（発注するのは，在庫テーブルの引当済数量が更新された）“**後**”だとわかるだろう。更新前にする意味がない。とは言うものの，念のため問題文でも確認しておこう。定量発注処理に関しては，〔**在庫管理業務の概要**〕段落の（**3**）に記載されている（解説図７）。この中の「**下回った都度**」という表現からも“後”で問題ないと判断できる。以上より，**空欄ａ**は“**AFTER**”，すなわち“**ア**”になる。

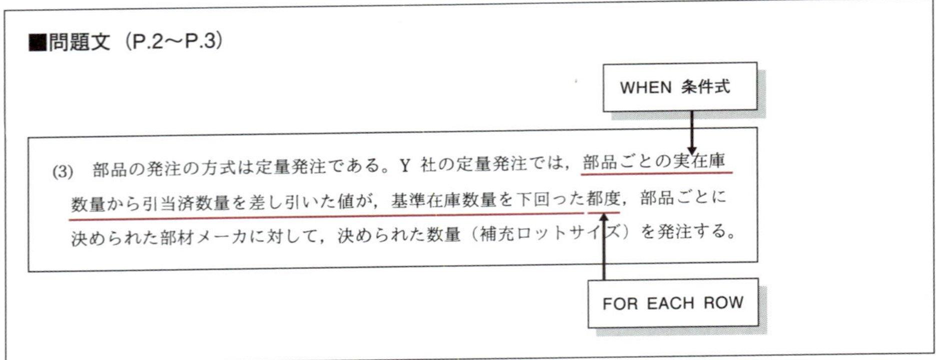

解説図 7　定量発注に関する問題文の記述箇所

● 空欄 b

空欄 b は，**“新旧値別名”** を指定する場所になる。この問題では，問題文の **「2. トリガ」** の **(3)** の後半に書いている **“操作前と操作後の行に対する相関名”** のところである。**“REFERENCING”** から始まり，操作後の行の内容を指定する場合には **“NEW ROW”** を，操作前の行の内容を指定する場合には **“OLD ROW”** をそれぞれ指定する。そして **“AS”** の後に相関名（今回なら **“CHKROW”**）を指定する。

したがって，空欄 b に入るのは **“NEW”** か **“OLD”** になる。いずれになるのかは，文脈から判断する（更新は NEW，OLD の両方が可能なので）。今回は空欄 a で考えた通り，**「在庫テーブルの引当済数量が更新された“後”」** に **「引当可能数量（実在庫数量から引当済数量を差し引いた値）が，基準在庫数量を下回った」** かどうかのチェックを行い，下回っていれば発注するという手順になるので，操作後の内容，すなわち **“NEW”** になる。したがって **空欄 b** の解答は **“オ”** になる。

● 空欄 c

空欄 c は，**“FOR EACH ROW”** か **“FOR EACH STATEMENT”** を指定する場所になる。前者は，トリガが発動される都度 1 行ずつ処理される **“行トリガ”** と呼ばれるもので，後者は，このトリガの SQL 文に対して 1 回だけ処理される **“文トリガ”** と呼ばれるものになる。今回は，解説図 7 にも書いてある **「都度」** という表現から 1 行ずつ処理されるため，**空欄 c** は **“FOR EACH　ROW”**，すなわち **“ウ”** になる。

● 空欄 d

空欄 d には **“WHEN”** が入る。したがって **空欄 d** は **“キ”** になる。空欄 d の後に続くのが **「引当可能数量（実在庫数量から引当済数量を差し引いた値）が，基準在庫数量を下回った」** かどうかの比較文になっていることが読み取れるだろう。このように，WHEN 句を使って，条件式を指定することができる。

■ 設問 2（2）

続いての設問は，表 2 の空欄を埋める穴埋め問題になる。図 3 のトリガをレビューしたところ問題が指摘され，対策を施すことになったという内容だ。具体的には，在庫引当処理以外にも，このトリガが発動してしまい，発注が繰り返されるという指摘である。通常，**“在庫”** テーブルの **‘引当済数量’** が変動するのは，引当が行われた場合だけではなく，引当が行われたものが出庫された時に実在庫数量を減じて，引当済数量も減じる必要がある。したがって，問題文からそのあたりの記述を探せばいいだろう。探す箇所は **“出庫”** に関するところなので，**〔在庫管理業務の概要〕** 段落の **（6）** になる（解説図 8）。

■問題文（P.3）

(6)　出庫では，在庫引当が完了した部品を倉庫から搬出する。毎朝，“出庫要求”テーブルの処理状況が‘引当実施’のものを対象に実施する。それぞれの部品の出庫が完了したら，“在庫”テーブルの実在庫数量及び引当済数量を更新し，“出庫要求”テーブルの処理状況を‘出庫実施’に更新する。出庫は出庫要求単位に 1 トランザクションで処理し，全ての部品をまとめて出庫する。

解説図 8　出庫に関する問題文の記述箇所

この記述から，**空欄あ**には **「出庫」**，**空欄い**には **「在庫」**，**空欄う**には **「引当済数量」** が入ることがわかる。

次に**空欄え**の解答を考える。対策は **「発注が繰り返されないように」**，**“在庫”** テーブルのある列を使って判定するというものになる。図 1 の **“在庫”** テーブルの列名をチェックすると，この列の中では **‘発注済フラグ’** しかないことは容易にわかるだろう。時間がなければ，そのまま解答しても構わないが，時間があれば，念のため問題文をチェックしておこう。**‘発注済フラグ’** についての記述か発注処理に関する記述を探す。すると，**〔在庫管理業務の概要〕** 段落の **（7）** の中に **「発注済フラグをオンにする。」** と書いているところを見つけるだろう。これで解答が確定できる。**空欄え**は **「発注済フラグ」** になる。

ちなみに，発注処理でオンにした **‘発注済フラグ’** は，入庫したタイミングでオフにすると書いている。逆に，入庫するまでは発注できなくなる点も念頭においておきたい。

■ 設問３

IPA の解答例

設問			解答例・解答の要点	備考
設問３	(1)	在庫		
	(2)	①	・出庫要求明細の登録と入庫を，それぞれ部品番号順に処理する。	
		②	・入庫は複数の部品をまとめず，部品ごとに別トランザクションで処理する。	

設問３は，デッドロックに関する問題になる。(1) ではデッドロックになるテーブルが，(2) ではその回避策がそれぞれ問われている（回避策は２つ）。デッドロックに関する問題は，これまでもよく問われてきた。基本，午前レベルの問題なので，確実に正解しておきたいところになる。

■ 設問３(１)

設問は**「出庫要求と入庫でデッドロックが発生することがある。」**ということなので，**「出庫要求」**に関する記述（**〔在庫管理業務の概要〕**の（4））と**「入庫」**に関する記述（同（8））の中で，その時に使用されているテーブルを確認する。

■問題文（P.3）

(4)　出庫要求では，倉庫に対して部品の出庫を要求する。“出庫要求”テーブル及び“出庫要求明細”テーブルに出庫要求の内容を登録し，“出庫要求”テーブルの処理状況に‘要求発生’を記録する。出庫要求番号は，出庫要求の発生順に一意な連番である。組立てに必要な複数の部品を一つの出庫要求とし，1 トランザクションで処理する。生産ラインごとに様々な組合せの部品を要求する。また，部品の要求は生産ラインでの組立ての状況に応じて任意の契機で発生する。

→　この後に，在庫引当があり“在庫”テーブルを更新する（設問１より）

解説図９　出庫要求に関する問題文の記述箇所

■問題文（P.3）

(8) 入庫では，部材メーカから納品される都度，“在庫”テーブルの実在庫数量を更新し，発注済フラグをオフにする。また，“発注”テーブルの処理状況を‘入庫実施’に更新する。納品された複数の部品をまとめて，1 トランザクションで処理する。

解説図 10　入庫に関する問題文の記述箇所

解説図 9 と解説図 10 より，共通で使用しているテーブルは「**在庫**」テーブルになる。

■ 設問 3（2）

最後の設問では，デッドロックの回避策が求められている。回避策を考える前に，まずは，どういうケースでデッドロックになるのかを確認しておこう。

最も一般的なパターンは，午前問題でも問われているが，解説図 11 に例示したように，2 つのトランザクションで，同じ行の更新が 2 つ以上ある時に，ロックを掛ける順番があべこべになると発生する。これは，**“在庫”** テーブルを更新する時に掛けた専有ロックの解放がトランザクション終了後になっているからである。

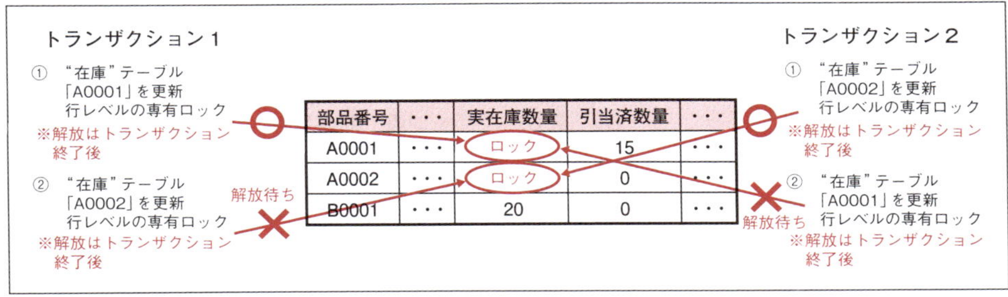

解説図 11　デッドロックになるパターンの例

そこで，まずは（解説図 11 のように）ロックを掛ける順番があべこべになる状況が発生するかどうかを考えてみる。解説図 9 より，出庫要求が発生した場合，1 トランザクションの中には「**複数の部品**」があるので複数の **“出庫要求明細”** の登録が行われるが，その順番は明記されていない。したがって **“在庫”** テーブルの更新も部品番号順に行われるとは限らない。解説図 10 より，入庫が発生した場合も 1 トランザクションの中に「**納品された複数の部品**」が入っているが，その順番に関しての記載はない。したがって，入庫処理の場合も 1 トランザクションの中で **“在庫”**

テーブルが部品番号順に行われるとは限らない。順番がランダムであれば，当然あべこべになってデッドロックが発生するだろう。

その回避策の一つは，全てのトランザクション処理の中で同じ順番で処理をすることだ。今回は，デッドロックになるのが“在庫”テーブルなので**「部品番号順」**に処理をすればいいことがわかるだろう。そして，そうなるようにするには，出庫要求明細の登録と入庫処理の段階で部品番号順に処理をしておく必要がある。それが答えだ。以上より，**「出庫要求明細の登録と入庫を，それぞれ部品番号順に処理する。(29字)」**という感じでまとめればいいだろう。

もう一つの回避策は，**“在庫”**テーブルを更新する時に掛ける専有ロックの解放を，更新の都度に変える方法になる。但し，このRDBMSの仕様だと（問題文の表1で定義されている通り），データ更新時に掛けた専有ロックの解放はトランザクション終了時であり，それは変えられない。そのため，どちらかのトランザクションを，1トランザクションで1行の在庫テーブルの更新に変えなければならない。

出庫要求明細に関しては，**「組立てに必要な複数の部品を一つの出庫要求とし」**ているので，1回の出庫要求に対して複数の出庫要求明細ができることは避けられない。さらに，在庫引当でも**「全ての部品の在庫引当が完了したら」**引当実施完了とするが，**「在庫引当できない部品が存在した場合は，在庫引当を破棄」**しなければならないので，出庫要求単位のトランザクションを，出庫要求明細単位のトランザクションに分けることはできない。

と言うことで，1トランザクションで**“在庫”**テーブルの更新を1行ずつにするのは，入庫の方になる。入庫は，現状**「納品された複数の部品をまとめて，1トランザクションで処理する。」**としているが，これを一つの部品で1トランザクションにしても，データの整合性を損なう等の問題はない。**「“発注”テーブルの処理状況を‘入庫実施’に更新」**しなければならないが，そもそも発注は部品単位に管理しているので（一つの**“発注”**で，一つの**‘部品番号’**になる），発注を納品された複数の部品でまとめて1トランザクションにする必要もない。したがって，もう一つの回避策は**「入庫は複数の部品をまとめず，部品ごとに別トランザクションで処理する。(34字)」**になる。

平成31年度　午後Ⅰ　問3　解説

問 3

IPA 公表の出題趣旨と採点講評

出題趣旨

部品表は，製造業における生産管理業務などに欠かせないものである。

本問では，RDBMS に構築した単純な部品表を題材に，部品表の基本的なテーブル設計と索引設計，部品表に対する基本的な処理である正展開処理，逆展開処理及び所要量計算処理の概要を理解し，その部品表を操作する SQL 構文の基本的な特徴及び考慮点を理解しているかを問う。

採点講評

問 3 では，部品表の設計及び処理について出題した。全体として，正答率は高かった。

設問 1，2 及び設問 3(1)の正答率は高く，部品表の基本的なテーブル構造及び部品表に対する基本的な処理とその処理に用いられる SQL 構文はよく理解されていた。

設問 3(2)では，主索引と同じ順番に列名を並べた誤った解答が散見された。等値比較のローカル述語が指定された列を索引キーの先頭列にするのは，索引設計の基本の一つであることを知っておいてほしい。

設問 4(1)，(2)は，設問 1，2 に比べて正答率が低かった。品目区分を利用すれば，性能を効率化できること，またローレベルコードは，部品の親子関係の矛盾を検知する目的で導入されることを理解してほしい。

設問 4(3)は，正答率が低かった。製品 AX 及び AZ の構成に共通する 4 種類の部品について，“在庫”テーブルを更新する行の品番の順番に注目すれば，ケース 1 以外では P4 とレベル 1 の P9 の組合せであるという正答を導けたはずである。

設問 4(4)は，正答率が低かった。設問 4(3)に与えられているケース 1 から，デッドロックを回避するために更新する行の品番の順番をそろえるにはどうすればよいかを考えることで正答を導いてほしかった。

問題文を確認する

本問の構成は以下のようになっている。

問題タイトル：部品表の設計及び処理

題材：機械メーカの生産管理システムの一部　　ページ数：6P

背景

第 1 段落　〔RDBMS の主な仕様〕

第 2 段落　〔部品表の概要〕

　図 1　製品 AX，AY 及び AZ の構成図（未完成）

　図 2　主なテーブルのテーブル構造（一部省略）

　表 1　“品目”テーブルの行（一部省略）

　表 2　“構成”テーブルの行（未完成）

第 3 段落　〔部品表に対する基本的な処理〕

　表 3　SQL の構文の例（未完成）

第 4 段落　〔所要量計算処理プログラムの概要〕

　表 4　所要量計算処理プログラムの処理手順

第 5 段落　〔F さんの研修内容に対する K 部長の指示〕

この問題は，SQL文と物理設計の複合問題である。SQL文をテーマにした問題は，以前から午後Iの定番だが，最近は重視される傾向にある。平成31年度は，問2でもトリガの構文を知らないと解けない問題が出題されている。したがって，もはや避けては通れないカテゴリになったと考えた方がいいだろう。

ただ，この問題もSQL文の読解や完成という基本的な部分だけが問われているわけではなく，処理の順番を考慮しないデッドロックや索引に関する問題，この問題の状況を把握しているかどうかが問われる問題など，SQLやプログラム処理の理解から物理設計へと展開する，やや広範囲にわたる出題になっている。個々の問題は難しくはないが，事前準備をする上で，広範囲の知識も押さえておく必要があることを示しているのだろう。

■ 設問を確認する

設問は以下のようになっている。

設問		分類	過去頻出
1	1	部品，部品構成等の基本的な設問	–
	2	部品，部品構成等の基本的な設問	–
2	1	SQL文を完成させる問題	第1章
	2	部品，部品構成等の基本的な設問	–
3	1	SQL文を完成させる問題	第1章
	2	アクセスパス（索引探索，表探索）に関する設問	第4章
4	1	SQL文を読解する設問他	第1章
	2	SQL文を読解する設問	第1章
	3	デッドロックに関する設問	第4章
	4	デッドロックに関する設問	第4章

■ 解答戦略—45分の使い方—を考える

設問数も問われている数も多いので，時間配分には注意が必要になる。特に設問4のボリュームが大きいことは，設問4を最初に目を通せば確認できるので，そこに時間を十分残しておくことを考えておかなければならないだろう。この問題の採点講評によると，設問4の正答率が全て低かったとなっている。問題そのものは決して難しくない基本的なものばかりなので，おそらく時間が足りずにじっくりと考えられなかったのだと思う。設問4が記述式でもあることから配点も高い可能性があるので，できればここに（戦略的に）15分～20分ほどは残しておこうと考えた方がいいだろう。そうなると，残り25分で設問を3つ解く必要がある。設問1は簡単なので（最初に全体に目を通す時間を含めて）10分以内で，設問2と設問3に合わせて15分と考えるのがベストだと思う。

■ 設問 1

IPA の解答例

設問			解答例・解答の要点	備考
設問 1	(1)	ア	P3	
		イ	P6	
		ウ	P8	
	(2)	エ	P7	
		オ	P7	
		カ	P2	

空欄ア～ウを含む問題文の図 1 は，午前問題でもよく見かける製品の構成図である。この空欄を埋めるには，その構成に関する説明が，問題文のどこにあるのかを探し出すことを考えればいいだろう。

今回は，表になっているのですぐに見つけることができるはずだ。問題文の 3 ページ目の**「表 2 "構成" テーブルの行（未完成）」**である。この表 2 にも**空欄エ～カ**があるので，図 1 と表 2 を突き合わせて確認しながら（解説図 1），全ての空欄を一気に埋めてしまおう。

空欄ア～ウまでは，いずれも製品 AY を構成する中間部品や単体部品なので，まずは表 2 で，親品番が**「AY」**の行を確認する。親品番が**「AY」**の行は 2 つあるので，2 つの子品番がある。**「P5」**と**「P9」**だ。図 1 を確認しても，その関係性は確認できる。続いて中間部品の**「P5」**を親品番とする行を確認する。結果，**「P3」**と**「P6」**を子品番に持つ 2 つの行を発見できる。さらに表 2 をチェックして，**「P6」**が子品番を持つ中間部品，**「P3」**は子品番を持たない単体部品だということを確認する。これにより，**空欄ア**が**「P3」**，**空欄イ**が**「P6」**で確定になる。加えて，親品番が**「P6」**の行は 2 つあり，子品番は**「P8」**と**「P9」**になっていることも確認できる。これより，**空欄ウ**は**「P8」**で確定できる。

空欄エは，親品番**「AZ」**の 3 つある子品番の一つである。図 1 と対応付ければ，**空欄エ**は**「P7」**だとわかる。また，図 1 の**「AZ」**の構成図より，親品番**「P7」**と 2 つの子品番（**「P2」**と**「P4」**）の構成が確認できる。したがって，**空欄オ**は**「P7」**，**空欄カ**は**「P2」**だと判断できる。

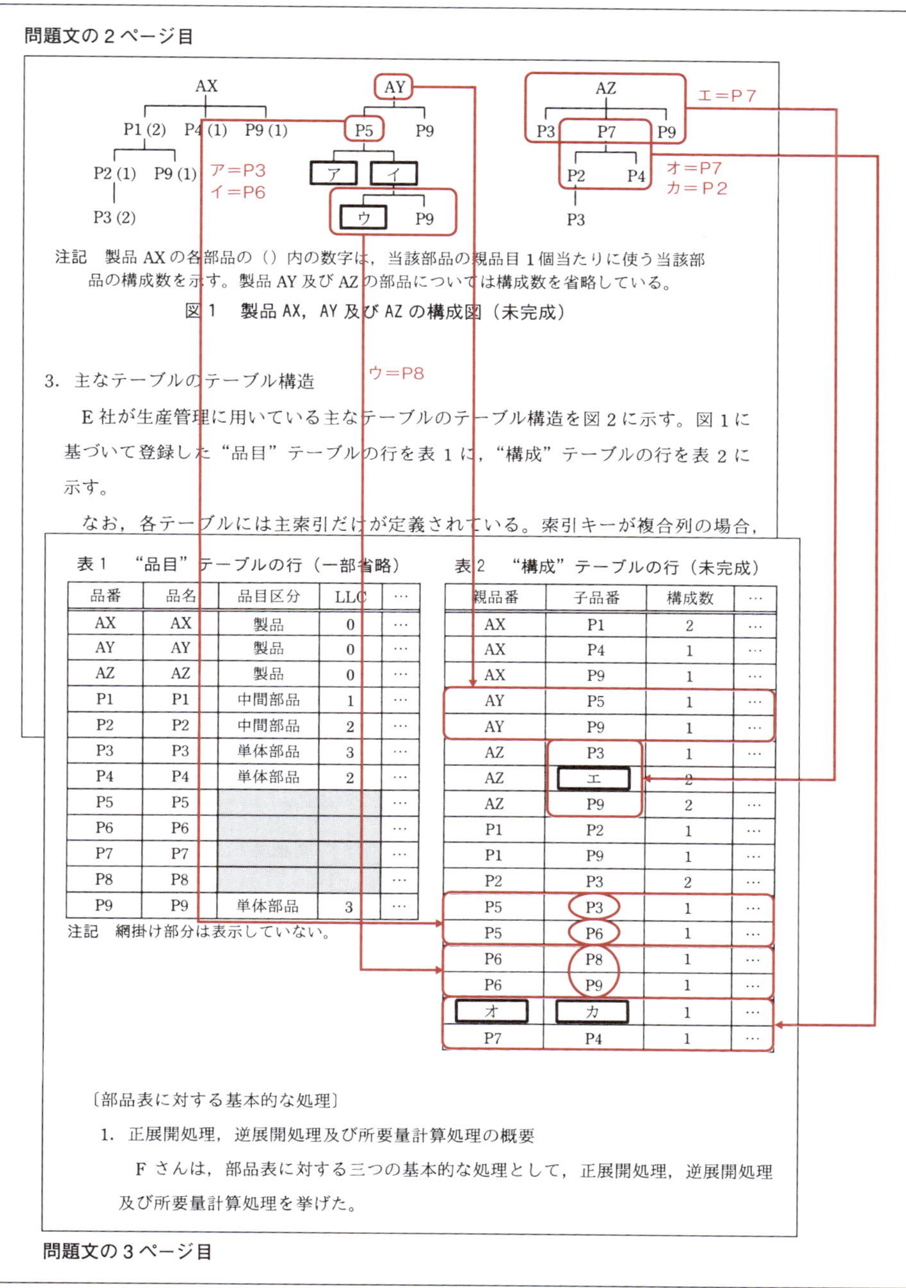

問題文の 2 ページ目

注記　製品 AX の各部品の（）内の数字は，当該部品の親品目 1 個当たりに使う当該部品の構成数を示す。製品 AY 及び AZ の部品については構成数を省略している。

図 1　製品 AX，AY 及び AZ の構成図（未完成）

3．主なテーブルのテーブル構造

E 社が生産管理に用いている主なテーブルのテーブル構造を図 2 に示す。図 1 に基づいて登録した"品目"テーブルの行を表 1 に，"構成"テーブルの行を表 2 に示す。

なお，各テーブルには主索引だけが定義されている。索引キーが複合列の場合，

表 1　"品目"テーブルの行（一部省略）

品番	品名	品目区分	LLC	…
AX	AX	製品	0	…
AY	AY	製品	0	…
AZ	AZ	製品	0	…
P1	P1	中間部品	1	…
P2	P2	中間部品	2	…
P3	P3	単体部品	3	…
P4	P4	単体部品	2	…
P5	P5			…
P6	P6			…
P7	P7			…
P8	P8			…
P9	P9	単体部品	3	…

注記　網掛け部分は表示していない。

表 2　"構成"テーブルの行（未完成）

親品番	子品番	構成数	…
AX	P1	2	…
AX	P4	1	…
AX	P9	1	…
AY	P5	1	…
AY	P9	1	…
AZ	P3	1	…
AZ	エ	2	
AZ	P9	2	…
P1	P2	1	…
P1	P9	1	…
P2	P3	2	…
P5	P3	1	…
P5	P6	1	…
P6	P8	1	…
P6	P9	1	…
オ	カ	1	…
P7	P4	1	…

〔部品表に対する基本的な処理〕

1．正展開処理，逆展開処理及び所要量計算処理の概要

F さんは，部品表に対する三つの基本的な処理として，正展開処理，逆展開処理及び所要量計算処理を挙げた。

問題文の 3 ページ目

解説図 1　図 1 と表 2 を対応付けて正解を導く

■ 設問２

IPA の解答例

設問			解答例・解答の要点	備考
設問２	（1）	a	子品番	
		b	親品番	
	（2）	P2	2	
		P3	5	
		P4	2	

設問２は，SQL 文に関する問題になる。それほど難しいものではないので，例を活用して，短時間で解答することを狙っていきたいところである。

■ 設問２（1）

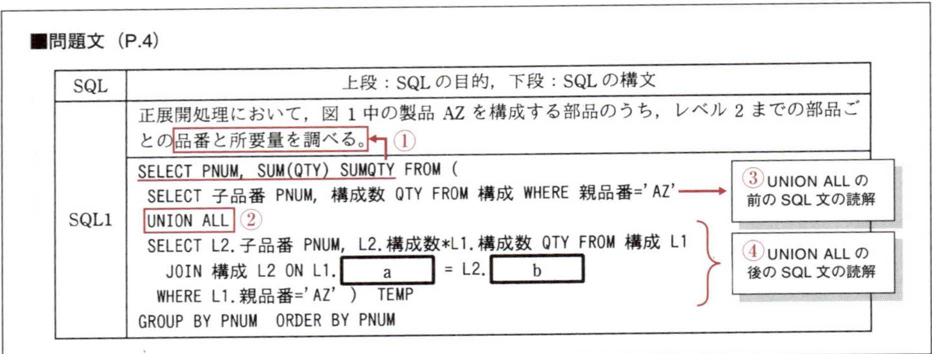

解説図２　SQL1 を読解するための考え方

① 最終的に抽出するものを確認する

SQL1 は SELECT 文なので，まずは SELECT 文の直後に続く選択項目リストを確認する。ここで，最終的に何を抽出する（参照する，表示させる）のかを確認する。今回は品番（= PNUM）と所要量（= SUM（QTY）SUMQTY）である。

午後I問
午後I答
午後II問
午後II答

② UNION ALL の部分の読解

続いて **"UNION"** に着目する。**"UNION"** は和集合演算で，その前後のSQL文の結果を合わせる命令だと言える。**"ALL"** がある場合には重複行もそのまま残し，ない場合は重複行は1行にする。読解にあたっては，このUNIONの前後の文を順番に確認していく（後述する③，④）。

【構文】 SELECT文－1 **UNION ALL** SELECT文－2

③ UNION ALL の前のSQL文の読解

この部分は **「"構成" テーブルから，親品番が 'AZ' のものだけに限定し，子品番（PNUM）とその構成数（QTY）を抽出する」** という解釈になる。イメージを掴みやすいように，例が使える場合は，例を使って解釈するといい。今回の場合も **「表2 "構成" テーブルの行（未完成）」** が理解を深めるために使える。

表2 "構成" テーブルの行（未完成）

親品番	子品番	構成数	…
AX	P1	2	…
AX	P4	1	…
AX	P9	1	…
AY	P5	1	…
AY	P9	1	…
AZ	P3	1	…
AZ	P7	2	…
AZ	P9	2	…
P1	P2	1	…
P1	P9	1	…
P2	P3	2	…
P5	P3	1	…
P5	P6	1	…
P6	P8	1	…
P6	P9	1	…
P7	P2	1	…
P7	P4	1	…

親品番が 'AZ' のもの

UNION ALLの前のSQL文の実行結果

PNUM	QTY
P3	1
P7	2
P9	2

解説図3 表2の例を使ってトレースしてみる（UNION ALL の前のSQL文）

④ UNION ALLの後のSQL文の読解

このSQL文は**「結合条件で“構成”テーブル同士を内部結合した上で，左側の親品番が‘AZ’のものだけに限定し，右側の子品番（PNUM）と右側の構成数＊左側の構成数（QTY）を抽出する」**という解釈になる。

要素分解して，少しずつ解釈していくと次のようになる。

SQL文	SELECT L2.子品番 PNUM, L2.構成数*L1.構成数 QTY FROM 構成 L1 JOIN 構成 L2 ON L1.［ a ］ = L2.［ b ］ WHERE L1.親品番＝‘AZ’) TEMP
意味	・FROM 構成 L1 JOIN 構成 L2 ON 結合条件： **結合条件で“構成”テーブル同士を内部結合した上で，** ・WHERE L1.親品番＝‘AZ’：**左側の親品番が‘AZ’のものだけに限定し，** ・SELECT L2.子品番 PNUM, L2.構成数*L1.構成数 QTY： **右側の子品番（PNUM）と右側の構成数＊左側の構成数（QTY）を抽出する**

このSQLは，**“JOIN”**（基本となる構文は下記参照）を使って，同じテーブルに別名（L1，L2）を付けて結合している。今回は**“構成”**テーブルだ。

【構文】 Aテーブル A **JOIN** Bテーブル B **ON** 結合条件

イメージがわかなければ（表2）の**“例”**を使って考えればいい。解説図4のように二つの**“構成”**テーブルの例（表2）を並べてみて，何を求めたいのかを図から確認する。

ここで，この部分のSELECT文で求めたいものを確認しておこう。このSELECT文で求めたいものは，表3のSQL1の**「SQLの目的」**内の**「レベル2までの部品ごとの品番と所要量」**という文言の中にある**「レベル2の部品の所要量」**である。それを求めるために，L2の子品番を使っているし，L2の構成数とL1の構成数を乗じているわけだ。

そして，その求めたいものを図に反映させてみる（解説図4）。そうすれば，それを可能にする結合条件が見えてくるだろう。解説図4だと，L1の子品番と，L2の親品番で結合すれば，求めたい結果が求められることがわかる（例：**‘P7’**の部分）。以上より，**空欄aは「子品番」，空欄bは「親品番」**だと確定できる。

念のため，これで正しく構成数が求められるかどうかをチェックしておけば万全だろう。SQL文の**「SELECT L2.子品番 PNUM, L2.構成数*L1.構成数 QTY」**の部分は，ちょうど右側の表の子品番の数を，親品番の構成数と乗じることによって求めている。この例のケースだと，P2が2個，P4が2個になる。正しく求められていることが確認できる。

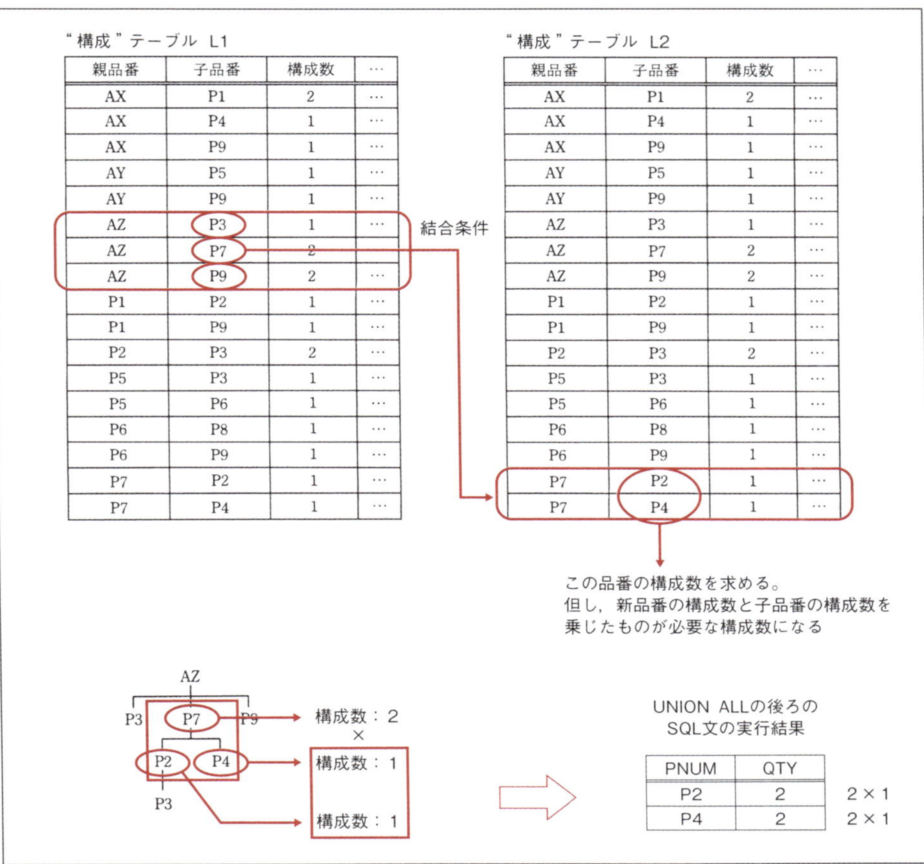

親品番	子品番	構成数	…
AX	P1	2	…
AX	P4	1	…
AX	P9	1	…
AY	P5	1	…
AY	P9	1	…
AZ	P3	1	…
AZ	P7	2	…
AZ	P9	2	…
P1	P2	1	…
P1	P9	1	…
P2	P3	2	…
P5	P3	1	…
P5	P6	1	…
P6	P8	1	…
P6	P9	1	…
P7	P2	1	…
P7	P4	1	…

解説図４　表２の例でトレースしてみる（UNION ALL の後の SQL 文）

■ 設問２(２)

SQL1 の読解ができれば，その情報を使って解答してもいいし，図１と表２から計算しても求められるだろう。但し，SQL1 で求める値は**「レベル２までの部品ごとの品番と所要量」**なので，そのまま解答してはいけないという点だけには気を付けよう。製品 AZ はレベル３までである。

レベル２までの **P2** は **"2"**，**P4** は **"2"** は設問２（1）で求めた通りである。ただ，レベル３の P3 に関しては表２を使って，さらにもう１レベル下まで計算しなければならない。問題文の表２で P2 を親品番，P3 を子品番にする時の構成数は **"2"** になる。したがって，親品番の P2 を **"2"** 作るためには，P3 は２×２で **"4"** 必要になる。これにレベル１の P3 の（表２の親品番を AZ とし，子品番を P3 とする）構成数の **"1"** を加えると **"5"** になる。したがって，**P3** は **"5"** になる。

■ 設問 3

IPA の解答例

設問				解答例・解答の要点	備考
設問 3	(1)	c		親品番	
		d		子品番	
		品番		AX	
	(2)	子品番，親品番			

設問 3 も SQL 文に関する問題になる。SQL2 に関するものだ。

■ 設問 3 (1)

最初は SQL を完成させる問題になる。SQL2 の**空欄 c** と**空欄 d** に解答する。解答に当たっては，SQL1 同様，SQL を分割して理解していくといいだろう。

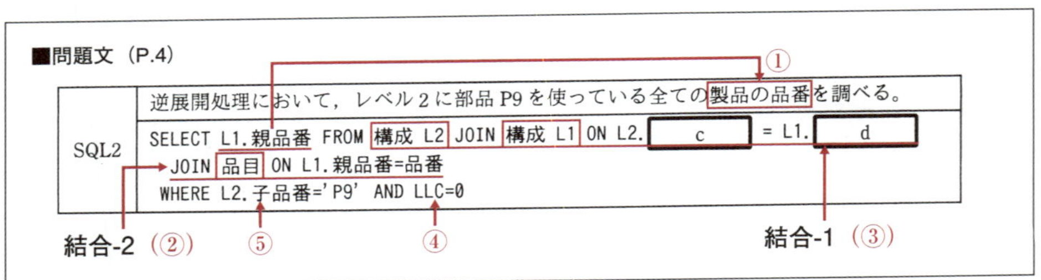

解説図 5　SQL2 を読解するための考え方

ここでも，少しでもイメージがわかずに「**?**」になったら，すぐに実際に表を書いてみて（あるいは問題文に表が例示されていれば，それを使って），イメージをするようにしてみよう（解説図 6）。

一つ目の JOIN による結合（結合-1）は，**"構成"** テーブル（別名 L2）と，同じく **"構成"** テーブル（別名 L1）との結合になる。そして，2 つ目の JOIN による結合（結合-2）は，**"構成"** テーブル（別名 L1）と **"品目"** テーブルとの結合になる。したがって，ひとまず解説図 6 のように，左側から上記の順番（L2. L1，品目の順番）で並べてみる。その上で，順番にチェックしていくといいだろう。

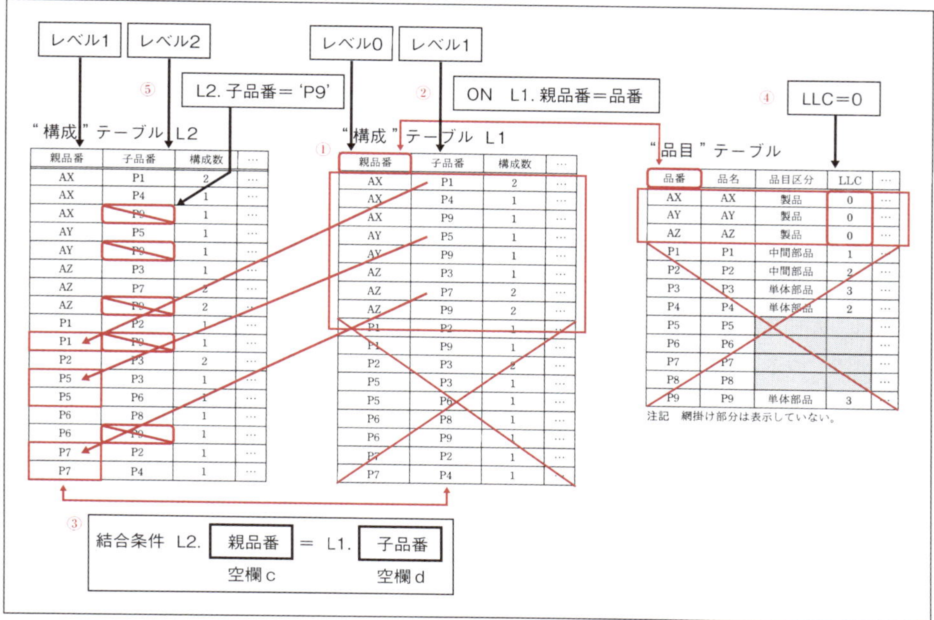

“構成”テーブル（L2・L1）

親品番	子品番	構成数	…
AX	P1	2	…
AX	P4	1	…
AX	P9	1	…
AY	P5	1	…
AY	P9	1	…
AZ	P3	1	…
AZ	P7	2	…
AZ	P9	2	…
P1	P2	1	…
P1	P9	1	…
P2	P3	2	…
P5	P3	1	…
P5	P6	1	…
P6	P8	1	…
P6	P9	1	…
P7	P2	1	…
P7	P4	1	…

“品目”テーブル

品番	品名	品目区分	LLC	…
AX	AX	製品	0	…
AY	AY	製品	0	…
AZ	AZ	製品	0	…
P1	P1	中間部品	1	…
P2	P2	中間部品	2	…
P3	P3	単体部品	3	…
P4	P4	単体部品	2	…
P5	P5			…
P6	P6			…
P7	P7			…
P8	P8			…
P9	P9	単体部品	3	…

解説図 6　SQL2 の表の結合イメージ

① 最終的に抽出するものを確認する（解説図 5 中の①）

SQL2 も SELECT 文なので，まずは SELECT 文の直後に続く選択項目リストを確認する。すると，最終的に返すのは**「L1. 親品番」**だということがわかる。問題文の表 3 の SQL2 の**「(上段の) SQL の目的」**で言うと**「製品の品番」**になる。

② JOIN を使った結合部分（結合-2）の解釈（解説図 5 中の②④）

SQL2 の後半の JOIN では，**“構成”**テーブルのうち右側の L1 と，**“品目”**テーブルとの結合になる。SQL2 には結合条件（L1. 親品番＝品番）も明記されているので，それを解説図 6 に実際に加えてみる。

ここで，WHERE の後の条件式に**「LLC ＝ 0」**がある（④）が，解説図 6 のように例を使ってチェックすると何のためにあるのかがわかりやすい。解説図 6 より**“品目”**テーブルの列で製品だけに絞り込んでいるという条件だと推測できる。**“品目”**テーブル側を製品だけに絞り込んでいるのは，それと結合している**“構成”**テーブル（別名 L1）側の親品番を製品だけに絞り込んでいるということも確認できる。

③ JOINを使った結合部分（結合-1）の解釈（解説図5中の③⑤）

一方，SQL2の前半のJOINでは，**“構成”**テーブル（左側：別名L2）と，**“構成”**テーブル（右側：別名L1）との結合になる。結合条件は空欄になっているので，ここで考える必要がある。

前の②で，**“構成”**テーブル（右側：別名L1）は，**「LLC=0」**で親品番が製品のものだけに絞り込まれている（絞り込まれるタイミングは別として）ことを確認している。これはつまり，**“構成”**テーブル（右側：別名L1）の親品番がレベル0を，子品番がレベル1を表していることになる。

そもそもこのSQL2は**「逆展開処理において，レベル2に部品P9を使っている全ての製品の品番を調べる」**ためのもの。ということは，**“構成”**テーブル（右側：別名L1）の子品番と，**“構成”**テーブル（左側：別名L2）の親品番を結合すれば，**“構成”**テーブル（左側：別名L2）の子品番はレベル2になる。そのため，**「L2. 子品番＝‘P9’」**で絞り込めば，調べている**「レベル2に部品P9を使っている製品」**になる。その関係性を保持する結合条件を図に加えると解説図6のようになり，そこから結合条件を確定できる。

以上より，**空欄c**にはL2の**「親品番」**が，**空欄d**にはL1の**「子品番」**が入る。また，**SQLを用いて得られる図1中の製品の品番**を全て答えると**「AX」**だけになる。

■ 設問３（２）索引の追加

SQL2が参照する全てのテーブルのアクセスパスが索引探索に決められるようにするために，**“構成”**テーブルにユニーク索引を追加する。その索引を解答する。

ここで，**〔RDBMSの主な仕様〕**段落を確認する。そこに索引のルールが書かれているからだ。この設問を解くために必要な記述は（3）になる（解説図7）。

■問題文（P.1）

〔RDBMSの主な仕様〕

(1) 索引は，ユニーク索引と非ユニーク索引に分けられる。

(2) DMLのアクセスパスは，RDBMSによって索引探索又は表探索に決められる。

(3) 索引探索に決められるためには，WHERE句のANDだけで結ばれた一つ以上の等値比較の述語の対象列が，索引キーの全体又は先頭から連続した一つ以上の列に一致していなければならない。ON句の場合も同様である。

解説図７　索引に関する仕様（問題文の１ページ目）

この記述の**「WHERE句のANDだけで結ばれた一つ以上の等値比較の述語の対象列」**に関して，SQL2で確認してみる。

WHERE L2. 子品番＝‘P9’ AND LLC=0

・ANDだけで結ばれている
・2つの等値比較（L2. 子品番＝‘P9’）と（LLC=0）がある
・述語の対象列は，‘L2. 子品番’と‘LLC’
　※このうち“構成”テーブルは‘L2. 子品番’になる。

解説図８　SQL2のWHERE句の確認（索引探索の条件との比較）

上記の解説図8より，索引探索に決めるためには**“構成”**テーブルに対してユニーク索引を追加する必要があるが，そのユニーク索引は**‘L2. 子品番’**（L1，L2とも同じ**“構成”**テーブルなので，すなわち**‘子品番’**）になる。この**‘子品番’**を**「索引キーの全体又は先頭から連続した一つ以上の列に一致していなければならない」**ように付ければ，設問3（2）の要求に応えられる。

要するに，**‘子品番’**だけか，もしくは**‘子品番’**を先頭に持ってこないといけないことになる。また，索引はユニーク索引を追加するとのことなので，**‘子品番’**だけではユニークにはならない。ユニークにするには，**‘子品番，親品番’**にする必要がある。この組み合わせは**“構成”**テーブルの主キー（親品番，子品番）なので，間違いなくユニークになる。したがって，子品番を先頭に持ってきて，**‘子品番，親品番’**のユニーク索引を追加することになる。

■ 設問 4

IPA の解答例

設問		解答例・解答の要点	備考
設問 4	(1)	単体部品は子部品がないので SQL3 の発行は不要だから	
	(2)	処理が無限ループして終わらない。	
	(3)	AX P1　(P4)　(P9) P2　P9 P3 AZ P3　P7　(P9) P2　(P4) P3	
	(4)	SQL4 を部品の品番順に実行する。	

設問 4 は**〔F さんの研修内容に対する K 部長の指示〕**段落に関する問題で，表 3 の SQL3, SQL4 の理解と，表 4 の所要量計算処理の手順を理解しているかどうかが問われている。解答に当たっては，SQL3，SQL4，表 4 の処理手順①～⑥を読解した上で設問に順番に答えていく。但し，設問によっては，詳細を理解しなくても解答できるものもあるので，柔軟に対応していこう。

① SQL3 の確認

SQL3 の処理を表 3 で確認する。ここでもよくわからなければ，すぐに例を使って確認しよう。

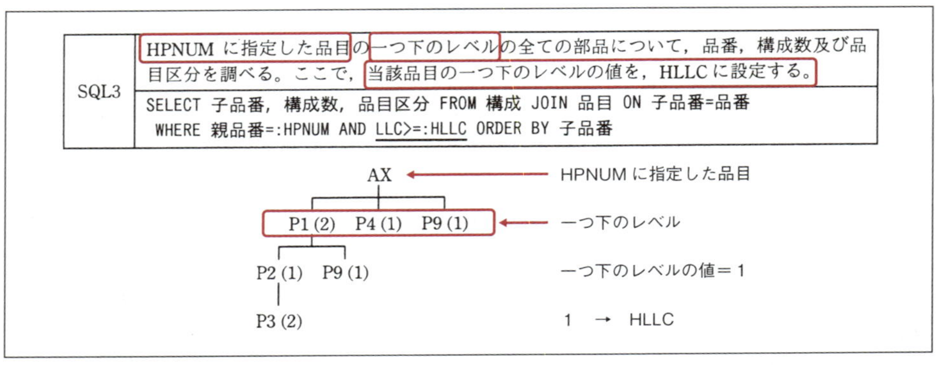

解説図 9　表 3 の SQL3 の理解

② SQL4の確認

続いて，SQL4の処理も表3で確認する。

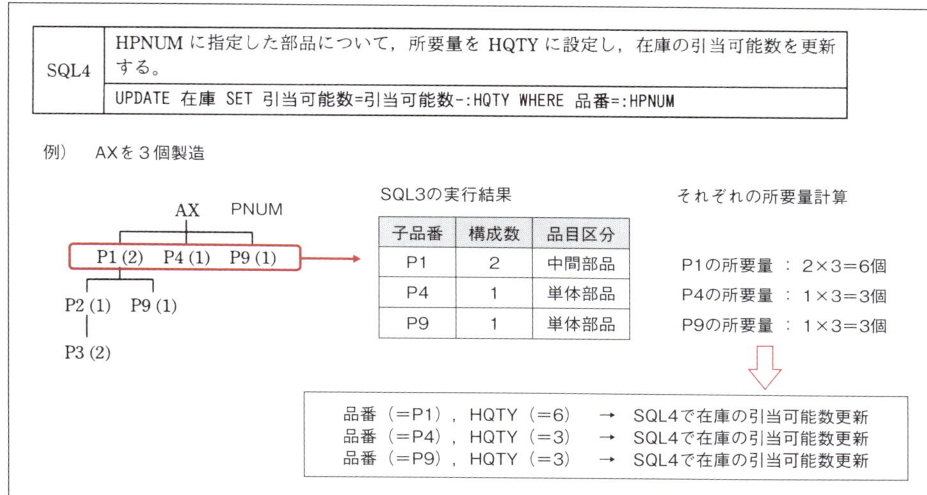

SQL4	HPNUMに指定した部品について，所要量をHQTYに設定し，在庫の引当可能数を更新する。
	UPDATE 在庫 SET 引当可能数=引当可能数-:HQTY WHERE 品番=:HPNUM

子品番	構成数	品目区分
P1	2	中間部品
P4	1	単体部品
P9	1	単体部品

解説図 10　表3のSQL4の理解

③ 表4の所要量計算処理の手順の確認

SQL3の処理とSQL4の処理を把握したら，続いて表4に目を通して，それらのSQLをどう使って，どういう順番で処理をしているのかをチェックする。これはプログラムの処理手順なので，ループや条件分岐を中心に見ていくとイメージしやすい。

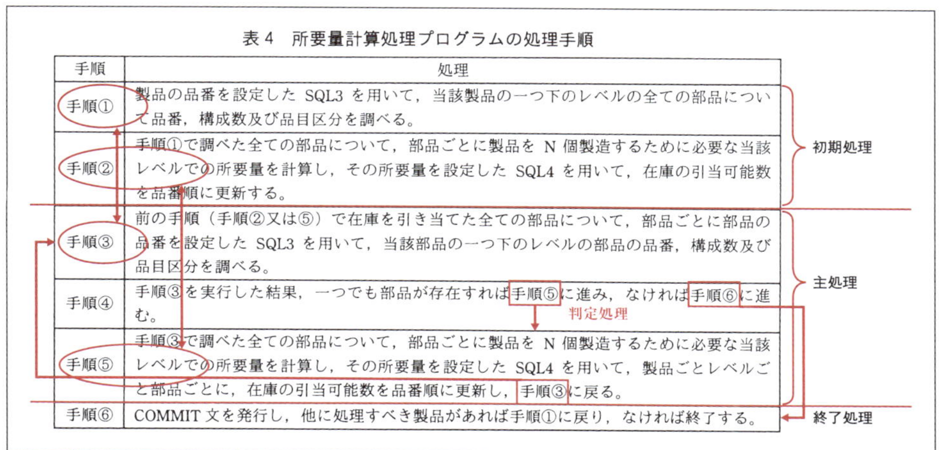

表4　所要量計算処理プログラムの処理手順

手順	処理
手順①	製品の品番を設定したSQL3を用いて，当該製品の一つ下のレベルの全ての部品について品番，構成数及び品目区分を調べる。
手順②	手順①で調べた全ての部品について，部品ごとに製品をN個製造するために必要な当該レベルでの所要量を計算し，その所要量を設定したSQL4を用いて，在庫の引当可能数を品番順に更新する。
手順③	前の手順（手順②又は⑤）で在庫を引き当てた全ての部品について，部品ごとに部品の品番を設定したSQL3を用いて，当該部品の一つ下のレベルの部品の品番，構成数及び品目区分を調べる。
手順④	手順③を実行した結果，一つでも部品が存在すれば手順⑤に進み，なければ手順⑥に進む。
手順⑤	手順③で調べた全ての部品について，部品ごとに製品をN個製造するために必要な当該レベルでの所要量を計算し，その所要量を設定したSQL4を用いて，製品ごとレベルごと部品ごとに，在庫の引当可能数を品番順に更新し，手順③に戻る。
手順⑥	COMMIT文を発行し，他に処理すべき製品があれば手順①に戻り，なければ終了する。

解説図 11　表4の所要量計算処理プログラムの手順の確認

このロジックは，手順③～⑤がループしているところから，手順③～⑤を主処理，手順①②を初期処理，手順⑥を終了処理だと考えるとわかりやすい。加えて，手順④は判定処理になっている。

また，手順①と手順③，手順②と手順⑤が同じ処理になっている。前者でSQL3を使い，後者でSQL4を使っている。手順①は初期処理なので製品の品番になっていて，手順③は部品になっていてループしているので，このループ処理で下の階層に掘り下げていることがわかる。

ここまで把握できれば，もう設問に入って解答すればいいが，まだイメージできない場合は，ここでも例を使ってトレースしてみると理解が進むだろう。図1のAXを，例えば3個製造する時の処理で考えてみる。

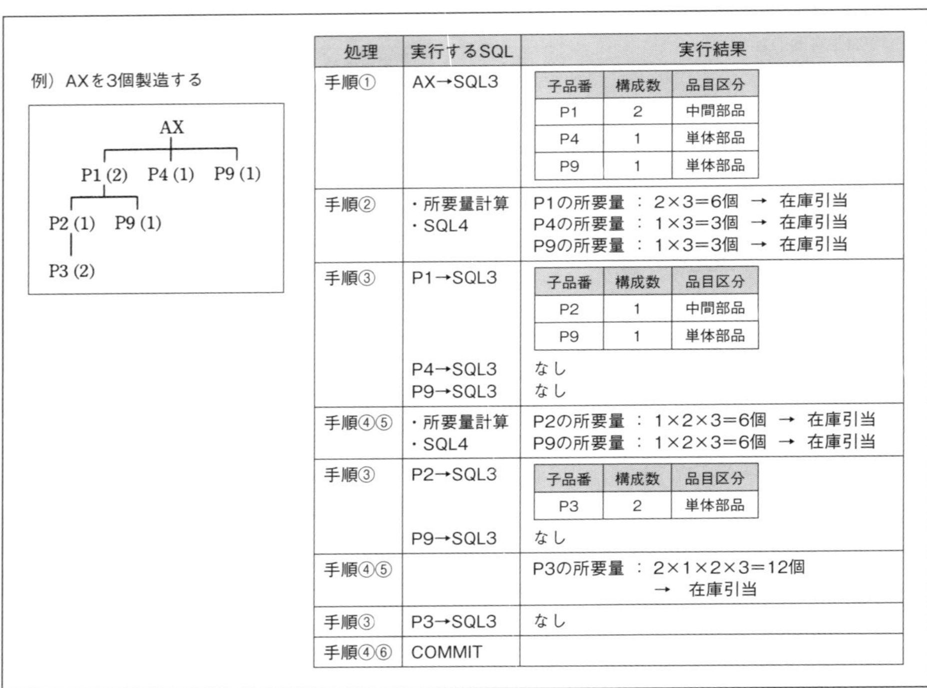

処理	実行するSQL	実行結果
手順①	AX→SQL3	子品番 / 構成数 / 品目区分 P1 / 2 / 中間部品 P4 / 1 / 単体部品 P9 / 1 / 単体部品
手順②	・所要量計算 ・SQL4	P1の所要量 ： 2×3=6個 → 在庫引当 P4の所要量 ： 1×3=3個 → 在庫引当 P9の所要量 ： 1×3=3個 → 在庫引当
手順③	P1→SQL3 P4→SQL3 P9→SQL3	子品番 / 構成数 / 品目区分 P2 / 1 / 中間部品 P9 / 1 / 単体部品 なし なし
手順④⑤	・所要量計算 ・SQL4	P2の所要量 ： 1×2×3=6個 → 在庫引当 P9の所要量 ： 1×2×3=6個 → 在庫引当
手順③	P2→SQL3 P9→SQL3	子品番 / 構成数 / 品目区分 P3 / 2 / 単体部品 なし
手順④⑤		P3の所要量 ： 2×1×2×3=12個 → 在庫引当
手順③	P3→SQL3	なし
手順④⑥	COMMIT	

解説図12　表4の所要量計算処理プログラムの手順の確認（例を使ってトレースしてみる）

■ 設問４(１) 処理の意味を考える設問

最初に問われているのは，SQL3 に関する問題だ。SQL3 を実行して **'子品番'** と **'構成数'** は所要量計算をするのに必要になるが，所要量計算では使わない **'品目区分'** も調査している（SQL3 の SELECT 文の選択項目リストに含めている）。その理由は，この **'品目区分'** を使って SQL3 の発行回数を減らせると考えているからとのことだが，なぜ，SQL3 の発行回数を減らすことができるのか？が問われている。

'品目区分' については，（設問１から設問３を解く過程で確認できていると思うが）表１と問題文の１ページ目を読んで確認する。すると，製品，中間部品，単体部品などに分類する区分だということが確認できるだろう。そして，これを使って，SQL3 の発行回数を減らすことを考える。SQL3 を発行するのは続く所要量計算と SQL4 で在庫引当を行うために **「一つ下のレベルの所要量を計算する」** ことを目的としている。したがって，一つ下のレベルがない場合は発行する必要はない。それを判断するのが **'品目区分'** になる。ちょうど解説図 12 の手順③のところで **"なし"** となっている部分の発行回数を減らすことができる。そのあたりを解答すればいい。

単体部品は子部品がないので SQL3 の発行は不要だから（26 字）

■ 設問４(２) 処理の意味を考える設問

ここで問われている指示２は，**「SQL3 の構文中に下線部分の述語（LLC>=：HLLC）が指定されていなければ，プログラムは不具合を起こすことを説明すること」** というものである。設問では **「処理がどのようになることか」** が問われている。

確かに，通常処理だけを考えれば **「LLC>=：HLLC」** は不要になる。SQL3 の動きを確認している時にも疑問を抱いたかもしれない。しかし，今回のように異常系に対する処理としては必要になることがある。解答に当たっては，指示２に例が示されているので，それを使って把握して解答すればいいだろう。指示２の例をまとめると解説図 13 のようになる。この例を使って **「LLC>=：HLLC」** がないケースの SQL3 を実行することを考える。

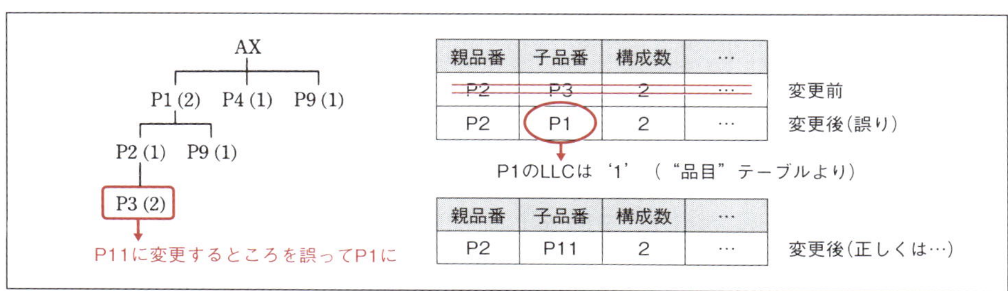

解説図 13　指示２の例を使った設計変更を誤ったケース

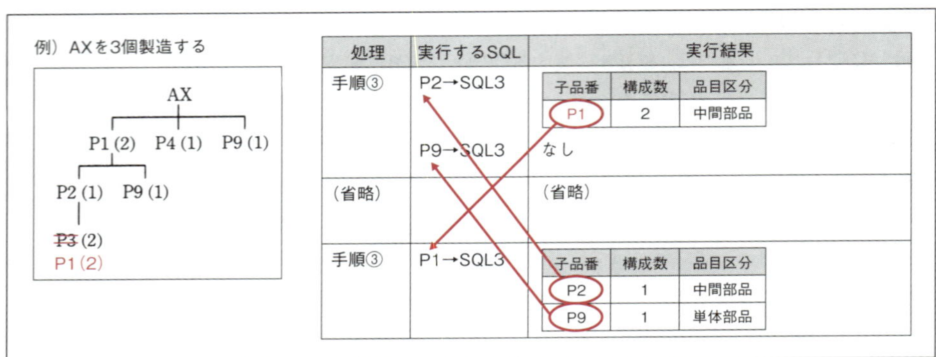

解説図 14　指示 2 の例を使った設計変更を誤ったケースの実行

この例を見れば明らかだが，**"構成"** テーブルには **'P1，P2'**，**'P1，P9'** を主キーとするデータが登録されているので，手順④で **「手順③を実行した結果，一つでも部品が存在すれば」** のケースに該当するようになり，**「手順⑤」** に進んでしまう。その結果，また **'P2, P1'** を主キーとするデータを処理し，結果，無限ループに陥ってしまう。その点を解答すればいいだろう。

処理が無限ループして終わらない。（16 字）

なお，設問では求められていないが，**「LLC>=:HLLC」** を入れた場合に，同じ登録誤りがあったとしても無限ループを避けられることを確認しておく。

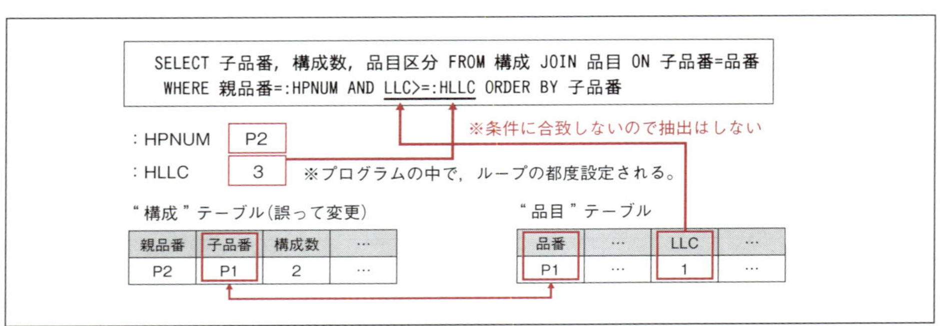

解説図 15　設計変更を誤ったケースでも LLC>=：HLLC で問題ない理由

'P2' を親部品，誤って登録した **'P1'** を子部品とした場合でも，プログラム中で設定される正しい子部品のレベル（この例なら 3）が階層が下に行くたびにカウントアップされるので，**"品目"** テーブルに部品ごとの LLC を登録しておけば，いずれ無限ループは避けられる。

■ 設問４(3) デッドロックに関する設問

続いてはデッドロックに関する設問である。ここも例があるので，それで理解することを考える。まずは，図3のケースだ。AXとAZでデッドロックが発生するケースについて説明している。この例で動きをトレースしてみる。

複数のトランザクションでデッドロックが発生するケースは，ロックを掛ける順番が複数のトランザクションで逆になるから発生する。その可能性を念頭に置きながら，問題文で更新処理に関しての記述を読み取って，動きをトレースするとよい。今回の要件は次のようになる。

- ・ISOLATIONレベルはREAD COMMITTED（参照は共有ロック，更新は専有ロック）
- ・表4は製品ごとで，一つの製品の処理が終わるとCOMMITしてロックを解放する
- ・手順②，手順④で更新する順番は品番順（表4より）

まずは，各更新処理時間がほぼ均等になるという仮定の下，どちらかを先に実行したケースで順番を見てみる。図3のケースを例にすると解説図17のようになる。2つの表が処理を実行する順番を記したもので，その間にある**"ギザギザ"**の順番に処理が交互に進んでいくことを想定している。すると確かに，想定通りの結果になる。

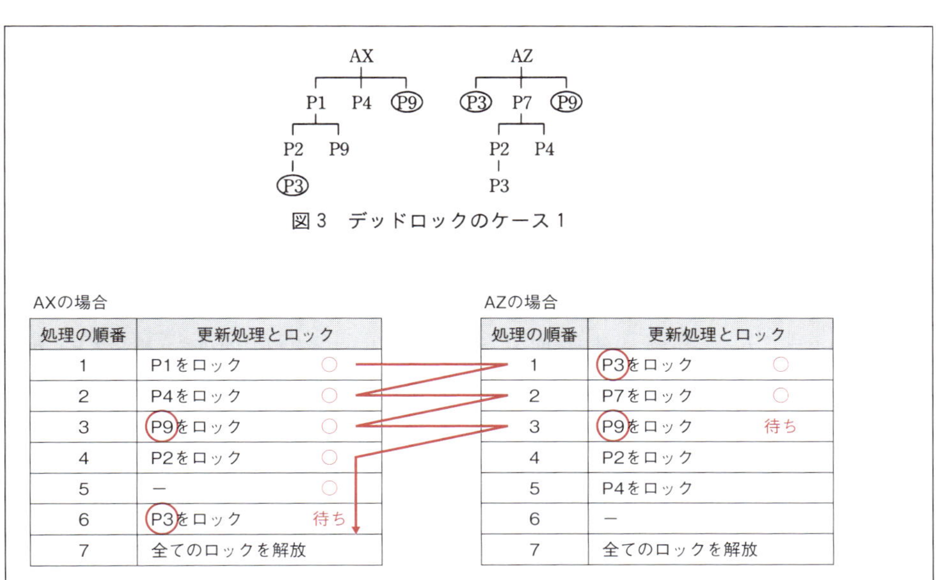

図3　デッドロックのケース1

AXの場合

処理の順番	更新処理とロック
1	P1をロック　○
2	P4をロック　○
3	P9をロック　○
4	P2をロック　○
5	ー　○
6	P3をロック　待ち
7	全てのロックを解放

AZの場合

処理の順番	更新処理とロック
1	P3をロック　○
2	P7をロック　○
3	P9をロック　待ち
4	P2をロック
5	P4をロック
6	ー
7	全てのロックを解放

解説図16　問題文図3のデッドロックのケースをトレースしてみた

次に，同様に図４を実行してみる。今度は，AZ を先に実行してみる。

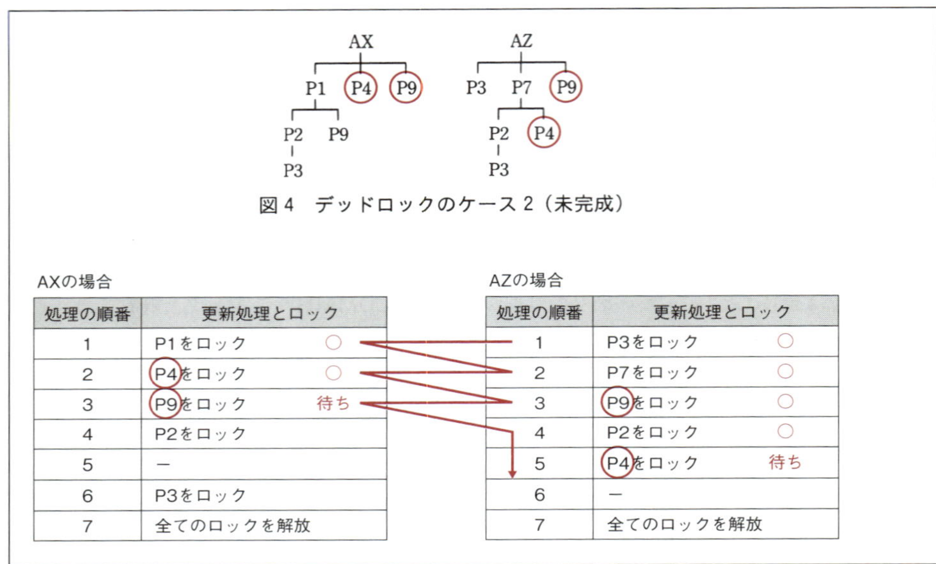

AXの場合

処理の順番	更新処理とロック
1	P1をロック　○
2	P4をロック　○
3	P9をロック　待ち
4	P2をロック
5	－
6	P3をロック
7	全てのロックを解放

AZの場合

処理の順番	更新処理とロック
1	P3をロック　○
2	P7をロック　○
3	P9をロック　○
4	P2をロック　○
5	P4をロック　待ち
6	－
7	全てのロックを解放

解説図 17　問題文図４のデッドロックのケースをトレースしてみた

解説図 17 内の問題文図４に書き加えた○が解答になる。

この２つの例でわかるのは，AX と AZ の場合は，レベル１にある部品 **'P9'** のロックをどっちが先に取るかによって，どこでデッドロックになるのかが変わってくる。その **'P9'** 処理の前後に **'P3'**，**'P4'** が異なるレベルにあるからだ。

■ 設問４（４）デッドロックに関する設問（対策）

このデッドロックが発生するのは，設問４（４）に書いている通り，**「SQL4 を，製品ごとレベルごと部品ごとに実行」** しているから，その範囲内でしか順番を同じにできないからだ。それで，レベルが変われば順番が逆になってしまう。

それを避けるためには，設問４（４）に書いているように，**「製品ごと部品ごとに」** 処理をまとめる必要がある。そして手順⑥の前に更新を実行する。これによって，デッドロックを防ぐことができるが，それは大前提として **「順番を同じにする」** からだ。したがって解答は **「SQL4 を部品の品番順に実行する。（17 字）」** になる。

平成 31 年度　春期
データベーススペシャリスト試験
午後 II　問題

試験時間	14:30 ～ 16:30（2 時間）

注意事項

1. 試験開始及び終了は，監督員の時計が基準です。監督員の指示に従ってください。
2. 試験開始の合図があるまで，問題冊子を開いて中を見てはいけません。
3. **答案用紙への受験番号などの記入は，試験開始の合図があってから始めてください。**
4. 問題は，次の表に従って解答してください。

問題番号	問 1，問 2
選択方法	1 問選択

5. 答案用紙の記入に当たっては，次の指示に従ってください。
   (1) B 又は HB の黒鉛筆又はシャープペンシルを使用してください。
   (2) **受験番号欄**に**受験番号**を，**生年月日欄**に**受験票の生年月日**を記入してください。正しく記入されていない場合は，採点されないことがあります。生年月日欄については，受験票の生年月日を訂正した場合でも，訂正前の生年月日を記入してください。
   (3) **選択した問題**については，次の例に従って，**選択欄**の**問題番号**を**○印**で囲んでください。○印がない場合は，採点されません。2 問とも○印で囲んだ場合は，はじめの 1 問について採点します。

〔問 2 を選択した場合の例〕

   (4) 解答は，問題番号ごとに指定された枠内に記入してください。
   (5) 解答は，丁寧な字ではっきりと書いてください。読みにくい場合は，減点の対象になります。

注意事項は問題冊子の裏表紙に続きます。
こちら側から裏返して，必ず読んでください。

6. 退室可能時間中に退室する場合は，手を挙げて監督員に合図し，答案用紙が回収されてから静かに退室してください。

退室可能時間	15:10 ～ 16:20

7. **問題に関する質問にはお答えできません。**文意どおり解釈してください。
8. 問題冊子の余白などは，適宜利用して構いません。ただし，問題冊子を切り離して利用することはできません。
9. 試験時間中，机上に置けるものは，次のものに限ります。

   なお，会場での貸出しは行っていません。

   受験票，黒鉛筆及びシャープペンシル（B 又は HB），鉛筆削り，消しゴム，定規，時計（時計型ウェアラブル端末は除く。アラームなど時計以外の機能は使用不可），ハンカチ，ポケットティッシュ，目薬

   これら以外は机上に置けません。使用もできません。
10. 試験終了後，この問題冊子は持ち帰ることができます。
11. 答案用紙は，いかなる場合でも提出してください。回収時に提出しない場合は，採点されません。
12. 試験時間中にトイレへ行きたくなったり，気分が悪くなったりした場合は，手を挙げて監督員に合図してください。

試験問題に記載されている会社名又は製品名は，それぞれ各社又は各組織の商標又は登録商標です。
なお，試験問題では，™ 及び ® を明記していません。

問1　データベースの設計，実装に関する次の記述を読んで，設問1～3に答えよ。

B銀行では，支店の窓口において，預金の入出金，税金・公共料金の収納，振込などの金融サービス業務（以下，窓口業務という）を行っている。現在，行員が使用する窓口業務専用の端末（以下，窓口端末という）で記録されたログを，障害調査，監査などに利用している。今後は，蓄積したログを更に活用して，事務手続，アプリケーションソフトウェア（以下，APという）の改善に役立てるために，ログ分析システムを構築することにした。

〔システムの現状〕

1．現行システムの構成

(1)　支店は60支店あり，店番で識別している。各支店には，複数の窓口端末がある。窓口端末は，PC，モニタ，スキャナ，プリンタ，現金処理機などを組み合わせた端末で，支店ごとに一意な機番で識別している。

(2)　データセンタが1拠点ある。データセンタには，窓口端末サーバ，ホストコンピュータがある。窓口端末サーバでは，全支店の窓口端末の監視，ログ収集，APの配布などを行う運用管理システムが稼働しており，ホストコンピュータでは，業務処理を行う勘定系システムが稼働している。

(3)　支店内，データセンタ内の機器はLANで接続されており，LAN間はWANで接続されている。

(4)　窓口端末のPCでは，窓口端末用のAP（以下，端末APという）が稼働している。端末APは，業務ロジックをもたず，勘定系システムと連動しながら，画面の入出力及び接続機器の制御を行っている。

(5)　端末APでは，預金入金，預金出金，振替などの取引ごとに取引メニューが用意されており，取引は，取引番号で識別している。取引メニューに対応する手続用の画面が複数ある。画面は，全体で一意な画面番号で識別している。

2．ログ収集・利用状況

(1)　窓口端末には，ログを自動的に記録する機能が備わっている。窓口端末のPCは，ログをログファイルに保存し，約15分ごとに窓口端末サーバに転送している。

(2) ログには，店番，機番，タイムスタンプ（以下，TS という），及びログテキストを記録する。ログテキストは，取引番号，画面番号，画面ごとに固有な項目とその値を“[項目 ID:項目名=値:値の説明]”（値の説明の表示は任意）の形式で編集した文字列を連結したものである。表 1 にログの例を示す。

表 1　ログの例（一部省略）

店番	機番	TS	ログテキスト
1234	2501	2019-03-15 11:24:11.120	[201:取引番号=3322:預金出金] [301:画面番号=0777:口座出金依頼][155:処理区分= 001:取引開始][101:行員番号=1122334:情報花子][017:科目=2:普通][005:口座店番=543:○○支店][006:口座番号=00578212:]…
1234	2501	2019-03-15 11:24:20.098	[201:取引番号=3322:預金出金][301:画面番号=0001:依頼書等受領確認][155:処理区分= 055:残高確認依頼][315:受領結果=1:OK] …
1234	2501	2019-03-15 11:24:27.211	[201:取引番号=3322:預金出金][301:画面番号=0028:通帳受領確認][018:出金依頼金額=10000:] [155:処理区分= 055:残高確認依頼] …

(3) 窓口端末サーバでは，RDBMS が稼働していて，窓口端末の PC から収集したログファイルのデータを，約 1 時間ごとに“ログ収集”テーブルに格納している。

(4) 利用者である行員（以下，利用者という）は，店番，機番，及び TS の範囲を指定してテーブルの行を選択し，TS 及びログテキストを射影する問合せを行って，障害調査，監査の際に利用している。

〔新たなログ分析システムの構築〕

1. ログ分析システムの主な機能

(1) 蓄積した 60 か月分のログを対象に，障害調査，監査，事務手続改善，AP 改善に用いるデータを抽出するログ分析処理の機能を提供する。表 2 に，ログ分析処理の例を示す。

(2) ログ分析システムの利用時間帯は，平日の 8:00～22:00 である。毎月の最終営業日の 22:00 から，翌営業日の 8:00 までの間に，過去データの削除，再編成などの処理（以下，月末処理という）を行う。

表 2　ログ分析処理の例

処理名	内容
処理 1	利用者が指定した年月に一致する 1 か月分のログを対象に，店番，店名，機番，TS，行員番号，行員氏名，取引番号，取引種別コードを出力する。利用者の権限レベル（'1'，'2'，'3'）によって参照可能なログが異なり，'1' の場合は，当該利用者がその時点で所属する支店かつ当該利用者のログだけを，'2' の場合は，当該利用者がその時点で所属する支店のログだけを，'3' の場合は，全ログを対象にする。
処理 2	全ログを対象に，店番，機番ごとに，TS 順に連続する二つのログの画面番号の組を前画面番号，後画面番号としてログ間の経過時間（ミリ秒単位の整数）の平均値を求め，前画面番号，後画面番号，平均経過時間を，平均経過時間の降順に出力する。同じ画面番号が連続する場合は，後画面番号と前画面番号は同じになる。
処理 3	利用者が指定した店番，機番，及び TS の範囲（開始年月～終了年月）に該当するログの TS，取引番号，取引名を，操作の分岐に従ってツリー形式で表示する。また，利用者が TS を一つ選択すると，店番，機番，TS に対応するログテキストを表示する。
処理 4	利用者が指定した一つの店番について，年月が前年 4 月から前年 9 月までの 6 か月分のログを対象に，年月，行員番号，取引種別コードごとに伝票金額を集計して，店番，年月，行員番号，取引種別コード，取引種別名，合計伝票金額の一覧を出力する。
処理 5	利用者が指定した前月以前の年月に一致する 1 か月分のログを対象に，店番，端末種別コードごとに明細件数を集計して，店番，店名，端末種別コード，端末種別名，合計明細件数を出力する。
処理 6	利用者が指定した一つの画面番号について，年月が前々年 4 月から前年 3 月までの 12 か月分のログを対象に，店名，取引種別名ごとに，明細件数を集計して，画面番号，タイトル，店名，取引種別名，合計明細件数を出力する。

2. ログ分析システムの構成

(1) 窓口端末サーバで稼働中の RDBMS をログ分析システムに利用する。

(2) 分析用データの作成・参照・削除に用いる AP（以下，分析 AP という）を新たに開発し，窓口端末及び窓口端末サーバ上で稼働させる。

3. ログ分析システムのテーブル

次の方針でデータベースにデータを格納することにし，図 1 のログ分析システムのテーブル構造，表 3 の主なテーブルのデータ量見積りを作成した。

(1) 支店から収集したログは，現状どおり“ログ収集”テーブルに格納する。格納処理は，ログファイルごとに，並行して実行する。新たに発生したログを追加するだけで，更新は行わない。

(2) “ログ基本”テーブルには，“ログ収集”テーブルの各行に対応する行を格納し，一意な文字列であるログ ID で識別する。検索，集計のキーとなる項目を列として定義し，ログテキストから取り出した値を設定する。年月には，TS の年月を設定する。

(3) ログテキスト内に記録されている複数の操作を，操作ごとに分割して“ログ明細”テーブルに格納する。

(4) 取引の開始から終了までの手続は，複数の操作に分岐していくので，ログは木構造をもつ。分析 AP によってログを解析し，取引開始ログをルートノードに，その他のログをノードとする木構造の関連を“ログ関連”テーブルに格納する。

(5) マスタ情報（支店，端末種別，窓口端末，取引種別，取引，画面，行員，行員所属）を各テーブルに格納する。マスタ情報は，データ量が少なく，更新は月 1 回なので，月末処理で変更を反映する。

(6) “ログ収集”，“ログ基本”，“ログ明細”，“ログ関連”テーブルは，月末処理において，TS が翌月の 60 か月前の月以前の行を削除して，59 か月分のログが保存された状態にする。月が変わった後のログを合わせて 60 か月分を保有する。

支店（店番，店名，所在地）
端末種別（端末種別コード，端末種別名）
窓口端末（店番，機番，端末種別コード，設置場所）
取引種別（取引種別コード，取引種別名）
取引（取引番号，取引種別コード，取引名）
画面（画面番号，タイトル）
行員（行員番号，行員氏名，…）
行員所属（行員番号，適用開始日，所属店番，権限レベル，適用終了日）
ログ収集（店番，機番，TS，ログテキスト）
ログ基本（ログ ID，店番，機番，TS，行員番号，取引番号，画面番号，年月，処理区分，口座店番，科目，口座番号，明細件数）
ログ明細（ログ ID，明細番号，店番，機番，TS，年月，開始時刻，終了時刻，伝票金額，ホスト送信データ，ホスト受信データ，終了状態，…）
ログ関連（　　　　）

注記　各テーブルの主キーには，索引が定義されている。
　　　網掛け部分は，表示していない。

図 1　ログ分析システムのテーブル構造（一部省略）

表 3　主なテーブルのデータ量見積り

テーブル名	見積行数	ページ長（バイト）	平均行長（バイト）	ページ数
ログ収集	540M	4,000	900	135M
ログ基本	540M	4,000	400	60M
ログ明細	1,620M	4,000	200	90M

注記　表中の単位 M は 100 万を表す。

〔RDBMSの主な仕様〕

ログ分析システムに利用するRDBMSの主な仕様は次のとおりである。

1. ページ

RDBMSとストレージ間の入出力単位をページという。同じページに異なるテーブルの行が格納されることはない。

2. オプティマイザの仕様

(1) LIKE述語の検索パターンが‘ABC%’のように前方一致の場合は索引探索を選択し，‘%ABC%’，‘%ABC’のように部分一致，後方一致の場合は表探索を選択する。

(2) WHERE句の述語が関数を含む場合，表探索を選択する。

3. 再帰的な問合せの構文のサポート

WITH句にRECURSIVEを指定した再帰的な問合せの構文をサポートする。再帰的な問合せの構文を用いると，例えば，階層構造の組織について，ある組織を起点として上位又は下位の組織を，階層に沿って連続的に検索することができる。

4. ウィンドウ関数のサポート

ウィンドウ関数をサポートする。例えば，選択する行ごとに，その直前の行の列値を参照したい場合には，LAG関数が使用できる。

5. テーブルの物理分割

(1) テーブルごとに一つ又は複数の列を区分キーとし，区分キーの値に基づいて物理的な格納領域を分ける。これを物理分割という。

(2) 区分方法には，ハッシュとレンジの二つがある。ハッシュは，区分キー値を基にRDBMS内部で生成するハッシュ値によって，一定数の区分に行を分配する方法である。レンジは，区分キー値によって決められる区分に行を分配する方法で，分配する条件を，値の範囲又は値のリストで指定する。

(3) 物理分割されたテーブルには，区分キーの値に基づいて分割された索引（以下，ローカル索引という）を定義できる。ローカル索引のキー列には，区分キーを構成する列（以下，区分キー列という）が全て含まれていなければならない。

(4) テーブルを検索するSQL文のWHERE句の述語に区分キー列を指定すると，区分キー列で特定した区分だけを探索する。また，WHERE句の述語に，ローカル索引の先頭列を指定すると，ローカル索引によって区分内を探索することができる。

(5) 問合せの実行時に，一つのテーブルの複数の区分を並行して同時に探索する。同一サーバ上では，問合せごとの同時並行探索数の上限は 20 である。

(6) 指定した区分を削除するコマンドがある。区分内の格納行数が多い場合，コマンドによる区分の削除は，DELETE 文よりも高速である。

6. クラスタ構成のサポート

(1) シェアードナッシング方式のクラスタ構成をサポートする。クラスタは複数のノードで構成され，各ノードには，当該ノードだけがアクセス可能なディスク装置をもつ。

(2) 各ノードへのデータの配置方法には，次に示す分散と複製があり，テーブルごとにいずれかを指定する。

・分散による配置方法は，一つ又は複数の列を分散キーとして指定し，分散キーの値に基づいて RDBMS 内部で生成するハッシュ値によって各ノードにデータを分散する。分散キーに指定する列は，主キーを構成する全て又は一部の列である必要がある。

・複製による配置方法は，全ノードにテーブルの複製を保持する。

(3) データベースへの要求は，いずれか一つのノードで受け付ける。要求を受け付けたノードは，要求を解析し，自ノードに配置されているデータへの処理は自ノードで処理を行う。自ノードに配置されていないデータへの処理は，当該データが配置されている他ノードに処理を依頼し，結果を受け取る。特に，テーブル間の結合では，他ノードに処理を依頼するので，自ノード内で処理する場合と比べて，ノード間通信のオーバーヘッドが発生する。

〔問合せの検討〕

1. 問合せの傾向分析・索引設計

表 2 の処理 1～6 の参照テーブルを表 4 にまとめて，問合せの傾向を分析した。また，図 1 中のマスタ情報を格納するテーブルについて，処理 1～6 で結合に用いられる主キー以外の列に索引を定義することにし，その対象テーブル名・列名を表 5 にまとめた。

表 4　処理 1～6 の参照テーブル（未完成）

テーブル名 ＼ 処理名	支店	端末種別	窓口端末	取引種別	取引	画面	行員	行員所属	ログ収集	ログ基本	ログ明細	ログ関連
処理 1	○				○		○	○		○		
処理 2										○		
処理 3					○				○	○		○
処理 4				○	○					○	○	
処理 5										○		
処理 6										○		

注記　○：テーブルが処理で参照されることを表す。

表 5　主キー以外の索引定義対象テーブル名・列名（未完成）

テーブル名	索引を定義する列名

2. 処理 1 の問合せ検討

表 2 の処理 1 の問合せに用いる図 2 の SQL 文を作成した。

```
WITH TEMP AS (SELECT
      CASE WHEN 権限レベル [   a   ] THEN 所属店番 ELSE NULL END AS 検索店番,
      CASE WHEN 権限レベル [   b   ] THEN 行員番号 ELSE NULL END AS 検索行員番号
   FROM 行員所属
   WHERE 行員番号 = :hv1 AND CURRENT_DATE >= 適用開始日
     AND (適用終了日 IS NULL OR CURRENT_DATE < 適用終了日))
SELECT A.店番,B.店名,A.機番,A.TS,A.行員番号,C.行員氏名,A.取引番号,D.取引種別コード
FROM ログ基本 A, 支店 B, 行員 C, 取引 D, TEMP E
WHERE A.年月 = :hv2
  AND A.店番 = B.店番
  AND A.行員番号 = C.行員番号
  AND A.取引番号 = D.取引番号
  AND (E.検索店番 [   c   ] OR E.検索店番 = A.店番)
  AND (E.検索行員番号 [   c   ] OR E.検索行員番号 = A.行員番号)
```

注記　hv1 は利用者の行員番号のホスト変数を，hv2 は利用者が指定した年月のホスト変数を表す。

図 2　処理 1 の問合せに用いる SQL 文（未完成）

3．処理２の問合せ検討

表２の処理２の問合せに用いるSQL文の例を，図3〜5に作成した。ここで，GET_LAPSE(TS1, TS2)は，TS1からTS2までの経過時間を，ミリ秒単位の整数で返却するユーザ定義関数である。また，図５中の［ア］は，図3，4のSQL文と同じ結果を返すように，"ログ基本"テーブルに追加した列の列名である。

なお，図3〜5の結果行には，分析対象でない前画面番号と後画面番号の組が含まれるが，これらは，分析AP上で別途除外されるものとする。

```
SELECT B.画面番号 AS 前画面番号, A.画面番号 AS 後画面番号,
  AVG(GET_LAPSE(B.TS, A.TS)) AS 平均経過時間
FROM ログ基本 A
  LEFT JOIN ログ基本 B ON A.店番 = B.店番 AND A.機番 = B.機番
        AND B.TS = (SELECT MAX(Z.TS) FROM ログ基本 Z
                      WHERE A.店番 = Z.店番 AND A.機番 = Z.機番 AND Z.TS < A.TS)
WHERE B.画面番号 IS NOT NULL
GROUP BY B.画面番号, A.画面番号
[   d   ]
```

図3　処理２の問合せに用いるSQL文の例１（未完成）

```
SELECT 前画面番号, 後画面番号, AVG(経過時間) AS 平均経過時間 FROM
 (SELECT LAG(画面番号) OVER (PARTITION BY 店番, 機番 ORDER BY TS) AS 前画面番号,
         画面番号 AS 後画面番号,
         GET_LAPSE(LAG(TS) OVER (PARTITION BY 店番, 機番 ORDER BY TS), TS) AS 経過時間
  FROM ログ基本) TEMP
WHERE 前画面番号 IS NOT NULL
GROUP BY 後画面番号, 前画面番号
[   d   ]
```

図4　処理２の問合せに用いるSQL文の例２（未完成）

```
SELECT B.画面番号 AS 前画面番号, A.画面番号 AS 後画面番号,
   AVG(GET_LAPSE(B.TS, A.TS)) AS 平均経過時間
FROM ログ基本 A
   LEFT JOIN ログ基本 B ON A.店番 = B.店番 AND A.機番 = B.機番
         AND (A.[   ア   ] - 1) = B.[   ア   ]
WHERE B.画面番号 IS NOT NULL
GROUP BY A.画面番号, B.画面番号
[   d   ]
```

図5　処理２の問合せに用いるSQL文の例３（未完成）

〔“ログ関連”テーブルの検討〕

1. テーブル構造の案

木構造をもつデータを取り扱う場合，テーブル構造によって，行の追加・削除の効率，問合せに用いる SQL の構文，問合せの性能，データの制限が異なる。そこで，表 6 の“ログ関連”テーブルのテーブル構造案 1～3 を検討することにした。検討に当たって，木構造をもつログの例を用いて案を比較することにし，各案におけるテーブルの行を表 7～9 に，案 3 の左端番号・右端番号付与の例を図 6 にまとめた。

表 6 “ログ関連”テーブルのテーブル構造案

案	テーブル構造	説明
案 1	ログ関連（ログID，親ログID）	各ノードの上位ノードのログ ID を，親ログ ID に設定する。ルートノードの親ログ ID は NULL にする。親ログ ID には，索引を定義する。
案 2	ログ関連（ログID，経路）	ルートノードから各ノードに至る全ノードのログ ID を，接続文字（“/”）で連結した文字列値を経路に設定する。経路には，索引を定義する。
案 3	ログ関連（ログID，左端番号，右端番号）	左端番号及び右端番号は，両方を合わせて連続する一意な番号であり，あるノードの左端番号と右端番号は，その下位の全ノードに対して，“上位ノードの左端番号 < 下位ノードの左端番号”かつ“下位ノードの右端番号 < 上位ノードの右端番号”となるように設定する。左端番号，右端番号にはそれぞれ索引を定義する。

表 7 案 1 の行

ログ ID	親ログ ID
101	NULL
102	101
103	101
104	103
105	103
106	103
107	NULL
108	107
109	107

表 8 案 2 の行

ログ ID	経路
101	101
102	101/102
103	101/103
104	101/103/104
105	101/103/105
106	101/103/106
107	107
108	107/108
109	107/109

表 9 案 3 の行

ログ ID	左端番号	右端番号
101	1	12
102	2	3
103	4	11
104	5	6
105	7	8
106	9	10
107	13	18
108	14	15
109	16	17

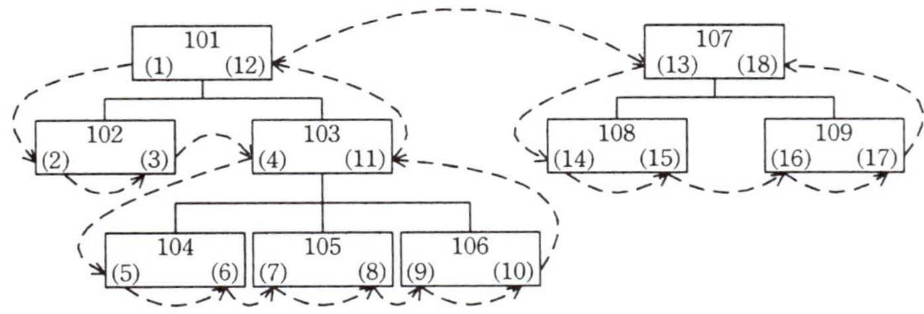

凡例 □：ノードを表す。上部中央の数字はログ ID，左下の括弧内の数字は左端番号，右下の括弧内の数字は右端番号　⇢：左端番号・右端番号付与の順序

図 6　案 3 の左端番号・右端番号付与の例

2. テーブル構造案の検討

表 6 の案ごとに，次の問合せ[A]，[B]に用いる SQL 文の案を，表 10 にまとめた。

・問合せ[A]　ログ ID＝‘101’及びその下位の全てのログ ID を抽出する。

・問合せ[B]　ログ ID＝‘105’及びその上位の全てのログ ID を抽出する。

表 10　問合せに用いる SQL 文の案（未完成）

案	問合せ[A]	問合せ[B]
案 1	WITH RECURSIVE TEMP(ログ ID) AS (SELECT ログ ID FROM ログ関連 WHERE ログ ID = '101' UNION ALL SELECT A.ログ ID FROM ログ関連 A, TEMP B WHERE A.親ログ ID = B.ログ ID) SELECT ログ ID FROM TEMP	WITH RECURSIVE TEMP(ログ ID, 親ログ ID) AS (SELECT ログ ID, 親ログ ID FROM ログ関連 WHERE [e] UNION ALL SELECT A.ログ ID, A.親ログ ID FROM ログ関連 A, TEMP B WHERE A.ログ ID = [f]) SELECT ログ ID FROM TEMP
案 2	SELECT ログ ID FROM ログ関連 WHERE 経路 LIKE '101%'	SELECT B.ログ ID FROM ログ関連 A, ログ関連 B WHERE A.ログ ID = '105' AND POSITION(B.経路 IN A.経路) = 1
案 3	SELECT B.ログ ID FROM ログ関連 A, ログ関連 B WHERE A.ログ ID = '101' AND A.左端番号 <= B.左端番号 AND A.右端番号 >= B.右端番号	SELECT B.ログ ID FROM ログ関連 A, ログ関連 B WHERE A.ログ ID = '105' AND [g] AND [h]

注記　POSITION(S1 IN S2)は文字列 S2 内で，文字列 S1 が最初に出現する文字位置を，S2 の最初の文字位置を 1 とする整数で返す関数。S1 が出現しない場合は 0 を返す。

3. テーブル構造案の評価

行の追加・削除の効率の観点では，例えば，ログ ID＝‘199’の新たなログを‘101’の下位，‘103’の上位に追加し，‘103’の階層の深さが一つ下がる場合，‘199’の行追加以外の更新行数は，案 1 では 1 行，案 2 では［ i ］行，案 3 では［ j ］行である。案［ k ］の負荷が最も高いが，本業務では，［ l ］ので，変更時の負荷は問題にならない。

問合せの難易度の観点では，処理 3 の問合せに SQL 文を用いる場合，案 1 では，［ m ］の構文を用いるが，案 2，3 では，選択，射影，［ n ］の関係演算を行う構文を用いればよい。案 2 と案 3 の問合せの性能を比較すると，RDBMS のオプティマイザの仕様から，表 10 の問合せ[A]ではほぼ同等であるが，問合せ[B]では案 2 が劣る。

これらの評価から，案 3 による実装が最適と判断されるが，左端番号，右端番号の列を整数型で定義する場合，整数型の上限を超えないように留意する必要がある。

〔テーブルの物理分割・クラスタ構成の検討〕

ログデータを格納するテーブルは，格納行数が多いので，データの追加，参照，削除の性能が懸念される。そこで，テーブルの物理分割を行うことにした。

1. “ログ収集”テーブルの物理分割

表 11 の“ログ収集”テーブルの物理分割案 A～C を作成し，性能評価を行った。各案の性能を相対的に評価し，性能が低い案から順に 0，1，2 の点数を付ける。評価が同じ案は，同じ点数とする。

表 11　“ログ収集”テーブルの物理分割案・性能評価

案	区分方法（区分キー） 区分への分割方法	ローカル索引	性能評価		
			追加	参照	削除
案 A	ハッシュ（店番，機番，TS） ハッシュ値ごとに 60 区分に分割	{店番，機番，TS}	1	0	0
案 B	レンジ（店番） 店番ごとに 60 区分に分割	{店番，機番，TS}	1	0	0
案 C	レンジ（TS） TS の年月ごとに 60 区分に分割	{TS，店番，機番}	0	0	1

注記　{ }内は，索引の列を定義順に記述したリストである。

2. “ログ基本”テーブルの物理分割

(1) 物理分割案とその評価

“ログ収集”テーブルと同様に，表 12 の“ログ基本”テーブルの物理分割案 D～F を作成し，性能評価を行った。追加，削除の性能評価は“ログ収集”テーブルと同様であったが，参照の性能評価は処理によって異なるので，更に処理ごとに性能評価を行うことにした。

表 12 “ログ基本”テーブルの物理分割案・性能評価

案	区分方法（区分キー） 区分への分割方法	ローカル索引	性能評価		
			追加	参照	削除
案 D	ハッシュ（ログ ID） ハッシュ値ごとに 60 区分に分割	{ログ ID} {店番，機番，年月，ログ ID}	1		0
案 E	レンジ（店番） 店番ごとに 60 区分に分割	{店番，ログ ID}	1		0
案 F	レンジ（年月） 年月ごとに 60 区分に分割	{年月，ログ ID}	0		1

注記 { }内は，索引の列を定義順に記述したリストである。
網掛け部分は表示していない。

(2) 探索対象ページ数試算による性能評価

表 2 の処理 4～6 における物理分割案 D～F について，次の①～④を前提条件として，探索対象の最大区分数（以下，探索区分数という），テーブルからの読込みページ数（以下，探索ページ数という）を試算し，表 13 を作成した。

① “ログ基本”テーブルへのアクセスだけを対象とする。どの処理でも，検索条件に合致する行は，30,000 行あるものとする。

② 月末営業日の処理を想定し，60 か月分のログが全て蓄積されていて，ログは各支店，各年月に均一に分布しているものとする。

③ どの区分方法でも，ページ総数は同じで，どのページにも最大行数のデータが格納され，ページは各区分に均等に配置されているものとする。また，テーブルの行が複数ページに分割されて格納されることはないものとする。

④ バッファヒット率は，索引のページでは 100%，テーブルのページでは 0% とする。

表 13　表 2 の処理 4〜6 における探索区分数・探索ページ数試算（未完成）

前提／試算項目		案	案 D	案 E	案 F
前提		区分数	60	60	60
		テーブルのページ数	60M	60M	60M
		1 区分当たりのページ数	1M	1M	1M
処理別の試算	処理 4	探索区分数	60	1	6
		探索ページ数	30,000	1M	6M
	処理 5	探索区分数	o	60	1
		探索ページ数	p	60M	30,000
	処理 6	探索区分数	60	60	q
		探索ページ数	60M	60M	r

注記　表中の単位 M は 100 万を表す。

3. クラスタ構成の検討

テーブルの物理分割だけでは，将来的なデータ量の増加に対応できないので，RDBMS がサポートしているクラスタ構成の検討を行った。クラスタ構成への変更に当たり，各テーブルのデータの配置方法に分散を指定し，主キー列を分散キーとして設定することにした。

クラスタ構成への変更後，表 2 の処理 2，4 の性能を試算したところ，処理 2 は同時並行探索数の上限がなくなることで性能が改善されたが，処理 4 は性能が低下することが判明した。そこで，処理 4 の性能低下への対策として，“取引種別”テーブル，“取引”テーブル及び“ログ明細”テーブルのデータの配置方法を見直すことにした。

設問 1　〔問合せの検討〕について，(1)〜(4)に答えよ。

(1)　表 4 中の太枠内に“○”印を記入し，表を完成させよ。

(2)　表 5 中の空欄を埋め，表を完成させよ。

(3)　図 2 中の［　a　］〜［　c　］に入れる適切な字句を答えよ。また，図 3〜5 中の［　d　］に入れる適切な字句を答えよ。

(4)　図 5 中の［　ア　］の列に事前に設定すべき値の内容を，20 字以内で具体的に述べよ。

設問２　〔“ログ関連”テーブルの検討〕について，(1)〜(3)に答えよ。

(1)　表10中の［ e ］〜［ h ］に入れる適切な字句を答えよ。

(2)　“3．テーブル構造案の評価”の本文中の［ i ］〜［ k ］に入れる適切な数字を答えよ。また，［ l ］〜［ n ］に入れる適切な字句を，本文中の用語を用いて答えよ。

(3)　“3．テーブル構造案の評価”の本文中の下線部について，問合せ[B]では，案2の性能が案3よりも劣る理由を，30字以内で具体的に述べよ。

設問３　〔テーブルの物理分割・クラスタ構成の検討〕について，(1)〜(3)に答えよ。

(1)　表11中の性能評価について，次の①，②をそれぞれ30字以内で具体的に述べよ。

①　追加の性能評価において，案Cが低い理由

②　参照の性能評価において，どの案も同じ理由

(2)　表13中の［ o ］〜［ r ］に入れる適切な数値を答えよ。また，案Eについて，処理4，5の探索ページ数の試算値が最小となるローカル索引を構成する列名を全て答えよ。

(3)　“3．クラスタ構成の検討”について，①〜③に答えよ。

①　処理4の性能が低下した理由を，50字以内で具体的に述べよ。

②　“取引種別”テーブル及び“取引”テーブルについて行うべき対応を，20字以内で具体的に述べよ。

③　“ログ明細”テーブルの分散キーを見直すことにした。どのように見直せばよいか，20字以内で具体的に述べよ。

問2　製パン業務に関する次の記述を読んで，設問1，2に答えよ。

Aホテルは，宿泊・料飲・宴会のサービスを提供するフルサービス型のホテルである。Aホテルでは，製パン業務の業務改革に向けて，現状と目指す姿の業務分析を行い，概念データモデル及び関係スキーマを設計した。

〔現状の業務分析の結果〕

1. 自社組織，食材業者，品目

(1) 自社組織

① ホテルには本館と新館があり，この二つをロケーションという。

② 本館には，メインダイニングルームというレストラン（以下，MDという）がある。

③ 新館には，カジュアルダイニングルームというレストラン（以下，CDという），カフェ（以下，CFという）及び宴会場（以下，BQという）がある。

④ 営業の時間帯には，朝食，昼食，夕食があり，MDは昼食時間帯及び夕食時間帯に，CDは朝食時間帯，昼食時間帯，夕食時間帯に営業する。また，CF及びBQは朝食～夕食の連続した時間帯に営業する。

⑤ 機能単位の組織を部門と呼び，部門コードで識別する。部門はいずれかのロケーションに属する。

⑥ 部門には，製造部門，貯蔵庫，要求元部門の種類があり，部門種別で分類する。本館と新館には，それぞれ製造部門，貯蔵庫，要求元部門が存在する。

⑦ 製造部門は，製パンの3工程に対応した次の3部門の総称である。これら3部門は，工程区分で分類する。

・攪拌（かくはん）部門（以下，攪拌（かくはん）をMixという）：小麦粉，ミルク，バターなどを捏（こ）ねて生地材料を製造するMix工程を担う。

・成型部門：生地材料を切り分けて成型材料を製造する成型工程を担う。

・焼成部門：成型材料を天板に並べて焼いて製品を製造する焼成工程を担う。

⑧ 要求元部門は，パンの製造を要求する部門であり，MD，CD，CF及びBQである。要求元部門には，要求先の焼成部門を設定する。

⑨ 本館と新館の製造部門は，同じロケーション内の要求元部門にパンの供給

を行う。

⑩　焼成部門全体の能力よりも，成型部門全体の能力が小さいので，成型の能力が不足する場合，後述する外注成型材料で不足分を補う。ただし，要求元部門の中には内製の成型材料だけを用いなければならない部門があり，その可否を示す内製限定フラグを設定する。

⑪　製造部門の3部門には，次の項目を設定する。

・Mix部門：同時並行で生地材料を製造できるMixライン数

・成型部門：同時並行で成型できる成型ライン数

・焼成部門：同時並行で焼成できる窯の保有段数

⑫　貯蔵庫は，後述する貯蔵品目の在庫をもち，貯蔵品目の受払いを担う部門である。貯蔵庫からの払出しは，同じロケーション内の部門に限って行う。

(2)　食材業者

食材業者は，原材料及び外注成型材料の仕入先業者である。

(3)　品目

①　原材料，生地材料，成型材料，製品を品目と呼ぶ。

②　品目は，品目コードで識別し，品目名，計量単位及び次を設定する。

・原材料，生地材料，成型材料及び製品のいずれかを表す品目分類

・調達又は内製のいずれかを表す調達内製区分

・貯蔵対象かどうかを表す貯蔵区分

③　成型材料には，成型部門が成型する内製成型材料と，食材業者から調達する外注成型材料がある。内製成型材料には，対応する代替外注成型材料を一つ決めて設定する。外注成型材料が代替できる内製成型材料は，一つだけである。

④　品目のうちの貯蔵品目には，原材料，生地材料及び外注成型材料が含まれる。貯蔵品目には，出庫のロットサイズを設定する。

⑤　品目のうちの調達品目には，原材料及び外注成型材料が含まれる。調達品目には，調達先食材業者，調達ロットサイズ，調達単価を設定する。

⑥　品目のうちの内製品目には，生地材料，内製成型材料及び製品が含まれる。内製品目には，製造仕様書番号を設定する。

⑦　原材料には，粉類，ミルク類などの分類を表す原材料分類を設定する。

⑧　生地材料には，1回の製造単位としての生地材料ロットサイズを設定する。

⑨　外注成型材料には，食材業者に成型材料の製造を依頼するための指定製法番号を設定する。

⑩　製品には，1回の製造単位としての焼成ロットサイズ，及び焼成に用いる内製成型材料を設定する。一つの内製成型材料からは，一つの製品だけ製造する。

⑪　内製成型材料を作るロットサイズは，焼成ロットサイズに等しい。

⑫　生地材料には，そのレシピとして，1回の製造に使用する，幾つかの原材料とその使用量を設定する。

⑬　内製成型材料には，そのレシピとして，1回の製造に使用する，幾つかの品目（生地材料又は原材料）とその使用量を設定する。例えば，レーズンパンの成型材料には，イギリス食パン用の生地材料の使用量と原材料のレーズンの使用量を決めている。

2. 在庫補充のやり方

(1)　在庫確認において，在庫数量が基準在庫数量を下回った貯蔵品目について，その品目ごとに決めているロットサイズの補充要求をかける。

(2)　補充要求をかけたら補充要求済みフラグをセットし，入庫したら補充要求済みフラグをリセットする。補充要求済みフラグを見ることで，補充要求の重複を防いでいる。

3. 物流パターン，物流の指示・実績の情報

(1)　物流パターン

部門及び食材業者間の物流パターンを表1に示す。表1では，物流の始点と終点の1組を単位に説明している。例えば，行番号5は次の物流パターンを表している。

・この物流は，本館貯蔵庫から本館 Mix 部門に原材料の払出しを行うものである。

・この物流は，払出依頼書（本館 Mix 部門が発行）に基づいて行う。

・この物流の実績として，払出伝票（本館貯蔵庫が発行）を記録する。

表１　部門及び食材業者間の物流パターン

行番号	物流の始点・終点													物流の対象物				指示情報	実績情報
	食材業者	本館貯蔵庫	新館貯蔵庫	本館 Mix 部門	本館成型部門	本館焼成部門	新館 Mix 部門	新館成型部門	新館焼成部門	MD	CD	BQ	CF	原材料	生地材料	成型材料	製品		
1	F	T												○				補充要求書	納品書
2	F	T														○		補充要求書	納品書
3	F		T											○				補充要求書	納品書
4	F		T													○		補充要求書	納品書
5		F		T										○				払出依頼書	払出伝票
6		F			T									○	○			払出依頼書	払出伝票
7		F				T										○		払出依頼書	払出伝票
8		T		F											○			補充要求書	Mix 実績票
9			F				T							○				払出依頼書	払出伝票
10			F					T						○	○			払出依頼書	払出伝票
11			F						T							○		払出依頼書	払出伝票
12			T				F								○			補充要求書	Mix 実績票
13					F	T										○		成型材料製造依頼書	成型実績票
14								F	T							○		成型材料製造依頼書	成型実績票
15						FT											○	－	焼成実績票
16						F				T							○	要求伝票	供給伝票
17									FT								○	－	焼成実績票
18									F		T						○	要求伝票	供給伝票
19									F			T					○	要求伝票	供給伝票
20									F				T				○	要求伝票	供給伝票

注記１　物流の始点・終点欄は，'F' が始点，'T' が終点，'FT' が始点かつ終点であることを表す。
注記２　物流の対象物欄は，'○' が物流の対象物を表す。
注記３　指示情報欄は，物流を起こす指示となる情報を表す。ただし，'－' の場合は該当する情報はない。
注記４　実績情報欄は，物流の結果を記録する情報を表す。

(2)　表１中の指示情報及び実績情報

①　要求伝票

各時間帯終了後に，3 回先の時間帯を対象に，要求元部門から要求先の焼成部門に，パンの製造を要求する伝票で，要求番号で識別する。要求する製品とその数量を明細に記載する。

②　供給伝票

要求に対してどのように供給したかを記録する伝票で，供給番号で識別する。要求明細に対応させて供給明細を起こし，実際の供給数量を記録する。製品は焼成ロット単位に製造するので，実際の供給数量は要求数量と異なることがある。供給明細に対して，どの焼成実績から幾つ引き当てたかを記録する。

③　焼成実績票

焼成ロットごとの焼成実績を記録する伝票で，製造番号で識別する。

④　成型材料製造依頼書

焼成に必要な成型材料の製造依頼を行う伝票で，1 ロットごとに発番する成型材料製造依頼番号で識別する。依頼は成型部門の成型能力を超えることがあるので，成型部門からの製造可否の回答を記録する。

⑤　成型実績票

成型材料製造依頼に対して製造可否が可となった分について，成型ロット単位の成型実績を記録する伝票で，製造番号で識別する。

⑥　払出依頼書

次の場合に，貯蔵庫に対する払出しを依頼する伝票で，払出番号で識別する。

・成型材料製造依頼に対して製造可否が可となった分について，成型に必要な生地材料及び原材料の払出しを依頼する。
・成型材料製造依頼に対して製造可否が否となった分について，焼成に必要な外注成型材料の払出しを依頼する。
・後述する生地材料補充要求について，その生地材料の製造に必要な原材料の払出しを依頼する。

⑦　払出伝票

払出依頼の明細について，払出実績数量を記録する。

⑧　補充要求書

補充を要求する伝票で，補充要求番号で識別する。貯蔵庫が在庫確認を行って貯蔵品目ごとに発行する。

・貯蔵庫では，品目分類ごとに保管場所が分かれており，原材料及び外注成型材料は毎夕食時間帯終了後に，生地材料は毎時間帯終了後に，在庫確認を行う。
・発行した補充要求書を，調達品目の要求（調達品目補充要求）と生地材料の要求（生地材料補充要求）に分類する。
・調達品目補充要求は，食材業者ごとにくくって注文を発行する。調達品目補充要求は，注文に対する注文明細に位置付ける。

・生地材料補充要求は，在庫確認の都度，Mix 部門に送る。Mix 部門では，生地材料補充要求を，1ロット分の Mix 指示として受け取る。

⑨　Mix 実績票

生地材料補充要求に対する Mix の実績で，製造番号で識別する。Mix の実績を記録して入庫実績とする。

⑩　納品書

食材業者からの納品の際に受領する伝票で，納品番号で識別する。注文に対する納品は，ものによって複数回に分かれることがあるが，明細の単位は維持される。各貯蔵庫が検品し，納品数量を記録して入庫実績とする。

〔目指す姿の業務分析の結果〕

1．業務改革策とその背景

現状は，現場の判断で，何をどれだけ製造するかを決めているので，欠品，在庫偏在という問題が発生している。そこで，次の業務改革策によって問題解決を図る。

(1)　集約可能な部門を集約することで，在庫偏在を減らす。

(2)　要求から，製品ごとに必要な焼成ロット数を求め，焼成指示を作成する。その焼成指示をどの要求に引き当てるかを決める際，内製限定の部門の要求を先に引き当てる。それによって，焼成ロットの端数の無駄と，内製限定となる焼成ロットを最小にする。焼成指示に基づいて焼成を実施する。

2．業務改革策に基づく業務

(1)　新館 Mix 部門と新館成型部門を廃止し，それぞれ本館 Mix 部門，本館成型部門に集約する。それ以外の部門は現状のままとする。

(2)　製造計画の立て方

①　要求を，要求先焼成部門別，製品別に集計し，必要な焼成ロット数を算出する。

②　①で算出したロット数分の焼成指示を作成する。焼成指示では，対象の年月日，時間帯について，使用する焼成部門ごとの窯の段を割り当てて焼成する製品を決め，1枚の天板の焼成ごとに焼成番号を発番する。

③　②で作成した焼成指示について，要求元部門からの要求を，同じ製品につ

いて，内製限定の分を先に引き当てる。引き当てた要求が内製限定の場合，引き当てられた焼成指示を内製限定にする。

④ 内製限定にした焼成指示を先に，成型部門に対して成型材料製造依頼をかける。成型部門は，成型能力がある限り製造可否を‘可’と回答し，成型能力が不足する分について製造可否を‘否’と回答する。成型部門が製造可否を‘否’と回答した分は，焼成部門が，同じロケーション内の貯蔵庫に対して，代替の外注成型材料の払出依頼をかける。

〔概念データモデルと関係スキーマの設計〕

1. 概念データモデル及び関係スキーマの設計方針

概念データモデル及び関係スキーマの設計は，次の方針に基づいて行う。

(1) 関係スキーマは，第3正規形にする。

(2) 概念データモデルでは，多対多のリレーションシップは用いない。

(3) リレーションシップが1対1の場合，意味的に後からインスタンスが発生する側のエンティティタイプに外部キー属性を配置する。

(4) リレーションシップについて，対応関係にゼロを含むか否かを表す“○”又は“●”は記述しない。

(5) 認識可能なサブタイプにおいて，そのサブタイプ固有の属性がある場合，必ずそのサブタイプの属性とする。

(6) サブタイプが存在する場合，ほかのエンティティタイプとのリレーションシップは，スーパタイプ又はサブタイプのいずれか適切な方との間に設定する。

(7) サブタイプに継承するスーパタイプの属性は，サブタイプにおいて外部キーの役割をもつことができる。この場合，継承した属性は，サブタイプの関係スキーマ上で，前後を“[”と“]”で挟んで明示する。

2. 設計した概念データモデル及び関係スキーマ

まず，現状を対象に設計した。現状について確認を行った後，業務改革策に基づいてどのような修正が必要か検討した。

なお，概念データモデル及び関係スキーマは，マスタ及び在庫領域と，トランザクション領域を分けて作成し，マスタとトランザクションの間のリレーションシップは記述していない。

(1) 現状を対象に設計した概念データモデル及び関係スキーマ

マスタ及び在庫領域の概念データモデルを図 1 に，トランザクション領域の概念データモデルを図 2 に，マスタ及び在庫領域の関係スキーマを図 3 に，トランザクション領域の関係スキーマを図 4 に示す。

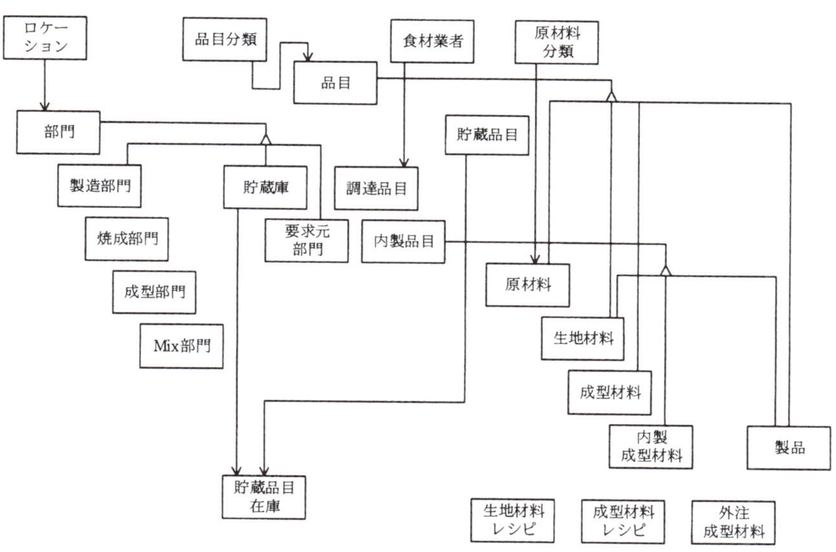

図 1 現状のマスタ及び在庫領域の概念データモデル（未完成）

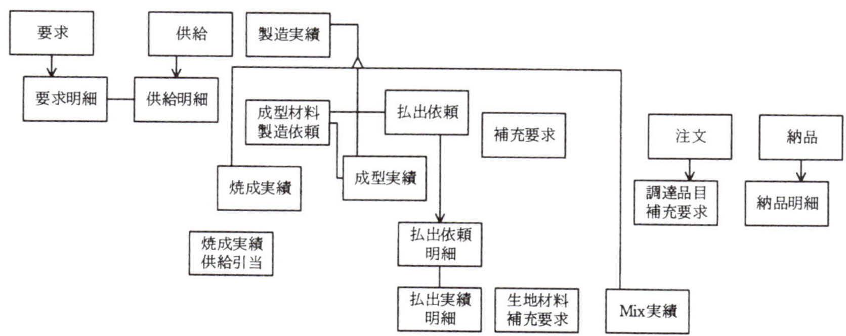

図 2 現状のトランザクション領域の概念データモデル（未完成）

ロケーション（ロケーションコード，ロケーション名）
部門（部門コード，部門名，ロケーションコード，部門種別）
　製造部門（部門コード，工程区分）
　　焼成部門（部門コード，保有段数）
　　成型部門（部門コード，成型ライン数）
　　Mix 部門（部門コード，Mix ライン数）
　貯蔵庫（部門コード，冷凍容量，冷蔵容量，常温容量）
　要求元部門（部門コード，内製限定フラグ，［　a　］）
食材業者（食材業者コード，食材業者名）
品目分類（品目分類コード，品目分類名）
原材料分類（原材料分類コード，原材料分類名）
品目（品目コード，品目名，品目分類コード，計量単位，［　b　］）
　調達品目（品目コード，調達先食材業者コード，調達ロットサイズ，調達単価）
　内製品目（品目コード，製造仕様書番号）
　貯蔵品目（品目コード，出庫ロットサイズ）
　　原材料（品目コード，原材料分類コード）
　　生地材料（品目コード，生地材料ロットサイズ）
　　成型材料（品目コード）
　　　内製成型材料（品目コード，［　c　］）
　　　外注成型材料（品目コード，指定製法番号）
　　製品（品目コード，焼成ロットサイズ，［　d　］）
生地材料レシピ（［　e　］）
成型材料レシピ（［　f　］）
貯蔵品目在庫（貯蔵庫部門コード，貯蔵品目コード，在庫数量，基準在庫数量，補充要求済みフラグ）

図3　現状のマスタ及び在庫領域の関係スキーマ（未完成）

要求（要求番号，対象年月日，対象時間帯，要求年月日，要求元部門コード）
要求明細（要求番号，要求明細番号，製品品目コード，要求数量）
供給（供給番号，供給元部門コード，供給先部門コード）
供給明細（供給番号，供給明細番号，供給数量，要求番号，要求明細番号）
製造実績（製造番号，対象年月日，対象時間帯，実績数量，実績区分）
　焼成実績（製造番号，焼成部門コード）
　成型実績（製造番号，成型材料品目コード，成型部門コード，成型材料製造依頼番号）
　Mix 実績（製造番号，Mix 部門コード，補充要求番号）
焼成実績供給引当（［　g　］）
成型材料製造依頼（成型材料製造依頼番号，対象年月日，対象時間帯，依頼元部門コード，
　　　　　　　　　内製成型材料品目コード，製造可否）
払出依頼（払出番号，対象年月日，対象時間帯，払出依頼元製造部門コード，
　　　　　依頼先貯蔵庫部門コード，［　h　］）
払出依頼明細（払出番号，払出明細番号，貯蔵品目コード）
払出実績明細（払出番号，払出明細番号，払出実績数量）
注文（注文番号，注文年月日，注文貯蔵庫部門コード，食材業者コード）
補充要求（補充要求番号，要求元貯蔵庫部門コード，補充要求年月日，貯蔵品目コード，補充品目区分）
　生地材料補充要求（［　i　］）
　調達品目補充要求（［　j　］）
納品（納品番号，納品年月日，納品貯蔵庫部門コード，食材業者コード）
納品明細（納品番号，納品明細番号，納品数量，［　k　］）

図4　現状のトランザクション領域の関係スキーマ（未完成）

(2) 業務改革策に基づいて設計した概念データモデル及び関係スキーマ

業務改革策に基づいて，製造計画の結果である焼成指示を追加したトランザクション領域の概念データモデル及び関係スキーマを設計した。焼成指示に関わる範囲の概念データモデルを図5に，関係スキーマを図6に示す。

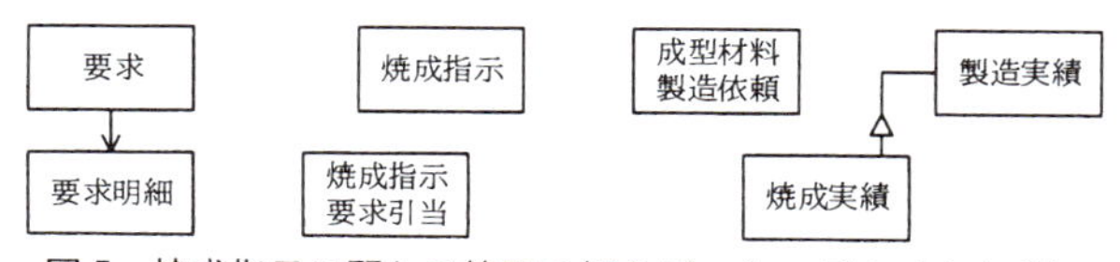

図5　焼成指示に関わる範囲の概念データモデル（未完成）

要求（要求番号，対象年月日，対象時間帯，要求年月日，要求元部門コード）
要求明細（要求番号，要求明細番号，製品品目コード，要求数量）
焼成指示（対象年月日，対象時間帯，焼成部門コード，焼成番号，製品品目コード，段記述，内製限定フラグ）
焼成指示要求引当（ l ）
成型材料製造依頼（成型材料製造依頼番号， m ，製造可否）
製造実績（製造番号，対象年月日，対象時間帯，実績数量，実績区分）
　焼成実績（製造番号，焼成部門コード， n ）

図6　焼成指示に関わる範囲の関係スキーマ（未完成）

解答に当たっては，巻頭の表記ルールに従うこと。ただし，エンティティタイプ間の対応関係にゼロを含むか否かの表記は必要ない。

なお，属性名は，それぞれ意味を識別できる適切な名称とすること。また，関係スキーマに入れる属性名を答える場合，主キーを表す下線，外部キーを表す破線の下線についても答えること。

設問1　現状を対象に設計した概念データモデル及び関係スキーマについて，(1)〜(3)に答えよ。

(1) 図1に欠落しているリレーションシップを補って，図を完成させよ。

(2) 図2に欠落しているリレーションシップを補って，図を完成させよ。

(3) 図3中の a 〜 f ，図4中の g 〜 k に入れる適切な属性名を，一つ又は複数答えよ。

設問2　業務改革策に基づいて設計した物流パターン，概念データモデル及び関係スキーマについて，(1)〜(3)に答えよ。

(1) 表 1 は，部門の集約によって次の変更が必要になる。

① 幾つかの行が不要になる。その行番号を全て答えよ。

② 行番号 15，17 に必要となる指示情報を答えよ。

③ 表 2 に示す行番号 21 を新たに追加する必要がある。表 1 に倣って表 2 を完成させよ。

表 2 部門及び食材業者間の物流パターン（追加行）

行番号	物流の始点・終点													物流の対象物				指示情報	実績情報
	食材業者	本館貯蔵庫	新館貯蔵庫	本館 Mix 部門	本館成型部門	本館焼成部門	新館 Mix 部門	新館成型部門	新館焼成部門	MD	CD	BQ	CF	原材料	生地材料	成型材料	製品		
21																			

(2) 図 5 は未完成である。欠落しているリレーションシップを補って，図を完成させよ。

(3) 図 6 中の［ l ］〜［ n ］に入れる適切な属性名を，一つ又は複数答えよ。ここで，図 4 にあっても図 6 に不要な属性は除くこと。

なお，外部キーの役割をもたせるためにサブタイプに継承した属性は，前後を“[”と“]”で挟んで明示すること。継承を明示する例を図 7 に示す。

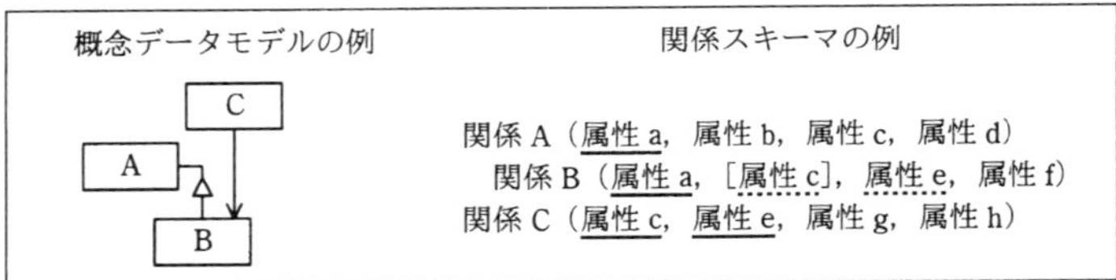

注記 関係 B における属性 c はスーパタイプから継承した属性である。

図 7 継承を明示する例

平成31年度　午後Ⅱ　問1　解説

平成31年春期　午後Ⅱ問題の解答・解説

問1

平成31年の問1は，テーマそのものは**「データベースの設計・実装」**なので，平成30年度を含む例年と変わりはないが，問題文の構成は例年と大きく変わっている。ただ，問題そのものは**「何かを知らなければ解けない」**というものは少ない。いずれも問題文中に仕様が書かれているので，それを読み解きながら，基本的な知識を用いて解答していけばいいだろう。ただ，初めての切り口は戸惑うし，どうしても時間がかかってしまうので，時間配分には気を付けて，速く解くことを心がけよう。

■ IPA公表の出題趣旨

出題趣旨
端末が記録する操作，通信，更新履歴などのログデータを，収集，蓄積，加工，分析することによって，業務改善の指標・指針を得られることも多い。こうしたデータは，大容量化，多様化する傾向にあり，その格納，利用にあたっては，適切なDBMSの選択，慎重な物理設計が必要になる。また，データベース技術者は，物理設計にあたって，DBMSの仕様を理解した上で，選択可能な実装案を作成し，性能を比較して適切な案を選定する能力が求められる。 本問では，金融機関のログ分析システムを例として，①RDBMSに対する種々の要求を理解し，整理，要約する能力，②テーブルを設計する能力，③テーブルの区分化を設計する能力，④データ操作を設計する能力，⑤データベースのアクセス性能を見積もる能力を評価する。

■ IPA公表の採点講評

採点講評
問1では，金融機関におけるログ分析システムを題材に，データベースの設計及び実装について出題した。 設問1は，全体的に正答率は高かったが，(4)では“画面遷移の連番”などの連番の付与単位を考慮しない誤った解答が散見された。SQL文中のテーブル間結合の条件などから，対象データの処理単位を正しく読み取れるようにしてほしい。 設問2は，木構造データを取り扱うテーブル構造について出題した。全体的に正答率は高かったが，(2)jの正答率は低かった。テーブル構造の設計に当たっては，具体的な値に基づいてどのように参照・更新されるかを検証し，設計内容が適切であることを確認する習慣を付けてほしい。(3)では，アクセスパスの違いによって性能の差異が生じることへの理解を求めた。実業務においては，RDBMSのオプティマイザの仕様を考慮した上で，適切なアクセスパスとなるように問合せの設計を行ってほしい。 設問3は，テーブルの物理分割，データベースのクラスタ構成について出題したが，全体的に正答率は低かった。(1)では，テーブルの物理分割の仕組みを正しく理解していない解答が散見された。物理分割の長所・短所を理解し，適切な物理分割を行うようにしてほしい。(2)の“ローカル索引を構成する列名”は，正答率が低かった。処理対象のテーブルへの検索条件を正確に把握し，適切な索引設計を行うことを心掛けてほしい。(3)では，RDBMSがサポートするクラスタ構成の仕様を理解していないと思われる誤った解答が散見された。実業務においては，RDBMSが提供する機能の仕様を正しく理解し，その機能を有効に活用するように心掛けてほしい。

■ 問題文の全体構成を把握する

午後Ⅱ（事例解析）の問題に取り組む場合，設問を読んで解答を考える前に，まずは問題文の全体像を把握して**「どこに何が書いているのか？」**を事前に把握しておくことをお勧めする。その上で，解答するための手順及び時間配分を決定する。このあたりの共通の手順は，本書の序章**「午後問題の解答テクニック」**を参照しよう。本問の構成は以下のようになっている。

問題タイトル：データベースの設計，実装
題材：B 銀行のログ分析システム

第 1 段落〔システムの現状〕
1. 現行システムの構成
2. ログ収集・利用状況
   表1 ログの例（一部省略）

第 2 段落〔新たなログ分析システムの構築〕
1. ログ分析システムの主な機能
   表2 ログ分析処理の例
2. ログ分析システムの構成
3. ログ分析システムのテーブル
   図1 ログ分析システムのテーブル構造（一部省略）
   表3 主なテーブルのデータ量見積り

第 3 段落〔RDBMS の主な仕様〕
1. ページ
2. オプティマイザの仕様
3. 再帰的な問合せの構文のサポート
4. ウィンドウ関数のサポート
5. テーブルの物理分割
6. クラスタ構成のサポート

第 4 段落〔問合せの検討〕（設問 1）
1. 問合せの傾向分析・索引設計
   表4 処理 1 ～ 6 の参照テーブル（未完成）
   表5 主キー以外の索引定義対象テーブル名・列名（未完成）
2. 処理 1 の問合せ検討
   図2 処理 1 の問合せに用いる SQL 文（未完成）
3. 処理 2 の問合せ検討
   図3 処理 2 の問合せに用いる SQL 文の例 1（未完成）
   図4 処理 2 の問合せに用いる SQL 文の例 2（未完成）
   図5 処理 2 の問合せに用いる SQL 文の例 3（未完成）

第 5 段落〔“ログ関連”テーブルの検討〕（設問 2）
1. テーブル構造の案
   表6“ログ関連”テーブルのテーブル構造案
   表7 案 1 の行
   表8 案 2 の行
   表9 案 3 の行
   図6 案 3 の左端番号・右端番号付与の例
2. テーブル構造案の検討
   表10 問合せに用いる SQL 文の案（未完成）
3. テーブル構造案の評価

第 6 段落〔テーブルの物理分割・クラスタ構成の検討〕（設問 3）
1.“ログ収集”テーブルの物理分割
   表11 “ログ収集”テーブルの物理分割案・性能評価
2.“ログ基本”テーブルの物理分割
   表12 “ログ基本”テーブルの物理分割案・性能評価
   表13 表2 の処理 4 ～ 6 における探索区分数・探索ページ数試算（未完成）
3. クラスタ構成の検討

解説図 1　全体構成の把握

IPAの解答例

設問		解答例・解答の要点		備考
設問1	(1)	(下表参照)		
	(2)	(下表参照)		
	(3)	a	IN('1','2')	
		b	= '1'	
		c	IS NULL	
		d	ORDER BY 平均経過時間 DESC	
	(4)	店番，機番，TSの順に連続する整数		
設問2	(1)	e	ログID = '105'	
		f	B.親ログID	
		g	A.左端番号 >= B.左端番号	順不同
		h	A.右端番号 <= B.右端番号	
	(2)	i	4	
		j	8	
		k	3	
		l	更新は行わない	
		m	再帰的な問合せ	
		n	結合	
	(3)	WHERE句の述語が関数を含む場合，表探索になるから		

設問1 (1)

処理名＼テーブル名	支点	端末種別	窓口端末	取引種別	取引	画面	行員	行員所属	ログ収集	ログ基本	ログ明細	ログ関連
処理5	○	○	○							○		
処理6	○			○	○	○				○		

設問1 (2)

テーブル名	索引を定義する列名
窓口端末	端末種別コード
取引	取引種別コード

設問		解答例・解答の要点		備考
設問 3	(1)	①	一つの区分に行追加が集中し，待ちが発生するから	
		②	検索キーが店番，機番，TS に限られるから	
	(2)	o	60	
		p	60M	
		q	12	
		r	12M	
		ローカル索引を構成する列名	年月，店番	
	(3)	①	結合対象のデータが各ノードに分散しており，テーブル結合を行うごとにノード間通信が必要となるから	
		②	データの配置方法に複製を指定する。	
		③	・分散キーをログ ID 列だけに変更する。 ・分散キーから明細番号列を除外する。	

■ 時間配分の決定

本問は 14 ページ（問題文が 12 ページ半，設問が 1 ページ半）で，これは例年通りの平均的なページ数になる。タイトルも**「データベースの設計，実装」**で平成 30 年と同じだが，平成 26 年以来継続していた問題文の構成と異なっている。したがって**「初見のパターン」**だと判断して，①解ける設問を優先し，②各設問には均等に時間配分する戦略で考えればいいだろう。具体的には，解答に迷う設問を後回しにして，設問 1，2，3 をそれぞれ均等に 30 分で解答したい。そして残りの 30 分で，後回しにして解答していなかったところにたっぷりと時間を使うといいだろう。

設問 1

設問 1 は，**〔問合せの検討〕**段落に関する問題になる。これは，定番の問題で，出題趣旨の表現で言うと**「④データ操作を設計する能力」**になる。確実に正解を積み上げたいところだ。出来る限り短時間で解答したいところでもある。

■ 設問 1 (1)

最初は，問題文で定義されている各処理が，どのテーブルを参照しているのかを答える問題になる。

設問

(1) 表 4 中の太枠内に“○”印を記入し，表を完成させよ。

問題文の関連箇所

表 4　処理 1～6 の参照テーブル（未完成）

処理名＼テーブル名	支店	端末種別	窓口端末	取引種別	取引	画面	行員	行員所属	ログ収集	ログ基本	ログ明細	ログ関連
処理 1	○				○		○	○		○		
処理 2										○		
処理 3					○				○	○		○
処理 4				○	○					○	○	
処理 5										○		
処理 6										○		

注記　○：テーブルが処理で参照されることを表す。

解説図 2　設問 1（1）で問われていることと問題文の関連箇所（7 ページ目）

IPA の解答例

設問		解答例・解答の要点	備考
設問 1	(1)	（下表）	

処理名＼テーブル名	支店	端末種別	窓口端末	取引種別	取引	画面	行員	行員所属	ログ収集	ログ基本	ログ明細	ログ関連
処理 5	○	○	○							○		
処理 6	○			○	○	○				○		

まず，処理１～処理６が問題文のどこで説明されているのかを確認する。今回は**「表２ログ分析処理の例」**の中で説明されている。

そして，処理１～処理４までは完成形で，処理５，処理６のログに関する４つのテーブルに関しては，そのうちのどのテーブルを参照しているのかまでは書いているので，それらを参考にしながら，次の３つの表を突き合わせチェックしながら進めていけば短時間で解答できる。

①	表２ ログ分析処理の例
②	図１ ログ分析システムのテーブル構造（一部省略）
③	表４ 処理１～６の参照テーブル（未完成）

処理１を例にすると解説図３のようになる。まずは個々の処理の中で出力するものを明確にし，それを含むテーブルを参照していると考える。

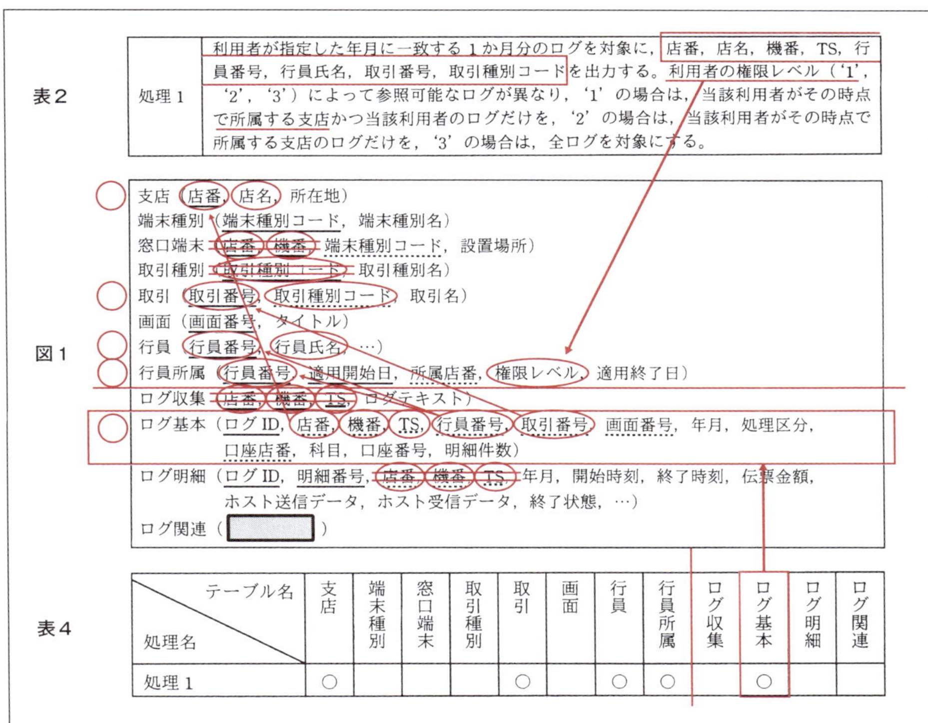

解説図３　表２，図１，表４の対応付けの例（処理１）

■ 処理５

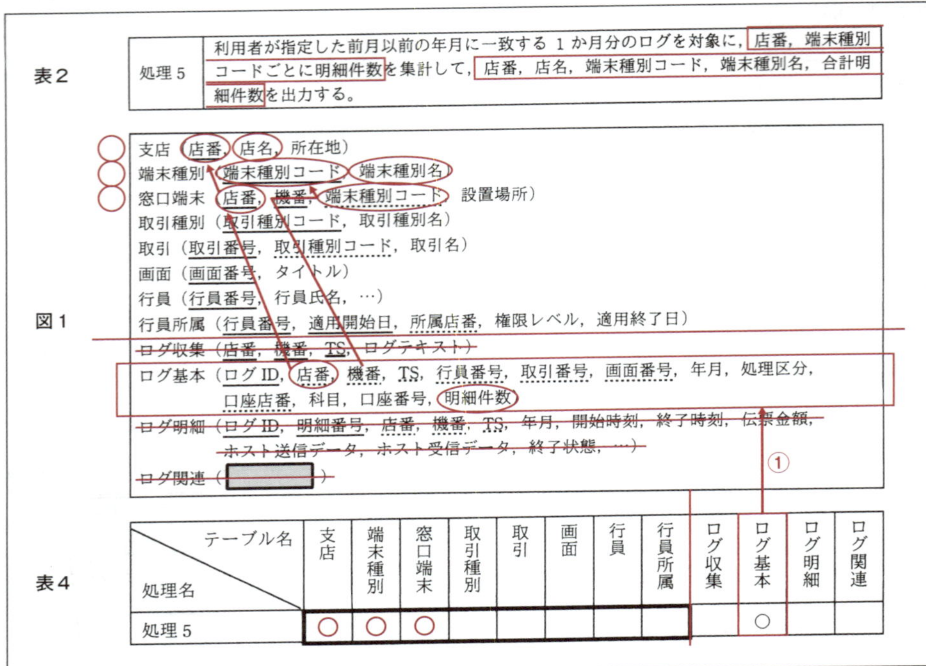

表２

処理５	利用者が指定した前月以前の年月に一致する１か月分のログを対象に，店番，端末種別コードごとに明細件数を集計して，店番，店名，端末種別コード，端末種別名，合計明細件数を出力する。

図１

支店（店番，店名，所在地）
端末種別（端末種別コード，端末種別名）
窓口端末（店番，機番，端末種別コード，設置場所）
取引種別（取引種別コード，取引種別名）
取引（取引番号，取引種別コード，取引名）
画面（画面番号，タイトル）
行員（行員番号，行員氏名，…）
行員所属（行員番号，適用開始日，所属店番，権限レベル，適用終了日）
ログ収集（店番，機番，TS，ログテキスト）
ログ基本（ログID，店番，機番，TS，行員番号，取引番号，画面番号，年月，処理区分，口座店番，科目，口座番号，明細件数）
ログ明細（ログID，明細番号，店番，機番，TS，年月，開始時刻，終了時刻，伝票金額，ホスト送信データ，ホスト受信データ，終了状態，…）
ログ関連（　　　　）

表４

処理名＼テーブル名	支店	端末種別	窓口端末	取引種別	取引	画面	行員	行員所属	ログ収集	ログ基本	ログ明細	ログ関連
処理５	○	○	○							○		

解説図４　処理５の参照テーブルを解答する

表４では４つあるログに関するテーブルのうち，**“ログ基本”**テーブルを参照している（①）。表２の処理５の記述にも，**「明細件数を集計して」**と書いてあり，出力するのも**「合計明細件数」**になっているので，確かに**“ログ基本”**テーブルを集計して出力することができる。

ただ，明細件数は**「店番，端末種別コードごとに」**集計しなければならないのに，**“ログ基本”**テーブルには**‘端末種別コード’**がない。そこで，**‘端末種別コード’**を他のテーブルを参照して入手しなければならない。図１のテーブルを順次チェックしてみると，**“端末種別”**テーブルと**“窓口端末”**テーブルに存在していることが確認できる。このうち，**“ログ基本”**テーブルから（外部キーを設定して）参照できるのは**“窓口端末”**テーブルになる。**‘店番’**と**‘機番’**を設定して**“窓口端末”**テーブルを参照すれば，一意の**‘端末種別コード’**が求められる。したがって，**“窓口端末”テーブルは参照が必要になる。**

後は，**「店番，店名，端末種別コード，端末機種名，合計明細件数」**を出力するために必要不可欠なテーブルを探す。**“ログ基本”**テーブルと**“窓口端末”**テーブルから直接出力できないのは**「店名」**と**「端末種別名」**である。これらはそれぞれ，**“支店”**テーブルと**“端末種別”**テーブルを参照して取り込むことになる。以上より，**“支店”テーブルと“端末種別”テーブルも必要になる。**

■ 処理 6

表2

処理 6	利用者が指定した一つの画面番号について，年月が前々年 4 月から前年 3 月までの 12 か月分のログを対象に，店名，取引種別名ごとに，明細件数を集計して，画面番号，タイトル，店名，取引種別名，合計明細件数を出力する。

図 1

支店（店番，店名，所在地）
端末種別（端末種別コード，端末種別名）
窓口端末（店番，機番，端末種別コード，設置場所）
取引種別（取引種別コード，取引種別名）
取引（取引番号，取引種別コード，取引名）
画面（画面番号，タイトル）
行員（行員番号，行員氏名，…）
行員所属（行員番号，適用開始日，所属店番，権限レベル，適用終了日）
ログ収集（店番，機番，TS，ログテキスト）
ログ基本（ログ ID，店番，機番，TS，行員番号，取引番号，画面番号，年月，処理区分，口座店番，科目，口座番号，明細件数）
ログ明細（ログ ID，明細番号，店番，機番，TS，年月，開始時刻，終了時刻，伝票金額，ホスト送信データ，ホスト受信データ，終了状態，…）
ログ関連（　　　）

①

表4

テーブル名 / 処理名	支店	端末種別	窓口端末	取引種別	取引	画面	行員	行員所属	ログ収集	ログ基本	ログ明細	ログ関連
処理 6	○			○	○	○				○		

解説図 5　処理 6 の参照テーブルを解答する

表 4 では 4 つあるログに関するテーブルのうち，処理 6 でも **“ログ基本”** テーブルだけを参照している（①）。表 2 の処理 6 の記述も，やはり **「明細件数を集計して」** と **「合計明細件数を出力する。」** となっている。

残りの出力すべき項目のうち，**“ログ基本”** テーブルから直接出力できないのは **「タイトル，店名，取引種別名」** の 3 つ。これらを参照先のテーブルから取り込まないといけないので，それぞれ次のように関連付ける。

- タイトル：**“ログ基本”** テーブルの **‘画面番号’** で **“画面” テーブル**を参照する
- 店名：**“ログ基本”** テーブルの **‘店番’** で **“支店” テーブル**を参照する
- 取引種別名：**“ログ基本”** テーブルの **‘取引番号’** で **“取引” テーブル**を参照して **‘取引種別コード’** を取得する。そして，その **‘取引種別コード’** で **“取引種別” テーブル**を参照する

以上より，処理 6 はこの 4 つのテーブルになる。

■ 設問 1（2）

続いては **"索引"** に関する問題になる。

設問	(2)　表 5 中の空欄を埋め，表を完成させよ。
問題文の関連箇所	〔問合せの検討〕 1. 問合せの傾向分析・索引設計 表 2 の処理 1〜6 の参照テーブルを表 4 にまとめて，問合せの傾向を分析した。また，図 1 中のマスタ情報を格納するテーブルについて，処理 1〜6 で結合に用いられる主キー以外の列に索引を定義することにし，その対象テーブル名・列名を表 5 にまとめた。 表 5　主キー以外の索引定義対象テーブル名・列名（未完成） （テーブル名／索引を定義する列名の空欄表）

表 5　主キー以外の索引定義対象テーブル名・列名（未完成）

テーブル名	索引を定義する列名

解説図 6　設問 1（2）で問われていることと問題文の関連箇所（6 ～ 7 ページ目）

IPA の解答例

設問		解答例・解答の要点	備考
設問 1	(2)	（下表）	

テーブル名	索引を定義する列名
窓口端末	端末種別コード
取引	取引種別コード

〔問合せの検討〕段落の**「1. 問合せの傾向分析・索引設計」**に書いている通り，処理 1 ～ 6 の結合用に主キー以外の列に索引を定義することにしたということなので，まずは**「表 4 処理 1 ～ 6 の参照テーブル（未完成）」**で参照関係をチェックし，その結合条件を**「図 1 ログ分析システムのテーブル構造（一部省略）」**で確認するといい。

なお，**「マスタ情報を格納するテーブルについて」**とあるが，これは 4 ページ目の図 1 の上，下から 6 行目からの記述に書いている。テーブル名の頭に **"ログ"** とついた 4 つを除くテーブルになる。

(5) マスタ情報（支店，端末種別，窓口端末，取引種別，取引，画面，行員，行員所属）を各テーブルに格納する。マスタ情報は，データ量が少なく，更新は月１回なので，月末処理で変更を反映する。

解説図７　問題文の該当箇所（４ページ目）

処理名	参照テーブルと結合に使う列			
	参照先（マスタ）		参照元	
	テーブル	結合の列	テーブル	結合の列（マスタのみ）
処理１	支店	主キー	ログ基本	–
	取引	主キー	ログ基本	–
	行員	主キー	ログ基本	–
	行員所属	主キー	ログ基本	–
処理３	取引	主キー	ログ基本	–
処理４	取引種別	主キー	取引	取引種別コード
	取引	主キー	ログ基本	–
処理５	支店	主キー	ログ基本	–
	端末種別	主キー	窓口端末	端末種別コード
	窓口端末	主キー	ログ基本	–
処理６	支店	主キー	ログ基本	–
	取引種別	主キー	取引	取引種別コード
	取引	主キー	ログ基本	–
	画面	主キー	ログ基本	–

解説図８　参照テーブルと結合の列

まず，表４から参照先のマスタをピックアップする。そして，図１を見ながら参照元をチェックしていく。設問１（1）を解答する時に気づくと思うが，この処理の中には，出力する項目を参照するために，いったんマスタを経由しないといけないケースがある。その場合，マスタ同士を結合する。この時，参照元テーブルが**"主キー以外の列"**に該当することがあるので，その場合は，そこに索引を定義する。

・**"窓口端末"**テーブルの**'端末種別コード'**
・**"取引"**テーブルの**'取引種別コード'**

■ 設問１(3)

設問１（3）はSQL文を完成させる問題になる。

設問

(3) 図２中の［ a ］～［ c ］に入れる適切な字句を答えよ。また，図3～5中の［ d ］に入れる適切な字句を答えよ。

問題文の関連箇所

```
WITH TEMP AS (SELECT
      CASE WHEN 権限レベル [ a ] THEN 所属店番 ELSE NULL END AS 検索店番,
      CASE WHEN 権限レベル [ b ] THEN 行員番号 ELSE NULL END AS 検索行員番号
   FROM 行員所属
   WHERE 行員番号 = :hv1 AND CURRENT_DATE >= 適用開始日
     AND (適用終了日 IS NULL OR CURRENT_DATE < 適用終了日))
SELECT A.店番,B.店名,A.機番,A.TS,A.行員番号,C.行員氏名,A.取引番号,D.取引種別コード
FROM ログ基本 A, 支店 B, 行員 C, 取引 D, TEMP E
WHERE A.年月 = :hv2
  AND A.店番 = B.店番
  AND A.行員番号 = C.行員番号
  AND A.取引番号 = D.取引番号
  AND (E.検索店番 [ c ] OR E.検索店番 = A.店番)
  AND (E.検索行員番号 [ c ] OR E.検索行員番号 = A.行員番号)
```

注記　hv1は利用者の行員番号のホスト変数を，hv2は利用者が指定した年月のホスト変数を表す。

図２　処理１の問合せに用いるSQL文（未完成）

```
SELECT B.画面番号 AS 前画面番号, A.画面番号 AS 後画面番号,
  AVG(GET_LAPSE(B.TS, A.TS)) AS 平均経過時間
FROM ログ基本 A
  LEFT JOIN ログ基本 B ON A.店番 = B.店番 AND A.機番 = B.機番
       AND B.TS = (SELECT MAX(Z.TS) FROM ログ基本 Z
                   WHERE A.店番 = Z.店番 AND A.機番 = Z.機番 AND Z.TS < A.TS)
WHERE B.画面番号 IS NOT NULL
GROUP BY B.画面番号, A.画面番号
[ d ]
```

図３　処理２の問合せに用いるSQL文の例１（未完成）

```
SELECT 前画面番号, 後画面番号, AVG(経過時間) AS 平均経過時間 FROM
 (SELECT LAG(画面番号) OVER (PARTITION BY 店番, 機番 ORDER BY TS) AS 前画面番号,
         画面番号 AS 後画面番号,
         GET_LAPSE(LAG(TS) OVER (PARTITION BY 店番, 機番 ORDER BY TS), TS) AS 経過時間
  FROM ログ基本) TEMP
WHERE 前画面番号 IS NOT NULL
GROUP BY 後画面番号, 前画面番号
[ d ]
```

図４　処理２の問合せに用いるSQL文の例２（未完成）

```
SELECT B.画面番号 AS 前画面番号, A.画面番号 AS 後画面番号,
   AVG(GET_LAPSE(B.TS, A.TS)) AS 平均経過時間
FROM ログ基本 A
   LEFT JOIN ログ基本 B ON A.店番 = B.店番 AND A.機番 = B.機番
       AND (A.[ ア ] - 1) = B.[ ア ]
WHERE B.画面番号 IS NOT NULL
GROUP BY A.画面番号, B.画面番号
[ d ]
```

図５　処理２の問合せに用いるSQL文の例３（未完成）

解説図９　設問１（3）で問われていることと問題文の関連箇所（７～８ページ目）

IPA の解答例

設問			解答例・解答の要点	備考
設問 1	(3)	a	IN('1','2')	
		b	='1'	
		c	IS NULL	
		d	ORDER BY 平均経過時間 DESC	

未完成の SQL 文を完成させる問題（穴埋め問題等）は，ほとんどの場合問題文の中に処理内容が書いているところがあるので，そこを探し出し，SQL 文と突き合わせながら解答していく。もちろん SQL 文の基本構文を知らないといけないが，多少であれば，その場で基本構文を推測しながら進めていくこともできる。

図 2 の SQL と表 2 の処理 1 の突き合わせ（解説図 11）

設問 1（3）の場合，解答すべき SQL 文は**「図 2」**で，その内容を書いている問題文は**「表 2 の処理 1」**になる。この二つを突き合わせながら読解し，空欄を埋めていく。

図 2 の SQL 文は，前半部分に**"WITH TEMP AS（SELECT 文）"**が，後半 7 行目からもう一つの SELECT 文に分けられている。前者は**"WITH TEMP AS"**のことをよく知らなくても**「利用者の権限レベル（'1'，'2'，'3'）によって参照可能なログが異なり」**という文の部分だということはわかるだろう。そして後者も，処理 1 の記述の最初の 2 行**「利用者が指定した年月に一致する〜取引種別コードを出力する。」**という部分に対応していることがわかると思う。

全体を見れば，前者の**"TEMP"**が，後者の SELECT 文の一つのテーブル**"E"**として使われていることも確認できるだろう。

後半の SELECT 文

次に，前半部分，後半部分のどちらからでも構わないが，順番に読解していく。

ひとまずここは，下の SELECT 文から表 2 の処理 1 の記述と突き合わせをしていこう。SELECT 文の場合，次のような順番で見ていくといいだろう。

①　SELECT 文の後の選択項目リストを突き合わせて確認（念のため）
②　FROM の後の使用しているテーブルを確認（念のため）
③　WHERE の後より，テーブルの結合条件を確認
④　WHERE の後より，テーブルの結合条件以外の抽出条件を確認

解説図 10　SELECT 文を読み解く順番

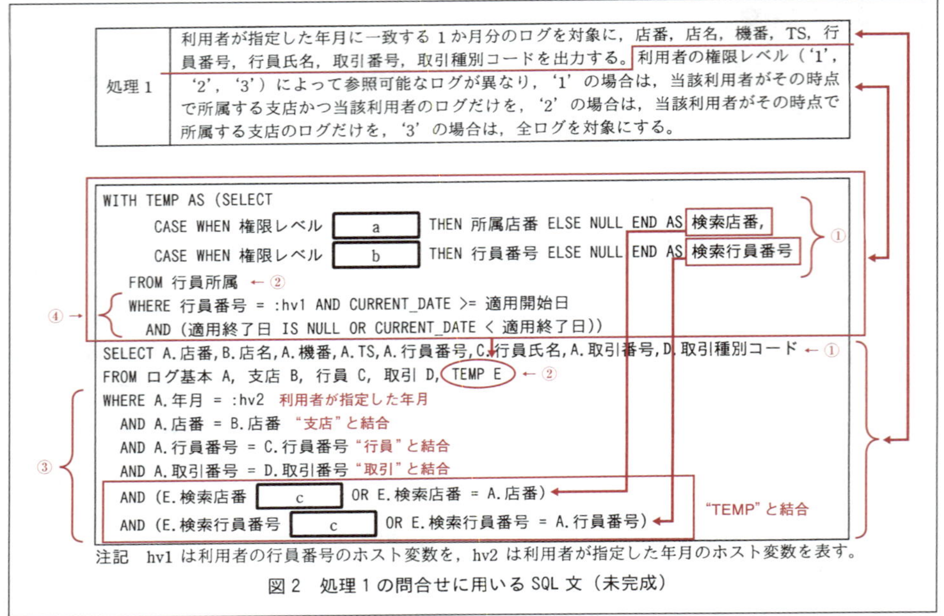

処理 1	利用者が指定した年月に一致する 1 か月分のログを対象に，店番，店名，機番，TS，行員番号，行員氏名，取引番号，取引種別コードを出力する。利用者の権限レベル（'1'，'2'，'3'）によって参照可能なログが異なり，'1' の場合は，当該利用者がその時点で所属する支店かつ当該利用者のログだけを，'2' の場合は，当該利用者がその時点で所属する支店のログだけを，'3' の場合は，全ログを対象にする。

```
WITH TEMP AS (SELECT
      CASE WHEN 権限レベル [ a ] THEN 所属店番 ELSE NULL END AS 検索店番,
      CASE WHEN 権限レベル [ b ] THEN 行員番号 ELSE NULL END AS 検索行員番号
   FROM 行員所属
   WHERE 行員番号 = :hv1 AND CURRENT_DATE >= 適用開始日
     AND (適用終了日 IS NULL OR CURRENT_DATE < 適用終了日))
SELECT A.店番,B.店名,A.機番,A.TS,A.行員番号,C.行員氏名,A.取引番号,D.取引種別コード
FROM ログ基本 A, 支店 B, 行員 C, 取引 D, TEMP E
WHERE A.年月 = :hv2
  AND A.店番 = B.店番
  AND A.行員番号 = C.行員番号
  AND A.取引番号 = D.取引番号
  AND (E.検索店番 [ c ] OR E.検索店番 = A.店番)
  AND (E.検索行員番号 [ c ] OR E.検索行員番号 = A.行員番号)
```


注記　hv1 は利用者の行員番号のホスト変数を，hv2 は利用者が指定した年月のホスト変数を表す。

図 2　処理 1 の問合せに用いる SQL 文（未完成）

解説図 11　問題文（処理 1）と SQL 文の突き合わせ

①と②は特に問題はない。②のところで，やはり前者の **"TEMP"** が，後者の SELECT 文の一つのテーブル **"E"** として使われていることが確認できる。

そして上記の③（FROM の後のテーブルの結合条件をチェックする部分）をチェックしていくと，空欄 c を含む条件式が，上の SQL 文の **"TEMP E"** との結合条件だということがわかるだろう。

空欄 c は 2 行ある。上が **'店番'** で絞り込んでいて，下が **'行員'** で絞り込んでいる。これを処理 1 の文と比較してみると，**'店番'** で絞り込むのは **「利用者の権限レベルが '2' の場合」** で，**'行員'** で絞り込むのは **「利用者の権限レベルが '1' の場合」** だということが確認できる。

また，空欄 c の後ろの条件が，それぞれ **「E. 検索店番 ＝ A. 店番」**，**「E. 検索行員番号 ＝ A. 行員番号」** になっていることから，このあたりが関連しているのだろう。そこで，ここはいったんここまでで置いておき，上の SQL 文の解釈に移る。

コラム WITH 句

WITH 句を使えば，当該 SQL 文を実行している間だけ一時的に利用できるテーブル（一時テーブルや一時表，インラインビューなどという）を作成することができる。要するに，副問合せに名前を付けて使用するイメージだ。基本的な構文は次のようになる。

```
WITH 一時表名 AS (SELECT 文（①))
SELECT 文（②）
```

ちょうど“CREATE VIEW”と同じような感じで，WITH の直後に一時表の名前を定義して，その後に SELECT 文（①）で抽出した内容で一時表を構成する。一時表には，これもビューと同様に，一時表名の後に（列名，列名，…　）というように特定の列名を定義することもできる。問題文の図 2（解説図 11 を参照）のケースだと，空欄 a，空欄 b を含む SELECT 文で抽出したものを一時表“TEMP”として定義している。

そして，SELECT 文（②）で，WITH 句で定義した一時表を他の表と結合するなどして使うのが一般的な使い方になる。問題文の図 2（解説図 11 を参照）のケースでも，空欄 c を含む SELECT 文では，**“ログ基本”**テーブル，**“支店”**テーブル，**“行員”**テーブル，**“取引”**テーブルの実表と，一時表“TEMP”とを結合している。

また，問題文の表 10 では“WITH RECURSIVE”が使われている。**“リカーシブ”**という名称からも想像できるとおり**再帰問合せ**で使用する。基本的な構文は次のようになる。

```
WITH RECURSIVE 一時表名 AS
(SELECT 文（①）UNION ALL SELECT 文（②))
SELECT 文（③）
```

SELECT 文（①）は，最初の 1 回目の実行をする初期化用の SELECT 文になる。問題文の表 10 で，問合せ [A] でログ ID = 101 を抽出している部分である。そして UNION ALL を挟む形で再帰呼び出し用の SELECT 文を続ける（*SELECT 文*（②））。そして，最終的に SELECT 文（③）で，当該再帰問合せの結果が格納されている一時表を用いた処理をする。

● CASE 演算子の読解

"WITH TEMP AS（SELECT 文）" には CASE 演算子があるので，そこを読解する。図 2 の SQL 文の一部を例に CASE 演算子の読み方を記すと次のようになる。

解説図 12　CASE 演算子の意味

CASE を使う構文の書き方の一つは解説図 12 のように，WHEN の後に書いた条件式が，真の場合の処理を THEN の後に，偽の場合の処理を ELSE の後に，それぞれ書いて END で終わる。別名を付ける場合は AS の後に付ける。

● 空欄 a，空欄 b

CASE 演算子の基本構文より，権限レベルが空欄 a の時，**'検索店番'** に **"行員所属"** テーブルの **'所属店番'** をセットし，そうでない場合には NULL を設定していることがわかる。そして，ここで抽出した **'検索店番'** に **'所属店番'** を設定し，下の SELECT 文の条件式で **'所属店番'** で絞り込めるようにしている。以上より，処理 1 の記述内容から空欄 a に入れるのは権限レベルが **'1'** と **'2'** の時になる。したがって**空欄 a** は，**「IN（'1'，'2'）」** になる。

次に，空欄 b の時を考える。空欄 b の条件に合致した時も同様に，**'検索行員番号'** に **"行員所属"** テーブルの **'行員番号'** をセットし（そうでない場合には NULL を設定し）ている。これも，ここで抽出した **'検索行員番号'** に具体的な **'行員番号'** が設定され NULL でない場合に，下の SELECT 文の条件式で **'行員番号'** で絞り込めるようにしている。また，NULL の場合には **'行員番号'** では絞り込まない。以上より，処理 1 の記述から空欄 b に入れるのは権限レベルが **'1'** の時になる。したがって**空欄 b** は，**「＝ '1'」** になる。

なお，条件式で **"＝"** と **"IN"** を使い分けている所は，比較演算子の基礎なので覚えておこう。

● 空欄 c

空欄 a，空欄 b がわかれば，**空欄 c** には，**'店番'** や **'行員番号'** で検索しない場合の条件なので，**「IS NULL」** が入ることも同時にわかるだろう。

要するに，TEMP の **'検索店番'** や **'検索行員番号'** には NULL が入っているケースがあり，その場合 **「E. 検索店番 ＝ A. 店番」**，**「E. 検索行員番号 ＝ A. 行員番号」** だけだと比較できないので（NULL は **"＝"** で比較できないため），左側にその場合の記述をしているというわけだ。

● 図3～5のSQLと表2の処理2の突き合わせ（空欄d）

続いて，空欄dを解答するために，図3～5のSQLと表2の処理2の突き合わせを行う。

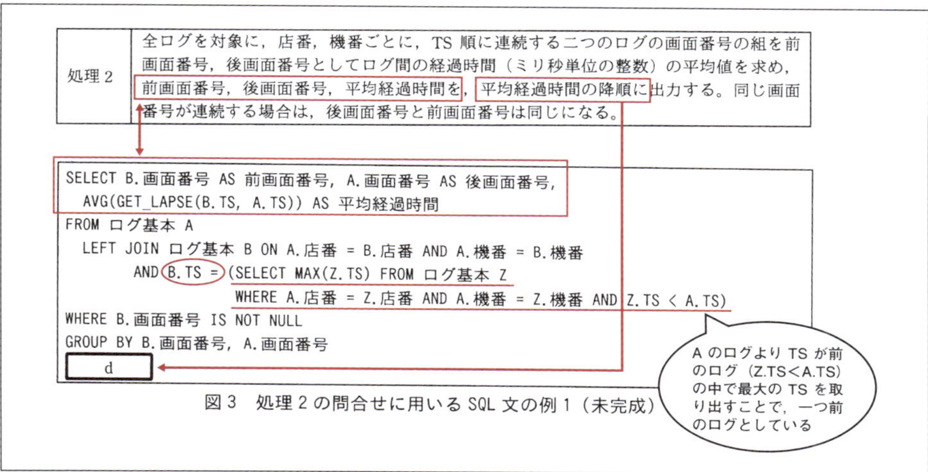

処理2	全ログを対象に，店番，機番ごとに，TS順に連続する二つのログの画面番号の組を前画面番号，後画面番号としてログ間の経過時間（ミリ秒単位の整数）の平均値を求め，前画面番号，後画面番号，平均経過時間を，平均経過時間の降順に出力する。同じ画面番号が連続する場合は，後画面番号と前画面番号は同じになる。

```
SELECT B.画面番号 AS 前画面番号, A.画面番号 AS 後画面番号,
  AVG(GET_LAPSE(B.TS, A.TS)) AS 平均経過時間
FROM ログ基本 A
  LEFT JOIN ログ基本 B ON A.店番 = B.店番 AND A.機番 = B.機番
        AND B.TS = (SELECT MAX(Z.TS) FROM ログ基本 Z
                    WHERE A.店番 = Z.店番 AND A.機番 = Z.機番 AND Z.TS < A.TS)
WHERE B.画面番号 IS NOT NULL
GROUP BY B.画面番号, A.画面番号
[    d    ]
```

図3　処理2の問合せに用いるSQL文の例1（未完成）

解説図13　問題文（処理2）とSQL文の突き合わせ

空欄dの解答はすぐにわかる。GROUP BYの下の行なのでORDER BYの可能性を念頭に置いて考える。問題文の処理2には，**「平均経過時間の降順に」**という記述があり，それがSQL文にはないので，これで解答を確定させる。**空欄dは「ORDER BY 平均経過時間 DESC」**になる。

念のため，他のところも読み取っておこう。このSELECT文の特徴は，FROM以下の表で，3つの**“ログ基本”**テーブルを使っている点だ。

```
ログ基本 A LEFT JOIN ログ基本 B ON A.店番 = B.店番 AND A.機番 = B.機番
```

まず，二つのログ基本A，Bを左外結合している。**「店番，機番」**が同じものだ。ただ，これだと余りにも多すぎる意味がないので，**“ログ基本 B”**を次のようにしている。

```
AND B.TS = (SELECT MAX(Z.TS) FROM ログ基本 Z
            WHERE A.店番 = Z.店番 AND A.機番 = Z.機番 AND Z.TS < A.TS)
```

（　）内のSELECT文は，ログ基本AのTSよりも小さい，すなわち前の時間の中で最大のTSを抽出している。つまり，これがA.TSの一つ前のTSだ。その一つ前のTSをB.TSとしているので，Bの画面番号は前画面番号になる。

■ 設問 1（4）

続いては **“索引”** に関する問題になる。

設問	(4) 図 5 中の［ア］の列に事前に設定すべき値の内容を，20 字以内で具体的に述べよ。
問題文の関連箇所	（図 5 参照）

```
SELECT B.画面番号 AS 前画面番号, A.画面番号 AS 後画面番号,
   AVG(GET_LAPSE(B.TS, A.TS)) AS 平均経過時間
FROM ログ基本 A
   LEFT JOIN ログ基本 B ON A.店番 = B.店番 AND A.機番 = B.機番
         AND (A.［ア］ - 1) = B.［ア］
WHERE B.画面番号 IS NOT NULL
GROUP BY A.画面番号, B.画面番号
［d］
```

図 5　処理 2 の問合せに用いる SQL 文の例 3（未完成）

解説図 14　設問 1（4）で問われていることと問題文の関連箇所（8 ページ目）

IPA の解答例

設問		解答例・解答の要点	備考
設問 1	(4)	店番，機番，TS の順に連続する整数	

処理 2	全ログを対象に，店番，機番ごとに，TS 順に連続する二つのログの画面番号の組を前画面番号，後画面番号としてログ間の経過時間（ミリ秒単位の整数）の平均値を求め，前画面番号，後画面番号，平均経過時間を，平均経過時間の降順に出力する。同じ画面番号が連続する場合は，後画面番号と前画面番号は同じになる。

```
SELECT B.画面番号 AS 前画面番号, A.画面番号 AS 後画面番号,
   AVG(GET_LAPSE(B.TS, A.TS)) AS 平均経過時間
FROM ログ基本 A
   LEFT JOIN ログ基本 B ON A.店番 = B.店番 AND A.機番 = B.機番
         AND (A.［ア］ - 1) = B.［ア］
WHERE B.画面番号 IS NOT NULL
GROUP BY A.画面番号, B.画面番号
［d］
```

図 5　処理 2 の問合せに用いる SQL 文の例 3（未完成）

解説図 15　問題文（処理 2）と SQL 文の突き合わせ

図３で空欄ｄを考える時に結合条件をチェックしたが，どうやら図３，４，５の違いは問題文の処理２の中の**「TS 順に連続する二つのログ」**という記述を満足させるための結合条件の違いだということがわかるだろう。

その視点で図５の空欄アを考えると，そこにはその**「TS 順に連続する二つのログ」**を，何かしらの方法で１件前のログを取得しているのではないかという仮説を立てられるだろう。そこで，問題文で**「TS 順に連続している整数」**を示している属性を探す。

しかし，特にそれを明示している属性はない。そこで，そのまま解答する。但し，その TS は店番，機番ごとなので**「店番，機番，TS の順に連続する整数」**という解答になる。

設問 2

設問 2 は〔**"ログ関連" テーブルの検討**〕段落を対象にしている。木構造データを取り扱うテーブル構造について出題されている。出題趣旨の表現で言うと「**②テーブルを設計する能力**」や「**⑤データベースのアクセス性能を見積もる能力**」あたりになる。

■ 設問 2(1)

設問 2（1）は SQL 文を完成させる問題になる。

設問

(1)　表 10 中の［ e ］～［ h ］に入れる適切な字句を答えよ。

問題文の関連箇所

表 10　問合せに用いる SQL 文の案（未完成）

案	問合せ[A]	問合せ[B]
案 1	WITH RECURSIVE TEMP(ログ ID) AS (SELECT ログ ID FROM ログ関連 WHERE ログ ID = '101' UNION ALL SELECT A.ログ ID FROM ログ関連 A, TEMP B WHERE A.親ログ ID = B.ログ ID) SELECT ログ ID FROM TEMP	WITH RECURSIVE TEMP(ログ ID, 親ログ ID) AS (SELECT ログ ID, 親ログ ID FROM ログ関連 WHERE ［ e ］ UNION ALL SELECT A.ログ ID, A.親ログ ID FROM ログ関連 A, TEMP B WHERE A.ログ ID = ［ f ］) SELECT ログ ID FROM TEMP
案 2	SELECT ログ ID FROM ログ関連 WHERE 経路 LIKE '101%'	SELECT B.ログ ID FROM ログ関連 A, ログ関連 B WHERE A.ログ ID = '105' AND POSITION(B.経路 IN A.経路) = 1
案 3	SELECT B.ログ ID FROM ログ関連 A, ログ関連 B WHERE A.ログ ID = '101' AND A.左端番号 <= B.左端番号 AND A.右端番号 >= B.右端番号	SELECT B.ログ ID FROM ログ関連 A, ログ関連 B WHERE A.ログ ID = '105' AND ［ g ］ AND ［ h ］

注記　POSITION(S1 IN S2)は文字列 S2 内で，文字列 S1 が最初に出現する文字位置を，S2 の最初の文字位置を 1 とする整数で返す関数。S1 が出現しない場合は 0 を返す。

解説図 16　設問 2（1）で問われていることと問題文の関連箇所（10 ページ目）

IPA の解答例

設問			解答例・解答の要点	備考
設問 2	(1)	e	ログ ID = '105'	
		f	B. 親ログ ID	
		g	A. 左端番号 >= B. 左端番号	順不同
		h	A. 右端番号 <= B. 右端番号	

● 空欄 e, f

案 1 は,「**WITH RECURSIVE**」を使って再帰問合せを行うパターンである。解答に当たっては,「**WITH RECURSIVE**」を知っているに越したことはないが, 再帰問合せを行っていることさえわかれば, 空欄を埋めることぐらいはできるだろう。

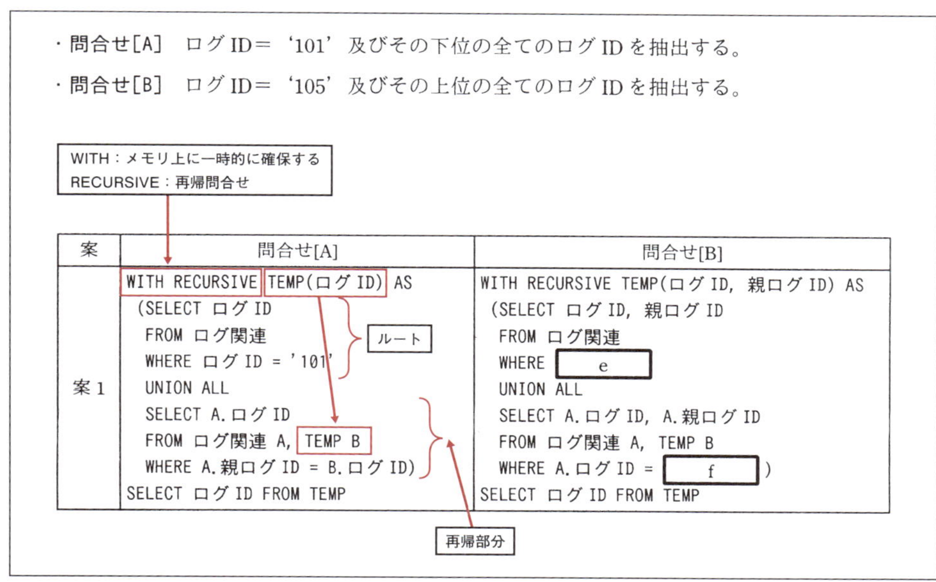

解説図 17 案 1 の WITH RECURSIVE の読解

「**WITH 句**」を使うと, その SQL 文を実行している間だけ一時的にエリアを確保することができる。問合せ［A］では, そのエリアに“**TEMP**”という名前を付けて,「**AS**」以後に SELECT 文等を記述している。そこに「**RECURSIVE**」を付けて再帰問合せにしている（WITH 句の基本構文に関しては P.481 のコラム参照)。

案 1 の問合せ［A］の SQL 文を読解するために，表 6，表 7 の例を使ってトレースしてみよう（解説図 18）。

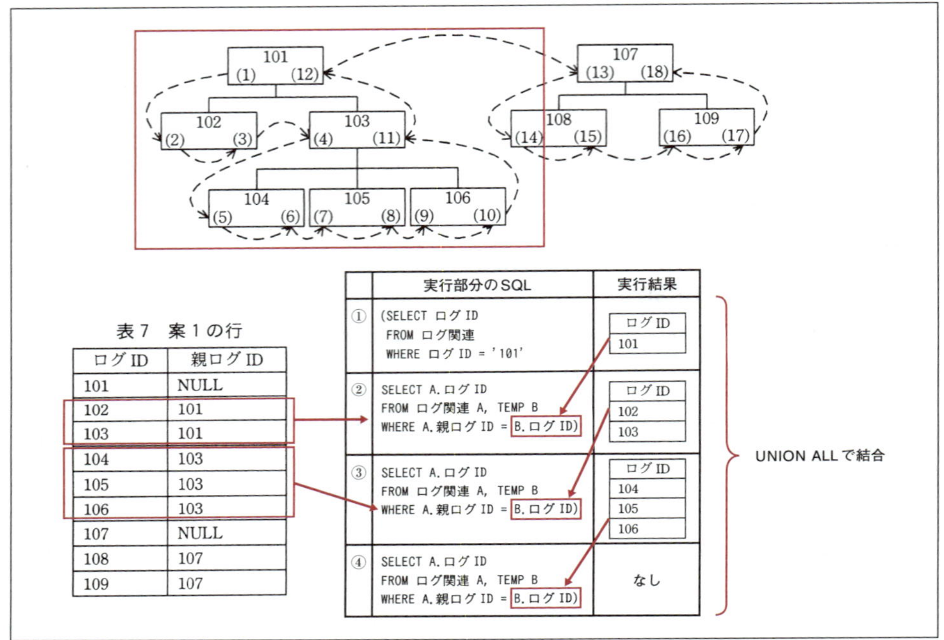

ログ ID	親ログ ID
101	NULL
102	101
103	101
104	103
105	103
106	103
107	NULL
108	107
109	107

解説図 18　案 1 の問合せ［A］の SQL 文を，表 7・図 6 でトレースして見た例

最初に，**「UNION ALL」**の前の SELECT 文が実行される。そして一時的に確保されるエリアの TEMP に実行結果のログ ID **‘101’** が抽出される（①）。

次に，**「UNION ALL」**の後の SELECT 文で，その実行結果と実テーブルを結合する。この時，一時的に抽出した **‘101’** を **‘親ログ ID’** に持つ **“ログ関連”** テーブルの **‘ログ ID’** を抽出したいので，結合条件は **“ログ関連”** テーブルの **‘親ログ ID’** と，一時的に確保している **“TEMP”** の **‘ログ ID’** になる。その結果，表 7 の例だと **‘102’** と **‘103’** が返される（②）。

そして，これを再帰的に繰り返す（**「UNION ALL」**の後の SELECT 文）。したがって次は **‘102’** と **‘103’** について，それぞれ同じく**「UNION ALL」**の後の SELECT 文を実行する。すると今度は **‘104’** と **‘105’**，**‘106’** が返され，実行結果がなくなるまで繰り返される（③④）。**「UNION ALL」**は，これらの実行結果を結合している。

この動きを理解したら，空欄 e，f に入れる用語が確定するだろう。

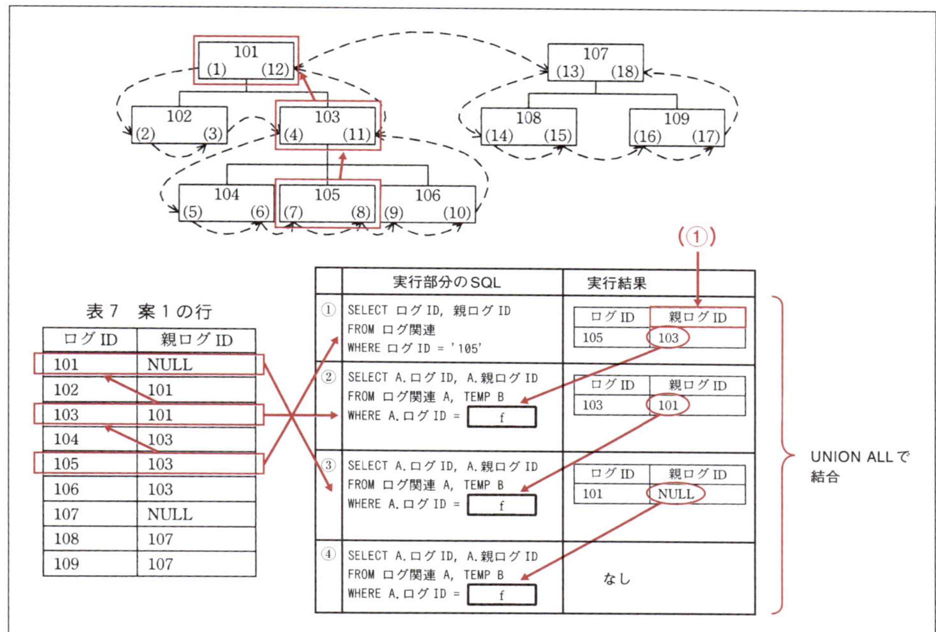

解説図 19　案 1 の問合せ［B］の SQL 文を，表 7・図 6 でトレースして見た例

空欄 e は，最初の 1 回の初期処理で起点のノードを指定しているので，**「ログ ID ＝ ‘105’」** になる。

空欄 f は，最終的にどういう結果になるのかというところからアプローチしてもいいだろう。図 6 の例だと，**‘ログ ID’** が **‘101’‘103’‘105’** になる。この結果になる SQL を考える。最初は **‘ログ ID’** の **‘105’** が一時テーブルに格納される。次に，**「UNION ALL」** の後の SELECT 文で **‘103’** を抽出しなければならない。その場合，TEMP の値のうち結合条件に指定するのは **‘親ログ ID’** の方になる（解説図 19 の①）。これが**空欄 f** の解答（B. 親ログ ID）になる。

● 空欄g，h

案3は，左端番号と右端番号を持つケースで，上位ノードの左端番号より大きい左端番号を持ち，かつ，上位ノードの右端番号より小さい右端番号を持つ下位ノードを，結合することによって求めるSQLになる。参照時のSELECT文そのものはシンプルだが，逆に，短時間の中で動きを理解するのは困難かもしれない。そういう場合は，解説図のように例を使って考えるといいだろう。

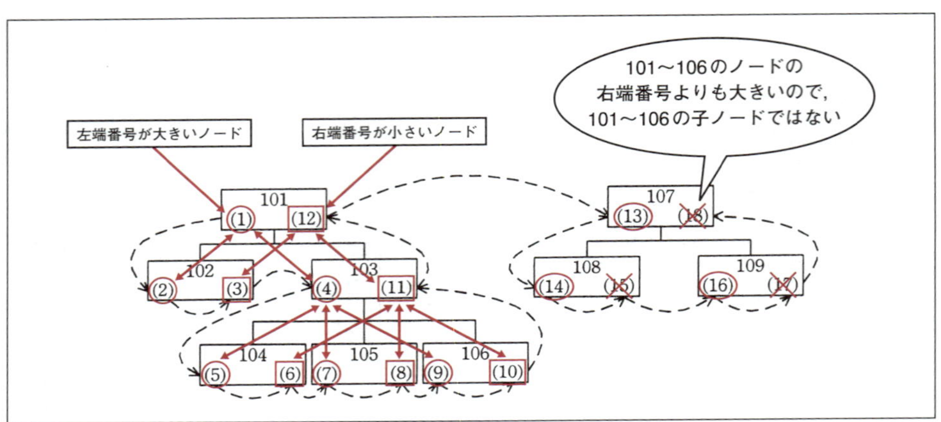

解説図 20　案3の問合せ［A］のSQL文を，図6でトレースして見た例

図6の例では，問合せ［A］の場合，ログID **'101'** ～ **'106'** は抽出対象で，**'107'** ～ **'109'** は対象外になる。この図で左端番号を比較してみると，確かに全て **'101'** よりも大きいので条件に合致するが，右端番号を比較してみると **'107'** ～ **'109'** は対象外になる。これは番号の付け方を見れば一目瞭然だが，そうなるようにノードが追加されるたびに番号を付与しているからだ。

これを踏まえて問合せ［B］を考えて空欄g，hを確認する。必要な結果は，空欄e，fを解答する時に確認したと思う。

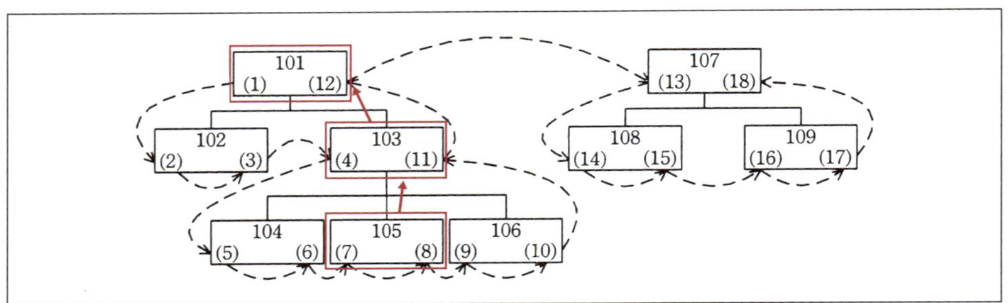

解説図 21　案3の問合せ［B］の動きを図6で確認

問題文の説明だけでは，左端番号と右端番号の規則性に関する理解が進まない場合，この解説図21を見て，そこから読み取ればいいだろう。具体的には次のようなルールだ。

> 自ノード（例えば‘**105**’）から見て
> ①上位ノード（例‘**103**’）：左端番号は小さい値，右端番号は大きい値
> ②同階層のノード（左側）：左端番号と右端番号の両方とも小さい値
> ③同階層のノード（右側）：左端番号と右端番号の両方とも大きい値

この規則性を理解できれば，問合せ**[B]**は**「ログID=‘105’及びその上位の全てのログIDを抽出する。」**ことが目的なので，ログID＝‘**105**’を起点に，どういう順番で上位のログIDを抽出するのかを考えれば，空欄gとhの解答にたどり着く。

具体的に，ログID=‘**105**’（ログ関連A）から，ログID=‘**103**’を抽出する方法を考えてみてもいいだろう。

ログID=‘**105**’（ログ関連A）の左端番号は‘**7**’，ログID=‘**103**’の左端番号は‘**4**’なので**「A. 左端番号＞＝B. 左端番号」**になる。また，ログID=‘**105**’（ログ関連A）の右端番号は‘**8**’，ログID=‘**103**’の右端番号は‘**11**’なので**「A. 左端番号＜＝B. 左端番号」**になる。以上より，これが**空欄g**，**空欄h**の解答になる。

- **A. 左端番号＞＝B. 左端番号**
- **A. 右端番号＜＝B. 右端番号**

AとBがどっちか迷う場合は，念のため，解答したSQLでトレースしてみるといい。すると，仮に逆に書いていた場合でも，その間違いに気づくだろう。

■ 設問2(2)

続いても空間を埋める問題になる。

設問	(2) “3. テーブル構造案の評価” の本文中の [i] ～ [k] に入れる適切な数字を答えよ。また，[l] ～ [n] に入れる適切な字句を，本文中の用語を用いて答えよ。
問題文の関連箇所	3. テーブル構造案の評価 行の追加・削除の効率の観点では，例えば，ログ ID＝‘199’の新たなログを‘101’の下位，‘103’の上位に追加し，‘103’の階層の深さが一つ下がる場合，‘199’の行追加以外の更新行数は，案1では1行，案2では [i] 行，案3では [j] 行である。案 [k] の負荷が最も高いが，本業務では，[l] ので，変更時の負荷は問題にならない。 問合せの難易度の観点では，処理3の問合せに SQL 文を用いる場合，案1では，[m] の構文を用いるが，案2，3では，選択，射影，[n] の関係演算を行う構文を用いればよい。案2と案3の問合せの性能を比較すると，RDBMS のオプティマイザの仕様から，表 10 の問合せ[A]ではほぼ同等であるが，問合せ[B]では案2が劣る。 これらの評価から，案3による実装が最適と判断されるが，左端番号，右端番号の列を整数型で定義する場合，整数型の上限を超えないように留意する必要がある。

解説図22　設問2(2)で問われていることと問題文の関連箇所（11ページ目）

IPAの解答例

設問			解答例・解答の要点	備考
設問2	(2)	i	4	
		j	8	
		k	3	
		l	更新は行わない	
		m	再帰的な問合せ	
		n	結合	

設問2（1）を解いている時点で，ある程度SQL文の処理量はイメージできているかもしれない。特に，案1と案3は解答するために動きを理解する必要があるからだ。その場合は，そのまま解答できるところは解答すればいいが，そうでない場合は，やはりここも例を示してくれているので，その例を使ってイメージを膨らませて解答しよう。自分なりのイメージで構わないので，迷ったら図を使おう！

空欄i，空欄j，空欄k，空欄l

空欄i～空欄lは，ログID＝**'199'**を指定の位置に追加した場合の更新行数が問われている。今回の指定は**「'101'の下位，'103'の上位に追加し」**たケースだ。図示すると次のようになる。実際の配置はどうあれ，問題文の言葉通りのイメージを思い浮かべればいい。

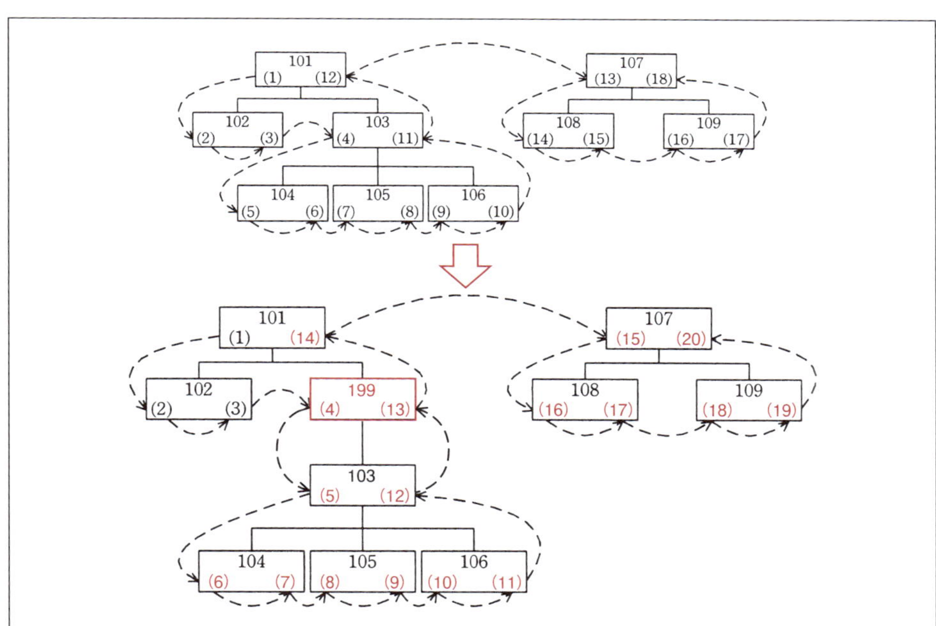

解説図23　図6を使った行の追加のイメージ例

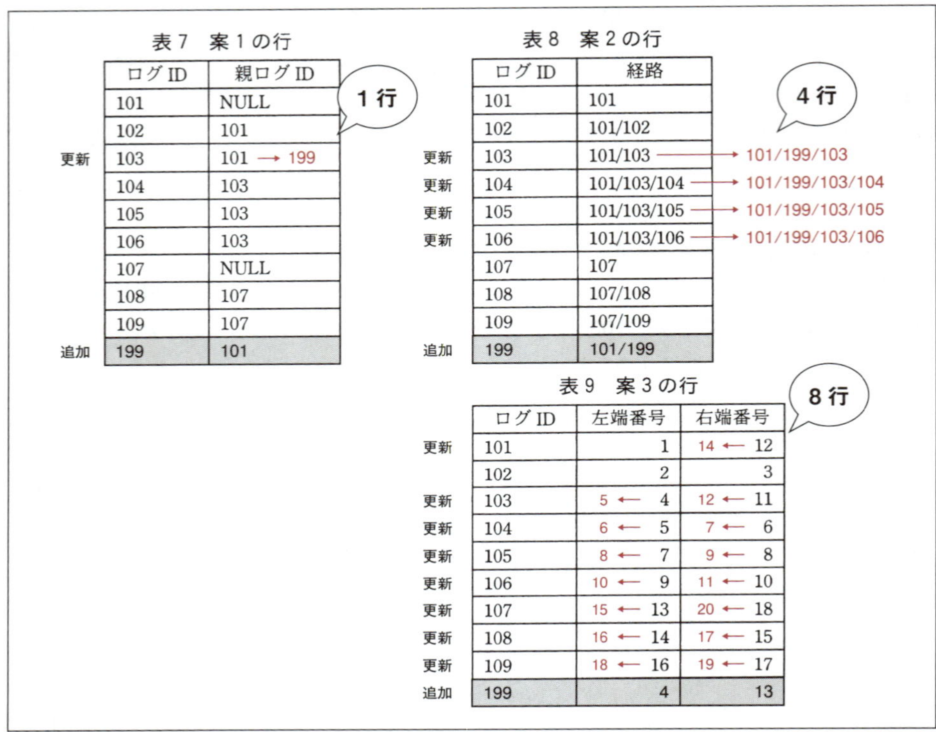

表7　案1の行

	ログID	親ログID
	101	NULL
	102	101
更新	103	101 → 199
	104	103
	105	103
	106	103
	107	NULL
	108	107
	109	107
追加	199	101

表8　案2の行

	ログID	経路
	101	101
	102	101/102
更新	103	101/103 → 101/199/103
更新	104	101/103/104 → 101/199/103/104
更新	105	101/103/105 → 101/199/103/105
更新	106	101/103/106 → 101/199/103/106
	107	107
	108	107/108
	109	107/109
追加	199	101/199

表9　案3の行

	ログID	左端番号	右端番号
更新	101	1	14 ← 12
	102	2	3
更新	103	5 ← 4	12 ← 11
更新	104	6 ← 5	7 ← 6
更新	105	8 ← 7	9 ← 8
更新	106	10 ← 9	11 ← 10
更新	107	15 ← 13	20 ← 18
更新	108	16 ← 14	17 ← 15
更新	109	18 ← 16	19 ← 17
追加	199	4	13

解説図24　設問2（2）の空欄i，空欄jの解答に関する部分の図

案1の場合，更新は1行で済む。個々のノードには親ノードの **'親ログID'** しか保持していないので，ログID＝ **'199'** を指定の位置に追加した場合，ログID＝ **'103'** の親ログIDを **'101'** から **'199'** に変更するだけでいい。

これが案2になると，経路変更が必要なノードになるので，ログIDが **'103'**，**'104'**，**'105'**，**'106'** の4つのノードの経路に **'199'** を経由する内容に変更しなければならない。したがって**空欄i**は**「4」**になる。

そして案3では，解説図24のように左端番号及び右端番号を更新しないといけないものが，**'102'** を除く全てのノードになる。したがって**空欄j**は**「8」**になる。

以上の結果から，最も負荷が高いのは**「(案) 3」(空欄k)** になる。

最後に空欄lを考える。設問では**「本文中の用語を用いて」**という指定があるので，問題文中から探さなければならない。とは言うものの，ノープランで問題文を探し回るのは時間の無駄なので，ある程度**「探す文言を決めてから」**探さなければならない。そこで再度問題文の**「3. テーブル構造案の評価」**のところに目を通すと**「本業務では，(中略) 変更時の負荷は問題にならない。」**と書いてある。これは，本業務の特徴を踏まえて **"大丈夫"** と言っているので，問題文では**「本業務の特徴」**について言及している部分を中心に探す。今回だとログ関連の部分になる。また，一般論として**「自動化」**や，**「更新頻度が少ない」**という解答も想定しておくのもいいだろう。

問題文の3ページ目の**「3. ログ分析システムのテーブル」**に，ログに関係した4つのテーブルの説明をしている。ここの (1) には，分析対象の**「支店から収集したログ」**について**「新たに発生したログを追加するだけで，更新は行わない。」**と明記されている。要するに，いったん木構造を持つ **"ログ管理"** テーブルを作成したら，それに対する更新は行わないので，問題はないというわけだ。以上より**「更新は行わない」**が**空欄l**の解答になる。

● 空欄m，空欄n

空欄mと空欄nは，案1と案3のSQL文（表10）を見て解答する。いずれも **"構文"** の名称で，かつ **"選択"**，**"射影"** と同類の用語が入ることも，空欄の前後の文脈から想像できる。空欄nの方は関係演算の一つらしい。

以上より，おおよその解答は推測できる。空欄mは **"再帰的"** であり，空欄nは **"結合"** である。設問2 (1) について解答する時点で考えたように，案1の最大の特徴が **"WITH RECURSIVE"** を使った再帰問合せだし，案3のSQLを見れば，選択（行を条件式で絞り込む部分，**「A.ログ ID ＝ '101'」**）と射影（列を選択項目リストで絞り込む**「SELECT B.ログ ID」**）以外で考えれば自己結合している部分しかない。

後は，**「本文中の用語を用いて」**という指定があるので，そこを探しに行く。

空欄mの解答として探している **"再帰的"** という表現に関しては，問題文5ページ目の**〔RDBMSの主な仕様〕**段落の**「3. 再帰的な問合せの構文のサポート」**を見つけるだろう。ここの表現を使って**空欄 m** の解答とする。

> 3. 再帰的な問合せの構文のサポート
>
> WITH 句に RECURSIVE を指定した再帰的な問合せの構文をサポートする。再帰的な問合せの構文を用いると，例えば，階層構造の組織について，ある組織を起点として上位又は下位の組織を，階層に沿って連続的に検索することができる。

解説図 25　空欄 m の問題文の該当箇所（5 ページ目）

また，空欄 n の **"結合"** については，解答はほぼ間違いないのでそのまま解答しても構わないが，やはり時間があれば問題文中を探した方がよい。ひょっとすると，微妙に違った表現になるかもしれないからだ。問題文を最初から順番にチェックしていくと，問題文の 6 ページ目の下から 3 行目のところで使われていた。したがって，**空欄 n** の解答はそのまま **"結合"** とする。

■ 設問２(３)

最後は，テーブル構造案の評価である。

設問	(3)　"3．テーブル構造案の評価"の本文中の下線部について，問合せ[B]では，案２の性能が案３よりも劣る理由を，30字以内で具体的に述べよ。

IPAの解答例

設問		解答例・解答の要点	備考
設問２	(3)	WHERE句の述語が関数を含む場合，表探索になるから	

まず，**〔RDBMSの主な仕様〕**段落の**「2．オプティマイザの仕様」**を確認する。

> 2．オプティマイザの仕様
>
> (1)　LIKE述語の検索パターンが'ABC%'のように前方一致の場合は索引探索を選択し，'%ABC%'，'%ABC'のように部分一致，後方一致の場合は表探索を選択する。
>
> (2)　WHERE句の述語が関数を含む場合，表探索を選択する。

解説図26　問題文の該当箇所（5ページ目）

性能面で言うと，索引が機能する索引探索に比べて，全行を順次探索する表探索は劣る。したがって，**「2．オプティマイザの仕様」**の内容からLIKE述語を使っているケースか，WHERE句の述語が関数を含むケースになる。

それをベースに，表10の問合せ［B］を確認する。すると，**「WHERE句の述語が関数を含む」**ケースになっていることが確認できるだろう。表10の注記には，POSITIONに関する説明があるが，そこに**「関数」**と明記されている。

```
SELECT B.ログID FROM ログ関連 A, ログ関連 B
    WHERE A.ログID = '105' AND POSITION(B.経路 IN A.経路) = 1
```

解説図27　表10の問合せ［B］

設問3

設問3は，テーブルの物理分割，データベースのクラスタ構成に関する問題になる。問題文の該当箇所も〔**テーブルの物理分割・クラスタ構成の検討**〕段落になっている。

■ テーブルの物理分割

テーブルの物理分割に関しては，平成27年の午後Ⅱ問1で一度出題されているが，その時の記述から更新されているので，この問題で新たにインプットしておくといいだろう。

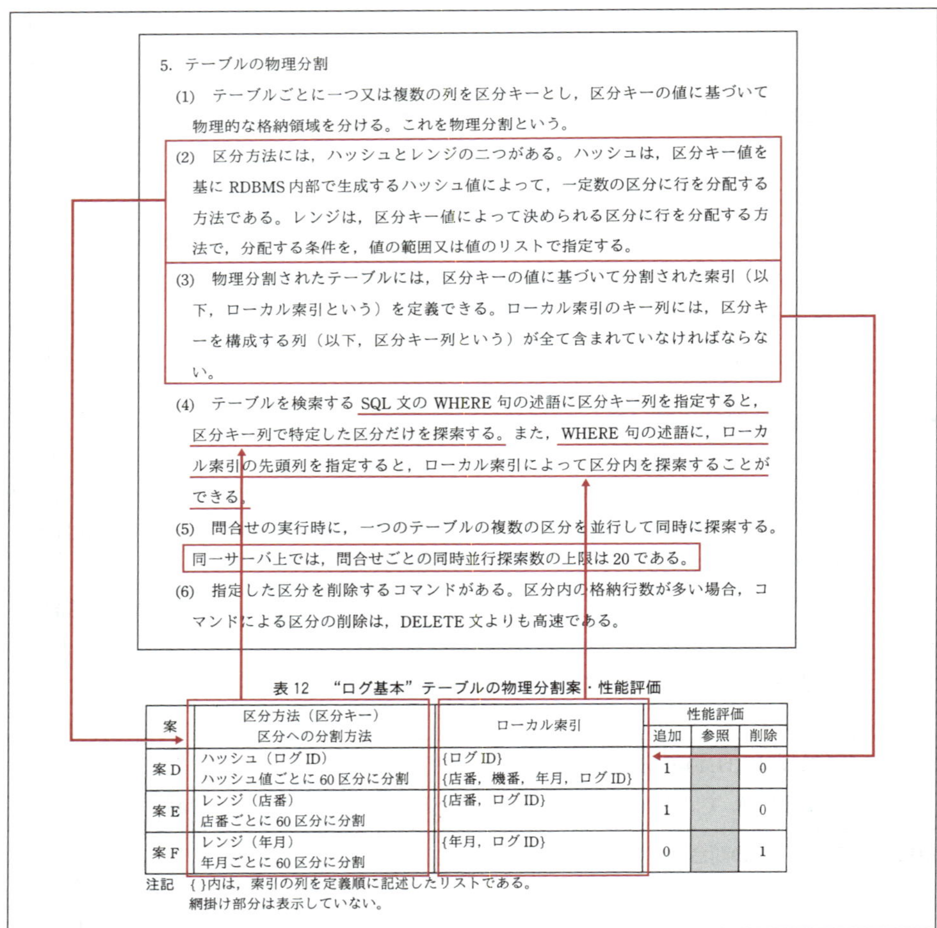

5. テーブルの物理分割

(1) テーブルごとに一つ又は複数の列を区分キーとし，区分キーの値に基づいて物理的な格納領域を分ける。これを物理分割という。

(2) 区分方法には，ハッシュとレンジの二つがある。ハッシュは，区分キー値を基に RDBMS 内部で生成するハッシュ値によって，一定数の区分に行を分配する方法である。レンジは，区分キー値によって決められる区分に行を分配する方法で，分配する条件を，値の範囲又は値のリストで指定する。

(3) 物理分割されたテーブルには，区分キーの値に基づいて分割された索引（以下，ローカル索引という）を定義できる。ローカル索引のキー列には，区分キーを構成する列（以下，区分キー列という）が全て含まれていなければならない。

(4) テーブルを検索する SQL 文の WHERE 句の述語に区分キー列を指定すると，区分キー列で特定した区分だけを探索する。また，WHERE 句の述語に，ローカル索引の先頭列を指定すると，ローカル索引によって区分内を探索することができる。

(5) 問合せの実行時に，一つのテーブルの複数の区分を並行して同時に探索する。同一サーバ上では，問合せごとの同時並行探索数の上限は20である。

(6) 指定した区分を削除するコマンドがある。区分内の格納行数が多い場合，コマンドによる区分の削除は，DELETE 文よりも高速である。

表12　"ログ基本"テーブルの物理分割案・性能評価

案	区分方法（区分キー） 区分への分割方法	ローカル索引	性能評価		
			追加	参照	削除
案D	ハッシュ（ログID） ハッシュ値ごとに60区分に分割	{ログID} {店番，機番，年月，ログID}	1		0
案E	レンジ（店番） 店番ごとに60区分に分割	{店番，ログID}	1		0
案F	レンジ（年月） 年月ごとに60区分に分割	{年月，ログID}	0		1

注記　{ }内は，索引の列を定義順に記述したリストである。
網掛け部分は表示していない。

解説図28　問題文のテーブルの物理分割に関する記述（5～6ページ目）

情報処理技術者試験では，今回も**「区分」**という名称を使っているが，いわゆる**“パーティション分割”**機能である。利用者は一つのテーブルとして扱うが**「物理的に格納領域を分ける」**ことで，大量データを効率よく取り扱えるように考えられている。

この物理分割をテーマにした設問では，前回も今回も，探索区分数と探索ページ数（区分内の探索ページ数）が問われている。

■ クラスタ構成

また，午後Ⅱの問題の〔**RDBMS の主な仕様**〕段落の中で，クラスタ構成に関してガッツリと記述されていたのは初めてになる。したがって，ここでクラスタ構成について理解しておく必要がある。

6．クラスタ構成のサポート

(1) シェアードナッシング方式のクラスタ構成をサポートする。クラスタは複数のノードで構成され，各ノードには，当該ノードだけがアクセス可能なディスク装置をもつ。

(2) 各ノードへのデータの配置方法には，次に示す分散と複製があり，テーブルごとにいずれかを指定する。

・分散による配置方法は，一つ又は複数の列を分散キーとして指定し，分散キーの値に基づいて RDBMS 内部で生成するハッシュ値によって各ノードにデータを分散する。分散キーに指定する列は，主キーを構成する全て又は一部の列である必要がある。

・複製による配置方法は，全ノードにテーブルの複製を保持する。

(3) データベースへの要求は，いずれか一つのノードで受け付ける。要求を受け付けたノードは，要求を解析し，自ノードに配置されているデータへの処理は自ノードで処理を行う。自ノードに配置されていないデータへの処理は，当該データが配置されている他ノードに処理を依頼し，結果を受け取る。特に，テーブル間の結合では，他ノードに処理を依頼するので，自ノード内で処理する場合と比べて，ノード間通信のオーバーヘッドが発生する。

解説図 29　問題文の「クラスタ構成」に関する仕様の記述（6 ページ目）

■ 設問３(1)

最初はテーブルの物理分割に関する問題になる。物理分割が性能に与える影響について問われているが，問題文をよく読んで状況を把握すれば十分正解を得られる。

設問

(1) 表 11 中の性能評価について，次の①，②をそれぞれ 30 字以内で具体的に述べよ。

① 追加の性能評価において，案 C が低い理由

② 参照の性能評価において，どの案も同じ理由

問題文の関連箇所

表 11 “ログ収集”テーブルの物理分割案・性能評価

案	区分方法（区分キー） 区分への分割方法	ローカル索引	性能評価		
			追加	参照	削除
案 A	ハッシュ（店番，機番，TS） ハッシュ値ごとに 60 区分に分割	{店番，機番，TS}	1	0	0
案 B	レンジ（店番） 店番ごとに 60 区分に分割	{店番，機番，TS}	1	0	0
案 C	レンジ（TS） TS の年月ごとに 60 区分に分割	{TS，店番，機番}	0	0	1

注記 { }内は，索引の列を定義順に記述したリストである。

解説図 30 設問３（1）で問われていることと問題文の関連箇所（11 ページ目）

IPA の解答例

設問			解答例・解答の要点	備考
設問 3	(1)	①	一つの区分に行追加が集中し，待ちが発生するから	
		②	検索キーが店番，機番，TS に限られるから	

① 追加の性能評価において，案 C が低い理由

表 11 に明記されている通り，案 C では**「レンジ（TS）の年月ごとに 60 区分に分割」**していることがわかる。

追加をするタイミングも問題文で指定されている。問題文の 2 ページ目**〔新たなログ分析システムの構築〕**段落の**「3. ログ分析システムのテーブル」**の**（6）**（4 ページ目）のところだ。ここには，毎月，月が変わったタイミングで 1 か月分のログを削除し，新たに 1 か月分のログを追加しているという記述がある。もちろん**「TS」**が 1 か月分だ。

> (6)　“ログ収集”，“ログ基本”，“ログ明細”，“ログ関連”テーブルは，月末処理において，TS が翌月の 60 か月前の月以前の行を削除して，59 か月分のログが保存された状態にする。月が変わった後のログを合わせて 60 か月分を保有する。

解説図 31　問題文の該当箇所（4 ページ目）

案 A の場合，ハッシュ値で 60 に分割するので，1 か月に 1 度追加するログ情報は，それなりに区分は分かれて保存される。また，案 B の場合も，レンジ（店番）なので 60 に分割される。それに対して案 C の場合は，削除する時に一つの区分が削除され，そこに追加されるので区分で物理分割させた意味がなくなる。したがって**「一つの区分に行追加が集中し，待ちが発生するから（23 字）」**という解答になる。

② 参照の性能評価において，どの案も同じ理由

区分キーが参照の性能に影響するという記述は，**〔RDBMS の主な仕様〕**段落の**「5. テーブルの物理分割」**の**（4）**にある（解説図 32）。そして，今回の参照をどのように行うのかも問題文に記述がある（解説図 33）。

> (4)　テーブルを検索する SQL 文の WHERE 句の述語に区分キー列を指定すると，区分キー列で特定した区分だけを探索する。また，WHERE 句の述語に，ローカル索引の先頭列を指定すると，ローカル索引によって区分内を探索することができる。

解説図 32　問題文の該当箇所（5 ～ 6 ページ目）

> (4)　利用者である行員（以下，利用者という）は，店番，機番，及び TS の範囲を指定してテーブルの行を選択し，TS 及びログテキストを射影する問合せを行って，障害調査，監査の際に利用している。

解説図 33　問題文の該当箇所（2 ページ目）

ここに記述があるように，**“ログ収集”**テーブルには検索キー（店番，機番，TS）と，主キー以外の属性として**‘ログテキスト’**しかない。ローカル索引に関しても，順番は違えどこの 3 つの組合せによって構成されている。したがって，参照する場合に性能に関する差は出ない。このあたりを解答例の**「検索キーが店番，機番，TS に限られるから（20 字）」**のようにまとめればいい。

■ 設問3(2)

同じくテーブルの物理分割に関する問題だが，(2) は，処理性能に関する問題になる。ローカル索引に関する知識も問われているが，問題文をよく読んで状況を把握すれば十分正解を得られる。

設問

(2) 表 13 中の [o] ～ [r] に入れる適切な数値を答えよ。また，案 E について，処理 4，5 の探索ページ数の試算値が最小となるローカル索引を構成する列名を全て答えよ。

問題文の関連箇所

表 13 表 2 の処理 4～6 における探索区分数・探索ページ数試算（未完成）

前提／試算項目 ＼ 案			案D	案E	案F
前提		区分数	60	60	60
		テーブルのページ数	60M	60M	60M
		1 区分当たりのページ数	1M	1M	1M
処理別の試算	処理 4	探索区分数	60	1	6
		探索ページ数	30,000	1M	6M
	処理 5	探索区分数	[o]	60	1
		探索ページ数	[p]	60M	30,000
	処理 6	探索区分数	60	60	[q]
		探索ページ数	60M	60M	[r]

注記 表中の単位 M は 100 万を表す。

解説図 34 設問 3（2）で問われていることと問題文の関連箇所（13 ページ目）

IPA の解答例

設問			解答例・解答の要点	備考
設問 3	(2)	o	60	
		p	60M	
		q	12	
		r	12M	
		ローカル索引を構成する列名	年月，店番	

まず，**「表 2　ログ分析処理の例」**と，**「表 12　“ログ基本”テーブルの物理分割案・性能評価」**，**「表 13　表 2 の処理 4 ～ 6 における探索区分数・探索ページ数試算（未完成）」**の 3 つの表を突き合わせる。

処理 4	利用者が指定した一つの店番について，年月が前年 4 月から前年 9 月までの 6 か月分のログを対象に，年月，行員番号，取引種別コードごとに伝票金額を集計して，店番，年月，行員番号，取引種別コード，取引種別名，合計伝票金額の一覧を出力する。
処理 5	利用者が指定した前月以前の年月に一致する 1 か月分のログを対象に，店番，端末種別コードごとに明細件数を集計して，店番，店名，端末種別コード，端末種別名，合計明細件数を出力する。
処理 6	利用者が指定した一つの画面番号について，年月が前々年 4 月から前年 3 月までの 12 か月分のログを対象に，店名，取引種別名ごとに，明細件数を集計して，画面番号，タイトル，店名，取引種別名，合計明細件数を出力する。

表 12 のローカル索引 → 案 D：{ログ ID}{店番，機番，年月，ログ ID}　案 E：{店番，ログ ID}　案 F：{年月，ログ ID}

表 13　表 2 の処理 4～6 における探索区分数・探索ページ数試算（未完成）

前提／試算項目			案 D	案 E	案 F
前提		区分数	60	60	60
		テーブルのページ数	60M	60M	60M
		1 区分当たりのページ数	1M	1M	1M
処理別の試算	処理 4	探索区分数	60	1	6
		探索ページ数	30,000	1M	6M
	処理 5	探索区分数	o	60	1
		探索ページ数	p	60M	30,000
	処理 6	探索区分数	60	60	q
		探索ページ数	60M	60M	r

注記　表中の単位 M は 100 万を表す。

解説図 35　問題文の記述と探索区分数，探索ページ数の突き合わせ

● 処理 4 で確認

最初に空欄のない処理 4 を活用して理解する。処理 4 で利用者が指定するのは，**「一つの店番」**と**「6 か月分の年月」**になる。案 D の場合は，**「ハッシュ値ごとに 60 区分に分割」**しており，均等に分散されているということから探索区分数は 60 区分になっている。加えて区分内の探索は，**‘店番’**と**‘年月’**はローカル索引にあるので，ローカル索引による索引探索が可能である。したがって，探索ページ数は，検索結果の 30,000 ページ数になる。一方，案 E では探索区分数は**「店番ごとに 60 区分に分割」**しているため**「一つの店番」**は**「一つの区分」**になる。**「6 か月分の年月」**の**‘年月’**がローカル索引に含まれていないので，1 区分の最大探索ページ数 1M になる。同様に案 F も**「年月ごとに 60 区分に分割」**しているため，**「6 か月分の年月」**で**「6 つの区分」**になり，もう一つの**「一つの店番」**の**‘店番’**がローカル索引に含まれていないので，1 区分の最大探索ページ数 1M（6 区分で 6M）になる。これをベースに処理 5，処理 6 を考えて空欄を埋めていく。

● 処理５の空欄 o，空欄 p

処理５における案Ｄでは，**「1か月分のログ」**をハッシュ値で均等に分散させているので，探索区分数の**空欄 o** は**「60」**になる。また，ローカル索引に**「1か月分のログ」**の**‘年月’**を持っていないので索引探索ができない。したがって探索ページ数は各区分 1M になるため，60 区分で**「60M」**になる。これが**空欄 p** の解答になる。

● 処理６の空欄 q，空欄 r

処理６で利用者が指定するのは，**「一つの画面番号」**と**「12か月分の年月」**になる。案Ｆは**「年月ごとに 60 区分に分割」**されているため，案Ｆの探索区分数になる**空欄 q** は**「12」**になる。一方，その区分内で**「一つの画面番号」**を対象とするが，画面番号はローカル索引に含まれていないため，索引探索ができない。したがって，探索ページ数は各区分 1M になるため，12 区分で**「12M」**になる。これが**空欄 r** の解答になる。

● ローカル索引を構成する列名

案Ｅの処理４，処理５の探索ページ数が最小になるようにローカル索引を定義するには，処理４が**「一つの店番」**と**「6か月分の年月」**，処理５が**「1か月分の年月」**になるため，**‘店番’**と**‘年月’**で構成されるローカル索引が必要になる。また，**「WHERE 句の述語に，ローカル索引の先頭列を指定すると，ローカル索引によって区分内を探索することができる。」**という記述より，**‘年月’**をローカル索引の先頭列に持ってくる。以上より**「年月，店番」**という解答になる。

参考　シェアードナッシング方式

問題文に書かれている**「シェアードナッシング方式」**とは，分散システムにおいて，個々のノードで共有する部分（＝シェアード）がない（＝ナッシング）方式になる。クラスタ構成で使われる場合には，この問題文にも書いてある通り，ノードごとに，当該ノードだけがアクセス可能なディスク装置を持つ方式になる。

メリットは，各ノードが自分専用のディスクを持っているので，並列処理をした時にディスクアクセスがボトルネックにはならないという点。高い性能を発揮することが可能になる。一方，デメリットは，あるノードに障害が発生した場合に，そのノードの管轄するデータにはアクセスできなくなるという点だ。障害に対しては，何かしらの対策が必要になる。

ちなみに，シェアードナッシング方式と対比される方式に，**「シェアードエブリシング方式（ディスク共有方式）」**がある。こちらは，（複数のノードで）アクセスするディスクを共有する方式になる。ディスクがボトルネックになり性能が出ない可能性がある一方，あるノードに障害が発生しても，他のノードは影響を受けない。

■ 設問３（３）

最初は，問題文で定義されている各処理が，どのテーブルを参照しているのかを答える問題になる。

設問	(3)　“3．クラスタ構成の検討”について，①～③に答えよ。 ①　処理 4 の性能が低下した理由を，50 字以内で具体的に述べよ。 ②　“取引種別”テーブル及び“取引”テーブルについて行うべき対応を，20 字以内で具体的に述べよ。 ③　“ログ明細”テーブルの分散キーを見直すことにした。どのように見直せばよいか，20 字以内で具体的に述べよ。
問題文の関連箇所	3．クラスタ構成の検討 テーブルの物理分割だけでは，将来的なデータ量の増加に対応できないので，RDBMS がサポートしているクラスタ構成の検討を行った。クラスタ構成への変更に当たり，各テーブルのデータの配置方法に分散を指定し，主キー列を分散キーとして設定することにした。 クラスタ構成への変更後，表 2 の処理 2，4 の性能を試算したところ，処理 2 は同時並行探索数の上限がなくなることで性能が改善されたが，処理 4 は性能が低下することが判明した。そこで，処理 4 の性能低下への対策として，“取引種別”テーブル，“取引”テーブル及び“ログ明細”テーブルのデータの配置方法を見直すことにした。

解説図 36　設問３（３）で問われていることと問題文の関連箇所（13 ページ目）

IPA の解答例

設問		解答例・解答の要点		備考
設問３	(3)	①	結合対象のデータが各ノードに分散しており，テーブル結合を行うごとにノード間通信が必要となるから	
		②	データの配置方法に複製を指定する。	
		③	・分散キーをログ ID 列だけに変更する。 ・分散キーから明細番号列を除外する。	

① 処理４の性能が低下した理由

まず，クラスタ構成についての仕様を問題文で確認する。該当箇所は問題文６ページ目の**「6. クラスタ構成のサポート」**だ。

この仕様を確認した上で，**「処理４の性能が低下した」**ということなので，当該箇所の下記の部分に抵触したことは容易にわかるだろう。

> (3) データベースへの要求は，いずれか一つのノードで受け付ける。要求を受け付けたノードは，要求を解析し，自ノードに配置されているデータへの処理は自ノードで処理を行う。自ノードに配置されていないデータへの処理は，当該データが配置されている他ノードに処理を依頼し，結果を受け取る。特に，テーブル間の結合では，他ノードに処理を依頼するので，自ノード内で処理する場合と比べて，ノード間通信のオーバーヘッドが発生する。

解説図 37　問題文の該当箇所（6 ページ目）

「処理４は性能が低下することが判明した。」という記述の後に，その対策として**「"取引種別"テーブル，"取引"テーブル及び"ログ明細"テーブルのデータの配置方法を見直すことにした。」**という記述からも，**結合対象のデータが各ノードに分散しているために，テーブル結合処理でノード間通信のオーバヘッドが発生したから**だということがわかるだろう。

ちなみに処理２では，結合は行っているものの自己結合なので同じテーブルを読んでいるため，影響を受けないが，処理４では，**"取引種別"**テーブル，**"取引"**テーブル及び**"ログ明細"**テーブルを結合していることがわかる。以上より，**「結合対象のデータが各ノードに分散しており，テーブル結合を行うごとにノード間通信が必要となるから（47 字）」**という解答になる。

② "取引種別"テーブル及び"取引"テーブルについて行う対応

処理４で性能が出ない問題が，テーブル結合を行う時のノード間通信になる。そこで，テーブル間結合をなくすか，必要最小限にするための方法について検討する。見直すのは，問題文にも書かれている通り配置方法だ。

そこで，再度ここでも，どのような配置方法が可能なのかを**〔RDBMS の主な仕様〕**段落の**「6. クラスタ構成のサポート」**で確認する。すると**（2）**に次のような記述がある。

(2) 各ノードへのデータの配置方法には，次に示す分散と複製があり，テーブルごとにいずれかを指定する。

・分散による配置方法は，一つ又は複数の列を分散キーとして指定し，分散キーの値に基づいて RDBMS 内部で生成するハッシュ値によって各ノードにデータを分散する。分散キーに指定する列は，主キーを構成する全て又は一部の列である必要がある。

・複製による配置方法は，全ノードにテーブルの複製を保持する。

解説図 38　問題文の該当箇所（6 ページ目）

処理 4 の性能が出なかったのは**「各テーブルのデータ配置方法に分散を指定し，主キー列を分散キーとして設定することにした。」**からである。この配置方法を**"複製"**にすれば，**"ログ明細"**テーブルが分散されていても，結合する時に自ノード内で完了する。したがって，**「データの配置方法に複製を指定する。(17 字)」**を解答する。

③"ログ明細"テーブルの分散キーの見直し

そして最後に，**"ログ明細"**テーブルの分散キーを見直すことにした理由が問われている。現在の分散キーは**「主キー列を分散キーとして設定することにした。」**という記述より，**"ログ明細"**テーブルの主キー，すなわち**'ログ ID，明細番号'**になっている。

処理 4 では，**"ログ明細"**テーブルの伝票金額を集計するために，属性**'ログ ID'**で**"ログ基本"**テーブルと結合している。

つまり，**"ログ基本"**テーブルのひとつの**'ログ ID'**に対して，(複数存在しているだろう)**"ログ明細"**テーブルは，**'ログ ID'**＋**'明細番号'**ごとに求められたハッシュ値で分散配置されているため，同じログ ID のものを結合する時に，ノード間通信が発生してしまう。これを解消しなければならない。

そこで，クラスタ構成の仕様を確認する（解説図 38）。すると，分散キーに指定できるのは主キーだけではなく主キーの一部だけでも可能になっているので，**"ログ明細"**テーブルの分散キーを，**'明細番号'**を外して**'ログ ID'**だけに変更すると，同一ログ ID の複数の**"ログ明細"**テーブルのデータを同じノードに配置できる。これを解答例の**「分散キーをログ ID だけに変更する。(17 字)」**のようにまとめればいい。

平成31年度　午後Ⅱ　問2　解説

問2

■ IPA 公表の出題趣旨と採点講評

出題趣旨
概念データモデリングでは，データベースの物理的な設計とは異なり，実装上の制約に左右されずに実務の視点に基づいて，対象領域から管理対象を正しく見極め，モデル化する必要がある。概念データモデリングでは，業務内容などの実世界の情報を総合的に理解・整理し，その結果を概念データモデルに反映する能力が求められる。 本問では，フルサービス型のホテルにおける製パン業務を例として，与えられた状況から概念データモデリングを行う能力を問うものである。具体的には，①トップダウンにエンティティタイプ及びリレーションシップを見抜く能力，②ボトムアップにエンティティタイプ及び関係スキーマを分析する能力，③業務改革によって概念データモデル及び関係スキーマを適切に変更する能力を評価する。

採点講評
問2では，ホテル業の製パン業務を題材に，製造の計画業務と実行業務における現状と業務改革後の概念データモデル，関係スキーマ，物流パターンについて出題した。全体として正答率は低かった。 設問1(1)では，調達品目のサブタイプ及び成型材料レシピに対するリレーションシップについて不十分な解答が散見された。どのようなサブタイプ構造であるか注意深く読み取るよう心掛けてほしい。また，多対多の対応を解決するためのエンティティタイプについては，何を参照しているか注意深く読み取ってほしい。(2)では，生地材料補充要求に基づいて払出依頼が生起するリレーションシップ及び調達品目補充要求に基づいて納品明細が生起するリレーションシップについて不十分な解答が散見された。(3)では，(2)で不十分な解答が散見された箇所に対応する払出依頼(h)及び納品明細(k)について不十分な解答が散見された。業務がどのように連鎖しているかを注意深く読み取ってほしい。 設問2(1)では，①について行番号3の物流パターンが不要になることをほとんど読み取れていなかった。また，③についてどのような物流パターンになるか不十分な解答が散見された。直接的な業務の変化だけでなく，連動してどのように業務が変化するかを入念に考察するよう心掛けてほしい。(2)では，焼成指示に基づいて焼成実績が生起するリレーションシップについて不十分な解答が散見された。業務改革策に基づく業務は変化点が説明されたものであり，それを現状の業務に対してどのように融合させなければならないか，注意深く洞察してほしい。(3)は全体的に正答率が低かった。追加や外部と連携する業務では，現状と異なるキー構造のトランザクションとの融合が求められることがある。どのようにキー構造のギャップを解決すべきか注意深く洞察してほしい。 状況記述を丁寧に読み，インスタンスのレベルまで十分に考慮し，エンティティタイプ間のリレーションシップや求められる属性を検討する習慣を付けてほしい。また，対象領域全体を把握するために，全体のデータモデルを記述することは重要である。日常業務での実践の積み重ねを期待したい。

■ 問題文の全体構成を把握する

午後Ⅱ（事例解析）の問題に取り組む場合，最初に問題文の全体像を把握して，120 分の使い方の戦略を練る。午後Ⅱ（事例解析）は時間との闘いなので，最初に計画する時間配分がとても重要になるからだ。

戦略を練る時に **“基準”** になるのが，過去問題になる。過去問題を使っておおよその時間配分を決める。ページ数，問題数によって，どういう手順で何をどうすればいいのか？を予め決めておき，試験本番では，ページ数，問題数などを確認して，120 分の使い道を決める。

1．全体像の把握

下記の解説図 1 に示したように，〔　〕で囲まれた段落のタイトル，その中の連番の振られた業務説明，画面や帳票の例（図や表），設問を確認して，まずは何が問われているのかを把握する。

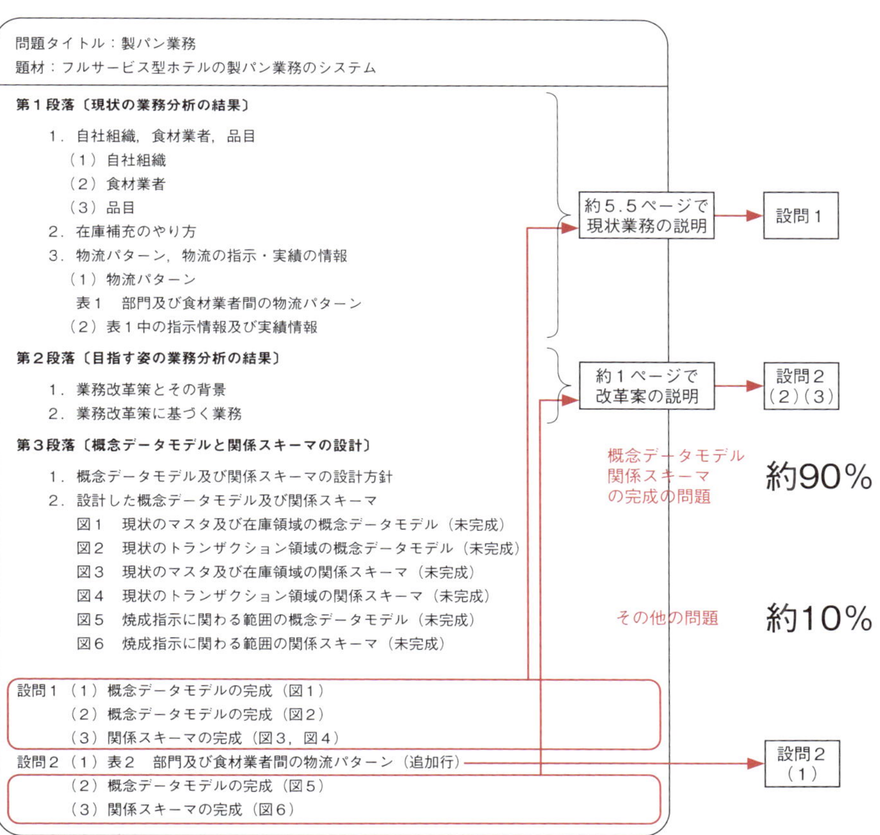

解説図 1　全体構成の把握

(1) 概念データモデル，関係スキーマの完成の設問をチェック

第1に確認するのは，概念データモデルと関係スキーマの完成だろう。午後Ⅱ（事例解析）の定番問題で，毎年必ず出題されている設問だからである。したがって，この部分の出題を想定して準備してきた人は特に，最初に，概念データモデルの完成，関係スキーマの完成の問題がどれくらいの割合になるのかを確認する。

確認方法は，試験当日の試験開始までの時間で解答用紙が配られた時に，解答用紙を凝視しながら行うこともできる。解答用紙は試験開始前に見ていても問題はない。どの設問が，概念データモデル，関係スキーマの完成の問題なのかをチェックしておくと，試験開始直後にそこから確認できる。何よりも先に設問を確認して，概念データモデル，関係スキーマの完成の問題かどうかを確定できる。

ちなみに，この問題は，設問2（1）以外は全て概念データモデルと関係スキーマを完成させる設問になる。その割合は90%以上になるだろう。平成30年も同じような割合だったので，ここ数年は例年に比べても多い年が続いている。

(2) ページ数の確認

時間配分を決める上でページ数の確認は重要である。過去問題を使って時間配分の練習をする目的は**「ページ数がどれくらいなら，どういう時間配分にすべきか？」**を知ることである。そのため，試験開始と同時にページ数を確認して，例年よりも多いのか少ないのかを判断して，それによって時間配分を微調整する。

本問は全部で11ページ。平成30年とほぼ同じだが，それより前は13ページ～15ページだったので，ここ2年かなり少なくなった印象だ。しかし，ページ数の増減は図表次第の部分があり，今回も**"業務に関する説明"**が書いているのは前半の6.5ページ（**〔目指す姿の業務分析の結果〕**段階を含む）で，これは例年通り。ここ数年変わっていない。しかもその部分の図表は，たったの一つだけである。

(3) 問題文と概念データモデル，関係スキーマの対応付け

そして，解答に入る前の最後の準備として，問題文と概念データモデル，関係スキーマを対応付けておこう。データベーススペシャリスト試験では，解答はほとんど全て問題文中にある。したがって，それを探し出すという作業そのものが解答作業になるので，どこを探せばいいのか？を絞り込むことこそ，最重要作業になるわけだ。

そういう意味で，問題文と，（解答すべき）概念データモデルと関係スキーマを関連付けて，概念データモデルと関係スキーマの個々のエンティティやリレーションシップを完成させるために，問題文のどこを読めばいいのかを明確にしておくことが重要になる。そこまでできていれば，後は，じっくりと落ち着いて，問題文を頭から順番に熟読しながら解いていくことができる。

（4）時間配分の決定

以上より，問題の6.5ページを概念データモデルと関係スキーマと対応付けながら解答していくことになるが，設問2（1）を解く時間が別途必要になる。そこに，配点がおそらく10%ぐらいなので，使う時間も全体時間の10%強の20分ほど使うと仮定する。残りの100分で6.5ページを処理していくことを考えれば，1ページ10分のペースで考えて65分がベストだろう。最大だと1ページ15分弱はかけられるが，10分／ページ以上かかるということは嵌っている可能性もあるので，**「解けるところから順次解いていく」**方針で，1ページ10分で65分を目処に解答し，残りの35分でわからなかったところを解いたり，最後に見直したりという選択が最も安全だと思う。時間の使い方は自分のスキルにあったやり方で全然問題ないが，一つの目安に**「1ページ10分」**というのも，頭の片隅に残しておいてもいいだろう。

IPA の解答例

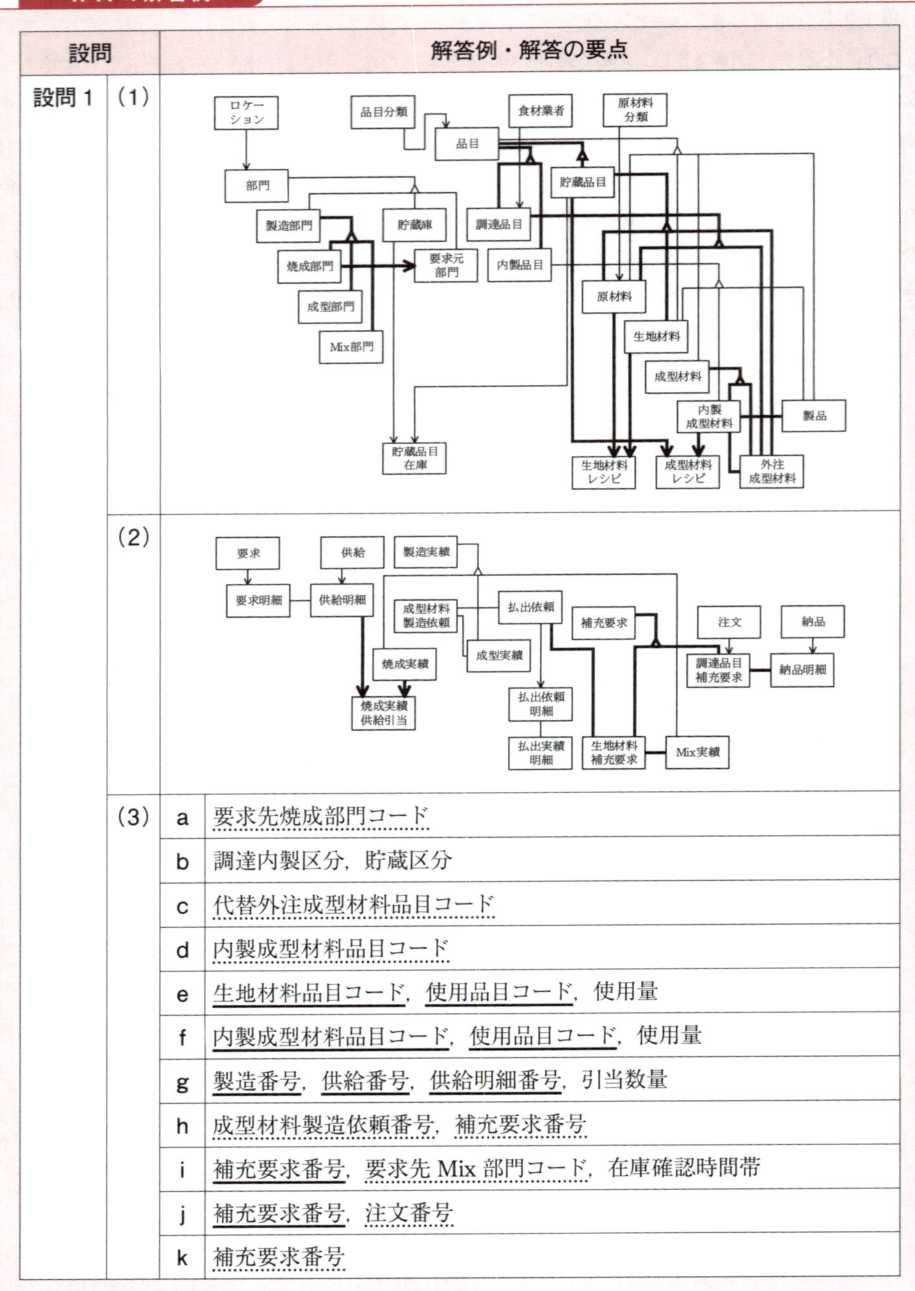

設問			解答例・解答の要点
設問 1	(1)		（図）
	(2)		（図）
	(3)	a	要求先焼成部門コード
		b	調達内製区分，貯蔵区分
		c	代替外注成型材料品目コード
		d	内製成型材料品目コード
		e	生地材料品目コード，使用品目コード，使用量
		f	内製成型材料品目コード，使用品目コード，使用量
		g	製造番号，供給番号，供給明細番号，引当数量
		h	成型材料製造依頼番号，補充要求番号
		i	補充要求番号，要求先 Mix 部門コード，在庫確認時間帯
		j	補充要求番号，注文番号
		k	補充要求番号

設問			解答例・解答の要点
設問 2	(1)	①	3, 9, 10, 12, 14
		②	(下表)
		③	(下表)
	(2)		(下図)
	(3)	l	対象年月日, 対象時間帯, 焼成部門コード, 焼成番号, 要求番号, 要求明細番号, 引当数量
		m	対象年月日, 対象時間帯, 焼成部門コード, 焼成番号
		n	[対象年月日], [対象時間帯], 焼成番号

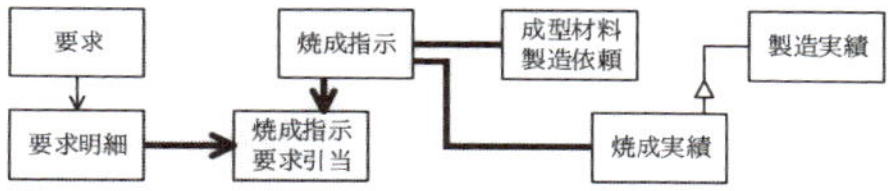

設問 2 (1) ②

行番号	変更後の指示情報
15	焼成指示
17	焼成指示

設問 2 (1) ③

行番号	物流の始点・終点													物流の対象物				指示情報	実績情報
	食材業者	本館貯蔵庫	新館貯蔵庫	本館 Mix 部門	本館成型部門	本館焼成部門	新館 Mix 部門	新館成型部門	新館焼成部門	MD	CD	BQ	CF	原材料	生地材料	成型材料	製品		
21					F				T							○		成型材料製造依頼書	成型実績票

設問 2 (2)

設問 1

設問１は，午後Ⅱ試験で最もオーソドックスな，未完成の概念データモデルと関係スキーマを完成させる問題になる。年度によっては，設問がこれだけの時もあるが，今回は，設問２にも同様に未完成の概念データモデルと関係スキーマを完成させる問題がある。したがって２時間を全て使うことはできない。前述の通り**「1 ページ 10 分」**で考えると，設問１で対応しているのは 5.5 ページ分になる。したがって**おおよそ１時間をめどに解答したいところ**だ。

それと，１点注意が必要になる。それは，追加するリレーションシップにマスタとトランザクション間のリレーションシップは含まないという点だ。図が異なるので大丈夫だとは思うが，問題文にもはっきりと**「マスタ及び在庫領域と，トランザクション領域を分けて作成し，マスタとトランザクションの間のリレーションシップは記述していない。」**と書いている。解答例にもトランザクション間のリレーションシップはない。おそらく設問を解いている段階で気付くと思うが，そこでいったん書いたリレーションシップを消したとしたら大きな時間のロスになるので，設問をしっかりと読むように癖をつけておこう。

事前確認．概念データモデル，関係スキーマ，問題文を対応付ける

最初に，図 1，２の概念データモデルと図 3，４の関係スキーマ，及び問題文を対応付けておく。１ページ 10 分のペースで解答するためには，問題文を読む時に，関係スキーマ，概念データモデルを局所的に絞り込んでおいた方が良いからだ。

設問１の対象となるエンティティタイプは 43 個。とても多いので，これはきちんと分類した方が良い。これを問題文に合わせてグルーピングしていくとともに，次のような手順で進めていくといいだろう。

① 図 3，４　関係スキーマ（未完成）のエンティティを分類する
② 問題文の見出しを見ながら体系的にチェックして，個々の関係スキーマが問題文のどこで説明されているのかをチェックしていく。併せて，関係スキーマのグルーピングも行う
③ 図 1，２　概念データモデル（未完成）をグルーピングしていく

図２及び図４の（トランザクション領域）について言及している問題文の対応箇所は，（マスタ及び在庫領域）の在庫を除く部分よりも若干複雑になっている。したがって，速く正確に解答するには，最初にしっかりと対応付けることが重要になる。幸い，全てが業務の流れに沿っているので対応付けはしやすい。

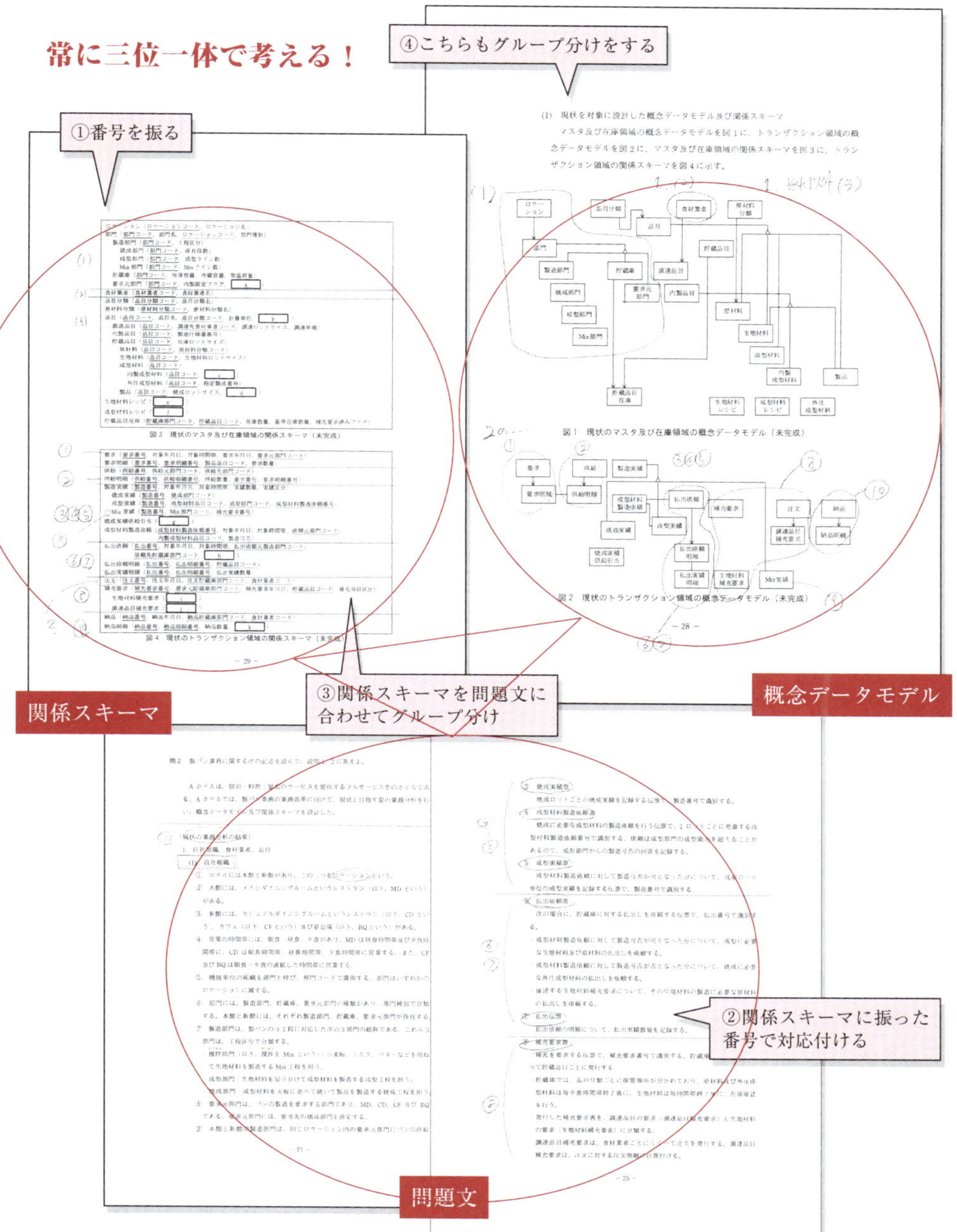

解説図２　概念データモデル，関係スキーマ，問題文の対応付け

STEP-1. 問題文の冒頭部分の確認

全体像を把握したら，問題文の冒頭から順番に読み進めて行く。設問１の該当箇所だけだと全体で 5.5 ページなので，じっくりと慎重に読み進めて行くことができるだろう。

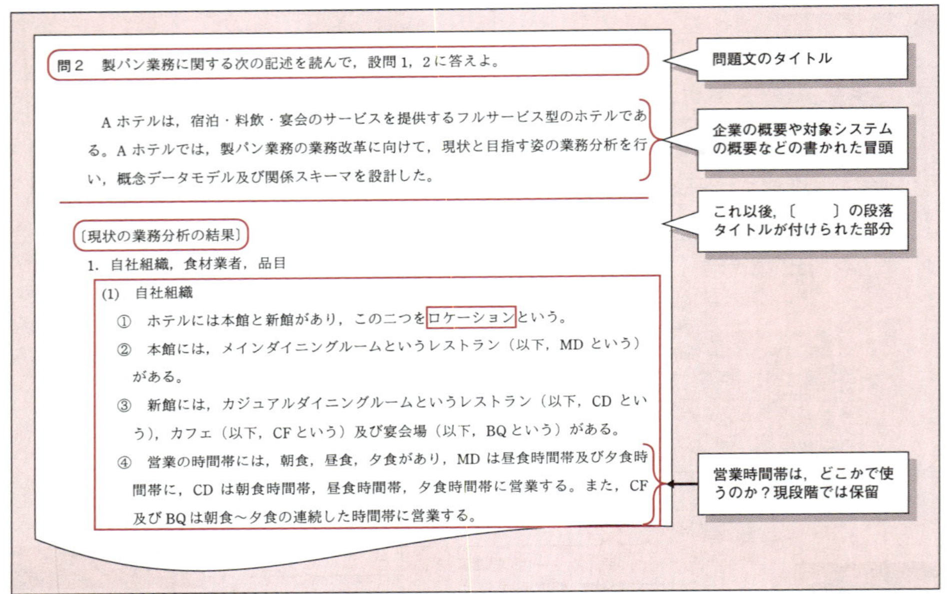

解説図３　問題文の読み進め方

問題文は，企業の概要や対象システムの概要から始まる（問題タイトルの後の最初の部分）。通常は，この部分にはデータモデルに関連する記述はない。そのため，それほど熱心に読み込む必要はないが，**“万が一”** に備えて軽く目を通しておく（今回も３行で，特に何もなかった）。

続いて，**〔現状の業務分析の結果〕** 段落に入っていく。ここからは前述の通り，**「問題文」** と **「図１の概念データモデル（未完成）」** と，**「図３の関係スキーマ（未完成）」** とを，常に三位一体で紐付けながら読み解いていく。

具体的には，**「図１の概念データモデル（未完成）」** の中に最初から記載済みのリレーションシップや，**「図３の関係スキーマ（未完成）」** の中に既に記載されている属性，主キー，外部キーなどを問題文と対応付け，その部分を **「解答には無関係」** だとしてマークしていけば，解答に関係している部分だけが浮き上がって見える（残ってくる）。後は，その部分を熟読して解答していけばいい。

問題文の **「1. 自社組織，食材業者，品目」** の **「(1) 自社組織」** の①～④は，エンティティ **“ロ**

概念データモデル（図 1）への追記（その 1）

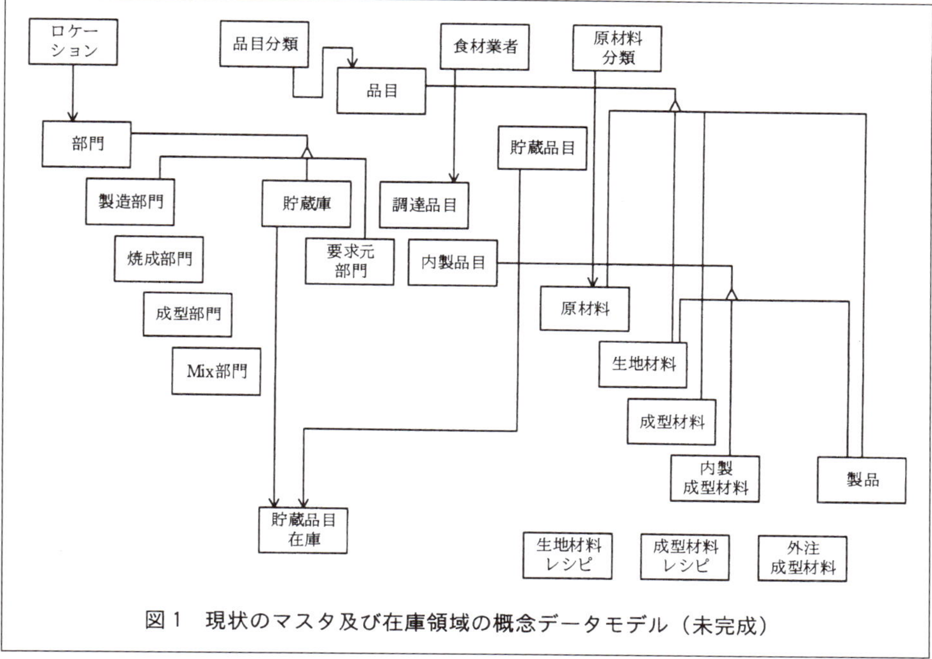

図 1　現状のマスタ及び在庫領域の概念データモデル（未完成）

解説図 4　ここで追記するリレーションシップ（赤線）

ケーション" の説明箇所になる。図 3 の関係スキーマを見る限り **"ロケーション"** エンティティは完成形である。加えて図 1 の概念データモデルにも反映させる必要のあるものはないので，特に両者に追加するものはない。ただ，④の営業時間帯や，②～③の **"ロケーション"** エンティティの属性に関する部分が，図 1 や図 3 では表現できていない。この点は設問 2 で問われる可能性もあるので，問題文にチェックしておいて，記憶にもとどめておきたい。

関係スキーマ（図 3）への追加（その 1）

図 3 に追加するものはない。

STEP-2. 問題文１ページ目「(1) 自社組織」⑤～⑧の読解

続いて問題文を先に読み進めていく。引き続き**「(1) 自社組織」**に関する説明だ。次に中盤の⑤～⑧から，対応する概念データモデルと関係スキーマとともにチェックしていく。

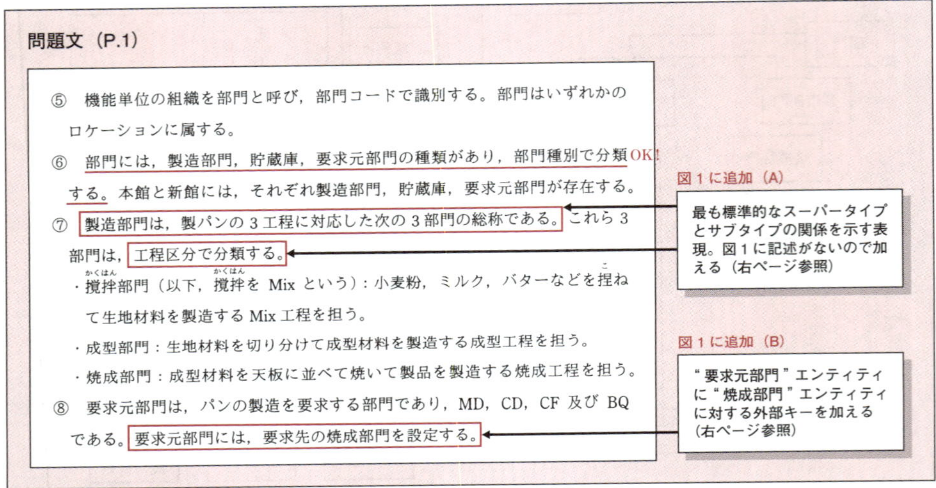
問題文（P.1）

⑤ 機能単位の組織を部門と呼び，部門コードで識別する。部門はいずれかのロケーションに属する。

⑥ 部門には，製造部門，貯蔵庫，要求元部門の種類があり，部門種別で分類OK!する。本館と新館には，それぞれ製造部門，貯蔵庫，要求元部門が存在する。

⑦ 製造部門は，製パンの３工程に対応した次の３部門の総称である。これら３部門は，工程区分で分類する。

・撹拌（かくはん）部門（以下，撹拌（かくはん）を Mix という）：小麦粉，ミルク，バターなどを捏（こ）ねて生地材料を製造する Mix 工程を担う。

・成型部門：生地材料を切り分けて成型材料を製造する成型工程を担う。

・焼成部門：成型材料を天板に並べて焼いて製品を製造する焼成工程を担う。

⑧ 要求元部門は，パンの製造を要求する部門であり，MD，CD，CF 及び BQ である。要求元部門には，要求先の焼成部門を設定する。

解説図５　問題文の読み進め方

問題文の⑥は，**「種類」**や**「分類」**という表現からもわかる通り，**“部門”**をスーパータイプ，**“製造部門”**・**“貯蔵庫”**・**“要求元部門”**をサブタイプとする関係性を示している表現になる。これは，図１にも図３にも既に書かれている。また，サブタイプを識別するのは**‘部門種別’**だが，これも図３の**“部門”**の属性の中に存在しているため，何も追加するものはない。

問題文の⑦も，**「総称」**や**「分類」**という表現より，**“製造部門”**をスーパータイプ，**“焼成部門”**・**“成型部門”**・**“Mix 部門”**をサブタイプとする関係性を示していることがわかる。これは，図３の関係スキーマでも確認できる。図３には，スーパータイプとサブタイプの関係を示す関係スキーマ名の**「字下げ」**があり，主キーが同じで，加えて，**“製造部門”**の属性に**‘工程区分’**がある。しかし，図１にはそのリレーションシップの記載がない。ゆえに，**図１にスーパータイプとサブタイプを表すリレーションシップを追加する（図１に追加Ａ）**。

問題文⑧には，**“要求元部門”**に設定する外部キーが必要だという記述が存在する。相手は**“焼成部門”**になる。これは図１にも図３にも存在していないので，両方にこの関係性を追加する。

なお，この表現だと，普通に**「要求先の焼成部門を（一つ）設定する。」**という意味だろうし，特

概念データモデル（図１）への追記（その２）

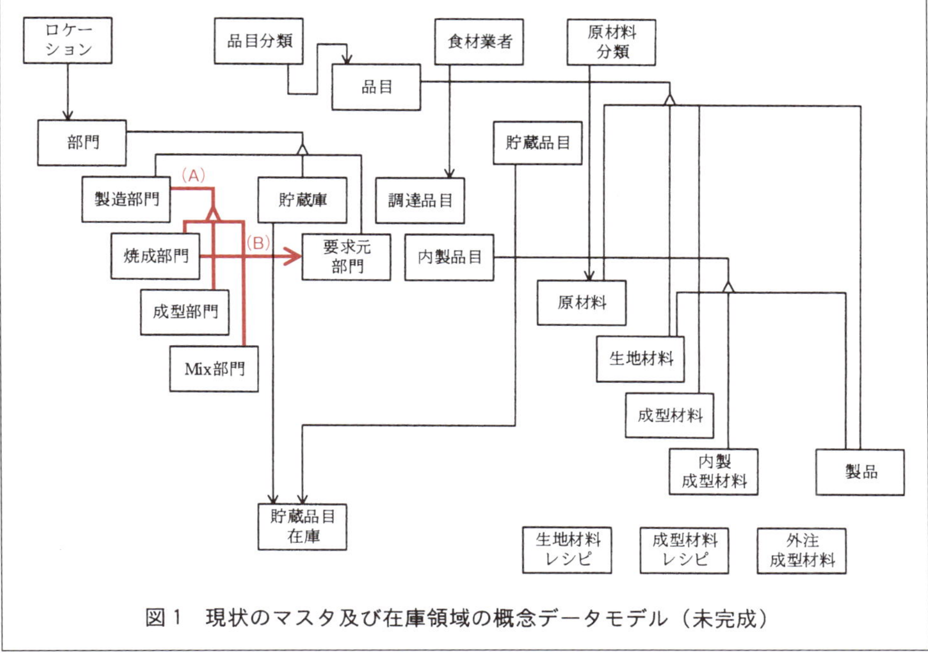

図１　現状のマスタ及び在庫領域の概念データモデル（未完成）

解説図６　ここで追記するリレーションシップ（赤線）

関係スキーマ（図３）への追加（その２）

要求元部門（部門コード，内製限定フラグ，**要求先焼成部門コード**）…**空欄 a**

解説図７　空欄の解答（枠内）

に１対１を匂わせる記述もないので**“要求元部門”**と**“焼成部門”**との関係は多対１になる。したがって，図３の**“要求元部門”**の**空欄 a**のところに**“焼成部門”**に対する外部キーとして**「要求先焼成部門コード」**を加える。**図１にも，リレーションシップを追加する（図１に追加 B）。**

STEP-3. 問題文１～２ページ目「(１) 自社組織」⑨～⑫の読解

後半の**「(1) 自社組織」**の⑨～⑫も同様に，対応する概念データモデルと関係スキーマとともにチェックしていく。

問題文（P.1～P.2）

⑨　本館と新館の製造部門は，同じロケーション内の要求元部門にパンの供給を行う。

⑩　焼成部門全体の能力よりも，成型部門全体の能力が小さいので，成型の能力が不足する場合，後述する外注成型材料で不足分を補う。ただし，要求元部門の中には内製の成型材料だけを用いなければならない部門があり，その可否を示す内製限定フラグを設定する。OK!

⑪　製造部門の３部門には，次の項目を設定する。

・Mix 部門：同時並行で生地材料を製造できる Mix ライン数 OK!

・成型部門：同時並行で成型できる成型ライン数 OK!

・焼成部門：同時並行で焼成できる窯の保有段数 OK!

⑫　貯蔵庫は，後述する貯蔵品目の在庫をもち，OK! 貯蔵品目の受払いを担う部門である。貯蔵庫からの払出しは，同じロケーション内の部門に限って行う。

「払出し」は処理の話なので マスタは関係ない。トランザクションで問われるかもしれないので，覚えておく（マークしておく）

解説図８　問題文の読み進め方

問題文の⑨に関しては，特に図１にも図３にも追加するものはない。**“ロケーション”**の**「本館」**と**「新館」**の違いは，図１の概念データモデルにも図３の関係スキーマにも表現されていないし，**「要求元部門にパンの供給を行う。」**という表現も，特に**“製造部門”**と**“要求元部門”**の間に参照関係を加える表現ではないからだ。

問題文の⑩に関しても，特に図１にも図３にも追加するものはない。前半の文には，処理能力や**「外注成型材料」**と**「内製の成型材料」**の記述があるが，材料に関してはこの後に記述があるので，そこで考えればいい。また，**「ただし,」**以後の記述は，**「要求元部門」**の**‘内製限定フラグ’**の説明で，それは既に図３の関係スキーマ内にある。

問題文の⑪は**“Mix 部門”**，**“成型部門”**，**“焼成部門”**に関する記述なので，図３で属性を確認する。すると全て完成形になっていて，特に外部キーの設定もないので，図１にも追加するものはない。

概念データモデル（図１）への追記（その３）

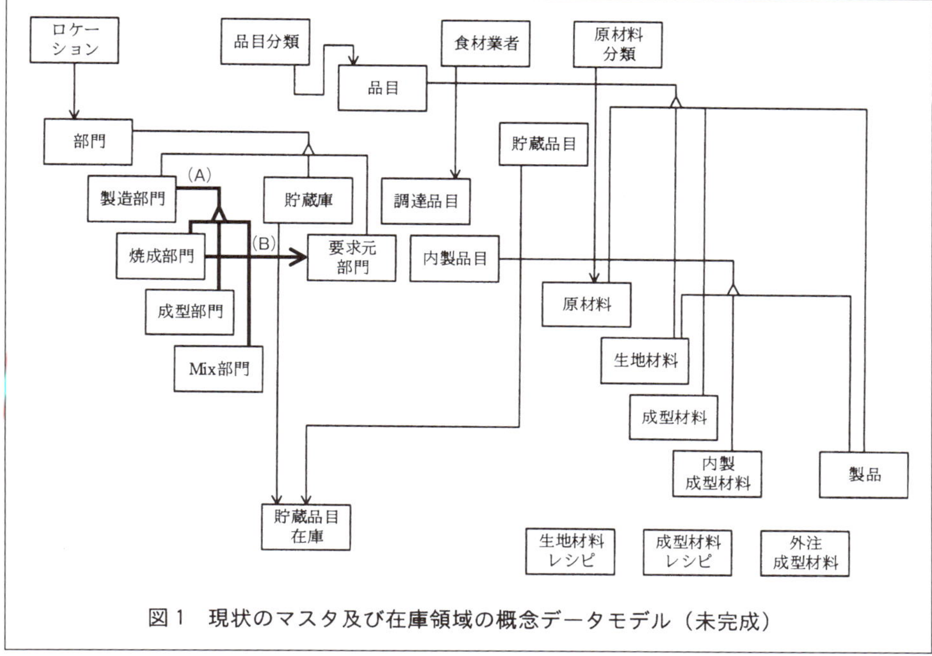

図１　現状のマスタ及び在庫領域の概念データモデル（未完成）

解説図９　ここで追記するリレーションシップ（赤線）

関係スキーマ（図３）への追加（その３）

図３に追加するものはない。

問題文の⑫は**"貯蔵庫"**に関する記述になる。図１では**"貯蔵庫"**と**"貯蔵品目"**が連関エンティティの**"貯蔵品目在庫"**で繋がっている（リレーションシップがある）ことが確認できる。**"貯蔵品目在庫"**の主キーも**"貯蔵庫"**と**"貯蔵品目"**の各主キーの連結キーになっている。以上より，前半の記述の通りだということと，**"貯蔵庫"**と**"貯蔵品目"**は多対多の関係であることが確認できる。

一方，後半の記述は**「貯蔵庫からの払出し」**に関する説明だ。**「払出し」**は**"処理"**なので，マスタではなくトランザクションになる。トランザクションに関する記述は，この後になるのでそこで何かしらの記述があるかもしれないが，ここでの記述が関係してくる可能性も捨てきれない。そこで，こういう場合はしっかりとマークして（できれば記憶して）後に備えておきたい。

STEP-4. 問題文２ページ目「(2) 食材業者」と「(3) 品目」①～②の読解

「(1) 自社組織」の次は，「食材業者」と「品目」に関する部分になる。

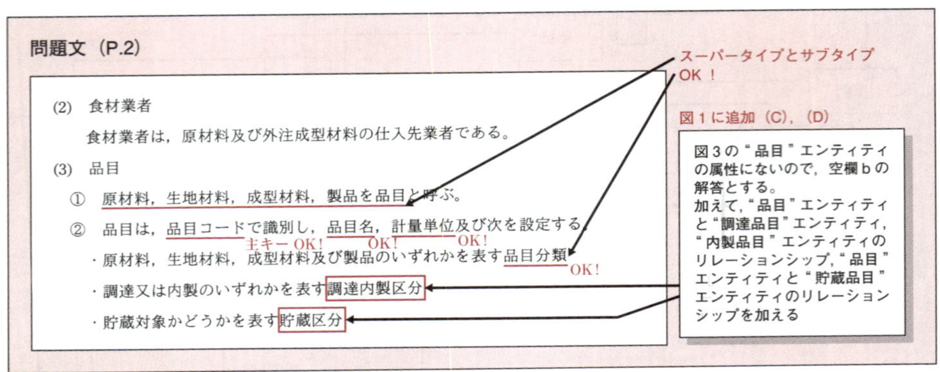

解説図 10　問題文の読み進め方

問題文の「(2) 食材業者」の記述より，図１と図３の**“食材業者”**エンティティをチェックする。図３の関係スキーマは完成形である点，主キーが他のエンティティの外部キーにはなっていない点より，特に追加するものはないと判断できる。

問題文の「(3) 品目」の①に記載されている**「原材料，生地材料，成形材料，製品」**は，図１にもリレーションシップの記載があるように**“品目”**エンティティのサブタイプになる。図３の字下げの記載だけを見れば，それらは**“貯蔵品目”**エンティティのサブタイプのようにも見えるが，問題文の①には**「品目と呼ぶ。」**と明記されているので，**“品目”**エンティティのサブタイプである。今回は図１に既にリレーションシップが記載されているので問題はなかったが，そうでない場合には間違えないように注意しよう。

続く**問題文の「(3) 品目」の②**の記述は**“品目”**エンティティに持たせる属性の説明になっている。図３の関係スキーマの**“品目”**エンティティには空欄ｂがあるので，突合せチェックをしながら埋めていこう。そうすると**「調達内製区分」**と**「貯蔵区分」**が図３には無いのが分かるだろう。これを**空欄ｂ**の解答とする。そして，この**「～区分」**という表現からスーパータイプとサブタイプの関係を疑う。図３の関係スキーマの**“品目”**と**“調達品目”**，**“内製品目”**，**“貯蔵品目”**のを確認すると，その位置関係（字下げ）から，スーパータイプとサブタイプの関係にあることがわかる。これは図１のリレーションシップにはないので，この関係性を図１に加える。**「調達内製区分」**によって**「調達又は内製」**を識別し**（図１に追加Ｃ）**，**「貯蔵区分」**によって**「貯蔵」**かどうかを識別するので**（図１に追加Ｄ）**，**それぞれのリレーションシップを加える**。

● 概念データモデル（図１）への追記（その４）

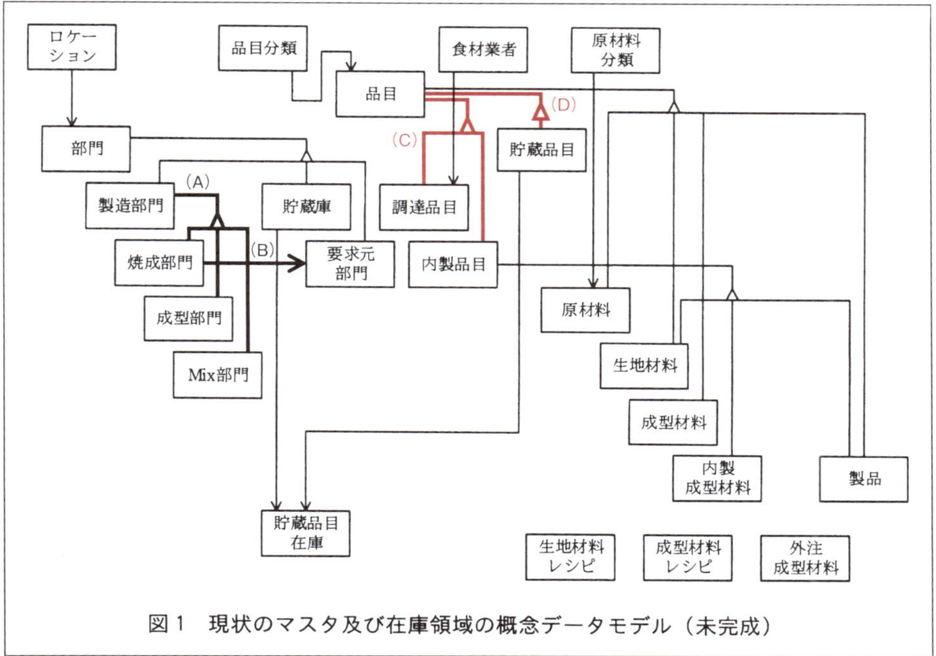

図１　現状のマスタ及び在庫領域の概念データモデル（未完成）

解説図 11　ここで追記するリレーションシップ（赤線）

● 関係スキーマ（図３）への追加（その４）

品目（品目コード，品目名，品目分類コード，計量単位，**調達内製区分，貯蔵区分**）…空欄 b

解説図 12　空欄の解答（枠内）

STEP-5. 問題文２ページ目「(3) 品目」③の読解

続いて，**「品目」**③を読解していく。

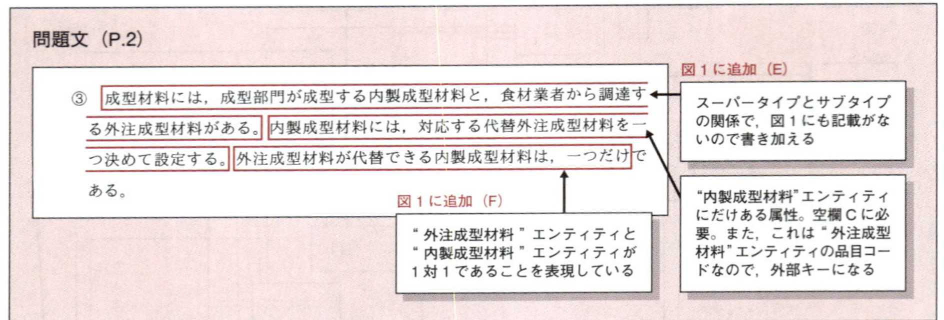

解説図 13　問題文の読み進め方

問題文の③も引き続き**"品目"**の説明である。説明しているのは**"成型材料"**，**"内製成型材料"**，**"外注成型材料"**の３つに関するもの。これらを図１と図３で確認する。

最初の文より，**"成型材料"**エンティティをスーパータイプ，**"内製成型材料"**エンティティと**"外注成型材料"**エンティティをサブタイプとする関係だとわかる。図３と図１を確認すると，図３ではそれらの位置関係（字下げ）と主キーからその関係が確認できるが，**図１にはそのリレーションシップが存在しないので付け加える（図１に追加Ｅ）**。

また，図３の**"内製成型材料"**エンティティには空欄ｃが含まれているので，それも合わせて考える必要がある。すると，二つ目の文の記述から，**"内製成型材料"**エンティティには**「代替外注成型材料」**という属性が必要になることがわかるだろう。これは，**"内製成型材料"**エンティティだけに必要な属性なので，スーパータイプの**"成型材料"**エンティティではなく，**"内製成型材料"**エンティティに持たせなければならないからだ。

そして，その**「代替外注成型材料」**は，**"外注成型材料"**エンティティに対する外部キーである。したがって**「代替外注成型材料品目コード」**を，図３の**空欄ｃ**の解答とする。後は，その関係を図１にリレーションシップとして追加することになるが，この時に，そのリレーションシップが１対１であることに注意しなければならない。③の３つ目の文より，**"外注成形材料"**エンティティから見た**"内製成型材料"**エンティティも**"1"**になるからだ。以上より，**図１には"内製成型材料"と"外注成型材料"の間に１対１のリレーションシップを加える（図１に追加Ｆ）**。

● 概念データモデル（図１）への追記（その５）

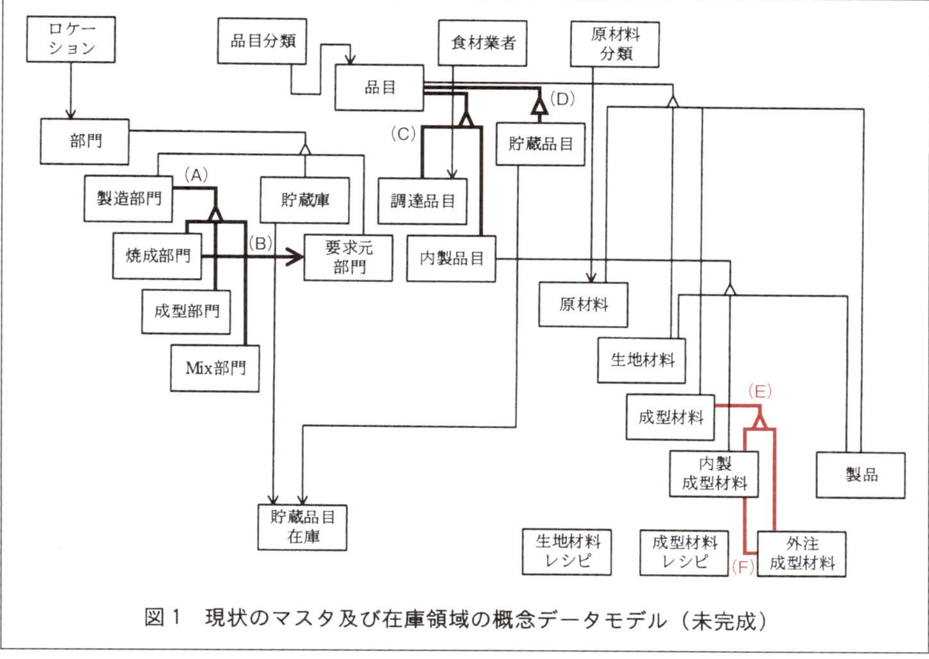

図１　現状のマスタ及び在庫領域の概念データモデル（未完成）

解説図 14　ここで追記するリレーションシップ（赤線）

● 関係スキーマ（図３）への追加（その５）

成型材料（<u>品目コード</u>）
　内製成型材料（<u>品目コード</u>，**代替外注成型材料品目コード**）…**空欄 c**
　外注成型材料（<u>品目コード</u>，指定製法番号）

解説図 15　空欄の解答（枠内）

STEP-6. 問題文２～３ページ目「(3) 品目」④～⑨の読解

続いて,**「品目」**④～⑨を読解していく。文章の構成は単純だ。④は**“貯蔵品目”**,⑤は**“調達品目”**,⑥は**“内製品目”**,⑦は**“原材料”**,⑧は**“生地材料”**,⑨は**“外注成型材料”**に関しての説明になっている。一つずつ確認していけばいいだろう。

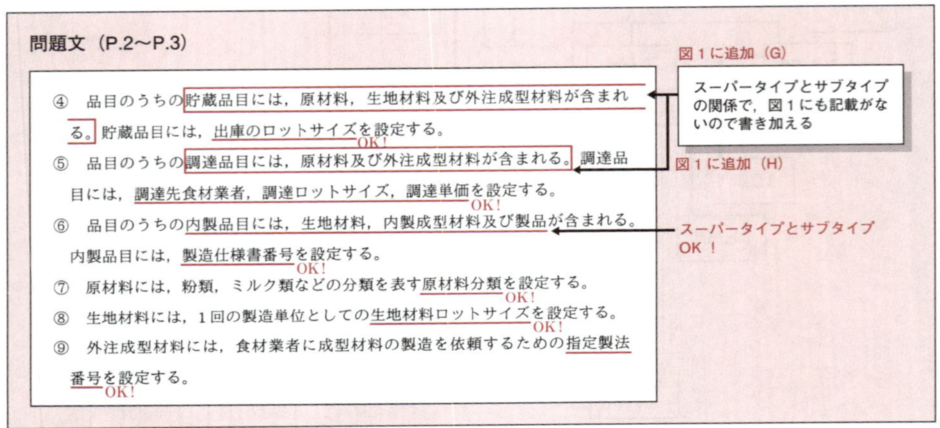

解説図 16　問題文の読み進め方

問題文の④,⑤,⑥の中にある**「含まれる」**という表現より,次のように,スーパータイプとサブタイプの関係を読み取る。

	スーパータイプ	サブタイプ	図1への追加
④	貯蔵品目	原材料,生地材料,外注成型材料	**追加（G）**
⑤	調達品目	原材料,外注成型材料	**追加（H）**
⑥	内製品目	生地材料,内製成型材料,製品	既に記載済み

次に,**問題文の④～⑨**のエンティティに関して,図3の関係スキーマをチェックする。その結果,いずれも完成形であることが確認できるので,念のため問題文と突き合わせながらチェックしていくと万全だ。外部キーに関しても図1に追記するものはない。

● 概念データモデル（図１）への追記（その６）

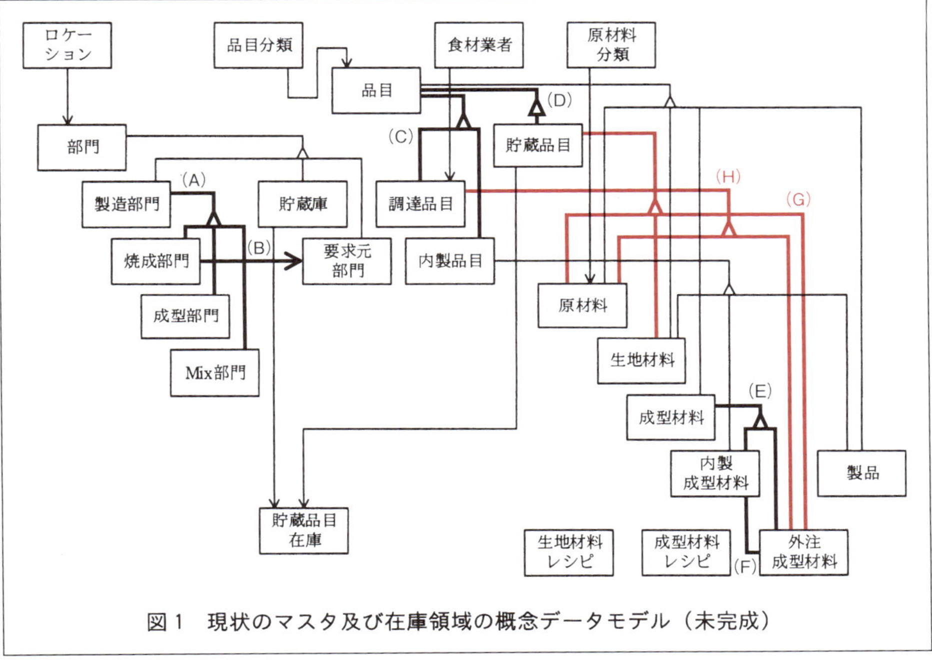

解説図 17　ここで追記するリレーションシップ（赤線）

● 関係スキーマ（図３）への追加（その６）

図３に追加するものはない。

STEP-7. 問題文３ページ目「(3) 品目」⑩～⑪の読解

続いて，**「品目」**⑩～⑪を読解していく。④～⑨同様，⑩は**“製品”**，⑪は**“内製成型材料”**，に関しての説明になっている。

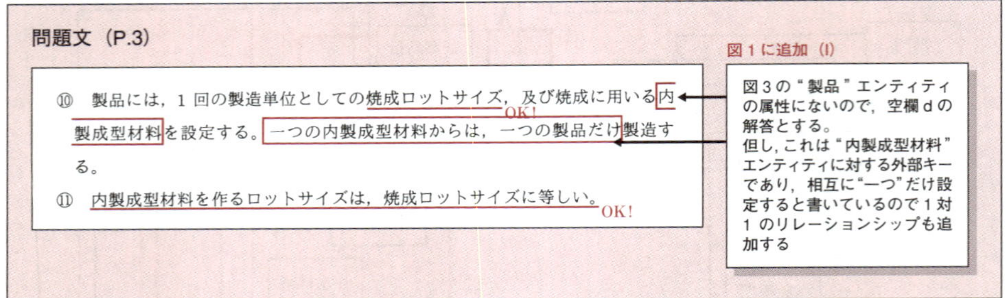

解説図 18　問題文の読み進め方

問題文の⑩は，**“製品”**エンティティに関する説明になる。図３の**“製品”**エンティティを確認すると，属性**‘焼成ロットサイズ’**は記載済みである。しかし，次に**「設定する」**と書いている**「内製成型材料」**に関しての記載はない。したがってこれを**空欄ｄ**の解答とする。但し，**「内製成型材料」**はエンティティとして存在しているので，ここには**“内製成型材料”**のエンティティの主キーを外部キーとして設定する。具体的には，名称を参照先のエンティティが識別できるように**「内製成型材料品目コード」**とし，そこに下線を引いて外部キーを表現する**（空欄ｄ）**。

続いて図１に，そのリレーションシップが書かれているかどうかを確認する。結果**“製品”**エンティティと**“内製成型材料”**エンティティの間の**リレーションシップは存在しないので追記する。**この時，⑩の二つ目の文に**「一つの内製成型材料からは，一つの製品だけ」**という記述があるため，**“製品”**エンティティの相手になる**“内製成型材料”**エンティティから見た**“製品”**エンティティも一つだけになるので，両者の関係は１対１になる**（図１に追加 l）**。

問題文の⑪は，**“内製成型材料”**エンティティに関する説明になる。そこには**「焼成ロットサイズ」**に関する言及がある。一瞬**“内製成型材料”**エンティティの属性として設定することを考えるかもしれないが，**「焼成ロットサイズに等しい。」**という表現になっている点と，先に追加した**“内製成型材料”**エンティティと**“製品”**エンティティに１対１のリレーションシップがあり，図３の**“製品”**エンティティの属性として既に**‘焼成ロットサイズ’**が存在するため，**“内製成型材料”**エンティティの属性とすると冗長になってしまう。**「製品」**と**「内製成型材料」**の関係から見ても，焼成ロットサイズは**「製品」**側で決定され，**「内製成型材料」**側は**「製品」**に依存するということが読み取れる。以上より，**“内製成型材料”**エンティティには**‘焼成ロットサイズ’**を属性に持たせなくてもいい。

● 概念データモデル（図１）への追記（その７）

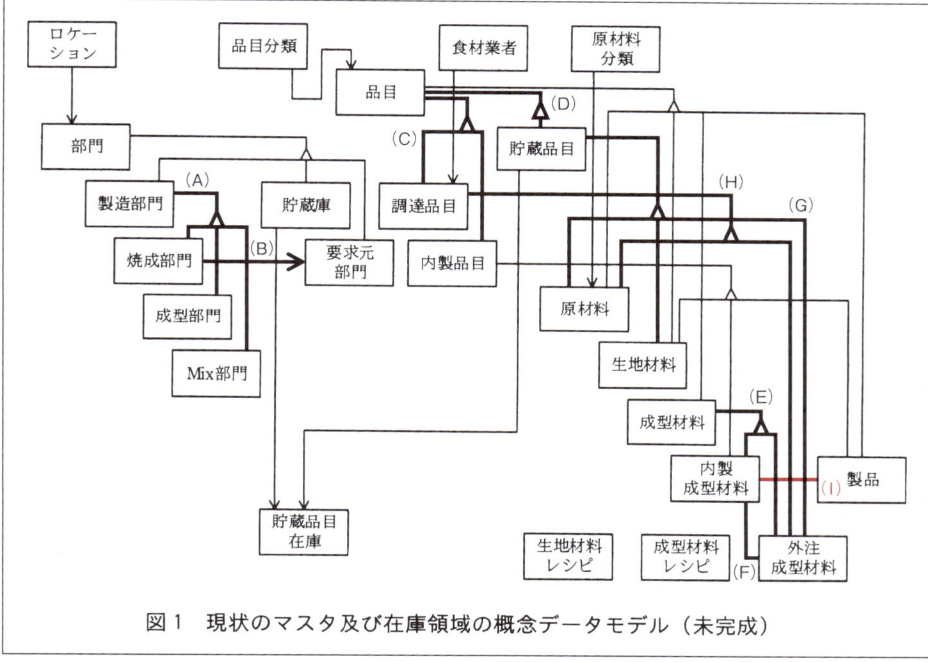

図１　現状のマスタ及び在庫領域の概念データモデル（未完成）

解説図 19　ここで追記するリレーションシップ（赤線）

● 関係スキーマ（図３）への追加（その７）

製品（品目コード，焼成ロットサイズ，**内製成型材料品目コード**）…空欄 d

解説図 20　空欄の解答（枠内）

STEP-8. 問題文３ページ目「(3) 品目」⑫～⑬の読解

「品目」⑫～⑬は**「レシピ」**の説明だ。⑫が**"生地レシピ"**，⑬が**"成型材料レシピ"**に関しての説明になっている。順番に見て行こう。

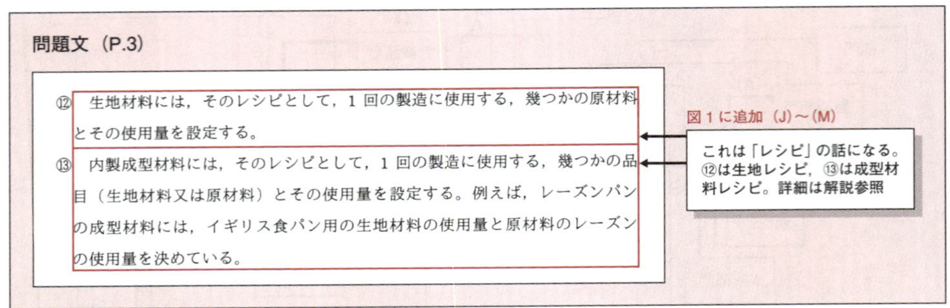
問題文（P.3）

⑫　生地材料には，そのレシピとして，1 回の製造に使用する，幾つかの原材料とその使用量を設定する。

⑬　内製成型材料には，そのレシピとして，1 回の製造に使用する，幾つかの品目（生地材料又は原材料）とその使用量を設定する。例えば，レーズンパンの成型材料には，イギリス食パン用の生地材料の使用量と原材料のレーズンの使用量を決めている。

解説図 21　問題文の読み進め方

問題文の⑫は，**"一つの「生地材料」は，複数の**（幾つかの）**「原材料」でできている"**ということを示している。また，一つの**「原材料」**は，(特に一つだという記述がないので）常識的に，**「複数の"生地材料"」**で使われるはずなので，**"生地材料"**エンティティと**"原材料"**エンティティは多対多の関係になる。多対多の関係は連関エンティティを用いて第３正規形に分解する必要があるので，ここではその連関エンティティとして**"生地材料レシピ"**エンティティを使用し，そこに原材料ごとの使用量を設定する。具体的には，**"生地材料レシピ"**エンティティの主キーは，**"生地材料"**エンティティの主キー**'生地材料品目コード'**と**"原材料"**の主キー**'(使用品目コードという名称にしている)'**の連結キーにして，**「使用量」**を属性に持たせる**（空欄 e）**。

図１の概念データモデルへのリレーションシップの追記は，**"生地材料レシピ"**エンティティの主キーの二つの属性が，それぞれ外部キーなので**"生地材料"**エンティティ，**"原材料"**エンティティとの間に**リレーションシップを持たせる。"生地材料"**エンティティと**"生地材料レシピ"**エンティティは１対多**（図１に追加 J）**，**"原材料"**エンティティと**"生地材料レシピ"**エンティティも１対多になる**（図１に追加 K）**。

問題文の⑬も⑫と同様の考え方で解いていくことができる。一つ目の文では**"一つの「内製成型材料」は，複数の（幾つかの）「品目（生地材料又は原材料)」でできている"**ことを説明している。逆に，**"一つの「品目（生地材料又は原材料)」は，「複数の内製成型材料」で使われている"**ので，**"内製成型材料"**エンティティと**「品目（生地材料又は原材料)」**は多対多の関係になる。これを**"成型材料レシピ"**エンティティを使って表現する。ここで，**「品目（生地材料又は原材料)」**は**"生地材料"**エンティティと**"原材料"**エンティティを含むスーパータイプの**"貯蔵品目"**になる。したがって，**"成型材料レシピ"**の主キーは，**"貯蔵品目"**エンティティの主キー**'(使用品目コード**

● 概念データモデル（図１）への追記（その８）

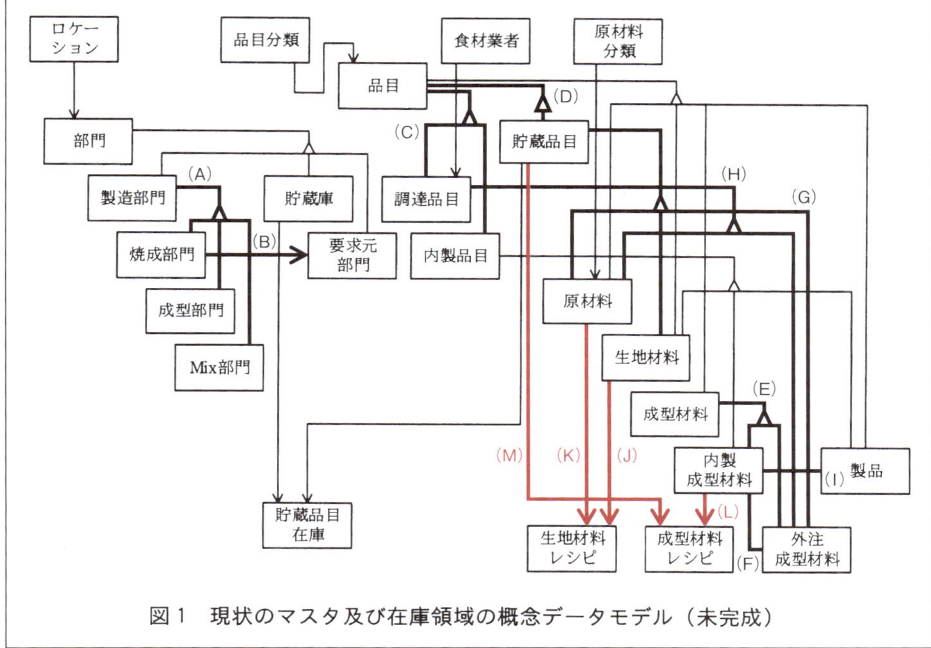

図１　現状のマスタ及び在庫領域の概念データモデル（未完成）

解説図 22　ここで追記するリレーションシップ（赤線）

● 関係スキーマ（図３）への追加（その８）

生地材料レシピ（**生地材料品目コード，使用品目コード，使用量**）…空欄 e

成型材料レシピ（**内製成型材料品目コード，使用品目コード，使用量**）…空欄 f

解説図 23　空欄の解答（枠内）

という名称にしている）’と“**内製成型材料**”エンティティの主キー‘**内製成型材料品目コード**’との連結キーにして，属性に**「使用量」**を持たせる（**空欄 f**）。

最後に，図１の概念データモデルへの追加を考える。“**成型材料レシピ**”エンティティの主キーの二つの属性を，それぞれ外部キーとして“**内製成型材料**”，“**貯蔵品目**”との間に**リレーションシップを持たせる**。“**内製成型材料**”エンティティと“**成型材料レシピ**”エンティティは１対多（**図１に追加 L**），“**貯蔵品目**”エンティティと“**成型材料レシピ**”エンティティも１対多になる（**図１に追加 M**）。

STEP-9. 問題文 3 ページ目「2. 在庫補充のやり方」の読解

次に**「2. 在庫補充のやり方」**に関しての記述を読解する。ここは**「やり方」**という表現からわかるように，マスタではなくトランザクションになる。内容（この 4 行）に目を通した上で，図 2 の概念データモデルと突き合わせると**“補充要求”**エンティティに関する記述だということがわかるだろう。

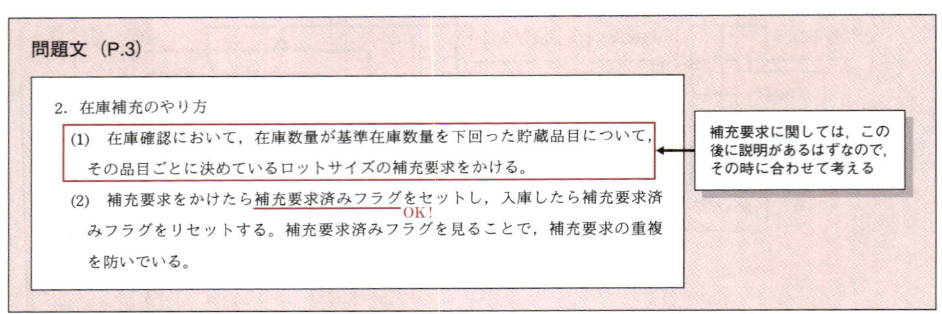

解説図 24 問題文の読み進め方

問題文の（1）の記述をチェックする。**“補充要求”**エンティティに関する説明で，この記述からは，図 4 の空欄 i や空欄 j に属性**‘ロットサイズ’**を設定するようにも考えられる。しかし，**「補充要求」**に関する記述があまりにも少なすぎるため，この後に出てくる時に合わせて考えることとする（全体像の把握を事前にしておくと，この判断が速くなる）。

続いて**問題文の（2）**の記述をチェックする。**「補充要求済みフラグ」**を図 3 及び図 4 の在庫関連のエンティティを中心に探す。すると，図 3 の**“貯蔵品目在庫”**エンティティの属性にあることが確認できる。文脈からも，このフラグのオン・オフで実現できると判断できるので，図 3 及び図 4 に追加するものは特にないことが確認できる。

● 概念データモデル（図 2）への追記（その 1）

図 2 に追記するものはない。

● 関係スキーマ（図 4）への追加（その 1）

図 4 に追加するものはない。

STEP-10. 問題文３ページ目「3. 物流パターン, 物流の指示・実績の情報」の「(1) 物流パターン」の読解

この部分の記述は表１の説明だけだから，特に図１～図４に加えるものはないことがすぐにわかるだろう。表１の見方が書いているので，ここで注記を含めて表１の理解を深めておくだけでいい（このタイミングで，設問２を先に解いても構わない）。

問題文（P.3）

3. 物流パターン，物流の指示・実績の情報

(1) 物流パターン

部門及び食材業者間の物流パターンを表１に示す。表１では，物流の始点と終点の１組を単位に説明している。例えば，行番号５は次の物流パターンを表している。

・この物流は，本館貯蔵庫から本館 Mix 部門に原材料の払出しを行うものである。

・この物流は，払出依頼書（本館 Mix 部門が発行）に基づいて行う。

・この物流の実績として，払出伝票（本館貯蔵庫が発行）を記録する。

表１の行番号５をチェックして，表１の理解を深める。注記も合わせてチェックしておく

解説図 25　問題文の読み進め方

● 概念データモデル（図２）への追記（その２）

図２に追記するものはない。

● 関係スキーマ（図４）への追加（その２）

図４に追加するものはない。

STEP-11. 問題文４ページ目「①要求伝票」と「②供給伝票」の読解

STEP-10で表1の記述ルールを確認できたら，再度引き続きトランザクションの具体的なエンティティに関して読解して，図2と図4を完成させていく。まずは**「要求伝票」**と**「供給伝票」**に関する記述になる。

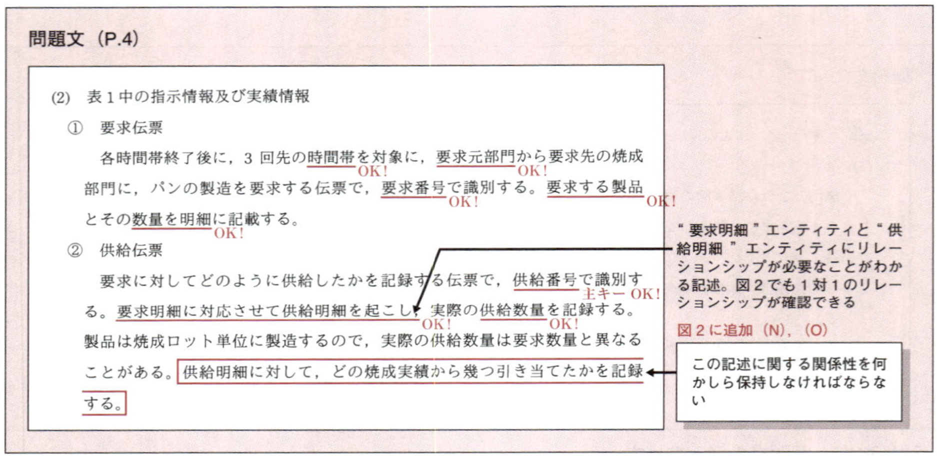

問題文（P.4）

(2) 表1中の指示情報及び実績情報

① 要求伝票

各時間帯終了後に，3回先の時間帯を対象に，要求元部門から要求先の焼成部門に，パンの製造を要求する伝票で，要求番号で識別する。要求する製品とその数量を明細に記載する。

② 供給伝票

要求に対してどのように供給したかを記録する伝票で，供給番号で識別する。要求明細に対応させて供給明細を起こし，実際の供給数量を記録する。製品は焼成ロット単位に製造するので，実際の供給数量は要求数量と異なることがある。供給明細に対して，どの焼成実績から幾つ引き当てたかを記録する。

解説図 26　問題文の読み進め方

問題文の①は**「要求伝票」**の説明なので，図2や図4の**"要求"**エンティティと，その明細の**"要求明細"**エンティティをチェックする。図4の各エンティティは完成形だし，図2には，**"要求"**エンティティと**"要求明細"**エンティティの間の1対多のリレーションシップも記載済みである。**"要求明細"**エンティティに，もう一つの外部キー**'要求元部門コード'**は確認できるが，マスタとトランザクション間のリレーションシップは不要なので，図2に追記するリレーションシップはない。念のため，問題文の記述と図4の属性を突き合わせて確認すれば万全だろう。

問題文の②は，**「供給伝票」**の説明なので，同様に，図2や図4の**"供給"**エンティティと，その明細の**"供給明細"**エンティティをチェックする。ここも図4が完成形なので属性の追加は無い。後は，問題文の記述と外部キーを中心にチェックしていく。**"供給"**エンティティに記載されている二つの外部キーはマスタに対するものなので図4に追記する必要はなく，**"供給明細"**エンティティの二つの外部キー**'要求番号'**と**'要求明細番号'**の二つのリレーションシップも既に図2に記載されている。

しかし，最後の文の**「〜記録する」**という記述に関しては，何かしらの方法で関係性を保持する可能性を考えないといけない。しかし，図4で**"供給"**エンティティと**"供給明細"**エンティ

概念データモデル（図 2）への追記（その 3）

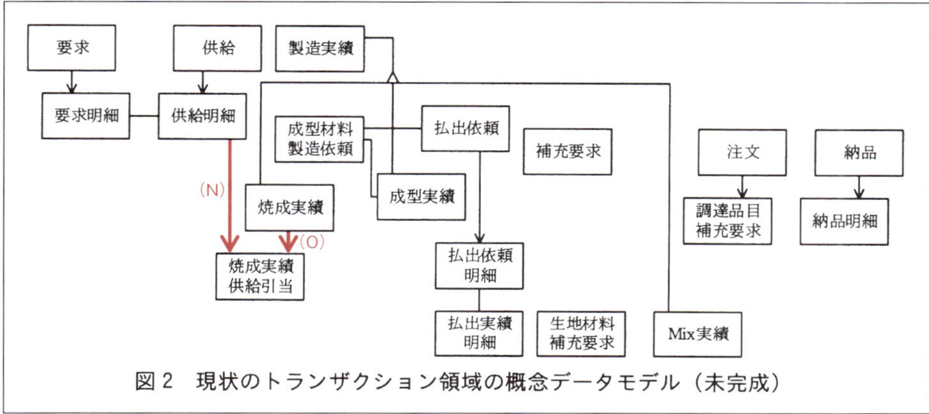

図 2　現状のトランザクション領域の概念データモデル（未完成）

解説図 27　ここで追記するリレーションシップ（赤線）

関係スキーマ（図 4）への追加（その 3）

焼成実績供給引当（**<u>製造番号</u>，<u>供給番号</u>，<u>供給明細番号</u>，引当数量**）…空欄 g

解説図 28　空欄の解答（枠内）

ティの属性をチェックしても**“焼成実績”**エンティティやそのスーパータイプの**“製造実績”**エンティティに対する外部キーは存在しない。また，その逆の**“焼成実績”**エンティティにも**“製造実績”**エンティティにも**“供給”**エンティティ及び**“供給明細”**エンティティに対する外部キーは存在しない。したがって，これらは多対多の関係で連関エンティティが存在するのかもしれないと考え，他のエンティティを探す。すると，とてもわかりやすい名称の**“焼成実績供給引当”**エンティティがあることに気付くだろう。これを多対多の連関エンティティだと考えて，空欄 g の属性を考えてみる。

まずは，**“焼成実績供給引当”**の主キーとして，**“供給明細”**エンティティの主キー（**‘供給番号’**，**‘供給明細番号’**）と**“焼成実績”**エンティティの主キー（**‘製造番号’**）の連結キーを持たせる。そして，問題文の**「幾つ引き当てたか」**という記述から**「引当数量」**を非キー属性で持たせる。

以上より，**空欄 g** を確定させるとともに，図 2 に，**“供給明細”**エンティティと**“焼成実績供給引当”**エンティティとの間に**1 対多のリレーションシップを**，**“焼成実績”**エンティティと**“焼成実績供給引当”**エンティティとの間にも**1 対多のリレーションシップを，それぞれ追記する（図 2 に追加 N，O）**。

STEP-12. 問題文 5 ページ目「③焼成実績票」〜「⑤成型実績票」の読解

続いて 5 ページ目の③〜⑤までの記述を読んで図 2 と図 4 を完成させていく。

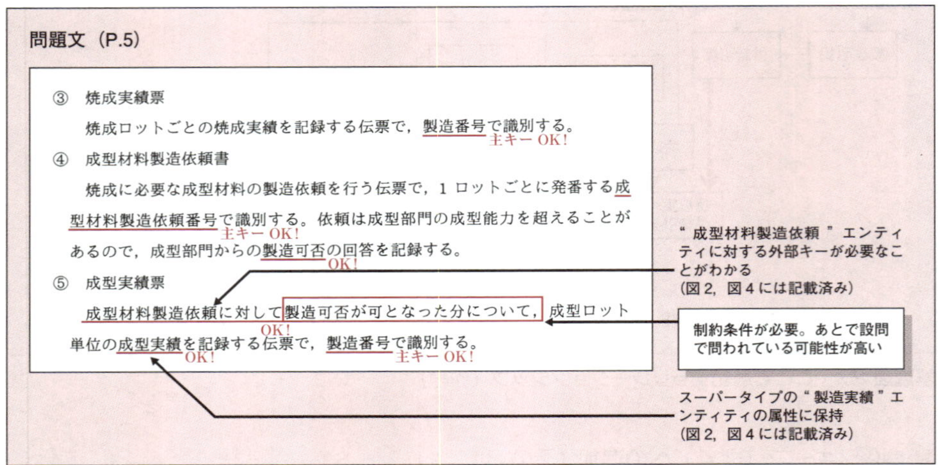

解説図 29　問題文の読み進め方

問題文の③は**「焼成実績票」**に関する記述で，図 2 や図 4 のエンティティの中では**“焼成実績”**エンティティに関する記述になると考えられる。合わせて，**“製造実績”**エンティティをスーパータイプ，**“焼成実績”**，**“成型実績”**，**“Mix 実績”**の各エンティティをサブタイプとする関係であることも確認できる。おそらくこれは，トランザクションをマスタ（製造部門をスーパータイプとする部分）に合わせる必要があったからだろう。**“焼成実績”**エンティティ等のサブタイプの属性にそれぞれの製造部門の部門コードを外部キーとして持たせているが，それらはいずれも，マスタ**“製造部門”**エンティティのサブタイプに対するものになっているからだ。

但し，図 2 へのリレーションシップへの追記も，図 4 の属性の追加も無い。ここは，確認だけをしておこう。なお，図 4 の**“焼成実績”**エンティティの属性**‘焼成部門コード’**が外部キーになっているが，これもマスタとのリレーションシップなので図 2 に追記する必要は無い。

問題文の④は，同様に**“成型材料製造依頼”**エンティティに関する説明になる。ここも図 4 は完成形だし，外部キーが全てマスタを対象にしたものなので，特に図 2 と図 4 に追加することはないと判断できる。念のため，他のトランザクションのうち先にチェックした**“要求伝票”**エンティティや**“供給伝票”**エンティティとの関係性の有無を確認しておくと万全だろう。今回は特に関係ない。したがって図 2 に追記するリレーションシップもない。

● 概念データモデル（図２）への追記（その４）

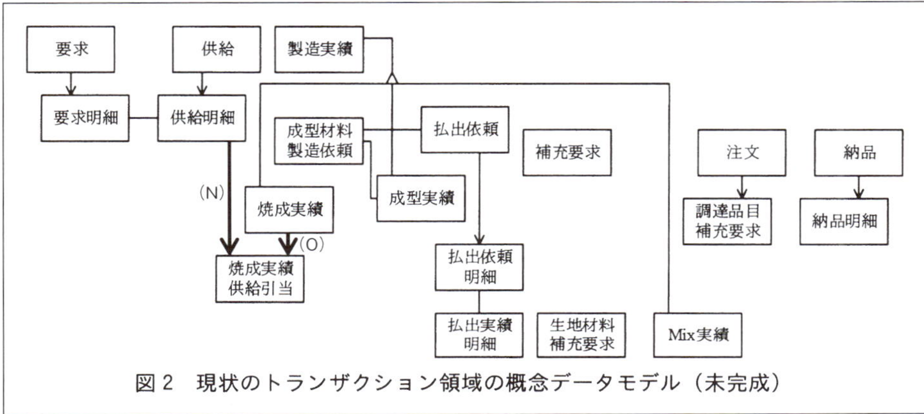

図２　現状のトランザクション領域の概念データモデル（未完成）

解説図 30　ここで追記するリレーションシップ（赤線）

● 関係スキーマ（図４）への追加（その４）

図４に追加するものはない。

問題文の⑤も，同様に **“成型実績”** エンティティに関する説明になる。ここも図４は完成形だし，外部キーも図２に記載済み（**“成型材料製造依頼”** エンティティに対する１対１のリレーションシップ）で，それ以外は，全てマスタを対象にしたものなので，特に図２と図４に追加することはない。

STEP-13. 問題文５ページ目「⑥払出依頼書」と「⑦払出伝票」の読解

さらに５ページ目の⑥，⑦の記述を読んで図２と図４を完成させていく。

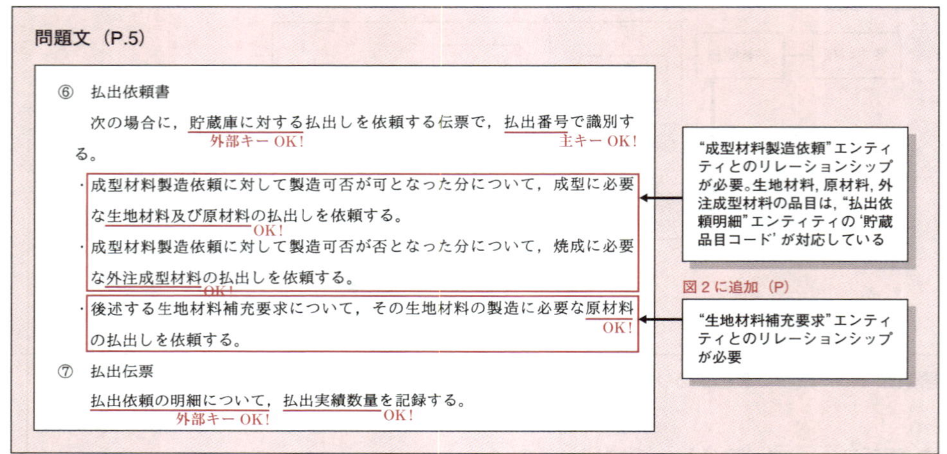
問題文（P.5）

⑥　払出依頼書

次の場合に，貯蔵庫に対する払出しを依頼する伝票で，払出番号で識別する。

・成型材料製造依頼に対して製造可否が可となった分について，成型に必要な生地材料及び原材料の払出しを依頼する。

・成型材料製造依頼に対して製造可否が否となった分について，焼成に必要な外注成型材料の払出しを依頼する。

・後述する生地材料補充要求について，その生地材料の製造に必要な原材料の払出しを依頼する。

⑦　払出伝票

払出依頼の明細について，払出実績数量を記録する。

解説図 31　問題文の読み進め方

問題文の⑥は，**"払出依頼"**エンティティと，その明細の**"払出依頼明細"**エンティティに関する説明になる。図４には空欄ｈがあるので，そこに入る属性を読み取るようにじっくりと読み進めていく。

まずは**「払出番号で識別する。」**という記述から，属性**'払出番号'**が主キーであることが確認できる（図４には記載済み）。**「貯蔵庫に対する」**という記述は，**"貯蔵庫"**エンティティに対する外部キー属性**'依頼先貯蔵庫部門コード'**によって確認できる。

続く箇条書き３つのうち最初の２つは**「成型材料製造依頼に対して」**という記述から，**"成型材料製造依頼"**エンティティとの間にリレーションシップ及びその外部キーが必要なことがわかる。この点に関しては，図２に**"成型材料製造依頼"**エンティティと**"払出依頼"**エンティティの間に１対１のリレーションシップが存在していることからも気付くことができるだろう。以上より空欄ｈに**'成型材料製造依頼番号'**を加える**（空欄ｈ）**。

また，生地材料，原材料，外注成型材料の品目は，**"払出依頼明細"**の**'貯蔵品目コード'**が対応しているので追記は必要ない。また，製造可否によって払出品目の対象が変わる点も，制約条件ではあるもののここでは対応できない（但し，後の設問に関係してくる可能性があるので覚えておく）。

続く箇条書き３つのうち最後の一つは**「生地材料補充要求について」**という記述から，**"生地材料補充要求"**エンティティとの間にリレーションシップ及びその外部キーが必要なことがわかる。

概念データモデル（図２）への追記（その５）

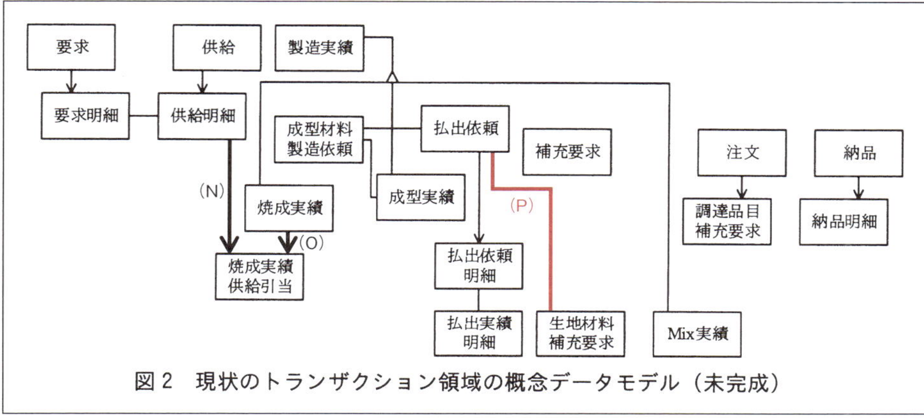

解説図 32　ここで追記するリレーションシップ（赤線）

関係スキーマ（図４）への追加（その５）

払出依頼（<u>払出番号</u>，対象年月日，対象時間帯，払出依頼元製造部門コード，依頼先貯蔵庫部門コード，**成型材料製造依頼番号，補充要求番号**）…空欄 h

解説図 33　空欄の解答（枠内）

今度は図２にもリレーションシップがないことから，**図２にもリレーションシップを追加する。**問題文には特に**「生地材料補充要求」**と**「払出依頼書」**に関して**「複数回に分けて」**とか**「複数回をまとめて」**という記述がないことから，**“成型材料製造依頼”**エンティティと**“払出依頼”**エンティティの間の１対１のリレーションシップと同様に１対１のリレーションシップだと判断すればいいだろう。以上より図２に**追加（P）のリレーションシップを追記する**とともに，図４の空欄 h に**‘補充要求番号’**を追加する**（空欄 h）**。

問題文の⑦は，**“払出実績明細”**エンティティに関する説明になる。図４は完成形になっているので追加する属性はない。また，図２にも**“払出依頼明細”**エンティティと**“払出実績明細”**エンティティとの間に１対１のリレーションシップが既に記載済みなので，特に追記するものはない。

STEP-14. 問題文５～６ページ目「⑧補充要求書」の読解

さらに５ページと６ページ目の⑧の記述を読んで図２と図４を完成させていく。

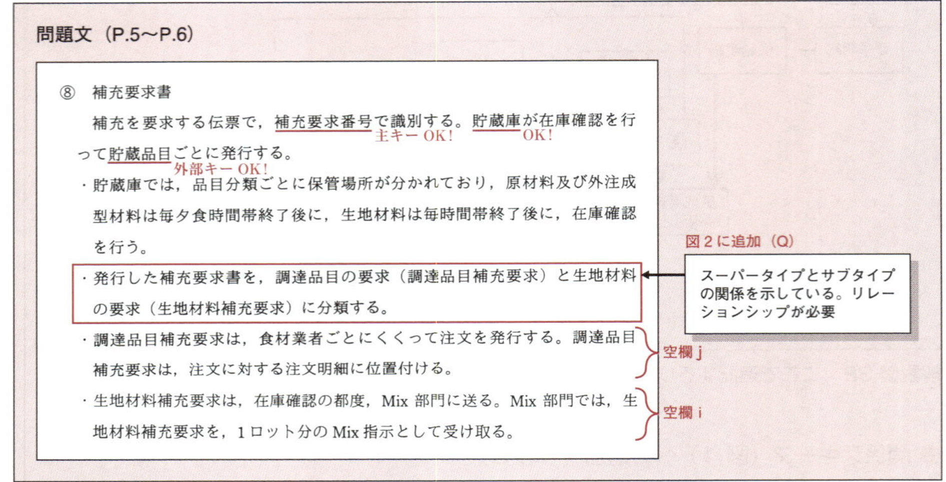
問題文（P.5～P.6）

⑧ 補充要求書

補充を要求する伝票で，補充要求番号で識別する。貯蔵庫が在庫確認を行って貯蔵品目ごとに発行する。

- 貯蔵庫では，品目分類ごとに保管場所が分かれており，原材料及び外注成型材料は毎夕食時間帯終了後に，生地材料は毎時間帯終了後に，在庫確認を行う。
- 発行した補充要求書を，調達品目の要求（調達品目補充要求）と生地材料の要求（生地材料補充要求）に分類する。
- 調達品目補充要求は，食材業者ごとにくくって注文を発行する。調達品目補充要求は，注文に対する注文明細に位置付ける。
- 生地材料補充要求は，在庫確認の都度，Mix 部門に送る。Mix 部門では，生地材料補充要求を，１ロット分の Mix 指示として受け取る。

解説図 34　問題文の読み進め方

問題文の⑧は **“補充要求”** エンティティに関する説明だが，図４の **“補充要求”** エンティティをチェックすると，その下に一文字下げて **“生地材料補充要求”** エンティティと **“調達品目補充要求”** エンティティがあるので，スーパータイプとサブタイプの関係にあると考えて問題文を読み進める。すると箇条書きの２つめに **「分類する。」** というキーワードとともに，その関係性に関する記述を見つけるだろう。図２には，**そのリレーションシップがないので追記する（追加（Q））**。

続く箇条書きの３つ目は **“調達品目補充要求”** エンティティに関する説明になる。図４には空欄ｊがあるので，問題文を慎重に読み進めながら空欄ｊの属性を確定させていく。まず，主キーはスーパーキーと同じなので **‘補充要求番号’** になる。問題文の **「食材業者ごとにくくって」** という記述から **“食材業者”** に対する外部キー **‘食材業者コード’** を加える必要性を検討する。続く **「注文に対する注文明細に位置付ける。」** という記述と，図２の **“注文”** エンティティと **“調達品目補充要求”** エンティティの間にある１対多のリレーションシップより，**“注文”** エンティティに対する外部キー **‘注文番号’** を加える。ここで，いったん追加の必要性を検討した **‘食材業者コード’** だが，**「注文に対する注文明細に位置付ける。」** という記述から考えると **“注文”** エンティティの属性 **‘食材業者コード’** と冗長になってしまうので，空欄ｊの属性には持たせないと考える。以上より **空欄ｊ** は，図 36 のような解答になる。図２に追加するリレーションシップは特にない。

● 概念データモデル（図２）への追記（その６）

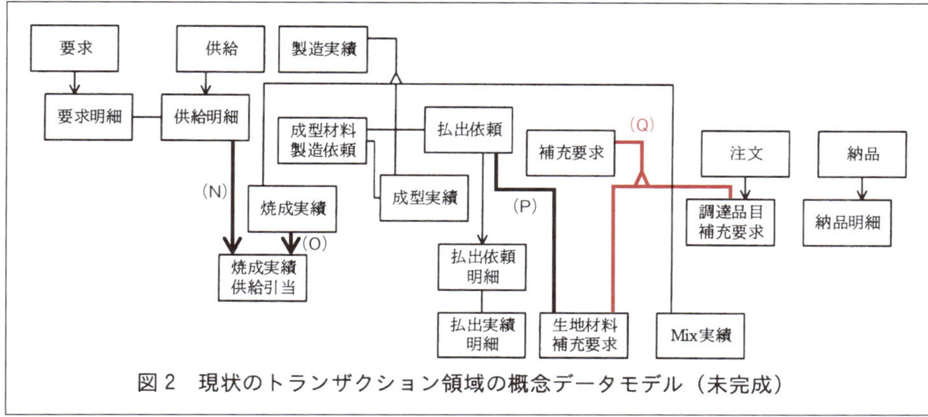

図２　現状のトランザクション領域の概念データモデル（未完成）

解説図 35　ここで追記するリレーションシップ（赤線）

● 関係スキーマ（図４）への追加（その６）

補充要求（補充要求番号，要求元貯蔵庫部門コード，補充要求年月日，貯蔵品目コード，補充品目区分）

生地材料補充要求（**補充要求番号，要求先 Mix 部門コード，在庫確認時間帯**）…空欄 i

調達品目補充要求（**補充要求番号，注文番号**）…空欄 j

解説図 36　空欄の解答（枠内）

箇条書きの最後の一つは，**“生地材料補充要求”**エンティティに関する説明になる。図４には空欄ｉがあるので，ここも問題文を慎重に読み進めながら空欄ｉの属性を確定させていく。まず，主キーはスーパーキーと同じなので**‘補充要求番号’**になる。問題文の**「Mix 部門に送る。」**という記述から**“Mix 部門”**に対する外部キー**‘部門コード’**が必要だと判断できる。その名称だが，Mix 部門の部門コードである点，**「要求元」**と**「要求先」**を使い分けている点などから**‘要求先 Mix 部門コード’**としておけば万全だろう。それと**「在庫確認の都度」**という表現がある。在庫確認に関しては箇条書きの一つ目に**「生地材料は毎時間帯終了後に，在庫確認を行う。」**という記述があり，ここから１日に複数回発生する可能性があるので，それを識別するために，非キー属性に**「在庫確認時間帯」**を持たせる。なお，スーパータイプには属性**‘補充要求年月日’**があるので日時に関してはサブタイプに持たせる必要はない。以上より**空欄ｉ**は，図 29 のような解答になる。図２に追加するリレーションシップは特にない。

STEP-15. 問題文６ページ目「⑨ Mix 実績票」と「⑩納品書」の読解

いよいよ最後の６ページ目の⑨と⑩を読んで設問１を完了させる。

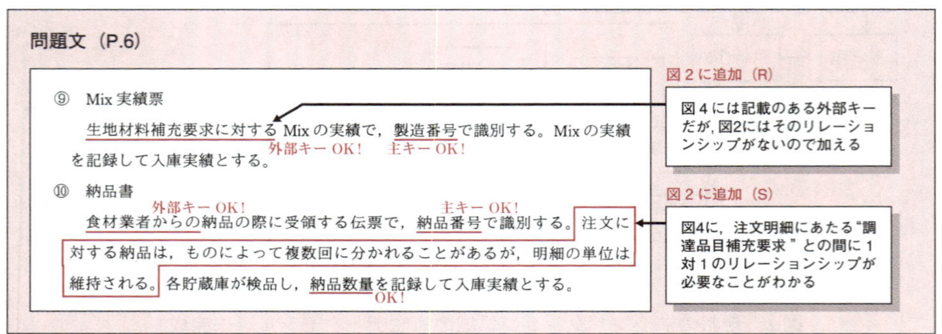

解説図 37　問題文の読み進め方

問題文の⑨は **"Mix 実績"** エンティティに関する説明になる。図４は完成形なので追加するものはなく，時間があれば問題文でチェックする程度でいいだろう。しかし，図２には不足するリレーションシップがあるので，それを追加しなければならない。外部キーの **'補充要求番号'** だ。もう一つの外部キー **'Mix 部門コード'** はマスタに対する外部キーなので図２に追加する必要はない。しかし **'補充要求番号'** はトランザクションに対する外部キーになるからだ。参照先は，問題文の **「生地材料補充要求に対する」** という記述から，スーパータイプの **"補充要求"** エンティティではなく，サブタイプの **"生地材料補充要求"** エンティティになる。後は，図２に追加する **"Mix 実績"** エンティティと **"生地材料補充要求"** エンティティの間のリレーションシップが多対一なのか，一対一なのかを読み取ればいい。問題文には特に **「複数回に分けて」** という記述や，**「複数回をまとめて」** という記述がないので，一対一の関係だと判断し，**そのリレーションシップを図２に追加する（追加（R））**。

問題文の⑩は **"納品"** エンティティと **"納品明細"** エンティティに関する説明になる。図４には，**"納品明細"** エンティティの属性の一部，空欄 k があるので，そこを完成させるべく問題文を慎重に読み進めていく。まずは **「注文に対する納品は，（中略）明細の単位は維持される。」** という記述から，注文明細に当たる **"調達品目補充要求"** エンティティとの間に１対１のリレーションシップが必要なことがわかる。 したがって，**そのリレーションシップを図２に追記する（追加（S））** とともに，**空欄 k** に **"調達品目補充要求"** に対する外部キー **'補充要求番号'** を追加する。

● 概念データモデル（図2）への追記（その7）

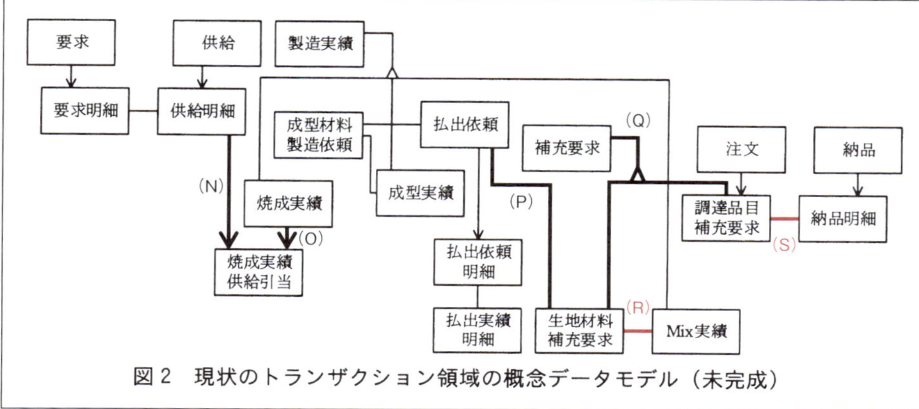

図2　現状のトランザクション領域の概念データモデル（未完成）

解説図38　ここで追記するリレーションシップ（赤線）

● 関係スキーマ（図4）への追加（その7）

納品（<u>納品番号</u>，納品年月日，納品貯蔵庫部門コード，食材業者コード　）
納品明細（<u>納品番号</u>，<u>納品明細番号</u>，納品数量，**補充要求番号**）…空欄k

解説図39　空欄の解答（枠内）

設問 2

設問2は，(1) が**「問題文の業務改革案を理解しているかどうか？」**が問われている設問になっていて，設問1のような定番の未完成の概念データモデルと関係スキーマを完成させる問題ではないが，(2) と (3) は，設問1と同様の午後Ⅱ試験で最もオーソドックスな，未完成の概念データモデルと関係スキーマを完成させる問題になる。

どちらから解答してもいいが，設問の順番が**“理解する順番”**のように配慮されていることも多いため，通常は順番に解いた方が全体的に高得点を狙えることが多い。したがってここでの解説も，まずは設問2 (1) から解説することにする。

(1)-① 表1の中で不要になる行

これは一見すると簡単な設問のように見える。問題文の6ページ目の**〔目指す姿の業務分析の結果〕**段落の**「2. 業務改革策に基づく業務」**の (1) に記載されている次の変更を表1に反映するだけだと考えるからだ。

> 2. 業務改革策に基づく業務
>
> (1) 新館 Mix 部門と新館成型部門を廃止し，それぞれ本館 Mix 部門，本館成型部門に集約する。それ以外の部門は現状のままとする。

解説図 40　問題文の関連箇所

この考えでいくと，新館 Mix 部門と新館成形部門が始点，もしくは終点になっている行番号は不要になる。表1の行番号だと，9，10，12，14 の4つである。ここまでは簡単である。ただ，他にも不要な行番号が存在する可能性もあるので，それを探す必要はあるだろう。

今回の変更では，新館 Mix 部門と新館成形部門が廃止・統合されるが，新館での業務が全てなくなるわけではない。まず，CD，CF，BQ は残るので，それらに製品を運ぶ**行番号 18 ～ 20** と，そこで製品を作る**行番号 17** は不要にはならないし，新館焼成部門も（CD，CF，BQ に製品を供給する物流の始点として）残しておかなければならない。

ここで，新館焼成部門が残ることで，そこまで成型材料を運ばないといけないため，**行番号 11** もカットできない。同様に，新館貯蔵庫まで成型材料を運ばなければならないため，**行番号 4** もそのまま残さなければならない。

しかし，行番号4の上にある，同じような動きの**「食材業者」**から**「新館貯蔵庫」**への物流は，物流の対象物が原材料になっている。これは行番号9や10のための移動なので，それがなくなるため，この行番号 3 も不要になる。

その他の行番号，1，2，5～8，13，15，16 はいずれも本館関連の物流なので，特に変更はいらない，そのまま残しておかなければならないだろう。以上より，今回不要になるのは 5 つの行番号になる。**3，9，10，12，14** が答えになる。

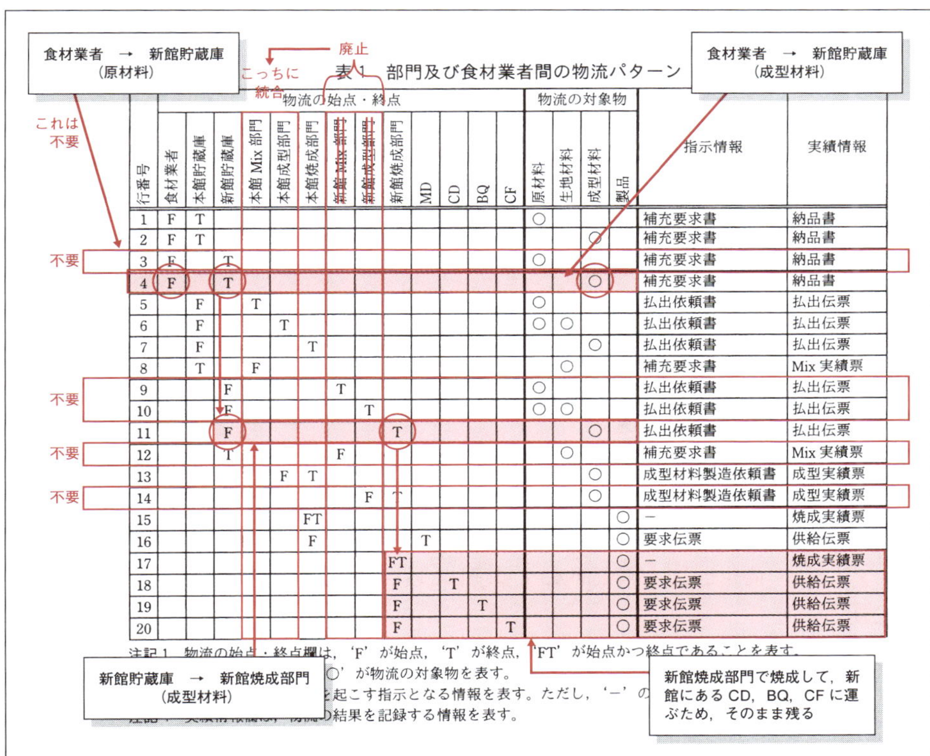

表 1　部門及び食材業者間の物流パターン

行番号	物流の始点・終点													物流の対象物				指示情報	実績情報
	食材業者	本館貯蔵庫	新館貯蔵庫	本館 Mix 部門	本館成型部門	本館焼成部門	新館 Mix 部門	新館成型部門	新館焼成部門	MD	CD	BQ	CF	原材料	生地材料	成型材料	製品		
1	F	T												○				補充要求書	納品書
2	F	T														○		補充要求書	納品書
3	F		T											○				補充要求書	納品書
4	F		T													○		補充要求書	納品書
5		F		T										○				払出依頼書	払出伝票
6		F			T									○	○			払出依頼書	払出伝票
7		F				T										○		払出依頼書	払出伝票
8		T		F											○			補充要求書	Mix 実績票
9			F				T							○				払出依頼書	払出伝票
10			F					T						○	○			払出依頼書	払出伝票
11			F						T							○		払出依頼書	払出伝票
12			T				F								○			補充要求書	Mix 実績票
13					F	T										○		成型材料製造依頼書	成型実績票
14								F	T							○		成型材料製造依頼書	成型実績票
15						FT											○	―	焼成実績票
16						F				T							○	要求伝票	供給伝票
17									FT								○	―	焼成実績票
18									F		T						○	要求伝票	供給伝票
19									F			T					○	要求伝票	供給伝票
20									F				T				○	要求伝票	供給伝票

注記 1　物流の始点・終点欄は，'F' が始点，'T' が終点，'FT' が始点かつ終点であることを表す。
○' が物流の対象物を表す。
を起こす指示となる情報を表す。ただし，'―' の
注記　実績情報欄は，物流の結果を記録する情報を表す。

解説図 41　表 1 より，不要になる行番号をチェック

(1)-② 表1の行番号15と17に必要となる指示情報

次の設問は，表1の行番号15と17に関する問題になる。表1を確認すると，元々の指示情報は“—”となっている。これは注記3によると**「該当する情報はない」**というものであった。ここに，業務改革策によって必要になる指示情報を答えよという問題である。

最初に，行番号15と17の処理を表から読み取る。すると，いずれも**「焼成部門で，成型材料を元に焼成し製品にする。実績情報は焼成実績票に記録する」**というように推測できる。行番号15が本館，行番号17が新館だ。

解答を得るには，その焼成処理がどう変わるのかを問題文で確認する必要がある。すると問題文の**「1. 業務改革策とその背景」**の（2）の最後の記述部分に**「焼成指示に基づいて焼成を実施する。」**という記述がある。これが変更箇所になるので，行番号15及び17の指示情報が，いずれも**「焼成指示」**になる。

なお，この解答に関しては，設問2（2）及び（3）で改革策の概念データモデルと関係スキーマを作成するために，詳細に問題文を読み込むと思うので，その時に検証するといいだろう。その結果においても指示情報は**「焼成指示」**しかないことが確認できる。

(1)-③ 表2を完成させよ

設問2（1）の最後は，表1に1行追加が必要なので，それを追加せよという問題になる。記入するのは表2だが，表2には何のヒントもないので，問題文と表1を合わせて考える。

まずは表1で不要になってカットした行番号3，9，10，12，14の5つの影響がないかどうかをチェックする。可能性としては解説図42で整理した通り行番号14ぐらいだろう。それ以外は追加の必要はない。

行番号	行番号21の可能性
3	新館ではMixも成型もしないため，新館貯蔵庫に原材料を運ぶ必要はない。
9	新館Mix部門が廃止されるので，そこに運ぶ必要はない。
10	新館成型部門が廃止されるので，そこに運ぶ必要はない。
12	新館では成型をしないため，新館貯蔵庫に生地材料を運ぶ必要はない。
14	新館焼成部門に成型材料を運ぶ必要はあるが，行番号11で新館貯蔵庫に対する払出依頼書での指示がある。それ以外に成型材料製造依頼書による指示で，成型実績票に実績情報をまとめる方法が必要ならば，何かしらの方法で行番号21に追加が必要になる可能性が出てくる。

解説図42 行番号21の可能性

続いて問題文を確認する。すると，問題文の６ページ目の**〔目指す姿の業務分析の結果〕**段落の**「2. 業務改革策に基づく業務」**の**（2）**の④に記載されている次の記述を見つけるだろう。

> ④　内製限定にした焼成指示を先に，成型部門に対して成型材料製造依頼をかける。成型部門は，成型能力がある限り製造可否を‘可’と回答し，成型能力が不足する分について製造可否を‘否’と回答する。成型部門が製造可否を‘否’と回答した分は，焼成部門が，同じロケーション内の貯蔵庫に対して，代替の外注成型材料の払出依頼をかける。

解説図 43　問題文の６～７ページ目の〔目指す姿の業務分析の結果〕段落の「2. 業務改革策に基づく業務」の（2）の④

この記述から，成型部門に成型材料製造依頼をかけているところは現状と変わりはないことが確認できる。したがって指示情報として**「成型材料製造依頼書」**が必要になる。④の流れ以外は現状と変わりはないので，その後完成した**「成型材料（物流の対象物）」**は，**「新館焼成部門」**へと運ばれる。この時の実績情報も現状と同じ**「成型実績票」**になる。なお，成型材料製造依頼をかける成型部門は，新館成型部門が廃止され本館成型部門に統合されたため，**「本館成型部門」**になり，そこが物流の始点になる。

これはちょうど，廃止した行番号 14 の物流の始点を新館から本館に変える必要があるということだ。解説図 42 の中で検討した可能性とも合致する。以上より，表２の解答は次のようになる。

表２　部門及び食材業者間の物流パターン（追加行）

行番号	物流の始点・終点													物流の対象物				指示情報	実績情報
	食材業者	本館貯蔵庫	新館貯蔵庫	本館 Mix 部門	本館成型部門	本館焼成部門	新館 Mix 部門	新館成型部門	新館焼成部門	MD	CD	BQ	CF	原材料	生地材料	成型材料	製品		
21					F				T							○		成型材料製造依頼書	成型実績票

解説図 44　表２の解答

設問（2）（3）図５の概念データモデル，図６の関係スキーマの完成

続いての設問は，設問１と同様，最もオーソドックスな概念データモデルと関係スキーマを完成させる問題になる。設問１との違いは，**〔目指す姿の業務分析の結果〕**段落に書かれている業務改革策に基づくものとなる点だ。

設問１を解いている過程で，問題文１ページ目から６ページ目までの**“現状”**は十分に把握できていると思うので，その情報を頼りに，どのあたりを変更しているのかを正確に把握して，変更点の読解を主目的に解いていけばいいだろう。そのためのアプローチもいろいろあるが，短時間で効率よく解答を得るには，筆者は次の手順で解答していくことを推奨する。

STEP-1. 図２と図５を比較

この設問のように，何かしらの変更が加えられている場合には，いたずらに問題文を読み進めていくのではなく，図表を先に確認することで短時間で正解にアプローチできる場合が多い。今回のケースなら，図２と図５の比較である。

図５には，新たに追加されたエンティティが二つある。**“焼成指示”**エンティティと**“焼成指示要求引当”**エンティティである。問題文を読む時は，まずはこの点を中心に読み進めていけばいいだろう。

STEP-2. 図４と図６を比較

また，短時間で正解にアプローチするためには，関係スキーマの属性も最初に比較しておいた方がいいだろう。そしてその部分に関する記述を中心に読み進めていく。

図６の関係スキーマ	図４との差分
要求	変化なし
要求明細	変化なし
焼成指示	新規
焼成指示要求引当	新規
成型材料製造依頼	空欄 m がどうなるのか？
製造実績	変化なし
焼成実績	図４の属性はそのまま。そこに空欄 n を追加する

解説図 45　図４と図６の属性の比較

STEP-3."焼成指示" エンティティに関する記述の確認

おおよその図の差分を確認したら，図6で完成形になっている新規追加の **"焼成指示"** エンティティの読解から進めていく。解説図46内の問題文 **「(2) 製造計画の立て方」** の②が **"焼成指示"** エンティティの説明になっている。解説図46内に記載しているように，全ての属性が確認できる。

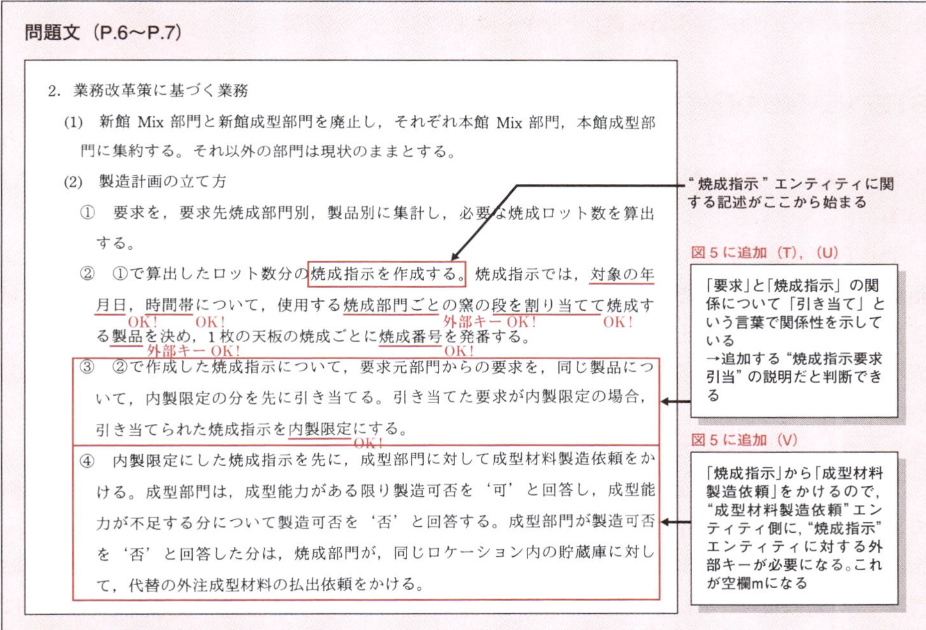

解説図46 問題文の読み進め方

STEP-4."焼成指示要求引当" エンティティに関する記述の確認

続いて，もう一つ新規追加された **"焼成指示要求引当"** エンティティに関する記述を確認する。このエンティティの名称から，問題文の該当箇所は **「(2) 製造計画の立て方」** の③であることはすぐにわかるだろう。

その前にある①の **「要求を，要求先焼成部門別，製品別に集計し」** という記述から，複数の要求を一つの焼成指示にまとめていることがわかるだろう。エンティティで言うと，**'製品品目コード'** を属性に持っている **"要求明細"** エンティティである。また，**"焼成指示"** エンティティは **「1枚の天板の焼成ごとに焼成番号を発番する。」** ので，一つの **"要求明細"** が複数の **"焼成指示"** に分かれて引き当てられることもあることもわかる。したがって，**"要求明細"** エンティティと **"焼成**

指示”エンティティは多対多になる。そこで，**“焼成指示要求引当”**エンティティを作成して，**“焼成指示”**エンティティと**“要求明細”**エンティティとの多対多の関係を排除する。具体的には，**“焼成指示要求引当”**エンティティと，**“焼成指示”**エンティティ及び**“要求明細”**エンティティとの間に，**それぞれ多対一のリレーションシップを加える（図5に追加（T），（U））**。

なお，**“焼成指示要求引当”**エンティティの主キーは，問題文には特に代用キーを使うとは書いていないので，**“焼成指示”**エンティティの**主キー**と**“要求明細”**エンティティの**主キー**の連結キーを主キーとする。後は，**「引当数量」**を非キー属性で持たせる**（空欄l）**。

STEP-5. 残りの記述を確認

続いて，問題文の残りの記述を確認して，図5に追加するリレーションシップの存在と，図6の空欄m，空欄nの穴埋めを行う。対象になるのは解説図46内の問題文**「(2) 製造計画の立て方」**の④のところである。

まず**「(焼成指示から) 成型部門に対して成型材料製造依頼をかける。」**という記述から，**“焼成指示”**エンティティと**“成型材料製造依頼”**エンティティの間にリレーションシップが必要だと判断できる。このリレーションシップに関しては**「複数をまとめる」**とか**「一つを分解する」**という表現がなく，単に製造可否で処理を分けているだけなので，1対1だと判断できる。したがって，**“焼成指示”**エンティティと**“成型材料製造依頼”**エンティティの間に**1対1のリレーションシップを追加する（図5に追加（V））**。

記述ルール**「リレーションシップが1対1の場合，意味的に後からインスタンスが発生する側のエンティティタイプに外部キー属性を配置する。」**という点より，**“成型材料製造依頼”**エンティティ側に，**“焼成指示”**エンティティを参照先にする外部キー（**対象年月日，対象時間帯，焼成部門コード，焼成番号**）を設定する。これが**空欄m**になる。但し，設問に**「図4にあっても図6に不要な属性は除くこと。」**と書いているため，図4の**“成型材料製造依頼”**エンティティの属性のうち不要なものはカットしなければならない（解説図47参照。太枠内が**空欄m**になる）。

図4の中にある属性	図6に必要な属性かどうか？（エンティティ名は“　”で表す）
成型材料製造依頼番号	図6中に記載有。そのまま主キーは変わらず
対象年月日	“焼成指示”に対する外部キー（点線の下線を加える）
対象時間帯	“焼成指示”に対する外部キー（点線の下線を加える）
依頼元部門コード	“焼成指示”に対する外部キー‘焼成部門コード’に変更
−	“焼成指示”に対する外部キー‘焼成番号’を追加
内製成型材料品目コード	参照先の“焼成指示”に‘製品品目コード’があるので，そちらを参照できるため，ここには不要
製造可否	図6中に記載有

解説図47 “成型材料製造依頼”エンティティの属性（空欄mは太枠内）

最後に空欄 n について考える。図 4 と図 6 の比較から，空欄 n には図 4 にはない属性を追加する必要がある。しかし，問題文の**「2. 業務改革策に基づく業務」**には，特に**“焼成実績”**エンティティに関する記述はない。そこで，少し遡って**「1. 業務改革策とその背景」**の部分を確認する。すると最後の行に**「焼成指示に基づいて焼成を実施する。」**とだけ書いている。

この記述から**“焼成指示”**エンティティと**“焼成実績”**エンティティに**1 対 1 のリレーションシップを追加し（図 5 に追加（W））**，後から発生する**“焼成実績”**エンティティ側に**“焼成指示”**エンティティに対する外部キー（**“焼成指示”**エンティティの主キー**‘対象年月日’**，**‘対象時間帯’**，**‘焼成部門コード’**，**‘焼成番号’**）を持たせる。

この 4 つの属性のうち，**‘焼成部門コード’**は既に図 4 の空欄 n の前に存在しているので，新たに必要な属性は，**‘焼成部門コード’**を除く**‘対象年月日’**，**‘対象時間帯’**，**‘焼成番号’**の 3 つになる。しかし，ここで 1 点注意が必要である。それは平成 31 年度から記載ルールに加わった次の点である。今回はこれに該当する。

> なお，外部キーの役割をもたせるためにサブタイプに継承した属性は，前後を“[”と“]”で挟んで明示すること。継承を明示する例を図 7 に示す。
>
> 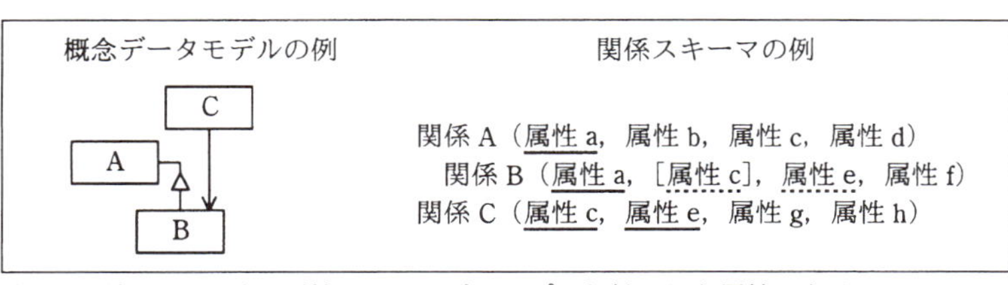
>
>
> 注記　関係 B における属性 c はスーパタイプから継承した属性である。
>
> **図 7　継承を明示する例**

解説図 48　新たに追加された記載ルール

‘対象年月日’，**‘対象時間帯’**，**‘焼成番号’**のうち，**‘対象年月日’**，**‘対象時間帯’**の二つはスーパータイプから継承できるので，記述はルールにのっとって次のようになる**（空欄 n）**。

[対象年月日]，[対象時間帯]，焼成番号　…空欄 n

● 概念データモデル（図５）への追記

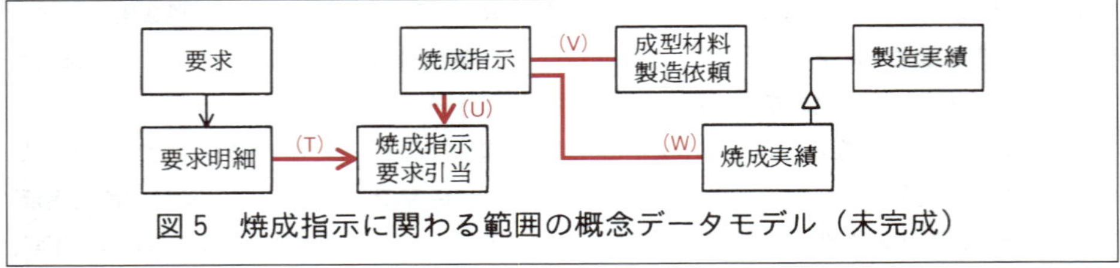

解説図 49　ここで追記するリレーションシップ（赤線）

● 関係スキーマ（図６）への追加

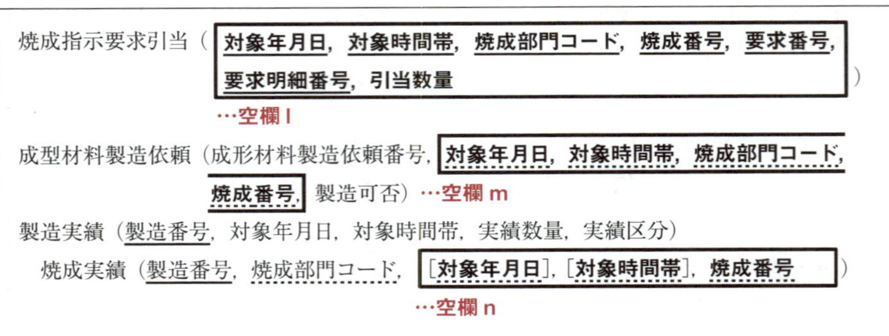

解説図 50　空欄の解答（枠内）

データベーススペシャリストになるには

ここでは，データベーススペシャリスト試験の概要や出題範囲，学習及び受験方法について説明します。

本書の内容は執筆時点（2020 年 8 月現在）のものです。新型コロナウイルス等の影響で日程が変更となる可能性がありますので，受験される際には必ず IPA IT人材育成センター国家資格・試験部のサイトで最新情報をご確認ください。

https://www.jitec.ipa.go.jp/

受験の手引き

データベーススペシャリスト試験とは

出題範囲

アクセスキー　F （大文字のエフ）

受験の手引き

試験に関する最新情報はIPA IT人材育成センター国家資格・試験部のホームページ（https://www.jitec.ipa.go.jp/）にあります。本書の刊行後変更される場合がありますので，必ず最新情報を確認してください。

●申込みから合格発表までの流れ（個人の場合）

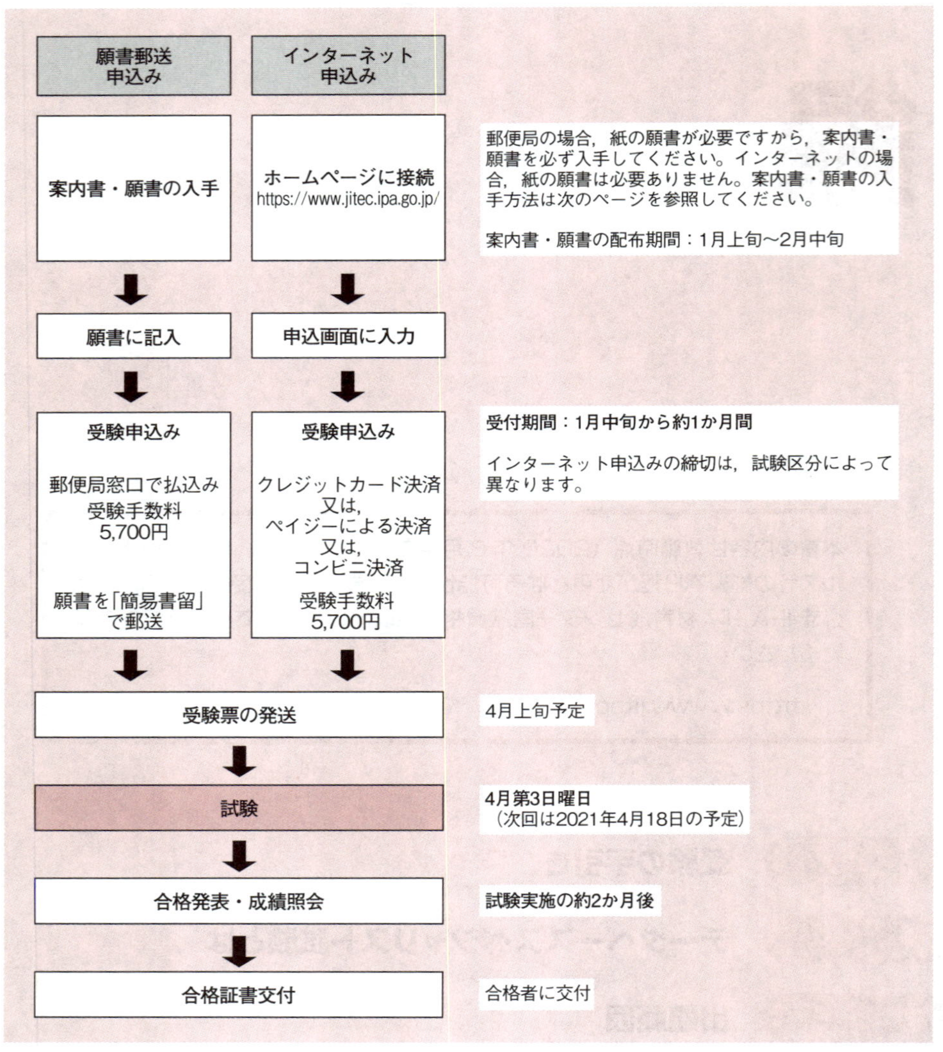

受験資格・手数料

受験資格	特になし
受験手数料	全試験区分共通で，5,700円（税込み）

IPAのホームページなど

ホームページ	https://www.jitec.ipa.go.jp/

案内書・願書（冊子）の入手方法（個人の場合）

- 案内書・願書の配布期間：1月上旬～2月中旬
- 郵便局窓口で申し込む場合は，紙の願書が必要なため，案内書・願書（冊子）を必ず入手する。
- インターネットで申し込む場合は，紙の願書は必要ない。PDF形式の案内書はインターネットで入手できる。

(1) 書店・事業所などで配布されている案内書・願書を利用する。

- 問合せは，IPAまで。書店・事業所には問い合わせない。

(2) IPAに宅配便・郵送を申し込む。

- 送料は受験者負担。
- 着払い宅配便の場合，IPAのホームページ記載の所定のメールアドレスから申し込む。
- 郵送の場合，「郵送料金に相当する切手」，「郵便番号，住所，氏名，必要部数を明記した名刺程度の大きさの用紙」，「日中連絡の取れる電話番号を記載した用紙」をIPAに送付する。郵便料金についてはIPAのホームページを確認する。
- 書類到着まで1週間程度かかるので，余裕をもって申し込む。

(3) IPAまで直接取りに行く。

- 配布期間，時間が定められている。
- 事前に電話連絡が必要（受付時間：午前10時～午後5時。土・日・祝日は休業）。

●合格発表の方法

試験結果の通知はないので，自身で合格発表を確認してください。

(1) IPA のホームページで確認する（6 月中旬）。
(2) 官報（ホームページでの発表から 2 週間程度後）で確認する。

成績は，ホームページで照会できます。

合格者については，経済産業大臣から「情報処理技術者試験合格証書」が交付され，簡易書留で送付されます。

●IPA から公表される情報

IPA から公表される情報と試験のスケジュールは次のとおりです。必要に応じて，IPA のサイト（https://www.jitec.ipa.go.jp/）をチェックしておきましょう。

◆事前（常時）公開する項目	
採点方式	後述のとおり
合格基準	後述のとおり
◆試験当日に公開する項目	
試験問題	・問題冊子の持ち帰り可（IPA の Web サイトにも掲載）
解答例	・多肢選択式問題の正解
◆試験実施後に公開する項目	
解答例	・記述式問題の解答例又は解答の要点，記述式及び論述式問題の出題趣旨
◆合格発表時に公開する項目	
個人成績	・合否 ・午前（午前Ⅰ・Ⅱ），午後（午後Ⅰ・Ⅱ（記述式））の得点
統計情報	・各時間区分の得点別の人数分布，論述式は評価ランク別の人数分布 ・試験結果に関する統計資料一式（勤務先別・業務別等の集計結果）
◆合格発表後に公開する項目	
採点講評	受験者の解答の傾向や解答状況に基づく出題者の考察等を簡単な記述にまとめたもの。対象は午後試験

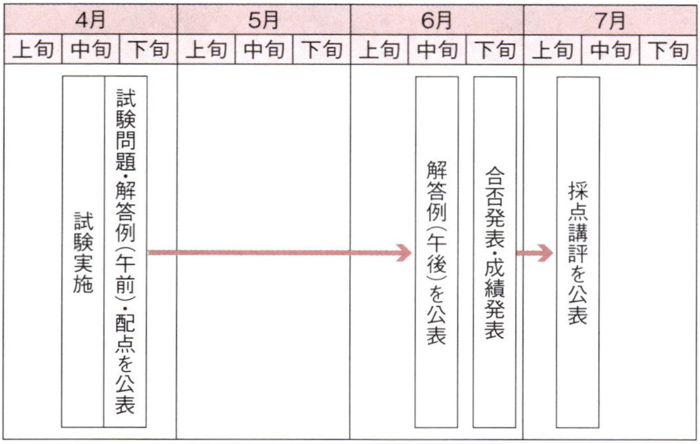

4月			5月			6月			7月		
上旬	中旬	下旬	上旬	中旬	下旬	上旬	中旬	下旬	上旬	中旬	下旬
	試験実施	試験問題・解答例（午前）・配点を公表 →					解答例（午後）を公表	合否発表・成績発表 →	採点講評を公表		

●問合せ先

試験に関する次の事項については，電話にてIPAに問い合わせください（受付時間：午前9時30分～午後6時15分。年末年始（12月29日から1月3日まで），土・日・祝日は休業）。

【TEL】03-5978-7600（代表）
【FAX】03-5978-7610

なお，ホームページ「よくある質問」として

1．受験申込みに関すること（全般）
2．受験申込みに関すること（インターネット申込み）
3．一部試験免除制度に関すること
4．受験票，試験当日に関すること
5．試験後，試験結果，合格発表に関すること
6．領収書に関すること
7．その他

が掲載されているので，こちらも確認すること。

https://www.jitec.ipa.go.jp/1_09faq/_index_faq.html

データベーススペシャリスト試験とは

この試験は，情報処理技術者試験 (注1) 全12区分の内の一つで，情報システムの構築時や運用時にデータベースの専門家として開発・導入を支援する技術者を認定するものです。平成7年に創設され，今回で総計27回目の開催になりますが，その間，平成13年と平成21年には試験制度の改訂に伴い，試験名称 (注2) や試験の構成が微妙に変更されています。平成21年度からは，"データベーススペシャリスト試験"という名称が使われています。

注1) 情報処理技術者試験は,「情報処理の促進に関する法律」に基づいて実施されている国家試験（主管:経済産業省）である。試験によって，情報処理技術者としての「知識・技能」の水準がある程度以上であることを認定している。昭和44年に初回試験が開催された。その後，何度か制度改訂を行い現在に至る。平成21年には大幅に改訂された。平成28年に，情報セキュリティマネジメント試験が追加され，情報セキュリティスペシャリスト試験が廃止された。平成29年に情報処理安全確保支援士制度のもと，情報処理安全確保支援士試験が追加された。情報処理技術者試験とは独立した形となっている。

注2) 平成7年から平成12年までの6年間は"データベーススペシャリスト試験"という名称だったが，平成13年から平成20年までは,"テクニカルエンジニア（データベース）試験"に変わり，その後平成21年からは"データベーススペシャリスト試験"に戻されている。厳密に解釈すると「改訂の都度,旧試験区分は発展的解消をしている（旧試験合格者は継承）」ということかもしれないが，一般的な解釈としては同一試験の名称変更という認識で問題ない。

●応募者数と受験者数・合格者数

これまで実施された25回の"応募者数","受験者数","合格者数"の推移を紹介しておきます。現在の"資格ホルダ"（これまでの合格者累計）は，延べ31,686人です (注3)。

	平成7年	平成8年	平成9年	平成10年	平成11年	平成12年	中間集計
応募者数	7,979	9,097	10,662	12,346	14,807	17,092	71,983
受験者数	4,758	5,069	5,829	7,016	8,433	9,325	40,430
合格者数	352	341	485	551	539	818	3,086

	平成13年	平成14年	平成15年	平成16年	平成17年	平成18年	平成19年	平成20年	中間集計
応募者数	22,369	24,322	24,980	23,613	22,610	17,905	17,413	17,849	171,061
受験者数	11,814	13,225	13,518	12,822	12,546	10,253	10,278	10,886	95,342
合格者数	902	1,166	1,191	1,085	956	1,038	948	1,242	8,528

	平成21年	平成22年	平成23年	平成24年	平成25年	平成26年	平成27年	平成28年	平成29年	平成30年	平成31年	中間集計	合計
応募者数	18,538	20,529	20,207	18,799	17,489	15,807	15,355	13,980	17,706	17,165	16,831	192,406	435,450
受験者数	11,887	13,523	12,689	12,187	11,342	10,016	10,049	9,238	11,775	11,116	11,066	124,888	260,660
合格者数	1,912	2,142	2,304	1,963	1,845	1,671	1,767	1,620	1,709	1,548	1,591	20,072	31,686

注3) 令和2年度の試験は延期となったため、本集計には反映されていません（平成31年度試験までの情報となります)。

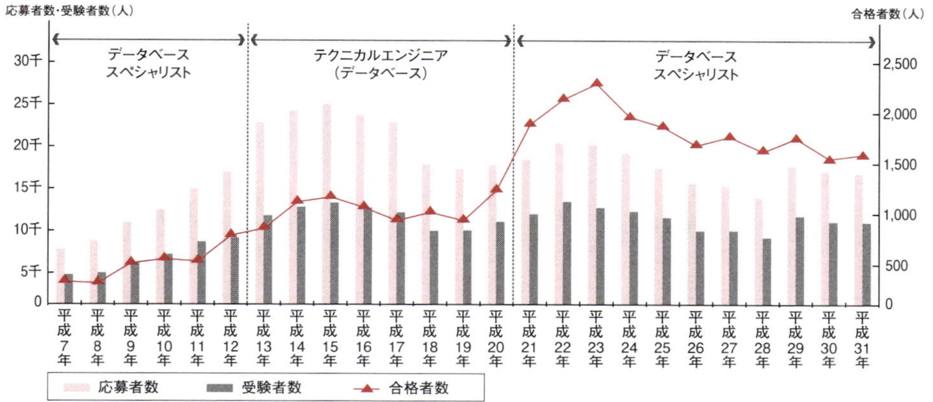

合格率

平成31年度の合格率は14.4%でした。創設（平成7年）から11年間，6～8%の合格率で"超難関"といわれていた時代のことを考えると，合格の間口は2倍以上にまで広がってきたことになります。時間を割いて真剣に取り組むことで，確実に合格を勝ち取れる数字に落ち着いてきたといえるでしょう。

	合格率（%）
平成7年	7.4
平成8年	6.7
平成9年	8.3
平成10年	7.9
平成11年	6.4
平成12年	8.8
平成13年	7.6
平成14年	8.8
平成15年	8.8
平成16年	8.5
平成17年	7.6
平成18年	10.1
平成19年	9.2
平成20年	11.4
平成21年	16.1
平成22年	15.8
平成23年	18.2
平成24年	16.1
平成25年	16.3
平成26年	16.7
平成27年	17.6
平成28年	17.5
平成29年	14.5
平成30年	13.9
平成31年	14.4

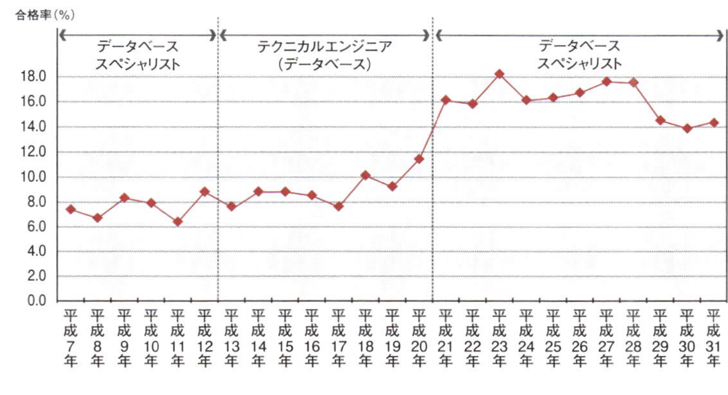

●試験の形式（出題形式と試験時間）

出題形式と試験時間は以下のとおりです。

項目	午前Ⅰ（注1）		午前Ⅱ		午後Ⅰ		午後Ⅱ	
試験時間	9：30～10：20 （50分）		10：50～11：30 （40分）		12：30～14：00 （90分）		14：30～16：30 （120分）	
出題形式	出題形式	出題数 解答数	出題形式	出題数 解答数	出題形式	出題数 解答数	出題形式	出題数 解答数
	多肢選択式 （四肢択一）	30問 30問	多肢選択式 （四肢択一）	25問 25問	記述式	3問 2問	記述式	2問 1問

（注1）午前Ⅰは，高度試験9区分共通

［午前Ⅰ試験の免除制度］

高度試験には，高度試験に共通して必要とされる知識を問う午前Ⅰ試験がありますが，次のような免除制度が設けられています（受験申込時にその旨を申請する）。

＜免除制度＞

下記のいずれかの条件を満たした場合，その後（2年間）の受験申込み時に申請することによって，情報処理技術者試験の高度試験，情報処理安全確保支援士試験の一部（共通的知識を問う午前Ⅰ試験）が免除され，午前Ⅱ試験から受験することが可能です。

【情報処理技術者試験の高度試験，情報処理安全確保支援士試験の一部免除対象となる条件（いずれか一つでも満たせばOK）】
①応用情報技術者試験（AP）に合格
②情報処理技術者試験の高度試験，情報処理安全確保支援士試験のいずれかに合格
③情報処理技術者試験の高度試験，情報処理安全確保支援士試験の午前Ⅰ試験で基準点以上の成績をとる

なお，免除となる条件を満たしていても，申請をしなければ免除になりません。

採点方式と合格基準

では，ここで，IPAから公表されている採点方式と合格基準について説明します。

(1) 素点方式による採点と合格基準点

採点は素点方式で行なわれ，次の基準点を上回ることができれば合格になります。

時間区分	配点	基準点
午前Ⅰ	100点満点	60点
午前Ⅱ	100点満点	60点
午後Ⅰ	100点満点	60点
午後Ⅱ	100点満点	60点

(2) 多段階選抜方式の採用

次のような多段階選抜方式が採用されています。

- 午前Ⅰ試験の得点が基準点に達しない場合には，午前Ⅱ・午後Ⅰ・午後Ⅱ試験の採点を行わずに不合格とする。
- 午前Ⅱ試験の得点が基準点に達しない場合には，午後Ⅰ・午後Ⅱ試験の採点を行わずに不合格とする。
- 午後Ⅰ試験の得点が基準点に達しない場合には，午後Ⅱ試験の採点を行わずに不合格とする。

出題範囲

IPA（独立行政法人情報処理推進機構）から公表されている「情報処理技術者試験 試験要綱 ver 4.5（2020年5月8日）」という資料の中で，次のように，試験の対象者像，業務と役割，期待する技術水準などが説明されています。

対象者像

高度IT人材として確立した専門分野をもち，データベースに関係する固有技術を活用し，最適な情報システム基盤の企画・要件定義・開発・運用・保守において中心的な役割を果たすとともに，固有技術の専門家として，情報システムの企画・要件定義・開発・運用・保守への技術支援を行う者

業務と役割

データ資源及びデータベースを企画・要件定義・開発・運用・保守する業務に従事し，次の役割を主導的に果たすとともに，下位者を指導する。

① データ管理者として，情報システム全体のデータ資源を管理する。
② データベースシステムに対する要求を分析し，効率性･信頼性･安全性を考慮した企画･要件定義・開発・運用・保守を行う。
③ 個別システム開発の企画・要件定義・開発・運用・保守において，データベース関連の技術支援を行う。

期待する技術水準

高品質なデータベースを企画，要件定義，開発，運用，保守するため，次の知識・実践能力が要求される。

① データベース技術の動向を広く見通し，目的に応じて適用可能な技術を選択できる。
② データ資源管理の目的と技法を理解し，データ部品の標準化，リポジトリシステムの企画・要件定義・開発・運用・保守ができる。
③ データモデリング技法を理解し，利用者の要求に基づいてデータ分析を行い，正確な概念データモデルを作成できる。
④ データベース管理システムの特性を理解し，情報セキュリティも考慮し，高品質なデータベースの企画・要件定義・開発・運用・保守ができる。

出題範囲

データベーススペシャリスト試験は，午前Ⅰ試験，午前Ⅱ試験，午後Ⅰ試験，午後Ⅱ試験の４段階に分けて実施されています。ここで，この四つの時間区分の概要と出題範囲について説明しておきましょう。

[午前試験]

午前試験は次の表のように，午前Ⅰ試験と午前Ⅱ試験に分けて行われます。

共通キャリア・スキルフレームワーク					ITパスポート試験	情報セキュリティマネジメント試験	基本情報技術者試験	応用情報技術者試験	高度試験・支援士試験 午前Ⅰ（共通知識）	午前Ⅱ（専門知識） ITストラテジスト試験	システムアーキテクト試験	プロジェクトマネージャ試験	ネットワークスペシャリスト試験	データベーススペシャリスト試験	エンベデッドシステムスペシャリスト試験	ITサービスマネージャ試験	システム監査技術者試験	情報処理安全確保支援士試験
分野		大分類		中分類														
テクノロジ系	1	基礎理論	1	基礎理論														
			2	アルゴリズムとプログラミング														
	2	コンピュータシステム	3	コンピュータ構成要素							○3		○3	○3	◎4	○3		
			4	システム構成要素		○2					○3		○3	○3	○3	○3		
			5	ソフトウェア			○2	○3	○3						◎4			
			6	ハードウェア											◎4			
	3	技術要素	7	ヒューマンインタフェース														
			8	マルチメディア														
			9	データベース		○2					○3			◎4		○3	○3	○3
			10	ネットワーク		○2					○3		◎4		○3	○3	○3	◎4
			11	セキュリティ[1]		◎2	◎2	◎3	◎3	◎4	◎4	◎3	◎4	◎4	◎4	◎4	◎4	◎4
	4	開発技術	12	システム開発技術	○1						◎4	○3	○3	○3	◎4		○3	○3
			13	ソフトウェア開発管理技術							○3	○3	○3	○3	○3			○3
マネジメント系	5	プロジェクトマネジメント	14	プロジェクトマネジメント		○2						◎4				◎4		
	6	サービスマネジメント	15	サービスマネジメント		○2						○3				◎4	○3	○3
			16	システム監査		○2										○3	◎4	○3
ストラテジ系	7	システム戦略	17	システム戦略		○2	○2	○3	○3	◎4	○3							
			18	システム企画		○2				◎4	◎4	○3						
	8	経営戦略	19	経営戦略マネジメント						◎4							○3	
			20	技術戦略マネジメント						○3								
			21	ビジネスインダストリ						◎4								
	9	企業と法務	22	企業活動		○2				◎4							○3	
			23	法務		◎2				○3		○3				○3	◎4	

注記1　○は出題範囲であることを，◎は出題範囲のうちの重点分野であることを表す。
注記２　1，2，3，4は技術レベルを表し，4が最も高度で，上位は下位を包含する。
注[1]　"中分類 11：セキュリティ"の知識項目には技術面・管理面の両方が含まれるが，高度試験の各試験区分では，各人材像にとって関連性の強い項目をレベル４として出題する。

午前Ⅰ試験では，各試験区分に共通して求められる“技術レベル3”の問題を，テクノロジ系，マネジメント系，ストラテジ系から幅広く30問出題することになっています。なお，出題範囲の知識項目例がIPAから公表されています。また，ある条件を満たせば免除申請が可能なので注意してください。

一方，午前Ⅱ試験では，各試験区分の専門に特化した“技術レベル3又は4”の問題が，前ページの表に示した○と◎に沿って25問出題されます（次の表を参照）。データベーススペシャリスト試験では，出題分野のテクノロジ系の大分類「コンピュータシステム」，「技術要素」及び「開発技術」の中の，○と◎の付いた中分類から出題されます。

データベーススペシャリスト試験　午前Ⅱの知識項目例				
共通キャリア・スキルフレームワーク	情報処理技術者試験			
中分類	小分類		知識項目例	レベル
コンピュータ構成要素	1	プロセッサ	コンピュータ及びプロセッサの種類，構成・動作原理，割込み，性能と特性，構造と方式，RISCとCISC，命令とアドレッシング，マルチコアプロセッサ など	○3
	2	メモリ	メモリの種類と特徴，メモリシステムの構成と記憶階層（キャッシュ，主記憶，補助記憶ほか），アクセス方式，RAMファイル，メモリの容量と性能，記録媒体の種類と特徴 など	
	3	バス	バスの種類と特徴，バスのシステムの構成，バスの制御方式，バスのアクセスモード，バスの容量と性能 など	
	4	入出力デバイス	入出力デバイスの種類と特徴，入出力インタフェース，デバイスドライバ，デバイスとの同期，アナログ・ディジタル変換，DMA など	
	5	入出力装置	入力装置，出力装置，表示装置，補助記憶装置・記憶媒体，通信制御装置，駆動装置，撮像装置 など	
システム構成要素	1	システムの構成	システムの処理形態，システムの利用形態，システムの適用領域，仮想化，クライアントサーバシステム，Webシステム，シンクライアントシステム，フォールトトレラントシステム，RAID，NAS，SAN，P2P，ハイパフォーマンスコンピューティング（HPC），クラスタ など	○3
	2	システムの評価指標	システムの性能指標，システムの性能特性と評価，システムの信頼性・経済性の意義と目的，信頼性計算，信頼性指標，信頼性特性と評価，経済性の評価，キャパシティプランニング など	
データベース	1	データベース方式	データベースの種類と特徴，データベースのモデル，DBMS など	◎4
	2	データベース設計	データ分析，データベースの論理設計，データの正規化，データベースのパフォーマンス設計，データベースの物理設計 など	
	3	データ操作	データベースの操作，データベースを操作するための言語（SQLほか），関係代数 など	
	4	トランザクション処理	排他制御，リカバリ処理，トランザクション管理，データベースの性能向上，データ制御 など	
	5	データベース応用	データウェアハウス，データマイニング，分散データベース，リポジトリ，メタデータ，ビッグデータ など	

データベーススペシャリスト試験　午前Ⅱの知識項目例				
共通キャリア・スキルフレームワーク	情報処理技術者試験			
中分類	小分類		知識項目例	レベル
セキュリティ	1	情報セキュリティ	情報の機密性・完全性・可用性，脅威，マルウェア・不正プログラム，脆弱性，不正のメカニズム，攻撃者の種類・動機，サイバー攻撃（SQLインジェクション，クロスサイトスクリプティング，DoS攻撃，フィッシング，パスワードリスト攻撃，標的型攻撃ほか），暗号技術（共通鍵，公開鍵，秘密鍵，RSA，AES，ハイブリッド暗号，ハッシュ関数ほか），認証技術（ディジタル署名，メッセージ認証，タイムスタンプほか），利用者認証（利用者ID・パスワード，多要素認証，アイデンティティ連携（OpenID，SAML）ほか），生体認証技術，公開鍵基盤（PKI，認証局，ディジタル証明書ほか），政府認証基盤（GPKI，ブリッジ認証局ほか）など	◎4
	2	情報セキュリティ管理	情報資産とリスクの概要，情報資産の調査・分類，リスクの種類，情報セキュリティリスクアセスメント及びリスク対応，情報セキュリティ継続，情報セキュリティ諸規程（情報セキュリティポリシを含む組織内規程），ISMS，管理策（情報セキュリティインシデント管理，法的及び契約上の要求事項の順守ほか），情報セキュリティ組織・機関（CSIRT，SOC（Security Operation Center），ホワイトハッカーほか）など	
	3	セキュリティ技術評価	ISO/IEC 15408（コモンクライテリア），JISEC（ITセキュリティ評価及び認証制度），JCMVP（暗号モジュール試験及び認証制度），PCI DSS，CVSS，脆弱性検査，ペネトレーションテスト など	
	4	情報セキュリティ対策	情報セキュリティ啓発（教育，訓練ほか），組織における内部不正防止ガイドライン，マルウェア・不正プログラム対策，不正アクセス対策，情報漏えい対策，アカウント管理，ログ管理，脆弱性管理，入退室管理，アクセス制御，侵入検知／侵入防止，検疫ネットワーク，多層防御，無線LANセキュリティ（WPA2ほか），携帯端末（携帯電話，スマートフォン，タブレット端末ほか）のセキュリティ，セキュリティ製品・サービス（ファイアウォール，WAF，DLP，SIEMほか），ディジタルフォレンジックス など	
	5	セキュリティ実装技術	セキュアプロトコル（IPSec，SSL/TLS，SSHほか），認証プロトコル（SPF，DKIM，SMTP-AUTH，OAuth，DNSSECほか），セキュアOS，ネットワークセキュリティ，データベースセキュリティ，アプリケーションセキュリティ，セキュアプログラミング など	
システム開発技術	1	システム要件定義	システム要件定義（機能，能力，業務・組織及び利用者の要件，設計制約条件，適格性確認要件ほか），システム要件の評価 など	○3
	2	システム方式設計	システムの最上位の方式確立（ハードウェア・ソフトウェア・手作業の機能分割，ハードウェア方式設計，ソフトウェア方式設計，システム処理方式設計，データベース方式設計ほか），システム方式の評価 など	
	3	ソフトウェア要件定義	ソフトウェア要件の確立（機能，能力，インタフェースほか），ソフトウェア要件の評価，ヒアリング，ユースケース，プロトタイプ，DFD，E-R図，UML など	
	4	ソフトウェア方式設計・ソフトウェア詳細設計	ソフトウェア構造とコンポーネントの設計，インタフェース設計，ソフトウェアユニットのテストの設計，ソフトウェア結合テストの設計，ソフトウェア品質，レビュー，ウォークスルー，ソフトウェア設計の評価，プロセス中心設計，データ中心設計，構造化設計，オブジェクト指向設計，モジュールの設計，部品化と再利用，アーキテクチャパターン，デザインパターン など	
	5	ソフトウェア構築	ソフトウェアユニットの作成，コーディング基準，コーディング支援手法，コードレビュー，メトリクス計測，デバッグ，テスト手法，テスト準備（テスト環境，テストデータほか），テストの実施，テスト結果の評価 など	

システム開発技術	6	ソフトウェア結合・ソフトウェア適格性確認テスト	テスト計画，テスト準備（テスト環境，テストデータほか），テストの実施，テスト結果の評価 など	○3
	7	システム結合・システム適格性確認テスト	テスト計画，テスト準備（テスト環境，テストデータほか），テストの実施，テスト結果の評価，チューニング，テストの種類（機能テスト，非機能要件テスト，性能テスト，負荷テスト，セキュリティテスト，リグレッションテストほか）など	
	8	導入	システム又はソフトウェアの導入計画の作成，システム又はソフトウェアの導入の実施 など	
	9	受入れ支援	システム又はソフトウェアの受入れレビューと受入れテスト，システム又はソフトウェアの納入と受入れ，利用者マニュアル，教育訓練 など	
	10	保守・廃棄	システム又はソフトウェアの保守の形態，システム又はソフトウェアの保守の手順，システム又はソフトウェアの廃棄 など	
ソフトウェア開発管理技術	1	開発プロセス・手法	ソフトウェア開発モデル，アジャイル開発，ソフトウェア再利用，リバースエンジニアリング，マッシュアップ，構造化手法，形式手法，ソフトウェアライフサイクルプロセス（SLCP），プロセス成熟度 など	○3
	2	知的財産適用管理	著作権管理，特許管理，保管管理，技術的保護（コピーガード，DRM，アクティベーションほか）など	
	3	開発環境管理	開発環境稼働状況管理，開発環境構築，設計データ管理，ツール管理，ライセンス管理 など	
	4	構成管理・変更管理	構成識別体系の確立，変更管理，構成状況の記録，品目の完全性保証，リリース管理及び出荷 など	

[午後試験]

午後の試験の出題範囲は次のとおりです。

1 データベースシステムの企画・要件定義・開発に関すること

データベースシステムの計画，要件定義，概念データモデルの作成，コード設計，物理データベースの設計・構築，データ操作の設計，アクセス性能見積り，セキュリティ設計 など

2 データベースシステムの運用・保守に関すること

データベースの運用・保守，データ資源管理，パフォーマンス管理，キャパシティ管理，再編成，再構成，バックアップ，リカバリ，データ移行，セキュリティ管理 など

3 データベース技術に関すること

リポジトリ，関係モデル，関係代数，正規化，データベース管理システム，SQL，排他制御，データウェアハウス，その他の新技術動向 など

索引

ス

セ

ソ

タ

チ

ツ

テ

ト

ナ

著者

IT のプロ 46

IT 系の難関資格を複数保有している IT エンジニアのプロ集団。現在（2020 年 8 月現在）約 250 名。個々のメンバの IT スキルは恐ろしく高く，SE やコンサルタントとして第一線で活躍する傍ら，SNS やクラウドを駆使して，ネットを舞台に様々な活動を行っている。本書のような執筆活動もそのひとつ。ちなみに，名前の由来は，代表が全推ししている乃木坂 46 から勝手に拝借したもの。近年 46 グループも増えてきたので，拝借する部分を“46”ではなく“乃木坂”の方に変更し「IT のプロ乃木坂」としようかとも考えたが，気持ち悪いから止めた（代表談）。迷惑も負担もかけない模範的なファンを目指し，卒業生を含めて，いつでもいざという時に何かの力になれるように一生研鑽を続けることを誓っている。なお，このサイトにも読者特典のページがある。

HP：https://www.itpro46.com

代表　三好康之（みよし・やすゆき）

IT のプロ 46 代表。大阪を主要拠点に活動する IT コンサルタント。本業の傍ら，SI 企業の IT エンジニア に対して，資格取得講座や階層教育を担当している。高度区分において脅威の合格率を誇る。保有資格は，情報処理技術者試験全区分制覇（累計 32 区分，内高度系累計 25 区分，内論文系 15 区分）をはじめ，中小企業診断士，技術士（経営工学部門）など多数。代表的な著書に，『勝ち残り SE の分岐点』，『IT エンジニアのための【業務知識】がわかる本』，『情報処理教科書プロジェクトマネージャ』（以上翔泳社），『天使に教わる勝ち残るプロマネ』（以上インプレス）他多数。JAPAN MENSA 会員。“資格”を武器に！自分らしい働き方を模索している。趣味は，研修や資格取得講座を通じて数多くの IT エンジニアに“資格＝武器”を持ってもらうこと。何より乃木坂 46 をこよなく愛している。どうすれば奇跡のグループ＆パワースポットの“乃木坂 46”中心の働き方ができるのかを考えつつ…乃木坂 46 ファンとして，根拠ある絶賛を発信し続けて…棘のある言葉が，産まれにくくて埋もれやすい世界にしたいと考えている。なお，下記ブログや YouTube サイトでも資格試験に有益な情報を発信している。

mail：miyoshi@msnet.jp　　　HP：https://www.msnet.jp
アメーバ公式ブログ：https://ameblo.jp/yasuyukimiyoshi/
YouTube：https://www.youtube.com/user/msnetmiyomiyo/

執筆協力

山下 真吾（やました・しんご）
松田 幹子（まつだ・みきこ）

装丁　　　　　結城 亨（SelfScript）
カバーイラスト　大野 文彰
DTP　　　　　株式会社シンクス

情報処理教科書
データベーススペシャリスト 2021年版

2020年 9月23日 初版 第1刷 発行

著　　者　ＩＴのプロ４６（アイティフォーティシックス）
　　　　　代表：三好 康之（みよし やすゆき）
発 行 人　佐々木 幹夫
発 行 所　株式会社 翔泳社 （https://www.shoeisha.co.jp）
印　　刷　昭和情報プロセス 株式会社
製　　本　株式会社 国宝社

本書へのお問い合わせについては、ii ページに記載の内容をお読みください。

造本には細心の注意を払っておりますが、万一、乱丁（ページの順序違い）や落丁（ページの抜け）がございましたら、お取り替えします。03-5362-3705 までご連絡ください。

ISBN978-4-7981-6777-0　　Printed in Japan